Bohner
Ihlenburg
Ott

Mathematisches Grundgerüst

Ein Mathematikbuch für die
Eingangsklasse

D1703293

Bohner
Ihlenburg
Ott

Mathematisches Grundgerüst
Ein Mathematikbuch für die
Eingangsklasse

Merkur
Verlag Rinteln

Wirtschaftswissenschaftliche Bücherei für Schule und Praxis
Begründet von Handelsschul-Direktor Dipl.-Hdl. Friedrich Hutkap †

Die Verfasser:

Dipl.-Phys. Dr. Peter Ihlenburg
Oberstudienrat

Roland Ott
Oberstudienrat

Kurt Bohner
Oberstudienrat

Technische Beratung:
Jörn Ihlenburg

Das Titelbild zeigt einen Ausschnitt aus dem Holzstich
„Die Konstruktion des Stahlgerüstes" (Eiffelturm)
Holzstich nach einer Zeichnung von Toyet, 1888
Bildarchiv Preussischer Kultusbesitz, Berlin

4. Auflage 2003
© 1995 by MERKUR VERLAG RINTELN

Gesamtherstellung:
MERKUR VERLAG RINTELN Hutkap GmbH & Co. KG, 31735 Rinteln

E-Mail: info@merkur-verlag.de
Internet: www.merkur-verlag.de
ISBN 3-8120-**0206-X**

Vorwort

Zielgruppe

Mathematisches Grundgerüst wendet sich an die Schüler/-innen der Eingangsklasse aller beruflichen Schulen.

Konzeption

Es deckt den Lehrplan der Eingangsklasse aller beruflichen Gymnasien ab.

Durch die Unterteilung in kleine Lerneinheiten mit anschließenden Aufgaben- und Anwendungsbeispielen ist der Lernstoff einfach zu bewältigen. Die Autoren haben großen Wert auf die ausführliche, anschauliche und übersichtliche Darstellung der vielen Beispiele mit Lösungen und Abbildungen gelegt, um dem Schüler die Möglichkeit zum Selbststudium und zur Wiederholung des Stoffes zu geben.

Der graphikfähige Taschenrechner (GTR) wird in allen Kapiteln eingesetzt.

Die vorgelegten Beispiele wurden mit dem CFX9850GB PLUS erstellt.

Andere an der Schule eingeführte, graphikfähige Taschenrechner (TI -89 Plus und Sharp EL-9650G) können ebenso gut verwendet werden.

Am Ende jedes Kapitels findet der Leser eine konzentrierte, aber übersichtliche Zusammenfassung des Stoffes als eine Art Stofftelegramm vor. Viele Aufgaben unterschiedlicher Schwierigkeitsgrade schließen sich an und ermöglichen es dem Schüler, den Stoff zu vertiefen und mathematische Zusammenhänge zu verstehen.

Die Autoren haben die Schwerpunkte so gesetzt, dass die Schüler das für sie wichtige mathematische Wissen und die Arbeitstechniken erwerben, die sie für den Unterricht in den Jahrgangsstufen 1 und 2 benötigen.

Gestaltung

Um dem Schüler eine schnelle Orientierung über die Inhalte zu ermöglichen, wurden Farben als Gestaltungsmittel eingesetzt.

Aufgabenbeispiele und Aufgaben sind grau hinterlegt.

Definitionen, Festlegungen, Merksätze und mathematisch wichtige Grundlagen sind rot hinterlegt.

Bemerkungen, Hinweise und Beachtenswertes sind grün hinterlegt.

Die Verfasser sind für Hinweise und Anregungen, die zur Verbesserung beitragen, dankbar.

Die Autoren.

Inhaltsverzeichnis

Inhaltsverzeichnis

I. Beschreibende Statistik

„Mit Statistik kann man alles beweisen.
Ich glaube keiner Statistik, die ich nicht selbst gefälscht habe". (Winston Churchill)

1 Einführung

„Die Statistik hat eine erhebliche Bedeutung für eine staatliche Politik,
die den Prinzipien und Richtlinien des Grundgesetzes verpflichtet ist ..."
(Volkszählungsurteil des BVerfG)

Ein Teilgebiet der Mathematik ist die Stochastik.
Die Stochastik unterteilt sich in mehrere Gebiete.

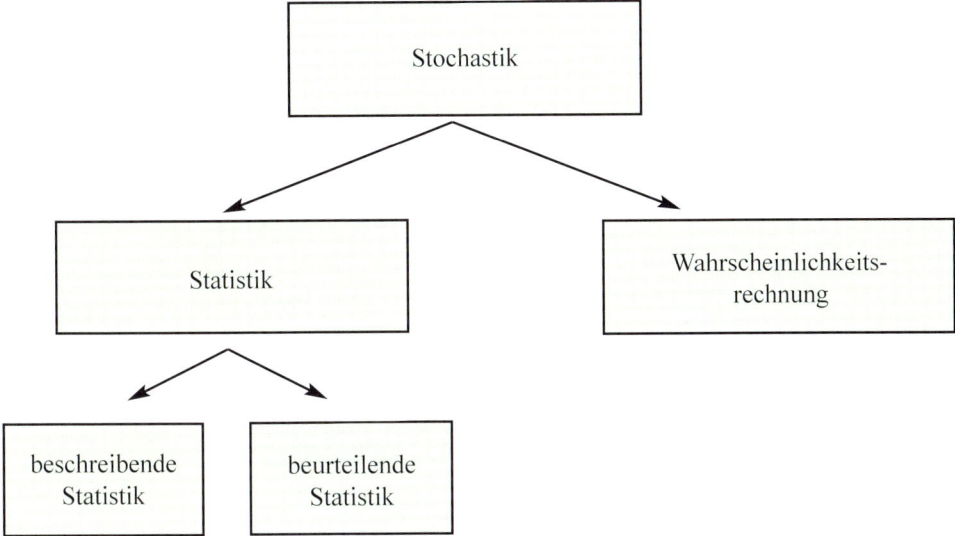

In der beschreibenden Statistik werden **Daten erhoben, aufbereitet und analysiert.**
Die erhobenen Daten werden geordnet und übersichtlich dargestellt.
Dadurch bekommt man einen ersten Überblick, erkennt Zusammenhänge und Strukturen.
Die Struktur einer Verteilung wird durch Lagemaße (z. B. Mittelwert) und Streumaße
(z. B. Standardabweichung) beschrieben.
Zwei Verteilungen und deren Zusammenhänge untersucht man in einer
Regressionsanalyse, die die Grundlage für Trends und Prognosen darstellt.

Eine kleine Auswahl von Diagrammen aus einer Wochenzeitung:

ERSTSTMME

Mehrheitswahl

Jeder Wähler muss sich für einen Kandidaten seines Wahlkreises entscheiden. Gewählt ist, wer mindestens eine Stimme mehr hat als jeder andere Mitbewerber. Der Sieger benötigt also eine relative Mehrheit.

Der Kandidat der Partei A gewinnt den Wahlkreis

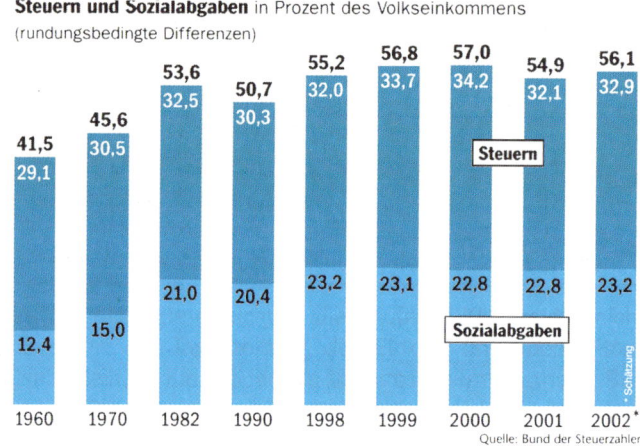

Steuern und Sozialabgaben in Prozent des Volkseinkommens
(rundungsbedingte Differenzen)

	1960	1970	1982	1990	1998	1999	2000	2001	2002*
Gesamt	41,5	45,6	53,6	50,7	55,2	56,8	57,0	54,9	56,1
Steuern	29,1	30,5	32,5	30,3	32,0	33,7	34,2	32,1	32,9
Sozialabgaben	12,4	15,0	21,0	20,4	23,2	23,1	22,8	22,8	23,2

Quelle: Bund der Steuerzahler

Beitragssatz in der gesetzlichen
Krankenversicherung in Prozent des Bruttoverdienstes

*Schätzung

90 91 92 93 94 95 96 97 98 99 00 01 02*

Quelle: Tagesspiegel

KOSTENFAKTOR Trotz eingeschränkter Leistungen steigen die Beiträge

Alter der Modellpalette in Jahren

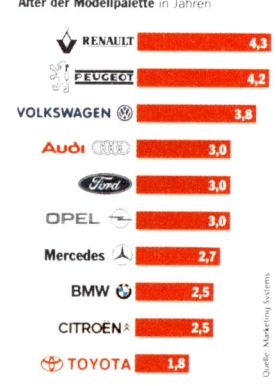

RENAULT	4,3
PEUGEOT	4,2
VOLKSWAGEN	3,8
Audi	3,0
Ford	3,0
OPEL	3,0
Mercedes	2,7
BMW	2,5
CITROËN	2,5
TOYOTA	1,8

Quelle: Marketing Systems

BABY-TRIO Die künstliche Befruchtung führt häufig zu Mehrlingsgeburten

Deutsche Retortenbabys

Geburten 1998–2000 in absoluten Zahlen

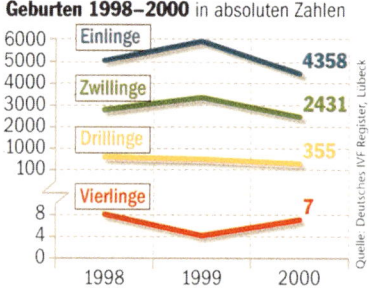

Einlinge 4358
Zwillinge 2431
Drillinge 355
Vierlinge 7

1998 1999 2000

Quelle Deutsches IVF Register, Lübeck

Quelle: Focus vom 16.9.02

Arbeitsauftrag:

Sammeln Sie aus der Presse und dem Internet Diagramme der unterschiedlichsten Art und aus verschiedenen Gebieten. Arbeiten Sie Unterschiede und Gemeinsamkeiten der Diagramme heraus. Welche Vorarbeiten sind notwendig, um Diagramme zu erstellen?

2 Planung und Datenerhebung

Meinungsforschungsinstitute erkunden die Ansichten und Meinungen der Bürger zu den verschiedensten Fragen des öffentlichen Lebens und zu aktuellen Ereignissen.

Vor einiger Zeit hieß die Schlagzeile in einer Boulevard-Zeitung:
„Unsere Jugend wird immer fetter".
Um Behauptungen dieser Art zu überprüfen, kann man nicht alle Jugendlichen befragen, sondern nur einen Teil der Gesamtheit, d. h., man erhebt eine **Stichprobe**.

Als Beispiel einer Datenerhebung wurde eine Befragung in einer 11. Klasse durchgeführt. Die nachfolgende Liste (Urliste) zeigt das Ergebnis der Stichprobe.

Schüler	Geschlecht m	w	Körpergröße in cm	Gewicht in kg	Raucher ja	nein	Sportart
01		x	160	52		x	Fußball
02	x		172	67	x		Fußball
03	x		180	60	x		Tischtennis
04		x	167	55		x	Fußball
05		x	178	63	x		Volleyball
06		x	175	63		x	Handball
07	x		183	70		x	Fußball
08	x		188	78		x	Volleyball
09	x		181	84	x		Handball
10	x		183	68		x	Fußball
11		x	162	63		x	Volleyball
12		x	171	57		x	Volleyball
13	x		177	67		x	Volleyball
14		x	165	58		x	Tischtennis
15	x		174	70	x		Volleyball
16	x		179	73	x		Golf
17		x	175	55		x	Golf
18	x		183	72		x	Volleyball
19		x	163	51		x	Tischtennis
20		x	163	60		x	Tischtennis
21		x	165	64		x	Fußball
22		x	171	51		x	Handball
23		x	175	54	x		Fußball
24	x		176	68		x	Fußball
25	x		184	75	x		Fußball
26	x		185	76	x		Handball
27		x	169	59		x	Handball

Beachten Sie: Die Liste, in der die Beobachtungswerte notiert sind,
heißt **Urliste**. Sie enthält die **Rohdaten**.
Die Anzahl der Merkmalsträger (Anzahl der befragten Schüler $n = 27$)
bezeichnet man als Erhebungsumfang.

Mögliche Fragestellungen bei einer Erhebung beziehen sich auf bestimmte
Merkmale und deren Ausprägungen.

Beachten Sie: **Merkmale** sind die Eigenschaften der Merkmalsträger.
Ein Merkmal kann in verschiedenen **Merkmalsausprägungen x_i,**
$1 \leq i \leq k$ vorkommen.

Beispiele für Merkmale und deren Ausprägungen:

Merkmal	**Merkmalsausprägung x_i**
Geschlecht	männlich/weiblich
Körpergröße	160 cm, 162 cm, 163 cm, ... 188 cm
Körpergewicht	51 kg, 52 kg, 54 kg, ... 84 kg
Raucher	ja/nein
Sportart	Schwimmen, Tischtennis usw.

Daten können nicht nur durch Befragung gewonnen werden, sondern auch z. B. durch

Messen (Gewicht, Temperatur, Wasserstände usw.)

Beobachten (Haarfarbe, Augenfarbe, Verhalten usw.)

Zählen (Verkehr, Populationen usw.)

Nutzen vorhandener Daten (Internet, Statistisches Bundesamt)

Bemerkung:
Durch eine Erhebung soll festgestellt werden, wie die verschiedenen Ausprägungen
eines Merkmals in der Gesamtheit bzw. in einer Stichprobe verteilt sind.

Bemerkung zur Planung einer Datenerhebung
Vor der Erhebung sind einige Fragen zu klären, z. B.:
– Nach was soll gefragt werden?
– Welche Antworten sind möglich?
– Welchen Umfang hat die Stichprobe?

Aufgabe

Sie wollen eine Erhebung zum Thema Schulweg durchführen.
Überlegen Sie, nach welchen Merkmalen gefragt werden kann.
Ordnen Sie jedem Merkmal sinnvolle Merkmalsausprägungen zu.
Formulieren Sie geeignete Fragestellungen.

Beispiel für eine Erhebung:

VERBRAUCHER- UND BÜRGERBEFRAGUNG IN DER STADT WANGEN

Wie bereits angekündigt, hat die Stadt Wagen bei einem Institut für Markt- und Absatzforschung eine Markt- und Standortuntersuchung in Auftrag gegeben. Damit auch zukünftig die Attraktivität der Stadt Wangen gesichert werden kann und die Stadt und der Handel entsprechend reagieren können, ist uns Ihr Mitwirken sehr wichtig!

	Innenstadt	Märkte außerhalb der Innenstadt
Wie **häufig** kaufen Sie in Wangen ein? *(Bitte nur eine Angabe je Spalte)*	❑ täglich ❑ wöchentlich ❑ monatlich ❑ seltener / nie	❑ täglich ❑ wöchentlich ❑ monatlich ❑ seltener / nie
Welcher Hauptgrund spricht aus Ihrer Sicht **für** einen Einkauf in Wangen? *(Bitte max. 3 Angaben je Spalte ankreuzen)*	❑ gutes Angebot ❑ günstige Preise ❑ der persönliche Kontakt ❑ guter Service ❑ gute PKW-Erreichbarkeit ❑ gutes Parkplatzangebot ❑ Einkaufsatmosphäre ❑ günstige Öffnungszeiten ❑ Wochenmarkt ❑ ist mein Wohnort ❑ ist mein Arbeitsort ❑ Verbindung mit Arztbesuch oder sonstigen Erledigungen ❑ aus Gewohnheit ❑ Sonstiges, und zwar	❑ gutes Angebot ❑ günstige Preise ❑ der persönliche Kontakt ❑ guter Service ❑ gute PKW-Erreichbarkeit ❑ gutes Parkplatzangebot ❑ Einkaufsatmosphäre ❑ günstige Öffnungszeiten ❑ Wochenmarkt ❑ ist mein Wohnort ❑ ist mein Arbeitsort ❑ Verbindung mit Arztbesuch oder sonstigen Erledigungen ❑ aus Gewohnheit ❑ Sonstiges, und zwar

Denken Sie einmal an die **Geschäfte und Einkaufsmöglichkeiten** in Wangen. Wie beurteilen Sie folgende Punkte? *(Bitte jeweils nur eine Note ankreuzen)* 1 = sehr gut 4 = ausreichend 2 = gut 5 = mangelhaft 3 = befriedigend 0 = keine Angaben möglich	Preis- Leistungsverhältnis Freundlichkeit der Bedienung qualifizierte Beratung Einkaufsatmosphäre Gestaltung der Geschäfte Angebotsvielfalt Ladenöffnungszeiten Service Aufenthaltsqualität der Altstadt	1 2 3 4 5 0 1 2 3 4 5 0 1 2 3 4 5 0 1 2 3 4 5 0 1 2 3 4 5 0 1 2 3 4 5 0 1 2 3 4 5 0 1 2 3 4 5 0 1 2 3 4 5 0

Merkmale
Anzahl der Einkäufe
Hauptgrund für den Einkauf
Einkaufsmöglichkeiten

Merkmalsausprägungen
täglich ...
gutes Angebot ...
Preis-/Leistungsverhältnis ...

Aufgaben

1. Geben Sie zu folgenden Merkmalen eine sinnvolle Anzahl von Merkmalsausprägungen an.
   a) Familienstand
   b) Nationalität
   c) Urlaubstage pro Jahr
   d) Entfernung zwischen Wohnung und Schule
   e) Automarken

2. Es soll eine Verkehrszählung durchgeführt werden.
   Welche Merkmale eignen sich für diese Erhebung?
   Wie lauten die zugehörigen Merkmalsausprägungen?

3. Durch Befragung ist die Zufriedenheit der Klasse mit den unterrichtenden Lehrern zu untersuchen.
   Welche Merkmale der Lehrer sind zur Beurteilung dieser Frage wichtig?
   Legen Sie sinnvolle Merkmalsausprägungen fest.

4. Wahlforscher stellen einige Monate vor einer Wahl stets die Sonntagsfrage:
   Welche Partei würden Sie wählen, wenn am Sonntag Wahl wäre?
   In welcher Unterteilung wird das Ergebnis in den Medien veröffentlicht?

5. Durch eine statistische Untersuchung soll ermittelt werden,
   a) wie Arbeitnehmer für den Lebensabend vorsorgen,
   b) welche Versicherungen Erwachsene abschließen.
   Nennen Sie einige Merkmalsausprägungen.

6. Ordnen Sie die folgenden Begriffe in einer Tabelle nach Merkmalen und den zugehörigen Merkmalsausprägungen.

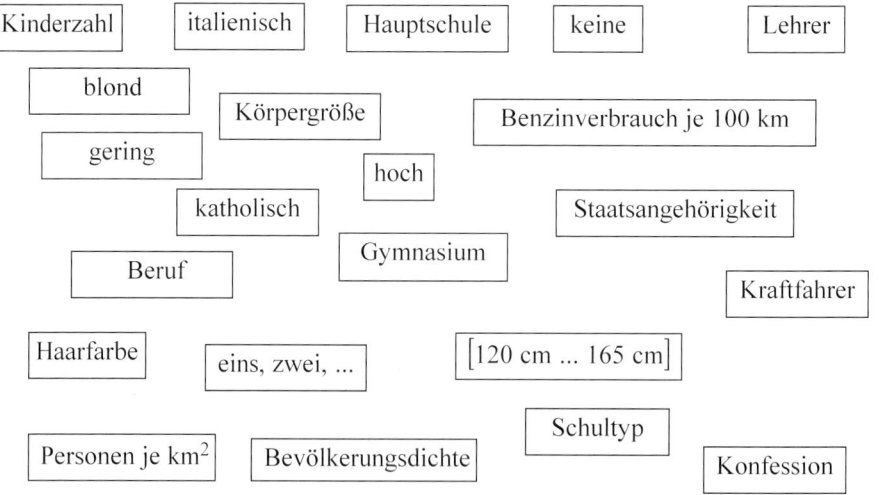

3 Datenaufbereitung und Darstellung

Beispiel 1: Strichliste und Häufigkeit

Um aus der Urliste entnehmen zu können, wie viele Schüler welche Sportart betreiben, wird eine Strichliste erstellt.

Strichliste

Merkmalsausprägung		Häufigkeit
Fußball	ℍ ‖‖‖	9
Handball	ℍ	5
Volleyball	ℍ ‖	7
Tischtennis	‖‖‖‖	4
Golf	‖	2

In einer Strichliste werden Merkmalsträger mit gleichen Merkmalsausprägungen zusammengefasst. Es werden 9 Schüler gezählt, die Fußball spielen.
Man sagt, die **absolute Häufigkeit** der Fußballspieler ist 9.
Die Anzahl der Beobachtungswerte (Anzahl der Striche) wird der Merkmalsausprägung (z. B. Fußball) als absolute Häufigkeit zugeordnet.

Häufigkeitstabelle

Merkmalsausprägung	Häufigkeit
Fußball	9
Handball	5
Volleyball	7
Tischtennis	4
Golf	2

Die Häufigkeitsverteilung kann durch eine Häufigkeitstabelle oder grafisch beschrieben werden.

Grafische Darstellung durch ein Säulendiagramm

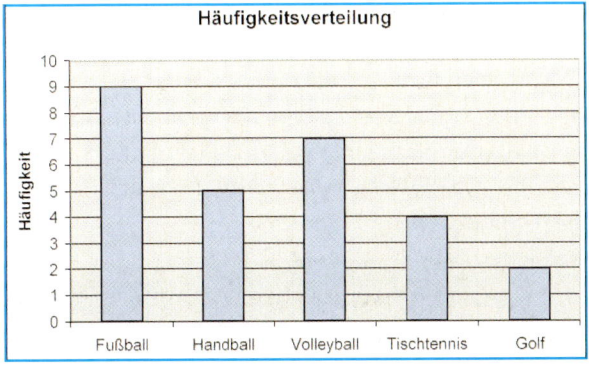

2   Bohner/Ihlenburg/Ott – ISBN 3-8120-0206-X

Beispiel 2: Klasseneinteilung

Betrachten wir nun das Merkmal „Gewicht".

Urliste

Nr.	1 2 3 4 5 6 7 8 9 10 11 12 13 14 15 16 17 18 19 20 21 22 23 24 25 26 27
in kg	52 67 60 55 63 63 70 78 84 68 63 57 67 58 70 73 55 72 51 60 64 51 54 68 75 76 59

Die Übersichtlichkeit und die Aussagekraft der Daten lässt sich mit Hilfe grafischer Darstellungen steigern.

Punktdiagramm zur Schülerbefragung

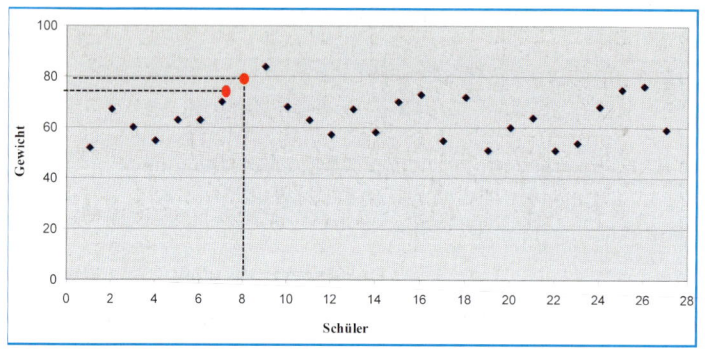

Bemerkung:

Ein **Punktdiagramm** nennt man auch **Streudiagramm**.

Die Zuordnung in einem Punktdiagramm erhöht die Übersichtlichkeit nicht wesentlich. Man erkennt, das Gewicht eines jeden Schülers liegt zwischen 40 kg und 100 kg.
Da es für das Merkmal Gewicht 19 Ausprägungen (von 51 kg bis 84 kg) gibt, macht eine Strichliste wenig Sinn. Sinnvoller ist es, die Merkmalsausprägungen in einzelne Bereiche (Klassen) einzuteilen.Wir wählen vier Klassen mit der Klassenbreite 10 kg und ordnen die Körpergewichte in die Gewichtsklassen ein. Die neuen Ausprägungen sind die Klassen I bis IV.

**Strichliste
(Klassierte Daten)**

Klasse		Häufigkeit
I (51 kg bis 60 kg)	⁜⁜	11
II (61 kg bis 70 kg)	⁜⁜	10
III (71 kg bis 80 kg)	⁜	5
IV (81 kg bis 90 kg)		1

Eine **Strichliste** für wenige Ausprägungen (z. B. 4 Klassen) führt zu einer Häufigkeits-tabelle. Vielfach werden Strichlisten als erste übersichtliche Darstellung z. B. bei Wahlen (Klassensprecherwahl) oder bei einer Verkehrszählung benutzt. Die Anzahl der Beob-achtungswerte, die in einer Gewichtsklasse liegen, bezeichnet man als **absolute Häufigkeit (Klassenhäufigkeit)**.

Beachten Sie:
Werden verschiedene Merkmalsausprägungen zu einer neuen Ausprägung zusammen-gefasst, so spricht man von einer **Klasseneinteilung der Stichprobenwerte**.

Grafische Darstellung in einem Säulendiagramm

Die Säulenbreite im Diagramm ist immer gleich.

Unter jeder Säule ist die Klasse vermerkt.

Häufigkeitstabelle

Klasse in kg	51 bis 60	61 bis 70	71 bis 80	81 bis 90
Häufigkeit	11	10	5	1

Grafische Darstellung der Häufigkeitsverteilung (Säulendiagramm)

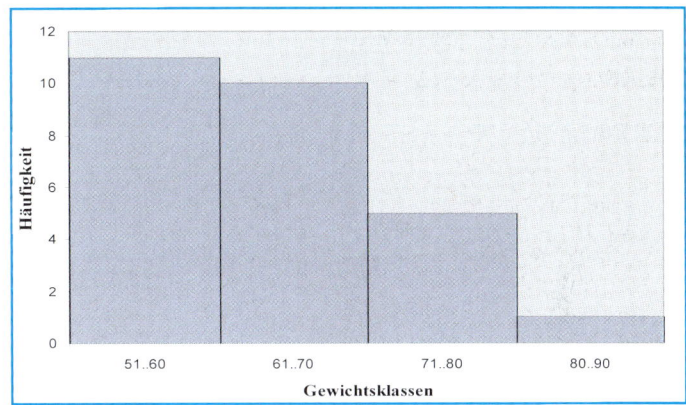

Die Klassenbreite (10 kg) wurde willkürlich festgesetzt. Was ändert sich, wenn die Klassenbreite halbiert (5 kg) und damit die Anzahl der Klassen vergrößert wird?

Häufigkeitstabelle

Klasse in kg	51..55	56..60	61..65	66..70	71..75	76..80	81..85
Häufigkeit	6	5	4	6	3	2	1

Grafische Darstellung der Häufigkeitsverteilung

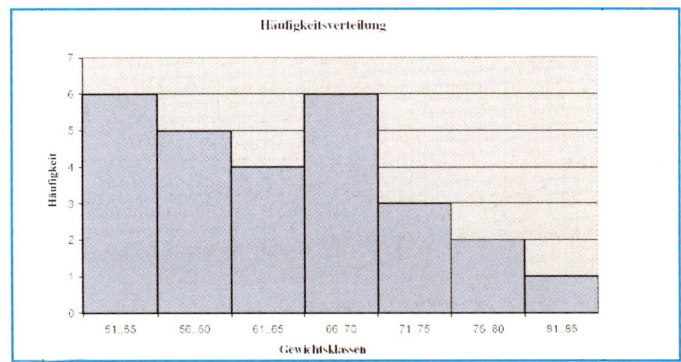

Ein Vergleich der beiden Grafiken zeigt: Je geringer die Anzahl der Klassen, desto geringer ist der Informationsgehalt, desto besser ist aber die Übersichtlichkeit. Die Wahl der Klasseneinteilung stellt immer ein Kompromiss zwischen Übersichtlichkeit und Informationsgehalt dar.

Es gibt keine allgemeingültige Festlegung der Klassenbreite, deshalb muss eine sinnvolle Klassenbreite für die Häufigkeitstabelle gewählt werden.

Um die Unterschiede der Körpergewichte von Schülern und Schülerinnen aufzuzeigen, wird die Häufigkeitstabelle mit der Klassenbreite 10 kg nach männlich und weiblich aufgegliedert.

Häufigkeitstabelle

Klasse in kg	51 .. 60	61 .. 70	71 .. 80	81 .. 90
Häufigkeit (männlich)	1	6	5	1
Häufigkeit (weiblich)	10	4	0	0

Säulendiagramm für zwei Verteilungen

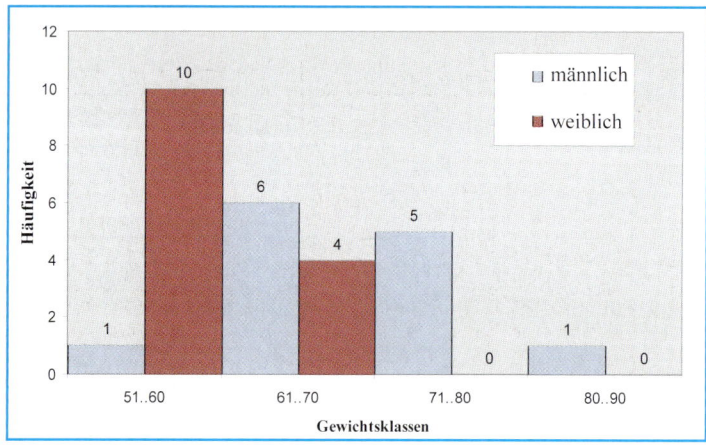

Doppelsäulendiagramm

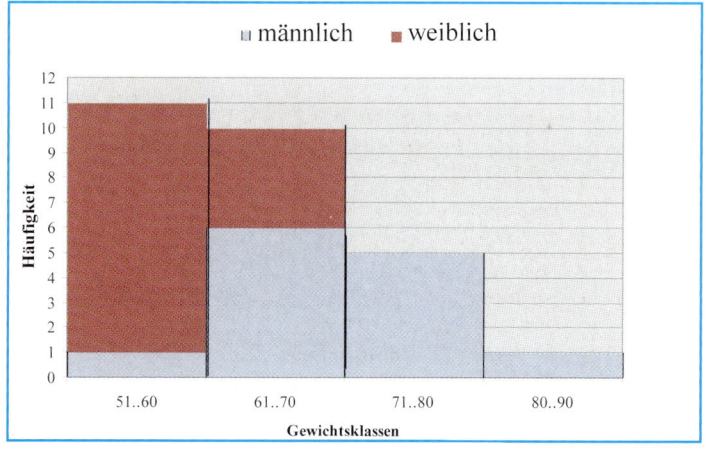

Die Körpergewichte der Schülerinnen verteilten sich nur auf die ersten beiden Klassen, während ca. 46 % der Schüler ein Gewicht von mehr als 70 kg haben.

Beispiel 3:
In einer 11. Klasse durfte jeder Schüler seine Pulsfrequenz (Anzahl der Schläge pro
Minute) messen. Die Werte wurden dann in einer Urliste zusammengefasst.

| 64 | 65 | 70 | 80 | 88 | 58 | 66 | 68 | 63 | 64 | 57 | 77 | 74 | 73 | 62 | 52 | 72 | 84 | 63 |
| 90 | 68 | 59 | 58 | 71 | 80 | 82 | 81 | 69 | 53 | 65 | 69 | 71 |

Damit das Diagramm überschaubar ist, wird die Urliste, abhängig von der Datenmenge, in
5 bis 15 Klassen eingeteilt.
In der Urliste ist der kleinste Wert 52 und der größte Wert 90.
Mit der Klassenbreite 4 erhält man 10 Klassen.
Z. B.: Klasse I: von 52 bis einschließlich 55; bzw. Klasse II: von 56 bis einschließlich 59
Häufigkeitstabelle

Klasse	52..55	56..59	60..63	64..67	68..71	72..75	76..79	80..83	84..87	88..91
Häufigkeit	2	4	3	5	7	3	1	4	1	2

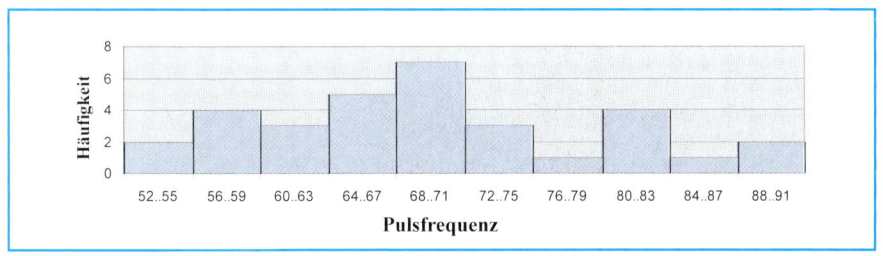

Wählt man die Klassenbreite 8, so ergeben sich 5 Klassen.
Z. B.: Klasse I: von 52 bis einschließlich 59; bzw. Klasse II: von 60 bis einschließlich 67
Häufigkeitstabelle

Klasse	52..59	60..67	68..75	76..83	84..91
Häufigkeit	6	8	10	5	3

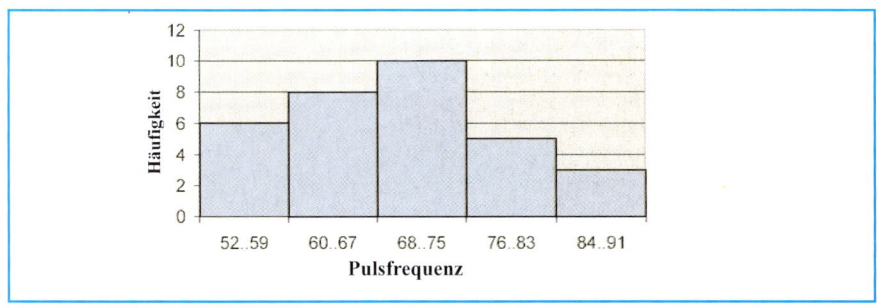

Bemerkung zur Klasseneinteilung
Bei gleicher Klassenbreite, werden die Klassen gleichmäßig, lückenlos und überschnei-
dungsfrei zwischen dem kleinsten und dem größten Beobachtungswert verteilt.
Die Anzahl der Klassen hängt von der Datenmenge ab.

Relative Häufigkeit und Kreisdiagramm

Beachten Sie:
Die **absolute Häufigkeit** ist die **Anzahl, mit der eine Merkmalsausprägung** in der Urliste vorkommt.

Nach der Schülerbefragung spielen von 27 Schülern 9 Schüler Fußball,
d. h. $\frac{9}{27}$ aller Schüler spielen Fußball.

Man bezeichnet den Bruch $\frac{9}{27}$ als **relative Häufigkeit** der Merkmalsausprägung Fußball.

Dies entspricht einem Anteil von $\frac{9}{27} \cdot 100\,\% = 33{,}3\,\%$.

Häufigkeitstabelle für die Sportarten nach unserer Urliste

Sportart x_i	Fußball	Handball	Volleyball	Tischtennis	Golf	Summe n
absolute Häufigkeit n_i	9	5	7	4	2	n = 27
rel. Häufigkeit $h(x_i) = \frac{n_i}{n}$	$\frac{9}{27} \approx 0{,}333$	$\frac{5}{27} \approx 0{,}185$	$\frac{7}{27} \approx 0{,}259$	$\frac{4}{27} \approx 0{,}148$	$-\frac{2}{27} \approx 0{,}074$	$\frac{27}{27} = 1$
rel. Häufigkeit in Prozent	33 %	19 %	26 %	15 %	7 %	100 %

Hinweis: Die Summe der relativen Häufigkeiten muss 1 bzw. 100 % sein.

Beachten Sie: Für die Merkmalsausprägung x_i erhält man

$$\text{Relative Häufigkeit von } x_i = \frac{\text{absolute Häufigkeit von } x_i}{\text{Anzahl der Merkmalsträger}}$$

$$h(x_i) \quad = \quad \frac{n_i}{n}\,; \qquad 0 \leq n_i \leq n; \quad 0 \leq h(x_i) \leq 1$$

Die relative Häufigkeit einer Merkmalsausprägung (z. B. Fußball) gibt ihren Anteil an der Gesamtzahl (n = 27) der Merkmalsträger (Schüler) an.

Eine geeignete grafische Darstellung ist das **Kreisdiagramm**.
Die Kreisfläche entspricht 100 %; die Kreissektoren entsprechen den relativen Häufigkeiten (in %).

Hinweis zum Zeichnen eines Kreisdiagramms:

Man berechnet z. B. den Winkel α_{x_1},
der zu dem Kreissektor für x_1 gehört:

$\alpha_{x_1} = \alpha_{FB} = 0{,}33 \cdot 360° = 118{,}8°$

allgemein: $\alpha_{x_i} = h(x_i) \cdot 360°$

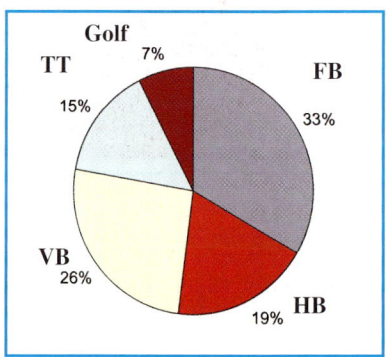

Die relative Häufigkeit wird auch dazu benutzt, Gesamtheiten zu vergleichen, z. B. die Verteilung der Körpergewichte von Schülern und Schülerinnen zweier Kurse.

Klassierte Häufigkeitstabelle für das Merkmal Körpergewicht für zwei Kurse bei gleicher Klasseneinteilung

Klasse x_i (in kg)	I	II	III	IV	
	51 bis 60	61 bis 70	71 bis 80	81 bis 90	Summe
Kurs a: relative Häufigkeiten	$\frac{11}{27} \approx 0{,}40$	$\frac{10}{27} \approx 0{,}37$	$\frac{5}{27} \approx 0{,}19$	$\frac{1}{27} \approx 0{,}04$	1
in Prozent	40 %	37 %	19 %	4 %	100 %
Kurs b: relative Häufigkeiten	$\frac{8}{32} \approx 0{,}25$	$\frac{10}{32} \approx 0{,}31$	$\frac{11}{32} \approx 0{,}35$	$\frac{3}{32} \approx 0{,}09$	1
in Prozent	25 %	31 %	35 %	9 %	100 %

Bemerkung:

Da die Summe der relativen Häufigkeiten 100 % sein muss,

hat man z. B. $\frac{11}{27} = 0{,}407$ auf 0,4 abgerundet.

Grafische Darstellung (Kreisdiagramm)

Kurs a

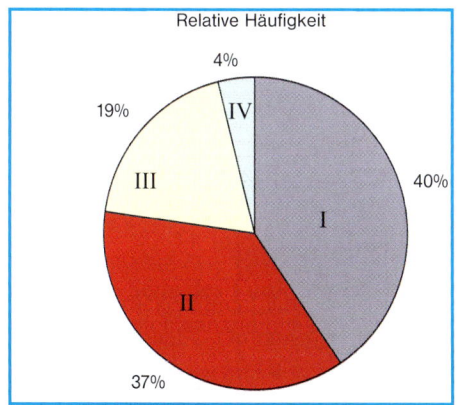

Kurs b

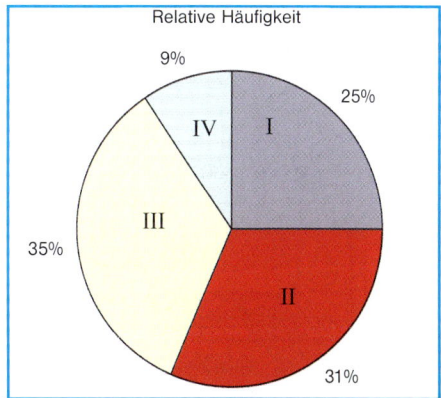

Die grafische Darstellung einer Häufigkeitstabelle mit einem Kreisdiagramm ermöglicht eine „augenfällige" Übersichtlichkeit. Diese beiden Kreisdiagramme lassen einen schnellen Vergleich der beiden Verteilungen zu.

Histogramme

a) **Gleiche Säulenbreite in der graphischen Darstellung**
   Gleiche Klassenbreite in der Häufigkeitstabelle

Ein Betrieb A hat die Monatsverdienste (in EUR) seiner Mitarbeiter aufgelistet.

Verdienst (Klasse)	800 .. 999	1000 .. 1199	1200 .. 1399
absolute Häufigkeit n_i	150	40	80
rel. Häufigkeit h_i	0,55	0,15	0,30
Klassenbreite	200	200	200

Grafische Darstellung

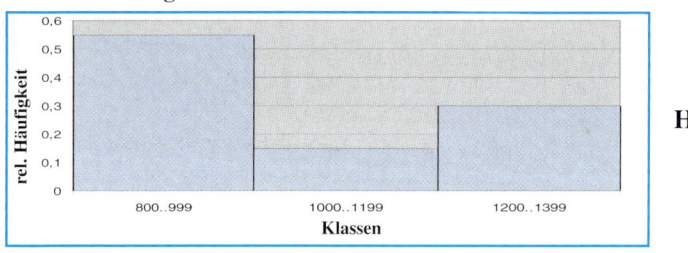

Histogramm

Beachten Sie

Ein Histogramm ist eine graphische Darstellung einer klassierten Häufigkeitsverteilung. Es besteht aus mehreren, direkt aneinander angrenzenden Säulen.

Unterschiedliche Klassenbreite in der Häufigkeitstabelle

Ein Betrieb B hat die Monatsverdienste (in EUR) seiner Mitarbeiter aufgelistet.

Verdienst (Klasse)	800 .. 999	1000 .. 1999	2000 .. 3499
absolute Häufigkeit n_i	150	150	300
rel. Häufigkeit h_i	0,25	0,25	0,50
Klassenbreite	200	1000	1500

Schaubild der Häufigkeitsverteilung (Histogramm)

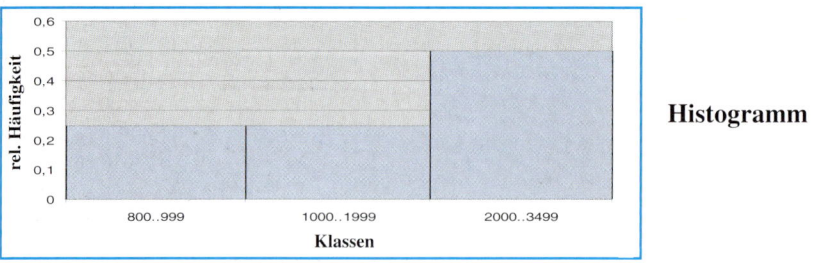

Histogramm

Bei diesem Diagramm wird die gleiche Säulenbreite gezeichnet, obwohl es sich um
unterschiedliche Klassenbreiten (200; 1000, 1500) handelt.
**In einem Histogramm ist die Fläche der einzelnen Säulen proportional zur
relativen Häufigkeit der jeweiligen Klasse.**

b) Unterschiedliche Säulenbreite in der grafischen Darstellung

Diagramm für die Monatsverdienste bei unterschiedlicher Klassenbreite

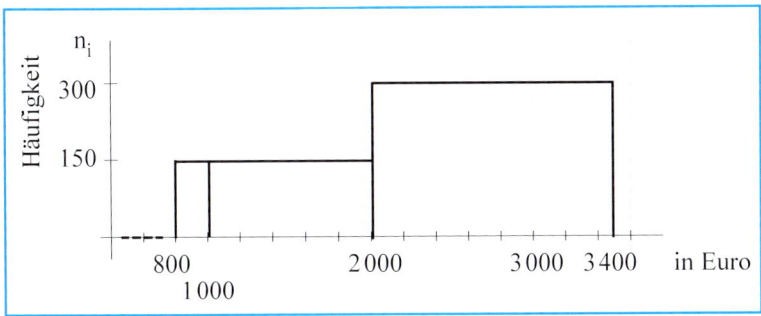

Beim Betrachten dieses Diagrammes entsteht der Eindruck, dass die Häufigkeit für die Klasse 800 .. 999 kleiner ist als für die Klasse 1 000 .. 1 999.

Das Auge orientiert sich an der Größe der Rechtecksflächen und nicht an der Höhe, daher ist diese Darstellung unzweckmäßig.

Es ist deshalb sinnvoller, ein Diagramm zu wählen, bei dem der Rechtecksinhalt der Häufigkeit (Klassenhäufigkeit) entspricht.

Berechnung der Rechteckshöhe in einem Histogramm

$$\text{Rechteckshöhe} = \frac{\text{Fläche}}{\text{Breite}} \;\triangleq\; \frac{\text{Klassenhäufigkeit } n_i}{\text{Klassenbreite } b_i}$$

Tabelle

Klassen	800 .. 999	1 000 .. 1 999	2 000 .. 3 499
relative Häufigkeit n_i	150	150	300
Breite b_i	200	1 000	1 500
Höhe: $\frac{n_i}{b_i}$ in 10^{-4}	12,5	2,5	3,3

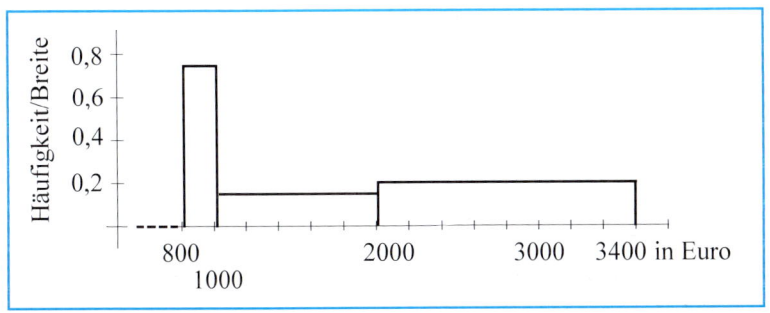

Histogramm

Beachten Sie:

Ein **Histogramm** ist eine Darstellung, bei der die Klassenhäufigkeiten durch Rechtecksinhalte veranschaulicht werden (flächenproportionale Darstellung). Die Ordinaten (y-Werte) im Histogramm heißen Häufigkeitsdichten.

Man unterscheidet Histogramme mit
a) konstanter Klassenbreite,
    dann gilt: Rechteckshöhe entspricht der relativen Häufigkeit
b) unterschiedlicher Klassenbreite

$$\text{dann gilt: Rechteckshöhe} \triangleq \frac{\text{relative Häufigkeit } h_i}{\text{Klassenbreite } b_i}$$

Ein Histogramm ist ein Säulendiagramm für klassierte, metrische Verteilungen.

Aufgaben

1. Die Häufigkeitstabelle zeigt die klassierte Verteilung der Schüler der Sekundarstufe 2 nach ihrer Körpergröße.

Körpergröße	]150; 160]	]160; 165]	]165; 170]	]170; 175]	]175; 180]	]180; 200]
abs. Häufigkeit	18	16	20	17	13	16

Stellen Sie die Verteilung grafisch in einem Histogramm dar.

2. Das Histogramm beschreibt die Verteilung der Beschäftigten eines Industriezweiges nach ihrem Monatsverdienst. Erstellen Sie die zugehörige Häufigkeitstabelle.

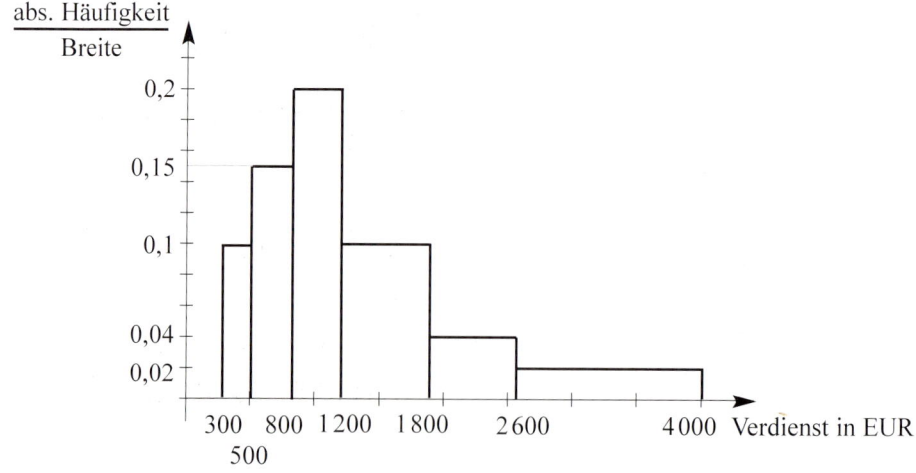

Grafikfähiger Taschenrechner ... Säulendiagramm (Histogramm)

Häufigkeitstabelle

Ausprägung x_i	15	18	20	22	25
Häufigkeit n_i	2	4	5	1	3

Im Hauptmenü mit Hilfe der Pfeiltasten auf das Feld **STAT** gehen.

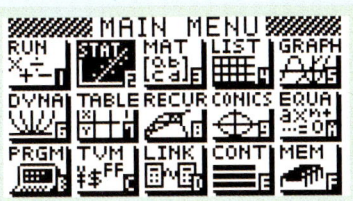

Wenn Sie nun auf der Tastatur die Taste **EXE** drücken, erscheint nebenstehendes Bild.

Nachdem Sie die Tasten **SHIFT** und **MENÜ** gedrückt haben, sollten Sie die abgebildeten Einstellungen vornehmen.

Betätigen der Taste **EXIT** bringt Sie wieder in das Fenster mit der Liste zurück.

Nun können Sie Ihre Daten in die Liste eintragen. Durch Druck auf die **EXE**-Taste wird Ihre Eingabe bestätigt und der Cursor springt automatisch in die nächste Zeile. Die Taste **F6** lässt nebenstehende (untere) Menüzeile erscheinen.

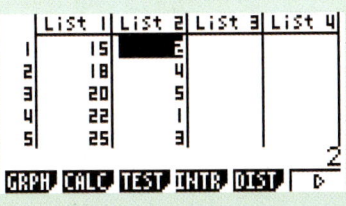

Aktivieren Sie **F1 (Graph)** und die abgebil-
dete, untere Menüleiste erscheint.
Hier drücken Sie die **F6 (SET)**-
Taste, um die entsprechenden Listen
auszuwählen.

	List 1	List 2	List 3	List 4
1	15	2		
2	18	4		
3	20	5		
4	22	1		
5	25	3		

GPH1 GPH2 GPH3 SEL   SET

Jetzt können Sie entscheiden,welche
Liste Sie bearbeiten möchten. Drücken
Sie anschließend **EXIT**.

StatGraph1
Graph Type   :Hist
XList   :List1
Frequency   :List2
Graph Color   :Blue

GPH1 GPH2 GPH3

Mit der Taste **F4 (SEL)** entscheiden Sie,
welcher Graph vom GTR gezeichnet
werden soll.

StatGraph1   :DrawOn
StatGraph2   :DrawOff
StatGraph3   :DrawOff

On Off   DRAW

Nun drücken Sie auf **F6 (DRAW)** und das
nebenstehende Bild erscheint.
Start: 15;   kleinste Merkmalsausprägung
          Die Symmetrieachse der ersten
          Säule liegt bei 15.
Pitch: 1,12; Die Säulenbreite ist 1,12 LE
Abschluss der Eingabe mit der Taste **EXE.**

Set Interval

Start: 15
Pitch: 1.12

DRAW

Wenn Sie nun erneut auf **F6 (DRAW)**
drücken, erscheint das Säulendiagramm.

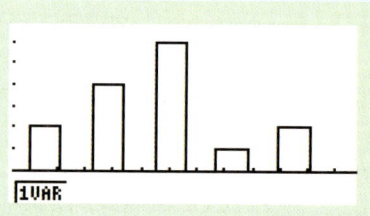

1VAR

Klassierte Verteilung (Histogramm)

Häufigkeitsverteilung

Ausprägung x_i	[0;50[	[50;100[	[100;150[	[150;200[	[200;250[
Häufigkeit n_i	2	4	6	1	2

Die Daten (rechte Klassengrenzen, Häufigkeiten) werden in die zwei Listen eintragen.

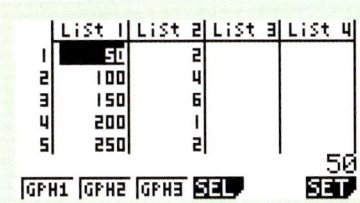

Vorgehensweise:
Wie beim Säulendiagramm, bis nebenstehendes Bild erscheint.
Gewählt wurde: Start: 25; Pitch: 50
Hinweis: Wählen Sie als Startwert die Hälfte des Pitchwertes ($\triangleq$ Säulenbreite), weil dann alle Säulen aneinander angrenzen.
Abschluss der Eingabe mit der Taste **EXE.**

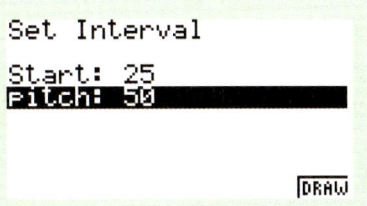

Wenn Sie nun erneut auf **F6 (DRAW)** drücken, erscheint das Histogramm.

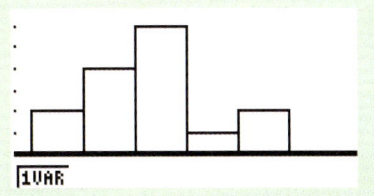

Mit den Tasten **SHIFT und F1 (TRACE)** erhalten Sie die Möglichkeit, sich die Klassenhäufigkeit anzeigen zu lassen. Dazu bewegen Sie die Pfeiltasten nach rechts bzw. links.

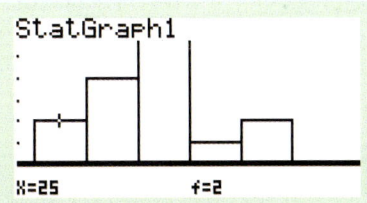

Was man wissen sollte... Von der Urliste zur Grafik

Nach einer Erhebung des Statistischen Bundesamtes waren im 2. Quartal 2002 die 38,695 Millionen Erwerbstätigen auf folgende Wirtschaftsbereiche verteilt:

1. Urliste

(Angabe in Tausend Personen)

Land- und Forstwirtschaft, Fischerei	Produzierendes Gewerbe (ohne Bau)	Baugewerbe
955	8.364	2.439
Handel, Gastgewerbe, Verkehr	Finanzierung, Vermietung, Unternehmensdienstleister	Öffentliche und private Dienstleister
9.943	5.919	11.075

2. Häufigkeitstabelle

Merkmalsausprägung	LFF	PG	B	HGV	FVU	ÖD	Summe n
absolute Häufigkeit n_i	955	8.364	2.439	9.943	5.919	11.075	n = 38.695
relative Häufigkeit $h(a_i) = \frac{n_i}{n}$	0,02	0,22	0,06	0,26	0,15	0,29	1
relative Häufigkeit in Prozent	2%	22%	6%	26%	15%	29%	100%

3. Grafische Darstellung

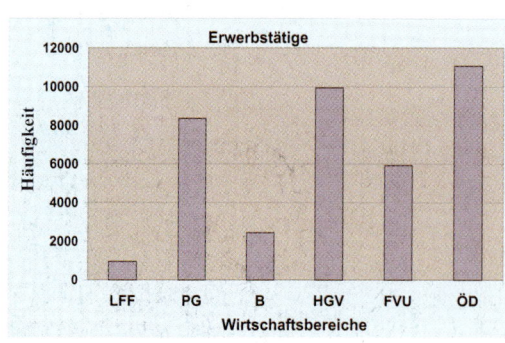

Säulendiagramm

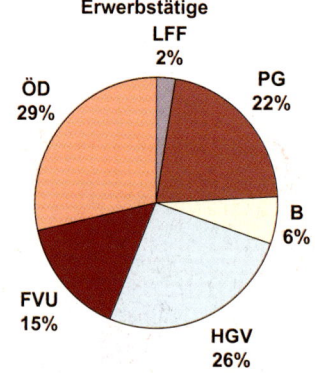

Kreisdiagramm

Beachten Sie:
Ein Diagramm sollte mit Gitterlinien, Skalen und Beschriftung ausgestattet sein.

Einfache grafische Darstellungsarten

Die Wahl des Diagrammtyps hängt vom jeweiligen Verwendungszweck ab.

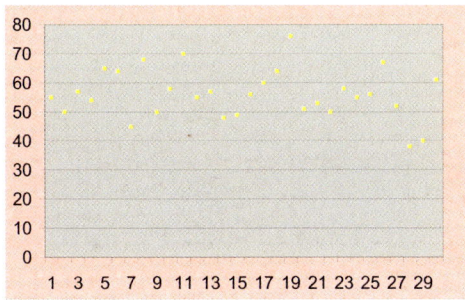

Punktdiagramm

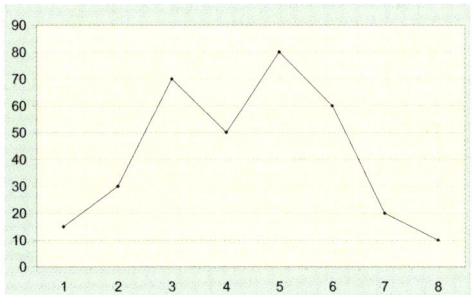

Liniendiagramm

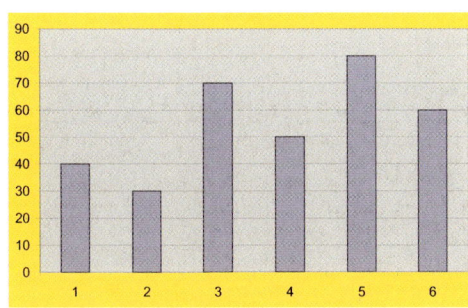

Säulendiagramm

eignet sich für absolute Häufigkeiten.

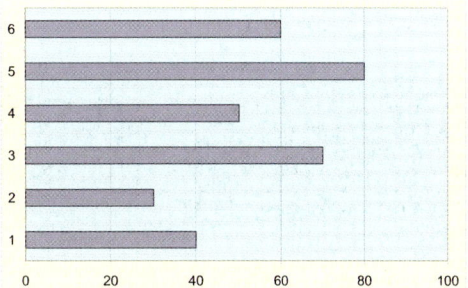

Balkendiagramm

Die Häufigkeiten werden auf der
horizontalen Achse abgetragen.

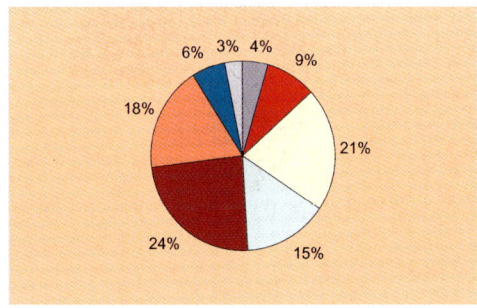

Kreisdiagramm

eignet sich für Anteile (relative Häufigkeiten)

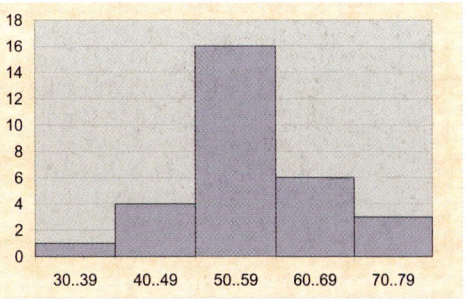

Histogramm

eignet sich für klassierte Verteilungen

Einfluss der Darstellungsart auf die Interpretation der Daten

Beispiel 1:

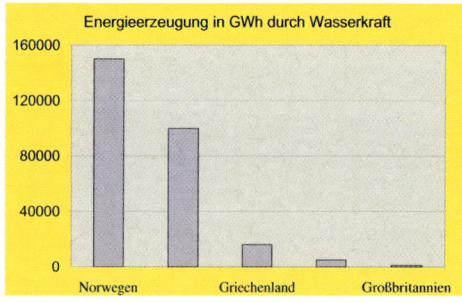
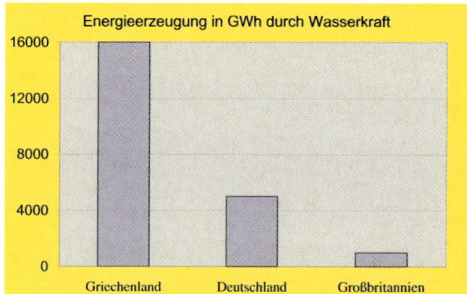

Durch unterschiedliche Skalierung erscheint Griechenland im linken Diagramm als „kleiner" Energieerzeuger durch Wasserkraft, im rechten Diagramm aber als Energiegigant.

Beispiel 2:

Durch die unterschiedliche Achseneinteilung erscheint die Umsatzentwicklung der Firma „Schnauber & Co." im linken Diagramm wesentlich günstiger zu sein als im rechten.

Beispiel 3:

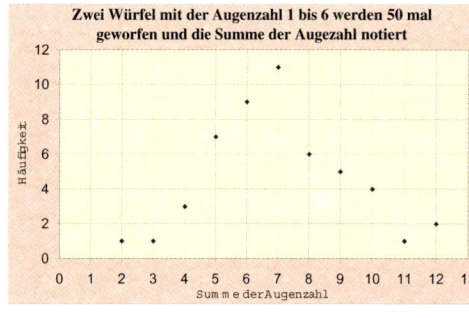
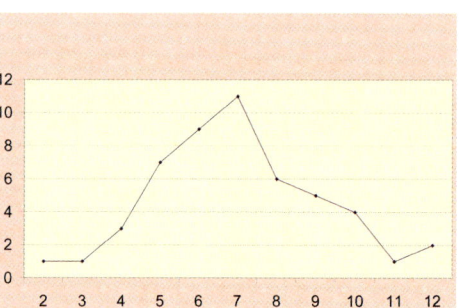

Die Augensummen (2; 3; ... ; 12) sind diskrete Werte.

Daher macht es mathematisch wenig Sinn, die Punkte durch Linien zu verbinden.

Ein Punktdiagramm wäre eine geeignete Grafik.

1. Bei der Klassensprecherwahl ergab sich folgende Stimmverteilung:

   Kandidat   Beate   Manfred   Kai
   Stimmen   18   8   6

   Verdeutlichen Sie das Wahlergebnis in einem Kreisdiagramm.

2. Bei der Bekanntgabe der Prüfungsarbeiten von 60 Schülern gibt der Lehrer folgenden Notenspiegel an:

Note	1	1,5	2	2,5	3	3,5	4	4,5	5
Anzahl	4	8	10	12	15	4	3	2	2

   a) Berechnen Sie den Notendurchschnitt.
   b) Unterteilen Sie die Daten in 5 Klassen und zeichnen Sie ein Säulendiagramm.
   c) Geben Sie die entsprechenden relativen Klassenhäufigkeiten an und zeichnen Sie ein Kreisdiagramm.

3. Eine Befragung nach der Anzahl der Kinder pro Familie ergab folgendes Ergebnis:

   1 1 0 1 2 1 3 0 1 2 1 1 1 0 2 3 4 1 2 1

   a) Woraus besteht die Stichprobe? Welches Merkmal wurde untersucht? Welche Merkmalsausprägungen traten auf?
   b) Erstellen Sie eine Häufigkeitstabelle.
   c) Stellen Sie die Verteilung in einem Säulen- und einem Kreisdiagramm dar.

4. Eine Befragung über das Alter, in dem mit dem Rauchen begonnen wurde, ergab folgende Häufigkeiten.

   Alter in Jahren   unter 16   16 – 18   19 – 22   über 22
   Häufigkeit   6   24   16   4

   a) Bestimmen Sie die relativen Häufigkeiten.
   b) Zeichnen Sie ein Säulendiagramm, wenn der jüngste Raucher mit 12 Jahren und der älteste im 25. Lebensjahr begann.

5. In einer Urliste treten 4 Merkmalsausprägungen auf mit den gleichen absoluten Häufigkeiten. Bestimmen Sie die relativen Häufigkeiten.

6. Bei einer Geschwindigkeitskontrolle innerhalb einer geschlossenen Ortschaft notierte die Polizei folgende Messwerte in km/h:

   45; 60; 58; 53; 55; 65; 70; 56; 63; 50; 75; 52; 48; 58; 64; 40; 68; 71; 79; 57

   a) Bilden Sie eine sinnvolle Klasseneinteilung und berechnen Sie die relativen Häufigkeiten.
   b) Wie viel % der kontrollierten Fahrzeuge erwartet eine Strafe, wenn die Polizei mit einer Toleranz von 2 km/h rechnet?
   c) 80 % der kontrollierten Fahrzeuge wurden von Personen unter 25 Jahren gelenkt. Wie viel % der Verkehrssünder waren an diesem Tag unter 25 Jahren?

3   Bohner/Ihlenburg/Ott – ISBN 3-8120-0206-X

7. Bestimmen Sie zwei Sachverhalte, die sich in einem Kreisdiagramm darstellen lassen und zwei Sachverhalte, für die ein Säulendiagramm geeigneter ist.

8. In einer Veröffentlichung sind folgende Diagamme zu sehen:

A

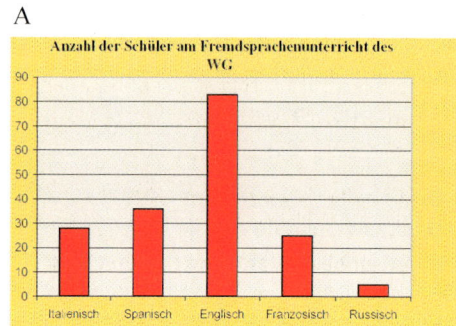

B

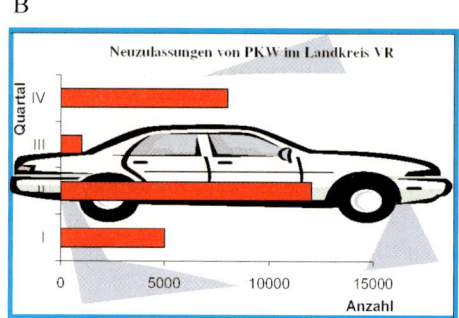

C

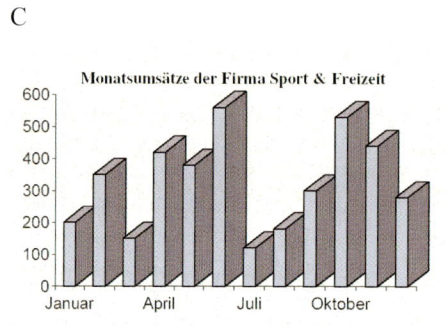

D

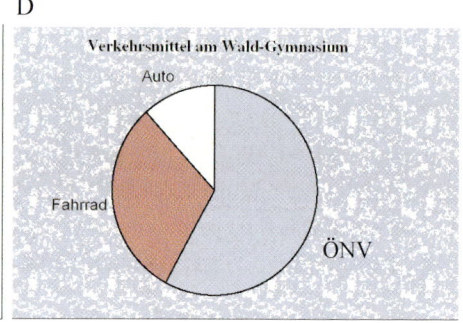

a) Erstellen Sie zu den Diagrammen A, B und C jeweils eine Häufigkeitstabelle mit allen dargestellten Werten.
   Zeichnen Sie für die Häufigkeitsverteilung von Diagramm B ein Kreisdiagramm.

b) Welche Eigenschaften eines Diagramms sind hilfreich, um Daten abzulesen, welche Eigenschaften stören?

c) Bestimmen Sie die Anteile für Auto, Fahrrad und ÖNV (Öffentlicher Nahverkehr) im Kreisdiagramm D möglichst genau und stellen Sie die Häufigkeitsverteilung in einem Säulendiagramm dar.

d) 80 % aller Schüler des Wald-Gymnasiums benutzen für ihren Schulweg ein Verkehrsmittel. Die Verteilung der Verkehrsmittel ist im Diagramm D dargestellt. Wie viel % der Schüler, die ein Verkehrsmittel benutzen, fahren mit dem Auto zur Schule? Wie viel % aller Schüler fahren mit dem Auto?

9. Welches Diagramm ist als grafische Darstellung für folgende Sachverhalte geeignet?
   a) Höhe der monatlichen Kosten für das Handy bei Jugendlichen
   b) Die Anzahl der Personen in einem Haushalt
   c) Die Noten einer Mathematikarbeit in Klasse 11
   d) Die Stärke von Erdbeben
   e) Die Prozentsätze der Personen, deren Schulausbildung mit Studium, mit Abitur, mit mittlerem Abschluss, mit der Hauptschule abschließt.

10. Erstellen Sie aus der Urliste zur Schülerbefragung (vgl. Seite 13) eine klassierte Häufigkeitstabelle (absolute und relative Häufigkeiten) für das Merkmal Körpergröße. Zeichnen Sie das zugehörige Säulendiagramm und ein Kreisdiagramm für die relativen Häufigkeiten.
    Bestimmen Sie die Anteile der Schüler und Schülerinnen, die nicht größer als 180 cm bzw. nicht größer als 165 cm sind.
    Wie sieht die Verteilung der Daten aus, wenn man nach Geschlecht unterscheidet?

11. Die beiden Diagramme zeigen einen einstündigen Ausschnitt des Geschwindigkeitsverlauf einer mehrstündigen LKW-Fahrt.

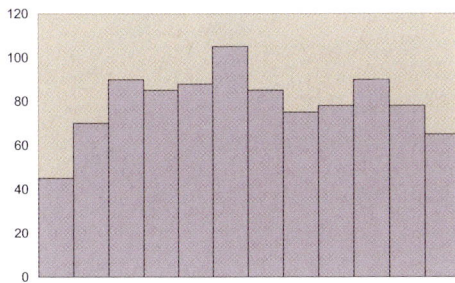 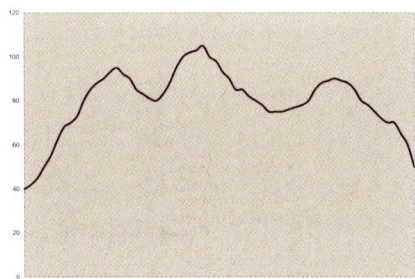

   a) Welches der beiden Diagramme eignet sich am besten, die folgenden Fragen zu beantworten?
      Wie groß war die höchste Geschwindigkeit, wie groß die geringste? Zu welcher Zeit wurden diese Geschwindigkeiten gemessen?
      Zu welchem Zeitpunkten fuhr der LKW mit einer Geschwindigkeit von 80 km/h?
   b) In welchen Zeitabständen wurden die Geschwindigkeiten gemessen? Welches Diagramm zeigt den Geschwindigkeitsverlauf am genauesten?

12. Das Säulendiagramm zeigt den Schuldenstand eines Staates in Milliarden Euro.
    Um wie viel % sind die Schulden im Laufe der letzten 6 Jahre angewachsen?
    Zeichnen Sie ein Säulendiagramm, das den jährlichen Schuldenzuwachs beschreibt.
    Welche Aussagen lassen sich machen?

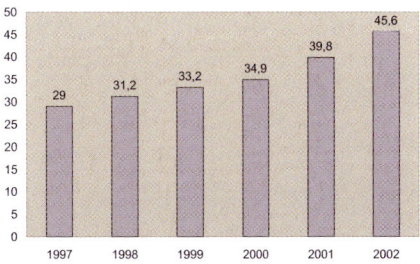

13. Zur Wahl für den Bundestag am 22.September 2002 bewarben sich 16 Parteien. Das Säulendiagramm zeigt die Stimmenanteile der im Bundestag vertretenen Parteien.

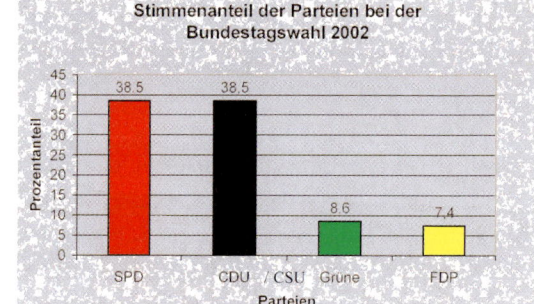

a) Die Addition der Stimmenanteile ergibt keine 100 %. Warum?

b) Der 2002 gewählte Bundestag umfasst insgesamt 598 Abgeordnete (ohne Überhangmandate). Wie viele Sitze hätte die kleinste Partei nach ihrem Stimmenanteil bekommen müssen (tatsächlich 47)?

c) Berechnen Sie die Stimmenanteile für die Bundestagswahl 1998.

d) Vergleichen Sie die Steigerung von CDU/CSU und Grünen. Nehmen Sie Stellung zu der Aussage: Die FDP hat deutlicher zugenommen als die CDU.

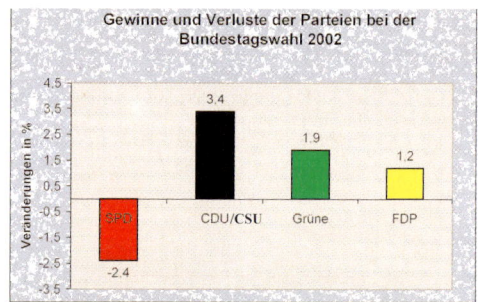

14. Denken Sie sich für die beiden Diagramme jeweils eine Geschichte aus. Beschriften Sie die Achsen und geben Sie sinnvolle Einheiten an.

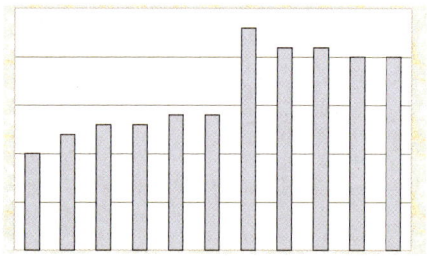
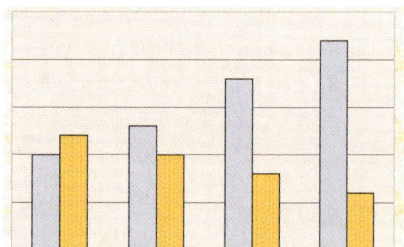

15. Die Arbeitsbelastung der Feuerwehr in zwei Städten A und B soll miteinander verglichen werden.

In der folgenden Häufigkeitstabelle ist die Zahl der täglichen Einsätze über einen Zeitraum von 200 Tagen für beide Gesamtheiten aufgeführt.

Zahl der Einsätze	0	1	2	3	4	5	6
Anzahl von Tagen: A	90	56	28	15	11	0	0
B	32	35	42	36	27	20	8

Stellen Sie beide Verteilungen in einem Diagramm dar.

Welche Rückschlüsse lassen sich ziehen?

16. Die 4 Diagramme zur Entwicklung der Studentenzahlen der Medizin in der Schweiz beruhen alle auf den Werten der gleichen Häufigkeitstabelle.

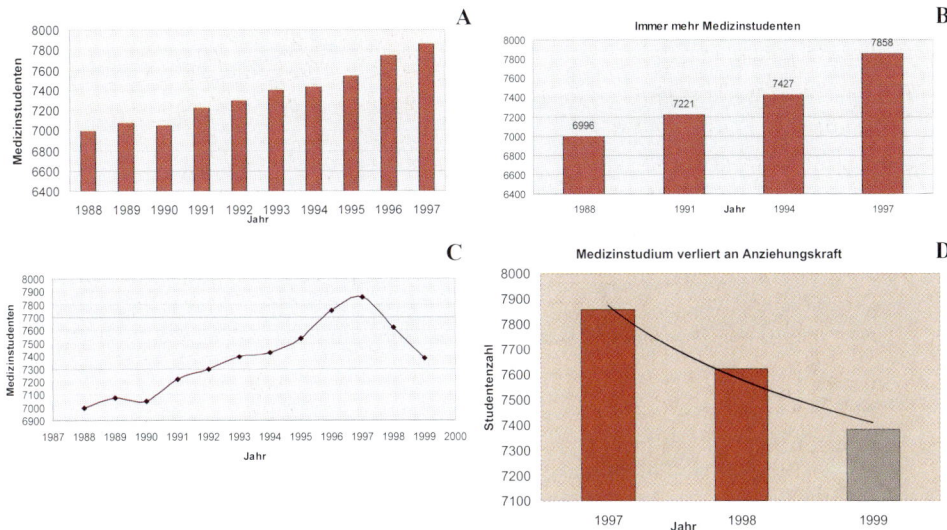

a) Versuchen Sie, aus den Diagrammen die Studentenzahlen für die Jahre 1988, 1994 und 1997 abzulesen. Wie viel % beträgt der Anstieg von 1988 bis 1997?

b) Manche Diagramme zeigen für die letzten Jahre einen Anstieg, andere einen Rückgang der Studentenzahlen. Erläutern Sie.

c) In den Diagrammen C und D entsteht der Eindruck, dass der Rückgang der Studentenzahlen unterschiedlich ausfällt. Wodurch wird dies bewirkt?
Welche Darstellung ist korrekter und sachlicher?

d) Welche Entwicklung der Studentenzahlen würde der Beobachter erwarten, wenn ihm nur eines der vier Diagramme vorliegt?

e) Verschiedene Interessengruppen könnten versucht sein, die Entwicklung der Studentenzahlen mit den verschiedenen Diagrammen darzustellen.
Nennen Sie Beispiele.

17. Projektvorschlag: Gestalten Sie eine Schautafel mit dem Titel:
        Schülerschaft am Wirtschaftsgymnasium
oder: Bevölkerung der Heimatstadt
oder: Freizeitangebot der Heimatstadt
Bereiten Sie Ihre Ergebnisse grafisch auf und stellen Sie diese der Klasse vor.

4 Merkmalsarten und Merkmalsskalen

Merkmalsarten

Beispiel:

Merkmalsart	Merkmal	Merkmalsausprägung	Erhebung durch
qualitativ	Farbe	rot, gelb, grün	Befragen
	Geschlecht	männlich, weiblich	
	Beliebtheit eines		
	Politikers	-5 bis 5	
quantitativ	Körpergröße	1,50 m bis 1,90 m	Messen
	Geschwindigkeit	0 bis 200 $\frac{km}{h}$	
	Trainingszeit	10 min bis 2 h	

Erläuterung

Bei den Merkmalen Farbe und Geschlecht gibt es **keine** Reihenfolge
oder keinen Rang (Hierarchie), es ist **kein Vergleich** möglich.
Man spricht in diesem Fall von einem **qualitativen Merkmal**.
Bei den Merkmalen Körpergröße und Geschwindigkeit lassen sich die
Merkmalsausprägungen vergleichen und Differenzen bilden.
Es handelt sich um ein **quantitatives Merkmal**.

Man unterscheidet zwei Arten von Merkmalen: **quantitative und qualitative** Merkmale.

Merkmalsskalen

Um ein Merkmal für eine Erhebung messen oder erfragen zu können, muss eine sinnvolle
Anzahl von Ausprägungen festgelegt sein. Die Ausprägungen bilden eine **Skala**.

Beispiele für eine Nominalskala:

Merkmal	Merkmalsausprägung	Erhebung durch
Farbe	rot, gelb, grün	Befragen
Familienstand	ledig, verheiratet, geschieden, verwitwet	
Branche	Chemie, Elektro, Metall, sonstige	

Die Merkmalsausprägungen sind nur Namen oder Bezeichnungen, die der Kenn-
zeichnung dienen. Bei einer Nominalskala sind die Ausprägungen unterscheidbar.
Es gibt keine Rangfolge und die Ausprägungen lassen sich nicht vergleichen.
Das Merkmal Farbe ist nominalskaliert.

Beispiele für eine Ordinalskala:

Merkmal	Merkmalsausprägung	Erhebung durch
Schulnoten	sehr gut, gut, ..., ungenügend	Vergleichen
Kleidergrößen	X, XL, XXL	
Beliebtheit		
eines Politikers	– 5 bis 5	

Bei dieser Skala ist sinnvolles Ordnen möglich, es gibt eine natürliche Rangordnung (Reihenfolge) für die Ausprägungen. Man kann die Ausprägungen vergleichen.
Das Merkmal Schulnoten ist ordinalskaliert.

Beispiele für eine metrische Skala:

Merkmal	Merkmalsausprägung	Erhebung durch
Anzahl der Geschister	0, 1, 2, 3, 4	Zählen
Gewicht in kg	40, ... , 90	Messen
Niederschlagsmenge	0 bis 100 mm	Messen

Die Ausprägungen sind reelle Zahlen (u. U. mit Einheit).
Bei dieser Skala gibt es eine Rangfolge. Die Ausprägungen können nach der Größe angeordnet werden. Zusätzlich sind Differenzen von Merkmalsausprägungen sinnvoll.

Diskrete und stetige Merkmale

Merkmale können in diskreter oder stetiger Form vorliegen. Diskrete Merkmale können abzählbar viele Merkmalsausprägungen annehmen.
Stetige Merkmale können jeden beliebigen Wert in einem Bereich (Intervall) annehmen.

Beispiele:

Merkmal	Merkmalsausprägung	Skala	stetig/diskret
Geschlecht	m, w	nominal	diskret
Platzziffer bei			
einem Wettbewerb	1; 2; 3; ...	ordinal	diskret
Alter	0 bis 110 Jahre	metrisch	stetig
Schläge beim Golf	65; 66; 67; ...	metrisch	diskret
elektrische Stromstärke	0A bis 10^{12} A	metrisch	stetig

Bemerkung:
Nominal- und ordinalskalierte Merkmale sind stets diskrete Merkmale.
Metrisch skalierte Merkmale können stetig oder diskret sein.
In der Praxis werden stetige Merkmale häufig wie diskrete Merkmale behandelt.
So werden in der Regel das Alter in ganzen Zahlen und das Körpergewicht in vollen kg angegeben.

Bemerkung:
Ein qualitatives Merkmal ist nominalskaliert oder ordinalskaliert.
Merkmalsausprägungen eines quantitativen Merkmals werden nach einer
metrischen Skala gemessen.
Metrisch skalierte Skalen haben den größten Informationsgehalt.

Übersicht über Merkmalsarten und Merkmalsskalen

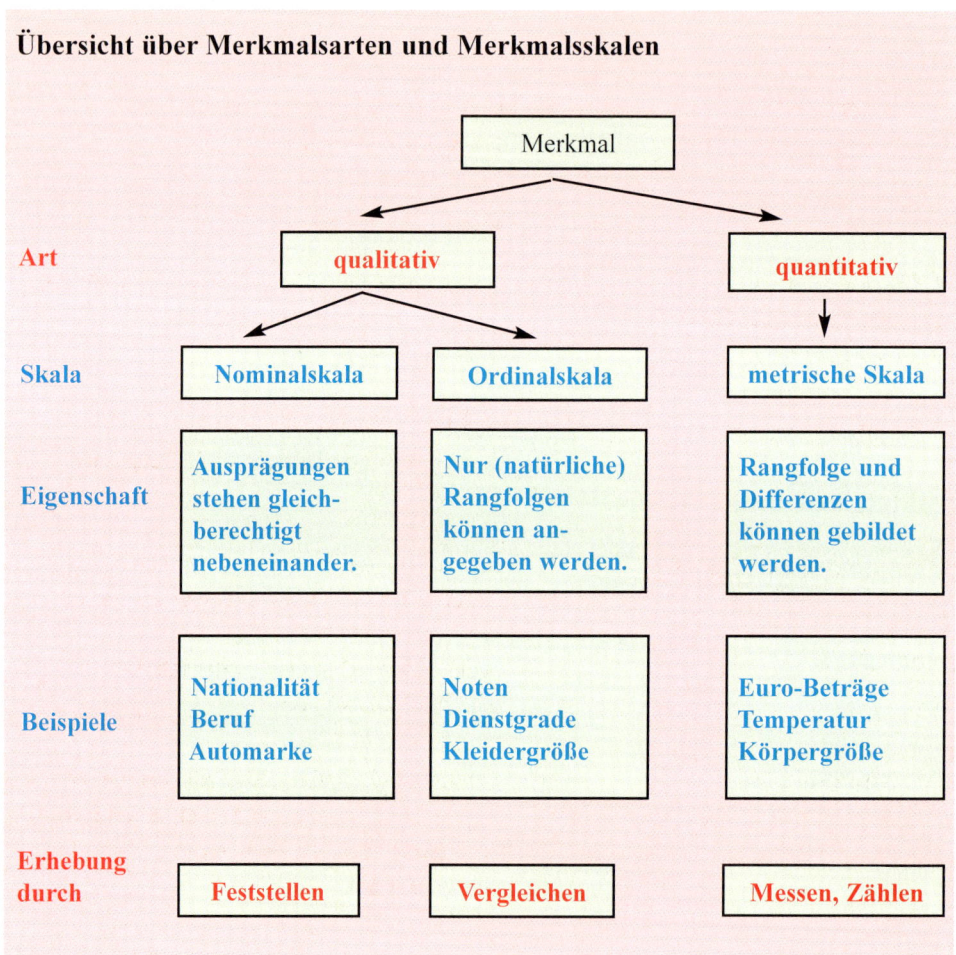

Hinweise
Bei diskreten Merkmalen mit „vielen" Ausprägungen oder bei stetigen Merkmalen
empfiehlt sich eine **Klasseneinteilung**.
Häufigkeiten lassen sich nur bei **diskreten** (qualitativen und quantitativen)
Merkmalen bestimmen.

Was man wissen sollte...	über die wichtigsten Begriffe
Deskriptive Statistik	Beschreibende Statistik Erhebung, Aufbereitung, Darstellung und Beschreibung statistischer Daten
Grundgesamtheit	Gesamtheit aller möglichen Untersuchungseinheiten, aller Merkmalsträger, die Gegenstand einer statistischen Untersuchung sind.
Untersuchungseinheit/ Beobachtungseinheit/ Merkmalsträger	Befragte Personen oder untersuchte Objekte, an denen etwas gezählt, gemessen oder beobachtet wird.
Merkmal	Eigenschaft der Merkmalsträger, die Gegenstand der Befragung, Zählung oder Messung ist.
Merkmalsausprägung	Merkmalswert, der Wert, der bei der Erhebung beim Merkmalsträger festgestellt wird. Jedes Merkmal hat zwei oder mehr Merkmalsausprägungen.
Merkmalsskala	beinhaltet alle möglichen Ausprägungen eines Merkmals; die Skala ist das Hilfsmittel, mit dem die Merkmalswerte gemessen oder erfragt werden.
Merkmalsarten	Einteilung in quantitative und qualitative Merkmale.
Stichprobe	Teilmenge der Grundgesamtheit

Aufgaben

1. Bestimmen Sie die Art der Skala bei der Beurteilung der folgenden Merkmale:
   a) Anzahl der Insassen in einem PKW bei der Verkehrszählung
   b) Reisegeschwindigkeit bei Flugzeugen
   c) Schultypen
   d) Temperaturangaben in °C
   e) Zugriffszeiten auf Daten beim PC
   f) Fassungsvermögen von Binnenschiffen
   g) Bewertung beim Eiskunstlauf
   h) Ölverbrauch in einem Einfamilienhaus pro Jahr
   i) Stärke von Erdbeben
   j) Einteilung von Schülern nach ihrer Nationalität
   k) Einteilung von Bediensteten einer Firma nach ihrem Bruttogehalt
   l) Sehstärke in Dioptrien
   m) Intelligenzquotient
   n) Einteilung der Schüler des Gymnasiums nach Wohnort

2. Welche quantitativen Merkmale aus Aufgabe 1 haben eine diskrete und welche quantitativen Merkmale haben eine stetige metrische Skala?

3. Ordnen Sie die gegebenen Merkmale zu:
   Blutdruck; Seitenzahl eines Romans; Besucherzahl im Stadion; Konfession; Stimmenanteile bei einer Wahl; Klassenstärke; Anzahl der Geburten einer Frau; Körpergewicht; Schulnoten; Schuhgröße; Dauer des Krankenhausaufenthaltes in Tagen; Haarfarbe; Staatsangehörigkeit

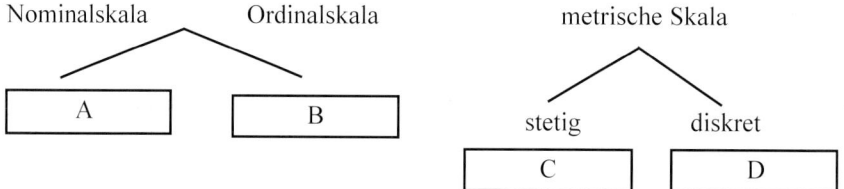

4. Welcher Diagrammtyp wäre für die grafische Darstellung der folgenden Merkmale besonders gut geeignet?
   a) Religionszugehörigkeit   c) Einkommensverteilung
   b) Alter   d) Sitzverteilung im Parlament

5. Sind folgende Aussagen richtig oder falsch:
   a) Die Merkmalsausprägungen von quantitativ-diskreten Merkmalen können auf einem bestimmten Intervall alle reellen Zahlen annehmen.
   b) Die Ordinalskala stellt die einfachste Form des Messens dar. Sie dient hauptsächlich zur Klassifizierung der Merkmalswerte.

5 Lagemaße

In der Urliste sind alle Merkmale mit allen Ausprägungen enthalten.

In den letzten Kapiteln ging es darum, eine Fülle von ungeordnetem Datenmaterial durch geeignete Grafiken übersichtlich aufzubereiten und durch Auszählung von Häufigkeiten zu verdichten.

Nun sollen zu einer Beobachtungsreihe charakteristische Größen (Mittelwerte) bestimmt werden, die Aussagen über die Lage der Beobachtungswerte zulassen. Der bekannteste Mittelwert ist das arithmetische Mittel.

5.1 Arithmetisches Mittel

Beispiele:

1. Bestimmen Sie aus der Urliste der Schülerbefragung (vgl. Seite 13) das durchschnittliche Körpergewicht aller befragter Schüler.

Lösung

Anzahl der Merkmalsträger (Schüler)	$n = 27$
Summe aller Körpergewichte	$52 + 67 + ... + 59 = 1\,733$
Durchschnittswert $\overline{x}$ (Mittelwert)	$\overline{x} = \dfrac{1\,733}{27} = 64{,}2$

Bemerkung:

Der Mittelwert 64,2 kg bedeutet: Hätte jeder Schüler ein Körpergewicht von 64,2 kg, so ergäbe die Summe aller Körpergewichte 1 733 kg (gerundet).

$$\text{Mittelwert} = \frac{\text{Summe aller Körpergewichte } x_i}{\text{Anzahl } n \text{ der Beobachtungswerte } x_i}$$

Berechnung des (arithmetischen) Mittelwertes $\overline{x}$ aus den Beobachtungswerten x_i

$$\overline{x} = \frac{\text{Summe aller Beobachtungswerte } x_i}{\text{Anzahl } n \text{ der Beobachtungswerte } x_i}$$

$$\overline{x} = \frac{1}{n}(x_1 + x_2 + ... + x_n) = \frac{1}{n}\sum_{i=1}^{n} x_i$$

$\displaystyle\sum_{i=1}^{n} x_i$ gelesen: Summe aller x_i mit i gleich 1 bis n

Bemerkung:

Der Mittelwert kann nur bei metrisch skalierten Merkmalen bestimmt werden.

Beispiele für Mittelwerte:

Pro-Kopf-Verbrauch von Wasser:	135 Liter pro Tag
Durchschnittseinkommen aller Arbeitnehmer:	28 500 EUR pro Jahr

2. Ein Weingut bietet vier Sorten Weine aus verschiedenen Lagen an. Die nachfolgende Liste gibt die verkauften Mengen für einen Jahrgang an.

Häufigkeitstabelle

Sorte	A	B	C	D
Verkaufspreis pro Flasche in Euro (x_i)	5	7	8	12
Verkaufte Flaschen (n_i)	150	600	250	300

Berechnen Sie den durchschnittlichen Verkaufspreis pro Flasche.

Lösung

Anzahl der verkauften Flaschen	$n = 1\,300$
Gesamteinnahmen (Erlös)	$5 \cdot 150 + 7 \cdot 600 + 8 \cdot 250 + 12 \cdot 300 = 10\,550$
Erlös pro Flasche	$\dfrac{10\,550}{1\,300} = 8,12$

Der durchschnittliche Verkaufspreis pro Flasche beträgt 8,12 Euro.

Berechnung des arithmetischen Mittels $\overline{x}$ aus einer Häufigkeitstabelle

für **vier Ausprägungen**:
$$\overline{x} = \frac{1}{n}(x_1 n_1 + x_2 n_2 + x_3 n_3 + x_4 n_4) = \frac{1}{n}\sum_{i=1}^{4} x_i n_i$$

für **k Ausprägungen**:
$$\overline{x} = \frac{1}{n}\sum_{i=1}^{k} x_i n_i = \sum_{i=1}^{k} x_i h_i \quad \text{mit } h_i = \frac{n_i}{n}$$

Hierbei müssen die Häufigkeiten n_i aller k Merkmalsausprägungen x_i bekannt sein.

3. Bestimmen Sie aus der klassierten Häufigkeitstabelle für das Körpergewicht mit der Klassenbreite 10 kg (vgl. Seite 19) den (arithmetischen) Mittelwert.

Lösung

Klasse x_i	51 bis 60	61 bis 70	71 bis 80	81 bis 90
Häufigkeit n_i	11	10	5	1
Klassenmitte m_i	55,5	65,5	75,5	85,5

Der Häufigkeit wird die Klassenmitte zugeordnet. Man unterstellt, dass z. B. alle 11 Schüler der Klasse x_1 das Körpergewicht von 55,5 kg haben, d. h., die 11 Schüler haben ein Gesamtgewicht von $11 \cdot 55,5$ kg $= 610,5$ kg.

Anzahl der Schüler	$n = 27$
Gesamtgewicht	$55,5 \cdot 11 + 65,5 \cdot 10 + 75,5 \cdot 5 + 85,5 \cdot 1 = 1\,728,5$
Durchschnittliches Gewicht	$\overline{x}_k = \dfrac{1\,728,5}{27} = 64,0$

Ergebnis: Das durchschnittliche Gewicht (der Mittelwert) beträgt 64,0 kg.

Berechnung des Mittelwertes $\overline{x}_k$ bei klassierten Daten

$$\overline{x}_k = \frac{1}{n}\,(\,m_1\,n_1 + m_2\,n_2 + \,...\, + \,m_r\,n_r\,) = \frac{1}{n}\sum_{i=1}^{r} m_i\,n_i$$

r: Anzahl der Klassen
m_i: Klassenmitte der i-ten Klasse
n_i: Häufigkeit der i-ten Klasse

Bemerkung:
Die Daten innerhalb jeder Klasse sollten **gleichmäßig verteilt** sein.

Aufgabe

Berechnen Sie das arithmetische Mittel folgender Daten.

a) 15,2   16,1   17,3   15,7   14,8   17,0   16,8   15,1

b)

x_i	52	55	58	60	65
n_i	3	4	5	3	1

c)

x_i	0	1	2	3
h_i	0,25	0,2	0,15	0,4

d)

a_i	[1000.. 1199[	[1200.. 1399[	[1400.. 1599[
n_i	34	20	8

5.2 Modus (Modalwert)

Bei nominal skalierten Merkmalen kann das arithmetische Mittel nicht berechnet werden. Hier lässt sich lediglich die Frage nach der Merkmalsausprägung mit der größten Häufigkeit stellen.

Der Modus x_{Mod} (Modalwert) ist der Merkmalswert, der am häufigsten vorkommt.

Beispiele für die Bestimmung des Modus aus der Urliste Seite 13:
a) Merkmal Sportart (nominal skaliert)
   Der Modus x_{Mod} = Fußball, da dieser Wert am häufigsten (9-mal) vorkommt.
b) Merkmal Gewicht (metrisch skaliert)
   Der Modus x_{Mod} ist 63 (kg) (3-mal)

Bemerkung:
   1. Gibt es mehrere Merkmalswerte mit der gleichen maximalen Häufigkeit, so existiert kein Modus.
   2. Bei nominal skalierten Merkmalen ist der Modus das einzige sinnvolle Lagemaß.
   3. Der Modus kann aus einem Säulendiagramm (Histogramm) direkt abgelesen werden. Bei einer Klasseneinteilung ist der Modus die Mitte der am dichtesten besetzten Klasse.

5.3 Zentralwert (Median)

Beispiel:
Ein Bautrupp mit 9 Personen hat folgende monatlichen Einkünfte (in EUR):

1160   1050   980   1200   970   1800   6600   1180   1090

Hierbei ist das arithmetische Mittel $\bar{x} = 1781$
Dieser Durchschnitt liefert ein falsches Bild, weil die Mehrzahl
(sieben von neun Personen) höchstens 1200 EUR verdient.

Der Wert 6600 (Ausreißer) zieht den Mittelwert $\bar{x}$ nach oben.
Man sucht nach einem Wert, der die Verteilung der Einkünfte besser charakterisiert.
Dazu ordnen wir die Verdienste der Größe nach.

970   980   1050   1090   **1160**   1180   1200   1800   6600

Der in der Mitte liegende Wert 1160 EUR beschreibt die Verteilung besser als der
Mittelwert $\bar{x}$.

Der Wert 1160 ist der Zentralwert.

Der **Zentralwert x_{Med} (Median)** ist derjenige Wert, der in der Mitte steht,
wenn alle Beobachtungswerte x_i der Größe nach geordnet sind.

Vergleich von Mittelwert $\bar{x}$ und Zentralwert x_{Med} anhand eines Diagrammes.

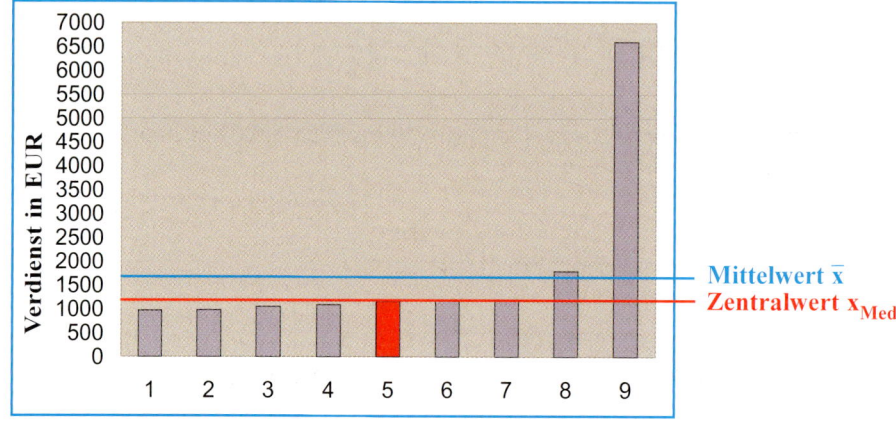

Bemerkung:

Zur Berechnung des Mittelwertes $\bar{x}$ fließen **alle** Beobachtungswerte ein. Ausreißer verzerren den Mittelwert. Auf den Zentralwert haben Ausreißer keinen Einfluss.

Beispiel:

a) **Die Anzahl n der Beobachtungswerte ist ungerade.**

Lebensalter von 7 Mathematiklehrern (n = 7)

28	31	40	45	52	53	62
x_1	x_2	x_3	**x_4**	x_5	x_6	x_7
3 Werte			**x_{Med}**	3 Werte		

In der Tabelle stehen links und rechts neben dem Zentralwert gleich viele Werte.

Der Index 4 berechnet sich aus $\qquad \dfrac{7+1}{2} = 4$ mit $n = 7$

Zentralwert x_{Med} $\qquad\qquad x_{Med} = x_4 = 45$

Zentralwert x_{Med} für eine ungerade Anzahl n von Beobachtungswerten

$$x_{Med} = x_{\frac{n+1}{2}}$$

b) **Die Anzahl n der Beobachtungswerte ist gerade.**

Lebensalter von 8 Mathematiklehrern (n = 8)

28	31	40	45	52	53	58	62
x_1	x_2	x_3	x_4	x_5	x_6	x_7	x_8
3 Werte			**x_{Med}**		3 Werte		

Bei einer geraden Anzahl von Werten (n = 8) berechnet man den Zentralwert aus den beiden mittleren Werten:

Zentralwert $\qquad\qquad x_{Med} = \dfrac{x_4 + x_5}{2} = \dfrac{45 + 52}{2} = 48{,}5$

Die beiden mittleren Werte haben die Indizes 4 und 5

Für $n = 8$ gilt $\qquad\qquad 4 = \dfrac{n}{2}$ und $5 = \dfrac{n}{2} + 1$

Zentralwert x_{Med} für eine gerade Anzahl n von Beobachtungswerten

$$x_{Med} = \frac{1}{2}\left(x_{\frac{n}{2}} + x_{\frac{n}{2}+1} \right)$$

Eigenschaften von Lagemaßen

Lagemaß	Skala	Definition	Beispiel: 23;19;17;44;19;44;44
Mittelwert $\bar{x}$	metrische	Summe aller Werte geteilt durch die Anzahl n	$\bar{x} = \frac{23+19+17+44+19+44+44}{7}$ $\bar{x} = 30$
Modalwert x_{Mod}	alle	häufigster Beobachtungswert	$x_{Mod} = 44$
Zentralwert x_{Med}	Ordinalskala und metrische Skala	Wert in der Mitte	geordnete Daten 17; 19; 19; **23**; 44; 44; 44 $x_{Med} = 23$

Bemerkung:

Ausreißer sind Beobachtungswerte, die „außergewöhnlich" weit vom Mittelwert entfernt sind. Ein Ausreißer verändert den Mittelwert, er hat jedoch **keinen** Einfluss auf den Zentralwert und den Modalwert.

Vergleich von Lagemaßen anhand eines Säulendiagrammes

Häufigkeitsverteilung der Mathematiknoten einer Klassenarbeit

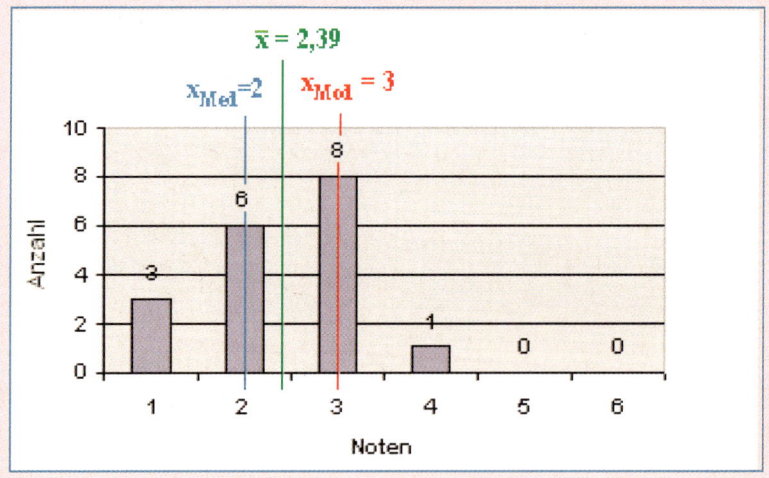

Bemerkung:

Die Lagemaße sind Zahlen, die zur Charakterisierung einer Häufigkeitsverteilung verwendet werden.
Der Zentralwert wird der sortierten Liste entnommen.

Grafikfähiger Taschenrechner ... Mittelwert, Median und Modalwert

Aufgabe:

In einem Leistungskurs in Mathematik wurden nach einer Klassenarbeit die Pulsfrequenzen der Schüler und Schülerinnen gemessen.

Urliste: Pulsfrequenz (Schläge/min)

94 94 80 110 97 104 98 108 94 111 98 114 93 134

Berechnen Sie den **Mittelwert**, den **Median** und den **Modalwert** mit dem GTR.

Lösung

Man wählt im **MENÜ** den **STAT** modus und gibt unter **LIST 1** die Werte für die Pulsfrequenz ein.

	List 1	List 2	List 3	List 4
1	94			
2	94			
3	80			
4	110			
5	97			

`SRT·A` `SRT·D` `DEL` `DEL·A` `INS` ` ` ▷

↓

	List 1	List 2	List 3	List 4
10	111			
11	98			
12	114			
13	93			
14	134			

111

`GRPH` `CALC` `TEST` `INTR` `DIST` ` ` ▷

Wenn Sie jetzt die Taste **F2 (CALC)** und dann **F6 (SET)** drücken, erscheint das nebenstehende Bild.

```
1Var XList   :List1
1Var Freq    :1
2Var XList   :List1
2Var YList   :List2
2Var Freq    :1
```

`List1` `List2` `List3` `List4` `List5` `List6`

Nun drücken Sie die **EXE**-Taste und dann **F1 (1 VAR)** und Sie erhalten die gesuchten Werte.

```
1-Variable
x̄    =102.071428
Σx   =1429
Σx²  =148027
xσn  =12.4410856
xσn-1=12.9107247
n    =14
```
`1VAR` `2VAR` `REG`   `SET`

Mittelwert: x̄ = 102,07

Median: Med = 98

Modalwert: Mod = 94

```
1-Variable
Med  =98
Q3   =110
x̄-xσn=89.6303429
x̄+xσn=114.512514
maxX =134
Mod  =94
```
`1VAR` `2VAR` `REG`   `SET`

4   Bohner/Ihlenburg/Ott – ISBN 3-8120-0206-X

Stängel-Blatt-Diagramm

Zur Bestimmung des Zentralwertes müssen die Daten geordnet werden,
was mühsam sein kann.
Eine Erleichterung bietet hier das Stängel-Blatt-Diagramm.

Beispiel:
Die Daten einer Urliste für das Körpergewicht lauten:

52 67 60 55 63 63 70 78 84 68 60 57 67 58 70 73 55 72 51
60 64 51 54 68 75 76 59

Die Daten werden im Stängel-Blatt-Diagramm geordnet.

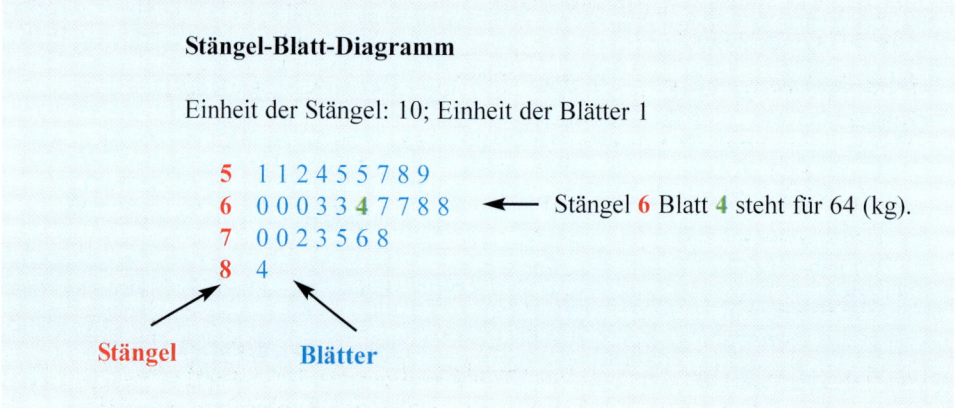

Stängel-Blatt-Diagramm

Einheit der Stängel: 10; Einheit der Blätter 1

5   1 1 2 4 5 5 7 8 9
6   0 0 0 3 3 4 7 7 8 8   ← Stängel **6** Blatt **4** steht für 64 (kg).
7   0 0 2 3 5 6 8
8   4

Stängel   **Blätter**

Erklärung
Dieser Diagrammtyp heißt Stängel-Blatt, weil die Daten wie Blätter an den
Stängel geheftet werden.
Vorgehensweise:
Die Daten werden nach den Stängeln (Zehnerzahlen) geordnet.
Zu jedem Stängel werden dann die Blätter (Einerzahlen) der Größe nach
hinzugeschrieben.
Jeder Stängel steht für eine Klasse, z. B. steht der 2. Stängel dann
für die Klasse 60 bis 69.

Bemerkung:
Man erkennt auf den ersten Blick:
1. Die meisten Daten liegen im 2. Stängel.
2. Der Wert mit der größten Häufigkeit (Modalwert) ist $x_{Mod} = 60$.
3. An der 14. Stelle steht der Zentralwert (Median) 63.

Beachten Sie:
Einheiten von Stängel und Blätter müssen zunächst festgelegt werden.

Aufgaben

1. Erstellen Sie aus der Urliste der Pulsmessung von Seite 21ein Stängel-Blatt- Diagramm. Berechnen Sie die durchschnittliche Pulsfrequenz aller Schüler und vergleichen Sie diese mit dem Median der Urliste.

2. Die 32 Schüler in der Klasse haben ein Durchschnittsgewicht von 74 kg. Nach langer Krankheit hat ein Schüler 24 kg abgenommen. Um wie viel ändert sich der Mittelwert? Wie ändert sich der Mittelwert, wenn sich bei einer Datenreihe der Länge n ein Datenwert um a vergrößert (verkleinert)?

3. Eine Umfrage unter 120 Schülern ergibt folgende Verteilung der monatlichen Taschengeldeinkünfte in EUR:

Höhe des Taschengeldes Klasse x_i	rel. Häufigkeit h (a_i) in %
0 bis unter 5	10,8
5 bis unter 10	15,0
10 bis unter 20	21,8
20 bis unter 30	15,8
30 bis unter 50	19,1
50 bis unter 75	17,5

   a) Bestimmen Sie den Median, den Modalwert und das arithmetische Mittel $\bar{x}_k$. Wie viele der befragten Schüler erhalten mindestens 20 EUR Taschengeld?

   b) Wie viel Taschengeld erhält ein Kind, das zum „ärmsten" Viertel gerechnet wird, im Durchschnitt?

   c) Wie viel EUR geben die Eltern aller befragten Schüler monatlich für Taschengeld aus? Welcher Teil des gesamten Taschengeldes wird von den Schülern bezogen, die mindestens 50 EUR erhalten?

4. In einem Unternehmen sind 10 Frauen in einer Putzkolonne auf 325-EUR-Basis beschäftigt.
Der Chef stellt einen Vorarbeiter ein, der 2 800 EUR pro Monat verdienen soll. Welche Auswirkungen ergeben sich dadurch auf den Modus, den Median und das arithmetische Mittel der Monatseinkommen aller Mitarbeiter?

5. Die 13 Studenten in einem Kurs geben ihre monatlichen Ausgaben in EUR wie folgt an: 1 300, 1 200,1 400, 700, 200, 750, 1 450, 1 500, 800, 800, 950, 900, 3 000.

   a) Berechnen Sie das arithmetische Mittel, den Median und den Modalwert. Interpretieren Sie diese Maße inhaltlich.

   b) Erklären Sie, warum sich die Lagemaße unterscheiden.

   c) Welche Maßzahl charakterisiert Ihrer Meinung nach die Stichprobe am besten?

6. Der Benzinverbrauch pro 100 km zweier Autos vom Typ A und B soll getestet werden.
   Dabei ergeben sich folgende Werte (in l/100 km):

   Typ A: 8,0   7,0   7,4   7,8   8,2   8,6   9,3   8,4   8,3   7,9   8,2

   Typ B: 8,7   7,6   7,8   7,7   7,9   8,1   7,9   7,8   8,5   8,5   8,4   8,3

   a) Ordnen Sie die Beobachtungswerte von Typ A und Typ B der Größe nach jeweils in einem (oder in einem zweiseitigen) Stängel-Blatt-Diagramm.

   b) Welche Werte liegen in der Mitte der geordneten Daten? Vergleichen Sie.

   c) Berechnen Sie für jeden Fahrzeugtyp den durchschnittlichen Verbrauch.

   d) Um welche Beträge (positive Differenzen) weichen die einzelnen Werte jeder Liste von ihrem Mittelwert ab? Bilden Sie den Mittelwert dieser Abweichungen (mittlere Abweichung), indem Sie alle Abweichungen addieren und durch die Anzahl der Testergebnisse bei jedem Autotyp teilen.

7. Die Häufigkeitstabelle zeigt die Anzahl der Kunden an der Kasse im Supermarkt in 30 aufeinander folgenden Zeitabschnitten von je 10 Minuten.

Anzahl der Kunden	0	2	3	4	5	6	7	9
Häufigkeit:	1	3	4	5	8	3	2	4

   a) Stellen Sie die Verteilung in einem Säulendiagramm dar.

   b) Berechnen Sie den Zentralwert und den Mittelwert. Was fällt Ihnen auf?

   c) Berechnen Sie die Abweichungen der Beobachtungswerte von Median und Mittelwert. Berechnen Sie jeweils die mittlere Abweichung (vgl. Aufgabe 6).

8. Nach Angaben des Statistischen Bundesamtes kamen im Jahre 2001 auf je 100 000 Einwohner im Alter zwischen 18 und 25 Jahren 24,6 Verkehrstote.
   Inwiefern handelt es sich bei dieser Angabe um einen Mittelwert?

9. Ein PKW verliert innerhalb des ersten Jahres 25 % seines Wertes, im zweiten Jahr 20 %, im dritten Jahr 15 % und im vierten Jahr noch 10 % des Kaufpreises.

   a) Der Besitzer will den PKW nach 4 Jahren verkaufen.
      Wie viel Prozent des Kaufpreises erhält er noch ?

   b) Berechnen Sie den durchschnittlichen Wertverlust in den ersten vier Jahren.

10. Ein Mineralölkonzern hat an einer Überlandstraße fünf Tankstellen A, B, C, D und E.
    Von einem Treibstofflager soll je eine Versorgungsleitung zu allen Tankstellen gelegt werden. Bestimmen Sie den Standort so, dass die Gesamtlänge der Leitungen möglichst klein ist.

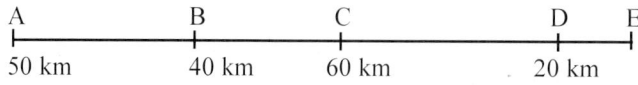

Hinweis: Berechnen Sie die Summe der Abweichungsquadrate. Bestimmen Sie
die x-Koordinate des Scheitelpunktes der zugehörigen Parabel.

6 Streuungsmaße

Die Lagemaße beschreiben eine Verteilung nicht ausreichend.

Unterschiedliche Verteilungen können denselben Mittelwert $\overline{x}$ haben.

Es kommt also auch darauf an, wie sich die Daten um den Mittelwert scharen.

Beipiel:

Notenverteilung im Kurs a

Schüler-Nr.	Note
1	3,2
2	3,5
3	2,9
4	3,3
5	3,4
6	2,5
7	2,7
8	2,8
9	3,1
10	2,6

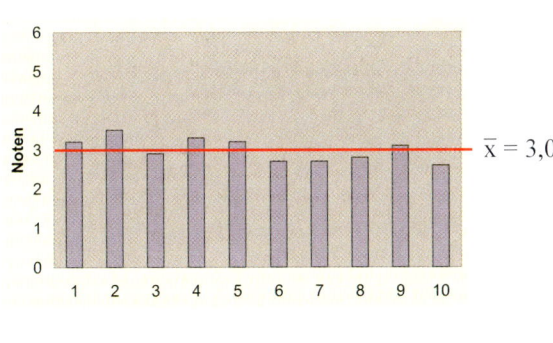

$\overline{x} = 3,0$

Notenverteilung im Kurs b

Schüler-Nr.	Note
1	1,0
2	1,0
3	2,0
4	2,5
5	3,2
6	2,8
7	3,5
8	2,0
9	6,0
10	6,0

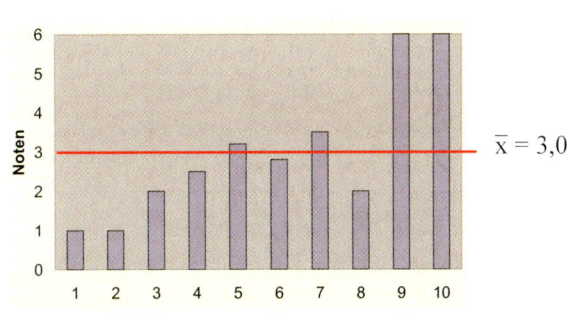

$\overline{x} = 3,0$

Trotz des gleichen Mittelwertes ist die Notenverteilung der beiden Klassen sehr unterschiedlich. Man erkennt, dass im Kurs a die Noten wenig um den Mittelwert „streuen", während im Kurs b die Abweichungen vom Mittelwert sehr groß sind.

Daraus ergibt sich die Notwendigkeit, die Abweichungen der Beobachtungswerte z. B. zum Mittelwert näher zu beschreiben.

Die beschreibende Statistik kennt dafür unterschiedliche Streuungsmaße.

6.1 Spannweite

Ein einfaches Maß für die Streuung ist die Differenz vom kleinsten und vom größten Beobachtungswert. Im Kurs a bewegen sich die Noten zwischen 2,5 und 3,5.
Die Spannweite beträgt 3,5 – 2,5 = 1,0.
Die Spannweite der Noten im Kurs b beträgt 6,0 – 1,0 = 5,0.

Für die **Spannweite R** gilt: R = größter Beobachtungswert – kleinster Beobachtungswert
$$R = x_{max} - x_{min}$$

Bemerkung:
Die Spannweite gibt die Länge des Bereichs an, über den sich die Beobachtungswerte verteilen. Eine größere Spannweite bedeutet eine größere Streuung, aber da die Spannweite nur von zwei Werten (dem kleinsten und dem größten Wert) abhängt, ist die Aussagekraft relativ gering.

Daher verwendet man ein weiteres Streuungsmaß, das nicht nur von zwei Werten bzw. von einem Wert (Ausreißer) abhängt, den sog. Quartilsabstand.

6.2 Quartilsabstand

Der Median teilt einen der Größe nach geordneten Datensatz in der Mitte.
Die Quartile unterteilen diese beiden Hälften jeweils wieder in zwei gleich große Teile, sodass man vier gleich große Bereiche erhält.

Beispiel:
Urliste mit den Körpergewichten der Schüler (männlich).

Geordnete Urliste	x_1	x_2	x_3	x_4	x_5	x_6	x_7	x_8	x_9	x_{10}	x_{11}	x_{12}	x_{13}
	60	67	67	68	68	70	**70**	72	73	75	76	78	84

	1. Quartil Q_1 **Median der 1. Hälfte**	**2. Quartil Q_2** **Median**	**3. Quartil Q_3** **Median der 2. Hälfte**
Berechnung	$Q_1 = \frac{1}{2}(x_3 + x_4) = 67{,}5$		$Q_3 = \frac{1}{2}(x_{10} + x_{11}) = 75{,}5$
– mit GTR	$Q_1 = 67{,}5$	$Q_2 = x_{Med} = 70$	$Q_3 = 75{,}5$
– mit Excel (interne Gewichtung)	$Q_1 = 68$	$Q_2 = x_{Med} = 70$	$Q_3 = 75$

Festlegung
Das 1. Quartil ist ein Wert, der **größer als 25%** aller geordneten Beobachtungswerte ist.
Das 2. Quartil ist der Median.
Das 3. Quartil ist ein Wert, der **größer als 75%** aller geordneten Beobachtungswerte ist.

Bemerkung:
Die Berechnung der Quartile ist nicht eindeutig. Verschiedene Programme
(z. B. Excel) haben ihren eigenen Algorithmus und liefern unter Umständen andere
Werte. Quartile sind evtl. keine Werte aus der Messreihe.

Zwischen dem 1. und 3. Quartil liegen 50% der Beobachtungswerte.
In unserem Beispiel ergibt sich der Quartilsabstand Q_A als Differenz vom 3. und 1.
Quartil: $Q_A = 75,5 - 67,5 = 8$.
Das heißt, dass (ungefähr) 50% der Körpergewichte der Schüler
zwischen 67,5 kg und 75,5 kg liegen. 50% der Daten liegen in einem Bereich von 8 kg.

Bemerkung:
Der Quartilsabstand $Q_A = Q_3 - Q_1$ beschreibt die Länge des Bereichs
der mittleren 50 % der Beobachtungswerte.
Berechnung des Quartilsabstandes $\qquad Q_A = Q_3 - Q_1$

Graphische Darstellung von Spannweite und Quartilsabstand (Box-Plot-Diagramm)

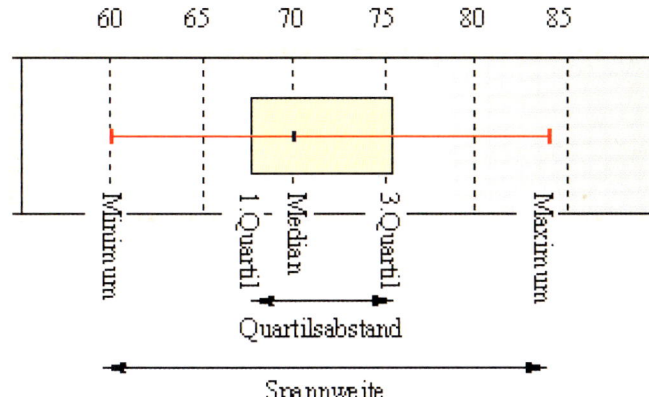

Fünf Kenngrößen
$x_{min} = 60$
$Q_1 = 67,5$
$x_{Med} = 70$
$Q_3 = 75,5$
$x_{max} = 84$

Vergleich von Spannweite und Quartilsabstand

Spannweite	Quartilsabstand
Abhängig vom kleinsten und größten Wert	Unabhängig von Ausreißern
Gibt die Gesamtbreite an	Gibt die Breite des Bereiches an, der 50% aller Werte enthält
Berechnung leicht	Berechnung schwieriger

Beispiel:

In einer Stadt wurden im Monat September die Tagestemperaturen jeweils um 12 Uhr gemessen. Die Temperaturen in °C können der Tabelle entnommen werden.

Tag	1	2	3	4	5	6	7	8	9	10	11	12	13	14	15	16
Temperatur	2	5	7	11	11	12	13	15	17	24	18	14	15	16	13	12

Tag	17	18	19	20	21	22	23	24	25	26	27	28	29	30
Temperatur	10	24	17	18	3	20	19	18	18	20	21	22	14	11

a) Berechnen Sie die Spannweite und den Median.
b) Berechnen Sie das 1. und 3. Quartil und den Quartilsabstand.

Lösung

	x_1	x_2	x_3	x_4	x_5	x_6	x_7	x_8	x_9	x_{10}	x_{11}	x_{12}	x_{13}	x_{14}	x_{15}
Sortierte Urliste	2	3	5	7	10	11	**11**	11	12	12	13	13	14	14	**15**

x_{16}	x_{17}	x_{18}	x_{19}	x_{20}	x_{21}	x_{22}	x_{23}	x_{24}	x_{25}	x_{26}	x_{27}	x_{28}	x_{29}	x_{30}
15	16	17	17	18	18	18	**18**	19	20	20	21	22	24	24

a) Größter und kleinster Bobachtungswert: $x_{max} = 24$ $\qquad x_{min} = 2$

Spannweite R $\qquad\qquad\qquad R = x_{max} - x_{min} = 22$

Berechnung des Medians
n = 30 gerade $\qquad\qquad\qquad x_{Med} = \frac{1}{2}(x_{15} + x_{16}) = \frac{1}{2}(15 + 15)$

Median (Zentralwert) $\qquad\qquad x_{Med} = 15$

b) 1. Quartil (Median von x_1 bis x_{15}) $\qquad Q_1 = x_7 = 11$

3. Quartil (Median von x_{16} bis x_{30}) $\qquad Q_3 = x_{23} = 18$

Quartilsabstand $\qquad\qquad\qquad Q_A = Q_3 - Q_1 = 18 - 11 = 7$

Grafische Darstellung mit dem Boxplot-Diagramm

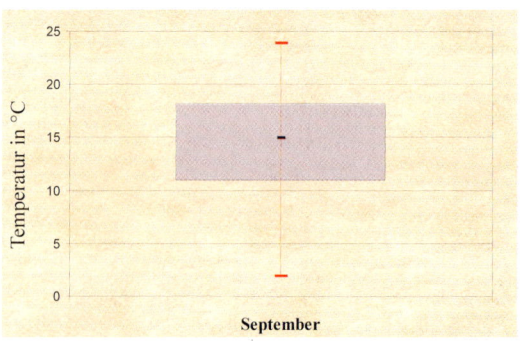

Überprüfen Sie die Ergebnisse mit dem Taschenrechner oder mit Excel.

Grafikfähiger Taschenrechner ... Streumaße

Urliste: Pulsfrequenz (Schläge/min)

94 94 80 110 97 104 98 108 94 111 98 114 93 134

Mit dem GTR sollen die wichtigsten Streumaße berechnet werden und ein Boxplot-Diagramm erstellt werden.

Vorgehensweise

Man wählt im **MENÜ** den **STAT** modus und gibt unter **LIST 1** die Werte für die Pulsfrequenz ein.

	List 1	List 2	List 3	List 4
1	94			
2	94			
3	80			
4	110			
5	97			

[SRT·A][SRT·D][DEL][DEL·A][INS][▷]

	List 1	List 2	List 3	List 4
10	110			
11	98			
12	114			
13	93			
14	134			111

[GRPH][CALC][TEST][INTR][DIST][▷]

Wenn Sie jetzt die Taste **F2 (CALC)** und dann **F6 (SET)** drücken erscheint das nebenstehende Bild.

```
1Var XList  :List1
1Var Freq   :1
2Var XList  :List1
2Var YList  :List2
2Var Freq   :1
```

[List1][List2][List3][List4][List5][List6]

Nun drücken Sie die **EXE**-Taste und dann **F1 (1 VAR)** und Sie erhalten die gesuchten Werte.

```
1-Variable
x̄    =102.071428
Σx   =1429
Σx²  =148027
xσn  =12.4410856
xσn-1=12.9107247
n    =14
```
[1VAR][2VAR][REG]   [SET]

```
1-Variable
minX =80
Q1   =94
Med  =98
Q3   =110
x̄-xσn=89.6303429
x̄+xσn=114.512514
```
[1VAR][2VAR][REG]   [SET]

kleinster Wert: minX = 80

1. Quartil: Q1 = 94

Median: Med = 98

3. Quartil: Q3 = 110

größter Wert: maxX = 134

```
1-Variable
Med  =98
Q3   =110
x̄-xσn=89.6303429
x̄+xσn=114.512514
maxX =134
Mod  =94
```
[1VAR][2VAR][REG]   [SET]

Um ein Boxplot-Diagramm zu erstellen, müssen Sie mit der Taste **EXIT** wieder auf die Liste 1 zurückgehen.

Drücken Sie jetzt nacheinander die Taste **F1 (GRAPH)** und **F6 (SET)**. Wählen Sie für **Graph Type** den Befehl **MedBox (F2)**.

Mit der Taste **EXIT** gelangen Sie zur Liste 1 zurück. Betätigen Sie die Taste **F1 (GPH1)**.

Es erscheint nebenstehendes Bild. Wenn Sie die Taste **F1 (1VAR)** drücken, erhalten Sie nochmal alle relevanten Streumaße.

Mit den Tasten **SHIFT** und **F1 (TRACE)** können Sie den Boxplot durchfahren und die fünf Kenngrößen abfragen.

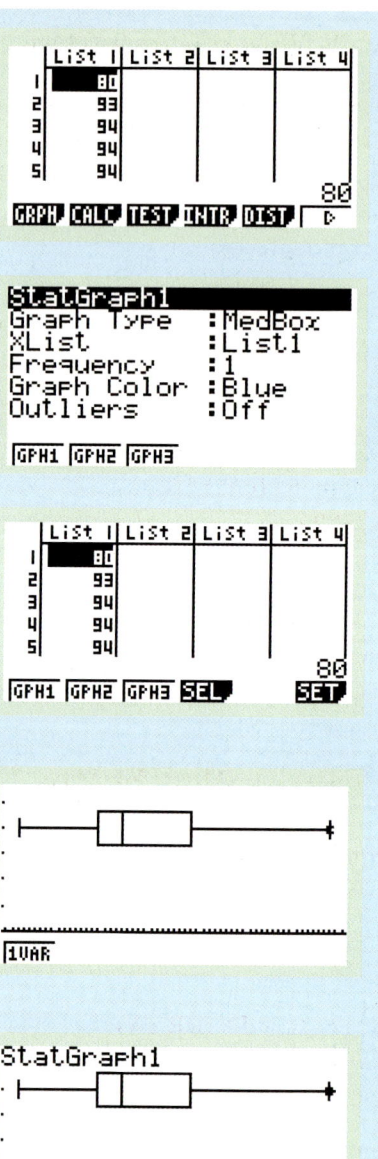

Erstellung von zwei Boxplot-Diagrammen

Liste 1	80	93	94	94	97	98	98	104	108	110	111	114	134
Liste 2	82	100	105	84	85	101	106	102	120	96	86	94	

Eingabe von zwei Listen
(etwa gleicher Zahlenbereich)

Drücken Sie jetzt nacheinander
die Taste **F1 (GRAPH)** und
F6 (SET). Wählen Sie die
nebenstehende Einstellung für
StatGraph1.
Die Taste **F2 (GPH2)** liefert das
gleiche Fenster für **StatGraph2**.

Drücken Sie **EXIT** und **F4 (SEL)**
und wählen Sie **Graph1** und
Graph2 ON.

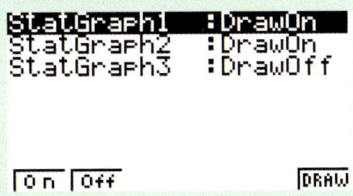

Mit der Taste **F6 (DRAW)**
sollten die beiden Boxplots
erscheinen.

Mit den Taste **SHIFT** und **F1**
(Trace) erhält man die
Kenndaten der Boxplots.

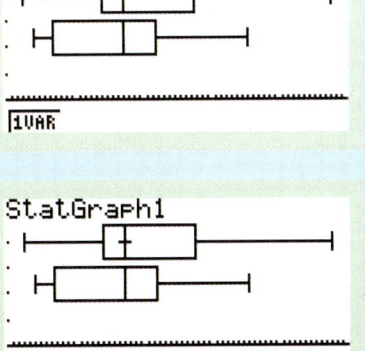

Aufgaben

1. Berechnen Sie Mittelwert, Median und Quartilsabstand der folgenden Datenreihe:
   3; 8; 12; 5; 7; 8; 9,5; 11; 14; 6; 8,5.

2. Die Körpergewichte für die Schüler
   und Schülerinnen aus unserer Urliste
   sind in den nebenstehenden
   Boxplot-Diagrammen dargestellt
   (vgl. Seite 13)!
   Berechnen Sie die Spannweite, das 1.
   und das 3. Quartil, den Quartilsabstand
   und den Median für das Körpergewicht
   der Schülerinnen und vergleichen Sie
   Ihre Ergebnisse mit dem zugehörigen
   Boxplot-Diagramm.
   Vergleichen Sie die beiden Boxplot-Diagramme.

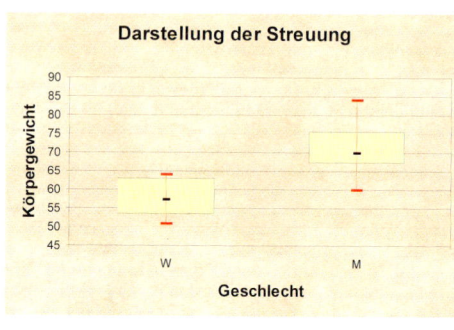

3. Das folgende Säulendiagramm beschreibt die Fehltage von 12 Schülern
   eines Kurses während eines Halbjahres.

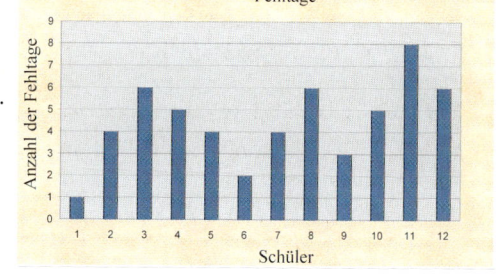

   a) Erstellen Sie eine Häufigkeitstabelle.
   b) Bestimmen Sie Spannweite, Modus,
      und Median der Verteilung.
      Welche Einheit haben diese
      Lagemaße?
   c) Berechnen Sie die durchschnittliche
      Zahl der Fehltage.
   d) Geben Sie das 1. und 3. Quartil an und bestimmen Sie den Quartilsabstand.
      Zeichnen Sie ein Boxplot.

4. Die Wetterstation liefert die Tagestemperaturen (in °C), gemessen um 12.00 Uhr, für die
   30 Tage eines Monats:
   11,8 12,4 18,5 24,2 23,5 20,8 21,5 23,5 20,6 15,4 14,8 17,5 16,9 18,2 16,4
   17,9 20,3 19,5 17,9 18,5 24,0 23,5 25,2 23,6 22,2 20,7 21,0 20,4 18,9 21,8
   a) Berechnen Sie die durchschnittliche Tagestemperatur.
   b) Berechnen Sie den Median, den Quartilsabstand und die Spannweite.
      Zeichnen Sie ein Boxplot.
   c) Im langjährigen Mittel lagen die Durchschnittstemperaturen für diesen Monat
      bei 18,5°C. Haben sich die klimatischen Verhältnisse geändert?

5. Zu einer Stichprobe mit 20 Beobachtungswerten kommt ein extrem großer Wert hinzu.
   Wie verändern sich Modus, Median, arithmetisches Mittel und Quartile?

6.3 Varianz und Standardabweichung

Die Varianz und die Standardabweichung sind die gebräuchlichsten Streuungsmaße, da sie alle Beobachtungswerte einer Verteilung berücksichtigen.
Die Streuung wird gemessen durch die Abweichung der Beobachtungswerte x_i vom arithmetischen Mittelwert $\overline{x}$.

Beispiel:

Notenverteilung im Kurs a (vgl. Seite 53)

Die **Abweichungen** $x_i - \overline{x}$ vom

Mittelwert $\overline{x}$ werden im Diagramm veranschaulicht.

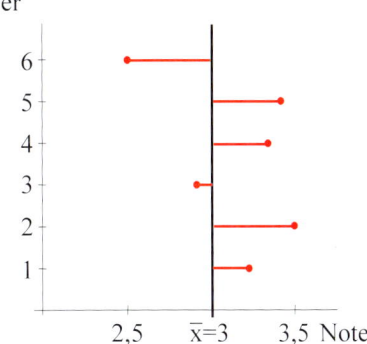

Man berechnet die Summe der Abweichungen vom Mittelwert $\overline{x} = 3{,}0$:

$(3{,}2 - 3{,}0) + (3{,}5 - 3{,}0) + (2{,}9 - 3{,}0) + (3{,}3 - 3{,}0) + (3{,}4 - 3{,}0) + (2{,}5 - 3{,}0)$
$+ (2{,}7 - 3{,}0) + (2{,}8 - 3{,}0) + (3{,}1 - 3{,}0) + (2{,}6 - 3{,}0) = 0$

Die Summe bestätigt nur den Mittelwert, sie hat keine Aussagekraft für die Streuung.
Die positiven und negativen Differenzen heben sich auf.
Um die negativen Differenzen zu vermeiden, berechnet man die **Quadrate** der Differenzen.

Nun berechnet man die Summe aller quadrierten Abweichungen vom Mittelwert $\overline{x}$.

$(3{,}2 - 3{,}0)^2 + (3{,}5 - 3{,}0)^2 + (2{,}9 - 3{,}0)^2 + (3{,}3 - 3{,}0)^2 + (3{,}4 - 3{,}0)^2 + (2{,}5 - 3{,}0)^2$
$+ (2{,}7 - 3{,}0)^2 + (2{,}8 - 3{,}0)^2 + (3{,}1 - 3{,}0)^2 + (2{,}6 - 3{,}0)^2 = 1{,}1$

Der Mittelwert dieser Abweichungsquadrate heißt **Varianz**.

Varianz: $\frac{1}{10} \cdot 1{,}1 = 0{,}11$ (Summe der Abweichungsquadrate durch die Anzahl n)

Festlegung der Varianz
Die Varianz s^2 ist das arithmetische Mittel der quadrierten Abweichungen der Beobachtungswerte x_i vom Mittelwert $\overline{x}$.

$$s^2 = \frac{1}{n} \sum_{i=1}^{n} (x_i - \overline{x})^2$$

$\overline{x}$: Mittelwert; x_i: i-ter Beobachtungswert;   n: Anzahl der Merkmalsträger

Beispiel:

Gegeben sind die Gewichte von fünf Fertiggerichten in g: 640   610   670   645   660
Berechnen Sie den Mittelwert und die Varianz.

Lösung

Mittelwert $\bar{x} = \dfrac{640+ 610+670+645+660}{5} = 645$ in g

Varianz $s^2 = \dfrac{1}{5}((640-645)^2 + (610-645)^2 + (670-645)^2 + (645-645)^2 + (660-645)^2)$

$\qquad s^2 = 420$ in g^2

Bemerkung:

Die Differenz von zwei Merkmalsausprägungen hat die gleiche Einheit wie die
Merkmalsausprägung z. B. Gewicht in g.
Da bei der Berechnung der Varianz die Einheiten auch quadriert werden, verlieren sie
für die Merkmalsausprägung ihren Sinn (vgl. z. B. g^2).
Um wieder auf die Einheit der Merkmalsausprägung zu kommen, zieht man die
Wurzel aus der Varianz und erhält ein neues Streuungsmaß, die Standardabweichung.

Für die Standardabweichung s gilt: $s = \sqrt{\text{Varianz}}$

Beispiel:

Notenverteilung von Kurs a (vgl. Seite 53)
Varianz: $s^2 = 0,11$
Standardabweichung: $s = \sqrt{0,11} = 0,332$

Notenverteilung von Kurs b
Varianz: $s^2 = \dfrac{1}{10}(\,(1,0 - 3,0)^2 + (1,0 - 3,0)^2 +...+ (6,0 - 3,0)^2\,) = 2,858$

Standardabweichung: $s = \sqrt{2,858} = 1,691$
Die größere Standardabweichung der Notenverteilung von Kurs b bestätigt, dass die
Streuung der Noten von Kurs b größer ist als die Streuung von Kurs a.

Bemerkung:

Varianz und Standardabweichung können wie schon der Mittelwert $\bar{x}$
nur bei **metrisch skalierten Merkmalen** bestimmt werden.

Bemerkung zur Berechnung mit dem GTR:

Bei der Berechnung der Streumaße wird die
Standardabweichung ($x\sigma_n$) ebenfalls berechnet.

```
1-Variable
x̄      =102.071428
Σx     =1429
Σx²    =148027
xσn    =12.4410856
xσn-1  =12.9107247
n      =14
1VAR 2VAR REG          SET
```

Berechnung von s^2 und s aus einer Häufigkeitstabelle

Beispiele:

1. Gegeben ist folgende Häufigkeitstabelle (vgl. Seite 44):

Sorte	A	B	C	D
Verkaufspreis pro Flasche in Euro (x_i)	5	7	8	12
Verkaufte Flaschen (n_i)	150	600	250	300

Berechnen Sie die Varianz und die Standardabweichung.

Lösung

Mittelwert (durchschnittlicher Verkaufspreis) $\overline{x} = 8,12$

Anzahl der Merkmalsausprägungen $r = 4$

Häufigkeit für die Merkmalsausprägung x_1 $n_1 = 150$

Anzahl der verkauften Flaschen $n = 1300$

Varianz

$$s^2 = \frac{1}{1300}\left((5 - 8,12)^2 \cdot 150 + (7 - 8,12)^2 \cdot 600 + (8 - 8,12)^2 \cdot 250 + (12 - 8,12)^2 \cdot 300\right)$$

$$= \frac{1}{1300}\sum_{i=1}^{4}(x_i - \overline{x})^2 \cdot n_i = 5,1790$$

Varianz $s^2 = 5,1790$

Standardabweichung $s = \sqrt{5,1790} = 2,2757$

2. Eine Umfrage nach der Anzahl der Geschwister x_i hat ergeben:

x_i	0	1	2	3	4
relative Häufigkeit h_i	0,48	0,3	0,14	0,07	0,01

Berechnen Sie die Varianz und die Standardabweichung.

Lösung

Mittelwert $\overline{x} = 0,83$

Varianz $s^2 = \sum_{i=1}^{5}(x_i - \overline{x})^2 \cdot h_i = 0,9611$

Standardabweichung $s = 0,980$

Berechnung der Varianz aus einer Häufigkeitstabelle

$$s^2 = \frac{1}{n}\sum_{i=1}^{r}(x_i - \overline{x})^2 \cdot n_i \quad \text{mit } h_i = \frac{n_i}{n} \quad s^2 = \sum_{i=1}^{r}(x_i - \overline{x})^2 \cdot h_i$$

$\overline{x}$ Mittelwert r Anzahl der Merkmalsausprägungen

n_i Häufigkeit für die Merkmalsausprägung x_i n Anzahl der Merkmalsträger

Berechnung von s^2 und s aus klassierten Daten

Beispiel:

Gegeben ist die klassierte Häufigkeitstabelle der Körpergewichte (vgl. Seite 44).

Klasse x_i	51 bis 60	61 bis 70	71 bis 80	81 bis 90
Häufigkeit n_i	11	10	5	1
Klassenmitte m_i	55,5	65,5	75,5	85,5

Berechnen Sie die Varianz und die Standardabweichung.

Lösung

Mittelwert	$\bar{x} = 64,0$
Anzahl der Klassen	$r = 4$
Häufigkeit für die Klasse x_1	$n_1 = 11$
Anzahl der Merkmalsträger	$n = 27$

Varianz

$$s^2 = \frac{1}{27}\left((55,5 - 64,0)^2 \cdot 11 + (65,5 - 64,0)^2 \cdot 10 + (75,5 - 64,0)^2 \cdot 5 + (85,5 - 64,0)^2 \cdot 1\right)$$

$$= \frac{1}{27} \sum_{i=1}^{4} (m_i - \bar{x})^2 \cdot n_i = 71,880$$

Varianz $\qquad\qquad\qquad\qquad\qquad s^2 = 71,880$

Standardabweichung $\qquad\qquad\quad s = \sqrt{71,880} = 8,478$

Berechnung der Varianz aus einer klassierten Häufigkeitstabelle

$$s^2 = \frac{1}{n} \sum_{i=1}^{r} (m_i - \bar{x})^2 \cdot n_i$$

$\bar{x}$ Mittelwert

m_i Klassenmitte der i-ten Klasse

n_i Häufigkeit für die i-ten Klasse

r Anzahl der Klassen

n Anzahl der Merkmalsträger (Summe aller n_i)

Bemerkung:

Zur Berechnung der Varianz nimmt man bei der „normalen" Häufigkeitstabelle die **Merkmalsausprägung x_i** mit ihrer Häufigkeit, bei einer klassierten Verteilung die **Klassenmitte m_i** mit ihrer Häufigkeit.

Was man wissen sollte... über Streumaße

Die **Streumaße** werden unterteilt in

Spannweite: Differenz von größtem und kleinstem Beobachtungswert
Spannweite $= x_{max} - x_{min}$

Quartilsabstand: Differenz von 3. und 1. Quartil
1. Quartil ist der Median der 1. Hälfte der sortierten Daten.
3. Quartil ist der Median der 2. Hälfte.

Varianz: Summe der Abweichungsquadrate geteilt durch die Anzahl (n) der Merkmalsträger
$$s^2 = \frac{1}{n} \sum_{i=1}^{r} (x_i - \overline{x})^2$$

Standardabweichung: Wurzel aus der Varianz

Bemerkung:
Die eigentliche Bedeutung von s^2 und s kommt erst in der Wahrscheinlichkeitsrechnung zum Tragen.
Zum Vergleich von zwei Verteilungen ist die Standardabweichung nützlich.

Beachten Sie:
Ausgangspunkt zur Bestimmung der Streumaße ist eine sortierte Urliste.

Vergleich von zwei Verteilungen mit dem gleichen Mittelwert

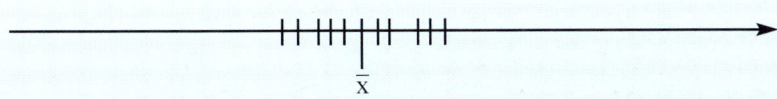

Kleine Streuung (s klein): Mittelwert $\overline{x}$ hat eine **hohe Aussagekraft.**

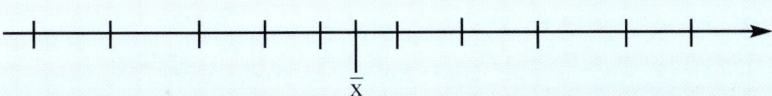

Große Streuung (s groß): Mittelwert $\overline{x}$ hat eine **geringe Aussagekraft.**

5   Bohner/Ihlenburg/Ott – ISBN 3-8120-0206-X

Aufgaben

1. Schüler erfragen die Preise von zwei Zubehörteilen für ein Handy in verschiedenen Geschäften der Stadt. Die festgestellten Stückpreise in EUR lassen sich der folgenden Liste entnehmen.

   Ware A   4,00   4,10   5,40   4,90   3,50   3,40

   Ware B   11,00   11,90   14,90   10,00   12,60   9,90

   Berechnen Sie die Standardabweichung für die beiden Waren.

   Welcher Preis schwankt stärker? Erläutern Sie.

2. Berechnen Sie für die Häufigkeitsverteilung die absoluten Häufigkeiten, die Varianz und die Standardabweichung.

   (n = 64)

a_i	0	1	2	3	4	6
h_i	0,2	0,325	0,25	0,15	0,05	0,025

3. Die Tabelle zeigt die Ergebnisse im Weitwurf mit dem 200-g-Ball bei den Bundesjugendspielen einer 5. Klasse, getrennt nach Jungen und Mädchen (Weiten in Meter).

   Mädchen: 9   16   20   18   13   17   23   14,5   18   11,5   14   16   20   12,5   13,5

   Jungen: 25   30   23   27   17   36   38   28   35   16   38   26,5   31,5   26,5

   a) Bestimmen Sie die durchschnittliche Wurfweite, getrennt nach Geschlecht.

   b) Berechnen Sie jeweils den Quartilsabstand.

       Zeichnen Sie für jede Verteilung ein Boxplot.

   c) Gibt es Unterschiede in der Leistungsfähigkeit?

4. Zwei Kurse mit 22 bzw 23 Schülern schreiben dieselbe Mathematikklassenarbeit. Die Ergebnisse können der Häufigkeitstabelle entnommen werden.

Note	1	1,5	2	2,5	3	3,5	4	4,5	5	5,5
Kurs a	2	2	4	3	4	2	3	2	0	0
Kurs b	1	1	2	2	3	4	4	2	2	2

   a) Berechnen Sie jeweils Mittelwert und Standardabweichung.

       Beurteilen Sie die Ergebnisse. Welche Schlüsse kann der Lehrer ziehen?

   b) Der Kurs des letzten Jahrganges hatte einen Notendurchschnitt von 2,8. Welches Streuungsmaß wäre als Zusatzinformation nützlicher: die Spannweite oder der Quartilsabstand?

   c) Geben Sie eine Notenverteilung an, die den gleichen Mittelwert, aber eine größere Standardabweichung wie die von Kurs a hat.

   d) Wie könnte eine Klassenarbeit von Kurs b ausgefallen sein, wenn die Mittelwerte übereinstimmen, die Standardabweichung aber 1 beträgt?

   e) Was bedeutet eine große Standardabweichung für das Anspruchsniveau der Klassenarbeit?

5. Die Häufigkeitstabelle zeigt die Verkaufszahlen für Wanderschuhe im Laufe eines Jahres:

Monat	Jan.	Feb.	März	April	Mai	Juni	Juli	Aug.	Sept.	Okt.	Nov.	Dez.
n_i	2	0	4	12	24	54	43	35	48	35	8	1

   Berechnen Sie den Mittelwert $\bar{x}$ und die Standardabweichung s. Ist $\bar{x}$ als Grundlage für die Lagerhaltung sinnvoll? Welche Bedeutung hat s?

6. Die folgende Tabelle gibt die Zahl der monatlichen Regentage in zwei australischen Städten A und B an.

Monat	Jan.	Febr.	März	April	Mai	Juni	Juli	Aug.	Sept.	Okt.	Nov.	Dez.
A	13	14	14	10	9	7	6	5	6	9	9	11
B	2	3	4	8	13	17	18	16	13	10	7	3

a) Berechnen Sie die Anzahl der durchschnittlichen Regentage pro Monat.

b) Berechnen Sie den Median, den Quartilsabstand und die Spannweite für die Städte A und B.

c) Berechnen Sie die Varianz und die Standardabweichung s.
   Für wie viele Monate liegt die Anzahl der Regentage außerhalb des Intervalls $[\overline{x} - s; \overline{x} + s]$?

d) Machen Sie Aussagen über die klimatischen Verhältnisse in den Städten A und B.

7. Eine Umfrage unter Schülern nach der Höhe des monatlichen Nebenverdienstes ergab folgende Häufigkeiten: (0.. 20 bedeutet 0 EUR bis unter 20 EUR)

Verdienst in Euro	0..20	20..50	50..100	100..150	150..200	200..300	300..400
Häufigkeit	15	20	12	26	35	10	6

Berechnen Sie mit Hilfe der Klassenmitten das durchschnittliche Nebeneinkommen $\overline{x}$ und die Standardabweichung s.

8. Ein Autohändler veröffentlicht die Listenpreise seiner 13 meistverkauften Fahrzeuge im Internet.

Preise in Euro: 15 400   18 045   24 500   9 999   19 999   11 100   15 257
10 999   15 365   17 234   14 980   11 700   11 432

a) Berechnen Sie die Kenngrößen Mittelwert $\overline{x}$, Median x_{med}, Quartilsabstand Q_A und die Standardabweichung s.

b) Erläutern Sie die Begriffe anhand der Verteilung der Listenpreise.
   Wodurch unterscheiden sich Median und Mittelwert?
   Welche Informationen können aus Q_A und s gewonnen werden?

c) Wie wirkt sich eine Preiserhöhung des teuersten Fahrzeuges auf die Kenngrößen aus?

9. In einer Firma werden Schrauben gefertigt.
Bei einer Qualitätskontrolle werden aus der Produktion 90 Schrauben entnommen und deren Länge gemessen. Die Längen (in mm) in der Reihenfolge der Messung entnehmen Sie der Liste <Schrauben> im Anhang (s.S. 429).

a) Stellen Sie die Häufigkeitsverteilung durch ein Säulendiagramm dar.

b) Bestimmen Sie die durchschnittliche Länge der Schrauben.

c) Bestimmen Sie die Länge d, für die mindestens 50 % der Messwerte kleiner und mindestens 50 % der Messwerte größer als d sind. Wie nennt man diesen Wert?

d) Berechnen Sie den Quartilsabstand und zeichnen Sie ein Boxplot-Diagramm.

e) Berechnen Sie die Standardabweichung s.

f) Als Ausschuss gilt, wenn die Länge einer Schraube um mehr als 0,5 mm vom Mittelwert abweicht. Mit wie viel Prozent Ausschuss ist für die Produktion zu rechnen? Beurteilen Sie die Fertigungsqualität.

7 Regression und Korrelation

Beispiel:

Zur Beschreibung von physikalischen Bewegungen werden neben den Grundgrößen
Weg s und der Zeit t auch die abgeleitete Größe Geschwindigkeit v benötigt.

Um den Zusammenhang zwischen Weg und Zeit zu bestätigen, misst man den Weg
und die dazugehörige Zeit und trägt die Daten in eine Tabelle (Urliste) ein.

Zeit [s]	0	2	3	4	5	6	7	10	11	12	15
Weg [m]	0	3,5	4,8	5,6	7	9,5	10,5	16	16,5	17,5	23

Anschaulicher wird der Zusammenhang,
wenn die gemessenen Werte, die mit
messtechnischen „Fehlern" behaftet sind,
in einem Diagramm dargestellt werden.
Beobachtet man die Punktwolke
genauer, so lässt sich vermuten, dass sich
die Punkte um eine Gerade scharen.

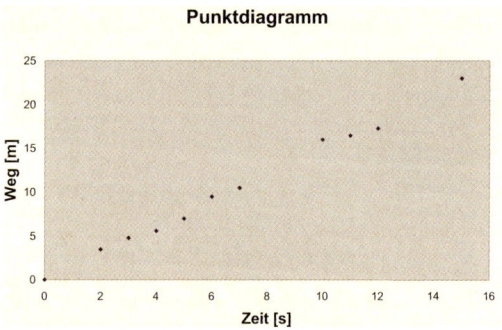

Man zeichnet diese „optimale Gerade" so
ein, dass sie durch den Ursprung geht
und die „Messpunkte" möglichst nah an
der Geraden liegen. Die Gerade hat die
konstante Steigung

$$m = \frac{s}{t} = v$$

Somit lautet die Gleichung der Geraden

$$s = v\,t$$

Zwischen dem Weg und der Zeit besteht
ein linearer Zusammenhang.

Die Gerade beschreibt eine gleich-

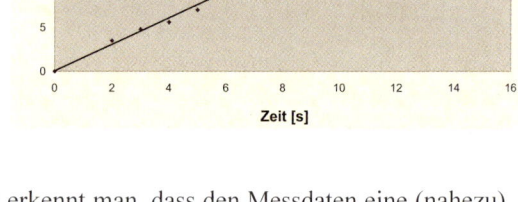

förmige Bewegung. Anhand der Geraden erkennt man, dass den Messdaten eine (nahezu)
gleichförmige Bewegung zugrunde liegt.

Bemerkung:

Die Punkte im s-t-Diagramm müssen nicht auf der „optimalen Geraden" liegen.

Auch in anderen Situationen treten Fragen nach dem Zusammenhang zwischen zwei
Merkmalen auf, z.B. zwischen Leistung und Verbrauch bei Autos, Preis und Absatz
eines Produktes usw. Auch in diesen Fällen lässt sich ein mathematischer Zusammenhang
feststellen und mit Hilfe einer linearen **Regressionsanalyse** untersuchen.

7.1 Lineare Regression

Vermutet man einen Zusammenhang zwischen zwei Merkmalen, erhebt man Daten für die zwei Merkmale und erstellt ein **Streudiagramm**.

Beobachtet man die Punktwolke genauer, so lässt sich vermuten, dass sich die Punkte um eine Gerade scharen.

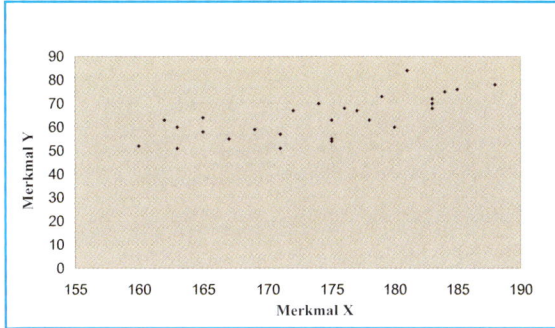

Auf der Suche nach der optimalen Geraden lassen sich subjektiv mehrere Geraden finden, die die Datenpunkte möglichst gut beschreiben. Diese Anpassung liefert sicherlich keine objektiv nachprüfbare Lösung.

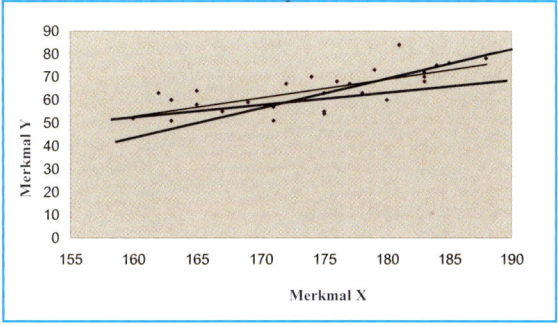

Es kommt nicht darauf an, dass die gesuchte optimale Gerade genau durch einen oder mehrere Datenpunkte geht, sondern möglichst nahe an allen Punkten liegt.
Diese Bedingung wird erfüllt, wenn die Summe der quadrierten Abstände aller Punkte zur Geraden möglichst gering wird.
Die optimale Gerade heißt **Regressionsgerade (Ausgleichsgerade)**.

Die Regressionsanalyse beschreibt den linearen Zusammenhang mathematisch, d. h., der Zusammenhang zwischen den Merkmalen X und Y kann durch eine Gerade mit der Gleichung
$y = mx + b$ beschrieben werden.

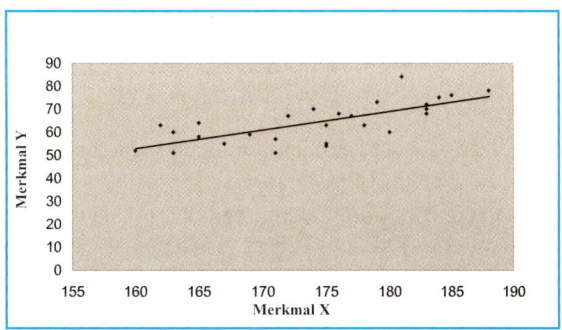

Wie erhält man eine „optimale Gerade"?

1. Sie verläuft durch den Schwerpunkt $S(\bar{x} \mid \bar{y})$ aller Punkte.
Die Koordinaten des Schwerpunktes sind die Mittelwerte der
Beobachtungswerte x_i und y_i.

$$\bar{x} = \frac{1}{n} \sum_{i=1}^{n} x_i \quad \text{bzw.} \quad \bar{y} = \frac{1}{n} \sum_{i=1}^{n} y_i$$

2. Berechnung von m und b
Auf der Regressionsgeraden liegt der
Punkt $Q(x_i \mid \hat{y}_i)$ mit $\hat{y}_i = mx_i + b$.
Für die Abweichung in y-Richtung gilt:
$y_i - \hat{y}_i = y_i - (mx_i + b)$.
Wie bei der Varianz berechnen wir die
Summe der Abweichungsquadrate

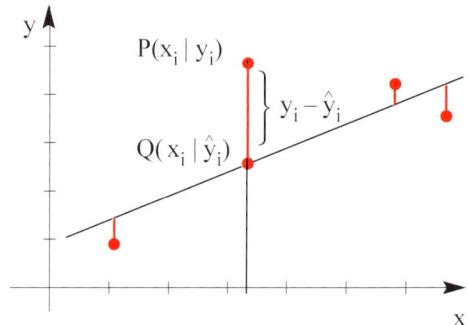

$$\sum_{i=1}^{n} (y_i - \hat{y}_i)^2$$

y_i: Beobachtungswert (er liegt meist ober- oder unterhalb der Geraden,
er weicht daher meist von $\hat{y}_i$ ab)

Wird die Summe der
Abweichungsquadrate minimal
und verläuft die Gerade durch den
Schwerpunkt, so gilt für die Steigung m
der optimalen Geraden:
(Herleitung siehe folgende Seite)

$$m = \frac{\sum_{i=1}^{n} (x_i - \bar{x})(y_i - \bar{y})}{\sum_{i=1}^{n} (x_i - \bar{x})^2}$$

Einsetzen der Steigung und der
Schwerpunktskoordinaten $\bar{x}$ und $\bar{y}$
in $y = mx + b$ ergibt die
Gleichung der optimalen Geraden
(Regressionsgerade).

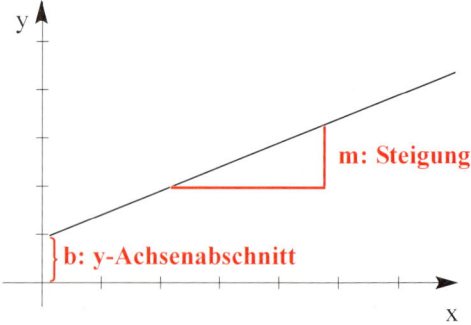

m: Steigung

b: y-Achsenabschnitt

Beachten Sie:
Die Regressionsgerade repräsentiert die Punkte im Streudiagramm optimal, da die
Summe der Abweichungen (Summe der roten Streckenlängen) möglichst klein ist.

Berechnung der Steigung der Regressionsgeraden

nach der Methode der Minimierung der Summe der Abweichungsquadrate

Abweichung (in y-Richtung) der Beobachtungswerte y_i von dem zugehörigen Punkt
(x_i | mx_i+ b) auf der gesuchten Geraden

(Regressionsgerade) $\qquad\qquad\qquad\qquad$ $y_i - (mx_i + b)$

Summe der Abweichungsquadrate $\qquad\qquad$ $\displaystyle\sum_{i=1}^{n} (y_i - (mx_i + b))^2$

Die Regressionsgerade mit $y = mx + b$ verläuft durch den Schwerpunkt $S(\overline{x} \,|\, \overline{y})$ der
Punktwolke.

Punktprobe ergibt $\qquad\qquad\qquad\qquad$ $\overline{y} = m\,\overline{x} + b \implies b = \overline{y} - m\,\overline{x}$

Einsetzen von b ergibt eine Funktion in einer Variablen m

$$f(m) = \sum_{i=1}^{n} (y_i - (mx_i + \overline{y} - m\,\overline{x}))^2$$

Man bestimmt m so, dass die Funktion f ihren kleinsten Wert annimmt.

Das gesuchte m ist die Steigung der Regressionsgeraden.

Die Summe der Abweichungsquadrate wird minimal.

Umformung von f(m): $\displaystyle\sum_{i=1}^{n} (y_i - (mx_i + \overline{y} - m\,\overline{x}))^2 = \sum_{i=1}^{n} \left[(y_i - \overline{y}) - m(x_i - \overline{x}) \right]^2$

Ausmultiplizieren $\qquad\quad = \displaystyle\sum_{i=1}^{n} \left[(y_i - \overline{y})^2 - 2m(x_i - \overline{x})(y_i - \overline{y}) + m^2(x_i - \overline{x})^2 \right]$

$\qquad\qquad\qquad\quad = \displaystyle\sum_{i=1}^{n} (y_i - \overline{y})^2 - 2m \sum_{i=1}^{n} (x_i - \overline{x})(y_i - \overline{y}) + m^2 \sum_{i=1}^{n} (x_i - \overline{x})^2$

Aus der Festlegung

für die **Varianz** der Messreihe y_i : $\; s_y^2 = \dfrac{1}{n}\displaystyle\sum_{i=1}^{n}(y_i - \overline{y})^2 \implies \sum_{i=1}^{n}(y_i - \overline{y})^2 = n\,s_y^2$

für die **Varianz** der Messreihe x_i : $\; s_x^2 = \dfrac{1}{n}\displaystyle\sum_{i=1}^{n}(x_i - \overline{x})^2 \implies \sum_{i=1}^{n}(x_i - \overline{x})^2 = n\,s_x^2$

für die **Kovarianz** $s_{xy} = \dfrac{1}{n}\displaystyle\sum_{i=1}^{n}(x_i - \overline{x})(y_i - \overline{y}) \implies \sum_{i=1}^{n}(x_i - \overline{x})(y_i - \overline{y}) = n\,s_{xy}$

(Summe der Abweichungen in x- und y-Richtung)

folgt durch Einsetzen in f(m): $\quad f(m) = n s_y^2 - 2m \cdot n\, s_{xy} + n\, s_x^2 = n(s_y^2 - 2m s_{xy} + m^2 s_x^2)$

Scheitelform

durch quadratische Ergänzung $\qquad f(m) = n\left[(m s_x - \dfrac{s_{xy}}{s_x})^2 - (\dfrac{s_{xy}}{s_x})^2 + s_y^2 \right]$

f(m) wird minimal, wenn $\qquad (m s_x - \dfrac{s_{xy}}{s_x}) = 0$, also für $m = \dfrac{s_{xy}}{s_x^2}$

Daraus folgt für den y-Achsenabschnitt

der Regressionsgeraden $\qquad b = \overline{y} - m\,\overline{x} = \overline{y} - \dfrac{s_{xy}}{s_x^2}\,\overline{x}$

Gleichung der Regressionsgeraden $y = \dfrac{s_{xy}}{s_x^2}(x - \overline{x}) + \overline{y}$

Die Steigung $m = \dfrac{s_{xy}}{s_x^2}$ heißt auch **Regressionskoeffizient**.

Beispiel für die Berechnung der Regressionsgeraden:

Streudiagramm für die Merkmale
Körpergröße und Gewicht
aus unserer Urliste.

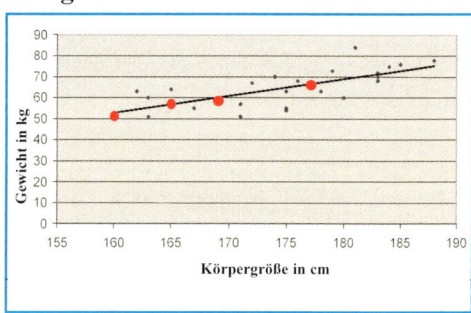

Um das Problem zu vereinfachen,
entnehmen wird der Punktwolke 4 Punkte

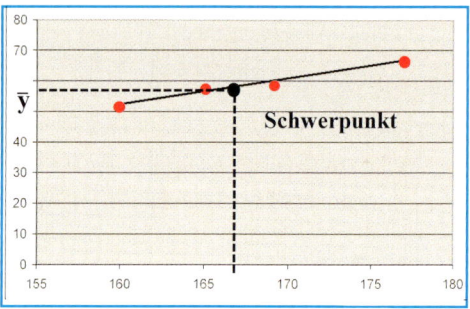

Körpergröße (x_i) in cm	160 165 169 177
Körpergewicht (y_i) in kg	52 58 59 67

1. Berechnung der Schwerpunktskoordinaten
$\bar{x}$ und $\bar{y}$ (Mittelwerte)

$$\bar{x} = \frac{160+165+169+177}{4} = 167,75; \quad \bar{y} = \frac{52+58+59+67}{4} = 59$$

2. Berechnung von m und b mit den 4 Punkten

$$m = \frac{(160-167,75)(52-59)+(165-167,75)(58-59)+(169-167,75)(59-59)+(177-167,75)(67-59)}{(160-167,75)^2 + (165-167,75)^2 + (169-167,75)^2 + (177-167,75)^2}$$

$$m = \frac{131}{154,75} = 0,8465$$

Einsetzen der Steigung m = 0,8465 und der Schwerpunktskoordinaten $\bar{x}$ = 167,75 und
$\bar{y}$ = 59 in die Gleichung y = mx + b   59 = 0,8465·167,75 + b
ergibt b   b = − 83,0

Gleichung der Regressionsgeraden für 4 Punkte   y = 0,8465 x − 83

Da der Rechenaufwand schon für 4 Punkte
recht groß ist, berechnet man die
Regressionsgerade im Allgemeinen mit
dem Taschenrechner oder mit Excel.
Für die Punktwolke mit n = 27 zeichnet
Excel folgendes Diagramm und berechnet
die **Regressionsgerade: y = 0,802x−75,549**

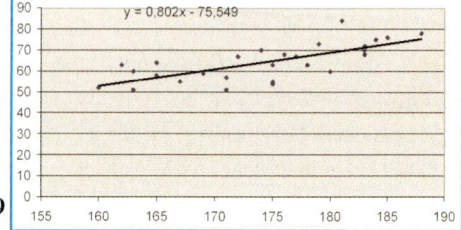

Beachten Sie:
Die Regressionsgerade beschreibt die Abhängigkeit von Gewicht und Körpergröße.

Beispiel:

Man kann vermuten, dass ein guter Läufer auch weit springen kann. Um diese Behauptung zu überprüfen, werden in einer Sportstunde die Zeiten in s für einen 100-m-Lauf und die erzielte Leistung in m im Weitsprung bestimmt und in eine Urliste eingetragen.

Urliste

Schüler-Nr.	1	2	3	4	5	6	7	8	9	10
Zeit x_i	15,54	14,98	15,13	14,59	14,81	16,01	15,33	13,99	14,29	14,22
Weite y_i	4,61	5,02	4,72	5,45	5,51	4,28	4,99	6,01	5,77	5,52

Mit dem GTR oder mit Excel erstellt man ein Streudiagramm und lässt die Gleichung der Regressionsgeraden berechnen:

$y = -0,8279x + 17,514$

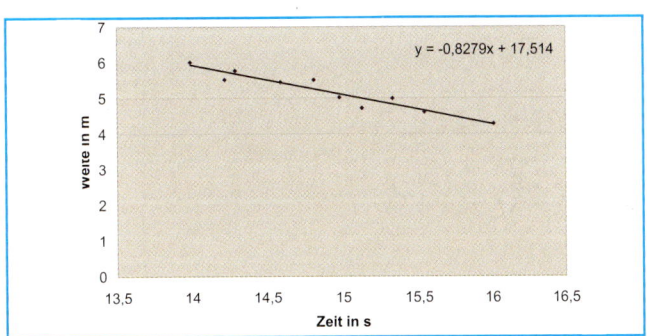

Erläuterung:

Die Vermutung scheint richtig zu sein. Der Läufer, der weniger Zeit für 100 m braucht, springt auch weiter. Dieser Zusammenhang führt dazu, dass die Steigung ($-0,8279$) der Regressionsgeraden negativ ist.

Was bedeutet diese Steigung m = $-0,83$?

Ein Schüler, der eine Sekunde langsamer läuft als ein anderer, sollte demnach im Weitsprung um ca. 0,83 m kürzer springen.

Mit der Regressionsgeraden lassen sich auch Prognosen anstellen.

Mit welcher Weite könnte man bei einem Schüler rechnen, der z. B. für die 100 m nur 13 s benötigt?

Um diesen Schätzwert zu berechnen, muss man nur die x = 13 in die Gleichung der Regressionsgeraden einsetzen und erhält die geschätzte Weite.

$$y = -0,8279 \cdot 13 + 17,514 = 6,75$$

Der Wert 6,75 m ist nur ein Anhaltpunkt für die Weite, wenn die gelaufene Zeit bekannt ist. Da die Datenpunkte meistens nur in der Nähe der Regressionsgeraden liegen, wird die tatsächliche Weite von der geschätzten Weite wahrscheinlich abweichen. Setzt man z. B. für x = 10 (s) ein, so erhält man y = 9,24 (m). Dies wäre wahrscheinlich Weltrekord. Die Prognose hat somit ihre Grenzen.

Bemerkung:

Aufgrund des annähernd linearen Zusammenhangs können zukünftige oder fehlende Werte prognostiziert werden.

7.2 Korrelation

Die Regressionsgerade beschreibt den Zusammenhang zwischen zwei Merkmalen X und Y, aber sie gibt keine Auskunft darüber, wie gut die Punktwolke approximiert wird.

Je größer der Zusammenhang ist, desto kleiner ist die Summe der Abweichungsquadrate. Gesucht ist ein **Maß für die Stärke** dieses (linearen) Zusammenhangs zwischen den beiden Merkmalen. **Das Maß für die Stärke der Abhängigkeit ist der Korrelationskoeffizient r.** Die nachfolgenden Abbildungen zeigen Regressionsgeraden mit ihren Korrelationskoeffizienten im Vergleich.

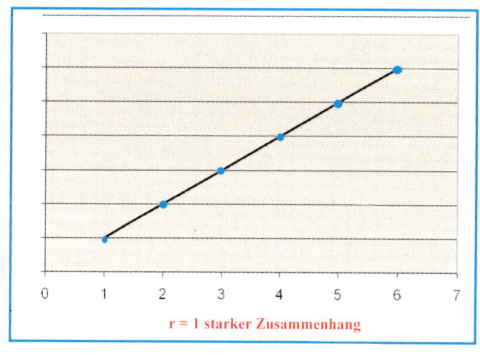

r = 1 starker Zusammenhang

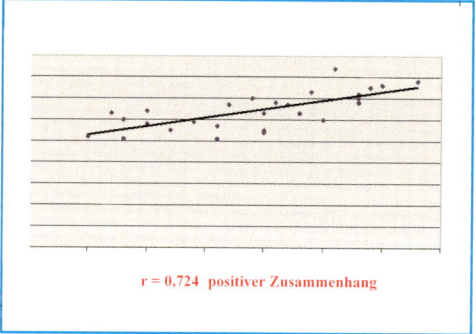

r = 0,724 positiver Zusammenhang

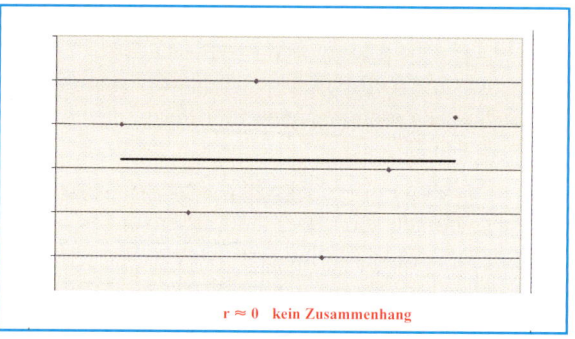

r ≈ 0 kein Zusammenhang

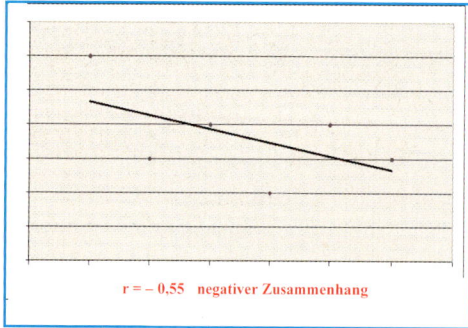

r = – 0,55 negativer Zusammenhang

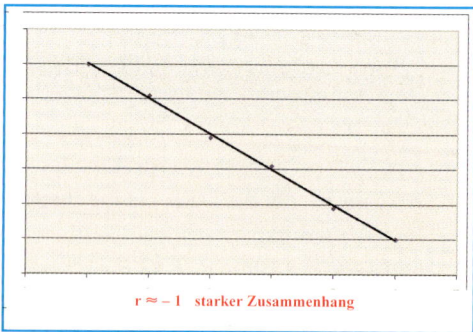

r ≈ – 1 starker Zusammenhang

Bemerkung: Der (grafikfähige) Taschenrechner und Excel berechnen für **jede Punktwolke** eine „Regressionsgerade". Excel gibt aber nicht den Korrelationskoeffizienten r an, sondern das Bestimmtheitsmaß R^2 (= r^2).

Berechnung des Korrelationskoeffizienten r

In die Berechnung des Korrelationskoeffizienten gehen die Abweichungen der x_i-Werte zum Mittelwert $\bar{x}$ und die Abweichungen der y_i-Werte zum Mittelwert $\bar{y}$ sowie die Standardabweichungen s_x und s_y der beiden Verteilungen ein.

Für den Korrelationskoeffizient r gilt:

$$r = \frac{\sum\limits_{i=1}^{n} (x_i - \bar{x})(y_i - \bar{y})}{\sqrt{\sum\limits_{i=1}^{n} (x_i - \bar{x})^2 \sum\limits_{i=1}^{n} (y_i - \bar{y})^2}} = \frac{\sum\limits_{i=1}^{n} (x_i - \bar{x})(y_i - \bar{y})}{n\, s_x\, s_y}$$

Beispiel:

Berechung des Korrelationskoeffizienten für die 4 Punkte (vgl. Seite 72)

Koordinaten x_i, y_i

x_i (in cm)	160	165	169	177
y_i (in kg)	52	58	59	67

Wir übernehmen:

$$\sum_{i=1}^{n} (x_i - \bar{x})(y_i - \bar{y}) = 131$$

$$\sum_{i=1}^{n} (x_i - \bar{x})^2 = 154{,}75$$

Wir berechnen:

$$\sum_{i=1}^{n} (y_i - \bar{y})^2 = (52-59)^2+(58-59)^2+(59-59)^2+(67-59)^2 = 114$$

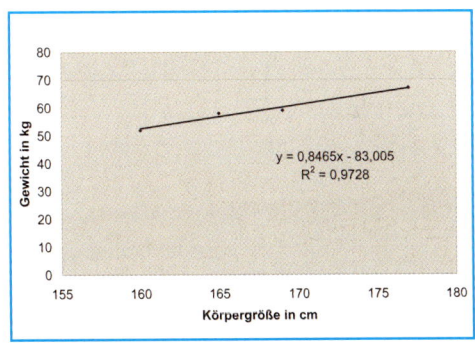

$$r = \frac{131}{\sqrt{154{,}75 \cdot 114}} = 0{,}986$$

Der Korrelationskoeffizient ist 0,986

Bemerkung:

$r > 0$ bedeutet: Je größer der Schüler ist, desto größer ist sein Gewicht.

$r \approx 1$ bedeutet: Es besteht eine nahezu perfekte lineare Abhängigkeit von Körpergröße und Körpergewicht.

Bemerkungen zum Korrelationskoeffizienten r:

r   liegt zwischen –1 und 1

r > 0 bedeutet: Je größer der Wert des Merkmals X, desto größer auch der Wert des
              anderen Merkmals Y. Die Regressionsgerade hat eine positive Steigung.

r ≈ 0 bedeutet: Es gibt keinen Zusammenhang zwischen den Merkmalen.

r < 0 bedeutet: Je größer der Wert des Merkmals X, desto kleiner der Wert des
              anderen Merkmals Y. Die Regressionsgerade hat eine negative Steigung.

Der Zusammenhang ist umso stärker, je näher r an 1 bzw. an – 1 ist.

Für r = ± 1 liegen alle Punkte auf der Regressionsgeraden.

Bewertung

Koeffizient r	0	$0 < |r| < 0{,}7$	$0{,}7 < |r| < 1$
Zusammenhang	kein	schwach	stark

**Beachten Sie bei der Regressions- und Korrelationsanalyse
folgende Arbeitsschritte und Fragen:**

a) Gibt es eine „Je-desto"-Beziehung zwischen den Merkmalen X und Y, d. h., lässt sich
   ein funktionaler Zusammenhang vermuten?

b) Welches Merkmal hängt von welchem ab?
   Welches Merkmal ist das unabhängige (Merkmal X),
   welches das abhängige (Merkmal Y)?

c) Darstellung der Datenpunkte in einem Streudiagramm.
   Wird die Vermutung bestätigt?
   Ist der Zusammenhang annähernd linear?

d) Durchführung der Regressionsanalyse mit dem Rechner.
   Regressionsgerade einzeichnen und Gleichung berechnen.
   Korrelationskoeffizient berechnen.

e) Interpretation der Parameter r und m.

Ergänzung
Prognosen für fehlende und zukünftige Werte.

Beispiele:

1. Ein Unternehmen möchte den Zusammenhang zwischen dem Preis pro Stück und der Absatzmenge eines Produktes erkunden. Hierzu wurden folgende Daten (Urliste) ermittelt.

Preis pro Stück in EUR	0,70	0,80	0,90	1,00	1,10	1,20	1,30	1,35	1,40	1,70
Absatzmenge (Stückzahl)	280	230	220	200	199	188	134	110	110	102

Analysieren Sie die Tabelle.

Lösung

a) Je größer der Stückpreis ist, desto kleiner ist die Absatzmenge.

b) Die Absatzmenge ist vom Stückpreis abhängig.
Der Preis pro Stück ist das unabhängige Merkmal X,
die Absatzmenge ist das abhängige Merkmal Y.

c) Streudiagramm
Ein Zusammenhang ist „augenscheinlich" gegeben und annähernd linear.

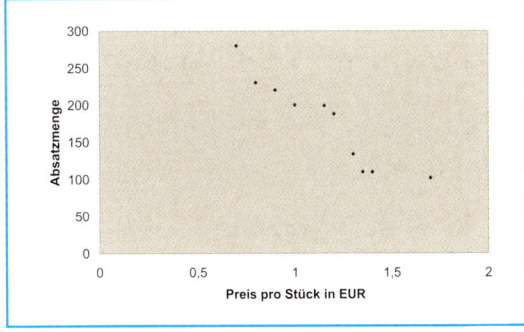

d) Der Rechner liefert:
$y = -186,19x + 391,42$
$m = -186,19$
$r = -0,9402$

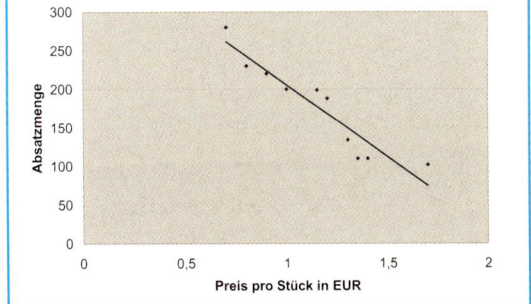

e) $r = -0,9402$ bedeutet, dass die Datenpunkte durch die Gerade sehr gut beschrieben werden.
$m = -186,19$ bedeutet, dass man bei einer Preissenkung um 0,1 EUR durchschnittlich mit einer Verringerung der Absatzmenge von 18,6 Stück rechnen kann.

2. Einige Bürger wurden nach ihrem ausgabefähigen monatlichen Einkommen in Euro und nach ihrem Sparverhalten befragt.

Einkommen	1450	972	2600	1300	2990	2230
Sparbeitrag	89	48	309	82	308	220

Analysieren Sie die Tabelle.

Lösung

a) Je größer das ausgabefähige Einkommen, desto größer die monatliche Sparleistung.

b) Die monatliche Sparleistung hängt vom monatlichen Einkommen ab.
   Das ausgabefähige Einkommen ist das unabhängige Merkmal X,
   die monatliche Sparleistung ist das abhängige Merkmal Y.

c) Streudiagramm
   Ein linearer Zusammenhang
   scheint gegeben zu sein.

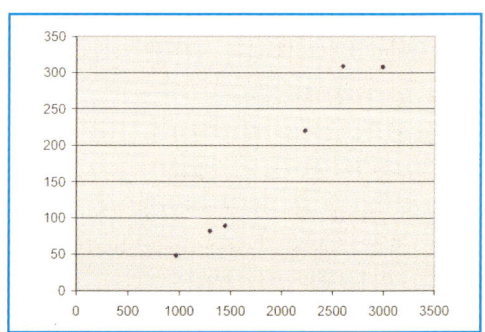

d) Der Rechner liefert:
   Geradengleichung
   $y = 0{,}1453x - 103{,}47$
   Steigung $m = 0{,}1453$

   Korrelationskoeffizient $r = 0{,}984$

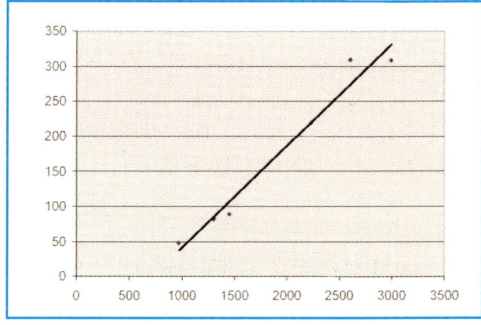

e) Interpretation der Parameter r und m
   $r = 0{,}984$ bedeutet, dass die Datenpunkte sehr gut durch die Regressionsgerade beschrieben werden.

   Bemerkung: Für $r = 1$ liegen alle Datenpunkte selbst auf der Geraden.

   Der **Anstieg der Regressionsgeraden** $m = \mathbf{0{,}1453}$ bedeutet, dass ein Bürger pro 100 Euro Einkommenszuwachs etwa 14,5 Euro mehr spart.

Prognosen

Zu einem gewissen Einkommen x_i kann ein Schätzwert für den Sparbeitrag y_i berechnet werden.

Bei einem Einkommen von 2 500 Euro spart ein Bürger durchschnittlich
$y = 0,1453 \cdot 2 500 - 103,47 \approx 260$ (Euro).

Dieser errechnete Wert wird von der tatsächlichen Sparleistung wahrscheinlich abweichen. Der Wert $r = 0,984$ deutet darauf hin, dass der Betrag von 260 Euro eine gute Näherung für die zu erwartende Sparleistung ist.

Anhand der Regressionsgeraden können sinnvolle **Prognosen** angestellt werden.

Welchen Sparbeitrag kann man bei einem Einkommen von 2000 Euro erwarten?
Man setzt für das Merkmal X 2000 in die Formel ein und erhält eine Prognose für die Sparleistung $y = 0,1453 \cdot 2000 - 103,47 \approx 187$ (Euro).

Welches Einkommen wird man vorhersagen, wenn der Sparbeitrag 250 Euro beträgt?
Man setzt für das Merkmal Y 250 in die Formel ein und erhält eine Prognose für das Einkommen: $250 = 0,1453 \cdot x - 103,47 \Rightarrow x \approx 2433$ (Euro).

Bemerkung:
Prognosen können sinnvoll nur in einem gewissen Wertebereich angestellt werden, sicherlich innerhalb der Spannweite von Merkmal X.
Darüber hinaus ist bei Prognosen Vorsicht geboten.

Aufgaben

1. Zwischen welchen Merkmalen sind funktionale Zusammenhänge vorstellbar?
   a) Leistung und Treibstoffverbrauch bei einem PKW
   b) Verbrauch an Dieselkraftstoff und Gewicht bei einem LKW
   c) Leistung und Höchstgeschwindigkeit bei einem PKW
   d) Schuhgröße und Alter
   e) Anzahl der geschriebenen Seiten im Deutschaufsatz und der Note

2. Nach Angaben des Statistischen Bundesamtes hat sich die Zahl der Verkehrstoten von 1991 bis 2000 folgendermaßen entwickelt:
   11 300, 10 631, 9 949, 9 814, 9 454, 8 758, 8 549, 7 792, 7 772, 7 503.
   a) Kann man annehmen, dass ein linearer Zusammenhang zwischen den Merkmalen Zeit und der Zahl der Verkehrstoten besteht?
   b) Führen Sie eine Regressionsanalyse durch.
   c) Erstellen Sie eine Prognose für das Jahr 2001 und vergleichen Sie mit der tatsächlichen Zahl von 6 977 Verkehrstoten. Berechnen Sie die Anzahl der Verkehrstoten für das Jahr 2010.
   Interpretieren Sie Ihr Ergebnis.

7.3 Nichtlineare Regression

Beispiel:

Um den Erfolg einer Neuzüchtung einer Birnensorte beurteilen zu können, wurde das mittlere Gewicht einer bestimmten Anzahl von Birnen im Laufe ihres Wachstums gemessen. Für jede Stichprobe wurde die gleiche Anzahl frisch gepflückter Birnen genommen.

Urliste

Tage	0	5	10	15	20	25	30	35	40	45	50	55	60	65	70	75	80	85	90
Gewicht (g)	2	2	2	2	5	10	18	26	38	50	65	83	103	118	128	134	139	144	148

Punktwolke (Streudiagramm)   **Lineare Regression**

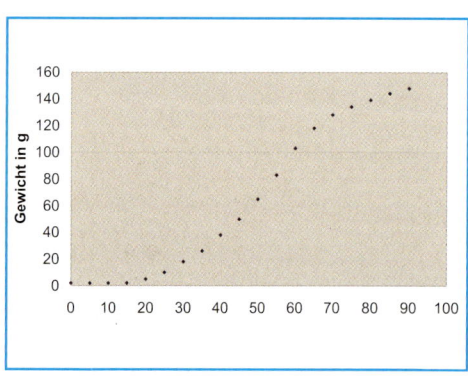   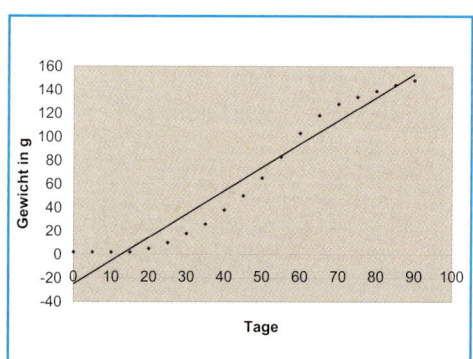

Man erkennt, dass es hier nicht sinnvoll ist, einen durch eine Regressionsgerade beschriebenen linearen Zusammenhang anzunehmen.

Nichtlineare Regression

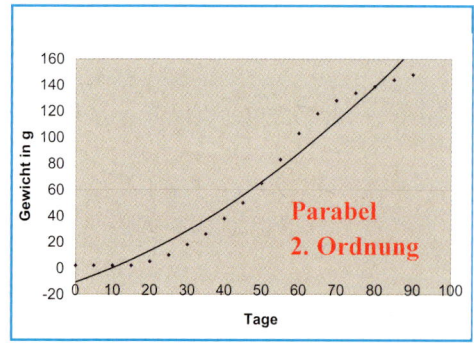   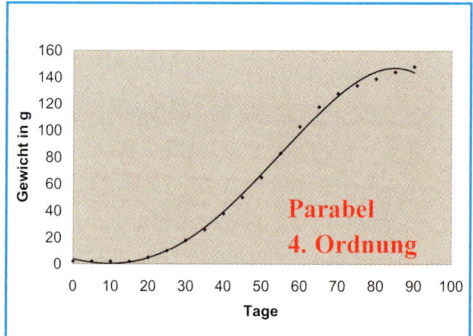

Die Anpassung der Messpunkte durch eine **Parabel 2. Ordnung** scheint die Situation besser zu beschreiben. Man spricht in diesem Fall von **nichtlinearer Regression**.

Eine **Parabel 4. Ordnung** liefert eine noch bessere Anpassung.

Beispiel für verschiedene Anpassungen (Regressionen):

Untersuchen Sie den Zusammenhang der Merkmale X und Y

Datenpunkte P(x_i | y_i)

x_i	1	3	5	6	8
y_i	2,5	1,2	2,8	3,8	4,1

Streudiagramm

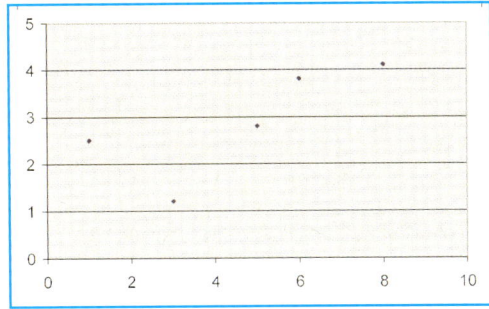

Lineare Regression

$y = 0,324x + 1,3897$

$R^2 = 0,5774$

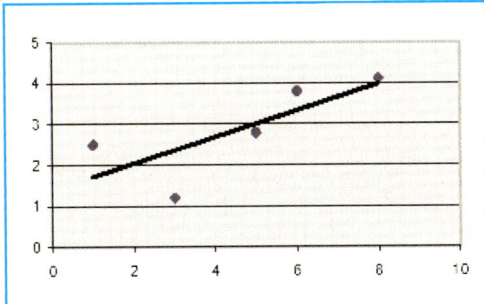

„Quadratische Regression"

$y = 0,0681x^2 - 0,2828x + 2,3409$

$R^2 = 0,6989$

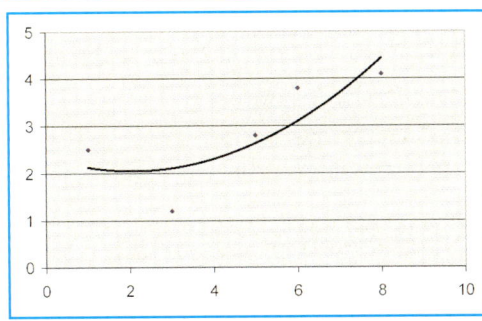

„Kubische Regression"

Anpassung mit einer Parabel 3. Ordnung

$y = -0,0635x^3 + 0,9391x^2 - 3,5854x + 5,2216$

$R^2 = 0,9999$

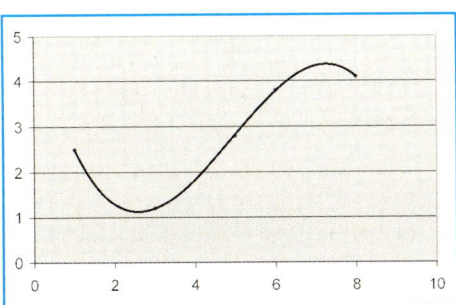

6   Bohner/Ihlenburg/Ott – ISBN 3-8120-0206-X

Der erste Eindruck durch Augenschein:

Die Datenpunkte im Streudiagramm zeigen deutlich, dass kein oder nur ein schwacher linearer Zusammenhang gegeben ist.

Eine Anpassung kann hier mit einer Parabel 2. Ordnung oder 3. Ordnung erfolgen.

Die Anpassung mit einer Parabel 3. Ordnung liefert ein optimales Ergebnis.

Den ersten Hinweis auf die Güte liefert das **Bestimmtheitsmaß** R^2,

das z. B. von Excel immer berechnet wird: Die Werte von R^2 streben von

$R^2 = 0,5774$ (linear) über $R^2 = 0,6989$ (quadratisch) und $R^2 = 0,9999$

für die Anpassung durch eine Parabel 3. Ordnung gegen 1.

$R^2 = 1$ bedeutet, alle Datenpunkte liegen auf der Regressionskurve.

Bemerkung: Den Korrelationskoeffizienten r gibt es nur für die lineare Regression.

Ein weiteres Maß für die Güte der Anpassung ist die **Summe der Abweichungsquadrate**.

Durch Einsetzen der x_i-Werte in die Regressionsgleichungen erhält man die Schätzwerte

x_i	1	3	5	6	8
y_{lin}	1,7137	2,3617	3,0097	3,3337	3,9817
y_{qu}	2,1262	2,1054	2,6294	3,0957	4,4369
y_{kub}	2,5018	1,1928	2,8246	3,7908	4,1188

Zur Berechnung der Abweichungsquadrate benötigt man die y_i-Werte

y_i	2,5	1,2	2,8	3,8	4,1

Summe der Abweichungsquadrate

$$\sum_{i=1}^{5}(y - y_i)^2$$

bei linearer Regression

$$\sum_{i=1}^{5}(y_{lin} - y_i)^2 = 2,2432$$

bei quadratischer Anpassung

$$\sum_{i=1}^{5}(y_{qu} - y_i)^2 = 1,5981$$

bei Anpassung durch eine Parabel 3. Ordnung

$$\sum_{i=1}^{5}(y_{kub} - y_i)^2 = 0,0011$$

Die Parabel 3.Ordnung ist eine optimale Anpassung der Datenpunkte.

Der Vergleich der Summen der Abweichungsquadrate bestätigt den durch Augenschein gewonnenen Eindruck.

Aufgabe

Beschaffen Sie Datenmaterial zur Bevölkerungsentwicklung in Deutschland. Lassen sich die Bevölkerungszahlen der nächsten Jahre mit Hilfe einer linearen Regression vorhersagen? Begründen Sie Ihre Aussage.

Könnte auch ein anderer funktionaler Zusammenhang bestehen?

Grafikfähiger Taschenrechner ... Regression

Urliste:

Liste 1	0,6	1,3	2,3	3,9	5,1	6,1
Liste 2	0,1	0,3	1,4	2,1	2,4	3,1

Im Hauptmenü aktiviert man das
STAT icon und drückt dann die
EXE-Taste. Jetzt gibt man die
Werte in die Listen **LIST1** und
LIST2 ein.

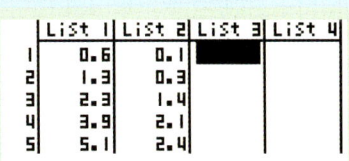

Nachdem man die Tasten **F1**
(GRPH) und **F6 (SET)**
gedrückt hat, erhält man neben-
stehendes Bild. Bewegen Sie den
Cursor auf **Graph Type** und
drücken Sie so oft auf die Taste
F6 ▷ , bis **Scat** erscheint.
Drücken Sie dann **F1.**
Siehe Abbildung rechts.
Nun betätigen Sie die **EXIT**-
Taste.

Durch Drücken der Taste **F1**
(GPH1) erhält man die
Punktwolke.

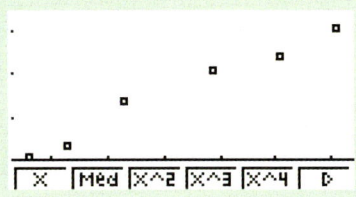

Um nun die Gleichung der
Regressionsgerade zu erhalten,
drücken Sie die **F1(X)**-Taste.
(Nichtlineare Regression mit der
F2(X^2)-Taste)

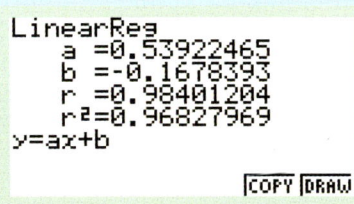

Die **F6(DRAW)**-Taste liefert
schließlich den Graphen.

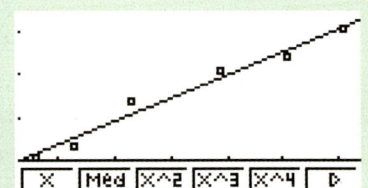

1. Gegeben ist die folgende Messreihe.

i	1	2	3	4	5
x_i	1	1,5	1,8	2,1	3,5
y_i	1,3	2,3	2,8	2,0	3,1

a) Zeichnen Sie die Messpunkte $(x_i \mid y_i)$ in ein Streudiagramm.
   Zeichnen Sie nach Augenmaß eine Gerade ein, die sich den Messpunkten
   möglichst optimal anpasst. Bestimmen Sie die Geradengleichung.

b) Bestimmen Sie die Gleichung der Regressionsgeraden und den
   Korrelationskoeffizient r. Vergleichen Sie mit der Gleichung der Freihandgeraden.
   Worin könnten die Unterschiede begründet sein?

c) Ergänzen Sie die Messreihe durch das Paar (5,2|0,9).
   Welche Regressionsgerade ergibt sich nun? Wie beurteilen Sie die
   unterschiedlichen Ergebnisse?

2. Der Klassenlehrer erstellt eine Übersicht der Halbjahresnoten in den Fächern Englisch,
Deutsch und Französisch.

Englisch	1,2	2,5	3	2	1,5	3,5	4,5	3,8	5,2	2	3	1,5	3,2	4,2
Deutsch	3	4,2	3,2	1,8	4	1,5	2,5	1,8	3,5	3,8	3,8	4	5,2	3,5
Französisch	1,5	3	2,8	2,8	2	3	3,8	4,2	4,5	2,5	2,5	2,5	2,8	4,8

a) Bestimmen Sie die Gleichungen der Regressionsgeraden und den zugehörigen
   Korrelationskoeffizienten bezüglich Englisch und Deutsch, Englisch und
   Französisch und Deutsch und Französisch. Erläutern Sie die Zusammenhänge.

3. In einem Reiseprospekt findet man folgende Tabelle, die für die 12 Monate des Jahres
die durchschnittliche Tagestemperatur und die Anzahl der Regentage pro Monat angibt.

Tagestemperatur	29	29	26	22	19	16	15	16	19	22	25	27
Regentage	4	4	6	8	12	15	17	17	14	10	8	7

a) Untersuchen Sie, ob es einen Zusammenhang zwischen der Tagestemperatur und
   der Anzahl der Regentage gibt. Bewerten Sie Ihr Ergebnis.

b) Die durchschnittlichen Temperaturen steigen in den letzten Jahren stetig an.
   Welche Folgen sind zu befürchten?

4. In einer Klasse wurde jeder Schüler nach Körpergröße und Schuhgröße befragt.
Das Datenmaterial entnehmen Sie der Liste <Schuhgröße> im Anhang. (s.S. 430).

a) Tragen Sie die gewonnen Datenpaare in ein Streudiagramm ein (x: Körpergröße
   in cm, y: Schuhgröße). Kann ein Zusammenhang vermutet werden? Welcher?

b) Bestimmen Sie die Gleichung der Geraden, mit der man die Schuhgröße aufgrund
   der Körpergröße vorhersagen kann (Regressionsgerade).
   Berechnen Sie den Korrelationskoeffizienten r.

c) Ein Kind wächst um 5 cm. Welche Änderung in der Schuhgröße ist zu erwarten?

d) Welche Kinder haben im Verhältnis zu ihrer Körpergröße besonders kleine bzw.
   große Schuhgrößen?

e) Führen Sie eine Regressionsanalyse getrennt nach Geschlecht durch.

5. Ein mathematisch begabter Schüler hat auch gute Physiknoten.

Um diese Behauptung zu untermauern, vergleicht ein Lehrer, der Physik und Mathematik unterrichtet, die Noten einiger Schüler in beiden Fächern.

Schüler	1	2	3	4	5	6	7	8	9	10
Mathematik	4,5	3,8	4,1	3,0	2,1	4,6	1,8	2,8	3,0	2,7
Physik	4,1	3,5	4,0	2,7	2,5	3,9	2,6	3,1	2,4	2,1

a) Stellen Sie die Daten in einem Streudiagramm dar.
Welchen Zusammenhang zwischen dem Leistungsvermögen in Mathematik und Physik erwarten Sie aufgrund des Diagramms?

b) Zwischen den erzielten Mathematik- und Physiknoten besteht ein annähernd linearer Zusammenhang der Form y = ax + b
(Physiknote = a · Mathematiknote + Zahl)
Bestimmen Sie a und b, die Gleichung der Regressionsgeraden und zeichnen Sie diese in das Koordinatensystem von a) ein.

c) Bestimmen Sie den Korrelationskoeffizienten r. Was sagt dieser aus?
Belegen die Ergebnisse die obige Behauptung?

d) Ein Schüler hat in Mathematik die Note 3,5 erreicht. Schätzen Sie mit Hilfe von Teilaufgabe b) seine Physiknote.

6. Bei sechs Schülerinnen einer AG wurden folgende Körpergrößen und Körpergewichte gemessen:

Größe in cm	170	165	175	155	175	180
Gewicht in kg	52	50	51	44	55	56

a) Stellen Sie die Datenpunkte in einem Streudiagramm dar (Merkmal X: Größe in cm, Merkmal Y: Gewicht in kg). Welche Abhängigkeit zwischen der Körpergröße und dem Körpergewicht erwarten Sie aufgrund des Diagramms?

b) Bestimmen Sie aus den gegebenen Daten die Gleichung der Regressionsgeraden, die das Gewicht in Abhängigkeit von der Größe optimal wiedergibt.
Zeichnen Sie die Gerade in das Streudiagramm ein.

c) Bestimmen Sie den Korrelationskoeffizienten r. Interpretieren Sie.

d) Wie groß würde man aufgrund der festgestellten linearen Regression von b) das Gewicht einer 160 cm großen Schülerin abschätzen?

e) Welche Gründe könnte die starke Korrelation zwischen Körpergröße und Körpergewicht haben?

7. Das Statistische Bundesamt erfasst monatlich den Gesamtwert von Ausfuhr und Einfuhr im Außenhandel in Milliarden EUR. Die Tabelle zeigt die Zahlen für 2001.

Einfuhr: 47,2 45,5 47,0 47,3 47,1 46,6 46,5 43,4 43,1 48,2 48,1 40,0
Ausfuhr: 51,7 52,0 55,9 52,7 54,5 53,5 55,3 51,6 49,6 57,2 54,9 48,3

a) Untersuchen Sie, ob ein Zusammenhang zwischen dem Wert der Ausfuhren und dem Wert der Einfuhren besteht.
Bestimmen Sie die Regressionsgerade und den Korrelationskoeffizienten r.

b) Bewerten Sie Ihr Ergebnis.

8. Die beiden Diagramme zeigen die Entwicklung der Studentenzahlen des ersten Semesters. Aus Diagramm A lassen sich die Gesamtzahlen aller Studierenden, aus Diagramm B die Zahl der Studienanfänger im Fach Wirtschaftspädagogik der letzten sechs Jahre ablesen.

A

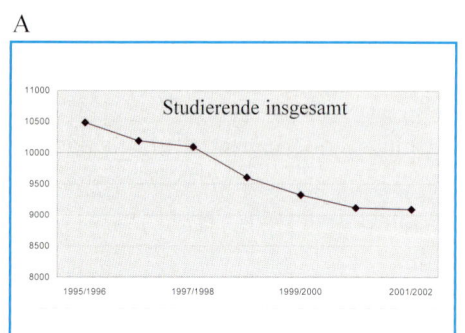

B

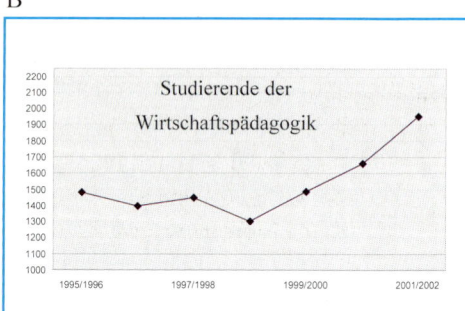

a) Tragen Sie die Datenpaare $(x_i \mid y_i)$ in ein Streudiagramm ein.

(x_i : Gesamtzahl aller Studierenden;

y_i : Zahl der Studienanfänger im Fach Wirtschaftspädagogik)

b) Lässt sich ein linearer Zusammenhang vermuten? Berechnen Sie den Korrelationskoeffizienten r und interpretieren Sie ihn.

c) Welches Ergebnis liefert eine Anpassung durch eine Parabel? Welche Ordnungen können gewählt werden?

9. Gegeben ist die folgende Datenreihe

i	1	2	3	4	5
x_i	1,5	2	2,5	3	3,5
y_i	1,6	0,6	0,75	2,2	5,85

a) Besteht ein linearer Zusammenhang zwischen x_i und y_i? Berechnen Sie r.

b) Versuchen Sie, die Datenreihe durch eine Parabel möglichst niedriger Ordnung anzupassen.

Bestimmen Sie die Gleichung der optimalen Parabel.

Berechnen Sie damit für jeden x_i-Wert den zugehörigen y-Wert.

10. Die Tabelle gibt die Verkaufszahlen y_i der letzten 8 Jahre (x_i) eines bestimmten Autotyps an:

Jahr	1	2	3	4	5	6	7	8
Absatz	5430	8614	11360	13700	15600	17090	18152	18788

a) Tragen Sie die Datenpaare $(x_i \mid y_i)$ in ein Diagramm ein.

Welcher Funktionstyp beschreibt den erkennbaren Zusammenhang?

Bestimmen Sie den Funktionsterm.

b) Welche Absatzzahlen sind in den nächsten Jahren zu erwarten?

II. Mathematisches Grundwissen
1 Mengen und ihre Verknüpfungen

Zahlenmengen

Eine Zahlenmenge ist eine Zusammenfassung von unterscheidbaren Zahlen.

Mengen werden mit großen lateinischen Buchstaben bezeichnet.

Beispiel

$M = \{1; 2; 3; 4; 5\}$

1 ist ein Element von M	$1 \in M$
5 ist ein Element von M	$5 \in M$
$\frac{1}{2}$ ist kein Element von M	$\frac{1}{2} \notin M$

Schreibweisen für Mengen

$A = \{1; 2; 3\}$ aufzählende Darstellung

$= \{x \mid x \in M \land x < 4\}$ beschreibende Darstellung

in Worten: Menge aller x, für die gilt: x aus M und $x < 4$.

$B = \{x \mid x \in M \land x > 5\} = \varnothing$ **leere Menge**,

d.h. die Menge enthält kein Element

Besondere Zahlenmengen

Menge der **natürlichen** Zahlen $\mathbf{N} = \{0; 1; 2; 3...\}$

Menge der natürlichen Zahlen
ohne Null $\mathbf{N}^* = \{1; 2; 3...\}$ * bedeutet **ohne Null**

Menge der **ganzen** Zahlen $\mathbf{Z} = \{... -2; -1; 0; 1; 2; 3...\}$

Menge der **rationalen** Zahlen

(Menge der Bruchzahlen) $\mathbf{Q} = \left\{ \frac{p}{q} \mid p \in \mathbf{Z}, q \in \mathbf{N}^* \right\}$

in Worten: Menge aller Bruchzahlen $\frac{p}{q}$

für die gilt: $p \in \mathbf{Z}$ und $q \in \mathbf{N}^*$

Menge der **irrationalen** Zahlen,
die Elemente sind nicht als Bruch
darstellbar.   **Beispiele:** $\sqrt{2}$; $\sqrt{\frac{5}{2}}$; π; e

Menge der **reellen** Zahlen, sie besteht
aus der Menge der rationalen und
der Menge der irrationalen Zahlen.   **R**

Teilmengen der reellen Zahlen

Menge der reellen Zahlen ohne Null $\quad\quad R^* = R \setminus \{0\}$

Menge der reellen Zahlen ohne 2 und 3 $\quad\quad R \setminus \{2; 3\}$

Menge der positiven reellen Zahlen

mit Null $\quad\quad R_+$

ohne Null $\quad\quad R_+^* = R_+ \setminus \{0\}$

Menge der negativen reellen Zahlen

mit Null $\quad\quad R_-$

ohne Null $\quad\quad R_-^* = R_- \setminus \{0\}$

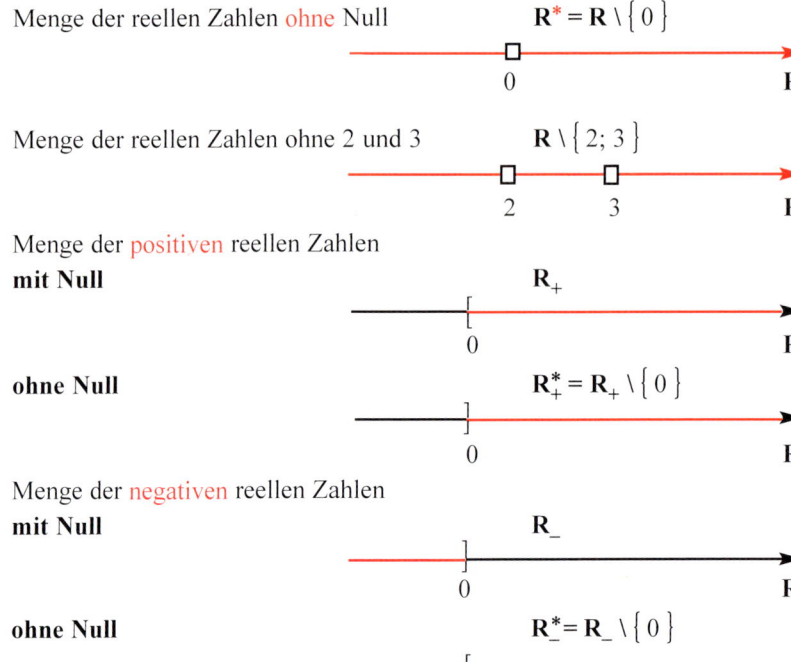

Intervalle als Teilmengen der reellen Zahlen

Beispiele

Menge A der reellen Zahlen, die kleiner sind als 5,7

$A = \{x \mid x \in R \wedge x < 5,7\}$

$\quad = \,]-\infty\,;\,5,7\,[$

(offenes Intervall)

Bemerkung: Das logische Zeichen $\wedge$ steht für **und**.

Menge B der reellen Zahlen, die größer sind als $-0,6$

$B = \{x \mid x \in R \wedge x > -0,6\}$

$\quad = \,]-0,6\,,\,\infty[$

Menge C der reellen Zahlen, die zwischen $-0,6$ und 5,5 liegen

$C = \{x \mid x \in R \wedge (x > -0,6 \wedge x < 5,5)\}$

$\quad = \{x \mid x \in R \wedge -0,6 < x < 5,5\}$

$\quad = \,]-0,6;\,5,5\,[$

offenes Intervall von $-0,6$ bis 5,5

Bemerkung: $-0,6$ und 5,5 sind **keine** Elemente der Menge C.

Menge D der reellen Zahlen, die kleiner oder gleich 4 **und** größer oder gleich 1 sind

$D = \{ x \mid x \in \mathbf{R} \land (x \leq 4 \land x \geq 1) \}$

$\quad = [1 ; 4]$

geschlossenes Intervall von 1 bis 4

Bemerkung: 1 und 4 sind Elemente von D

Menge E der reellen Zahlen, die kleiner 4 **und** größer oder gleich 1 sind

$E = \{ x \mid x \in \mathbf{R} \land (x < 4 \land x \geq 1) \}$

$\quad = [1 ; 4 [$

halboffenes Intervall von 1 bis 4

Aufgaben

1. Geben Sie die Menge in aufzählender Darstellung an.

   $A = \{ x \mid x \in \mathbf{Z} \land (x^2 \leq 5,5) \}$ $\qquad$ $B = \{ n \mid n \in \mathbf{N} \land (n \text{ ist Teiler von } 12) \}$

2. Geben Sie die Menge in beschreibender Form an

   $A = \{ 0, 3, 6, 9, 12, ... \}$ $\qquad$ $B = \{ 1, 2, 4, 8, 16, .. \}$

3. Bestimmen Sie die Elemente der Menge $\{ (x \mid y) \mid x + y \leq 2; \; x, y \in \mathbf{N} \}$

4. Für welche natürlichen Zahlen n gilt: $n^2 \geq n$? Was ändert sich für $n \in \mathbf{Z}$?

5. Zeigen Sie, dass die Summe von drei aufeinander folgenden natürlichen Zahlen stets durch 3 teilbar ist.

6. Kennzeichnen Sie die Menge am Zahlenstrahl und schreiben Sie als Intervall.

   a) $A = \{ x \mid x \in \mathbf{R} \land (x < 6 \land x \geq 2) \}$ $\qquad$ b) $B = \{ x \mid x \in \mathbf{R} \land x \leq -1 \}$

   c) $C = \{ x \mid x \in \mathbf{R} \land x > 2,5 \}$ $\qquad$ d) $D = \{ x \mid x \in \mathbf{R} \land (-2 \leq x \leq -1) \}$

7. Schreiben Sie die Teilmengen der reellen Zahlen $\mathbf{R}$ als Intervall.

   a) $\{ x \mid x \geq -3 \land x < 2 \}$ $\qquad$ b) $\{ x \mid x \in \mathbf{R}_+ \land x \leq 4 \}$

   c) $\{ x \mid -2 \leq x \leq 2 \}$ $\qquad$ d) $\{ x \mid x \in \mathbf{R}_-^* \land x \geq -1 \}$

   e) $\{ x \mid x \geq 3 \}$ $\qquad$ f) $\{ x \mid 0 < x < 0,5 \}$

8. Schreiben Sie in Mengenschreibweise.

   a) $] 2 ; 5]$ $\qquad$ b) $[-1 ; 2,5]$ $\qquad$ c) $] -3 ; 3 [$

9. Beschreiben Sie die rot markierte Menge.

   a)

   b)

   c)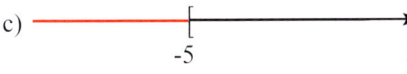

   d)

Verknüpfung von Mengen

Gegeben sind die Mengen A und B

$A = \{ x \mid x \in \mathbf{R} \wedge 2 \leqq x \leqq 8 \} = [\,2;\,8\,]$

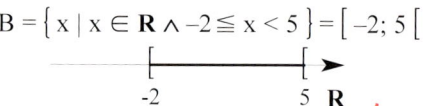

geschlossenes Intervall

$B = \{ x \mid x \in \mathbf{R} \wedge -2 \leqq x < 5 \} = [\,-2;\,5\,[$

halboffenes Intervall

Die **Verknüpfung** der beiden Mengen ergibt die

Schnittmenge von A und B

$A \cap B$

in Worten: A **geschnitten** B

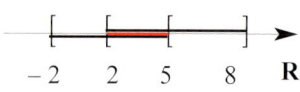

$A \cap B$ enthält alle Elemente, die
in A **und** (gleichzeitig) in B liegen.

$A \cap B = [\,2;\,5\,[$

$A \cap B = \{ x \mid x \in A \wedge x \in B \}$

Bemerkung: $x \in A \cap B$ heißt: x liegt in A **und** in B.

Vereinigungsmenge von A und B

$A \cup B$

in Worten: A **vereinigt** B

$A \cup B$ enthält alle Elemente,

die in A **oder** in B liegen.

$A \cup B = [\,-2;\,8\,]$

$A \cup B = \{ x \mid x \in A \vee x \in B \}$

Bemerkung: $x \in A \cup B$ heißt: x liegt in A **oder** in B oder x liegt in beiden Mengen.

Beachten Sie: Mengenzeichen		
zwischen zwei Mengen	$\cap$	„geschnitten"
	$\cup$	„vereinigt"
Logische Zeichen	$\wedge$	„und"
zwischen zwei Aussageformen	$\vee$	„oder"

Teilmengen von A

Die gegebene Menge C ist

Teilmenge von A,

denn **jedes Element von C**

liegt auch in A

$C \subseteq A$

in Worten: C ist Teilmenge von A

$A = [\,2;\,8\,]$

$C = \{ x \mid x \in \mathbf{R} \wedge 2 \leqq x \leqq 5 \} = [\,2;\,5\,]$

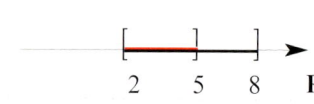

Differenzmenge A\C zweier Mengen A und C

Die Differenzmenge von A und C
enthält **alle Elemente von A,**
die nicht in C liegen.

$2 \qquad 5 \qquad 8 \qquad$ R

A\C

in Worten: A **ohne** C

$A \backslash C = [2\,;8] \backslash [2;5] \,=\,]5\,;8]$

Bemerkung: $x \in A \backslash C$ heißt: x liegt in A, aber nicht in C.

Beispiele

Menge G der reellen Zahlen ohne 1: $\qquad G = R \backslash \{1\}$

Menge $F = \{x \mid x \in R \wedge x > 2 \vee x < -2\}$

$F = R \backslash [-2; 2].$

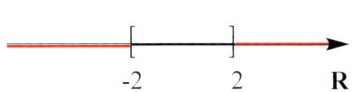

$-2 \qquad 2 \qquad$ R

Aufgaben

1. Gegeben sind die Mengen $A = [-2\,;5]$, $B = [1\,;8]$ und $C = [-10;3]$.
   Bestimmen Sie folgende Mengen:

   a) $A \cap B, A \cup B, A \backslash B, B \backslash A$ b) $B \cap C, A \cup C, A \backslash C, B \backslash C$

   c) $(A \cup B) \cap C, C \backslash (A \cap B)$ d) $R_+^* \cap A, R_+ \cap A, R_- \cap B$

2. Schreiben Sie die Teilmengen von **R** als Intervall.

   a) $\{x \mid x \leqq 3 \wedge x \neq 0\}$ b) $\{x \mid x \leqq -3 \vee x \geqq 2\}$

   c) $\{x \mid x - 2 \leqq 0 \wedge x \geqq 0\}$ d) $\{x \mid x \geqq -5 \wedge x \geqq -1\}$

3. Schreiben Sie in Mengenschreibweise.

   a) $R \backslash \{-1; 0; 3\}$ b) $R \backslash [-1\,;1]$

   c) $]-\infty\,;-2] \cup [0\,;\infty[$ d) $R_+^* \cap \,]-2\,;4[$

   e) $]1,5;\infty[\cap [2\,;8[$ f) $R_+ \cup \,]-5\,;1[$

4. Schreiben Sie als ein Intervall.

   a) $]2\,;5] \backslash \,]3,5\,;5]$ b) $]0\,;7] \backslash \,[0\,;3[$

   c) $]-10;2] \cup [0\,;3[$ d) $]1,5;\infty[\cap [-1\,;3[$

5. Beschreiben Sie die rot markierte Menge.

   a)

   $0 \quad 1 \qquad$ R

   b)

   $-2 \qquad 0 \qquad$ R

2 Algebraische Begriffe und Rechenübungen

Begriffe

Summe und Differenz

$$a + b$$

Summanden

$$a - b$$

Differenz von a und b

Produkt und Potenz

$$3 \cdot x = x + x + x$$

Produkt

$$x^3 = x \cdot x \cdot x$$

Potenz Faktoren

Quotient

$\dfrac{a}{b}$ } **Quotient**   a: Zähler $\dfrac{1}{a}$ } **Kehrwert von a**

(Bruch)   b ≠ 0 :   Nenner   a ≠ 0

Rechnen mit Summen und Differenzen

Beispiele

1) $32x + 12y - 4x - 5y - 13x + 2y = 32x - 4x - 13x + 12y - 5y + 2y = 15x + 9y$

Gleichartige Glieder zusammenfassen.

2) $3a + (4a - 2b) - 8(b - a) = 3a + 4a - 2b - 8b + 8a = 15a - 10b$

Rechenzeichen vor der Klammer beachten.

3) $3(2x - 4y) - 4(3 - 4x - 2y) = 6x - 12y - 12 + 16x + 8y = 22x - 4y - 12$

Jedes Glied der Summe wird mit dem Faktor multipliziert.

4) $8xy \cdot (- 3x) = 8 \cdot (- 3) \cdot x \cdot x \cdot y = -24x^2 y$

Faktoren dürfen vertauscht werden.

5) $9a - [5a - (b - 8a)] = 9a - [5a - b + 8a] = 9a - 5a + b - 8a = 4a + b$

Klammern von innen nach außen auflösen.

Aufgaben

Vereinfachen Sie.

a) $18a - 3x + 6a - 3(x + a) - 5(a - 2x)$ b) $15ax + 3ax - 7a \cdot (-2x)$

c) $2 \cdot 4a \cdot 3b + 5a \cdot 2b - 18ab$ d) $-3(x^2 - x) + (x^2 - 2x + 3) \cdot (-2)$

e) $6{,}5x^2 - [5x - x(3 - 4x) + 2] \cdot (-0{,}5)$ f) $x - 5x(x^2 - 3x) \cdot (-4) - 5x^2$

g) $5 \cdot (2x - ax) - 5 \cdot 4x - 5 \cdot ax$ h) $(2 - 3x)x - x \cdot (-14)$

i) $1{,}05 \cdot (x + x \cdot 1{,}05) + 1{,}05^2 \cdot x$ j) $-\dfrac{a^2}{2} - (\dfrac{3}{2}a)^2 + \dfrac{1}{4}(2 - 2a^2)$

Rechnen mit Brüchen
Beispiele

1) $\dfrac{3}{5} + \dfrac{4}{5} = \dfrac{3+4}{5} = \dfrac{7}{5}$ $\qquad\qquad$ $\dfrac{x}{3} - \dfrac{2x}{3} = \dfrac{x-2x}{3} = -\dfrac{x}{3}$

Gleichnamige Brüche addieren heißt, Zähler addieren und Nenner beibehalten.

2) $\dfrac{1}{2} + \dfrac{3}{5} = \dfrac{5}{10} + \dfrac{6}{10} = \dfrac{11}{10}$ $\qquad$ $\dfrac{x}{4} + \dfrac{3x}{2} = \dfrac{x}{4} + \dfrac{6x}{4} = \dfrac{7x}{4} = \dfrac{7}{4}x$

Ungleichnamige Brüche werden gleichnamig gemacht und dann addiert.

3) $\dfrac{4}{7} \cdot 3 = \dfrac{4}{7} \cdot \dfrac{3}{1} = \dfrac{4 \cdot 3}{7} = \dfrac{12}{7}$ $\qquad$ $\dfrac{3}{4} \cdot \dfrac{x}{5} = \dfrac{3 \cdot x}{4 \cdot 5} = \dfrac{3 \cdot x}{20} = \dfrac{3}{20}\,x$

$\dfrac{1}{2}x = \dfrac{1}{2} \cdot \dfrac{x}{1} = \dfrac{x}{2}$ $\qquad\qquad\qquad$ $\dfrac{x}{3} \cdot \dfrac{x}{12} = \dfrac{x^2}{36}$

Brüche werden multipliziert, indem man Zähler mit Zähler und Nenner mit Nenner multipliziert.

4) $\dfrac{\frac{3}{8}}{\frac{9}{4}} = \dfrac{3}{8} \cdot \dfrac{4}{9} = \dfrac{1}{2} \cdot \dfrac{1}{3} = \dfrac{1}{6}$ $\qquad$ $\dfrac{\frac{3a}{8b}}{\frac{9c}{2b}} = \dfrac{3a}{8b} \cdot \dfrac{2b}{9c} = \dfrac{a}{4 \cdot 3c} = \dfrac{a}{12c}$

Man dividiert durch einen Bruch ($\neq 0$), indem man mit dem Kehrbruch multipliziert.

$\dfrac{\frac{2}{5}}{3} = \dfrac{2}{5} \cdot \dfrac{1}{3} = \dfrac{2}{15}$ $\qquad\qquad$ $\dfrac{\frac{3}{7}}{t} = \dfrac{3}{7} \cdot \dfrac{1}{t} = \dfrac{3}{7t}$

$\dfrac{1}{\frac{3}{8}} = \dfrac{8}{3}$ $\qquad\qquad\qquad\qquad$ $\dfrac{1}{\frac{t}{4}} = \dfrac{4}{t}$

$\dfrac{1}{\frac{t}{2}+1} = \dfrac{1}{\frac{t+2}{2}} = \dfrac{2}{t+2}$ $\qquad\qquad$ $\dfrac{-1+8t}{8} = -\dfrac{1}{8} + t$

5) $\dfrac{-4}{2} = -\dfrac{4}{2} = \dfrac{4}{-2} = -2$ $\qquad\qquad$ $\dfrac{-x}{-a} = \dfrac{x}{a}$

Beachten Sie: $\dfrac{0}{4} = 0,$ **aber:** $\dfrac{4}{0}$ **ist nicht definiert.**

Beachten Sie: Ein **Term** ist ein mathematischer Ausdruck.
  Terme sind Zahlen $(2, 3^2, 2{,}045, ...)$ oder **Variablen** ($x, a, x^2, \sqrt{x}, ...$).
  Terme sind **sinnvolle Kombinationen** von

  – **Zahlen und Rechenzeichen,** $\qquad$ Beispiel: $7 \cdot 3 + 15$
  – **Variablen, Zahlen und Rechenzeichen.** $\qquad$ Beispiel: $x + 3y - 5{,}2\,x^2$

Vereinfachung durch Ausklammern

Beispiele

1) $27x - 27 = 27(x - 1)$　　　　　　　　$8x + 24 = 8x + 8 \cdot 3 = 8(x + 3)$

Vorgehensweise beim Ausklammern:
Man zerlegt alle Summanden in Faktoren.
Dann wird der (größte) gemeinsame Faktor ausgeklammert.

2) $15x + 9y - 21 = 3 \cdot 5x + 3 \cdot 3y - 3 \cdot 7 = 3(5x + 3y - 7)$

　　　Summe　　　gemeinsamer Faktor　　Produkt

Probe durch Ausmultiplizieren:　　$3 \cdot 5x + 3 \cdot 3y - 3 \cdot 7 = 15x + 9y - 21$

3) $-\frac{3}{4}x^2 + \frac{5}{8}x + 3 = -\frac{6}{8}x^2 + \frac{5}{8}x + \frac{24}{8} = \frac{1}{8}(-6x^2) + \frac{1}{8} \cdot 5x + \frac{1}{8} \cdot 24 = \frac{1}{8}(-6x^2 + 5x + 24)$

4) $-\frac{3}{5} - x + \frac{8}{5}y = -\frac{1}{5} \cdot 3 - \frac{1}{5} \cdot 5x + \frac{1}{5} \cdot 8y = -\frac{1}{5}(3 + 5x - 8y)$

Beim Ausklammern eines negativen Faktors Vorzeichen beachten!

$5 - 3x = -3x + 5 = -1(3x - 5) = -(3x - 5)$

$2 - x = -x + 2 = -1(x - 2) = -(x - 2)$

5) $2(x - 4) + x(x - 4) = (2 - x)(x - 4)$

Hier ist (x – 4) der gemeinsame Faktor.

Ausklammern macht aus einer Summe ein Produkt.

6) $\dfrac{8x - 4 + 16y}{4} = \dfrac{4 \cdot 2x - 4 \cdot 1 + 4 \cdot 4y}{4} = \dfrac{4 \cdot (2x - 1 + 4y)}{4} = 2x - 1 + 4y$

Beachten Sie: Nur Faktoren kürzen.

Aufgaben

1. Bestimmen Sie den Klammerausdruck.

　a) $-7x + 14xy = -7x \cdot (\dots)$　　　　　　b) $ax^2 - 6x^3 = x^2 \cdot (\dots)$

　c) $\frac{5}{3}a + 5a^2 - \frac{10}{3}a^3 = 5a \cdot (\dots)$　　　　d) $1{,}5a - 2{,}5ab + 0{,}5a^2 = 0{,}5a \cdot (\dots)$

2. Vereinfachen Sie.

　a) $\frac{1}{2}(2x - 2) - \frac{3}{8}(4x - 4)$　　　b) $4tx^2 - 8tx + 4t$　　　c) $xt_1 - xt_2 + t_1 - t_2$

　d) $\frac{1}{2}(x - 2) - \frac{3}{2}x + \frac{3}{4}$　　　e) $\frac{3x - 6}{3} - 2 \cdot \frac{5x - 10}{5}$　　　f) $\frac{1}{4} \cdot \frac{8x - 4}{5}y$

　g) $-\frac{2x - 7}{2} + \frac{5 - 4x}{5}$　　　h) $\frac{1}{3}(-2x + 4) - \frac{4x - 2}{3}$　　　i) $\frac{8x - 2}{2} - \frac{3}{8}(4x - 4)$

　j) $x^2(x - 6) - 2x^2(x - 2)$　　　k) $3tx - (3 - t)x$　　　l) $x(2 - x) + 5(2 - x)$

　m) $(-x + 2)(x - 3) - (2 - \frac{1}{2}x)(x - 3)$　　n) $6ax - 3ay + 4bx - 2by$　　o) $30sx - 5tx - 6sy + ty$

Multiplikation von Summen

Beispiele

1) $(x - 2)(x - 5) = x^2 - 2x - 5x + 10 = x^2 - 7x + 10$

Beachten Sie: Ausmultiplizieren heißt, **jeden Summanden** der einen Summe **mit jedem Summanden** der anderen Summe **multiplizieren.**

2) $(x + 3)(3 - x) = 3x - x^2 - 3x + 9 = -x^2 + 9$

3) $(-x - 1)(x - 7) = -x^2 - x + 7x + 7 = -x^2 + 6x + 7$

4) $(2x - 3)(1 - tx) = -2tx^2 + 3tx + 2x - 3 = -2tx^2 + (3t + 2)x - 3$

5) $(\frac{1}{2}x - 1)\, 4x = 2x^2 - 4x$

6) $(x - 2)(x - 3)\,(2x + 1) = (x^2 - 5x + 6)\,(2x + 1) = 2x^3 - 10x^2 + x^2 + 12x - 5x + 6$

$$= 2x^3 - 8x^2 + 7x + 6$$

Beachten Sie den Unterschied: $(x + 3)(x - 2) = x^2 + x - 6$

$$x + 3(x - 2) = x + 3x - 6 = 4x - 6$$

(Punktrechnung vor Strichrechnung)

Sonderfälle:

1) $(x - 4)(x - 4) = x^2 - 4x - 4x + 16 = x^2 - 8x + 16$

$(x - 4)^2 = x^2 - 8x + 16$

2) $(x + 3)(x + 3) = x^2 + 3x + 3x + 9 = x^2 + 6x + 9$

$(x + 3)^2 = x^2 + 6x + 9$

3) $(x + 5)(x - 5) = x^2 + 5x - 5x - 25 = x^2 - 25$

$(x + 5)(x - 5) = x^2 - 25$

Diese drei Sonderfälle treten in vielen Umformungen auf. Deshalb ist es sinnvoll, diese drei Sonderfälle zu verallgemeinern.

Binomische Formeln: $(a + b)^2 = a^2 + 2\,a\,b + b^2$

$$(a - b)^2 = a^2 - 2\,a\,b + b^2$$

$$(a - b)(a + b) = a^2 - b^2$$

Anwendungsbeispiele

1) $(3x + 5)^2 = (3x)^2 + 2 \cdot 3x \cdot 5 + 5^2 = 9x^2 + 30x + 25$

2) $(\frac{1}{2}x - 3)^2 = (\frac{1}{2}x)^2 - 2 \cdot \frac{1}{2}x \cdot 3 + 3^2 = \frac{1}{4}x^2 - 3x + 9$

3) $(2x - 3)(2x + 3) = (2x)^2 - 3^2 = 4x^2 - 9$

4) $x^2 + 12x + 36 = (x + 6)^2$

5) $(\frac{1}{3}x + 2)(x - 6) = \frac{1}{3}(x + 6)(x - 6) = \frac{1}{3}(x^2 - 36)$

6) $2x(x - 2t)^2 = 2x(x^2 - 4tx + 4t^2) = 2x^3 - 8tx^2 + 8t^2x$

7) $(2x)^2 \cdot (x^2 - 5) = 4x^2 \cdot (x^2 - 5) = 4x^4 - 20x^2$

Beachten Sie die Rechenregel: Potenz- vor Punkt- vor Strichrechnung

Aufgaben

1. Multiplizieren Sie aus.

   a) $(x - 5)(x + \frac{3}{2})$ b) $(\frac{2}{3}x - 2)(x + 3)$ c) $(\frac{1}{2}x - \frac{5}{2})(x + 5)$

   d) $\frac{3}{2}(x + 4)(x + 4)$ e) $(3 - 2x)(- 2x + 3)$ f) $\frac{x - 5}{2} \cdot (2x + 8)$

   g) $(x + 8)(\frac{1}{4}x + 1)$ h) $(1 - \frac{1}{5}x)(\frac{2}{5}x + 2)$ i) $\frac{x}{2}(2x - t)^2$

   j) $-\frac{1}{8}(4 - 2x)^2$ k) $x(x + 3)(2x - 5)$ l) $(x - 1)^3$

2. Schreiben Sie in Produktform.

   a) $x^2 + 14x + 49$ b) $4x^2 - 8x + 4$ c) $\frac{1}{2}x^2 - 8$

   d) $1 - 2x + x^2$ e) $-\frac{1}{4} + x^2$ f) $-x^2 + 6x - 9$

   g) $\frac{1}{5}x^2 + 2x + 5$ h) $\frac{1}{4}x^2 - 3x + 9$ i) $\frac{x^2}{2} - tx + \frac{t^2}{2}$

   j) $a^2 - 4b^2$ k) $4t^2 - 4t + 1$ l) $25x^2 - 9$

   m) $x^4 + 2x^2 + 1$ n) $u^4 - 4u^3 + 4u^2$ o) $x^3 - 7x^2$

3. Vereinfachen Sie.

   a) $3(\frac{2 - 3t}{3})^2 - 2\frac{2 - 3t}{3}$ b) $7(b + 1) + 5(b + 1)^2$ c) $(t - 1)^2 - (t + 1)^2 - (t^2 + 4)$

4. Vereinfachen Sie.

   a) $(1 - x)^3 + 3(1 - x)(1 + x)^2$ b) $\frac{1}{4t^2}(-\frac{t}{2} + t)(-\frac{t}{2} - t)^2$ c) $(2 - x)^2(x + 2)^2$

5. Die Terme $6x(x^2 - 4)$ und $2ax(x - 2)^2$ haben einen gemeinsamen Faktor: $2x(x - 2)$ oder $x(x^2 - 4)$. Entscheiden Sie.

6. Bestimmen Sie einen Term für die Summe der Quadrate von vier aufeinanderfolgenden natürlichen Zahlen. Vereinfachen Sie.

7. Zeigen Sie: $T(n) = (n + 1)^3 - (n + 1)$ ist für jede natürliche Zahl n eine gerade Zahl. Beachten Sie den Fall: n gerade bzw. n ungerade.

Bruchterme

Beispiele

1) Für welche x-Werte ist der Bruchterm $\dfrac{3x-3}{2(1-x)}$ definiert ?

Lösung

Beachten Sie: **Durch die Zahl Null darf man nicht teilen.**

Der Term ist definiert für alle reellen Zahlen außer für $x = 1$,

der (größtmögliche) **Definitionsbereich** für diesen Term ist also: $D = \mathbf{R} \setminus \{1\}$

Der Term lässt sich für $x \neq 1$ umformen:

Faktorisieren und kürzen $\qquad \dfrac{3x-3}{2(1-x)} = \dfrac{3(x-1)}{2(1-x)} = \dfrac{3(x-1)}{-2(x-1)} = -\dfrac{3}{2}$

Bemerkung: Für $x \neq 1$ darf gekürzt werden.

2) Bestimmen Sie die Definitionsmenge D und vereinfachen Sie den Term $\dfrac{x^2+4x+4}{x^2-4}$.

Lösung

Wegen $x^2 - 4 = (x-2)(x+2)$ würde der Nenner für $x = 2 \vee x = -2$ zu Null werden.

(Maximale) **Definitionsmenge** $\qquad D = \mathbf{R} \setminus \{-2; 2\}$

Faktorisieren und kürzen $\qquad \dfrac{x^2+4x+4}{x^2-4} = \dfrac{(x+2)^2}{(x+2)(x-2)} = \dfrac{(x+2)}{(x-2)}$

3) Bestimmen Sie D und vereinfachen Sie $\dfrac{x-2}{x-3} - \dfrac{x+2}{2x-6}$.

Lösung

$x = 3$ macht beide Nenner zu Null, **damit $D = \mathbf{R} \setminus \{3\}$**

Zum **Addieren** müssen die beiden Terme **gleichnamig** gemacht werden.

Nenner faktorisieren $2x - 6 = 2(x-3)$ $\qquad$ **Hauptnenner (HN):** $2(x-3)$

Auf den Hauptnenner bringen $\qquad \dfrac{x-2}{x-3} - \dfrac{x+2}{2x-6} = \dfrac{2(x-2)-(x+2)}{2x-6} = \dfrac{x-6}{2x-6}$

4) Bestimmen Sie D und vereinfachen Sie $\dfrac{2x-4}{x} - \dfrac{8x}{4x-8}$.

Lösung

$x = 0$ macht den ersten Nenner zu Null; $x = 2$ macht den zweiten Nenner zu Null,

größtmögliche Definitionsmenge $\qquad D = D_{max} = \mathbf{R} \setminus \{0; 2\}$

Zum **Addieren** müssen die beiden Terme **gleichnamig** gemacht werden.

Nenner faktorisieren $\qquad 4x - 8 = 4(x-2)$

Hauptnenner $\qquad 4x(x-2)$

Auf den Hauptnenner bringen $\qquad \dfrac{2x-4}{x} - \dfrac{8x}{4x-8} = \dfrac{(2x-4)(4x-8)-8x\cdot x}{4x(x-2)}$

vereinfachen und kürzen $\qquad = \dfrac{8x^2-32x+32-8x^2}{4x(x-2)}$

$\qquad\qquad\qquad\qquad\qquad = \dfrac{-32(x-1)}{4x(x-2)} = \dfrac{-8(x-1)}{x(x-2)}$

7   Bohner/Ihlenburg/Ott – ISBN 3-8120-0206-X

Aufgaben

1. Vereinfachen Sie.

a) $6(\frac{1}{2}x + \frac{2}{3}x - \frac{1}{12}x)$

b) $x - \frac{1-x}{3} + \frac{2x}{3}$

c) $\frac{4}{9}t^2(-\frac{27}{8t}) + \frac{4}{9}t$

d) $\frac{3}{4}x - \frac{3}{2} \cdot \frac{1-x}{2} + 5 \cdot (\frac{1}{4} + x)$

e) $-3\frac{2x-8}{4} - 3$

f) $1 - \frac{4}{7}(3x + 1) - \frac{2}{7}(1 - 3x)$

g) $x - \frac{10x - 5}{5}$

h) $\frac{x}{3} - x - 3 + \frac{3x - 6}{4} - \frac{x - 2}{3}$

i) $\frac{1}{3}(-2x + 4) - \frac{4x - 2}{3}$

j) $5x - 2 - \frac{8x - 6}{2}$

k) $\frac{3}{7 - 21t} \cdot \frac{5 - 15t}{2}$; $t \neq \frac{1}{3}$

l) $\frac{3x + 8}{x - 2} + \frac{2 + 6x}{2 - x} - 1$; $x \neq 2$

2. Bestimmen Sie die Definitionsmenge des Terms. Kürzen Sie vollständig.

a) $\frac{2x^2 - 5x}{5 - 2x}$

b) $\frac{4x^3 - 12x^2}{8x^3 - 72x}$

c) $\frac{t^2 - 6t + 9}{9 - t^2}$

d) $\frac{(t + 5)^2}{2t} \cdot \frac{3t^2}{2t^2 + 10t}$

3. Fassen Sie zusammen (die Nennerterme sind ungleich Null).

a) $\frac{6}{7} + \frac{9}{14tx} - 1$

b) $\frac{15a}{4b} : \frac{25at}{36bs}$

c) $a - \frac{a^2}{a - x}$

d) $\frac{2a + b}{a - b} - \frac{3b}{a + b}$

4. Bestimmen Sie die maximale Definitionsmenge. Vereinfachen Sie.

a) $\frac{2 - x}{x + 2} - 3$

b) $\frac{1}{t + 1} - \frac{1}{t - 1} + 1$

c) $\frac{a}{x - 1} + \frac{a}{x + 1}$

d) $\frac{1}{2a} - \frac{3}{4a} - \frac{a + b}{ab}$

e) $\frac{4x}{x - 1} - \frac{10x}{2 - x}$

f) $\frac{1}{t} - \frac{2}{x} + \frac{2t - x}{tx}$

g) $t + 3 - \frac{t(t + 3)}{t - 3}$

h) $\frac{3x}{(x - 2)^2} - \frac{2}{x - 2} - \frac{6}{(2 - x)^2}$

i) $\frac{1}{1 - t} + \frac{1}{t + 1} + \frac{2}{t^2 - 1} - 4$

5. Bestimmen Sie die maximale Definitionsmenge.
   Fassen Sie zusammen und vereinfachen Sie soweit wie möglich .

a) $\frac{\frac{x}{2}}{t} + \frac{3}{t}$

b) $\frac{\frac{t}{4} - \frac{t}{3}}{\frac{3t}{4} - \frac{t}{3}}$

c) $\frac{\frac{x}{t}}{2t} + \frac{4x}{t^2}$

d) $\frac{1}{\frac{1}{2} - \frac{1}{2}t} + \frac{1}{t - 1}$

e) $\frac{t + 2 - \frac{t(t + 2)}{t - 1}}{2}$

f) $\frac{x}{x - 1} : \frac{1}{x^2 - x}$

6. Zeigen Sie die Gleichheit.

a) $\frac{2 - t}{1 - t} - t = 1 - t + \frac{1}{1 - t}$ für $t \neq 1$

b) $(1 + \frac{t - 1}{2}) : (t - \frac{t - 1}{2}) = 1$

7. Bestimmen Sie den maximalen Definitionsbereich für die Variable x
   und vereinfachen Sie.

   a) $\dfrac{3x^2 - 3}{x^2 + 3x} - \dfrac{2x - 2}{x + 3}$ b) $(x^2 + 2x + 1) \cdot \dfrac{2x + 1}{2x + 2}$ c) $\dfrac{ax^2 + 2x}{ax + 2x^2} \,; a \neq 0$

8. Zeigen Sie die Gleichheit der beiden Terme

   a) $\dfrac{2x^2 - 3x + 1}{x - 2} \,; \; 2x + 1 + \dfrac{3}{x - 2}$ b) $x^2 - x + 1 - \dfrac{3}{x+1} \,; \; \dfrac{x^3 - 2}{x + 1}$

9. Welche Terme sind gleich?

$6 + t - (t-2)\dfrac{t+3}{t-1}$	$7x(8x - 9y)$	$18 + 12y + 2y^2$	$(2x + y)^2$
$9x^2 - x^4$	$\dfrac{3x(2x + 1)}{12x^2 - 3}$	$\dfrac{x^2 - 8x}{x - 3}$	$9xy^2 - 18x^2y$
$(3a + 5)^2$	$56x^2 - 63xy$	$(4 - x)x + x^2$	$9a^2 + 30a + 25$
$4x^2 + 4xy + y^2$	$x^2(3 - x)(x + 3)$	$\dfrac{4}{3}x^2(3 - 6x^2)$	$x^2(3 - x) + 2x^3 + x^2$
$\dfrac{x}{2x - 1}$	$9xy(y - 2x)$	$4x^2 - 8x^4$	$(xy + x)^2$
$60a + 12ab$	$x - 5 - \dfrac{15}{x - 3}$	$4x$	$x^2(4 + x)$
$x^2(y + 1)^2$	$60a\left(1 + \dfrac{b}{5}\right)$	$2(3 + y)^2$	$\dfrac{4t}{t - 1}$

3 Potenzen

3.1 Potenzen mit natürlichen Hochzahlen

Bis jetzt sind Potenzen wie x^2 oder $(x - 2)^2$ bereits als Terme aufgetaucht.

Es gibt Terme, in denen bei x größere Hochzahlen als 2 vorkommen, z.B. x^3, x^4, x^5,...

Wie berechnet man $(1,5)^3$; $(1,5)^4$; $(1,5)^5$?

Lösung

$(1,5)^3 = 1,5 \cdot 1,5 \cdot 1,5 = 3,375$

$(1,5)^4 = 1,5 \cdot 1,5 \cdot 1,5 \cdot 1,5 = 5,0625$

$(1,5)^5 = 1,5 \cdot 1,5 \cdot 1,5 \cdot 1,5 \cdot 1,5 = 7,59375$

$(1,5)^5$ nennt man eine **Potenz zur Basis 1,5** mit der **Hochzahl 5**.

Der **Potenzwert 7,593...** ist das Ergebnis der Rechnung.

Definition der Potenz

Potenz

$$\underbrace{1,5 \cdot 1,5 \cdot 1,5 \cdot 1,5 \cdot 1,5}_{\text{5 gleiche Faktoren}} = \boxed{(1,5)^5} \longleftarrow \textbf{Hochzahl oder Exponent}$$

Basis oder **Grundzahl**

Bemerkung: $(1,5)^5$ bedeutet, die Basis 1,5 wird mit der Hochzahl 5 **potenziert**, daher nennt man $(1,5)^5$ eine **Potenz**.

Für die Basis darf man alle Zahlen aus **R** wählen.

Ist die Hochzahl n eine natürliche Zahl ($n \in \mathbf{N^*}$) und setzt man für die Basis den Buchstaben a, so gilt:

$$a^n = \underbrace{a \cdot a \cdot a \cdot \ldots \cdot a}_{\text{n Faktoren}}$$

Beispiele

$(-7)^2 = (-7) \cdot (-7) = 49 = 7^2$ aber: $-7^2 = -49$

$(-7)^3 = (-7) \cdot (-7) \cdot (-7) = -343 = -7^3$

$(-7)^4 = (-7) \cdot (-7) \cdot (-7) \cdot = 2401 = 7^4$

Berechnung einer Potenz mit dem GTR:

Der GTR beachtet die **Regel:**

Potenz vor Punkt vor Strich

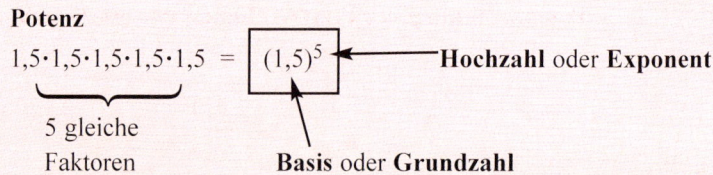

```
(-7)^4
                    2401
-7^4
                   -2401
-0.5×7^4+3
                 -1197.5
```

Rechnen mit Potenzen

a) Addition und Subtraktion von Potenzen

Potenzen mit gleicher Basis und gleicher Hochzahl (gleiche Potenzen)

Beispiele

$5x^2 + 6\ x^2 = 11\ x^2$ Zusammenfassung möglich

$\frac{1}{2}\,x^2 - 4\,x^2 = -\frac{7}{2}\,x^2$

$6\,\boxed{a^2} - 10\,\boxed{a^2} = -4\,\boxed{a^2}$

Verschiedene Potenzen

Beispiele

$5\,\boxed{x^2} + 6\,\boxed{x^3}$ **keine** Zusammenfassung möglich

$5(2x)^2 + 6 - 8x^2 - 4x = 5(4x^2) - 8x^2 + 6 - 4x = 12x^2 - 4x + 6$

Beachten Sie: Man kann nur Potenzen mit **gleicher Grundzahl und gleicher Hochzahl zusammenfassen**. Dabei gilt die **Rechenregel**:

Potenzrechnung vor Punktrechnung vor Strichrechnung.

Beispiele

$-6a^2 - a^4 + 4a^2 - 3\,a^4 = 10\,a^2 - 4a^4$

$-x^2 - 2(x^4 + x^2) + 2 = -3x^2 - 2x^4 + 2$

b) Multiplikation von Potenzen

Multiplikation von Potenzen mit gleicher Basis

Beispiel $\quad 2^3 \cdot 2^4 = \underbrace{(2 \cdot 2 \cdot 2)}_{3\ \text{Faktoren}}\underbrace{(2 \cdot 2 \cdot 2 \cdot 2)}_{4\ \text{Faktoren}} = 2^{3+4} = 2^7$

Merksatz 1: Potenzen mit gleicher Basis werden multipliziert, indem man die gemeinsame Basis mit der Summe der Hochzahlen potenziert.

$$a^n \cdot a^m = a^{n+m}; \quad n, m \in \mathbb{N}^*$$

Beispiele

a) $\;3^4 \cdot 3^7 = 3^{4+7} = 3^{11}$ b) $\;\;(-7)^4 \cdot (-7)^5 = (-7)^{4+5} = (-7)^9 = -7^9$

c) $\;5^4 \cdot 5 = 5^4 \cdot 5^1 = 5^{4+1} = 5^5$ d) $\;\;-a^2 \cdot a = -a^3$

e) $\;x^3 \cdot x^2 = x^{3+2} = x^5$ f) $\;\;x^n \cdot x = x^n \cdot x^1 = x^{n+1}$

g) $\;e^x \cdot e^5 = e^{x+5}$ h) $\;\;10^x \cdot 10 = 10^{x+1}$

Beachten Sie: $(-a)^n = a^n$ für n gerade;

                          $(-a)^n = -a^n$ für n ungerade

Multiplikation von Potenzen mit gleicher Hochzahl, aber verschiedener Basis

Beispiel

$2^3 \cdot 5^3 = 2 \cdot 2 \cdot 2 \cdot 5 \cdot 5 \cdot 5 = (2 \cdot 5)(2 \cdot 5)(2 \cdot 5) = (2 \cdot 5)^3 = 10^3$

Merksatz 2: Potenzen mit gleicher Hochzahl und verschiedener Basis werden multipliziert, indem man das Produkt der Grundzahlen mit der gemeinsamen Hochzahl potenziert.

$$a^n \cdot b^n = (a \cdot b)^n$$

Beispiele

a) $3^4 \cdot 5^4 = (3 \cdot 5)^4 = 15^4 = 50625$

b) $2^2 \cdot 3^2 \cdot 5^2 = (2 \cdot 5)^2 \cdot 3^2 = 10^2 \cdot 3^2 = 30^2$

c) $(-4)^2 \cdot (-5)^2 = [(-4) \cdot (-5)]^2 = 20^2$

d) $(-2)^2 \cdot 3^2 = [(-2) \cdot 3]^2 = (-6)^2 = 6^2 = 36$

e) $10^5 \cdot (\frac{1}{5})^5 = (10 \cdot \frac{1}{5})^5 = 2^5 = 32$

f) $x^2 \cdot y^2 = (x \cdot y)^2$

g) $(x+1)^3 (x-1)^3 = ((x+1)(x-1))^3 = (x^2 - 1)^3$

Aufgaben

1. Vergleichen Sie: $(-3)^2$; $(-3)^3$; $(-3)^4$; $(\frac{1}{3})^3$; $(-\frac{1}{3})^2$; -3^3 ; -3^2

2. Vereinfachen Sie.

a) $3x^4 - x^4 - x^3 \cdot (x+2)$

b) $-12a^2 + 3a(a+1)$

c) $ax^n + 4x^n$

d) $(1-t)^2 - \frac{1}{2}(1-t)^2$

e) $a(x+t)^k - b(x+t)^k$

f) $tx^3 - 3x^2 + 2tx^3 - 4x^2$

3. Vereinfachen Sie.

a) $t^3 \cdot t^4 - t^5 \cdot (t^2+1)$

b) $x^2 \cdot x^3 \cdot x^4$

c) $3\,a^k \cdot a^{k-1} \cdot a$

d) $b^n \cdot b^{2n+1}$

e) $(x+1)^{n-1} \cdot (x+1)^{n+1}$

f) $(\frac{x}{3})^4 \cdot (\frac{x}{3})^2$

g) $t^2 x^2 \cdot t^n x^{n-1}$

h) $a \cdot b^k \cdot a^{2n} \cdot b^{k-3}$

i) $(x-2)^n \cdot (x-2)^{1-n}$

4. Vereinfachen Sie.

a) $0{,}3^6 \cdot (\frac{10}{3})^6$

b) $2^x \cdot (\frac{5}{2})^x \cdot 5$

c) $2^5 \cdot (\frac{1}{2})^4$

d) $(\frac{x}{4})^4 \cdot 4^6$

e) $(x-3)^n \cdot (x+3)^n$

f) $2^n \cdot (\frac{x}{2})^n \cdot x$

g) $9 \cdot 3^{n+1}$

h) $(a-b)^9 \cdot (a-b)$

i) $(\frac{a-b}{c})^{2k} \cdot (\frac{c}{b-a})^{2k}$

5. Vereinfachen Sie mit Hilfe einer Fallunterscheidung:

a) $(a-b)^n + (b-a)^n$

b) $(x-2)^n + (2x-4)^n - (2-x)^n$

6. Gilt die Behauptung $a^2 + b^2 = (a+b)^2$ für alle a, b $\in$ **R**? Begründen Sie Ihre Antwort. Gibt es Zahlen a und b, sodass eine wahre Aussage entsteht?

7. Welche Bedingungen müssen a und b erfüllen, damit gilt: $a^3 + b^3 = (a+b)^3$?

8. Gibt es natürliche Zahlen a, b und c, sodass gilt: $a^2 + b^2 = c^2$?

Wenn ja, geben Sie zwei Beispiele an.

c) Division von Potenzen

Division von Potenzen mit gleicher Basis

Beispiel

$$\frac{2^5}{2^2} = \frac{2 \cdot 2 \cdot 2 \cdot 2 \cdot 2}{2 \cdot 2} = \frac{2 \cdot 2 \cdot 2}{1} = 2^3 = 2^{5-2}$$

Merksatz 3: Potenzen mit gleicher Basis werden dividiert, indem man die gemeinsame Basis mit der Differenz der Hochzahlen potenziert.

$$\frac{a^n}{a^m} = a^{n-m} \; ; a \neq 0; \; n > m$$

Beispiele

a) $\dfrac{7^5}{7^4} = 7^{5-4} = 7^1 = 7$

b) $\dfrac{7^3}{7^3} = 1 = 7^{3-3} = 7^0$

c) $\dfrac{a^8}{a^5} = a^{8-5} = a^3$

d) $\dfrac{a^x}{a^x} = a^{x-x} = a^0 = 1$

Sinnvolle Festlegung: $a^0 = 1$

e) $\dfrac{e^{n-1}}{e^2} = e^{(n-1)-2} = e^{n-3}$

f) $\dfrac{e^x}{e} = e^{x-1}$

g) $(x^{n+2} + 4x^n + x^{n-2}) : x^2 = x^n + 4x^{n-2} + x^{n-4}$

Division von Potenzen mit gleicher Hochzahl, aber verschiedener Basis

Beispiele

$$\frac{4^3}{2^3} = 2^3 \qquad \text{denn:} \qquad \frac{4^3}{2^3} = \left(\frac{4}{2}\right)^3 = 2^3 = 8$$

$$\frac{(-3)^2}{(-5)^2} = \left(\frac{3}{5}\right)^2 \qquad \text{denn:} \qquad \frac{(-3)^2}{(-5)^2} = \frac{(-3)\cdot(-3)}{(-5)\cdot(-5)} = \left(\frac{-3}{-5}\right)^2 = \left(\frac{3}{5}\right)^2 = \frac{9}{25}$$

Merksatz 4: Potenzen mit gleicher Hochzahl und verschiedener Basis werden dividiert, indem man den Quotienten der Grundzahlen mit der gemeinsamen Hochzahl potenziert.

$$\frac{a^n}{b^n} = \left(\frac{a}{b}\right)^n \quad (b \neq 0)$$

Beispiele

a) $\dfrac{10^2}{5^2} = \left(\dfrac{10}{5}\right)^2 = 2^2 = 4$

b) $\dfrac{16^3}{4^3} = \left(\dfrac{16}{4}\right)^3 = 4^3 = 64$

c) $\dfrac{(-2)^3}{5^3} = \left(\dfrac{-2}{5}\right)^3 = -\left(\dfrac{2}{5}\right)^3 = -\dfrac{8}{125}$

d) $\dfrac{x^2}{3^2} = \left(\dfrac{x}{3}\right)^2 = \dfrac{x^2}{9}$

e) $\dfrac{(x^2-1)^2}{(x-1)^2} = \left(\dfrac{(x-1)(x+1)}{(x-1)}\right)^2 = (x+1)^2$

1. Vereinfachen Sie.

a) $\dfrac{a^6}{a^3}$

b) $\dfrac{(t-3)^4}{(3-t)^3}$

c) $\dfrac{x^{2n+1}}{x^n}$

d) $\dfrac{15e^{x+1}}{5e^x}$

e) $\dfrac{x^4}{x^7}$

f) $\dfrac{2a^{1-2n}}{4a^{n+1}}$

g) $\dfrac{a^4 b^{n+3}}{a^n b^{2n-1}}$

h) $\dfrac{4^{x+2}}{16}$

i) $\dfrac{81}{3^{x+3}}$

j) $\dfrac{(a-b)^3}{(a-b)^{n-1}}$

k) $\dfrac{(ab)^3}{x^2 y} \cdot \dfrac{(xy)^2}{a^4 b^2}$

l) $\dfrac{a^{n+1}}{a^n}$

2. Vereinfachen Sie.

a) $\dfrac{10^3}{2^3}$

b) $\dfrac{2,5^4}{0,5^4}$

c) $\dfrac{(10ab)^k}{(4b)^k}$

d) $\dfrac{5^3}{(-0,2)^3}$

e) $\dfrac{(4-x^2)^n}{(2-x)^n}$

f) $\dfrac{(a^2-b^2)^3}{(a-b)^3}$

g) $\dfrac{c^6}{(-c)^6}+1$

h) $\dfrac{(c-1)^{n-1}}{(c^2-1)^{n-1}}$

i) $\left(\dfrac{a}{b}\right)^n \cdot \dfrac{a}{b}$

j) $\left(\dfrac{-1}{a-b}\right)^3$

k) $\left(\dfrac{x}{2}\right)^3 : \left(\dfrac{x}{3}\right)$

l) $\dfrac{(a^{2n}-b^{2n})^2}{(a^n-b^n)^2}$

d) Potenzieren von Potenzen

Beispiel

$$(5^3)^4 = (5^3)\cdot(5^3)\cdot(5^3)\cdot(5^3) = 5^{3+3+3+3} = 5^{3\cdot 4} = 5^{12}$$

Merksatz 5: **Potenzen werden potenziert, indem man die Basis mit dem Produkt der Hochzahlen potenziert:** $(a^n)^m = a^{n\cdot m}$

Beispiele

a) $(2^4)^3 = 2^{4\cdot 3} = 2^{12} = (2^3)^4$

b) $(a^0)^5 = 1^5 = 1$

c) $\left[(-2^3)\right]^4 = (-2)^{3\cdot 4} = (-2)^{12} = 2^{12}$

d) $(-3x)^5 = -3^5 x^5 = -243x^5$

e) $\left(\dfrac{xy}{z}\right)^n = \dfrac{x^n y^n}{z^n}$

f) $(x^{n-3})^4 = x^{4(n-3)} = x^{4n-12}$

Vereinfachen Sie.

a) $(-5^2)^3$

b) $3(c^4)^3 - 6c^{12}$

c) $(3b^2 c^{n-1})^4$

d) $\left(\dfrac{7a^2}{49b^3}\right)^2$

e) $\left(\dfrac{-1}{c^3}\right)^{2n}$

f) $(3b^{n+1}\cdot c^{n-1})^2$

g) $(x^2 y^3 z^2)^5$

h) $(0,5\,e^{x+2})^2$

i) $(a^3 - ab^2)(a+b)^2$

j) $\left(\dfrac{2}{x^2}\right)^5 - \left(\dfrac{3}{x^5}\right)^2$

k) $\left(\left(-\dfrac{3}{t}\right)^3\right)^4 \cdot \dfrac{t^9}{81}$

l) $\dfrac{(ab)^2}{x^3 y} \cdot \dfrac{x^5 y^2}{a^2 b}$

m) $\dfrac{(4-12x)^3}{64}$

n) $\dfrac{(2x-4)^5}{(2-x)^3}$

o) $\dfrac{\left[(x-y)^2\right]^k}{(x^2-y^2)^k}$

p) $\dfrac{(4ab)^4}{(6a^2)^4} \cdot \dfrac{5}{b^4}$

q) $(a-b^2)\cdot(a-b^2)^n$

r) $(a+b)^4 (a-b)^4 (a^2-b^2)^5$

s) $\left(\dfrac{1}{2}x^2\right)^5 + \dfrac{1}{8}(x^2)^5 + (2x^5)^2$

Beachten Sie die Unterschiede, um Fehler zu vermeiden.

1. ungerade Hochzahl
   negative Basis

$$(-2)^3 = (-2)\cdot(-2)\cdot(-2) = -2^3 = -8 \; < 0$$

   gerade Hochzahl
   negative Basis

$$(-2)^4 = (-2)\cdot(-2)\cdot(-2)\cdot(-2) = 2^4 = 16 \; > 0$$

   gerade Hochzahl
   positive Basis

$$-2^4 = -\left|2^4\right| = -\left[2\cdot 2\cdot 2\cdot 2\right] = -16$$

2. **Multiplikation** von Potenzen
   (Hochzahlen addieren)

$$2^4 \cdot 2^3 = (2\cdot 2\cdot 2\cdot 2)(2\cdot 2\cdot 2) = 2^{4+3} = 2^7$$

   Potenzieren von Potenzen
   (Hochzahlen multiplizieren)

$$(2^3)^4 = 2^3\cdot 2^3\cdot 2^3\cdot 2^3 = (2)^{3\cdot 4} = 2^{12}$$

Beachten Sie die verschiedenen Rechenmöglichkeiten am Beispiel $5^3 \cdot 5^3 =$

Anwendung von **Merksatz 1:** $\qquad 5^3 \cdot 5^3 = 5^{3+3} = 5^6$

$\qquad\qquad$ **Merksatz 5:** $\qquad 5^3 \cdot 5^3 = (5^3)^2 = 5^6$

$\qquad\qquad$ **Merksatz 2:** und **5:** $\qquad 5^3 \cdot 5^3 = (5\cdot 5)^3 = (5^2)^3 = 5^6$

Beachten Sie: Kein Merksatz ist anwendbar für $5^3 + 5^3 = 2 \cdot 5^3$

Aufgabenbeispiele

1) Multiplizieren Sie aus $(8x - 8)(\frac{1}{2}x^2 - x + \frac{1}{2})$.

Lösung

$\quad$ Ausklammern $\qquad (8x - 8)(\frac{1}{2}x^2 - x + \frac{1}{2}) = 8(x - 1)\cdot\frac{1}{2}\cdot(x^2 - 2x + 1)$

$$= 4(x - 1)\cdot(x^2 - 2x + 1)$$

$$= 4(x^3 - 3x^2 + 3x - 1)$$

2) Setzen Sie in den Term $-\dfrac{x^4}{4t^2} + \dfrac{x^3}{t} - 3tx + \dfrac{x^2}{2}$ $\;$ 3t für x ein.

Lösung

$$-\frac{(3t)^4}{4t^2} + \frac{(3t)^3}{t} - 3t(3t) + \frac{(3t)^2}{2}$$

$$= -\frac{81t^4}{4t^2} + \frac{27t^3}{t} - 9t^2 + \frac{9t^2}{2}$$

$$= -\frac{81t^2}{4} + 27t^2 - \frac{9t^2}{2} = \frac{9t^2}{4}$$

3) Vereinfachen Sie durch Ausklammern: $\dfrac{a^x - a^{3x}}{a^{x+1}}$

Lösung

$$\frac{a^x - a^{3x}}{a^{x+1}} = \frac{a^x(1 - a^{2x})}{a^x \cdot a} = \frac{1 - a^{2x}}{a}$$

Beachten Sie: Nur Faktoren kürzen

Aufgaben

1. Multiplizieren Sie aus.

   a) $\frac{1}{4} \cdot 2^4 \cdot (2^2)^3$

   b) $(3^{n+1})^2$

   c) $(4x + 3y^3)^2$

   d) $-(x^4 - 2)^2$

   e) $(x^2 - x^3)(x^2 + x^3)$

   f) $(3x^2 + 2t)^2$

   g) $(3x^2 - 5x)(1 - x^3) + (x^2 + 3x^4) x^3$

   h) $-\frac{1}{2}(x^2 - 4)^2$

   i) $a^{2r} b^r (a^{2r} - a^r b^{r+1} + b^{2r+2})$

   j) $\left(-\frac{1}{2}(x^2 - 4)\right)^2$

   k) $x^2 y^2 (x^4 + 2x^2 y + y^2)$

2. Vereinfachen Sie.

   a) $-3x^3 \cdot x^2 + 5x \cdot x^4$

   b) $4 t^{n-4} \cdot t^3 - t \cdot t^{n-2}$

   c) $2x^5 y^3 \cdot y - 4x^3 y^2 \cdot x^2 y^2$

   d) $\frac{4x^5 + 6x^4 - 12 x^2}{2x^2}$

   e) $(a^{n+2} - 4a^n - 2a^{2-n}) \cdot \frac{a^2}{2}$

   f) $(9 \cdot 3^n - 3^{n+1}) : 3^{n-1}$

3. Vereinfachen Sie durch Ausklammern.

   a) $(2x + 6)^2 + (x + 3)^2$

   b) $\frac{5a - 20}{4a - 16}$

   c) $(3t^2 - 3t^3)^2$

   d) $\frac{x(5a + 15)}{a + 3}$

   e) $\frac{(2x - 6)^2}{4}$

   f) $\frac{(-2a - 4)^3}{a + 2}$

4. Faktorisieren Sie.

   a) $3a^2 + 6a^3$

   b) $2a^2 - 6a^3 + 4a^4 - 8a^5$

   c) $\frac{1}{2}e^x - \frac{1}{4}e^{x+1}$

   d) $(3x - 6)(\frac{1}{4}x^2 - x + 1)$

   e) $3x^4 - 12x^2$

   f) $\frac{1}{3}x^3 - 2x^2 + 3x$

   g) $a^{5b} + 3a^b$

   h) $2^x + 2^{x+1}$

   i) $a^2 - 2a^3 + a^4$

5. Schreiben Sie als Produkt.

   a) $x^4 + 2x^3$

   b) $3a^3 - 12a^9$

   c) $x^4 - a^2$

   d) $x^{n+3} - 4x^{n+2}$

   e) $-6t^{n+2} + 18t^{2-n}$

   f) $3 - x^2$

   g) $x^{2n} + 4x^n + 4$

   h) $x^{n+2} - 6x^{n+1} + 9x^n$

   i) $x^4 - 8x^2 + 12$

   j) $e^x - e^{3x}$

   k) $e^{2x} - 1$

   l) $x^2 e^x + 2xe^x + e^x$

6. Vereinfachen Sie.

   a) $\frac{x^4 - x^3}{x^2 - x}$

   b) $\frac{(3x^2 - 6x^3)^2}{9x^4}$

   c) $\frac{5x + 15}{x + 3}$

   d) $\frac{a^3 + 2a^2b + ab^2}{(a+b)^2}$

   e) $\frac{a^4 - a^2b^2}{ab - a^2}$

   f) $\frac{e^{3x} + e^{2x}}{e^{2x}}$

   g) $\frac{x^4 - 6x^3}{5x - 30}$

   h) $\frac{t^3 + 6t^2 + 9t}{t^2 - 9}$

   i) $\frac{a^7b^3 - a b^7}{a^5b - a^2b^4}$

7. Vereinfachen Sie.

a) $\dfrac{x^{2n} - 10x^n + 25}{x^{2n} - 25}$

b) $\dfrac{x^6 - t^2}{x^4 + tx}$

c) $\dfrac{x^{n+3} - x^{n+1}}{x^{n+1} + x^n}$

d) $\dfrac{(x^2 + 8xy + 16y^2)}{(2x - 3y)^{-2}} : \dfrac{x^2 - 16y^2}{2x - 3y}$

e) $\dfrac{4t^2 - 4}{t^2 + 2t + 1}$

f) $\dfrac{x^{n-1} - x^n}{x^n - x^{n+2}}$

g) $\dfrac{3 + 6x^2}{2x} - \dfrac{6x^3 - 5}{3x^2} - \dfrac{2x^4 - 2}{2x^3}$

h) $\dfrac{32}{2^{n+5}} + \dfrac{2^{-n+3}}{8}$

i) $\dfrac{2(a^2 + b^2)^2}{a^5 - ab^4}$

j) $\dfrac{x^4 - x^3}{x^4 - x^2}$

k) $\dfrac{x^3 y - xy^5}{x^3 y^2 - x^2 y^4}$

l) $\dfrac{am - an + bm - bn}{a^2 - b^2}$

8. Berechnen Sie y.

a) $y = \dfrac{1}{4}x^4 - 2tx^3 + \dfrac{9}{2}t^2 x^2$ für $x = 3t$

b) $y = e^{x^2 - t^2} + 3e^{5t - (t - x)}$ für $x = -t$

c) $y = \dfrac{3}{2t^2}x^4 - \dfrac{4}{t}x^3 + 3x^2 - 4$ für $x = \dfrac{1}{3}t$

d) $y = \dfrac{e^{3tx} + 4e^3}{tx - 4}$ für $x = -\dfrac{1}{t}$

e) $y = \dfrac{tx^3}{2(x + t)^2}$ für $x = -3t$

f) $y = \dfrac{x^3 - tx + 1}{x^3}$ für $x = \dfrac{3}{2t}$

9. Bestimmen Sie den Klammerinhalt.

a) $a^n + a^{4-n} + a^{2n} = a^{2n} \cdot (\dots\ )$

b) $a^{k-2} + a^{3k} + a^{-k-1} = a^{-k} \cdot (\dots\ )$

c) $a^3 + a^{1-n} + a^{n+4} = a^{n+3} \cdot (\dots\ )$

d) $\dfrac{3}{2}x^4 + \dfrac{3}{4}x^3 + \dfrac{1}{8}x^2 = \dfrac{1}{8}x^2 \cdot (\dots\ )$

e) $e^{3x} - 2e^{-x} = e^{-x} \cdot (\dots\ )$

f) $te^{2x} - 2e^{x+1} = e^x \cdot (\dots\ )$

10. Bei der Geburt seines Sohnes legt Herr Franz einmalig 1000 EUR auf einem Konto an. Er rechnet mit einer jährlichen Verzinsung von 4,5 %.
    Welche Summe kann der Sohn an seinem 18. Geburtstag auf dem Konto erwarten?

11. Ein Ball fällt aus 3,5 m Höhe auf den Boden. Nach jeder Bodenberührung erreicht er noch 80 % seiner jeweiligen Ausgangshöhe.
    Wie hoch springt der Ball noch nach 5 Bodenkontakten?

12. Die Bevölkerung eines Staates wächst um 1,5 % pro Jahr. Um wie viel nimmt die Einwohnerzahl bis 2020 zu, wenn die heutige Zahl (2003) 45,6 Millionen beträgt.

13. Nehmen Sie Stellung zu folgenden Behauptungen für $a \neq 0$:
    $a^n > 0$, wenn n eine gerade (natürliche) Zahl ist .
    $a^n < 0$, wenn n eine ungerade (natürliche) Zahl ist.

14. Tierschützer befürchten, dass die Population einer seltenen Tierart in den nächsten 20 Jahren auf die Hälfte ihres heutigen Bestandes zurückgeht.
    Ein Forscher behauptet, dass diese Population jährlich um 3 % abnimmt.
    Decken sich die beiden Aussagen?

3.2 Potenzen mit ganzen Hochzahlen

Bei der Division von Potenzen mit natürlichen Hochzahlen war

die Einschränkung n > m wichtig. Was passiert, wenn man $\frac{7^3}{7^5}$ berechnet?

Lösung: $\frac{7^3}{7^5} = \frac{7 \cdot 7 \cdot 7}{7 \cdot 7 \cdot 7 \cdot 7 \cdot 7} = \frac{1}{7 \cdot 7} = \frac{1}{7^2}$

Setzt man $\frac{1}{7^2} = 7^{-2}$, so gilt das Potenzgesetz: $\frac{7^3}{7^5} = 7^{3-5} = 7^{-2}$

Sinnvolle Festlegungen: $a^0 = 1$ $a^{-1} = \frac{1}{a}$ $a^{-2} = \frac{1}{a^2}$ $(a \neq 0)$

Beispiele

a) $\frac{7^3}{7^4} = \frac{7 \cdot 7 \cdot 7}{7 \cdot 7 \cdot 7 \cdot 7} = \frac{1}{7} = 7^{3-4} = 7^{-1}$ b) $\frac{a^4}{a^5} = \frac{1}{a} = a^{4-5} = a^{-1}$

c) $\frac{t^3}{t^6} = \frac{1}{t^3} = t^{-3}$ d) $\frac{x}{x^3} = \frac{x^1}{x^3} = \frac{1}{x^2} = x^{1-3} = x^{-2}$

e) $\frac{t}{t^{1-n}} = t^{1-(1-n)} = t^n$ f) $\frac{1}{3^{-2}} = \frac{1}{\frac{1}{3^2}} = 3^2$

g) $(x^{n+2} + 4x^n + x^{n-2}) : x^{-2} = (x^{n+2} + 4x^n + x^{n-2}) \cdot x^2 = x^{n+4} + 4x^{n+2} + x^n$

Beachten Sie: Den Quotienten $\frac{1}{a^n}$ kann man auch als Potenz mit

negativer Hochzahl schreiben: $\frac{1}{a^n} = a^{-n}$ $(a \neq 0, n \in N)$

Rechnen mit Potenzen mit negativen Hochzahlen

Beispiele

a) $a^{-2} \cdot a^3 = a^{-2+3} = a$ **oder:** $a^{-2} \cdot a^3 = \frac{1}{a^2} \cdot a^3 = \frac{a^3}{a^2} = a$

b) $\frac{2^4}{2^{-3}} = 2^4 \cdot 2^{+3} = 2^{4+3} = 2^7$ **oder:** $\frac{2^4}{2^{-3}} = 2^4$

      $^{-(-3)} = 2^7$

c) $(a^{-2})^3 = a^{-2} \cdot a^{-2} \cdot a^{-2} = a^{-6}$

d) $\frac{1}{2^4} \cdot \frac{1}{5^4} = 2^{-4} \cdot 5^{-4} = (2 \cdot 5)^{-4} = 10^{-4} = \frac{1}{10^4} = \frac{1}{10000}$

Man erkennt: Die Potenzgesetze gelten auch für negative Hochzahlen.

Aufgaben

1. Multiplizieren Sie aus und vereinfachen Sie.

   a) $\frac{1}{4} \cdot 2^{-4} \cdot (2^2)^3$ b) $(e^x + e^{-x})^2$ c) $(e^x - e^{-x} + 5)\, e^x$

   d) $2^x (2^{-1} + 2^x)$ e) $(x^4 + x^{-2})(x^3 - x^{-3})$ f) $(a^2 - a^{-2})^2$

   g) $(x^{-2} - 3x) \cdot (x^{-2} + 3x)$ h) $(2^{-x} + 2^x) \cdot (2^{-x} - 2^x)$ i) $(3x^n + 6x^{n-1} + 2x^{n-2}) \cdot x^{-n}$

2. Vereinfachen Sie und fassen Sie zusammen.

   a) $a^2 \cdot (a^2)^{-2} + 3a \cdot (\frac{1}{a})^3$ b) $\frac{1}{18} \cdot (3^2)^2 + \frac{1}{2} \cdot 3^3 \cdot (\frac{1}{3})^2$ c) $(x^2 \cdot x^{-3})^{-2} + (\frac{3}{x^2})^{-1}$

   d) $a^5 \cdot a^{-2} + 4a^2 \cdot a$ e) $a^4 \cdot a^{-6} - 3a^3 \cdot a^{-5} + a^2$ f) $(\frac{2}{x})^3 + (\frac{1}{x})^3$

   g) $\frac{-2^3 - 2 \cdot 4}{2 \cdot 2^3}$ h) $\frac{(1-x)^2}{x-1}$ i) $\frac{e^{3x+1}}{e^{-x+2}}$

   j) $\frac{1}{e^{2x}} + 3(e^{-x})^2 - (\frac{2}{e^x})^2$ k) $e^{-x} \cdot e^{-x+2} \cdot e^{2x-3}$ l) $4t^2 \cdot t^{-3} - t \cdot t^{-2}$

   m) $6x^3 \cdot x^{-1} - 8x^4 \cdot x^{-2}$ n) $(a^{n+2} - 4a^n - 2a^{2-n}) \cdot \frac{a^{-2}}{2}$

   o) $4x^{-4}x^7 - 0{,}5x^4x^{-1} + (\frac{1}{x^2})^{1{,}5}$ p) $\frac{a^{n+1}}{a} + \frac{a^{2n-1}}{a^{n+2}} + (a^{n-1})^2 \cdot a^{2-n}$

   q) $(t^7 - t^4) \cdot t^{-3}$ r) $(\frac{x-y}{a-b})^5 \cdot (\frac{x-y}{5})^{-2} \cdot \frac{(a-b)^2}{x^2 - y^2}$

   s) $5 \cdot 2^{n+1} - 2^n + 8 \cdot 2^{n-2} - 12 \cdot 2^{n-1}$ t) $\frac{2^{2k}}{8} \cdot 2^{3-k} + 2 \cdot 2^{k-1}$

   u) $\frac{e^{2x} - e^{-2x}}{e^x - e^{-x}}$ v) $\frac{1{,}5e^{3x} - e^x}{1{,}5e^{3x}}$

3. Berechnen Sie.

   a) $(\frac{3}{5})^{-2}$; $\frac{3^{-2}}{5}$; $\frac{3}{5^{-2}}$ b) $(-3^2)^{-1}$; $-(3^2)^{-1}$; $\left[(-3)^2\right]^{-1}$

4. Ordnen Sie ohne Verwendung des GTR der Größe nach: $0{,}25^3$, 5^{-3}, 5^{-4}, 3^{-3}.

5. Welche der Potenzen $(a^2)^n$; $a \cdot a^n$; a^{n-1} ; $a^{n-1} \cdot a^{n+1}$; $\frac{1}{a^n}$; $\frac{a^n}{a^k}$; $(-a^2)^n$; $\frac{a^k}{a^n}$; a^0

   stimmen überein mit a^{2n}; a^{n+1} ; a^{n-k} ; $\frac{1}{a^{1-n}}$; a^{-n}; 1 ?

6. Welche der folgenden Aussagen ist wahr? Begründen Sie.

   a) a^k ist definiert für $a \in \mathbf{R}$ und für $k \in \mathbf{Z}$.

   b) a^k ist definiert für $a \in \mathbf{R}^*_+$ und für $k \in \mathbf{Z}$.

7. Gegeben ist der Term $(\frac{a}{b})^{-n}$.

   Schreiben Sie den Term ohne Bruchstrich. Für welche a, b, n ist der Term definiert?

Zehnerpotenzen

Zur Darstellung von sehr großen oder von besonders kleinen Zahlen verwendet man die **Darstellung mit Zehnerpotenzen**.

Beispiele

	Zehnerpotenzdarstellung	Taschenrechner
245 000 000 000	$2,45 \cdot 10^{11}$	2,45E 11
123 400	$1,234 \cdot 10^5$	1,234 E 5
0,002351	$2,351 \cdot 10^{-3}$	2,351 E–3
0,000 000 51	$5,1 \cdot 10^{-7}$	5,1 E –7

Aufgaben

1. Füllen Sie die Tabelle aus

10^0		10^{-2}		10^{-x}	10^2		10^6	$1,2 \cdot 10^9$
	0,1		$\frac{1}{1000}$			1000		

2. Schreiben Sie die Zahlen als Produkt einer reellen Zahl mit einer Zehnerpotenz.

   a) 6 000 000

   b) 445 000 000 000

   c) 0,000 04

   d) 0,00052

   e) $\dfrac{1}{0,005}$

   f) $-0,052$

3. Ordnen Sie die Vorsilben Kilo-, Mega-, Giga-, Milli-, Mikro-, Nano-, Dezi-, Zenti- den folgenden Maßangaben zu:

   3 MHz ; 25 kJ; 3 GW; 12 mg; 5 dl; 25,4 cm; 8 μm; 2,1 ns

   Welche Bedeutung haben diese Vorsilben?

4. Vereinfachen Sie.

   a) $\dfrac{m}{m\,s^{-2}}$

   b) $\dfrac{kg\ m\ s^{-2}}{V\,m^{-1}}$

   c) $\dfrac{A \cdot s \cdot m}{V \cdot cm}$

   d) $\sqrt{\dfrac{m}{s^2} \cdot m \cdot s}$

   e) $\dfrac{3 \cdot 10^{-3} m^{-1} \cdot 10^{19} \cdot \dfrac{m}{s^2}}{s^2 \cdot 10^{-4}}$

   f) $\dfrac{13\,m^2}{2\,mm}$

   g) $\dfrac{10^{-2} m^2}{10^{-3} cm}$

   h) $\dfrac{\dfrac{kg\ m}{s^2}}{m\,s^{-2}}$

   i) $\dfrac{\dfrac{kg\ m}{s^2}}{\dfrac{C}{s} m}$

5. Rechnen Sie in Meter (m) um und schreiben Sie das Ergebnis mit Hilfe einer Zehnerpotenz.

   a) 0,001 mm

   b) 4 nm

   c) $5,2 \cdot 10^{-6}$ mm

   d) $1,32 \cdot 10^{-5}$ cm

6. Das Volumen der Erdkugel beträgt etwa $1,08 \cdot 10^{21}$ m³, das der Sonne etwa $1,41 \cdot 10^{18}$ km³. Wie viele Erdkugeln ergeben das Volumen der Sonne?

7. Die Distanz Erde - Sonne von $149,6 \cdot 10^6$ km entspricht einer astronomischen Einheit. Der Quasar RD J030117 + 002025 ist über 13 Milliarden Lichtjahre entfernt. Wie viel astronomische Einheiten (AE) sind das?

3.3 Potenzen mit rationalen Hochzahlen

1) Quadratwurzel

Problemstellung: Gesucht ist die **positive** Zahl, die mit sich selbst multipliziert 9 ergibt.

Lösung

Die gesuchte Zahl ist 3, denn $3 \cdot 3 = 9$.

Die positive Zahl, die mit sich selbst multipliziert 9 ergibt, nennt man die

Quadratwurzel aus 9.

Schreibweise: $\sqrt{9}$

$$9 \quad \xleftarrow{\text{Wurzelziehen}} \quad \sqrt{9} = 3$$
$$\text{Quadrieren}$$

Die Quadratwurzel $\sqrt{9}$ ist die positive Zahl, die mit sich selbst multipliziert

9 ergibt: $\quad \sqrt{9} \cdot \sqrt{9} = \left(\sqrt{9}\right)^2 = 9$

Beispiele

$\sqrt{5}$ ist die **positive** Zahl, die mit sich selbst multipliziert 5 ergibt: $\sqrt{5} \cdot \sqrt{5} = \left(\sqrt{5}\right)^2 = 5$

$\sqrt{2t} \cdot \sqrt{2t} = \left(\sqrt{2t}\right)^2 = 2t \quad (t \geq 0)$

Merksatz: Die Quadratwurzel aus einer Zahl a (a ≥ 0) ist die Zahl größer oder

gleich Null, die mit sich selbst multipliziert a ergibt.

Für $a \geq 0$: $\sqrt{a} \geq 0$ und $\sqrt{a} \cdot \sqrt{a} = \left(\sqrt{a}\right)^2 = a$

Beispiele

$\sqrt{3^2} = 3$ allgemein: $\sqrt{a^2} = a \quad$ für $a \geq 0$

$\sqrt{(-3)^2} = 3 = -(-3)$ $\sqrt{(a)^2} = -a \quad$ für $a < 0$

Schreibweise: $\sqrt{a^2} = |a| \quad$ (Betrag von a)

Bemerkungen:

1) $|-3| = 3; \quad |3| = 3$

2) $\sqrt{-7}$ ist in **R nicht** definiert, aber $-\sqrt{7}$ **ist** in **R** definiert.

Beispiele $\quad \sqrt{(t-1)^2} = t-1 \quad$ für $t-1 \geq 0 \qquad \sqrt{(t-1)^2} = |t-1| \quad$ für $t \in \mathbf{R}$

Potenzschreibweise für die Quadratwurzel

$\sqrt{9} \cdot \sqrt{9} = \left(\sqrt{9}\right)^2 = 9$ oder in **Potenzschreibweise** $9^{0,5} \cdot 9^{0,5} = 9^1 = 9$

Durch den Vergleich der Faktoren erkennt man $\quad \sqrt{9} = 9^{0,5} = 9^{\frac{1}{2}}$.

Potenzschreibweise: $\sqrt{a} = a^{0,5}$

Rechnen mit Quadratwurzeln

Addition und Subtraktion von Quadratwurzeln

Beispiele

$$\sqrt{2} + 5\sqrt{2} = 6\sqrt{2} \qquad\qquad 3\sqrt{7} - 8\sqrt{7} + \sqrt{2} = -5\sqrt{7} + \sqrt{2}$$

$$\sqrt{2} + \sqrt{3} \quad \textbf{keine} \text{ Zusammenfassung möglich}$$

Beachten Sie: Nur „gleiche" Wurzeln lassen sich zusammenfassen.

$$\sqrt{25 - 16} = \sqrt{9} = 3, \textbf{ aber: } \sqrt{25 - 16} \neq \sqrt{25} - \sqrt{16}$$

$$\sqrt{a + b} \neq \sqrt{a} + \sqrt{b}; \; a, b \in \mathbf{R}^*_+$$

Unterscheiden Sie: $\quad \sqrt{(a + b)^2} = a + b; \; a + b \geq 0$

$$\sqrt{a^2 + b^2} \neq a + b; \; a, b \in \mathbf{R}^*$$

Multiplikation von Quadratwurzeln

$$\sqrt{4 \cdot 9} = \sqrt{36} = \sqrt{4} \cdot \sqrt{9} = 2 \cdot 3 = 6$$

$$\sqrt{3t^2} = \sqrt{3} \cdot \sqrt{t^2} = \sqrt{3} \cdot t; \; t \geq 0 \; \text{(für } t \in \mathbf{R}: \sqrt{3t^2} = \sqrt{3} \cdot |t|)$$

Beachten Sie: $\quad \sqrt{a \cdot b} = \sqrt{a} \cdot \sqrt{b}; \quad a, b \geq 0$

$\qquad$ **aber:** $\quad \sqrt{a + b}$ lässt sich nicht umformen.

$$\sqrt{3} \cdot \sqrt{2} \cdot \sqrt{\frac{3}{2}} = \sqrt{6} \cdot \sqrt{\frac{3}{2}} = \sqrt{9} = 3$$

$$\frac{2 + \sqrt{4t + 4}}{2} = \frac{2 + \sqrt{4(t + 1)}}{2} = \frac{2 + 2 \cdot \sqrt{t + 1}}{2} = 1 + \sqrt{t + 1}$$

Division von Quadratwurzeln

$$\frac{\sqrt{4}}{\sqrt{9}} = \frac{2}{3} = \sqrt{\frac{4}{9}} \qquad \frac{1}{\sqrt{3}} = \frac{\sqrt{1}}{\sqrt{3}} = \sqrt{\frac{1}{3}} \qquad \frac{1}{x^2} = \frac{\sqrt{1}}{\sqrt{x^2}} = \frac{1}{x}; \; x > 0$$

Beachten Sie: $\quad \dfrac{\sqrt{a}}{\sqrt{b}} = \sqrt{\dfrac{a}{b}}; \; a \geq 0, b > 0$

Quadratwurzeln in Potenzschreibweise

$$a \cdot \sqrt{a} = a \cdot a^{0,5} = a^{1,5} \qquad \frac{a}{\sqrt{a}} = \frac{a}{a^{0,5}} = a^{-0,5}$$

Beachten Sie: Quadratwurzeln sind Potenzen mit der Hochzahl 0,5.

$\qquad\qquad$ **Es gelten die Potenzgesetze für Potenzen mit gleicher Hochzahl.**

Aufgaben

Vereinfachen Sie.

a) $\sqrt{3}\sqrt{27t}$ $\qquad\qquad$ b) $(3\sqrt{a} + x\sqrt{a})\sqrt{a}$ $\qquad$ c) $(\sqrt{3} - \sqrt{5})^2$

d) $(\sqrt{x} - \sqrt{2})(\sqrt{x} + \sqrt{2})$ $\qquad$ e) $(\sqrt{50} + \sqrt{18}) : \sqrt{2}$ $\qquad$ f) $(\sqrt{3x} - \sqrt{12x}) : \sqrt{x}$

g) $(e^{0,5} - e^{-0,5})\sqrt{2e}$ $\qquad$ h) $(0,5x^{0,5})^3 + 3x\sqrt{x}$ $\qquad$ i) $0,5e\sqrt{e^{-2}} + 2e$

Anwendungen

Teilweise Wurzelziehen

Beispiele

a) $\sqrt{20} = \sqrt{4 \cdot 5} = \sqrt{4} \cdot \sqrt{5} = 2 \cdot \sqrt{5}$

b) $\dfrac{\sqrt{20}}{2} = \dfrac{2\sqrt{5}}{2} = \sqrt{5}$

c) $3\sqrt{8} + 5\sqrt{2} - 2\sqrt{50} - 2\sqrt{18} = 3 \cdot 2\sqrt{2} + 5\sqrt{2} - 2 \cdot 5\sqrt{2} - 2 \cdot 3\sqrt{2}$
$= 6\sqrt{2} + 5\sqrt{2} - 10\sqrt{2} - 6\sqrt{2} = -5\sqrt{2}$

Beachten Sie: $\sqrt{a^2 b} = \sqrt{a^2} \cdot \sqrt{b} = a\sqrt{b}; \quad a, b \geq 0$

d) $3\sqrt{4a} + 5\sqrt{a} - \sqrt{ab^2} - \sqrt{25a}\, b = 3 \cdot 2\sqrt{a} + 5\sqrt{a} - b\sqrt{a} - 5\sqrt{a}\, b$
$= 11\sqrt{a} - 6b\sqrt{a} = \sqrt{a}(11 - 6b) \; ; \; a, b \geq 0$

e) $\sqrt{3t^2 + 12t + 12} = \sqrt{3(t+2)^2} = (t+2)\sqrt{3} \; ; t + 2 \geq 0$

f) $\sqrt{16(t+1)} = \sqrt{16} \cdot \sqrt{t+1} = 4 \cdot \sqrt{t+1}$

Rational machen des Nenners

Beispiele

$\dfrac{1}{\sqrt{2}} = \dfrac{\sqrt{2}}{\sqrt{2} \cdot \sqrt{2}} = \dfrac{\sqrt{2}}{2}$

Beachten Sie: Durch **Erweitern des Bruches** kann man die Wurzel im Nenner beseitigen und den **Nenner** somit **rational (wurzelfrei) machen.**

$\dfrac{7}{\sqrt{2}+3} = \dfrac{7(\sqrt{2}-3)}{(\sqrt{2}+3)(\sqrt{2}-3)} = \dfrac{7(\sqrt{2}-3)}{(2-9)} = \dfrac{7(\sqrt{2}-3)}{-7} = 3 - \sqrt{2}$

$\dfrac{4}{\sqrt{2}-\sqrt{3}} = \dfrac{4(\sqrt{2}+\sqrt{3})}{(\sqrt{2}-\sqrt{3})(\sqrt{2}+\sqrt{3})} = \dfrac{4(\sqrt{2}+\sqrt{3})}{2-3} = -4(\sqrt{2}+\sqrt{3})$

Aufgaben

1. Vereinfachen Sie.

   a) $\sqrt{50}$ b) $3\sqrt{7} - \sqrt{112}$ c) $\sqrt{8x^2} + \dfrac{x}{2}\sqrt{2}$

   d) $\sqrt{a^7} - \sqrt{9a^3}$ e) $\sqrt{8t^2 - 16t + 8}$ f) $(1 + \sqrt{t})^2$

   g) $(\sqrt{a} - 2\sqrt{b})^2$ h) $\sqrt{0{,}25t} - \sqrt{\dfrac{t}{25}} + 3\sqrt{t}$ i) $\sqrt{xy^2} - 5\sqrt{x^2 y} + 8x\sqrt{y} - 10y\sqrt{x}$

2. Machen Sie den Nenner rational.

   a) $\dfrac{2}{\sqrt{5}}$ b) $\dfrac{x}{2\sqrt{x}}$ c) $\dfrac{1 + \sqrt{t}}{1 - \sqrt{t}}$

   d) $\dfrac{t}{\sqrt{5t} - \sqrt{3t}}$ e) $\dfrac{\sqrt{x} - 1}{\sqrt{x} - 1}$ f) $\sqrt{a+1} + a - \dfrac{a}{\sqrt{a}}$

8   Bohner/Ihlenburg/Ott – ISBN 3-8120-0206-X

Hilfreiche Umformungen für das Rechnen mit Quadratwurzeln

1) $\left(\sqrt{5}\right)^2 = 5$ $\qquad\qquad\qquad \left(\sqrt{4t}\right)^2 = 4t$

$\left(-\sqrt{5}\right)^2 = \left(-\sqrt{5}\right)\cdot\left(-\sqrt{5}\right) = 5$ $\qquad$ **aber:** $-\left(\sqrt{5}\right)^2 = -\left(\sqrt{5}\cdot\sqrt{5}\right) = -5$

Verallgemeinerung: $\qquad \left(\sqrt{\square}\right)^2 = \square \qquad\qquad$ für $\square \geq 0$

2) $\sqrt{49} = \sqrt{7^2} = 7$ $\qquad\qquad \sqrt{16a^2} = \sqrt{(4a)^2} = 4a \quad$ für $a \geq 0$

$\sqrt{9t^4} = \sqrt{(3t^2)^2} = 3t^2$ $\qquad\quad \sqrt{(x-2)^2} = x-2 \quad$ für $(x-2) \geq 0 \iff x \geq 2$

Verallgemeinerung: $\qquad \left(\sqrt{\square^2}\right) = \square \qquad\qquad$ für $\square \geq 0$

3) $\left(\sqrt{6}\right)^3 = \left(\sqrt{6}\right)\cdot\left(\sqrt{6}\right)\cdot\left(\sqrt{6}\right) = 6\cdot\sqrt{6}$

$\left(\sqrt{a}\right)^3 = \left(\sqrt{a}\right)\cdot\left(\sqrt{a}\right)\cdot\left(\sqrt{a}\right) = a\cdot\sqrt{a}$

Verallgemeinerung: $\qquad \left(\sqrt{\square}\right)^3 = \square\cdot\sqrt{\square} \qquad$ für $\square \geq 0$

4) $\sqrt{5^3} = \sqrt{5\cdot5\cdot5} = \sqrt{5}\cdot\sqrt{5}\cdot\sqrt{5} = 5\cdot\sqrt{5}$

$\sqrt{(k-1)^3} = \sqrt{k-1}\cdot\sqrt{k-1}\cdot\sqrt{k-1} = (k-1)\cdot\sqrt{k-1}$; für $(k-1) \geq 0$

Verallgemeinerung: $\qquad \left(\sqrt{\square^3}\right) = \square\cdot\sqrt{\square} \qquad$ für $\square \geq 0$

5) $\left(\sqrt{2}\right)^4 = \sqrt{2}\cdot\sqrt{2}\cdot\sqrt{2}\cdot\sqrt{2} = \left(\sqrt{2}\right)^2\left(\sqrt{2}\right)^2 = 2\cdot2 = 4$

$\left(\sqrt{\frac{a}{3}}\right)^4 = \sqrt{\frac{a}{3}}\cdot\sqrt{\frac{a}{3}}\cdot\sqrt{\frac{a}{3}}\,\sqrt{\frac{a}{3}} = \frac{a}{3}\cdot\frac{a}{3} = \frac{a^2}{9}$

Verallgemeinerung: $\qquad \left(\sqrt{\square}\right)^4 = \square^2 \qquad\qquad$ für $\square \geq 0$

6) $\sqrt{(3)^4} = \sqrt{3\cdot3\cdot3\cdot3} = \sqrt{(3)^2}\cdot\sqrt{(3)^2} = 3\cdot3 = 3^2 = 9$

$\sqrt{\left(\frac{a}{2}\right)^4} = \sqrt{\left(\frac{a}{2}\right)^2\left(\frac{a}{2}\right)^2} = \sqrt{\left(\frac{a}{2}\right)^2}\,\sqrt{\left(\frac{a}{2}\right)^2} = \frac{a}{2}\cdot\frac{a}{2} = \left(\frac{a}{2}\right)^2 = \frac{a^2}{4}$

Verallgemeinerung: $\qquad \sqrt{\square^4} = \square^2$

Aufgaben

Vereinfachen Sie.

a) $\dfrac{1}{9t}\left(\sqrt{t}\right)^5 + \dfrac{1}{9}\left(\sqrt{t}\right)^3 + \dfrac{3}{2}t\sqrt{t}$ $\qquad$ b) $-\dfrac{1}{2t}\left(\left(-\sqrt{t}\right)^4 + t\left(-\sqrt{t}\right)^2\right)$

c) $-\dfrac{t^2}{144}\cdot\left(\dfrac{6}{\sqrt{t}}\right)^3 + \dfrac{t}{2}\cdot\left(\dfrac{6}{\sqrt{t}}\right)$ $\qquad$ d) $\dfrac{1}{t^2}\left(\sqrt{0,5t}\right)^3 - \dfrac{3}{2t}\left(\sqrt{0,5t}\right)^2 + 2$

Aufgaben

1. Fassen Sie zusammen: (Verlangt sind exakte Ergebnisse.)

   a) $\sqrt{8} - 3\sqrt{2}$ 　　　　 b) $\sqrt{18} - 3\sqrt{8}$ 　　　　 c) $\sqrt{5} + \sqrt{20} - \sqrt{25}$

   d) $\sqrt{4} - \sqrt{8} + 3\sqrt{18}$ 　　 e) $2\sqrt{3} - \sqrt{27} + 4\sqrt{9}$ 　　 f) $4(\sqrt{2})^3 - 5\sqrt{2} + \sqrt{18}$

   g) $(\sqrt{5})^3 + 3\sqrt{5^2} - (4\sqrt{5})^2 + \sqrt{5}\sqrt{5^3}$ 　　 h) $\sqrt{3^4} + (-2\sqrt{3})^4 + (\sqrt{3^2})^3 - 5\sqrt{3}\sqrt{3^3}$

2. Vereinfachen Sie.

   a) $(\sqrt{2})^3 + (\sqrt{2})^4 + (\sqrt{2})^5$ 　 b) $4\sqrt{2} + 3\sqrt{0{,}5} - 2\sqrt{4{,}5}$ 　 c) $(\sqrt{t})^4 + \frac{1}{2}(\sqrt{t})^2$

   d) $(\sqrt{8} - \sqrt{2})\sqrt{2}$ 　　 e) $(\sqrt{2} - \sqrt{3})(\sqrt{2} + \sqrt{3})$ 　　 f) $(\sqrt{8} - \sqrt{7})^2$

   g) $\sqrt{x^3} \cdot \sqrt{x^5}$ 　　 h) $\sqrt{a^3} \cdot \sqrt{a} \cdot \sqrt{a^5}$ 　　 i) $\sqrt{\frac{2x}{3y}} \cdot \sqrt{\frac{4x}{3y^2}}$

   j) $(\sqrt{t})^3 + t\sqrt{t} - \sqrt{4t^3}$ 　 k) $(\sqrt{2t})^3 - t + (2\sqrt{t})^2 - \sqrt{2t^3}$ 　 l) $\sqrt{(1{,}5t)^2} - 0{,}5t$

3. Vereinfachen Sie, falls dies möglich ist.

   a) $\sqrt{4t^2 + 8t + 4}$ 　　 b) $\dfrac{\sqrt{3t^2 - 3}}{\sqrt{t - 1}}$ 　　 c) $\dfrac{\sqrt{t^2 - 16}}{t - 4}$

   d) $\sqrt{x - y} \cdot \sqrt{x + y}$ 　　 e) $\dfrac{(\sqrt{2t})^5 + (2\sqrt{t})^3}{4\sqrt{t}}$ 　　 f) $(x\sqrt{y} + y\sqrt{x})^2$

4. Berechnen Sie y.

   a) $y = -\dfrac{1}{2t}x^4 - x^2 + 3t$ für $x = \sqrt{t}$ 　　 b) $y = \dfrac{2}{3}x^3 - tx + 5t\sqrt{t}$ für $x = -\dfrac{1}{2}\sqrt{t}$

5. Machen Sie den Nenner rational.

   a) $\dfrac{3}{\sqrt{3}}$ 　　 b) $\dfrac{\sqrt{2}}{1 - \sqrt{2}}$ 　　 c) $\dfrac{3}{\sqrt{12}}$

   d) $\dfrac{\sqrt{5} - \sqrt{3}}{\sqrt{5} + \sqrt{3}}$ 　　 e) $\dfrac{t + \sqrt{t}}{2\sqrt{t}}$ 　　 f) $\dfrac{t}{\sqrt{t} - 1}$

6. Welcher Term liefert für $a > 1$ den kleinsten Wert: $\sqrt{a^2 + 1}$; $\sqrt{a(a + 1)}$; $\sqrt{a^2\left(1 + \frac{1}{a}\right)}$
   Begründen Sie Ihre Entscheidung.

7. $\sqrt{a^2 + b^2} = a + b$; $\sqrt{(a + b)^2} = a + b$

   Gelten diese beiden Behauptungen für $a, b \in \mathbf{R}$? Begründen Sie Ihre Entscheidung.
   Lässt sich eine Behauptung so verändern, dass sie für alle $a, b \in \mathbf{R}$ gilt?

8. Ordnen Sie für $a > 0$ den Wurzeln $a\sqrt{a}$, $a^2\sqrt{a}$, $\dfrac{a}{\sqrt{a}}$, $\dfrac{\sqrt{a}}{a}$, $\left(\dfrac{a}{\sqrt{a}}\right)^2$, $\dfrac{\sqrt{a}}{a^2}$, $\sqrt{\dfrac{1}{a^2}}$

   die zugehörigen Potenzen zu: 　 $a^{2{,}5}$, a^{-1}, $a^{1{,}5}$, $a^{-1{,}5}$, a, $a^{-0{,}5}$, $a^{0{,}5}$.

9. Zeigen Sie die Gleichheit: $5t\sqrt{\dfrac{1}{2t}} \, e^{-0{,}5} = 5\sqrt{\dfrac{t}{2e}}$ für $t > 0$.

10. Ein Rechteck hat die Seiten $a = 2$ und $b = \sqrt{2}$. Wie lang ist die Diagonale?

2) Dritte Wurzel

Problemstellung: Das Volumen eines Quaders beträgt 10 Volumeneinheiten (VE):
Wie lang ist eine Seitenkante a ?

Lösung

$V = a^3$ $a^3 = 10$

$a \cdot a \cdot a = 10$

Gesucht ist also die Zahl, die 3-mal mit sich selbst multipliziert 10 ergibt.

Diese Zahl nennt man $\sqrt[3]{10}$ (in Worten: dritte Wurzel aus 10) und es gilt:

$$\sqrt[3]{10} \cdot \sqrt[3]{10} \cdot \sqrt[3]{10} = \left(\sqrt[3]{10}\right)^3 = 10$$

in **Potenzschreibweise** $\sqrt[3]{10} = 10^{\frac{1}{3}}$ $\Rightarrow$ $\left(10^{\frac{1}{3}}\right)^3 = 10$

Beispiele

1) $\sqrt[3]{8} = 2$ denn $2^3 = 8$

2) $\sqrt[3]{64} = 4$ denn $4^3 = 64$

Merksatz: Die 3. Wurzel aus einer Zahl a $\geq$ 0 ist die Zahl größer oder gleich Null,
deren 3. Potenz a ergibt.

$\sqrt[3]{a} \cdot \sqrt[3]{a} \cdot \sqrt[3]{a} = a$ $(\sqrt[3]{a})^3 = a$

in Potenzschreibweise $\sqrt[3]{a} = a^{\frac{1}{3}}$

Beispiele

$\sqrt[3]{64} = \sqrt[3]{(4)^3} = 4$ $\sqrt[3]{2{,}5^3} = 2{,}5$

Verallgemeinerung: $\sqrt[3]{\square^3} = \square$ für $\square \geq 0$

Bemerkungen zum **GTR**

$\sqrt[3]{-18}$ existiert nicht in **R**.
Der GTR liefert bei der Eingabe
von $\sqrt[3]{-18}$ das Ergebnis $-2{,}6207..$
und berechnet damit $-\sqrt[3]{18}$.

```
3*√-18
              -2.620741394
-3*√18
              -2.620741394
```

Beispiele

a) $\dfrac{1}{\sqrt{2^3}} = \dfrac{1}{(2^3)^{0{,}5}} = \dfrac{1}{2^{1{,}5}} = 2^{-1{,}5}$ b) $\sqrt[3]{2} \cdot \sqrt{2} = 2^{\frac{1}{3}} \cdot 2^{\frac{1}{2}} = 2^{\frac{1}{3} + \frac{1}{2}} = 2^{\frac{5}{6}}$

c) $\sqrt[3]{2^5} = \sqrt[3]{2^3 \cdot 2^2} = 2 \cdot \sqrt[3]{2^2}$ oder $\sqrt[3]{2^5} = 2^{\frac{5}{3}} = 2 \cdot 2^{\frac{2}{3}}$

3) n-te Wurzel

Gesucht ist die **positive** Zahl a, die 4-mal mit sich selbst multipliziert 10 ergibt.

Lösung
$$a^4 = 10$$

Die gesuchte Zahl a nennt man $\sqrt[4]{10}$ (in Worten: 4. Wurzel aus 10) und es gilt:

$$\sqrt[4]{10} \cdot \sqrt[4]{10} \cdot \sqrt[4]{10} \cdot \sqrt[4]{10} = 10$$

Beispiele

$\sqrt[4]{16} = 2$ denn $2^4 = 16$

$\sqrt[5]{1024} = 4$ denn $4^5 = 1024$

Berechnung mit dem GTR:

```
4*√10
             1.77827941
4*√32
             2.37841423
```

Merksatz: Die 4. Wurzel aus einer Zahl a $\geq$ 0 ist die Zahl größer oder gleich Null, deren 4. Potenz a ergibt.

Für a $\geq$ 0: $\sqrt[4]{a} \geq 0$ und $\sqrt[4]{a} \cdot \sqrt[4]{a} \cdot \sqrt[4]{a} \cdot \sqrt[4]{a} = a$

Die n-te Wurzel aus einer Zahl a $\geq$ 0 ist die Zahl größer oder gleich Null, deren n-te Potenz a ergibt.

Für a $\geq$ 0 und n $\in$ N*: $\sqrt[n]{a} \geq 0$ und $(\sqrt[n]{a})^n = a$

Beispiele

$\sqrt[4]{2{,}5^4} = 2{,}5$ $\qquad$ $\sqrt[4]{\left(\frac{1}{3}\right)^4} = \frac{1}{3}$ $\qquad$ $\sqrt[4]{(t-3)^5} = (t-3)\sqrt[4]{t-3}$; $(t-3) \geq 0$

Verallgemeinerung für a $\geq$ 0 und n $\in$ N*:

$\sqrt[n]{a} \geq 0$ $\qquad$ $\left(\sqrt[n]{a}\right)^n = a$ $\qquad$ $\sqrt[n]{a^n} = a$

Potenzschreibweise

$\sqrt[4]{10} = 10^{\frac{1}{4}}$, denn $(10^{\frac{1}{4}})^4 = 10$

$\sqrt[3]{4} \cdot \sqrt[3]{2} = 4^{\frac{1}{3}} \cdot 2^{\frac{1}{3}} = 8^{\frac{1}{3}} = \sqrt[3]{8} = 2$

$\sqrt[3]{e^{3+2a}} \cdot e^{-a} = e^{\frac{1}{3}(3+2a)} \cdot e^{-a} = e^{1+\frac{2}{3}a-a} = e^{1-\frac{1}{3}a}$

$(\sqrt{a})^{0,5} = (a^{0,5})^{0,5} = a^{0,25} = \sqrt[4]{a}$

Beachten Sie: $a^{\frac{m}{n}} = \sqrt[n]{a^m}$ **für a > 0 und m $\in$ Z; n $\in$ N***

Die Potenzgesetze gelten für Potenzen mit rationalen Hochzahlen.

Beachten Sie die Rechenregel: Wurzel- vor Punktrechnung, Punkt- vor Strichrechnung.

Aufgaben

1. Vereinfachen Sie.

   a) $\sqrt[3]{24}$ 　　　　　　　b) $\sqrt[4]{32}$ 　　　　　　c) $\sqrt[3]{5}\ \sqrt[3]{25}$

   d) $\sqrt[3]{t^2} \cdot \sqrt[3]{t^2} \cdot \sqrt[3]{t^5}$ 　　　e) $\sqrt[4]{25^3} \cdot \sqrt[4]{5^2}$ 　　f) $\left(\sqrt[4]{6}\right)^8$

2. Machen Sie den Nenner rational.

   a) $\dfrac{\sqrt[4]{4}}{\sqrt[3]{2}}$ 　　　　　　b) $t : \sqrt[3]{t}$ 　　　　c) $\dfrac{1}{\sqrt{t}-1}$

3. Schreiben Sie als Potenz.

   a) $(\sqrt{5})^3$ 　　　　　　b) $\sqrt[3]{t}$ 　　　　　c) $\dfrac{1}{\sqrt[3]{4}}$

   d) $\sqrt[4]{t^3}$ 　　　　　　e) $\sqrt[3]{t^3+1}$ 　　　f) $\sqrt[4]{t^2} : \sqrt[3]{t}$

4. Vereinfachen Sie. Schreiben Sie das Ergebnis als Wurzel.

   a) $\left(x^{\frac{1}{2}}\right)^5$ 　　　　　b) $a^{\frac{3}{2}} \cdot b^{\frac{3}{2}}$ 　　　c) $a^{-\frac{1}{2}} : a^{\frac{1}{3}}$

   d) $\sqrt[3]{a^4} \cdot \sqrt[4]{a^3}$ 　　　e) $\dfrac{1}{\sqrt{a^3}} + a^{-1,5}$ 　　f) $\dfrac{\sqrt[4]{ab^2}}{b}$

   g) $a^2\sqrt{a} + 4a\sqrt{a^3} + a^{2,5}$ 　h) $(\sqrt{a} - \sqrt{a^3}) : \sqrt{a}$ 　i) $\sqrt[3]{t^2} \cdot \sqrt[3]{2t}$

5. Vereinfachen Sie.

   a) $(x^2 + 2x + 1)^{0,5}$ 　　　b) $(9t^2 + 36)^{0,5}$ 　　c) $3^{-\frac{1}{3}} \cdot \sqrt[3]{(-3)^4} \cdot \dfrac{1}{9}$

   d) $4 \cdot 2^{0,25} \cdot \dfrac{1}{\sqrt{2}} \cdot 4$ 　e) $\sqrt{a^3} + (2a)^{0,5} + 5a^{1,5}$ 　f) $(9t^4 + 12t^2 + 4)^{0,5}$

6. Ordnen Sie ohne Verwendung des TR der Größe nach: $0,5^{2,4}$, $3^{-3,2}$, $2^{-3,2}$, $3^{-4,2}$, $5^{-3,2}$

7. Unter welchen Bedingungen für x und n gilt: $\sqrt[4]{x^n} = x^{0,25n}$?

8. Entscheiden Sie, wahr oder falsch. Begründen Sie Ihre Entscheidung.

   $x^{-0,5}$ ist　　a) für alle $x \geqq 0$ definiert　　b) für alle $x \in \mathbf{N}$ definiert　　c) gleich $\dfrac{1}{x^2}$

   $x^{\frac{2}{5}}$ ist 　　a) für alle $x \in \mathbf{R}$ definiert　　b) die 5.Wurzel von x^2

   　　　　　　c) die Quadratwurzel von x^5

   $x^{-1,5}$ ist 　a) für alle $x \in \mathbf{Q}$ definiert　　b) gleich $\dfrac{x^2}{\sqrt{x}}$ 　　c) gleich $\dfrac{\sqrt{x}}{x^2}$

9. Berechnen Sie $\sqrt[8]{200}$ mit der Taste $\sqrt{}$.

10. Wie lang (in cm) ist die Kante eines Würfels mit V= 15 l?
    Wie groß ist seine Oberfläche?

11. Ein Kapital wächst bei gleich bleibendem Zinssatz in 5 Jahren mit Zinseszins um 30 % an. Wie hoch ist der jährliche Zinssatz?

Was man wissen sollte...   über Potenzen und Wurzeln

Definition der Potenz: **Exponent** (Hochzahl)

$$\underbrace{a \cdot a \cdot a \cdot \ ... \ \cdot a}_{} = a^n$$

n Faktoren; $n \in N$ **Basis** (Grundzahl)

Potenzgesetze

Die Potenzgesetze für die Multiplikation und Division von Potenzen kann man anwenden ($n, m \in Q$),

wenn die **Grundzahlen** gleich sind: $a^n \cdot a^m = a^{n+m}$

$$\frac{a^n}{a^m} = a^{n-m} \qquad a \neq 0$$

wenn die **Hochzahlen** gleich sind: $a^n \cdot b^n = (a\,b)^n$

$$\frac{a^n}{b^n} = \left(\frac{a}{b} \right)^n \qquad a \neq 0, b \neq 0$$

Potenzgesetz für das **Potenzieren** $(a^n)^m = a^{n \cdot m}$

Folgerungen: $a^0 = 1$

$$a^{-1} = \frac{1}{a} \qquad a \neq 0$$

$$a^{-n} = \frac{1}{a^n}$$

Quadratwurzel für a, b $\geq$ 0 $\sqrt{a} \cdot \sqrt{a} = (\sqrt{a})^2 = \sqrt{a^2} = a$

$\sqrt{a} \cdot \sqrt{b} = \sqrt{a\,b}$

$\sqrt{a} + \sqrt{b} \neq \sqrt{a+b}$

Potenzschreibweise:

$$\sqrt{a} = a^{\frac{1}{2}}$$

3. Wurzel für a $\geq$ 0 $(\sqrt[3]{a})^3 = a$

$\sqrt[3]{a^3} = a$

Potenzschreibweise:

$$\sqrt[3]{a} = a^{\frac{1}{3}}$$

n-te Wurzel für a $\geq$ 0 $(\sqrt[n]{a})^n = a$

(n $\in$ N*) $\sqrt[n]{a^n} = a$

Potenzschreibweise:

$$\sqrt[n]{a} = a^{\frac{1}{n}}$$

für a $\geq$ 0, n $\in$ N*, m $\in$ Z $a^{\frac{m}{n}} = \sqrt[n]{a^m}$

4 Logarithmen
4.1 Logarithmus zur Basis 2

Bei Wachstumsvorgängen taucht die Frage auf:

Bei welchem x-Wert wird ein **gegebener** y-Wert erreicht?

Beispiel

Ein unseriöser Anlageberater verspricht eine Verdoppelung des eingesetzten Kapitals pro Jahr. Nach wie viel Jahren würde bei diesem Angebot der Einsatz von 1 EUR auf 16 EUR anwachsen?

Vorüberlegung und Lösung

Nach 1 Jahr   : 2 EUR $= 2^1$ EUR

Nach 2 Jahren : 4 EUR $= 2^2$ EUR

Nach 3 Jahren : 8 EUR $= 2^3$ EUR

. . . . .

Nach x Jahren : 2^x EUR   **Ansatz : $2^x = 16$**

Gesucht wird die Hochzahl zur Basis 2, sodass 2^x den Wert 16 ergibt.

$$2^x = 16 <=> x = 4, \text{ denn } 2^4 = 16$$

Ergebnis: Nach 4 Jahren würde man 16 EUR erhalten.

4 ist die Hochzahl zur Basis 2, sodass der Potenzwert 16 ist. Ersetzt man das Wort **Hochzahl** durch das Wort **Logarithmus**, ergibt sich folgende Formulierung:

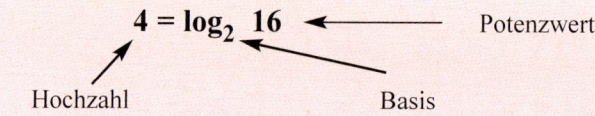

$$4 = \log_2 16 \longleftarrow \qquad \text{Potenzwert}$$

Hochzahl   Basis

Die Zahl 4 heißt Logarithmus von 16 zur Basis 2.

Weitere Beispiele für **Logarithmen zur Basis 2:**

$\log_2 2 = 1,$ denn $2^1 = 2$

$\log_2 0 = ?,$ denn $2^? = 0$ unlösbar, da $2^? > 0$

$\log_2 (-2) = ?,$ denn $2^? = -2$ unlösbar, da $2^? > 0$

$\log_2 \frac{1}{2} = -1,$ denn $2^{-1} = \frac{1}{2}$ $\log_2 1 = 0,$ denn $2^0 = 1$

$\log_2 (2^4) = 4,$ denn $2^4 = 2^4$ $2^{\log_2 8} = 8,$ denn $\log_2 8 = \log_2 8$

Beachten Sie: $x = \log_2 b$ $<=>$ $2^x = b$

x heißt **Logarithmus von b zur Basis 2**.

$x = \log_2 b$ ist **nur** definiert für $b > 0$, **aber** die Hochzahl x (der Logarithmus x) kann **alle** Zahlen aus $\mathbf{R}$ $(x \in \mathbf{R})$ annehmen.

Wichtige Folgerungen: $2^{\log_2 b} = b$ $\log_2 (2^x) = x$

4.2 Logarithmen zur Basis a

Wählt man für die Basis a andere **positive reelle Zahlen**, so gilt entsprechend
für **Basis a = 3**

$\log_3 9 = 2$,   denn $3^2 = 9$

$\log_3 1 = 0$,   denn $3^0 = 1$

$\log_3 \frac{1}{3} = -1$,   denn $3^{-1} = \frac{1}{3}$

$\log_3 (\frac{1}{81}) = -4$, denn $3^{-4} = \frac{1}{3^4} = \frac{1}{81}$

$3^{\log_3 9} = 9$

für **Basis a = 10**

$\log_{10} 1000 = 3$, denn $10^3 = 1000$ $\log_{10} 1 = 0$, denn $10^0 = 1$

$\log_{10} 0{,}1 = -1$, denn $10^{-1} = 0{,}1$

$\log_{10} \sqrt{1000} = 1{,}5$ denn $10^{1,5} = 10\sqrt{10} = \sqrt{1000}$

Der Taschenrechner hat für den 10er-Logarithmus eine Funktionstaste: log

$\log_{10} 7 = \lg 10 \approx 0{,}845...$,   denn $10^{0,845} = 6{,}998... \approx 7$

Schreibweise: **$\log_{10} b = \lg b$**

$10^{\lg 2} = 2$ $10^{\lg 5} = 10^{0,69897...} = 5$

Beachten Sie :   **x = $\log_a$ b**

x heißt Logarithmus von b zur Basis a.

x ist die **Hochzahl**, mit der man a potenzieren muss, um b zu erhalten.

Definition des Logarithmus: x = $\log_a$ b $\Leftrightarrow$ a^x = b

„Logarithmus bedeutet Hochzahl"

Sonderfälle: $\log_a$ a = 1 $\log_a$ 1 = 0

Aufgaben

1. Füllen Sie die Tabellen aus.

10^x	1	100	0,1	$\sqrt{10}$	$\frac{1}{\sqrt{10}}$	-1
x						

2^x	1	2	8	1024	0,5	$\sqrt{2}$	$\sqrt[3]{4}$	·2
x								

2. Bestimmen Sie nach der Definition des Logarithmus.

   a) $\log_2 16$ b) $\log_5 0{,}2$ c) $\log_5 5$ d) $\log_a \sqrt{a}$

   e) $\log_2 2^{1,5}$ f) $\log_2 4^{-2}$ g) $\lg \sqrt[3]{10}$ h) $\log_2 \frac{1}{\sqrt{8}}$

   i) $\log_2 0{,}125$ j) $\log_{0,5} \frac{1}{8}$ k) $\log_{32} 2$ l) $\log_{\sqrt{5}} 125$

3. Schreiben Sie in Potenzform.

   a) $\log_2 7 = x$ b) $\log_3 x = y$ c) $\log_a y = x$ d) $\log_e b = 1 - x$

4. Geben Sie den Wert der Variablen an.

   a) $\log_a 5 = 1$ b) $\log_4 y = -2$ c) $\log_3 1 = x$ d) $\log_3 \sqrt{b} = 1{,}5$

5. Bestimmen Sie $\log_a 81$, wenn gilt: $\log_a 3 = 0{,}25$.

4.3 Die Euler'sche Zahl e

Beispiel

Nehmen wir an, wir hätten 1 EUR bei einer (sehr großzügigen) Bank zu 100% angelegt. Nach einem bestimmten Zeitabschnitt (z. B. nach einem Monat) wird der Zins dem Konto gutgeschrieben und ab dem nächsten Zeitabschnitt (ab dem nächsten Monat) mitverzinst. Wie groß ist dann das Kapital am Ende des Jahres?

Lösung

Der Zinszuschlag erfolgt	Kapital am Ende des Jahres
jährlich	$K_1 = 1 + \frac{100}{100} = 2$
vierteljährlich	$K_4 = (1 + \frac{1}{4} \cdot \frac{100}{100}) \cdot (1 + \frac{1}{4} \cdot \frac{100}{100}) \cdot (1 + \frac{1}{4} \cdot \frac{100}{100}) \cdot (1 + \frac{1}{4} \cdot \frac{100}{100})$
	nach dem 1., 2., 3., 4.Quartal
	$K_4 = (1 + \frac{1}{4})^4 = 2{,}44$
monatlich	$K_{12} = (1 + \frac{1}{12} \cdot \frac{100}{100}) \cdot (1 + \frac{1}{12} \cdot \frac{100}{100}) \cdot \; ... \; \cdot (1 + \frac{1}{12} \cdot \frac{100}{100})$
	nach dem 1., 2., ... 12. Monat
	$K_{12} = (1 + \frac{1}{12})^{12} = 2{,}61$
täglich	$K_{360} = (1 + \frac{1}{360})^{360} = 2{,}71$
in n regelmäßigen Abständen eines Jahres:	$K_n = (1 + \frac{1}{n})^n$

Schreibt man die Zinsen in immer kürzeren Abständen (d. h., n geht gegen unendlich) dem Konto gut, so spricht man von einer **stetigen Verzinsung**.

Das Kapital von 1 EUR steigt am Ende des Jahres jedoch nicht ins Unendliche, sondern strebt gegen eine Zahl, wie man anhand der Tabelle erkennen kann.

n	1	10	100	1000	10000
$(1 + \frac{1}{n})^n$	2	2,5937...	2,7048...	2,7169...	2,7181...

Für $n \to \infty$ wächst das Kapital auf das 2,781... fache.
Die (irrationale) Zahl 2,781... heißt **Euler'sche Zahl e**.
Das Kapital K nimmt also bei einer Verzinsung von 100 % und unendlich häufigem Zinszuschlag in einem Jahr (**stetige Verzinsung**) den Wert $K^* = K \cdot e$ an.

Definition: Die **Euler'sche Zahl e** ist der Grenzwert von $(1 + \frac{1}{n})^n$ für $n \to \infty$.

$$e = \lim_{n \to \infty} (1 + \frac{1}{n})^n \qquad\qquad (e = 2{,}718281828...)$$

4.4 Logarithmus zur Basis e

Als Basis wählt man oft die **Zahl e**. Diesen Logarithmus zur Basis **e** nennt man den **natürlichen Logarithmus.**

Neue Schreibweise: $\qquad\qquad\qquad$ $\log_e b = \ln b$

Wie für die Basis a gilt auch für die Basis e: $\;x = \ln b \;\Leftrightarrow\; e^x = b$

Beispiele

$e^{\ln 5} = 5$ $\qquad\qquad$ mit GTR: $\ln 5 = 1{,}609...$ $\;$ also $5 = e^{1{,}609}$

$e^{\ln 17{,}8} = 17{,}8$

Beachten Sie: Jede positive Zahl lässt sich als Potenz mit der Basis e darstellen:

$\qquad\qquad e^{\ln b} = b \qquad$ **für b > 0**

$\ln 1 = 0,$ $\qquad\qquad$ denn $e^0 = 1$

$\ln e = 1,$ $\qquad\qquad$ denn $e^1 = e$

$\ln e^2 = 2,$ $\qquad\qquad$ denn $e^2 = e^2$

$\ln \dfrac{1}{e} = -1,$ $\qquad$ denn $e^{-1} = \dfrac{1}{e}$

Folgerung: $\qquad\qquad$ $\ln(e^x) = x$

Aufgaben

1. Bestimmen Sie die folgenden Logarithmen.

   a) $\ln 8$ $\qquad\qquad$ b) $\ln(2 + e)$ $\qquad\qquad$ c) $3\ln e^{-2}$

   d) $(\ln(1 - e^{-1}))^2$ $\qquad$ e) $\ln 2 - \ln\sqrt{e}$ $\qquad$ f) $\ln 2 \cdot (\ln e^3 - 2)$

   g) $\dfrac{\ln 2}{3} - 1$ $\qquad\qquad$ h) $\dfrac{\ln\sqrt{3}}{\ln\sqrt{2}}$ $\qquad\qquad$ i) $\ln\dfrac{2}{e} - 1$

2. Für welche reellen Zahlen ist der Term definiert?

   a) $\ln(-x)$ $\qquad\qquad$ b) $\ln(x - 2)$ $\qquad\qquad$ c) $\ln(\ln x)$

3. Entscheiden Sie, ob der Term einen positiven, einen negativen Wert oder den Wert Null annimmt.

   a) $\ln\dfrac{2}{3}$ $\qquad\qquad$ b) $\ln 1{,}085$ $\qquad\qquad$ c) $\ln\dfrac{4}{\sqrt{18}}$

   d) $\ln(\ln e)$ $\qquad\qquad$ e) $\ln\dfrac{2^6}{32}$ $\qquad\qquad$ f) $\ln(x^2 + 2)$ für $x \in \mathbf{R}$

4. Vereinfachen Sie.

   a) $(t - e^{\ln 2t})^2$ $\qquad$ b) $\ln\sqrt{e^{2t}}$ $\qquad\qquad$ c) $e^{\ln(2t)} - 2te^{\ln 2}$

4.5 Rechnen mit Logarithmen

Logarithmus eines Produktes

Beispiele

1) $\log_2 (4 \cdot 8) = ?$

Lösung
$$\log_2 (4 \cdot 8) = \log_2 (2^2 \cdot 2^3) = \log_2 (2^{2+3}) = 2 + 3 = 5$$

wegen $\log_2 4 = 2$ und $\log_2 8 = 3$ gilt: $\log_2 (4 \cdot 8) = \log_2 4 + \log_2 8 = 5$

2) $\ln (4 \cdot 8) = ?$

Lösung
$$\ln (4 \cdot 8) = \ln (e^{\ln 4} \cdot e^{\ln 8}) = \ln (e^{\ln 4 + \ln 8}) = \ln 4 + \ln 8$$

wegen $4 = e^{\ln 4}$ und $8 = e^{\ln 8}$ gilt: $\ln (4 \cdot 8) = \ln 4 + \ln 8$

> **1. Logarithmengesetz:** Der Logarithmus eines Produktes $(u \cdot v)$ ist die Summe der Logarithmen der einzelnen Faktoren u und v.
> $$\log_a (u \cdot v) = \log_a u + \log_a v; \quad u, v > 0$$
> **Für die Basis e gilt:** $\ln(u \cdot v) = \ln u + \ln v$

Beispiele

$\lg (10000) = \lg (10^4) = 4$

$\log_3 (27 \cdot 81) = \log_3 27 + \log_3 81 = 3 + 4 = 7$

$\ln(3e) = \ln 3 + \ln e = \ln 3 + 1$

$\ln (\frac{5}{e^2}) = \ln (5 \cdot \frac{1}{e^2}) = \ln (5 \cdot e^{-2}) = \ln 5 + \ln (e^{-2}) = \ln 5 - 2$

$\ln 3 + \ln x = \ln (3x)$

$\ln a + \ln (2b) + \ln (4c) = \ln (8abc)$

Logarithmus eines Quotienten

Beispiele

1) $\log_2(\frac{32}{8}) = ?$

Lösung
$$\log_2(\frac{32}{8}) = \log_2 (\frac{2^5}{2^3}) = \log_2 (2^{5-3}) = 5 - 3$$

wegen $\log_2 32 = 5$ und $\log_2 8 = 3$: $\log_2(\frac{32}{8}) = \log_2 32 - \log_2 8$

2) $\ln (\frac{32}{8}) = ?$

Lösung
$$\ln (\frac{32}{8}) = \ln 32 - \ln 8$$

> **2. Logarithmengesetz:** Der Logarithmus eines Quotienten $\frac{u}{v}$ ist gleich der Differenz der Logarithmen von Zähler und Nenner.
> $$\log_a (\frac{u}{v}) = \log_a u - \log_a v \; ; u, v > 0$$
> **Für die Basis e gilt:** $\ln (\frac{u}{v}) = \ln u - \ln v$

Beispiele

$$\log_5\left(\frac{5}{125}\right) = \log_5 5 - \log_5 125 = 1 - 3 = -2 \qquad \log_5\left(\frac{1}{25}\right) = \log_5 1 - \log_5 25 = 0 - 2 = -2$$

$$\ln\frac{e}{2} = \ln e - \ln 2 = 1 - \ln 2 \qquad\qquad \ln\frac{1}{2} = \ln 1 - \ln 2 = -\ln 2 \ (\mathbf{ln\ 1 = 0})$$

$$\lg\frac{x}{y} = \lg x - \lg y \qquad\qquad \lg\frac{1}{x} = -\lg x \qquad (\mathbf{lg\ 1 = 0})$$

$$\ln(a + b) - \ln(a - b) = \ln\frac{a + b}{a - b} \qquad \ln(2a) - \ln b = \ln\frac{2a}{b}$$

Logarithmus einer Potenz

Beispiele

1) $\log_2 (4^3) = ?$

Lösung

$$\log_2 (4^3) = \log_2 (2^2)^3 = \log_2 (2^{2\cdot3}) = 2\cdot 3$$

wegen $\log_2 4 = 2$ $\qquad \log_2 (4^3) = (\log_2 4)\cdot 3 = 3\log_2 4$

2) $\ln (4^3) = ?$

Lösung

mit $4 = e^{\ln 4}$ ergibt sich $\qquad \ln (4^3) = \ln (e^{3\cdot\ln 4}) = 3\cdot \ln 4 \qquad$ (vgl. $e^{\ln b} = b$)

3. Logarithmengesetz: Der Logarithmus einer Potenz (u^k) ist das Produkt aus Hochzahl k und dem Logarithmus der Basis u der Potenz.

$$\log_a (u^k) = k \cdot \log_a u \ ; u > 0$$

Für die Basis e gilt: $\ln u^k = k\cdot \ln u$

Beispiele

$$\lg(10^3) = 3\lg 10 = 3\cdot 1 = 3 \qquad\qquad \lg(7^5) = 5\lg 7$$

$$\ln\left(\frac{1}{2}\right) = \ln (2^{-1}) = -1\cdot \ln 2 = -\ln 2 \qquad \ln (5\cdot e^2) = \ln 5 + \ln (e^2) = \ln 5 + 2$$

$$\ln\sqrt{2\cdot e^3} = \ln (2\cdot e^3)^{0,5} = 0,5\ln (2\cdot e^3) = 0,5(\ln 2 + 3)$$

$$2\ln a = \ln a^2$$

$$3\ln x - \ln(x - 1) = \ln\frac{x^3}{x - 1}$$

Anwendung: Bestimmung von $\log_a b$

Beispiel: Bestimmen Sie $\log_5 10$.

Lösung

$$\log_5 10 = x \iff 5^x = 10$$

Logarithmieren ergibt $\qquad \ln 5^x = \ln 10 \iff x\ln 5 = \ln 10$

Für den gesuchten Logarithmus x gilt: $\quad x = \dfrac{\ln 10}{\ln 5}$

Zusammenhang $\qquad\qquad\qquad x = \log_5 10 = \dfrac{\ln 10}{\ln 5}$

Beachten Sie: $\log_a b = \dfrac{\ln b}{\ln a}$ oder $\log_a b = \dfrac{\lg b}{\lg a}$

Die Logarithmengesetze für u, v > 0 $\log(u\,v) = \log u + \log v$

$$\log\left(\frac{u}{v}\right) = \log u - \log v$$

$$\log u^k = k \log u$$

Die gemeinsame Basis $a \in \mathbf{R}_+^* \setminus \{1\}$ ist weggelassen.

Aufgaben

1. Bestimmen Sie die Logarithmuswerte.

   a) $\log_3 9 + \log_3 \dfrac{1}{243}$ b) $\log_9 3^4$ c) $\log_5 \sqrt{125}$

   d) $\log_a \dfrac{1}{a^2}$ e) $\log_8 2$ f) $\log_a \sqrt{a^k}$

   g) $\ln e^{-3} + \ln \dfrac{1}{\sqrt{e}}$ h) $\log_5 0{,}04$ i) $\log_2 \sqrt{8}$

2. Bestimmen Sie die Lösung.

   a) $\log_3 x = 3$ b) $\log_x 3 = -2$ c) $\log_2 5 = x$

   d) $\log_4(x-1) = -1{,}5$ e) $\log_x 3 = 0$ f) $\lg x = -\dfrac{1}{2}$

   g) $\ln x = -1$ h) $\lg(2x) = 0{,}5$ i) $\log_x 4 = \dfrac{1}{3}$

   j) $\log_4 x + \log_4 2 = \log_4 12$ k) $\log_3 x - \log_3 5 = 3$ l) $\log_5 12 = x$

3. Formen Sie um.

   a) $\log(x\,y)$ b) $\log \dfrac{1}{ab}$ c) $\log(3x-3) - \log(x-1)$

   d) $\log \sqrt{2x\,y}$ e) $\ln u + 2\ln v$ f) $-\lg \dfrac{1}{u}$

   g) $\lg x - \lg y + \dfrac{1}{2}\lg z$ h) $\ln e^2 - 3\ln \dfrac{e}{2}$ i) $\ln \dfrac{1-x}{1+x}$

   j) $\log x^3 - \log x$ k) $\lg uv + \lg \dfrac{1}{v^2}$ l) $\log\sqrt{x} + 1{,}5\log x$

4. Vereinfachen Sie.

   a) $\ln(2e^2) + \ln \dfrac{e}{2}$ b) $\ln\left(\dfrac{4}{3}t\right) - \ln \dfrac{4}{t}$; $t > 0$ c) $\ln(1-x^2) - \ln(1+x)$

   d) $\ln x - \ln 4 + \ln\dfrac{4y}{x}$ e) $\ln\dfrac{1}{a^2} - \ln(2a) - \ln\dfrac{1}{a}$ f) $\ln \dfrac{1+x}{2+x} - \ln(x+1)$

5. $\log_3 4$ ist dasselbe wie a) $\dfrac{\ln 4}{\ln 3}$, b) $\dfrac{\lg 3}{\lg 4}$, c) $\dfrac{\lg 4}{\lg 3}$. Entscheiden Sie.

6. Entscheiden Sie, welche Beziehung zwischen $\log_a b$ und $\log_b a$ besteht:
   a) gleich, b) zueinander negativ, c) zueinander invers.

7. Gegeben ist $\ln x = 0{,}25$. Bestimmen Sie damit: $\ln \sqrt{x}$, $\ln \dfrac{1}{x}$, $\ln x^2$, $\ln^2 x$.

8. Der GTR liefert $\lg 4$. Bestimmen Sie ohne weitere Verwendung des GTR:
   $\lg 4000$, $\lg 0{,}25$. Welches Gesetz wird dabei verwendet?

9. Bestimmen Sie: $e^{2\ln t}$; $e^{\ln\frac{1}{2}}$; $\dfrac{1}{2}e^{\frac{\ln t}{2}}$; $e^{-\frac{\ln t}{3}}$; $2e^{\ln t^2}$; $e^{\ln t - 1}$; $e^{\ln(t-1)}$.

10. Zeigen Sie: a) $e^{\ln t + 1} = t\cdot e$ b) $\dfrac{2}{3}e^{-\ln(0{,}75t)} = \dfrac{8}{9t}$

III. Gleichungen
1 Begriffe

Beispiele

1) Gegeben ist die Gleichung $6x - 2 = 8 + x$; $G = \mathbf{R}$. Bestimmen Sie die Lösungsmenge.

Bemerkung: Eine **Gleichung in einer Unbekannten (Lösungsvariablen)**
ist eine Behauptung der Form : **Linke Seite = Rechte Seite**

Lösung

Setzt man Zahlen aus der **Grundmenge** $G = \mathbf{R}$ in die Gleichung ein, so erhält man eine

Aussage, z. B.

$$x = 3 \ ; \quad 6 \cdot 3 - 2 = 8 + 3 \qquad \text{falsche Aussage (f. A.)}$$

$$x = \frac{1}{2} \ ; \quad 6 \cdot \frac{1}{2} - 2 = 8 + \frac{1}{2} \qquad \text{falsche Aussage (f. A.)}$$

$$x = 2 \ ; \quad 6 \cdot 2 - 2 = 8 + 2 \qquad \text{wahre Aussage (w. A.)}$$

Alle Elemente, die zu einer **wahren Aussage** führen, gehören zur **Lösungsmenge L,**
in diesem Fall ist x = 2 Lösung und L = {2 }.

**Bemerkung: Die Lösung einer Gleichung ist ein Element der Grundmenge, das die
Gleichung zu einer wahren Aussage macht.
Die Menge aller Lösungen heißt Lösungsmenge.**

Umformungen, die die Lösungsmenge **nicht verändern**, nennt man
Äquivalenzumformungen.
Äquivalenzumformungen der Gleichung:

Auf beiden Seiten 2 addieren	$6x - 2 = 8 + x$	$\mid + 2$
	$<=> \quad 6x - 2 + 2 = 8 + 2 + x$	
Auf beiden Seiten x subtrahieren	$<=> \quad 6x = 10 + x$	$\mid - x$
	$<=> \quad 6x - x = 10 + x - x$	
Beide Seiten durch 5 teilen	$<=> \quad 5x = 10$	$\mid : 5$
	$<=> \quad \dfrac{5x}{5} = \dfrac{10}{5}$	
Die Gleichung hat **eine Lösung**	$<=> \quad x = 2$	$L = \left\{ 2 \right\}$

$$\text{Äquivalenzpfeil} \qquad \text{Lösung} \qquad \text{Lösungsmenge}$$

Äquivalenzumformungen

Eine Gleichung **äquivalent umformen** heißt,

auf beiden Seiten einer Gleichung die gleiche Zahl, den gleichen Term **addieren oder subtrahieren.**	**beide Seiten einer Gleichung** mit der gleichen Zahl, mit demselben Term($\neq 0$) **multiplizieren oder** durch die gleiche Zahl($\neq 0$) **dividieren.**

Bemerkungen zu Äquivalenzumformungen

a) $2x - 13 = 5$ hat die Lösung $x = 9$.

Multiplikation mit Null ergibt: $\qquad 2x - 13 = 5 \quad | \cdot 0$

eine wahre Aussage für alle x $\qquad 0 = 0 \quad => \quad L = \mathbf{R}$

Multiplikation mit Null ist **keine Äquivalenzumformung.**

b) Die Gleichung $2x = 6$ hat die Lösungsmenge $L = \{ 3 \}$.

Quadrieren ergibt $(2x)^2 = 36 <=> x^2 = 9$ mit $L = \{ \pm 3 \}$

Die Lösungsmenge verändert sich, **Quadrieren** ist **keine Äquivalenzumformung.**

Beispiele

2) Bestimmen Sie die Lösungsmenge der Gleichung $\frac{1}{4}x^2 + 3 = 0$; $G = \mathbf{R}$.

Lösung

Äquivalenzumformungen: $\qquad \frac{1}{4}x^2 + 3 = 0 \quad | \cdot (4)$

$\qquad\qquad\qquad\qquad\qquad x^2 + 12 = 0 \quad | -12 \; <=> \; x^2 = -12$

wegen $x^2 \geqq 0$ für alle x $\in \mathbf{R}$ folgt: $\frac{1}{4}x^2 + 3 = 0$ hat **keine Lösung**: $L = \varnothing$

3) Gegeben ist die Gleichung $2t + 1 - 2(2t - 2) + 4(0,5t - 4) = -11$; $G = \mathbf{R}$.
Bestimmen Sie die Lösungsmenge.

Lösung

Äquivalenzumformungen: $\qquad 2t + 1 - 2(2t - 2) + 4(0,5t - 4) = -11$

Klammer auflösen $\qquad\qquad 2t + 1 - 4t + 4 + 2t - 16 = -11$

Zusammenfassung ergibt $\qquad\quad -11 = -11$ wahre Aussage für alle t $\in \mathbf{R}$.

Linke Seite und rechte Seite sind **identisch.**

Jedes t $\in \mathbf{R}$ ist Lösung. Die Gleichung hat **unendlich viele Lösungen**: $L = \mathbf{R}$

4) Gegeben ist die Gleichung $\frac{2x}{x-1} = 3$; $G = \mathbf{R}$.
Bestimmen Sie die Definitionsmenge und die Lösungsmenge.

Lösung

Bevor die Lösungsmenge bestimmt wird, muss die Menge **aller Elemente aus G**
bestimmt werden, die beim Einsetzen in die Gleichung zu einer
(w) oder (f) Aussage führen. Diese Menge heißt **Definitionsmenge**.
Wird x = 1 in die obige Gleichung "eingesetzt", so führt dies zu **keiner** Aussage.
Durch Null darf man nicht dividieren.

Definitionsmenge: $\qquad\qquad\qquad D = \mathbf{R} \setminus \{1\}$

Äquivalenzumformungen: $\qquad\qquad \frac{2x}{x-1} = 3 \quad | \cdot (x-1)$

$\qquad\qquad\qquad\qquad <=> \; 2x = 3x - 3 \quad | + 3 - 2x$

$\qquad\qquad\qquad\qquad <=> \quad x = 3$

$\qquad\qquad x = 3$ ist Lösung, da $3 \in D \Rightarrow L = \{3\}$.

5) Zeigen Sie: $x = 10$ ist Lösung der Gleichung $\quad x\lg x - x + 1 = \lg x; \; x > 0$.

Lösung

$x = 10$ ist eine Lösung, wenn das **Einsetzen eine wahre Aussage** ergibt.
$$10\lg 10 - 10 + 1 = \lg 10$$
Mit $\lg 10 = 1$ erhält man eine wahre Aussage $\qquad 1 = 1$

6) Bestimmen Sie die Lösungsmenge der Gleichung $\quad 1{,}5x + 14 = 0{,}5x - 2(-4 + x)$.

Lösung

durch **Äquivalenzumformungen**

Klammer auflösen	$1{,}5\,x + 14 = 0{,}5x - 2x + 8$
Nach x **sortieren**	$1{,}5x - 0{,}5x + 2x = 8 - 14 \;<=> 3x = -6$
Beide Seiten durch (3) teilen	$x = -2$

Bemerkung: mit $G = \mathbf{R} \qquad =>$ $\qquad L = \{-2\}$

$\qquad\qquad$ mit $G = \mathbf{N} \qquad =>$ $\qquad L = \emptyset, \;$ da $-2 \notin \mathbf{N}$

$\qquad\qquad\qquad$ **Folgepfeil**

Die Lösungsmenge hängt von der gegebenen Grundmenge ab: $\; L \subseteq G$.

Aufgaben

1. Lösen Sie die folgenden Gleichungen. Bestimmen Sie die Lösungsmenge.

a) $2(\frac{7}{3} + 4a) - 4(-\frac{4}{3} + \frac{a}{2}) - 6a = 9$

b) $20(a + 6b) + 24(40 - 2a - 5b) + 7(4a) - 960 = 0$

c) $2(1 + r) - (1 + 2r) + 1 = 0$

2. Bestimmen Sie die Definitionsmenge und die Lösungsmenge

$$\frac{2k}{k+4}(4 + k(4 + k)) + \frac{k}{4}(-4 - 8k) = \frac{4k - k^2}{k+4}$$

3. Zeigen Sie: $x = \ln 2$ ist Lösung von $e^{2x} - 4e^x + 4 = 0$.

4. Zeigen Sie: $x = -t$ ist Lösung von $x^3 - tx^2 + 3tx - 3t^2 = 0$.

5. Die Gleichungen haben keine Lösung. Begründen Sie.

a) $\sqrt{2x + 4} + 1 = 0$ $\qquad\qquad$ b) $2^x + 2^{-x} = 1$

6. Gegeben ist die Gleichung $5x = x$; $G = \mathbf{R}$.

Klaus löst $\qquad\qquad 5x = x \;\; | : x$ und erhält $\;\; 5 = 1$ falsche Aussage

Klaus stellt fest: Die Gleichung hat keine Lösung. Wo steckt der Fehler?

Nehmen Sie dazu Stellung.

7. Gegeben ist die Gleichung $\sqrt{-2x} = -1$; $x < 0$.

Martina bietet folgenden Lösungsweg: Quadrieren $\;-2x = 1\;$ führt auf $\;x = -0{,}5$

Nehmen Sie dazu Stellung.

9 $\quad$ Bohner/Ihlenburg/Ott – ISBN 3-8120-0206-X

2 Lineare Gleichungen

Beispiele

1) Der Preis x für 1 l Benzin erhöhte sich am 1. Januar um 8 Cent. Einen Monat später wird er erneut um 5% angehoben und beträgt nun 123,9 Cent.
Wie viel kostete ein Liter Benzin am 1. Januar?

Lösung

Ansatz $\qquad (x + 8)\cdot 1{,}05 = 123{,}9$

Bemerkung: Der Faktor 1,05 bedeutet, der Preis wächst um 5 %

Lösung durch **Äquivalenzumformungen**

Klammer auflösen $\qquad 1{,}05x + 8{,}4 = 123{,}9 \qquad |-8{,}4$

Nach x **sortieren** $\qquad 1{,}05x = 123{,}9 - 8{,}4 = 115{,}5 \,|: 1{,}05$

Beide Seiten dividieren $\qquad x = 110$

Ergebnis: Ein Liter Benzin kostete am 1. Januar 110 Cent.

2) Gegeben ist die Gleichung $tx - 2 = 8 - 2x$; $G = \mathbf{R}$.
Bestimmen Sie die Lösung in Abhängigkeit von t.

Lösung

Äquivalenzumformungen: $\qquad tx - 2 = 8 - 2x \quad |+2x + 2$

Nach x **sortieren** $\qquad tx + 2x = 8 + 2$

Ausklammern von x $\qquad x(t + 2) = 10 \qquad *$

Dividieren durch (t +2) $\qquad x = \dfrac{10}{t + 2}$

Diese Division ist aber nur erlaubt für $t + 2 \neq 0$, also für $t \neq -2$.

Für $t \neq -2$ hat die Gleichung die Lösung $x = \dfrac{10}{t + 2}$.

Für $t = -2$ ergibt das Einsetzen in *: $0 = 10$ falsche Aussage.

Für $t = -2$ hat die Gleichung keine Lösung.

Bemerkung: Die Variable t heißt **Parameter oder Formvariable**.
x ist die **Lösungsvariable**.

Beachten Sie: Bei einer **linearen Gleichung** (Gleichung 1. Grades) tritt die **Lösungsvariable** nur **in der 1. Potenz** auf.
Eine **lineare Gleichung** in x kann stets auf die Form

$$ax + b = 0 \quad ; a \neq 0$$ gebracht werden.

Für die Grundmenge linearer Gleichungen gilt i. Allg. $G = \mathbf{R}$.

Beispiel

$a^2 x + 3x = 2$ ist eine lineare Gleichung in x.

Ist **a die Lösungsvariable**, so ist dies aber eine **quadratische** Gleichung.

Aufgaben

1. Lösen Sie die Gleichungen nach x auf.

   a) $20x - 3(5x + 7) = -2(3 - x)$ b) $5x - (8 + 9x) = 12$

   c) $(2x - 3)(x - 3) = (x - 1)(2x - 8) + 6$ d) $6x + 5t = 4x + 9t$

   e) $t^2x = -x + t^2 + 3$ f) $\dfrac{x}{18} - \dfrac{5}{2} = \dfrac{3x + 5}{8} - 6$

   g) $\dfrac{2x}{3} - 5 = -\dfrac{5x}{6} - 2$ h) $\dfrac{x}{3} - 5 = \dfrac{x}{5} - 3$

   i) $4 - \dfrac{x - 5}{4} = \dfrac{x + 1}{2} - \dfrac{x - 3}{3}$ j) $\dfrac{x}{t} + tx = 5; t \neq 0$

2. Bestimmen Sie die Anzahl der Lösungen in Abhängigkeit von t.

   a) $3t(x - 2) + t - 2x = 3t + 2$ b) $2(tx - 2) - 2(x - 2) = t^2 - 1$

   c) $\dfrac{t}{2}x + 2t + 1 = \dfrac{1}{2}x + 4$ d) $2t(x - t) - (t - x) = 0$

   e) $t^2x + 1 = 2 - x$ f) $\dfrac{tx + 1}{2} - \dfrac{t(x - 2)}{3} + \dfrac{x(2 - 3t)}{6} = 1$

3. Für welche Wahl von a besitzt die Gleichung genau ein, keine, mehr als eine Lösung?

   a) $\dfrac{a x + 2}{2} = 3x$ b) $ax - 3 = 2x + 1$

   c) $6 - ax = 2 - (a - 3)x$ d) $-2x + 9 + 2ax = 1 + 8a$

4. Lösen Sie nach x auf: $(1 - a)x = b - 2$.
   Welche Beziehung besteht zwischen a und b, wenn x = 2 Lösung ist?

5. Konstruieren Sie aus der Gleichung $2x - \dfrac{1}{3} = 0$ andere verschiedenartige Gleichungen, die dieselbe Lösung haben.

6. Die Summe von 5 aufeinander folgenden natürlichen Zahlen ergibt 460.
   Berechnen Sie die größte Zahl.

7. Die Differenz der Quadrate von zwei aufeinander folgenden natürlichen Zahlen ist 55.
   Bestimmen Sie die beiden Zahlen.

8. Eine Mauer lässt sich aus 54 Reihen Ziegelsteinen der Höhe x herstellen. Nimmt der Maurer um 1,6 cm höhere Steine, so braucht er nur 45 Reihen.
   Berechnen Sie die Höhe x.

9. Mit der Pumpe A lässt sich das Schwimmbecken in einer Stunde füllen. Die Pumpe B füllt es in 2 Stunden, die Pumpe C in 3 Stunden, D in 4 Stunden.
   Wie lange dauert es, bis das Schwimmbecken voll ist, wenn alle Pumpen arbeiten?

10. Bei einem Rechteck ist eine Seite um 10 m länger als die andere.
    Die längere Seite wird um 25 m, die kürzere um 15 m verkürzt. Dadurch verkleinert sich der Flächeninhalt um 1000 m². Wie groß war das ursprüngliche Rechteck?

11. Ein Antiquitätenhändler erzielt an den drei Markttagen $\dfrac{1}{8}, \dfrac{1}{4}$ bzw. $\dfrac{1}{3}$ seines möglichen Umsatzes. Bei Marktende hat er noch Waren im Wert von 875 EUR.
    Welchen Umsatz hätte er erzielt, wenn er seine ganze Ware verkauft hätte?

12. Finden Sie Sachaufgaben, die sich mit Hilfe einer linearen Gleichung lösen lassen.

Lineare Ungleichungen
Beispiele

1) Bestimmen Sie die Lösungsmenge der Ungleichung $2x + 5 > 8$; $x \in \mathbf{R}$.

Lösung

Äquivalenzumformungen:
$$2x + 5 > 8 \quad | - 5$$
$$2x > 3 \quad | : 2$$
$$x > \frac{3}{2}$$

Lösungsmenge:
$$L = \left\{ x \mid x \in \mathbf{R} \wedge x > \frac{3}{2} \right\} = \left] \frac{3}{2}; \infty \right[$$

Veranschaulichung der
Lösungsmenge am Zahlenstrahl:

Einsetzen einer Zahl aus der
Lösungsmenge z. B. $x = 3$ ($3 \in L$)
$\qquad 2 \cdot 3 + 5 > 8$ **(wahre Aussage)**
Einsetzen einer Zahl, die **nicht**
in der Lösungsmenge ist
z. B. $x = 1$ ($1 \notin L$)
$\qquad 2 \cdot 1 + 5 > 8$ **(falsche Aussage)**

2) Für welche $x \in \mathbf{R}$ gilt $-2x + 7 < 0$?

Lösung

Äquivalenzumformungen:
$$- 2x + 7 < 0 \ | - 7$$
$$- 2x < - 7 \ | : (- 2)$$
$$x > \frac{7}{2}$$

Beachten Sie: Beim Durchmultiplizieren (Dividieren) mit einer negativen Zahl dreht sich das Ungleichheitszeichen um.

Begründung am Beispiel:

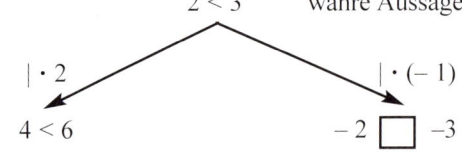

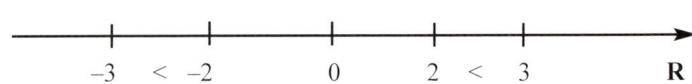

3) Bestimmen Sie die Lösungsmenge der Ungleichung $2x + 4 < ax + 1$; $a \in \mathbf{R}$.

Lösung

Äquivalenzumformungen: $\quad\quad\quad 2x + 4 > ax + 1 \quad | -4 - ax$

$\quad\quad\quad\quad\quad\quad\quad\quad\quad\quad 2x - ax < -3$

Ausklammern $\quad\quad\quad\quad\quad\quad (2 - a)\, x < -3$

Dividiert man nun durch $(2 - a)$, so entscheidet das **Vorzeichen** von $(2 - a)$ über die Lösungen.

Fall 1: $2 - a > 0 \iff a < 2 \quad\quad\quad x < \dfrac{-3}{2 - a}$

$\quad\quad$ (das Ungleichheitszeichen ändert sich nicht)

Fall 2: $2 - a < 0 \iff a > 2 \quad\quad\quad x > \dfrac{-3}{2 - a}$

$\quad\quad$ (das Ungleichheitszeichen ändert sich)

Fall 3: $2 - a = 0 \iff a = 2 \quad\quad\quad 0 \cdot x < 3 \quad$ wahre Aussage: $L = \mathbf{R}$

Aufgaben

1. Lösen Sie die folgenden Ungleichungen.

   a) $\dfrac{2 - x}{3} + 5 \geq \dfrac{x}{2}$ $\quad\quad$ b) $-\dfrac{1}{2}(x - 6) < 6$ $\quad\quad$ c) $3(x - 3) \geq 5(1 - \dfrac{x}{2})$

   d) $\dfrac{1}{3}x - 5 \leq \dfrac{1}{4}x + 3$ $\quad\quad$ e) $\dfrac{1}{2}(x - 5) > 0$ $\quad\quad$ f) $2x + \dfrac{5}{2} < -(3 + 4x) - 3$

   g) $\dfrac{x}{5} + 3 \geq \dfrac{x}{2}$ $\quad\quad$ h) $-3 < 2(x - 2) < 5$ $\quad\quad$ i) $x \cdot e - x > 100$

   j) $3(1 - 2x) - 2 > 2(x - 3) - (3x + 5)$ $\quad\quad$ k) $\dfrac{2x - 3}{2} - \dfrac{1}{4}(3x - 5) \leq -1$

   l) $\dfrac{3}{4}(2x - 4) + \dfrac{3}{2}x - 4 < 5(1 - x) - 2x - 6$ $\quad\quad$ m) $4 - \dfrac{2x}{3} \geq \dfrac{x}{4}$

2. Bestimmen Sie die Lösungen in Abhängigkeit von a.

   a) $ax + 3 < 7 - a$ $\quad\quad$ b) $a(x - 3) > 2x$ $\quad\quad$ c) $a - 4(x - 2) < 2(a - 3)$

3. Die Versicherung A bezahlt 90 % der um 300 EUR verminderten Schadenssumme, die Versicherung B übernimmt 85 % des um 200 EUR verminderten Schadens. Bis zu welcher Schadenssumme ist bei gleicher Jahresprämie die Versicherung B günstiger?

4. Ein Schüler löst die Ungleichung $\dfrac{1 + x}{-2} > 1$ auf folgende Art: $1 + x > -2 \iff x > -3$ Probe mit $x = -1$ ergibt eine falsche Aussage. Wo liegt der Fehler?

5. Für welche positiven x-Werte gilt: $\dfrac{2x + 1}{x} < 2{,}001$?

6. Der Term $K = 0{,}85x + 24$ liefert die Kosten bei der Produktion von x Stück einer Ware. Der Erlös berechnet sich mit der Gleichung $E = 1{,}45x$. Ab welcher Stückzahl erzielt die Firma einen Gewinn?

7. Die monatlichen Kosten in EUR für x kWh beim Stromanbieter A lassen sich berechnen durch $K_A(x) = 0{,}195x + 21{,}35$, beim Anbieter B durch $K_B(x) = 0{,}265x + 18{,}45$. Für welchen Verbrauch ist Stromanbieter B günstiger?

3 Lineare Gleichungssysteme

Gegeben sind zwei lineare Gleichungen $\quad y = \dfrac{3}{2}x - \dfrac{5}{2}$ $\left.\vphantom{\dfrac{3}{2}}\right\}$ **Lineares Gleichungssystem**

$$y = 2 - x \qquad\qquad \textbf{(LGS)}$$

Gesucht ist der x-Wert und der y-Wert, sodass man beim Einsetzen in **beide** Gleichungen eine **wahre Aussage** erhält.

Lösungsverfahren

A. **Lösung durch Gleichsetzungsverfahren**

Gleichsetzen der y-Werte ergibt **eine** Gleichung mit nur **einer** Unbekannten x.

Die Unbekannte y wurde eliminiert. $\quad \dfrac{3}{2}x - \dfrac{5}{2} = 2 - x$

Auflösen nach x ergibt $\qquad\qquad\qquad x = \dfrac{9}{5}$

Einsetzen in eine der beiden Gleichungen ergibt den y-Wert: $y = \dfrac{1}{5}$

Die Lösung des LGS lautet $\qquad\quad x = \dfrac{9}{5}$ und $y = \dfrac{1}{5}$

als Zahlenpaar dargestellt $\qquad\quad (\dfrac{9}{5} ; \dfrac{1}{5})$

Lösungsmenge des LGS $\qquad\qquad L = \left\{ (\dfrac{9}{5} ; \dfrac{1}{5}) \right\}$

B. Ist das obige LGS in einer **anderen Form** gegeben, z.B. $3x - 2y = 5 \land x + y = 2$, so bietet sich ein **anderes Verfahren** zur Lösung an.

Um eine Gleichung mit nur einer Unbekannten zu erhalten, ist es zweckmäßig, eine Gleichung mit einem Faktor so zu multiplizieren, sodass **bei Addition** der beiden Gleichungen **eine Unbekannte wegfällt.**

Lösung durch **Additionsverfahren**
$$3x - 2y = 5$$
$$x + y = 2 \qquad | \cdot 2$$

$$3x - 2y = 5$$
$$2x + 2y = 4 \qquad \Big] +$$

$$5x = 9 \quad \Rightarrow x = \dfrac{9}{5}$$

Einsetzen in eine Gleichung ergibt den y-Wert: $\quad y = \dfrac{1}{5}$ $\Rightarrow$ **Lösung** $(\dfrac{9}{5} ; \dfrac{1}{5})$

C. Ist das obige LGS in einer weiteren Form gegeben $3x - 2y = 5 \land y = 2 - x$, so bietet sich hier zur Lösung das

Einsetzungsverfahren an.
$$3x - 2(2 - x) = 5$$
$$5x = 9 \quad \Rightarrow x = \dfrac{9}{5}$$

Einsetzen in eine der beiden Gleichungen ergibt den y-Wert: $\qquad y = 2 - \dfrac{9}{5} = \dfrac{1}{5}$

Lösungsmenge $\qquad\qquad\qquad L = \left\{ (\dfrac{9}{5} ; \dfrac{1}{5}) \right\}$

Beachten Sie: Alle drei Lösungsverfahren (**Gleichsetzungsverfahren, Additions-verfahren, Einsetzungsverfahren**) führen zur gleichen Lösung.

Die Wahl des geeignetsten Lösungsverfahrens hängt davon ab, in welcher Form die Gleichungen gegeben sind.

Die Verfahren zur Lösung von linearen Gleichungssystemen im Überblick:

$3x - 2y = 5$	$3x - 2y = 5$	$y = \frac{3}{2}x - \frac{5}{2}$
$x + y = 2$	$y = 2 - x$	$y = 2 - x$
Lösung durch	Lösung durch	Lösung durch
Additionsverfahren	**Einsetzungsverfahren**	**Gleichsetzungsverfahren**

Beispiele

1) Lösen Sie das lineare Gleichungssystem: $2x + 5y = 1 \wedge -3x + 6y = 3$.

Lösung durch Additionsverfahren

$$2x + 5y = 12 \quad | \cdot 3$$
$$-3x + 6y = 9 \quad | \cdot 2 \quad \Big]+$$
$$27y = 54 \implies y = 2$$

Einsetzen in eine Gleichung ergibt den x-Wert $2x + 5 \cdot 2 = 12 \implies x = 1$

Lösung des LGS $\quad (1 ; 2)$

2) Lösen Sie das lineare Gleichungssystem:

$a + 2b + 4c = 1 \wedge -3a - 3b + 6c = 3 \wedge -a - b + c = 5$.

Lösung durch Additionsverfahren

Gauß'sches Verfahren

I	$a + 2b + 4c = 1$	$| \cdot 3$
II	$-3a - 3b + 6c = 3$	
III	$-a - b + c = 5$	

Um a zu eliminieren, multipliziert man die Gleichung I mit (3) und addiert sie zur Gleichung II.

Unter **Beibehaltung der Gleichung I** lautet das umgeformte LGS:

$$a + 2b + 4c = 1$$

V	$3b + 18c = 6$
VI	$b + 5c = 6 \quad | \cdot (-3)$

Um b zu eliminieren, wird die Gleichung VI mit (−3) multipliziert und zur Gleichung V addiert.

Unter **Beibehaltung der Gleichung I und IV** lautet das umgeformte LGS:

$$a + 2b + 4c = 1$$
$$3b + 18c = 6 \qquad \textcolor{red}{\textbf{Dreiecksform}}$$

VII	$3c = -12 \implies c = -4$

Einsetzen in Gleichung V: $\quad 3b + 18(-4) = 6 \implies b = 26$

Einsetzen in Gleichung I: $\quad a + 4(-4) + 2 \cdot 26 = 1 \implies a = -35$

Lösung des LGS $\quad (-35 ; 26; -4)$

Eine andere Schreibweise für ein **lineares Gleichungssystem** ist die **Matrixform**.
Die Matrixschreibweise ist eine vereinfachte Darstellung des LGS. Auf der linken Seite der
Matrix stehen die **Koeffizienten der Unbekannten a, b, c**.

So bedeutet z. B. $a + 2b + 4c = 1$ in Matrixschreibweise $(\ 1 \quad 2 \quad 4\ |\ 1\ )$
$3b + 18c = 6$ $(\ 0 \quad 3 \quad 18\ |6\ )$

Wir schreiben das lineare Gleichungssystem von S. 135 in Matrixform:

Gleichungen	**Matrixform**

$$\begin{array}{l} a + 2b + 4c = 1 \\ -3a - 3b + 6c = 3 \\ -\square a - b\ + c = 5 \end{array} \qquad \begin{array}{ccc} a & b & c \\ & & \end{array} \left(\begin{array}{ccc|c} 1 & 2 & 4 & 1 \\ -3 & -3 & 6 & 3 \\ -1 & -1 & 1 & 5 \end{array}\right) \quad \begin{array}{l} \color{red}{\textbf{erweiterte}} \\ \color{red}{\textbf{Koeffizientenmatrix}} \end{array}$$

An der Berechnung der Unbekannten a, b, c ändert sich nichts.

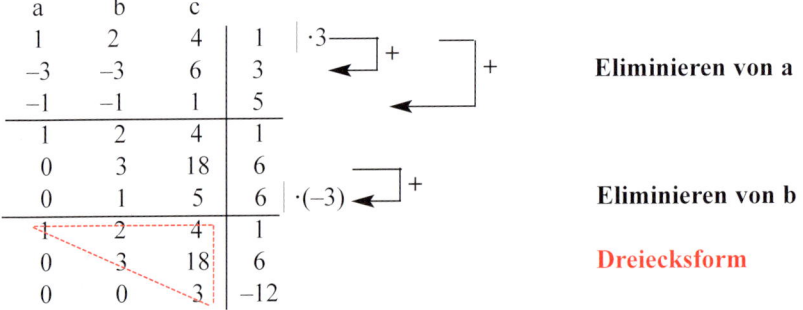

a	b	c		
1	2	4	1	
−3	−3	6	3	**Eliminieren von a**
−1	−1	1	5	
1	2	4	1	
0	3	18	6	
0	1	5	6	**Eliminieren von b**
1	2	4	1	
0	3	18	6	**Dreiecksform**
0	0	3	−12	

Die letzte Zeile der Matrix steht für die Gleichung: $0{\cdot}a + 0 \cdot b + 3 \cdot c = -12 \Rightarrow c = -4$
Bestimmung von a und b durch Einsetzen (vgl. S. 135): $b = 26$; $a = -35$
Lösung des LGS $(-35\ ;\ 26;\ -4)$

Lösung eines LGS mit dem GTR

Eingabe im Gleichungsmenü

**Solve (F1) liefert
die Lösung**

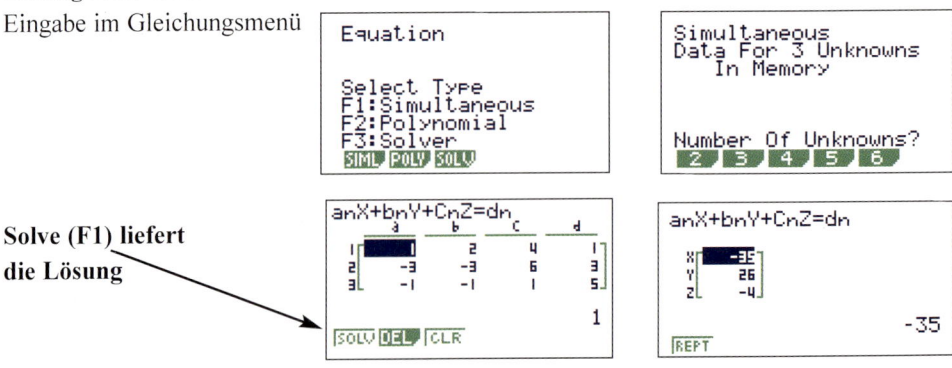

Lineare Gleichungssysteme – Anwendungen

Beispiele

1) Ein Obstbauer liefert Äpfel der Sorten Boskop (B) und Jonathan (J) an den Großmarkt.
   Die Lieferungen der letzten 2 Wochen W_1 und W_2
   (in kg) lassen sich aus der Tabelle ablesen.

	B	J
W_1	400	360
W_2	500	175

   Der Großhändler überweist für die Lieferung
   der 1. Woche 292 EUR, für die Lieferung der 2. Woche 255 EUR.
   Wie hoch ist jeweils der Preis pro kg für die einzelnen Apfelsorten?

Lösung

   Die Variablen x bzw. y stehen für den Preis pro kg Boskop (B) bzw. Jonathan (J).

   Für die Überweisung für W_1 gilt: $400x + 360y = 292$ $\cdot(-5)$

   Für die Überweisung für W_2 gilt: $500x + 175y = 255$ $\cdot 4$

   Auflösung des **LGS** für x und y durch **Additionsverfahren**

   $$-1100y = -440 \implies y = 0{,}4$$

   Einsetzen von $y = 0{,}4$ in z. B. $400x + 360y = 292$

   ergibt $x = 0{,}37$

   Lösung des LGS: $(0{,}37;\ 0{,}4)$

Ergebnis: Der Obstbauer erhält für 1kg Boskop 0,37 EUR, für 1 kg Jonathan 0,4 EUR.

---

2) Marion kauft ein. Sie soll insgesamt 11 Avocados, Äpfel und Orangen kaufen. Eine
   Avocado kostet 0,8 EUR, ein Apfel 0,4 EUR und eine Orange 0,25 EUR. Sie soll insgesamt 5 EUR ausgeben. Würde Marion die Zahl der Avocados belassen, die Zahl der
   gekauften Äpfel und Orangen aber verdoppeln, so müsste sie 2,6 EUR mehr bezahlen.
   Bestimmen Sie die Anzahl der Avocados, Äpfel und Orangen.

Lösung

   Die Variablen x, y bzw. z stehen für die Anzahl der Avocados, Äpfel und Orangen.

   LGS I $x + y + z = 11$

   II $0{,}8x + 0{,}4y + 0{,}25 z = 5$

   III $0{,}8x + 0{,}4 \cdot 2y + 0{,}25 \cdot 2z = 7{,}6$

   $\iff$ $0{,}8x + 0{,}8y + 0{,}5z = 7{,}6$

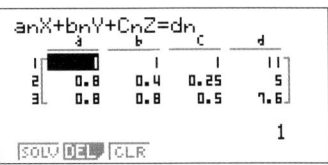

Bemerkungen:

   Zu I: Die Summe der Anzahlen ist gleich 11.

   Zu II: Preis mal Menge bei jeder Sorte addiert ergibt den Umsatz.

   Zu III: x und y wird verdoppelt: 2x bzw. 2y

   Der GTR löst das LGS: x = 3; y = 4; z = 4

   Ergebnis: Marion kauft 3 Avocados, 4 Äpfel
                 und 4 Orangen ein.

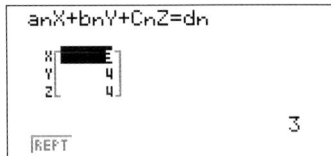

Aufgaben

1. Lösen Sie die folgenden Gleichungssysteme.

   a) $5x - 2y = 0$ b) $y + 5 = -7x + 24$ c) $-k + 1 = z + 2$

      $7x - 3y = 1$ $3x - 3y = y + 17$ $4k + 1 = 2z - 5$

2. Berechnen Sie die Lösung. Überprüfen Sie mit dem GTR.

   a) $-x_1 - x_2 + 2x_3 = 1$ b) $16a + 4b + c = 0$ c) $x_1 + x_2 - 2x_3 = -2$

      $-4x_1 - 3x_2 - 11x_3 = -2$ $4a + 2b = 0$ $x_1 - x_2 - 2x_3 = 0$

      $5x_1 + x_2 + 2x_3 = -5$ $a + b + c = -\dfrac{9}{4}$ $-4x_1 - 8x_2 = 12$

   d) $2x_1 - 2x_2 = 2x_3 + 1$ e) $x_1 - 4x_2 + 1 = 0$ f) $x_1 - 0{,}5x_2 = -1$

      $x_1 + 4x_2 + x_3 = 4$ $-x_1 + 2x_2 + 2x_3 = 1$ $-x_1 + x_2 + 1{,}5x_3 = 1$

      $2x_1 + 2x_2 = 7 - 2x_3$ $-3x_1 + 4x_2 + 2x_3 = 3$ $-3x_1 + 2x_2 + x_3 = 1{,}25$

3. Lösen Sie die folgenden linearen Gleichungssysteme mit dem GTR.

   a) $x_1 + 3x_2 - 2x_3 + x_4 = -7$ b) $3x_2 - 4x_3 + 2x_4 - 9 = 2x_1$

      $-2x_1 + x_2 - 4x_3 - 5x_4 = -6$ $3x_1 - 8x_3 + x_4 + 2 = -4x_2$

      $x_1 - 3x_2 + x_3 = 6$ $x_1 - 6x_2 + 3x_4 - 20 = x_3$

      $-3x_1 + 4x_2 - 6x_3 + 2x_4 = -21$ $x_4 = 5$

4. Geben Sie ein lineares Gleichungssystem aus 2 Gleichungen in x und y an, das

   a) die Lösung $x = 2$; $y = -3$ b) die Lösungsmenge $L = \{(0\,;\,2)\}$ hat.

5. Ein Bekleidungshaus kauft 120 Hosen und 80 Pullover im Gesamtwert von 5 640 EUR ein. Im Verkauf werden die Hosen mit 40 % Aufschlag, die Pullover mit 25 % Aufschlag auf den Einkaufspreis angeboten. Die Einahmen betragen dann 7 680 EUR. Wie hoch waren die Einkaufspreise?

6. Ein Vater und seine beiden Söhne sind zusammen 114 Jahre alt. Das Alter der Söhne unterscheidet sich um 14 Jahre. Teilt man das doppelte Alter des Vaters durch das Alter des älteren Sohnes , so ergibt sich 4 und das Alter des jüngeren Sohnes als Rest. Wie alt sind der Vater und seine Söhne?

7. Ein Bauer verkauft auf dem Markt 2 Gänse und 5 Enten, er kauft 10 Hühner ein und es verbleiben ihm noch 14 EUR. Verkauft er 5 Enten und 4 Hühner, so kann er sich dafür 5 Gänse kaufen. Verkauft er 3 Enten und 3 Hühner, so fehlen ihm 21 EUR, um 5 Gänse zu kaufen. Was kosten Gans, Ente und Huhn?

8. Welches der Zahlentripel (1; 1; 1), (0,5; –1; 2), (27; 4; 1) ist Lösung von

   $-a + 4b + 4c = -7 \wedge 2a - 11b - 3c = 7 \wedge -a + 4b + 3c = -8$?

9. Ein Gartenbaubetrieb bewirtschaftet einen Baumbestand von insgesamt 420 Bäumen, aufgeteilt in Birnbäume (B), Kirschbäume (K) und Apfelbäume (A). Für die Pflege der Bäume und für die Ernte müssen eine gewisse Anzahl von Arbeitsstunden aufgewendet werden. Für die Pflege stehen insgesamt 950 Arbeitsstunden, für die Ernte 1 590 Arbeitsstunden zur Verfügung. Die Tabelle gibt die Anzahl der Arbeitsstunden pro Baum an. Berechnen Sie die Verteilung der einzelnen Baumarten.

	A	K	B
Pflege	2	1,5	3
Ernte	3	6	2,5

10. Zwei Brüder wollen sich gemeinsam eine Kamera kaufen. Hans hat 200 EUR, Karl hat 125 EUR in eine Kasse eingezahlt. Hans spart wöchentlich 12 EUR, Karl 17 EUR. Nach wie viel Wochen haben sie den gleichen Betrag gespart?

11. Die Produkte A, B und C werden aus den Komponenten Z_1, Z_2 und Z_3 montiert. Die Tabelle zeigt, wie viele Komponenten von Z_1, Z_2 und Z_3 für je eine ME der Produkte A, B und C benötigt werden.

	A	B	C
Z_1	3	4	4
Z_2	2	3	2
Z_3	1	4	5

    a) Für die Montage von Z_1 sind 6 Minuten, von Z_2 sind 3,5 Minuten und für Z_3 sind 4,5 Minuten vorgesehen. Wie viel Zeit benötigt man danach für die Montage eines Auftrages über 40 ME von A, 55 ME von B und 75 ME von C ?

    b) 320 Z_1, 210 Z_2 und 260 Z_3 sollen zu Produkten A, B und C verarbeitet werden. Wie viel ME der drei Produkte lassen sich herstellen?

12. Bei einem Versuch werden drei Widerstände in Reihe an eine Spannung U angeschlossen. Die entsprechenden Daten können der Tabelle entnommen werden.
Berechnen Sie R_1, R_2 und R_3.

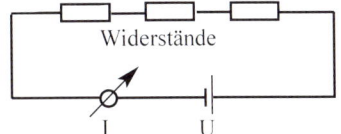

Versuch	Widerstände			Stromstärke in A	Spannung U in V
1	R_1	R_2	R_3	2	90
2	$2R_1$	$2R_2$	$3R_3$	0,5	52,5
3	$3R_1$	$2R_2$	$4R_3$	0,2	28

13. Berechnen Sie die Stromstärken im Gleichstromkreis mit Hilfe der Kirchhoff'schen Regeln.

    a)

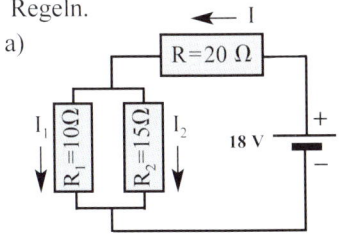

    b)

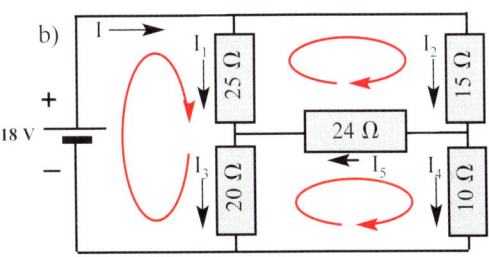

Bemerkungen: Kirchhoff'sche Regeln

   Knotenregel: Die Summe der Stromstärken der ankommenden Ströme ist gleich der Summe der Stromstärken der abgehenden Ströme.

   Maschenregel: In jedem in sich geschlossenen Teil des Leitersystems (Masche) ist die Summe der Spannungen gleich der Summe der Produkte aus den gerichteten Stromstärken und den Widerständen der einzelnen Zweige.

4 Betrag

Betrag einer Zahl

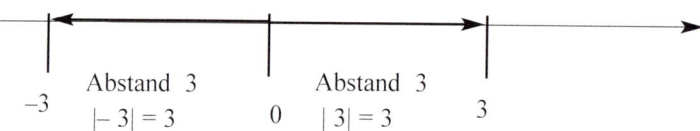

-3 Abstand 3   Abstand 3
$|-3| = 3$ 0 $|3| = 3$ 3

Der Abstand der beiden Zahlen 3 und -3 von 0 ist eine positive Zahl.

Man nennt diesen **Abstand von 0 Betrag** von 3 bzw. Betrag von -3.

Die Zahlen 3 und -3 haben den Betrag 3

Beispiele

$|-2| = 2$; $|2| = 2$ $|1{,}5| = 1{,}5$; $|-4{,}5| = 4{,}5$

Festlegung: Betrag einer Zahl $|a| = \begin{cases} a & \text{für } a \geq 0 \\ -a & \text{für } a < 0 \end{cases}$

Betragsgleichungen

Beispiele

Bestimmen Sie jeweils die Lösungsmenge der folgenden **Betragsgleichungen**.

1) $|x| = 2$

Lösung

Nach Festlegung muss gelten: $|x| = 2 \iff x = 2 \lor x = -2$

Lösungsmenge $L = \{2 ; -2\}$

Bemerkung: Die Lösungen -2 und 2 haben von 0 den Abstand 2.

2) $|x - 3| = 4$

Lösung

Nach Festlegung muss gelten: $|x-3| = 4 \iff x-3 = 4 \lor x-3 = -4$

$x = 7 \lor x = -1$

Lösungsmenge $L = \{-1 ; 7\}$

Bemerkung: Die Lösungen -1 und 7 haben von 3 den Abstand 4

Lösung von Betragsgleichungen für den Term $T(x)$ und $b \geq 0$:

$|T(x)| = b \iff T(x) = b \lor T(x) = -b$

Auflösen nach x ergibt die Lösungen.

Bemerkung: Die Gleichung $|2x - 3| = -3$ hat **keine** Lösung, wegen $|T(x)| \geq 0$.

Allgemein: **Die Betragsgleichung $|T(x)| = b$ hat für $b < 0$ keine Lösung.**

Lösung von Betragsgleichungen durch Fallunterscheidung

Beispiele: Bestimmen Sie die Lösungsmenge der folgenden **Betragsgleichung**.

1) $|-4x + 2| = 2x$

Lösung

 Fall 1 für $-4x + 2 > 0$ $<=>$ $x < 0,5$

 Gleichung auflösen $-4x + 2 = 2x$ $<=>$ $x = \frac{1}{3}$

 wegen $x < 0,5$ ist $x = \frac{1}{3}$ Lösung

 Fall 2 für $-4x + 2 < 0$ $<=>$ $x > 0,5$

 Gleichung auflösen $-(-4x + 2) = 2x$ $<=>$ $x = 1$

 $x > 0,5 \wedge x = 1 => x = 1$

 Lösungsmenge $L = \left\{ \frac{1}{3}, 1 \right\}$

2) $|3x + 6| = x - 1$

Lösung

 Fall 1 für $3x + 6 > 0$ $<=>$ $x > -2$

 Gleichung auflösen $3x + 6 = x - 1$ $<=>$ $x = -3,5$

 wegen $x > -2$ ist $x = -3,5$ **keine** Lösung

 Fall 2 für $3x + 6 < 0$ $<=>$ $x < -2$ $-(3x + 6) = x - 1$ $<=>$ $x = -1,25$

 wegen $-1,25 > -2$ ist $x = -1,25$ **keine** Lösung

 Lösungsmenge $L = \varnothing$

Betragsungleichungen

Beispiele: Bestimmen Sie die Lösungsmenge folgender **Betragsungleichung** mit $G = \mathbf{R}$.

1) $|x| < 1$

Lösung $|x| < 1$ $<=>$ $-1 < x < 1$

 Äquivalente Schreibweise: $x > -1 \wedge x < 1$

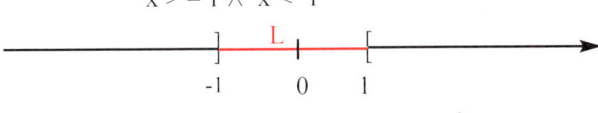

Lösungsmenge: $L = \left\{ x \mid x \in \mathbf{R} \wedge -1 < x < 1 \right\}$

L enthält alle reellen Zahlen, die **von 0** einen **kleineren** Abstand als 1 haben.

2) $|x| > 2$

Lösung $|x| > 2$ $<=>$ $x > 2 \vee x < -2$

 Lösungsmenge: $L = \left\{ x \mid x \in \mathbf{R} \wedge (x < -2 \vee x > 2) \right\}$

L enthält alle reellen Zahlen, die **von 0** einen **größeren** Abstand als 2 haben.

3) $|x-3| \leq 0,5$

Lösung

$$|x-3| \leq 0,5 \quad <=> \quad -0,5 \leq x-3 \leq 0,5$$

    Äquivalente Schreibweise: $x-3 \geq -0,5 \wedge x-3 \leq 0,5$

    Auflösen nach x $x \geq 2,5 \wedge x \leq 3,5$

    Lösungsmenge $L = \{x \mid x \in \mathbf{R} \wedge 2,5 \leq x \leq 3,5\}$

4) $|-\frac{1}{3}x + 2| \geq 1$

Lösung

$$|-\frac{1}{3}x+2| \geq 1 <=> -\frac{1}{3}x+2 \geq 1 \vee -\frac{1}{3}x+2 \leq -1$$

    Auflösen nach x $-\frac{1}{3}x \geq -1 \vee -\frac{1}{3}x \leq -3$

Ungleichheitszeichen umdrehen!! $x \leq 3 \vee x \geq 9$

Lösungsmenge $L = \{x \mid x \in \mathbf{R} \wedge (x \leq 3 \vee x \geq 9)\}$

Lösung von Betragsungleichungen für den Term T(x) und b $\geq$ 0 :

$$|T(x)| \geq b \quad <=> \quad T(x) \geq b \ \vee \ T(x) \leq -b$$

$$|T(x)| \leq b \quad <=> \quad -b \leq T(x) \leq b$$

Auflösen nach x ergibt die Lösungen.

Bemerkungen: Die Gleichung $|3x+2| \geq -4$ hat die Lösungsmenge $L = \mathbf{R}$.

Die Gleichung $|3x+2| \leq -1$ hat **keine** Lösung: $L = \varnothing$

Begründung: Der Betrag einer Zahl a ist immer positiv oder Null: $|a| \geq 0$

Aufgaben

1. Bestimmen Sie die Lösungsmenge folgender Betragsgleichungen mit $G = \mathbf{R}$.

    a) $|x-3| = 5$ b) $|\frac{5}{2} - x| = 2$ c) $|5 - \frac{1}{4}x| = \frac{3}{2}$

    d) $3|\frac{3}{2}x - \frac{5}{6}| = \frac{1}{2}$ e) $-2|4-x| + \frac{5}{2} = 1$ f) $|\frac{1}{2}x - 1| = 5$

2. Bestimmen Sie die Lösungsmenge folgender Betragsungleichungen mit $G = \mathbf{R}$.

    a) $-2|x| \geq -7$ b) $|x - \frac{5}{2}| \leq \frac{3}{2}$ c) $|3 - \frac{1}{4}x| > 2$

    d) $-|\frac{2}{3}x - 1| < -\frac{1}{2}$ e) $4 - |\frac{1}{6}x - \frac{1}{2}| \geq \frac{2}{3}$ f) $2|2x - 1| \leq 5$

3. Für welche reellen Zahlen a und b gilt: $|a| + |b| = |a + b|$?

4. Untersuchen Sie die Gleichung $|2x - b| + 2b = 0$ auf Lösbarkeit.

5. Lösen Sie die Gleichungen für den angegebenen Bereich.

    a) $|5 - x| = 3 - |x|$ für $x < 0$ b) $2|2x - 3| = 0,5|x|$ für $x > 2$

6. Schreiben Sie betragsfrei und lösen Sie.

    a) $x - 2|x - 1| = 0,5$ b) $|x| + 3(x - 2) = 3|x|$ c) $10|x - 2| = 5(1 - 0,2x)$

5 Quadratische Gleichungen

Reinquadratische Gleichungen der Form $ax^2 + c = 0$
Beispiele

1) Ein Luftakrobat springt in
einer Höhe von 1 600 m aus
dem Flugzeug ab.
Wie lange dauert sein
„freier Fall",
wenn sich in 900 m Höhe
sein Fallschirm öffnet.

Lösung

Formel zur Berechnung des zurückgelegten Weges y (in m) in
Abhängigkeit von der Zeit x (in s): $\qquad y = 5x^2$
Für den Weg y = 700 m des freien Falls
erhält man die quadratische Gleichung $\qquad 700 = 5x^2 <=> 140 = x^2$
Lösung durch **Wurzelziehen** $\qquad x_{1|2} = \pm \sqrt{140}$
die Gleichung hat **zwei** Lösungen, aber
wegen der Zeit x > 0 ist $x = \sqrt{140} \approx 11{,}83$ die einzige Lösung der Aufgabe.

Ergebnis: Sein „freier Fall" dauert 11,83 s.

2) Lösen Sie die Gleichungen. a) $3x^2 = 0$ b) $x^2 + 4 = 0$ c) $0{,}5x^2 + a = 0$

Lösung

a) $3x^2 = 0 <=> x^2 = 0$ **Wurzelziehen** ergibt $\quad x_{1|2} = 0$.
Die Gleichung hat **eine** (doppelte) Lösung.

b) $x^2 + 4 = 0 <=> x^2 = -4$
Da $x^2 \geq 0$ für alle $x \in \mathbf{R}$ hat die Gleichung **keine** Lösung.

c) $0{,}5x^2 + a = 0 <=> x^2 = -2a$
Wurzelziehen ergibt $x_{1|2} = \pm \sqrt{-2a}$
$\sqrt{-2a}$ ist nur definiert für $-2a \geq 0 <=> a \leq 0$.
Lösungen in Abhängigkeit von a:
Für a < 0 zwei Lösungen $x_{1|2} = \pm \sqrt{-2a}$, für a > 0 keine Lösung,
für a = 0 eine Lösung.

Die Umformung der Gleichung $\quad ax^2 + c = 0$
führt auf eine **quadratische Gleichung der Form** $\quad x^2 = \square$.
Für die Anzahl der Lösungen dieser quadratischen Gleichung gilt:

$$x^2 = \square \quad \text{hat für} \begin{cases} \square > 0 & \text{zwei Lösungen: } x_{1|2} = \pm \sqrt{\square} \\ \square = 0 & \text{eine Lösung: } \quad x_{1|2} = 0 \\ \square < 0 & \text{keine Lösung.} \end{cases}$$

Gemischtquadratische Gleichung der Form $ax^2 + bx + c = 0$
Lösung mit der Lösungsformel

Lösungsformel: $x_{1|2} = \dfrac{-b \pm \sqrt{b^2 - 4ac}}{2a}$ $D = b^2 - 4ac$ **heißt Diskriminante**

Beispiele

1) Ein Rechteck hat einen Flächeninhalt von 72 cm^2. Berechnen Sie die Länge der Seiten
   x und y, wenn sich die Seiten um 1 cm unterscheiden.

Lösung

Für die Längen der Seiten gilt $x, y = x + 1$
Für den Flächeninhalt A gilt $A = x(x + 1)$
Bedingung für x (x > 0) $x(x + 1) = 72$
Quadratische Gleichung in **Nullform** $x^2 + x - 72 = 0$

mit der **Lösungsformel** ergibt
für a = 1, b = 1, c = – 72 $x_{1|2} = \dfrac{-1 \pm \sqrt{1 + 4 \cdot 72}}{2}$

Wegen **D = 289 > 0: zwei** Lösungen $x_1 = 8 \; ; \; x_2 = -9$

Ergebnis: Wegen x > 0 hat das Rechteck Seiten der Länge 8 cm und 9 cm.

2) Lösen Sie die Gleichungen a) $-0{,}5x^2 + 5x - 12{,}5 = 0$ b) $x^2 - 2x + 4 = 0$

Lösung

a) Mit (– 2) multiplizieren: $0{,}5x^2 + 5x - 12{,}5 = 0 \Rightarrow x^2 - 10x + 25 = 0$
   Für a = 1, b = – 10, c = 25 erhält man
   wegen **D = 0 eine** (**doppelte**) Lösung: $x_{1|2} = 5$

b) $x^2 - 2x + 4 = 0$
   Lösung: Für a = 1, b = – 2, c = 4 $x_{1|2} = \dfrac{2 \pm \sqrt{-12}}{2}$
   Wegen **D = – 12 < 0 keine** Lösung.
   (Die Wurzel aus einer negativen Zahl kann in **R nicht** gezogen werden.)

Eine quadratische Gleichung $ax^2 + bx + c = 0$ hat die Lösungen

$$x_{1|2} = \frac{-b \pm \sqrt{b^2 - 4ac}}{2a}.$$

Die Anzahl der Lösungen hängt von der Diskriminante (D) ab.

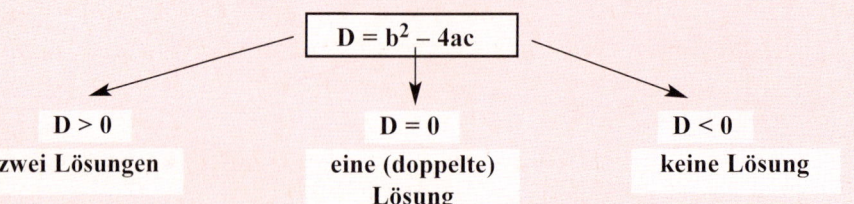

D > 0	D = 0	D < 0
zwei Lösungen	**eine (doppelte) Lösung**	**keine Lösung**

Aufgaben

1. Lösen Sie die quadratischen Gleichungen nach x auf.

   a) $4 - 4x^2 = 0$ b) $\frac{4}{5}(x^2 - 3) = 0$ c) $\frac{5}{4} - \frac{1}{2}x^2 = -\frac{1}{4}x^2$

   • d) $3x^2 + 8 = 5$ • e) $\frac{1}{2}x^2 - 2t^2 = 0$ • f) $x^2 - \frac{a^2}{2} = 0$

2. Franz möchte sein Kapital in zwei Jahren verdoppeln. Wie hoch muss der Zinssatz sein, wenn die Zinsen mitverzinst werden?

3. 200 Bakterien vermehren sich in 2 Stunden auf 450 Bakterien.
   Um wie viel % vermehren sie sich pro Stunde?

4. Die Diagonale eines Quadrates ist 8 cm lang. Wie lang ist die Seite des Quadrates?

5. Ein Rechteck hat einen Flächeninhalt von 60,75 FE.
   Bestimmen Sie die Seitenlängen, wenn
   a) eine Seite dreimal so lang ist wie die andere Seite,
   b) sich die Längen der Seiten um 3 LE unterscheiden.

6. Zwei Zahlen unterscheiden sich um 4. Das Produkt der beiden Zahlen beträgt 480.
   Bestimmen Sie die beiden Zahlen.

7. Bestimmen Sie zwei Zahlen, deren Summe 4,1 und deren Produkt 4 ergibt.

8. Bestimmen Sie die Anzahl und Lage der Lösungen in Abhängigkeit von t:

   a) $tx^2 + 1 = 0;\ a \neq 0$ b) $x^2 + t - 2 = 0$ c) $(\frac{1}{2} - \frac{1}{2}t)x^2 + 2t = 0;\ t > 1$

• 9. Lösen Sie die quadratischen Gleichungen nach x auf.

   a) $2x^2 + 2x - 24 = 0$ b) $-3x^2 - 5x + 8 = 0$ c) $\frac{1}{2}x^2 - 4x + 8 = 0$

   d) $3 - 2x + \frac{1}{3}x^2 = 0$ e) $x(x + t) = 1$ f) $-x^2 - \frac{3}{2}x - \frac{5}{4} = 0$

   g) $(x + 2)^2 - 2 = 0$ h) $-x^2 + 4ax - 4a^2 = 0$ i) $2tx^2 + tx - t = 0;\ t \neq 0$

   j) $x^2 - 2tx + 6t = 3x$ k) $x^2 - 4tx + 3t^2 = 0$ l) $\frac{1}{4t}x^2 - t = 0;\ t \neq 0$

• 10. Bestimmen Sie die Diskriminante

   a) $ax^2 + ax - 2 = 0;\ a \neq 0$ b) $(a + 1)x^2 - x + a = 0;\ a \neq -1$

   c) $\frac{a^2}{2}x^2 - 4x = x^2 - ax + 1;\ a \neq 0$ d) $(ax)^2 - \sqrt{a}\,x + \frac{2}{a} = 0;\ a > 0$

11. Zeigen Sie, dass die Gleichung $x^2 + ax - 1 = 0$ für jedes $a \in \mathbf{R}$ zwei Lösungen hat.

• 12. Bestimmen Sie die Lösungen der Gleichung in Abhängigkeit von a.

   a) $-a x^2 + 2ax - a + 1 = 0,\ a > 0$ b) $x^2 - 2ax - 6a = -3x$ c) $x^2 - ax + a = x$

   d) $-ax^2 + 2a^2x + 3a^3 = 0$ e) $ax^2 + 2x - 3 = 0$ f) $-x^2 + 1,5ax - 0,5a^2 = 0$

   g) $2x^2 + x - 3a = 0$ h) $-\frac{1}{a}(x^2 - 5x) = 0;\ a \neq 0$ i) $\frac{x^2}{3} - \frac{2}{3}ax - a^2 = 0$

13. Zeigen Sie: $x_{1|2} = 1 \pm \sqrt{2 - 3t}$ sind für $t \leq \frac{2}{3}$ Lösungen von $x^2 - 2x + 3t - 1 = 0$.

14. Für welche Werte von t ist $x = t$ Lösung von $x^2 - 5x + t = 0$?

15. Zeigen Sie: $x^2 - 2x - t^2 = 0$ hat für alle $t \in \mathbf{R}$ zwei Lösungen.

10   Bohner/Ihlenburg/Ott – ISBN 3-8120-0206-X

Weitere Hilfsmittel zur Lösung quadratischer Gleichungen

1. Quadratische Gleichung der Form $ax^2 + bx = 0$

   Lösung durch Ausklammern und Anwendung des Satzes vom Nullprodukt.

Bei vielen quadratischen Gleichungen sollte man die Lösung **ohne Lösungsformel** **bestimmen**.

Beachten Sie: Bei quadratischen Gleichungen der Form $ax^2 + bx = 0$ $(a \neq 0)$
erhält man die Lösungen am einfachsten

durch **Ausklammern von x** $x(ax + b) = 0$

Man setzt jeden einzelnen Faktor Null $x = 0 \ \lor \ ax + b = 0$

(Ein Produkt ist Null, wenn mindestens ein Faktor Null ist)

Daraus ergeben sich zwei Lösungen: 1. Lösung: $x_1 = 0$

        aus $ax + b = 0$:   2. Lösung: $x_2 = -\dfrac{b}{a}$

Satz vom Nullprodukt: Ein Produkt ist Null, wenn mindestens ein Faktor Null ist.

Beispiel

Lösen Sie durch Ausklammern.   a) $x^2 + 3x = 0$ b) $\dfrac{a}{3}x = -\dfrac{1}{5}x^2$

Lösung

   a) $x^2 + 3x = 0 \ \Longleftrightarrow$ $x(x + 3) = 0$

       Satz vom Nullprodukt anwenden, ergibt $x = 0 \lor x + 3 = 0$

       Die Gleichung hat zwei Lösungen $x_1 = 0; \ x_2 = -3$

   b) Durchmultiplizieren mit 15 ergibt $5ax = -3x^2$

       auf **Nullform** bringen $5ax + 3x^2 = 0$

       ausklammern $x(5a + 3x) = 0$

       Satz vom Nullprodukt anwenden, ergibt $x = 0 \ \lor \ 5a + 3x = 0$

       Die Gleichung hat für $a \neq 0$ zwei Lösungen $x_1 = 0; \ x_2 = -\dfrac{5}{3}a$

       Für a = 0 hat die Gleichung eine doppelte Lösung $x_{1|2} = 0$.

Aufgaben

1. Lösen Sie die quadratischen Gleichungen nach x auf.

   a) $8x^2 + 3x = 0$ b) $x^2 - x = 0$ c) $\dfrac{3}{2}x = \dfrac{1}{2}x^2$

   d) $-\dfrac{1}{5}x - \dfrac{1}{2}x^2 = 0$ e) $\dfrac{4}{5}(x^2 - 4x) = 0$ f) $\dfrac{x^2}{2} + \dfrac{x}{2} = 0$

   g) $-\dfrac{1}{8}x^2 + 2tx = 0$ h) $\dfrac{x^2}{t} - tx = 0; \ t \neq 0$ i) $\dfrac{t}{2}x - tx^2 = 0 \ ; \ t \neq 0$

2. Bestimmen Sie die Anzahl der Lösungen in Abhängigkeit von a.

   a) $ax^2 - 6x = 0$ b) $x^2 - 2x = (2 - a)x^2$

3. Gegeben ist die Gleichung $4x^2 = 12x$. Moritz dividiert beide Seiten durch x und erhält $x = 3$ als Lösung. Nehmen Sie Stellung.

2. Lösung durch Zerlegung in Linearfaktoren

Es ist manchmal vorteilhaft, eine quadratische Gleichung in **Linearfaktoren** zu zerlegen (faktorisieren) und damit zu lösen.

Beispiele

Binomische Formeln

$$a^2 + 2ab + b^2 = (a + b)^2$$
$$a^2 - 2ab + b^2 = (a - b)^2$$
$$a^2 - b^2 = (a - b)(a + b)$$

1) $x^2 + 6x + 9 = 0$

   $(x + 3)^2 = 0$

   $(x + 3)(x + 3) = 0 \iff x_{1|2} = -3$

2) $x^2 + 5x + 6 = 0$

   $(x + 3)(x + 2) = 0$

   $x_1 = -3; x_2 = -2$

Für die **Zerlegung in Linearfaktoren** sucht man **zwei Zahlen,** die **addiert** die Zahl 5 und **multipliziert** die Zahl 6 ergeben. Das sind in diesem Fall 3 und 2.
Aber: Die Lösungen der quadratischen Gleichung sind $x_1 = -3$ und $x_2 = -2$.

3) $x^2 - x - 6 = 0$

   $(x - 3)(x + 2) = 0$

   $x_1 = 3; x_2 = -2$

Man sucht **zwei Zahlen,** die **addiert** die Zahl -1 und **multipliziert** die Zahl -6 ergeben. Das sind in diesem Fall -3 und 2.

Beachten Sie: Bei quadratischen Gleichungen in **faktorisierter Darstellung**

$$a(x - u)(x - v) = 0 \quad (a \neq 0)$$

erhält man die Lösungen **ohne Umformung**
durch **Nullsetzen der einzelnen Linearfaktoren:** $x - u = 0$ oder $x - v = 0$

$$x_1 = u \quad ; \quad x_2 = v$$

Anwendung des Satzes vom Nullprodukt!

Beispiel

Bestimmen Sie die Lösungsmenge von $\frac{1}{2}(2x - 3)(5 - x) = 0$.

Lösung

Satz vom Nullprodukt anwenden ! $2x - 3 = 0 \lor 5 - x = 0$
$\frac{1}{2}$ ist ein konstanter Faktor
Die Gleichung hat zwei Lösungen $x_1 = 1{,}5; x_2 = 5$

Bemerkung: Weitere Gleichungen mit den Lösungen $x_1 = 1{,}5$ und $x_2 = 5$ sind z. B.
$(x - 1{,}5)(x - 5) = 0$ oder $3(x - 1{,}5)(x - 5) = 0$

Aufgaben

1. Lösen Sie die folgenden quadratischen Gleichungen durch Zerlegung.

   a) $x^2 + 8x + 16 = 0$ b) $x^2 + 5x - 24 = 0$ c) $-2x^2 + 4x + 30 = 0$

2. Lösen Sie ohne Formel.

   a) $(x + 4)(x - 5) = 0$ b) $(2x + 7)(4x - 1) = 0$ c) $(x + t)(x - 2t) = 0$

   d) $0{,}5x^2 - 3x + 4 = 0$ e) $-0{,}5x^2 - x + 1{,}5 = 0$ f) $\frac{1}{3a}(2x - x^2) = 0; a \neq 0$

3. Die quadratische Gleichung hat die Form: $(\ldots)^2 = \text{Zahl}$

Beispiel: Lösen Sie die Gleichung $(2x + 5)^2 = 9$.

Lösung

Wurzelziehen $2x + 5 = \pm 3 \iff$ $\qquad$ $2x + 5 = 3 \vee 2x + 5 = -3$

Auflösen nach x ergibt zwei Lösungen $\qquad$ $x_1 = -1; x_2 = -4$

4. Lösung quadratischer Gleichungen mit dem GTR

Menue **EQUA**

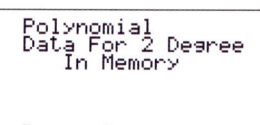

Lösung mit **SOLVE** (F1)

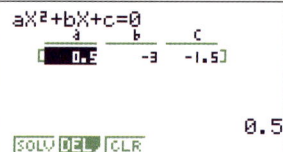

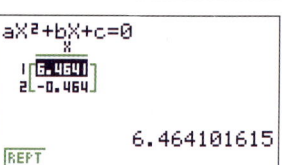

Was man wissen sollte... $\qquad$ **zum Lösen quadratischer Gleichungen ($a \neq 0$)**

$ax^2 + c = 0$	$ax^2 + bx = 0$	$ax^2 + bx + c = 0$
Umformung zu $x^2 = \square$	Lösung durch **Ausklammern**	Lösung mit der **Formel**
Lösung durch	$x(ax + b) = 0$	$x_{1\|2} = \dfrac{-b \pm \sqrt{b^2 - 4ac}}{2a}$
Wurzelziehen	Satz vom **Nullprodukt** anwenden	

Aufgaben

1. Lösen Sie ohne Formel.

   a) $(x - 5)^2 = 49$ $\qquad$ b) $(3x + 4)^2 = 1$ $\qquad$ c) $9 - (2x + 5)^2 = 0$

   d) $\frac{3}{4}(x - 2)^2 = 12$ $\qquad$ e) $\frac{1}{12}x^2 = x$ $\qquad$ f) $\frac{4x}{t^2}(2t + x) = 0; t \neq 0$

   g) $2tx - (t - 1)x^2 = 0; t \neq 1$ $\qquad$ h) $1{,}5(x - 0{,}5a)^2 = 0$ $\qquad$ i) $(x - 1)^2 - t = 0; t > 0$

2. Lösen Sie die folgenden Gleichungen.

   a) $-2x(x - 5) = 0$ $\qquad$ b) $-\frac{1}{2}(2x - 1)(x - 5) = 0$ $\qquad$ c) $1 - \frac{1}{(1 - x)^2} = 0$

3. Für welche Werte von a hat die Gleichung $(x + 2)(x - a^2) = 0$ genau eine Lösung.

4. Bestimmen Sie die Lösungen mit dem GTR auf 2 Dezimalen genau.

   a) $436x^2 + 18x - 12 = 0$ $\qquad$ b) $x^2 + 6x - 1024 = 0$

   c) $x^2 + 92x - 9876 = 0$ $\qquad$ d) $119{,}6\pi + 9{,}6\pi x + 2\pi x^2 = 0$

   e) $\sqrt{2}\, x^2 + 2\sqrt{2}x - 1 = 0$ $\qquad$ f) $0{,}025x^2 + 2x - 0{,}254 = 0$

5. Zeigen Sie: $(a + b)^{-1} = a^{-1} + b^{-1}$ ist für alle a, b $\neq 0$ eine falsche Aussage.

Aufgaben

1. Lösen Sie die folgenden quadratischen Gleichungen.

   a) $\frac{x}{3} - x^2 = 0$ 　　　　 b) $73 - 52s + 14s^2 = 25$ 　　 c) $\frac{x^2}{a} - e^{-2} = 0$

   d) $\frac{1}{4}x^2 + 65\,x - 3600 = 0$ 　 e) $2a^2 + 7a + 3 = 0$ 　　　 f) $8{,}5x = \frac{1}{16}x^2 + \frac{1}{2}x + 200$

2. Gegeben ist die Gleichung $2x + \frac{2}{x} = 5$.

   a) Bestimmen Sie die Definitionsmenge und die Lösungsmenge.

   b) Welche Zahl müsste statt 5 auf der rechten Seite der Gleichung stehen, damit die sonst unveränderte Gleichung die Lösung $\sqrt{2}$ hat.

3. Für welche Wahl des Parameters a hat die Gleichung genau eine Lösung?

   a) $3x^2 + ax - a = 0$ 　　　 b) $ax^2 + \frac{a}{2}x - 1 = 0$ 　　　 c) $-\frac{1}{(1+x)^2} + \frac{1}{(a-x)^2} = 0$

4. Bestimmen Sie eine quadratische Gleichung

   a) mit den Lösungen $x_1 = 3$ und $x_2 = -5$, 　　 b) mit der Lösung $x_{1|2} = -2{,}5$,

   c) die keine Lösung hat, 　　　 d) die die gleichen Lösungen hat wie $x^2 - 5x - 24 = 0$.

5. Lösen Sie die Betragsgleichungen

   a) $|(x + 2)^2| = 2$ 　　　 b) $|x^2 - x + 3| = 1$ 　　　 c) $|x + 1| = x^2$

6. Bestimmen Sie die Seitenlängen eines Rechteckes, wenn das Rechteck

   a) einen Umfang von $U = 38$ cm und einen Flächeninhalt von $A = 88$ cm^2 hat,

   b) einen Flächeninhalt von $A = 16$ cm^2 hat und die Länge $\frac{4}{3}$ der Breite ist.

7. Zeigen Sie: Vermehrt man das Quadrat der Differenz zweier reeller Zahlen um ihr vierfaches Produkt, so erhält man das Quadrat der Summe der beiden Zahlen.

8. Entlang einer Mauer soll ein rechteckiges Feld der Fläche $A = 800$ m^2 mit einem Zaun der Länge 100 m eingezäunt werden.

   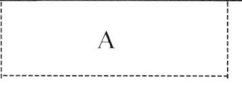

   Wie sind die Seitenlängen zu wählen? Welche maximale Fläche könnte mit 100 m Zaun begrenzt werden?

9. Die Kosten für die Herstellung von x Bauteilen betragen $(x^2 + 100x + 80)$ EUR. Ein Bauteil wird für $(160 - 2x)$ EUR verkauft. Wie viel Bauteile müssen produziert werden, um einen Gewinn von 200 EUR zu erwirtschaften?

10. Ein Betrieb stellt Artikel zum Verkaufspreis von 65 EUR pro Stück her. Die Gesamtkosten zur Herstellung von x Stück betragen $(\frac{1}{5}x^2 + 20x + 1\,000)$. Welche Stückzahlen müssen produziert werden, damit mit Gewinn gearbeitet wird? Bei welcher Stückzahl ergibt sich ein Gewinn von 1 500 EUR?

11. Ein Gegenstand A wird durch eine Sammellinse mit der Brennweite $f = 0{,}2$ auf ein optisches Bild B abgebildet. Gegenstand und Bild haben eine Entfernung von 1 m. Welchen Abstand hat der Gegenstand A von der Linse? Zeigen Sie: Für $f > 0{,}25$ hat die Gleichung keine Lösung.

    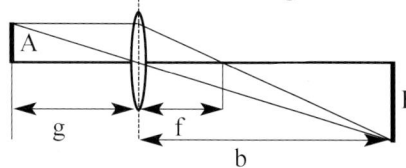

    Linsengleichung: $\frac{1}{g} + \frac{1}{b} = \frac{1}{f}$

Quadratische Ungleichungen
Beispiele

1) Für welche x-Werte ($x \in \mathbf{R}$) gilt: $x^2 - 2x > 0$?

Vorüberlegung:
Der Wert eines Produktes ist größer als Null , wenn
beide Faktoren **dasselbe Vorzeichen** besitzen: $+ \cdot + > 0$ oder $- \cdot - > 0$.
Zerlegung in Faktoren und Anwendung des **Satzes vom Nullprodukt**
ergibt die Nullstellen der **Faktoren**.
Dazu überlegt man sich am Zahlenstrahl: Für welche x ist der **einzelne Faktor**
positiv bzw. negativ?

Lösung

Lösung der Gleichung durch Ausklammern $\qquad x^2 - 2x = 0 \iff x(x-2) = 0$
$\qquad\qquad\qquad\qquad\qquad\qquad\qquad\qquad\quad x_1 = 0;\ x_2 = 2$

Lösung der Ungleichung $x^2 - 2x > 0$
am Zahlenstrahl

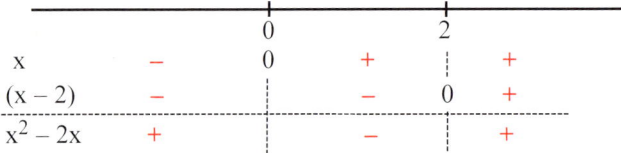

Faktoren	x	$-$	0	$+$	$+$	$\mathbf{R}$
	$(x-2)$	$-$		$-$	0 $+$	
	$x^2 - 2x$	$+$		$-$	$+$	

$x^2 - 2x > 0 \iff x > 2 \lor x < 0 \iff 0 < x < 2$

2) Bestimmen Sie die Lösungsmenge der quadratischen Ungleichung:
$-1,5(3-x)(x+1) \geqq 0;\ G = \mathbf{R}.$

Lösung

Lösung der Gleichung	$-1,5(3-x)(x+1) = 0$
einfache Lösungen	$x_1 = -1;\ x_2 = 3$
Lösung der Ungleichung	$-1,5(3-x)(x+1) \geqq 0$

am Zahlenstrahl

Faktoren	$-1,5$	$-$		$-$	$-$	$\mathbf{R}$
	$(3-x)$	$+$		$+$	0 $-$	
	$(x+1)$	$-$	0	$+$	$+$	
	$-1,5(3-x)(x+1)$	$+$		$-$	$+$	

mit Skala -1 und 3

Ergebnis: $-1,5(3-x)(x+1) \geqq 0 \iff x \leqq -1 \lor x \geqq 3$

Beachten Sie bei der Umformung von Ungleichungen:
Durch multiplizieren mit einer **negativen Zahl** oder dividieren durch eine **negative
Zahl** dreht das Ungleichheitszeichen um, aber die Lösungsmenge bleibt gleich!

$-1,5(3-x)(x+1) \geqq 0\ |\cdot(-1) < 0$ } gleiche
$1,5(3-x)(x+1) \leqq 0$ } Lösungsmenge $L = \mathbf{R} \setminus\,]-1;\ 3[$

3) Lösen Sie die quadratische Ungleichung $-x^2 + 8x - 16 < 0$; $G = \mathbf{R}$.

Lösung

Lösung der Gleichung $\qquad -x^2 + 8x - 16 = 0 \iff x_{1|2} = 4$

$x_{1|2} = 4$ ist doppelte Lösung, also **kein Vorzeichenwechsel**

Zerlegung in Linearfaktoren $\qquad -x^2 + 8x - 16 = -(x-4)^2$

Wegen $(x-4)^2 > 0$ für $x \neq 4$ folgt $\qquad -x^2 + 8x - 16 < 0$ für alle $x \in \mathbf{R} \setminus \{4\}$

Lösungsmenge $\qquad L = \mathbf{R} \setminus \{4\}$

4) Lösen Sie die quadratische Ungleichung $x^2 + 2x + 3 < 0$; $G = \mathbf{R}$.

Lösung

Die Gleichung $\qquad\qquad\qquad\qquad x^2 + 2x + 3 = 0$ *

hat **wegen D < 0** keine Lösung.

Beachten Sie: Einsetzen eines x-Wertes aus $\mathbf{R}$ ergibt:

entweder $x^2 + 2x + 3 > 0$ **für alle** $x \in \mathbf{R}$ und damit $L = \varnothing$

oder $x^2 + 2x + 3 < 0$ **für alle** $x \in \mathbf{R}$ und damit $L = \mathbf{R}$

Diese **Entscheidung** treffen wir **durch Einsetzen eines x-Wertes in** *.

Für $x = 0$ erhält man $\quad 3 < 0 \quad$ falsche Aussage $\quad \Rightarrow L = \varnothing$

Aufgaben

1. Lösen Sie folgende quadratische Ungleichungen.

a) $2x^2 > 7x - 6$ $\qquad$ b) $-x^2 - 3x \geq -10$ $\qquad$ c) $(x-3)^2 > 0$

d) $x^2 < 5$ $\qquad$ e) $\frac{1}{2}x^2 - \frac{3}{2}x + \frac{9}{8} \geq 0$ $\qquad$ f) $x^2 > 2x$

g) $-x^2 + 3x + 4 \leq 0$ $\qquad$ h) $\frac{1}{6}x^2 + x < 0$ $\qquad$ i) $x(x-4) > 0$

j) $\frac{1}{4}t^2 + t + 1 \geq 0$ $\qquad$ k) $a^2 < a - 1$ $\qquad$ l) $\frac{1}{4}x^2 \geq \frac{1}{4}x + 3$

m) $(x-3)(x+1) < 0$ $\qquad$ n) $(x-2)^2 < 1$ $\qquad$ o) $x^2 - 10x \geq 510 - 23x$

2. Zeigen Sie: $-\frac{3}{4}x^2 + 2x \leq \frac{4}{3}$ für alle $x \in \mathbf{R}$.

3. Für welche $t \in \mathbf{R}$ hat die quadratische Gleichung 2 (1; 0) Lösungen?

   a) $-x^2 + tx + 2 = 0$ $\qquad$ b) $tx^2 - tx - 1 = 0; t \neq 0$ $\quad$ c) $x^2 - (t+2)x - \frac{t}{4} = 0$

4. Bestimmen Sie die Lösungsmenge: $|x^2 - 2x| \leq 1$.

5. Zeigen Sie, dass für $x \geq 2{,}5$ gilt: $4x \leq x^2 + 4 \leq (x+1)^2$

6. Mit einem 150 m langen Zaun soll auf der Wiese ein rechteckiger Auslauf für Legehennen abgesteckt werden. Wie sind die Längen der Seiten zu wählen, wenn der Flächeninhalt mindestens 400 m² groß sein soll.
   Geben Sie die Lösungen auf eine Dezimale gerundet an.

7. Bei Herstellung und Verkauf von x Produktionseinheiten macht eine Unternehmung einen Gewinn von $(-\frac{1}{16}x^2 + 8x - 200)$. Auf welchem Bereich schreibt die Unternehmung schwarze Zahlen?

6 Wurzelgleichungen

Beispiele

1) Lösen Sie die Gleichung $\sqrt{2x} + x = 0$.

Lösung

Definitionsmenge: $\sqrt{2x}$ ist definiert für $x \geqq 0 \Rightarrow D = \mathbf{R}_+$

Lösung der Gleichung $\sqrt{2x} + x = 0$

Wurzel isolieren $\sqrt{2x} = -x$

Quadrieren $2x = x^2$

Nullform $2x - x^2 = 0$

Satz vom Nullprodukt $x(2 - x) = 0$

liefert $x_1 = 0 \; ; \; x_2 = 2$

Probe für $x_1 = 0$ $\sqrt{0} + 0 = 0$ (wahre Aussage)

$x_1 = 0$ **ist Lösung**

Probe für $x_2 = 2$ $\sqrt{4} + 2 = 0$ (falsche Aussage)

$x_2 = 2$ **ist keine Lösung**

Lösungsmenge $L = \{\, 0 \,\}$

Beachten Sie: Quadrieren ist keine Äquivalenzumformung.

Begründung an einem Beispiel

Die Gleichung $\sqrt{x} = -1$

hat k**eine** Lösung $L = \varnothing$

Quadrieren ergibt $x = 1$

mit einer Lösung und der Lösungsmenge $L = \{\, 1 \,\}$

Durch **Quadrieren** können weitere x-Werte auftreten, die keine Lösung der Ausgangsgleichung sein müssen.

Daher ist auch beim Lösen von Wurzelgleichungen eine **Probe** notwendig.

2) Lösen Sie die Gleichung $\sqrt{x^2 + 1} = x + 2$.

Lösung

Definitionsmenge wegen $x^2 + 1 > 0$ für alle $x \in \mathbf{R}$ gilt:

$\sqrt{x^2 + 1}$ ist definiert für alle $x \in \mathbf{R} \Rightarrow$ $D = \mathbf{R}$

Lösung der Gleichung $\sqrt{x^2 + 1} = x + 2$

Quadrieren $x^2 + 1 = x^2 + 4x + 4 \iff x = -\dfrac{3}{4}$

Probe: Linke Seite $\sqrt{(-\dfrac{3}{4})^2 + 1} = \dfrac{5}{4}$

Rechte Seite $-\dfrac{3}{4} + 2 = \dfrac{5}{4}$

$x = -\dfrac{3}{4}$ ist Lösung der Wurzelgleichung.

Was man wissen sollte...   **zum Lösen von Wurzelgleichungen**

Man bestimmt die Lösungsmenge einer Wurzelgleichung durch

a) **Isolieren** des Wurzelterms,

b) **Quadrieren** beider Seiten, um eine wurzelfreie Gleichung zu erhalten,

c) Lösen der wurzelfreien Gleichung,

d) **Probe** in der Ausgangsgleichung.

3) Lösen Sie die Gleichung $\sqrt{2x-2} = 1 - \sqrt{x}$.

Lösung

Definitionsmenge $2x - 2 \geq 0 \wedge x \geq 0$ $\iff$ $x \geq 1 \wedge x \geq 0 \iff x \geq 1$

$\sqrt{2x-2}$ und $\sqrt{x}$ sind definiert für $x \geq 1 \Rightarrow D = \{ x | x \in \mathbf{R} \ \ x \geq 1 \}$

Lösung der Gleichung	$\sqrt{2x-2} = 1 - \sqrt{x}$
Quadrieren	$2x - 2 = 1 - 2\sqrt{x} + x$
Wurzelterm **isolieren**	$2\sqrt{x} = 3 - x$
Quadrieren	$4x = 9 - 6x + x^2$
	$x^2 - 10x + 9 = 0$
Lösungen der wurzelfreien Gleichung	$x_1 = 1 \ ; x_2 = 9$

Probe für $x_1 = 1$: $\sqrt{0} = 1 - \sqrt{1}$ w. A. $\Rightarrow$ $\mathbf{x_1 = 1}$ **ist Lösung**

Probe für $x_2 = 9$: $\sqrt{16} = 1 - \sqrt{9}$ f. A. $\Rightarrow$ $\mathbf{x_2 = 2}$ **ist keine Lösung**

Lösungsmenge: $L = \{ 1 \}$

Aufgaben

1. Bestimmen Sie jeweils die Definitionsmenge. Lösen Sie die Gleichungen.

   a) $\sqrt{x-3} = 2$ b) $\sqrt{2x^2 - 4} = x + 4$ c) $\sqrt{x^2 - 12} - x = 3$

   d) $\sqrt{2-x} = 2 - \sqrt{x}$ e) $\sqrt{2x+4} = \sqrt{2x-6} + 2$ f) $\sqrt{1-3x} + 5 = 0$

   g) $\sqrt{5x+6} - x = 2$ h) $\sqrt{5-4x} - \sqrt{x-3} = 0$ i) $\sqrt{x+5} = 2 + \sqrt{2x-7}$

2. Berechnen Sie die Definitionsmenge und die Lösungsmenge:

   a) $\sqrt{x-2} - 7 = \sqrt{x+5}$ b) $\sqrt{4-2x} = \sqrt{2x-6}$

   c) $\sqrt{2x+1} = 1 - x$ d) $\sqrt{6x+4} = \sqrt{4x-4}$

   Machen Sie eine weitere Probe, indem Sie die Gleichung mit dem GTR lösen.

3. Berechnen Sie die Definitionsmenge und die Lösungsmenge.

   a) $2x - 2,5\sqrt{1-x^2} = 0,6$ b) $2x + \sqrt{20 - x^2} = 0$ c) $x\sqrt{x} = 0,125$

4. Zeigen Sie: Die Gleichung $\sqrt{x^2 + 1} + b = 0$ hat für $b > 0$ keine Lösung.

   Für welche Wahl von b hat die Gleichung genau eine Lösung?

5. Die beiden Rechteckseiten haben eine Länge von a LE und $(3 - a)$ LE.

   Für welche Wahl von a hat die Diagonale eine Länge von 2,25 LE.

6. Für welche Werte von t gilt: $\frac{4}{3}t \sqrt{\frac{t}{3}} \cdot (-\frac{4}{3}t \sqrt{\frac{t}{3}}) = -1$?

7 Polynomgleichungen 3. Grades

1. Lösung durch 3. Wurzel ziehen

Beispiele

1) Eine Kapitalanlage erhöht sich mit Zins und Zinseszins in 3 Jahren um 20 %.
Wie hoch ist der gleich bleibende Jahreszins?

Lösung

Zinssatz von $\frac{p}{100}$ => das Kapital erhöht sich jedes Jahr mit dem Faktor $q = 1 + \frac{p}{100}$

Bedingung für q: $\qquad\qquad\qquad\qquad\qquad q^3 = 1,2$

Lösung durch 3. Wurzel ziehen $\qquad\qquad q = \sqrt[3]{1,2} \approx 1,063 \;=> \frac{p}{100} = 0,063$

Der Jahreszins liegt bei 6,3 %.

2) Lösen Sie die Gleichung. a) $x^3 + 4 = 0$ $\qquad\qquad$ b) $\qquad 6t + 3x^3 = 0$

Lösung

a) $x^3 + 4 = 0 \;<=>$ $\qquad\qquad\qquad\qquad x^3 = -4$

Lösung durch 3. Wurzel ziehen $\qquad\qquad x = -\sqrt[3]{4} \approx -1,59$

In Worten: x ist gleich minus 3. Wurzel aus 4.

b) $6t + 3x^3 = 0 \;<=>$ $\qquad\qquad\qquad x^3 = -2t$

Die Gleichung hat stets eine Lösung.

Für $t > 0$: $x = -\sqrt[3]{2t}$, für $t < 0$: $x = \sqrt[3]{-2t}$

Beachten Sie: Gleichungen der Form $\quad ax^3 + d = 0 \,; a \neq 0$ löst man durch

Umformung zu $\qquad\qquad x^3 = \boxed{-\dfrac{d}{a}}\qquad$ und **Wurzel ziehen.**

Diese Gleichung hat immer eine Lösung.

Aufgaben

1. Lösen Sie die Gleichungen nach x auf.

   a) $\frac{1}{32}x^3 - 3 = 0$ $\qquad$ b) $-\frac{3}{10}x^3 - \frac{4}{5} = 0$ $\qquad$ c) $4x(x^2 - 1) = -4x + 1$

   d) $3x^3 - 2,5 = 0$ $\qquad$ e) $-2 + \frac{1}{64}x^3 = 0$ $\qquad$ f) $-4 - \frac{1}{2}x^3 = x^3 - 1$

   g) $t^2x^3 - 2t = 0; t > 0$ $\qquad$ h) $\frac{1}{6a}(x^3 - a) = 0; a > 0$ i) $(x - a)^3 = 2$

2. Lösen Sie die Gleichung nach x auf : $\frac{tx^3}{2} - t = 0$.
   Gibt es für jede Wahl von t eine Lösung? Begründen Sie.

3. Bakterien einer bestimmten Art verdoppeln ihre Zahl innnerhalb von 3 Stunden.
   Um wie viel Prozent vermehren sie sich pro Stunde?

4. Der Zeitwert eines PKWs wird jeweils zu Beginn eines Jahres festgestellt. Ein Händler
   bietet für einen 3 Jahre alten Gebrauchtwagen 6 500 EUR. Der Neupreis betrug
   12 800 EUR. Wie hoch war der jährliche Wertverlust (in Prozent vom Zeitwert), wenn
   man unterstellt, dass dieser in den ersten 3 Jahren gleich hoch ist.

2. Lösung durch Ausklammern und Anwendung des Satzes vom Nullprodukt

Beispiele

Lösen Sie die Gleichungen. a) $x^3 - 4x^2 = 0$ b) $\frac{1}{4}x^3 + x^2 + ax = 0$

Lösung

a) **Ausklammern** von x^2 $x^3 - 4x^2 = 0 \iff x^2(x - 4) = 0$

   Satz vom **Nullprodukt** $x = 0 \vee x - 4 = 0$

   Lösungen $x_{1|2} = 0 \; ; \; x_3 = 4$

b) Brüche eliminieren $\frac{1}{4}x^3 + x^2 + ax = 0 \quad | \cdot 4$

   Ausklammern von x $x^3 + 4x^2 + 4a\,x = 0 \iff x(x^2 + 4x + 4a) = 0$

   Satz vom **Nullprodukt** $x = 0 \vee x^2 + 4x + 4a = 0$

   Lösung **unabhängig** von a $x_1 = 0$

   Lösung der quadratischen Gleichung $x^2 + 4x + 4a = 0$

   mit der Formel $x_{2|3} = \dfrac{-4 \pm \sqrt{16 - 16a}}{2}$

Die Lösungen der quadratischen Gleichung hängen ab von $D = 16(1 - a)$:

für $D = 0 \iff a = 1$ eine Lösung $x_{2|3} = -2$ (doppelte Lösung)

für $D < 0 \iff a > 1$ keine **Lösung**

für $D > 0 \iff a < 1$ zwei Lösungen x_2 und x_3

Sonderfall: $x_2 = 0$ oder $x_3 = 0 \iff 16(1 - a) = 16$ also für $a = 0$

Zusammenfassung: Die Gleichung $\frac{1}{4}x^3 + x^2 + ax = 0$ hat

für $a > 1$ eine Lösung $x_1 = 0$, für $a = 1$ zwei Lösungen $x_1 = 0 \; x_{2|3} = -2$,

für $a < 1$ $(a \neq 0)$ drei Lösungen, für $a = 0$ zwei Lösungen $x_{1|2} = 0$ und x_3.

Beachten Sie: Gleichungen der Form $a\,x^3 + c\,x = 0$

                                $a\,x^3 + b\,x^2 = 0$

                                $a\,x^3 + b\,x^2 + c\,x = 0$

werden durch **Ausklammern der höchsten Potenz von x** und

durch Anwendung des Satzes vom Nullprodukt gelöst.

Aufgaben

1. Lösen Sie die Gleichungen.

    a) $-\frac{1}{4}x^3 + 3\,x = 0$ b) $2x^3 - \frac{3}{4}x^2 = 0$ c) $x^3 - x^2 - x = 0$

    d) $2x + x^3 = 0$ e) $-\frac{1}{5}x^3 + 2x^2 - \frac{9}{5}x = 0$ f) $2x^2 + \frac{1}{3}x^3 = 0$

    g) $x^3 + 3x = 4x(x^2 - x)$ h) $-\frac{3}{16}x^3 + \frac{3}{4}x^2 = 0$ i) $\frac{1}{4}x^3 - 2x^2 + 4x = 0$

2. Bestimmen Sie die Anzahl der Lösungen in Abhängigkeit von a: $ax^3 - 2x = 0$.

3. Für welche Werte von a hat $x^3 - x^2 - ax = 0$ genau zwei Lösungen?

4. Welcher Zusammenhang besteht zwischen b und c, wenn die Gleichung
   $x^3 + bx^2 + cx = 0$ nur eine Lösung hat.

3. Lösung durch Polynomdivision

Beispiele

1) Lösen Sie die Gleichung $2x^3 + 17x^2 + 7x - 8 = 0$.

Lösung

Das **Ausklammern** von x ist hier nicht sinnvoll, da x nicht in jedem Summanden enthalten ist.

Lösung mit dem GTR: $\qquad x_1 = -1;\ x_2 = 0,5;\ x_3 = -8$

Berechnung verlangt eine Lösung „von Hand".

Ein mögliches Verfahren ist die **Polynomdivision**.

Dieses Verfahren verlangt eine Lösung x_1, die man durch Probieren oder mit dem GTR erhält.

Der GTR liefert u.a. die Lösung x = − 1.

Die Lösung x = − 1 bedeutet,

(x + 1) steckt als **Linearfaktor** im Polynom $\qquad 2x^3 + 17x^2 + 7x - 8$

Das Polynom lässt sich damit in

folgender **Produktform** darstellen: $\qquad 2x^3 + 17x^2 + 7x - 8 = (x + 1)\ [.......]$

Den Term in der Klammer $[.......]$

berechnen wir durch **Division**. $\qquad (2x^3 + 17x^2 + 7x - 8):(x + 1) = [.......]$

Diese Division nennt man **Polynomdivision!**

Beachten Sie: Ein Term der Form $ax^3 + bx^2 + cx + d$ heißt **Polynom** 3. Grades.

Polynomdivision

$$
\begin{array}{l}
(2x^3 + 17x^2 + 7x - 8) : (x + 1) = 2x^2 + 15x - 8 \\
\underline{- (2x^3 + 2x^2)} \longleftarrow 2x^2(x + 1) \\
\qquad 15x^2 + 7x \\
\qquad \underline{- (15x^2 + 15x)} \longleftarrow 15x(x + 1) \\
\qquad\qquad - 8x - 8 \\
\qquad\qquad \underline{- (- 8x - 8)} \longleftarrow - 8(x + 1) \\
\qquad\qquad\qquad 0 \qquad 0
\end{array}
$$

Produktform $\qquad 2x^3 + 17x^2 + 7x - 8 = (x + 1)(2x^2 + 15x - 8) = 0$

Anwendung des **Satzes vom Nullprodukt**

ergibt weitere Lösungen, wenn $\qquad 2x^2 + 15x - 8 = 0$

Lösen der quadratischen Gleichung ergibt $\qquad x_2 = 0,5;\ x_3 = -8$

Lösungen der Gleichung: $\qquad x_1 = -1;\ x_2 = 0,5;\ x_3 = -8$

Bemerkung: Damit lässt sich die Gleichung in

Faktoren zerlegt darstellen: $\qquad 2(x + 1)(x - 0,5)(x + 8) = 0$

Linearfaktoren

2) Lösen Sie die Gleichung: $\frac{1}{25}x^3 - \frac{4}{5}x + 1 = 0$.

Lösung

Durchmultiplizieren mit 25 ergibt $\qquad x^3 - 20x + 25 = 0$.

Der GTR liefert eine Lösung $\qquad x_1 = -5$.

Polynomdivision mit $(x + 5)$:

$$(x^3 \qquad - 20x + 25):(x + 5) = x^2 - 5x + 5$$
$$\underline{- (x^3 + 5x^2)}$$
$$-5x^2 - 20x$$
$$\underline{-(-5x^2 - 25x)}$$
$$5x + 25$$
$$\underline{-(5x + 25)}$$
$$0 \quad 0$$

Gleichung in Produktform $\qquad \frac{1}{25}(x^3 - 20x + 25) = \frac{1}{25}(x + 5)(x^2 - 5x + 5) = 0$

weitere Lösungen, wenn $\qquad x^2 - 5x + 5 = 0$

Lösen mit der Formel ergibt $\qquad x_{2|3} = \frac{5 \pm \sqrt{25 - 20}}{2} = \frac{5 \pm \sqrt{5}}{2}$

Lösungen der Gleichung $\qquad x_1 = -5;\ x_{2|3} = \frac{5 \pm \sqrt{5}}{2}$

3) Zeigen Sie: $x = 1$ ist Lösung der Gleichung $x^3 - 6x^2 + (t + 5)x - t = 0$.
Berechnen Sie die weiteren Lösungen in Abhängigkeit von t.

Lösung

Probe durch Einsetzen ergibt für $x = 1$: $\ 1^3 - 6 + (t + 5) - t = 0$ (wahre Aussage)

$x = 1$ ist Lösung bedeutet: $(x - 1)$ ist **Linearfaktor**

Polynomdivision mit $(x - 1)$

$$(x^3 - 6x^2 + (t + 5)x - t) : (x - 1) = x^2 - 5x + t$$
$$\underline{- (x^3 - x^2)}$$
$$- 5x^2 + (t + 5)x$$
$$\underline{-(- 5x^2 + 5x)}$$
$$tx - t$$
$$\underline{- (tx - t)}$$
$$0 \quad 0$$

weitere Lösungen, wenn $\qquad x^2 - 5x + t = 0 <=> x_{2|3} = \frac{5 \pm \sqrt{25 - 4t}}{2}$

Für $D > 0 <=> t < 6{,}25$ ($t \neq 4$) gibt es zwei weitere Lösungen.

Für $D = 0 <=> t = 6{,}25$ gibt es eine weitere (doppelte) Lösung.

Für $D < 0 <=> t > 6{,}25$ gibt es keine weiteren Lösungen.

Für $t = 4$: zwei Lösungen: $x_{1|2} = 1$ und $x_3 = 4$.

Beachten Sie: Ist x_1 eine **einfache** Lösung einer Polynomgleichung 3. Grades, $P_3(x) = 0$, so lässt sich der Linearfaktor $(x - x_1)$ abspalten, d. h.

$P_3(x) = (x - x_1) P_2(x)$.

Ist x_1 eine **doppelte** Lösung, so gilt $P_3(x) = (x - x_1)^2 P_1(x)$.

Aufgaben

1. Berechnen Sie die Lösungen der folgenden Gleichungen.

   a) $x^3 + 5x^2 - 17x - 21 = 0$ b) $\frac{1}{4}x^3 - \frac{3}{4}x^2 - x = -3$

   c) $-3x^3 + 4x^2 + 8 = 0$ d) $-\frac{1}{3}x^3 + 3x = \frac{3}{4}x - \frac{9}{2}$

   e) $-\frac{1}{2}(x^3 - 2x^2 + x - 2) = 0$ f) $3x^3 - x - 2 = 0$

   g) $4x^3 - 12x^2 + 8x = -x + 2$ h) $\frac{1}{2}(5x^3 + 8x^2 - 4x) = \frac{9}{2}$

2. Führen Sie die Polynomdivision durch.

   a) $(x^3 - 3x^2 - 6x + 8) : (x + 1)$ b) $(2x^3 - x^2 - 8x + 4) : (x^2 - 4)$

   c) $(2x^3 - 3x + 1) : (2x - 1)$ d) $(x^3 - tx^2 - 2x + 2t) : (x^2 - 2)$

3. Zerlegen Sie in Linearfaktoren: $-0{,}25x^3 + 2{,}25x^2 - 3{,}75x + 1{,}75 = 0$.

4. Zeigen Sie: $x = 2$ ist doppelte Lösung von $x^3 - 12x + 16 = 0$.

5. Gegeben ist die Gleichung $x^3 - 3tx^2 + 4t^3 = 0$
   Zeigen Sie, dass die Gleichung nur die Lösungen $x_1 = -t$ und $x_2 = 2t$ besitzt.

6. Gegeben ist die Gleichung $x^3 + (2 + t)x^2 + (2t - 1)x - 2 = 0$.
   Zeigen Sie, dass $x_1 = -2$ eine Lösung ist. Berechnen Sie die weiteren Lösungen.

7. Zeigen Sie: $x = 1$ ist Lösung der Gleichung $x^3 + x^2(1 - t) - x(2 + t) + 2t = 0$.
   Berechnen Sie die weiteren Lösungen.

8. Gegeben ist die Gleichung $x^3 + (9 - t)x - 3t = 0$.
   Zeigen Sie, dass $x_1 = -3$ eine Lösung ist.
   Für welche Werte von t gibt es zwei weitere Lösungen?

9. Bestimmen Sie $a \in \mathbf{R}$ so, dass die Gleichung $(ax + 2)(x - 3)(x + 5) = 0$
   genau zwei Lösungen besitzt.

10. Eine Gleichung 3. Grades hat genau die beiden Lösungen $x = 1$ und $x = 6$.

    a) Machen Sie Aussagen über die Art der Lösungen.

    b) Geben Sie zwei Gleichungen mit diesen Lösungen an.

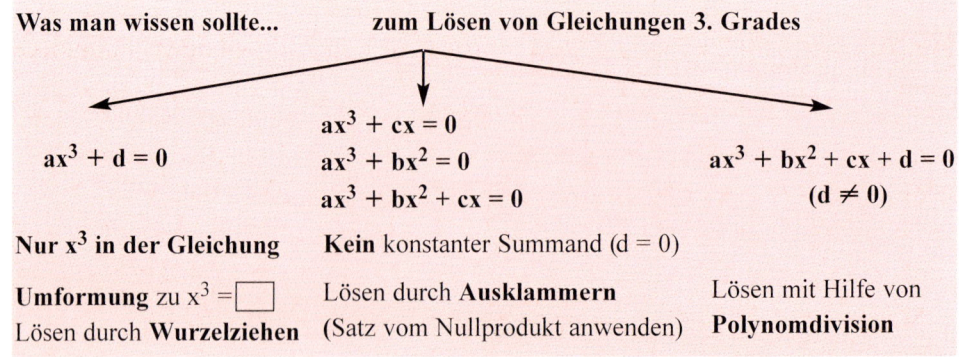

Was man wissen sollte...   **zum Lösen von Gleichungen 3. Grades**

$ax^3 + d = 0$	$ax^3 + cx = 0$ $ax^3 + bx^2 = 0$ $ax^3 + bx^2 + cx = 0$	$ax^3 + bx^2 + cx + d = 0$ $(d \neq 0)$
Nur x^3 in der Gleichung	**Kein** konstanter Summand $(d = 0)$	
Umformung zu $x^3 = \square$ Lösen durch **Wurzelziehen**	Lösen durch **Ausklammern** (Satz vom Nullprodukt anwenden)	Lösen mit Hilfe von **Polynomdivision**

Gleichungen 3. Grades lösen mit dem Taschenrechner

| Eingabe
im Menue EQUA

Polynomial
Degree 3 (Grad 3) | 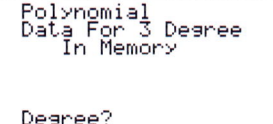 | Equation

Select Type
F1:Simultaneous
F2:Polynomial
F3:Solver |

Beispiele

1. $x^3 + 11,5x^2 + 23,5x - 36 = 0$
   Eingabe der Gleichung in **Nullform**

   Lösung mit **SOLV**

   Lösungen: $x_1 = 8$; $x_2 = -4,5$; $x_3 = -1$
   Die Gleichung hat **drei** Lösungen in **R**.

2. $x^3 - 7,5x^2 + x - 7,5 = 0$
   Lösung mit **SOLV** ergibt $x_1 = 7,5$.
   ($x_2 = i$ und $x_3 = -i$ liegen nicht in **R**)
   Die Gleichung hat **eine** Lösung in **R**.

   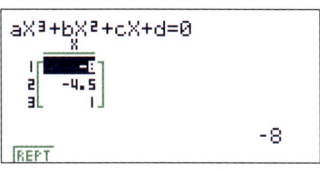

3. $x^3 - 8x^2 + 5x + 50 = 0$
   Lösung mit **SOLV** ergibt $x_1 = 5$; $x_2 = -2$.
   Die Gleichung hat **zwei** Lösungen in **R**,
   dabei muss eine Lösung eine **doppelte** sein.
   Probieren oder Polynomdivision liefert die
   Linearfaktorzerlegung $(x - 5)^2 (x + 2) = 0$

   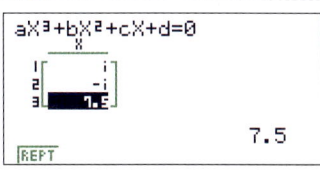

4. $\frac{1}{8}x^3 - 3x^2 + 24x - 64 = 0$
   Der GTR liefert eine Lösung $x_1 = 8$.
   Da der GTR keine weitere Lösung angibt,
   muss $x = 8$ eine **dreifache Lösung** sein.
   Linearfaktorzerlegung $\frac{1}{8}(x - 8)^3 = 0$

   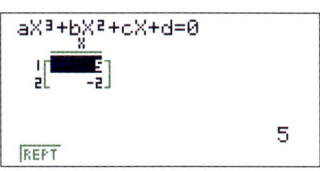

   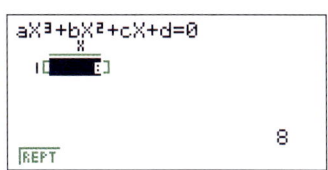

Beachten Sie: Eine Gleichung 3. Grades hat **mindestens eine und höchstens 3** Lösungen.

Aufgaben

1. Lösen Sie mit dem GTR. Geben Sie ggf. die Lösungen auf 2 Dezimalen gerundet an.

   a) $x^3 - 0,94 x^2 + 0,22x = 0$ b) $\frac{1}{4}x^3 - x^2 - x = -2$

   c) $-3x^3 + 2x^2 - x + 2 = 0$ d) $x^3 - 3,2x^2 = -3,4x + 1,2$

   e) $\sqrt{2} x^3 + x^2 = \sqrt{5}$ f) $-0,008 x^3 + x - 4,25 = 0$

   g) $-a^3 - a^2 + a - 1 = 0$ h) $16t^3 - 96t^2 + 144 = 0$

Aufgaben

1. Berechnen Sie die Lösungen.

   a) $-\frac{1}{4}x^3 + \frac{1}{2}x = 0$

   b) $(3-x)(\frac{1}{4}x^2 - x + 1) = 0$

   c) $\frac{1}{6}x^3 - \frac{1}{2}x^2 + \frac{2}{3} = 0$

   d) $-\frac{4}{5}x^3 + \frac{6}{5} = 0$

   e) $x^3 + 3x^2 + \frac{9}{4}x = 0$

   f) $-x^2 + \frac{5}{2}x^3 = 0$

   g) $-x^3 + \frac{1}{2}x^2 + 3x = 0$

   h) $-x^3 + 6x^2 + x - 6 = 0$

   i) $x^3 + 3x^2 = 4$

   j) $\frac{(x-1)^2}{3}(2x+4) = 0$

   k) $-\frac{1}{4}(x^3 + 6x^2 + 12x + 8) = 0$

   l) $\frac{1}{2}x^3 - \frac{5}{2}x^2 + 3x - 1 = 0$

   m) $-\frac{1}{16}x^3 + \frac{3}{8}x^2 - \frac{3}{4}x + \frac{1}{2} = 0$

   n) $\frac{1}{2}x^3 - x^2 - \frac{9}{2} = 0$

   o) $\frac{1}{5}(x^3 + 5x^2 + x) = -1$

   p) $x(2x^2 + x - 5) = -2$

2. Lösen Sie die Gleichungen nach x auf.

   a) $(2x-1)(x-t)^2 = 0$

   b) $\frac{t}{2}(x^3 - x^2) = 0$

   c) $\frac{1}{2a}x^3 - \frac{1}{2}x^2 - ax = 0, a \neq 0$

   d) $-\frac{x^2}{t^2}(2t - x) = 0, t \neq 0$

   e) $\frac{1}{12}tx^3 - tx^2 + 3tx = 0$

   f) $\frac{1}{2}x^3 - 3tx^2 + \frac{9}{2}t^2x = 0$

3. Bestimmen Sie die Anzahl der Lösungen für $t \in \mathbf{R}$: $\frac{1}{4}x^3 + tx^2 - x = 0$.

4. Lösen Sie die Gleichung nach x auf: $\frac{1}{t}x^3 - \frac{t}{3}x^2 - x^2 = 0, t \neq 0$.
   Für welche Werte von t gibt es nur eine Lösung?

5. Für welche Werte von a hat die Gleichung $(x-2)(2x^2 + a) = 0$
   eine Lösung, genau zwei oder drei Lösungen?

6. Für welche Werte von a hat die Gleichung $0{,}4x^3 + ax = 0$ drei Lösungen?

7. Zeigen Sie: Die Gleichung $-x^3 + 2x - 1 = ax^2 - ax - 1$
   hat für jeden Wert von $a \in \mathbf{R}^*$ drei Lösungen.

8. Bestimmen Sie Anzahl und Lage der Lösungen von $(t-x)(x^2 - 3) = 0, t \in \mathbf{R}$.

9. Für eine Gleichung 3. Grades liefert der GTR die Lösungen 2,5 und −1.
   Geben Sie eine Gleichung mit ganzzahligen Koeffizienten an.

10. Eine Firma erzielt für sein Gerät einen Stückpreis von 1 750 EUR. Die Gesamtkosten
    für die Herstellung von x Stück belaufen sich auf $(x^3 - 30x^2 + 1\,800x + 1\,380)$ EUR.
    Wie viel Stück müssen produziert und verkauft werden, damit die Firma einen Gewinn
    von 1 000 EUR macht?

11. Die Entwicklung der installierten Leistung von Windenergieanlagen in MW lässt sich
    beschreiben mit der Formel $W = 3{,}8x^3 - 130x^2 + 1\,225x + 250$.
    Für welchen x-Wert (Anzahl der Jahre nach 1983) kann mit einer Leistung von 8 000
    MW gerechnet werden? Berechnen Sie mit dem GTR.

8 Polynomgleichungen 4. Grades

1. Lösung durch 4. Wurzel ziehen

Beispiele

Lösen Sie die Gleichung   a) $\frac{1}{64}x^4 - 2 = 0$ b) $a - 0{,}5x^4 = 0$

Lösung

a) $\frac{1}{64}x^4 - 2 = 0 \mid \cdot 64$ $<=>$ $x^4 - 128 = 0$

aus $x^4 = 128$ erhält man durch Wurzelziehen $x = \pm \sqrt[4]{128} \approx \pm 3{,}63$

In Worten: x ist gleich 4. Wurzel aus 128.

b) $a - 0{,}5x^4 = 0 <=>$ $x^4 = 2a$

für $a < 0$: keine Lösung ($x^4 \geqq 0$ für $x \in \mathbf{R}$)

für $a \geqq 0$: 4. Wurzel ziehen ergibt $x = \pm\sqrt[4]{2a}$

Beachten Sie: Gleichungen der Form $ax^4 + e = 0$; $a \neq 0$ lösen wir durch

Umformung zu $x^4 = \boxed{-\dfrac{e}{a}}$

für $\boxed{-\dfrac{e}{a}}$ **> 0 erhält man durch 4. Wurzel ziehen zwei Lösungen.**

2. Lösung durch Ausklammern und Anwendung des Satzes vom Nullprodukt

Beispiel

Lösen Sie die Gleichung $-2x^4 - x^3 + 10\,x^2 = 0$.

Lösung

Ausklammern von x^2 $x^2(-2x^2 - x + 10) = 0$

Satz vom **Nullprodukt** $x^2 = 0 \vee -2x^2 - x + 10 = 0$

doppelte Lösung $x_{1|2} = 0$

Lösung der quadratischen Gleichung $-2x^2 - x + 10 = 0$

mit Formel ergibt $x_3 = -\dfrac{5}{2} \; ; \; x_4 = 2$

Lösungen $x_{1|2} = 0 \; ; \; x_3 = -\dfrac{5}{2} \; ; \; x_4 = 2$

Beachten Sie: Gleichungen der Form

$$ax^4 + d\,x = 0 \qquad\qquad ax^4 + c\,x^2 = 0$$

$$ax^4 + bx^3 = 0 \qquad\qquad ax^4 + b\,x^3 + c\,x^2 = 0$$

werden durch Ausklammern der höchsten Potenz von x und durch Anwendung des Satzes vom Nullprodukt gelöst.

11   Bohner/Ihlenburg/Ott – ISBN 3-8120-0206-X

3. Lösung durch Substitution
Beispiele

1) Lösen Sie die Gleichung $\qquad x^4 - 9x^2 + 20 = 0$

Lösung

Substitution: $x^2 = z$ $(x^4 = z^2)$	$x^4 - 9x^2 + 20 = 0$
führt auf eine **quadratische Gleichung in z**:	$z^2 - 9z + 20 = 0$
Lösung durch Zerlegung	$(z - 5)(z - 4) = 0$
Lösungen für z	$z_1 = 5 \; ; \; z_2 = 4$
Rücksubstitution	$z_1 = x^2 = 5 \Rightarrow x_{1\mid2} = \pm \sqrt{5}$
	$z_2 = x^2 = 4 \Rightarrow x_{3\mid4} = \pm 2$
vier Lösungen	$x_{1\mid2} = \pm \sqrt{5} \; ; \; x_{3\mid4} = \pm 2$

Beachten Sie: Gleichungen der Form $a x^4 + bx^2 + c = 0$ (biquadratische Gleichung)
löst man durch **Substitution**.
Die **Substitution $x^2 = z$** ergibt eine **quadratische Gleichung in z**.
Rücksubstitution ergibt die gesuchten Lösungen für x.

Was man wissen sollte...   über das Lösen von Gleichungen 4. Grades

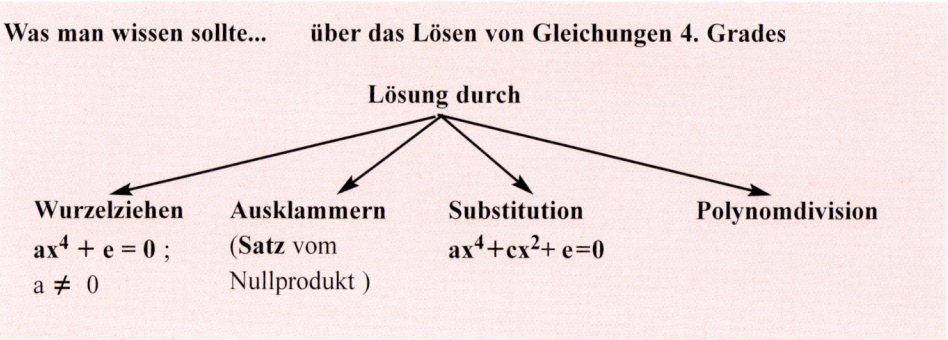

Lösung durch

Wurzelziehen	**Ausklammern**	**Substitution**	**Polynomdivision**
$ax^4 + e = 0$;	(**Satz** vom	$ax^4 + cx^2 + e = 0$	
$a \neq 0$	Nullprodukt)		

Gleichungen 4. Grades mit dem GTR z. B.: $x^4 - 4x^3 + 5x^2 - 4x + 4 = 0 \iff x = 2$
Menue EQUA; Solver

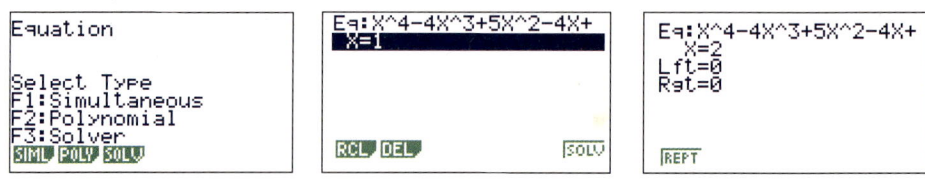

Aufgaben

1. Berechnen Sie die Lösungen.

   a) $\frac{5}{8}x^4 - 3 = x^4$ b) $-\frac{3}{25}x^4 + \frac{4}{5} = 0$ c) $-x^4 + 4{,}5 = 0$

   d) $\frac{3}{t^3}x^4 - \frac{3}{4t} = 0; \, t > 0$ e) $-2t^2 + \frac{1}{12t^2}x^4 = 0; \, t \neq 0$ f) $a(9 - \frac{3}{2}x^4) = 0$

2. Für welche Werte von a hat die Gleichung $ax^4 + 2 = 0$ keine Lösung?

3. Bestimmen Sie a so, dass $x = \sqrt{2}$ Lösung von $(a-1)x^4 - 4 = x^4$ ist.
   Hat die Gleichung dann eine weitere Lösung? Begründen Sie ohne Rechnung.

4. Hans möchte sein Guthaben von 580 EUR in 4 Jahren verdoppeln.
   Wie hoch müsste die jährliche Verzinsung sein? Welches Guthaben hat er dann
   in 12 Jahren? Wie hoch ist der Jahreszins, wenn sich das Guthaben in 4 Jahren nur auf
   800 EUR erhöht?

5. Im Verlauf von 4 Jahren verliert unser Geld 10 % an Kaufkraft. Wie hoch ist die
   durchschnittliche jährliche Inflationsrate?

6. Lösen Sie die Gleichungen nach x auf ($t \neq 0$, $a > 0$).

   a) $-3x^4 + \frac{1}{2}x^3 = 0$ b) $2x^4 - 5x^2 = 0$ c) $\frac{5}{2}x^2 - 4x^3 + x^4 = 0$

   d) $3x - \frac{1}{2}x^4 = 2x$ e) $-\frac{1}{3}x^4 + \frac{2}{3}x^3 = 0$ f) $-\frac{3}{8}x^4 + \frac{3}{2}x^2 = 0$

   g) $\frac{1}{24t}(x^4 - 2x^3 - 48x^2) = 0$ h) $\frac{t}{16}x^4 - \frac{t}{2}x^3 + \frac{9t}{8}x^2 = 0$ i) $\frac{x^2}{2a^2}(x^2 - a) = 0$

7. Lösen Sie die Gleichungen nach x auf ($a, t > 0$).

   a) $x^4 - 16x^2 + 15 = 0$ b) $-x^4 + 6x^2 - 9 = 0$ c) $\frac{1}{7}x^4 - 2x^2 + 8 = 0$

   d) $-\frac{1}{48}x^4 + \frac{7}{24}x^2 - 1 = 0$ e) $6 - \frac{1}{6}(x^2 - 5)^2 = 0$ f) $\frac{1}{24}x^4 - 2x^2 + 18 = 0$

   g) $\frac{1}{9}(x^2 - 3)^2 = 0$ h) $-\frac{1}{4}(x^4 - x^2) = 1 - x^2$ i) $(x^2 - 4t)^2 = 0$

   j) $\frac{1}{8}(tx^4 - 12tx^2 + 20t) = 0$ k) $x^4 - (a+4)x^2 + 4a = 0$ l) $x^4 - ax^2 - 2a^2 = 0$

8. Für welchen Wert von a hat die Gleichung $-\frac{1}{16}(x^4 - 6x^2 + a) = 0$ die Lösung $x = -2$?
   Berechnen Sie für diesen Fall die weiteren Lösungen.

9. Die Gleichung $x^4 - x - 1 = 0$ hat für $-1 < x < 2$ zwei Lösungen.
   Bestimmen Sie die Lösungen mit dem GTR auf 3 Dezimalen gerundet.

10. Zeigen Sie: Die Gleichung $-x^4 + x^2 = 1 + a^2$ hat für $a \in \mathbb{R}$ keine Lösung.

11. Lösen Sie nach t auf: $\frac{3}{64}(\frac{4t}{3})^4 - \frac{t}{12}(\frac{4t}{3})^3 = 4$.

12. Für welche Werte von t hat $\frac{t-1}{t}x^4 = 9 - 9t$ Lösungen?

13. Gegeben ist die Gleichung $\frac{1}{2}x^4 + tx^3 - \frac{1}{2}x^2 = 0$.
    Bestimmen Sie die Anzahl der Lösungen in Abhängigkeit von t.

Lösung von Polynomgleichungen

Lösungsverfahren

lineare Gleichung	auflösen nach x $\frac{1}{2}x - 4 = 0$			
quadratische Gleichung	auflösen nach x und **2. Wurzel ziehen** $\frac{1}{2}x^2 - 4 = 0$	**x ausklammern** **Satz vom Nullprodukt** $\frac{1}{2}x^2 - 4x = 0$	**Formel** $x_{1|2} = \dfrac{-b \pm \sqrt{b^2 - 4ac}}{2a}$ $\frac{1}{2}x^2 - 4x + 1 = 0$	
Gleichung 3. Grades	auflösen nach x und **3. Wurzel ziehen** $\frac{1}{2}x^3 - 4 = 0$	**höchste gemeinsame Potenz von** **x ausklammern** **Satz vom Nullprodukt** $\frac{1}{2}x^3 - 4x^2 = 0$	1. Lösung mit GTR **Polynomdivision** $\frac{1}{2}x^3 - 4x + 4 = 0$	
Gleichung 4. Grades	auflösen nach x und **4. Wurzel ziehen** $\frac{1}{2}x^4 - 4 = 0$	**höchste gemeinsame Potenz von** **x ausklammern** **Satz vom Nullprodukt** $\frac{1}{2}x^4 - 4x^3 + x^2 = 0$	1. Lösung mit GTR **Polynomdivision** $x^4 - x^3 - x + 1 = 0$	**Substitution** $x^2 = z$ (biquadratische Gleichung) $\frac{1}{2}x^4 - x^2 + 4 = 0$

Lösung von Polynomgleichungen

B e i s p i e l e

lineare Gleichung	$2x - 4 = 0$ $2x = 4$ $x = 8$			
quadratische Gleichung	$\frac{1}{2}x^2 - 4 = 0$ $x^2 = 8$ $x_{1\|2} = \pm\sqrt{8}$	$\frac{1}{2}x^2 - 4x = 0 \mid \cdot 2$ $x^2 - 8x = 0$ $x(x - 8) = 0$ $x = 0 \ \vee\ x = 8$	$\frac{1}{2}x^2 - 4x + 1 = 0 \mid \cdot 2$ $x^2 - 8x + 2 = 0$ $x_{1\|2} = \dfrac{8 \pm \sqrt{64 - 8}}{2}$ $x_{1\|2} = 4 \pm \sqrt{14}$	
Gleichung 3. Grades	$\frac{1}{2}x^3 - 4 = 0$ $x^3 = 8$ $x = \sqrt[3]{8} = 2$	$\frac{1}{2}x^3 - 4x^2 = 0 \mid \cdot 2$ $x^2(x - 8) = 0$ $x^2 = 0 \ \vee\ x - 8 = 0$ lineare Gleichung	$\frac{1}{2}x^3 - 4x + 4 = 0 \mid \cdot 2$ $x^3 - 8x + 8 = 0$ $x_1 = 2$ $(x^3 - 8x + 8):(x - 2) = x^2 + 2x - 4$ quadratische Gleichung	
Gleichung 4. Grades	$\frac{1}{2}x^4 - 4 = 0$ $x^4 = 8$ $x_{1\|2} = \pm\sqrt[4]{8}$	$\frac{1}{2}x^4 - 4x^3 + x^2 = 0 \mid \cdot 2$ $x^4 - 8x^3 + 2x^2 = 0$ $x^2(x^2 - 8x + 2) = 0$ $x = 0 \ \vee\ x^2 - 8x + 2 = 0$ quadratische Gleichung	$x^4 - x^3 - x + 1 = 0$ $x_1 = 1$ $(x^4 - x^3 - x + 1):(x - 1) = x^3 - 1$ $x^3 - 1 = 0$ Gleichung 3. Grades	$\frac{1}{2}x^4 - 2x^2 + 4 = 0 \mid \cdot 2$ $x^4 - 2x^2 + 8 = 0$ $x^2 = z$ $z^2 - 2z + 8 = 0$ quadratische Gleichung

Aufgaben

1. Berechnen Sie die Lösungen.

   a) $-\dfrac{1}{2}x^4 - 4x^3 = 0$ b) $-\dfrac{1}{8}x^4 + 2 = 0$

   c) $\dfrac{1}{12}x^4 + x^2 + \dfrac{8}{3} = 0$ d) $-x^3 + x^2 - x = 0$

   e) $x^5 - 3x^3 - 4x = 0$ f) $\dfrac{1}{4}(x^2 - 3)^2 - 4 = 0$

   g) $-\dfrac{2}{3}(x^2 - 7)(x - 3)^2 = 0$ h) $x^3 + 14x^2 + 49x = 0$

   i) $x^4 - \dfrac{3}{4}x^2 - \dfrac{1}{4}x = 0$ j) $\dfrac{1}{4}x^4 - x^3 + 2x = 0$

   k) $\dfrac{1}{4}x^4 - x^2 + 2 = \dfrac{1}{8}x^4$ l) $-\dfrac{x^4}{3} + \dfrac{4x^2}{3} = 0$

2. Lösen Sie die Gleichungen nach x auf.

   a) $\dfrac{1}{4}x(x^2 - t) = 0$; $t > 0$ b) $-\dfrac{1}{2t}\left(\dfrac{4}{t}x^4 + x^3\right) = 0$; $t \neq 0$

   c) $x^4 + 2tx^3 + (t^2 - 1)x^2 = 0$ d) $\dfrac{1}{4}t\,x^4 - 3tx^3 + 9tx^2 = 0$; $t \neq 0$

3. Geben Sie jeweils eine Gleichung 4. Grades an mit zwei, drei, vier Lösungen.
   Gibt es eine Gleichung 4. Grades mit einer Lösung? Begründen Sie Ihre Antwort.

4. In den Lösungswegen stecken Fehler.

   a) $2x^4 = 6x^2$ b) $2x^4 - 6x^2 = 1$

        $x^2 = 3$ $2x^2(x^2 - 3) = 1$

        $x = \pm\sqrt{3}$ $x = 0$; $x = \pm\sqrt{3}$

   Erklären Sie möglichst genau die gemachten Fehler.
   Machen Sie Vorschläge, wie man die Fehler vermeiden kann.

5. Bestimmen Sie die Anzahl der Lösungen in Abhängigkeit von t.

   a) $(x^2 - 2)(x^2 + 2t) = 0$ b) $(x - t)^2(x^2 - 4x + t) = 0$

6. Bestimmen Sie die Lösungsmenge.

   a) $-x^4 + 2x^3 - 2x + 1 = 0$ b) $x^4 + x^3 - 4x - 16 = 0$

   c) $\dfrac{1}{2}x^4 - \dfrac{5}{2}x^2 - x = 0$ d) $-\dfrac{1}{4}x^4 - \dfrac{3}{2}x^3 = -\dfrac{15}{4}x^2 + 2x$

   e) $2x - \dfrac{4}{x^3} = 0$ f) $x^4 + (x^2 - 3)(x^2 + 3) = 0$

7. Gegeben ist die Gleichung $x^4 + (t - 4)x^3 + (2 - 4t)x^2 + 2tx = 0$
   Zeigen Sie: $x_1 = -t$ ist Lösung. Berechnen Sie die weiteren Lösungen.

8. Begründen Sie, warum die Gleichung $\dfrac{1}{4}x^5 + \dfrac{1}{2}x^3 - mx = 0$ nur eine, drei oder fünf
   Lösungen haben kann.

9. Die Gleichung $x^4 - 13x^2 + 15x - 2,5 = 0$ hat für $0 < x < 3$ drei Lösungen.
   Bestimmen Sie die Lösungen auf 3 Dezimalen gerundet mit dem GTR.

9 Bruchgleichungen

Beispiele

1) Gegeben ist die Gleichung $\dfrac{2+x}{x-1} = 4$; G = **R**.

Bestimmen Sie die Definitionsmenge und die Lösungsmenge.

Lösung

Nicht für alle reellen Zahlen ist der linke Term sinnvoll.

da man nicht durch Null dividieren darf.

Definitionsmenge: $D = \mathbf{R} \setminus \{1\}$

x = 1 ist eine **Definitionslücke**

Beachten Sie: Maximale **Definitionsmenge** D = **R**\ {x | Nennerterm = 0}

Dabei setzt man die Grundmenge stets **R** (G = **R**).

Lösung durch Äquivalenzumformungen:

$$\frac{2+x}{x-1} = 4 \qquad | \cdot (x-1)$$
$$2 + x = 4(x-1) \quad | + 4 - x$$
$$6 = 3x \quad <=> \quad 2 = x$$

Mit $2 \in D$ erhält man die Lösungsmenge $\qquad$ L = {2}

2) Gegeben ist die Gleichung $\dfrac{x}{2} + \dfrac{3}{x+3} = 1$; $x \in D$.

Bestimmen Sie die Definitionsmenge und die Lösungsmenge.

Lösung

Definitionsmenge	$D = \mathbf{R} \setminus \{-3\}$
wegen x + 3 = 0 <=> x = –3 (Definitionslücke)	
Äquivalenzumformungen	$\dfrac{x}{2} + \dfrac{3}{x+3} = 1 \qquad | \cdot 2(x+3)$
Hauptnenner 2(x + 3)	$x(x+3) + 6 = 2(x+3) \quad | -2x - 6$
Zusammenfassen	$x^2 + x = 0$
Ausklammern	$x(x+1) = 0 \quad <=> x = 0 \lor x = -1$
Lösungsmenge	L = {0; –1}

3) Gegeben ist die Gleichung $\dfrac{x^2 - 5x - 14}{x - 7} = 0$; $x \in D$.

Bestimmen Sie die Definitionsmenge und die Lösungsmenge.

Lösung

Maximale Definitionsmenge	$D = \mathbf{R} \setminus \{7\}$
wegen x – 7 = 0 <=> x = 7	
$| \cdot (x - 7)$ Hauptnenner ergibt	$x^2 - 5x - 14 = 0$
Lösungen der quadratischen Gleichung	$x_1 = -2; x_2 = 7$
Wegen $7 \notin D$: **einzige** Lösung	$x_1 = -2$

Bemerkung: Termumformung $\dfrac{x^2 - 5x - 14}{x - 7} = \dfrac{(x-7)(x+2)}{x-7} = x + 2$ für $x \neq 7$

Bruchungleichungen

Beispiele

1) Gegeben ist die **Bruchungleichung** $\dfrac{3}{x-2} \geqq 0;\ D = \mathbf{R}\backslash\{2\}$.
   Bestimmen Sie die Lösungsmenge.

Bemerkung: $\geqq$ bedeutet $>$ oder $=$ (gelesen: größer oder gleich)

Lösung

Da der Zähler des obigen Bruches **positiv** ist, muss der Nenner auch **positiv** sein,

denn $\dfrac{+}{+} > 0$ (während $\dfrac{+}{-} < 0$) $x - 2 > 0 \Rightarrow x > 2$

Lösungsmenge $L = \{x \mid x \in \mathbf{R} \wedge x > 2\}$

Beachten Sie: Der Wert eines Bruches ist größer als Null, wenn:

Zähler **und** Nenner		Zähler **und** Nenner
größer als Null sind	oder	kleiner als Null sind
$\dfrac{+}{+} > 0$		$\dfrac{-}{-} > 0$

2) Gegeben ist die **Bruchungleichung** $\dfrac{x-4}{x+5} > 0;\ D = \mathbf{R}\backslash\{-5\}$.
   Bestimmen Sie die Lösungsmenge.

Vorüberlegung:

Das **Vorzeichen von Zähler und Nenner entscheidet**, ob der Wert des Bruches positiv oder negativ ist. Um das Vorzeichen von Zähler und Nenner bestimmen zu können, berechnet man die Nullstellen des Zählers und des Nenners.
Dazu überlegt man sich am Zahlenstrahl:
Für welche x ist der **Zähler (Nenner)** positiv bzw. negativ?

Lösung

Nullstellen von Zähler und Nenner: $x - 4 = 0$ für $x = 4$; $x + 5 = 0$ für $x = -5$

Beide Fälle ($\dfrac{+}{+}$ und $\dfrac{-}{-}$) werden mit Hilfe einer **Vorzeichen-Tabelle** untersucht

Zahlenstrahl			-5		4	
Zählerterm	$(x-4)$	$-$		$-$	0	$+$
Nennerterm	$(x+5)$	$-$	0	$+$		$+$
$\dfrac{x-4}{x+5}$		$+$	n.def.	$-$	0	$+$

Ablesen der Lösung $\dfrac{x-4}{x+5} > 0 \Longleftrightarrow$ für $x < -5 \vee x > 4$

Lösungsmenge $L = \{x \mid x < -5 \vee x > 4\} = \mathbf{R}\backslash[-5;\ 4]$

Bemerkung: Die Lösung für $\dfrac{x-4}{x+5} < 0$ lässt sich ebenso ablesen.

Lösungsmenge: $L = \{x \mid -5 < x < 4\} = {]{-5};\ 4[}$

3) Bestimmen Sie die Lösungsmenge: $\dfrac{5x-1}{x+1} \leqq 2; D = \mathbf{R}\backslash\left\{-1\right\}$.

Lösung

Die Vorzeichentabelle kann angewendet werden, wenn auf der **einen Seite** der Ungleichung **ein** Bruch steht und auf der anderen Seite **Null**.

Dies erreicht man durch (Äquivalenz-) Umformungen.

Ziel der Umformung ist es somit, die **Ungleichung in folgender Form** darzustellen:

| ein Bruchterm | $>$; $<$; $\leqq$; $\geqq$
 Ungleichheitszeichen | Null |

Rechte Seite auf Null bringen

Hauptnenner HN: $(x + 1)$

$$\dfrac{5x-1}{x+1} \leqq 2 \Rightarrow \dfrac{5x-1}{x+1} - 2 \leqq 0$$

Erweitern

$$\dfrac{5x-1}{x+1} - \dfrac{2(x+1)}{x+1} \leqq 0$$

$$\dfrac{3(x-1)}{x+1} \leqq 0$$

Bemerkung: Der Wert eines Bruches ist kleiner als Null, wenn Zähler und Nenner verschiedene Vorzeichen haben: $\dfrac{+}{-}$ **oder** $\dfrac{-}{+}$.

Beide Fälle ($\dfrac{+}{-}$ und $\dfrac{-}{+}$) werden mit Hilfe einer **Vorzeichen-Tabelle** untersucht.

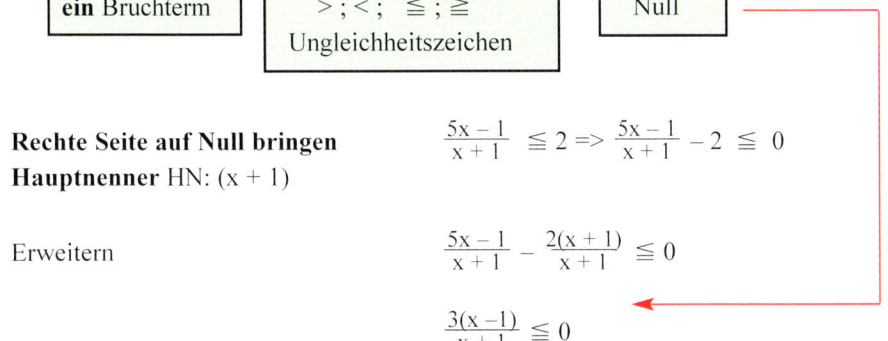

Ablesen der Lösung

$$\dfrac{3(x-1)}{x+1} \leqq 0 \Longleftrightarrow \dfrac{5x-1}{x+1} \leqq 2$$

für $-1 < x \leqq 1$ (Fall $\dfrac{-}{+}$)

Lösungsmenge:

$$L = \left]-1; 1\right]$$

Bemerkung: Die Lösung für $\dfrac{5x-1}{x+1} \geqq 2$ lässt sich ebenso ablesen.

$$\dfrac{5x-1}{x+1} \geqq 2 \Longleftrightarrow \dfrac{3(x-1)}{x+1} \geqq 0 \Longleftrightarrow x < -1 \text{ oder } x \geqq 1$$

Lösungsmenge: $\quad L = \mathbf{R}\backslash\left[-1; 1\right[$

Aufgaben

1. Bestimmen Sie die Definitionsmenge und lösen Sie die Gleichungen.

   a) $\dfrac{2}{x} + 3 = \dfrac{5}{2}$

   b) $\dfrac{-3x+6}{2x-4} + \dfrac{x}{x-2} = -\dfrac{7}{6}$

   c) $\dfrac{5x-5}{x+1} + 2 = \dfrac{6x-3}{2x-1} + 4$

   d) $\dfrac{2}{3x-4} - \dfrac{1}{20} = \dfrac{5}{6x-8}$

   e) $\dfrac{4}{x-1} + \dfrac{1}{5} = \dfrac{3}{1-x} + \dfrac{8}{5}$

   f) $\dfrac{x}{x-2} - \dfrac{1}{2} = \dfrac{3}{2x-4}$

   g) $\dfrac{2}{x-1} - \dfrac{4}{x+1} = \dfrac{1}{x-1}$

   h) $x + \dfrac{2x}{x-1} = 0$

   i) $\dfrac{3-x}{x+1} - 4 = 0$

   j) $\dfrac{2+x}{x-1} = \dfrac{3+2x}{x+1} - 1$

   k) $\dfrac{32}{8x+16} = \dfrac{5x}{2x+4}$

   l) $\dfrac{1}{x} + \dfrac{2}{x-2} = 0$

   m) $\dfrac{x^2+4x+3}{x+3} = x-2$

   n) $\dfrac{x^2}{x^2-1} - \dfrac{x-1}{x+1} = \dfrac{1-2x}{1-x^2}$

   o) $3t^2 + 6t = \dfrac{4}{3} + \dfrac{8}{3t}$

2. Bestimmen Sie die Lösung in Abhängigkeit von t.

   a) $2x + (4-2t)\,\dfrac{t+3}{t-1} = -2t+6$

   b) $tx + (t+3)\,\dfrac{t}{t-3} = -t$

3. Nehmen Sie Stellung zur Behauptung: $\dfrac{2x^2+4x-30}{2x-6} = x+5$ für alle $x \in \mathbf{R}$.

4. Zeigen Sie: $(a+1)^{-1} = a^{-1} + 1$; $x \in D$ besitzt keine Lösung.

5. Lösen Sie: $\dfrac{3}{x-23} = \dfrac{-2}{y+2} \ \wedge \ \dfrac{x-4}{y+2} = \dfrac{x-2}{y+5}$

6. Ein großer LKW fährt einen Aushub von 300 m^3 in x Fahrten zur Deponie.
   Ein kleiner LKW braucht dazu 9 Fahrten mehr. Zusammen schaffen beide LKWs den
   Aushub in je 20 Fahrten. Wie viel Fahrten braucht der große LKW alleine?

7. Bestimmen Sie die Definitionsmenge und die Lösungsmenge.

   a) $\dfrac{3}{x+4} < 0$

   b) $4 - \dfrac{3+2x}{1-x} \geqq 0$

   c) $\dfrac{x}{x-1} < 1$

   d) $\dfrac{1}{2x} > \dfrac{1}{3x} - 2$

   e) $\dfrac{x-2}{x-5} \geqq 0$

   f) $\dfrac{3-2x}{5x+2} \leqq 1$

   g) $\dfrac{3-x}{x-2} > \dfrac{x+4}{2(x-2)}$

   h) $\dfrac{1}{x+1} - \dfrac{1}{x} \leqq 0$

   i) $\dfrac{x-2}{x^2} \geqq 0$

8. Welche natürliche Zahl(en) kann man zum Zähler von $\dfrac{2}{5}$ addieren und gleichzeitig
   vom Nenner subtrahieren,
   a) um -2 zu erhalten,
   b) sodass der Wert des Bruches größer als 4 ist.

9. Gegeben ist die Gleichung $\dfrac{6-2x}{x^2-9} = 1{,}5$.

   a) Bestimmen Sie Definitionsmenge und Lösungsmenge.
   b) Ersetzen Sie 1,5 durch eine andere Zahl so, dass die sonst unveränderte Gleichung
      die Lösung $x = -1$ hat.

10. Zeigen Sie: Die Lösungen von $tx^3 - (4t+1)x^2 = 0$ liegen für $t > 0$ nicht in $[\,0{,}5;\,3\,]$.

11. Zeigen Sie: Für $t > 0$ gilt: $\dfrac{-1-8t}{-2t} > 4$.

10 Exponentialgleichungen mit Basis e

1. Lösung durch Anwendung der Logarithmus-Definition oder Logarithmieren

Beispiele

1) 1995 lebten 5,76 Milliarden Menschen auf der Erde. Die UNO erstellt Prognosen für die Weiterentwicklung der Bevölkerungszahl (in Milliarden) mit der Gleichung $y = 5,76\ e^{0,0126x}$, x in Jahren (1995 entspricht x = 0).
In welchem Jahr wird die 10-Milliarden-Grenze überschritten?

Lösung

Bedingung für x	$5,76\ e^{0,0126x} = 10 \quad \mid :5,76$
	$e^{0,0126x} = 1,73611$
Logarithmieren	$0,0126x = \ln 1,73611 = 0,5516$
Anzahl der Jahre nach 1995	$x = 43,78$

Im Jahre 2038 wird die 10-Milliarden-Grenze überschritten.

2) Lösen Sie die Exponentialgleichungen: a) $e^x = 5$ b) $e^{3x} - 2,5 = 0$ c) $\frac{1}{4}e^{-2x} + 3 = 0$

Lösung

a)
$$e^x = 5$$
Anwenden der Definition $x = \ln 5$
oder **durch Logarithmieren** $\ln(e^x) = \ln 5$
$x \ln e = \ln 5 \quad <=> \quad x = \ln 5 \text{ wegen } \ln e = 1$

b)
$e^{3x} - 2,5 = 0 \quad => \quad e^{3x} = 2,5$
Logarithmieren $3x = \ln 2,5 <=> x = \frac{1}{3}\ln 2,5$

c)
$\frac{1}{4}e^{-2x} + 3 = 0$
$e^{-2x} = -12$ unlösbar, wegen $e^{-2x} > 0$

Beachten Sie: Gleichungen der Form $a \cdot e^{\square} + b = 0$

werden **vereinfacht** zu $e^{\square} = -\frac{b}{a} \quad <=> \square = \ln\left(-\frac{b}{a}\right)$

$\ln\left(-\frac{b}{a}\right)$ ist definiert für $-\frac{b}{a} > 0$

Auflösen von $\square$ nach x ergibt die Lösung!

Aufgaben

Lösen Sie die Gleichungen nach x auf.

a) $\frac{e^{-x}}{2} - 3 = 0$

b) $3e^{x-1} = 4$

c) $\frac{1}{4}e^{4x} - \frac{e}{2} = 1$

d) $6 - 1,5e^{2-2x} = 0$

e) $2,5e^{tx} = 12;\ t \neq 0$

f) $1 - te^{t-x} = 0;\ t > 0$

g) $250\ e^{\ln 2 \cdot x} = 1\,200$

h) $2,078e^{-0,0128x} = 1,5$

i) $12e^{2,487x} = 10^9$

2. Lösung durch Ausklammern und Anwendung des Satzes vom Nullprodukt

Beispiel

Lösen Sie die Exponentialgleichungen: a) $e^x + 2xe^x = 0$ b) $e^x - e^{2x} = 0$

Lösung

a) **Ausklammern** $\qquad\qquad e^x + 2xe^x = 0 \iff e^x(1 + 2x) = 0$

   Nullprodukt $\qquad\qquad e^x = 0 \lor 1 + 2x = 0$

   mit $e^x \neq 0$ $\qquad\qquad 1 + 2x = 0$

   Lösung $\qquad\qquad\qquad x = -\dfrac{1}{2}$

b) **Ausklammern** $\qquad\qquad e^x - e^{2x} = 0 \iff e^x(1 - e^x) = 0$

   Nullprodukt $\qquad\qquad e^x = 0 \lor 1 - e^x = 0$

   mit $e^x \neq 0$ $\qquad\qquad 1 - e^x = 0 \implies e^x = 1$

   Lösung $\qquad\qquad\qquad x = 0$

Beachten Sie: $\qquad\qquad\qquad e^x \cdot e^x = (e^x)^2 = e^{2x}$

3. Lösung durch Substitution

Beispiel

Lösen Sie die Exponentialgleichungen: a) $e^{2x} - 5e^x + 6 = 0$ b) $e^x - 20e^{-x} = -1$

Lösung

a) $\qquad\qquad\qquad\qquad\qquad e^{2x} - 5e^x + 6 = 0$

   Substitution $\qquad\qquad \mathbf{u = e^x \; ; \; u^2 = e^{2x}}$

   Gleichung in u $\qquad\qquad u^2 - 5u + 6 = 0$

   Auflösen nach u $\qquad\quad (u - 3)(u - 2) = 0 \iff u_1 = 3; u_2 = 2$

   Auflösen nach x $\qquad\quad u_1 = e^x = 3 \implies x = \ln 3$

   (Rücksubstitution) $\qquad\quad u_2 = e^x = 2 \implies x = \ln 2$

   Lösungen $\qquad\qquad\qquad x_1 = \ln 3; x_2 = \ln 2$

b) **Nullform, Durchmultiplizieren** $\quad e^x - 20e^{-x} = -1 \iff e^x - 20e^{-x} + 1 = 0 \mid \cdot e^x$

$\qquad\qquad\qquad\qquad\qquad\qquad e^{2x} + e^x - 20 = 0$

   Substitution $\qquad\qquad u = e^x , u^2 = e^{2x}$

   Gleichung in u $\qquad\qquad u^2 + u - 20 = 0 \iff u_1 = 4 ; u_2 = -5$

   Rücksubstitution $\qquad\quad u_1 = e^x = 4 \implies x_1 = \ln 4$

$\qquad\qquad\qquad\qquad\qquad\qquad u_2 = e^x = -5$ unlösbar wegen $e^x > 0$

   Lösung $\qquad\qquad\qquad x_1 = \ln 4$

Beachten Sie: $e^{-x} = \dfrac{1}{e^x}$ $\qquad\qquad e^{-x} \cdot e^x = e^0 = 1$

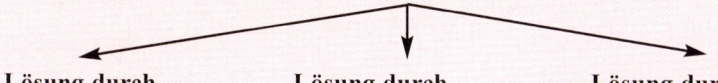

Was man wissen sollte... über das Lösen von Exponentialgleichungen
mit Basis e

Lösung durch	**Lösung durch**	**Lösung durch Substitution**
Logarithmieren	**Ausklammern**	$e^{2x} - 8e^x + 15 = 0$
$-0,5\,e^{-x} + 2 = 0$	$2e^x - e^{2x} = 0$	$e^x = z$ führt auf eine
$e^{-x} = 4$	$e^x(2 - e^x) = 0$	quadratische Gleichung in z
$-x = \ln 4$	$e^x \neq 0 \,;\, 2 - e^x = 0$	$z^2 - 8z + 15 = 0$
$x = -\ln 4$	$x = \ln 2$	Auflösen nach z
		Rücksubstitution ergibt
		die gesuchten x-Werte

Aufgaben

1. Lösen Sie die Gleichungen.

   a) $2e^{3x} - 6e^x = 0$
   b) $\dfrac{e^x}{2} - e^{x+1} = 0$
   c) $(x-2)e^{2x} - e^{2x} = 0$

   d) $-2x^2 e^{-x+2} = 0$
   e) $xe^x - 3x = 0$
   f) $(3 + 2x)e^{x-1} = 0$

2. Für welche Werte von t hat die Gleichung eine Lösung?

   a) $xe^{tx} - tx = 0$
   b) $e^{tx} - te^x = 0$
   c) $-2e^{-x} + 2te^{-2x} = 0$

3. Lösen Sie folgende Exponentialgleichungen nach x auf.

   a) $e^{2x} - \dfrac{17}{2}e^x + 4 = 0$
   b) $-\dfrac{1}{5}e^x - 1 + 10e^{-x} = 0$

   c) $e^{-2x} - 10e^{-x} + 9 = 0$
   d) $(e^{-x} - 2t)^2 = 0; \, t > 0$

   e) $0,5e^{tx}(tx - 2) = 0; \, t \neq 0$
   f) $10e^{-0,1x} - 20e^{-0,1x+1} = 0,2$

4. Lösen Sie durch Substitution.

   a) $e^{3x} - 3e^x + 4 = 0$
   b) $4 - 3e^{-0,5x} = e^{0,5x}$

5. Zeigen Sie: Die Gleichung $(e^x - a)^2 = a^2$ hat für jedes $a \neq 0$ genau eine Lösung.

• 6. Für welche Werte von t hat die Gleichung Lösungen: $te^{2x} - e^{3x} = 0$?

• 7. Zeigen Sie:

   a) $e^{2x} + te^x - 1 = 0$ hat für $t > 0$ genau eine Lösung.

   b) $e^{tx}(2t - 6x + \dfrac{2x^2}{t}) = 0$ hat für $t > 0$ zwei Lösungen.

   Bestimmen Sie die Lösung(en) in Abhängigkeit von t.

• 8. Für welche Werte von t hat die Gleichung $tx^2 = x^2 e^{0,5x}$ eine positive Lösung?

9. Zeigen Sie: $e^x + e^{-x} \geqq 0$ für $x \in \mathbf{R}$.

10. Lösen Sie das Gleichungssystem: $a - be^{-0,5} = 0,5 \wedge a - be^{-0,4} = 1,05$.

Weitere Hilfen zum Lösen von Exponentialgleichungen

Beispiele

1) Lösen Sie die Exponentialgleichung: $e^x - 3\,e^{-x} = 0$.

Lösung

Durchmultiplizieren

$$e^x - 3\,e^{-x} = 0 \iff e^x - 3\,\frac{1}{e^x} = 0 \quad | \cdot e^x$$

$$e^{2x} - 3 = 0 \implies e^{2x} = 3$$

$$x = 0{,}5 \ln 3$$

Beachten Sie: Kommt in einer Exponentialgleichung eine **e-Potenz im Nenner vor,**

z. B. $\dfrac{1}{e^x} = e^{-x}$; $\dfrac{1}{e^{2x}} = e^{-2x}$,

so wird **mit dem** (Haupt-) **Nenner durchmultipliziert!**

2) Lösen Sie die Exponentialgleichungen: a) $(e^x - 2)^2 = 4$ b) $e^{2x-4} - e^x = 0$

Lösung

a) durch **Wurzelziehen**   oder   durch **Ausmultiplizieren**

$(e^x - 2)^2 = 4$ $(e^x - 2)^2 = 4$

$e^x - 2 = 2 \lor e^x - 2 = -2$ $e^{2x} - 4e^x + 4 = 4$

$e^x = 4 \lor e^x = 0$ $e^{2x} - 4e^x = 0$

mit $e^x \neq 0$: $x = \ln 4$ $e^x(e^x - 4) = 0 \implies x = \ln 4$

• b) $e^{2x-4} - e^x = 0 \iff e^{2x-4} = e^x$

durch Logarithmieren $\ln(e^{2x-4}) = \ln(e^x)$

                                                 $2x - 4 = x \iff x = 4$

oder durch **Vergleich der Hochzahlen** $e^{2x-4} = e^x \iff 2x - 4 = x$

• 3) Lösen Sie die Exponentialgleichung: $e^{x+1} - 2\,e^{3x-1} = 0$.

Bemerkung: Diese Gleichung lässt sich **nicht durch Vergleich der Hochzahlen** lösen.

Lösung

$$e^{x+1} - 2\,e^{3x-1} = 0 \iff e^{x+1} = 2e^{3x-1} \quad | : e^{3x-1}$$

$$\frac{e^{x+1}}{e^{3x-1}} = 2$$

Hochzahlen subtrahieren $e^{-2x+2} = 2$

Logarithmieren $-2x + 2 = \ln 2 \iff x = -0{,}5\ln 2 + 1$

Bemerkung: Logarithmieren $\ln(e^{x+1}) = \ln(2\,e^{3x-1}) \iff x + 1 = \ln 2 + (3x - 1)$

führt auch zum Ziel.

Aufgaben

Lösen Sie folgende Gleichungen.

a) $e^{2x} - 2e^{-x} = 0$ b) $4e^x - \dfrac{e^{-x}}{3} = 0$ c) $(e^{-x} - 1)^2 = 9$ d) $-\dfrac{2}{5}e^{0{,}5x} + e^{-x} = 0$

Aufgaben

1. Lösen Sie folgende Exponentialgleichungen.

   a) $-e^{4x} + 5 = 0$
   b) $2e^{x-1} = 8$
   c) $\dfrac{e^{0,5x}}{2} - \dfrac{3}{4} = 0$

   d) $3e^{-2x} - 3 = 0$
   e) $4e^{0,4x+2} = 6$
   f) $-\dfrac{1}{4}e^{1,5x+1} + 2 = 0$

2. Lösen Sie folgende Exponentialgleichungen nach x auf.

   a) $5e^{2x} - 2e^x = 0$
   b) $1 - e^{2-x} = 0$
   c) $3e^{-x} - 2e^x = 0$

   d) $(1+2x)e^{1-2x} = 0$
   e) $(1 - 2e^x)(e^{-x} - 4) = 0$
   f) $(3+x)e^{0,5x} = e^{0,5x}$

   g) $2xe^{-x} - 7e^{-x} = 0$
   h) $\dfrac{e^x}{4} - \dfrac{3}{e^x} = 0$
   i) $e - 2e^{\frac{x}{2}} = 0$

   j) $e^x + 1 = 12e^{-x}$
   k) $e^{0,5x} - 2e^{-x} = 0$
   l) $\dfrac{x}{2}e^{-x} - e^{-x} = 0$

   m) $600e^{-0,2x} = 125$
   n) $2t - te^{4x} = 0; \, t \neq 0$
   o) $\dfrac{e}{2} - e^{tx} = 0; \, t \neq 0$

3. Bestimmen Sie die Lösungen.

   a) $e^{2x} - 4e^x + 3 = 0$
   b) $e^{0,5x} + e^{0,25x} - 12 = 0$
   c) $9e^{-x} + 9e^x - 82 = 0$

   d) $2e^x - 3e^{-x} + 5 = 0$
   e) $e^{2x} + 3e^x - 40 = 0$
   f) $5e^x + 25e^{-x} - 126 = 0$

4. Lösen Sie folgende Gleichungen nach x auf.

   a) $\dfrac{3}{2}e - \dfrac{1}{4}e^{-x} = 0$
   b) $2e^x - \dfrac{1}{2}e^{3x} = 0$
   c) $te^{\frac{1}{t}x} - 4t = 0$

   d) $2xe^x = 7x$
   e) $e^x - 20e^{-x} = 1$
   f) $\dfrac{1}{2}e^{2x} + 18e^{-2x} = \dfrac{13}{2}$

   g) $(-\dfrac{4}{5}e^{2x} + 4)(x^2 + 1) = 0$
   h) $\dfrac{1}{2}(2 - e^x)^2 = 0$
   i) $e^x(4 - 2e^x) = 0$

   j) $-ex + 3x^2 = 0$
   k) $xe^{-x} - te^{-x} = e^{-x}$
   l) $\dfrac{1}{2}(2t - e^x)^2 = 2t^2; \, t > 0$

5. Lösen Sie folgende Gleichungen nach x auf.

   a) $(2 - e^x)^2 = (e^x - 3)^2$
   b) $(\dfrac{x}{2} + 1)e^{2-x} = 0$
   c) $\dfrac{1}{2}e^x - 8e^{-x} = 3$

   d) $1 - \dfrac{2e^x}{e^x + 3} = 0$
   e) $-\dfrac{3}{4}e^{-2x} + 5 = e^{-x}$
   f) $\dfrac{2}{1 + e^x} = -2\dfrac{e^x - 4}{(1 + e^x)^2}$

   g) $\dfrac{2x}{e^x + 1} = 0$
   h) $e^{2x+4} - 3e^{x+2} + 2 = 0$
   i) $\dfrac{e^x}{e^x - 2} = e^x; \, x \neq \ln 2$

   j) $-2e^x - 2e^{-x} + 5 = 0$
   k) $(x - t)e^{x+t} = 0$
   l) $\dfrac{e^x - a}{e^x + a} = 0; \, a > 0$

6. Bestimmen Sie a so, dass $x = \ln 2$ Lösung von $4x^2e^{-x} = ax$ ist.

7. Für welche Werte von t hat die Gleichung $(e^{2x} - 3)^2 + t - 1 = 0$ keine Lösung?

8. Lösen Sie ohne GTR: $\dfrac{x^2}{e^2} - \dfrac{1}{4}e^{-2} = 0$.

Exponentialgleichungen mit Basis a > 0

Beispiele

1) Lösen Sie die Gleichung: $2^x = 7$.

Lösung $\qquad\qquad\qquad\qquad\qquad\quad 2^x = 7$

   Logarithmieren beider Seiten $\qquad \ln 2^x = \ln 7$

$$x \ln 2 = \ln 7 \iff x = \frac{\ln 7}{\ln 2}$$

   Lösung in einer Darstellung als e-Potenz

   Mit $2 = e^{\ln 2}$ erhält man $\qquad\qquad 2^x = (e^{\ln 2})^x = e^{(\ln 2) \cdot x}$

$$e^{(\ln 2) \cdot x} = 7$$

   Logarithmieren $\qquad\qquad\qquad \ln 2 \cdot x = \ln 7 \implies x = \frac{\ln 7}{\ln 2}$

Beachten Sie: Jede positive reelle Zahl a lässt sich als **e-Potenz** darstellen: $a = e^{\ln a}$

2) Für welche $x \in \mathbf{R}$ gilt: $(1{,}5)^x > 10$?

Lösung

   Logarithmieren $\qquad\qquad\qquad 1{,}5^x > 10 \iff \ln 1{,}5^x > \ln 10$

   Mit $\ln u^k = k \ln u \qquad\qquad\qquad x \ln 1{,}5^x > \ln 10$

   mit $\ln 1{,}5 > 0 \qquad\qquad\qquad\qquad x > \dfrac{\ln 10}{\ln 1{,}5} = 5{,}6788...$

3) Am 1.1. 1995 lebten $a_0 = 5{,}76$ Milliarden Menschen auf der Erde.
   a) In welchem Jahr überschreitet die Erdbevölkerung die 10-Milliarden-Grenze, wenn
      man ein jährliches Wachstum von 1,8 % unterstellt?
   b) In welchem Jahr wurde die 3-Milliardengrenze überschritten?
      Vergleichen Sie mit der Bevölkerungszahl am 1.1. 1960: 3,01 Milliarden.

Lösung

a) x ist die Anzahl der Jahre, x = 0 entspricht 1995
   Ansatz für die zu erwartende Erdbevölkerung $Z = 5{,}76 \cdot 1{,}018^{\,x}$ in Milliarden
   Bedingung für x: $\qquad\qquad\qquad 5{,}76 \cdot 1{,}018^{\,x} = 10 \iff 1{,}018^{\,x} = 1{,}736$
   Logarithmieren $\qquad\qquad\qquad x \cdot \ln 1{,}018 = \ln 1{,}7361$

$$x = \frac{\ln 1{,}7361}{\ln 1{,}018} = 30{,}92...$$

Ergebnis: Im Jahre 2026 wird die 10-Milliarden-Grenze überschritten.
   Darstellung als e-Potenz
   Mit $1{,}018 = e^{\ln 1{,}018} = e^{0{,}0178}$ erhält man $Z = 5{,}76 \cdot (e^{0{,}0178})^x = 5{,}76 \cdot e^{0{,}0178 \cdot x}$

b) Bedingung für x: $\qquad\qquad\qquad 5{,}76 \cdot e^{0{,}0178 \cdot x} = 3$

$$e^{0{,}0178 \cdot x} = 0{,}5208 \implies 0{,}0178x = \ln 0{,}5208$$

$$x = -36{,}6$$

Ergebnis: Im Jahre 1958 wurde die 3-Milliarden-Grenze überschritten.
Der Vergleich besagt, dass die Weltbevölkerung 1960 um weniger als 1,8 % zunahm.

Aufgaben

1. Schreiben Sie als Exponentialgleichung mit e-Basis und lösen Sie.
   a) $1{,}075^x = 2$ \qquad b) $2500 \cdot 0{,}855^x = 1000$ \qquad c) $60 \cdot 10^{-0{,}025x} = 20$

2. Bestimmen Sie die Lösungsmenge.
   a) $2^{x-2} = 23$ \qquad b) $5^{x+3} - 5^{3x-5} = 0$ \qquad c) $2^x - 3^{x-1} = 3^x - 2^{x+2}$
   d) $2^{2x-2} - 2^x = 8$ \qquad e) $0{,}5 \cdot 2^{2+x} - 0{,}25 = 0$ \qquad f) $3^x + 9 \cdot 3^{-x} = 10$

3. Geben Sie mögliche Werte für a und b an, sodass die Gleichung $a^x = b$ die Lösung $x = 2$, $x = 0$, keine Lösung hat. Begründen Sie: $2^x = b$ hat höchstens eine Lösung.

4. Gegeben ist eine Folge von Quadraten. Das erste Quadrat hat die Seitenlänge a = 1. Das zweite Quadrat hat die Seitenlänge a = 2. Die Seitenlänge wird jeweils verdoppelt.
   a) Bestimmen Sie den Inhalt und den Umfang des 5. ,10. und n-ten Quadrates.
   b) Für welche Seitenlänge wird der Umfang erstmals größer als der Erdumfang?

5. Ein radioaktiver Stoff zerfällt. Dabei nimmt seine Masse täglich um 8 % ab.
   Wie viel g sind nach 14 Tagen noch vorhanden, wenn es ursprünglich 250 g waren?
   Nach wie vielen Tagen sind 95 % seiner Masse zerfallen?
   Wie viel Tage beträgt die Halbwertszeit?

6. Faltet man ein Blatt Papier mehrfach längs einer Mittellinie, so liegen nacheinander zwei, dann 4, dann 8 usw. Schichten übereinander. Wie oft muss man bei einer Papierdicke von 0,3 mm falten, um einen Turm von der Höhe des Eiffelturms (318 m) zu erhalten?

7. Herr Hansen legt ein Kapital von 4 000 EUR zu einem Jahreszins von 3,5 % an.
   a) Wie hoch ist sein Kapital nach 5 bzw. 10 Jahren?
   b) Nach wie vielen Jahren hat sich das Kapital verdreifacht?
   c) Wie höch müsste die jährliche Verzinsung sein, wenn sich das Kapital in 8 Jahren verdoppeln soll?

8. Ein Bestand von Fliegen lässt sich in Abhängigkeit von der Zeit t (in Tagen) mit der Gleichung $y = 100e^{0{,}143t}$, $t \geqq 0$ beschreiben.
   a) Nach wie viel Tagen sind bereits 300 Fliegen vorhanden?
   b) Wie lange dauert es, bis sich die Zahl der Fliegen verdoppelt hat?

9. Eine Bakterienkultur enthält zurzeit N = 118 Bakterien. Sie wächst täglich um 18 %.
   a) Nach wie viel Tagen überschreitet die Kultur die Millionengrenze?
   b) Zu Beginn der Beobachtung waren es 6 Bakterien. Wie viele Tage sind vergangen?

10. Der Zerfall eines radioaktiven Präparates (in g) verläuft nach dem Gesetz
    $y = e^{-0{,}032t + 4}$, t in Tagen, $t \geqq 0$.
    a) Wie hoch ist die Masse in g zu Beginn der Messungen?
    b) Nach wie viel Tagen sind nur noch 2 % der ursprünglichen Masse vorhanden?

11. Der Luftdruck p nimmt in der Atmosphäre mit zunehmender Höhe x nach folgender Formel ab: $p(x) = p_0\, e^{-0{,}137x}$. Dabei ist x die Höhe in km über dem Meeresspiegel und p_0 der Luftdruck auf Meereshöhe.
    In welcher Höhe über N.N hat der Luftdruck um 25 % abgenommen?

12 Bohner/Ihlenburg/Ott – ISBN 3-8120-0206-X

Bestimmen Sie das Lösungswort

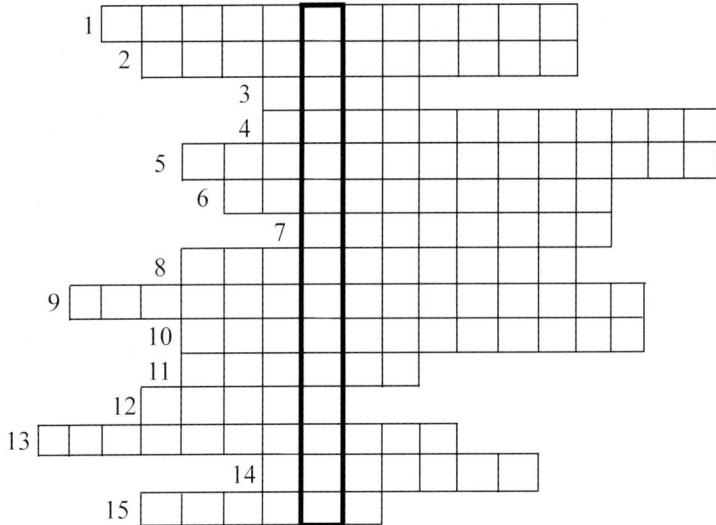

1. Was an einer Gleichung interessiert 2. Macht aus einer Summe ein Produkt
3. Mathematischer Ausdruck 4. Teil eines Produktes 5. Zuerst ist die
Definitionsmenge zu bestimmen 6. These 7. Umformung ergibt eine falsche Aussage
8. Zahlenvorrat 9. löst man durch Quadrieren 10. Lösungsverfahren
11. $\sqrt{2}$ ist auch eine ... Zahl 12. Resultat einer Addition 13. Hochzahl
14. Term aus Faktoren 15. Gegenteil von Quadrat

Bilden Sie Paare. Ordnen Sie jeder Zahl den zugehörigen Buchstaben zu.

1	Term	A	$x^2 + 3 = e$
2	Gleichung	B	$(ax - 7)x$
3	unlösbar	C	$\ln 1$
4	quadratische Gleichung	D	$(x - 5)e^x = 0$
5	Linearfaktoren	E	$x(2 - x) = 0$
6	Satz vom Nullprodukt	F	$x^2 + 3 = 2x$
7	Gleichung 3. Grades	G	$(x^2 - 5)e^x = 0$
8	Lösungsmenge	H	$2x^3 - 5x^4 - 4 = x$
9	Gleichung 4. Grades	I	$x^2 (x - 4) = 3$
10	Bruchterm	J	$x^2 - 5x^3 - 12$
11	Wurzelgleichung	K	$\frac{x}{2}(x^2 - 1)$
12	Null	L	$\frac{2}{x} - 3$
13	Exponentialgleichung	M	$x + 2t = 3x - 2(x - t)$
14	Identität	N	$(x + 8)^{0.5} - 2 = x^{0.5}$
15	Polynom	O	$[1; 5]$

IV. Funktionen
1 Das rechtwinklige Koordinatensystem

Durch das rechtwinklige Koordinatensystem lassen sich Punkte in der Ebene eindeutig festlegen.

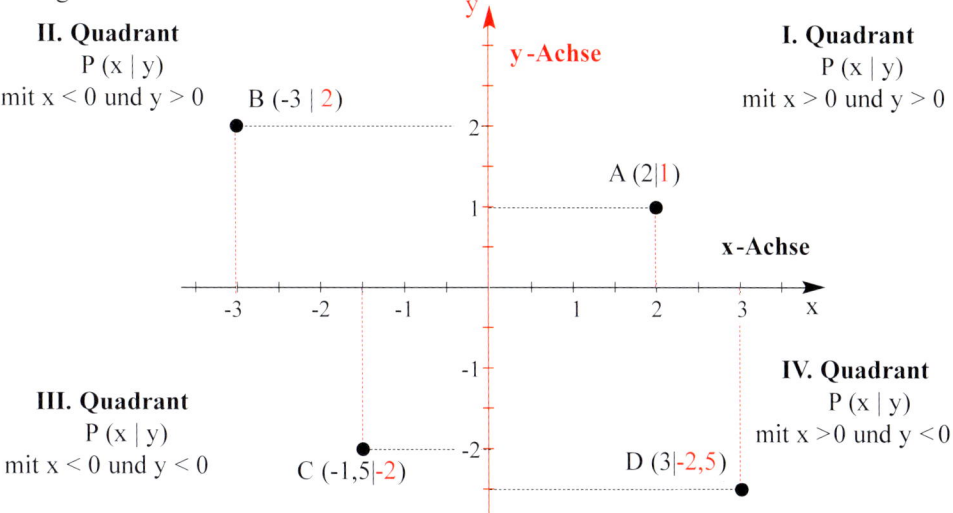

Zur Festlegung eines Punktes in der Ebene braucht man die **x-Koordinate (Abszisse)** und die **y-Koordinate (Ordinate)**.

Der **Punkt** A (2| 1) hat die **x-Koordinate** $x = 2$ und die **y-Koordinate** $y = 1$.
Das Koordinatensystem (Achsenkreuz) unterteilt die Ebene in 4 **Felder (Quadranten)**.

Ein Punkt P (x | y) liegt $\begin{cases} \text{oberhalb} \\ \text{unterhalb} \end{cases}$ der x-Achse, wenn $\begin{cases} y > 0 \\ y < 0. \end{cases}$

Beispiel

Kennzeichnen Sie im Koordinatensystem alle Punkte, deren Koordinaten die folgende Bedingung erfüllen.

a) $x = 2$
b) $y \geq 0$ und $y = -\frac{1}{2}x + 1$

Lösung

a)

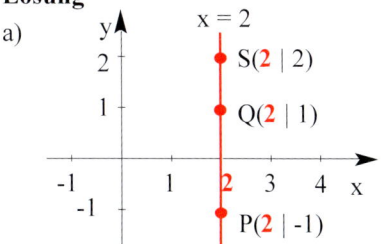

b)

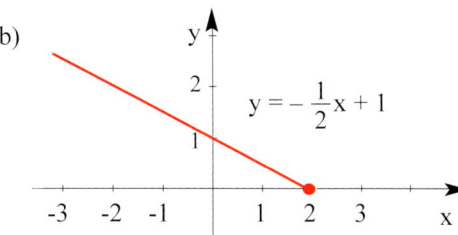

Aufgaben

1. Kennzeichnen Sie im Koordinatensystem alle Punkte, deren Koordinaten die gegebenen Bedingungen erfüllen.

   a) $y \leq -1 \wedge x \geq 1$ b) $y \in \mathbf{R} \wedge -2 \leq x \leq 3$ c) $x \in \mathbf{R} \wedge y = 2$

   d) $0 \leq x \leq 4 \wedge y \geq 0$ e) $|x| \geq 1{,}5 \wedge |y| \leq 2$ f) $y > 0 \wedge x = -1$

2. Zeichnen Sie in ein geeignetes Koordinatensystem folgende Punkte ein:

   A(40 | 220); B(100 | 250); C(200 | 300); D(80 |240).

   Gibt es einen Zusammenhang von x- und y-Koordinate?

   Stellen Sie hierfür einen Term auf und geben Sie drei weitere Punkte an.

3. a) Für welche Werte von $t \in \mathbf{R}$ liegt der Punkt $P_t(t - 1 \mid \frac{1}{t+1})$ im 1. Quadranten?

   b) Für welche Werte von $t \in \mathbf{R}$ liegt der Punkt $Q_t(\, t \mid t^2 - 1)$ unterhalb der x-Achse?

4. Gegeben ist die Punktmenge $A = \{(1 \mid 3); (2 \mid \frac{3}{2}); (3 \mid 1); (4 \mid \frac{3}{4}); ...\}$.

   Geben Sie 3 weitere Elemente von A an. Tragen Sie die Punkte in ein Achsenkreuz ein.

   Gibt es einen Zusammenhang von x- und y-Koordinate?

5. Gegeben ist der Punkt $P(t \mid \frac{t}{2} + 3)$ mit $t \in \mathbf{R}$.

   Wählen Sie für t einige Werte und tragen Sie die zugehörigen Punkte in ein Koordinatensystem ein. Wie liegen die Punkte im Koordinatensystem?

   Für welche t-Werte gilt: x-Koordinate ist gleich y-Koordinate des Punktes P?

6. Beschreiben Sie die rot gekennzeichnete Strecke bzw. Fläche.

   a)
   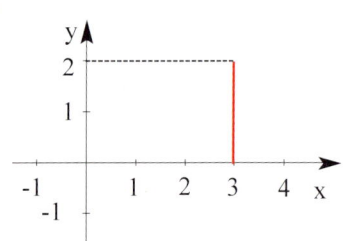

   b)
   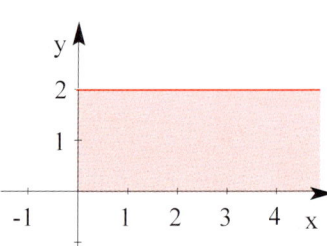

   c)
   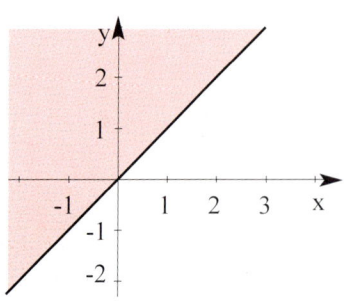

   d)
   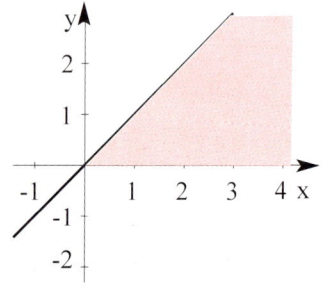

2 Abhängigkeiten und graphische Darstellung

In Natur und Alltag hängt sehr oft der Wert einer Größe vom Wert einer anderen Größe ab, z. B. Preis und Menge, Temperatur und Zeitpunkt, Weg und Zeit, Bremsweg und Geschwindigkeit, Kapitalanlage und Zeit. In vielen Fällen lassen sich die Zusammenhänge und Abhängigkeiten mathematisch fassen.

Beispiele

1) Ein Landmetzger verkauft 100 g Bioleberwurst zu 1,60 EUR.
   a) Bestimmen Sie die Tageseinnahmen für dieses Bioprodukt,
      wenn er 2 kg, 4 kg und 8 kg Wurst pro Tag verkauft.
      Übertragen Sie die Werte in ein Koordinatensystem.
   b) Lesen Sie aus dem Schaubild ab:
      Wie hoch sind seine Einnahmen, wenn er 5 kg verkauft.
      Die Tageseinnahmen betragen 100 EUR. Wie viel Wurst in kg hat er verkauft?
   c) Stellen Sie eine Gleichung auf, die die Tageseinnahmen (EUR) in Abhängigkeit
      von der verkauften Menge (in kg) angibt. Berechnen Sie das Gewicht der
      verkauften Wurst, wenn seine Tageseinnahmen für dieses Produkt 168 EUR
      betragen.

Lösung

a) Tageseinnahmen in EUR
   für 2 kg: $16 \cdot 2 = 32$
   für 4 kg: $16 \cdot 4 = 64$
   für 8 kg: $16 \cdot 8 = 128$
   Übersichtliche Darstellung
   mit einer (Werte-) Tabelle

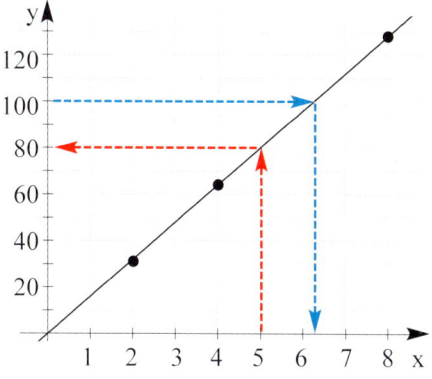

Gewicht in kg	2	4	8
Einnahmen in EUR	32	64	128

> **Bemerkung:**
> Die Punkte können zu einer
> (Halb-) Geraden verbunden werden.

b) Aus dem Schaubild:
   Wenn der Metzger 5 kg Wurst verkauft, so betragen seine Einnahmen 80 EUR.
   Betragen seine Einnahmen 100 EUR, so hat er 6,25 kg verkauft.

c) Für die Maßzahl des Gewichtes (in kg) wählen wir die Variable x,
   für die Maßzahl der Einnahmen (in EUR) y.
   Tageseinnahmen y für x kg $y = 16 \cdot x$
   Ansatz: y = 168 $168 = 16 \cdot x \Rightarrow x = \dfrac{168}{16} = 10,5$
   Der Metzger hat 10,5 kg Wurst verkauft.

Aufgabe

Ist es sinnvoll, mit der Formel y = 16x die Einnahmen für den Verkauf von 1 t (bzw. 20 g) zu berechnen? Wie viel Leberwurst erhält man für 1 EUR? Nehmen Sie dazu Stellung.

2) In der Fahrschule lernt man folgende Faustregel zur Berechung
des Bremsweges (in m):   Dividiere die Geschwindigkeit (in $\frac{km}{h}$) durch 10
und multipliziere das Ergebnis mit sich selbst.

a) Vervollständigen Sie die Tabelle nach dieser Faustregel.

Geschwindigkeit (in kmh^{-1})	30	50	80	100	120	150
Bremsweg (in m)						

Übertragen Sie diese Werte in ein Koordinatensystem.

b) Erfassen Sie diese Regel durch eine Gleichung.
Wählen Sie dabei für die Maßzahl der Geschwindigkeit die Variable x,
für die Maßzahl des Bremsweges y.

c) Bei der Aufnahme eines Verkehrsunfalls misst die Polizei eine Bremsspur
von 35 m Länge. Wie groß war die Geschwindigkeit mindestens?

d) Wie verändert sich der Bremsweg, wenn sich die Geschwindigkeit verdoppelt?

Lösung

a) Bremsweg in m bei 30 $\frac{km}{h}$:　　　　　　　$\frac{30}{10} = 3$ dann $3 \cdot 3 = 9$ (in m)

Anwendung der Fahrschulregel ergibt folgende Werte.

Geschwindigkeit (in kmh^{-1})	30	50	80	100	120	150
Bremsweg (in m)	9	25	64	100	144	225

Bemerkung:

Die Punkte können zu einer „Parabel" verbunden werden.

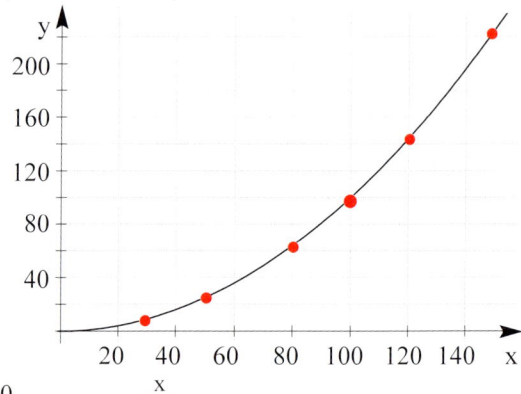

b) Geschwindigkeit x dividiert durch 10　　$\frac{x}{10}$

mit sich selbst multiplizieren　　$\frac{x}{10} \cdot \frac{x}{10} = \frac{x^2}{100} = 0{,}01x^2$

Gleichung für den Bremsweg y:　　$y = 0{,}01x^2$

c) Ansatz: $y = 35$　　$35 = 0{,}01x^2 \Rightarrow x^2 = 3500$

Geschwindigkeit x　　$x = \sqrt{3500} = 59{,}16$ (in $\frac{km}{h}$)

d) Bremsweg y_0 bei der Geschwindigkeit x_0　　$y_0 = 0{,}01x_0^2$

Bremsweg y bei der Geschwindigkeit $x = 2x_0$　　$y = 0{,}01\,(2x_0)^2 = 4 \cdot 0{,}01x_0^2 = 4y_0$

Ergebnis: Bei doppelter Geschwindigkeit vervierfacht sich der Bremsweg.

Graphikfähiger Taschenrechner... Graph ohne/mit Wertetabelle

$$y = \frac{1}{100} x^2$$

1) **Graph ohne Wertetabelle**

   Im Hauptmenue **Graph** auswählen

   Funktionsterm eingeben

   EXE

2) **Graph mit Wertetabelle**

   Im Hauptmenue **Table** auswählen

   EXE

   Funktionsterm eingeben

   TABL (F6)

Wertetabelle

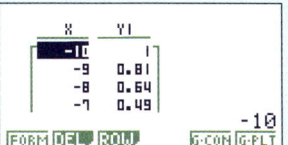

EXIT Taste

RANG (F5)

(Rechenbereich

einstellen)

EXE

EXE

G-CON (F5)

Achtung: In der Standardeinstellung ist – 10 ..10
der Variablenbereich für x und y vorgegeben,
man erhält hier eine ungeeignete graphische
Darstellung.

V-Window (F3)

(Zeichenbereich festlegen)

STD steht für Standardeinstellung

EXE

Table (F6)

G-CON (F5)

Trace (F1) (entlang der Kurve fahren)

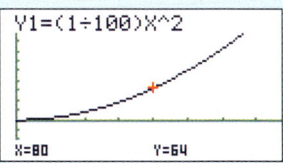

3) Ein Rechteck hat den Flächeninhalt A =30 cm².

Bestimmen Sie den Umfang U(a) dieses Rechtecks in Abhängigkeit von der Länge einer Seite a.

Lösung

Für den **Flächeninhalt** eines Rechtecks gilt: $A = a \cdot b$

mit   A =30 (cm²) folgt $a \cdot b = 30 \Rightarrow b = \dfrac{30}{a}$

Das Rechteck hat die Seiten a und $\dfrac{30}{a}$

und damit den Umfang U in Abhängigkeit von a: $U(a) = 2a + \dfrac{60}{a}$

Für a sind nur **positive Werte** sinnvoll: $a > 0$

Wir bestimmen den Umfang für einige Werte von a:

a = 3: U(3) = 26

a = 5: U(5) = 22   Darstellung in einer **Wertetabelle**

a = 10: U(10) = 26

a = 20: U(20) = 43

a = 30: U(30) = 62

a	3	5	10	20	30
U(a)	26	22	26	43	62

Wir tragen die Werte in ein **geeignetes** Koordinatensystem ein.

Seitenlänge a: **unabhängige Variable** auf der x-Achse

Umfang U: **abhängige Variable** auf der y-Achse

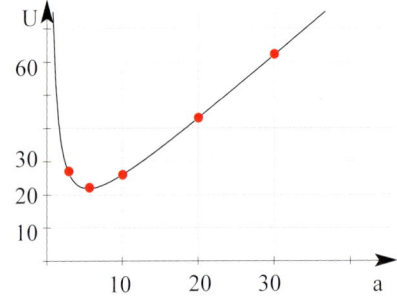

Wir **verbinden die Punkte**, da es für jeden Wert von a (a > 0) genau einen zugehörigen Umfang gibt.

Es scheint, dass der Umfang bei a = 5 am kleinsten wird. Um diese Frage zu klären, erstellen wir mit dem **GTR eine ausführliche Wertetabelle für 4 < x < 6**.

Eingabe des Terms für den Umfang in **x**:
Menue Table, Taste F5 (RANG)

Wertetabelle für 4 < x < 6
mit Schrittweite 0,1 (Ausschnitt)

Der kleinste Umfang wird erreicht, wenn man für die Seite a ≈ 5,5 cm wählt.

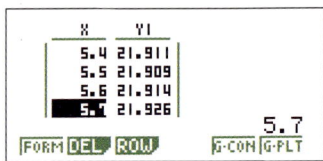

Aufgaben

1. Herr Maier hat einen Handyvertrag abgeschlossen mit folgenden Konditionen:
   monatliche Grundgebühr 20 EUR, Telefonkosten pro Minute 0,35 EUR.
   Welcher Betrag steht auf seiner Monatsrechnung, wenn er 40, 80, 120 Minuten
   telefoniert?
   Erstellen Sie einen Term für die monatlichen Kosten in Abhängigkeit von
   der Gesprächsdauer in Minuten. Stellen Sie den Zusammenhang graphisch dar.

2. Ein Flugzeug besitzt einen Treibstoffvorrat von 10500 l Kerosin.
   Pro 100 km verbraucht es 180 l.
   a) Erstellen Sie eine Tabelle für den Verbrauch in Litern. Wählen Sie Strecken
      von 0 km bis 5000 km. Stellen Sie den Zusammenhang graphisch dar.
   b) Nach wie viel Kilometer wäre der Treibstoffvorrat aufgebraucht?
   c) Bestimmen Sie den Term für den Tankinhalt in Abhängigkeit von der geflogenen
      Strecke?

3. Erstellen Sie eine Umrechnungstabelle °Celsius (° C) in Fahrenheit (° F) im Bereich
   zwischen – 20° C und 60° C . Beschaffen Sie sich die dazu notwendigen Daten.
   Stellen Sie den Zusammenhang graphisch dar. Welcher Term beschreibt diesen
   Zusammenhang? Das Fieberthermometer zeigt beim Patienten Peter 106° F.
   Ist diese Temperatur schon lebensbedrohlich?

4. Ein Versandhaus möchte aus Rationalisierungs- und Kostengründen seine
   Geschenkartikel in Päckchen verschicken. Aus verpackungstechnischen Gründen ist
   die Länge einer Seite mit 35 cm festgelegt.
   Der Gebührenordnung der "Deutschen Post AG" muss entsprochen werden.
   Gebührenordnung: *Quaderform Päckchen National*
   Mindestmaße: Länge 15 Zentimeter, Breite 11 Zentimeter, Höhe 1 Zentimeter
   Höchstmaße: Länge 60 Zentimeter, Breite 30 Zentimeter, Höhe 15 Zentimeter oder
   Länge plus Breite plus Höhe = 90 Zentimeter. Höchstgewicht: 2 Kilogramm
   © 2002 Deutsche Post AG |ImpressumDruckenKontaktSitemapHilfeSprache:DEUENG
   a) Bestimmen Sie für ein Volumen von $V = 21\ dm^3$ den Zusammenhang von
      Breite und Höhe.
   b) Wie groß wäre das maximal erreichbare Volumen?

5. Gegeben ist die Formel $a = \dfrac{b}{c}$.
   a) Wie verändert sich a, wenn c kleiner wird?
   b) Werden folgende Sachzusammenhänge durch die Formel beschrieben?
      A: Die Gesamtkosten a für einen Mietwagen setzen sich zusammen aus der Zahl b
         der gefahrenen Kilometer und dem Preis c für einen Kilometer.
      B: Der Anhalteweg a berechnet sich aus dem Bremsweg b und
         dem Reaktionsweg c.
   c) Geben Sie Sachzusammenhänge an, die durch die Formel $a = \dfrac{b}{c}$ beschrieben
      werden können.

6. Der Kraftstoffverbrauch eines Autos hängt von der Geschwindigkeit ab. Die Abbildung zeigt den Verbrauch in Liter pro 100 km eines Autos in Abhängigkeit von der Geschwindigkeit, wenn man im 4. Gang fährt.

   a) Interpretieren Sie die Kurve.
   b) Bei welcher Geschwindigkeit beträgt der Verbrauch 6 l pro 100 km?
   c) Bei welcher Geschwindigkeit ist der Verbrauch am geringsten?
   d) Wie könnte die Kurve verlaufen, wenn man im 3. Gang fährt?

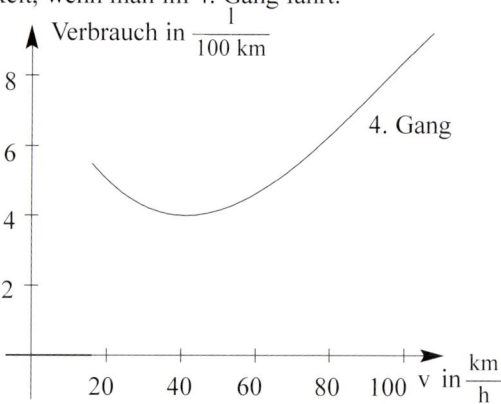

7. Ein Rechteck hat einen Umfang U = 12 cm. Wie hängen die Seiten a und b voneinander ab? Bestimmen Sie einen Term, der den Flächeninhalt in Abhängigkeit von der Seite a angibt. Für welchen Wert von a wird der Inhalt am größten?

8. Gegeben ist ein Quadrat mit der Seitenlänge a = 5 cm.
   Bestimmen Sie den Term A(x) für den Flächeninhalt des Dreiecks ABC.

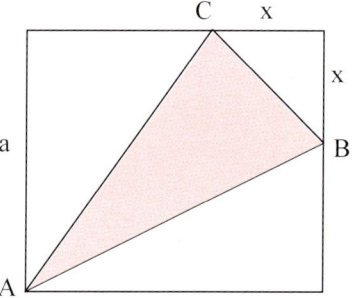

9. Im Schwimmbecken sind 40 m³ Wasser. Das Wasser wird zur Reinigung des Beckens abgelassen, wobei pro Minute 350 l abfließen.
   Bestimmen Sie einen Term für das verbleibende Volumen in m³.
   Wie viel m³ sind nach 20 Minuten noch im Schwimmbecken?

10. Die Gesamtkosten K einer Unternehmung in Abhängigkeit von der Ausbringungsmenge x in Mengeneinheiten (ME) werden beschrieben durch den Term $K(x) = 0{,}01x^3 - x^2 + 100\,x + 720$.
    a) Berechnen Sie die Gesamtkosten für x-Werte bis 100. Wählen Sie eine geeignete Schrittweite. Zeichnen Sie das Schaubild der Gesamtkosten.
    b) Der Erlös je ME beträgt 99 Geldeinheiten (GE).
       Wie hoch sind die Einnahmen, wenn x ME am Markt abgesetzt werden? Zeichnen Sie das Schaubild für den Erlös in das vorhandene Koordinatensystem ein.
    c) Lesen Sie aus dem Schaubild ab: Auf welchem Bereich wird Gewinn erzielt?
       Bei welchem x-Wert wird der größte Gewinn erzielt?

3 Definition einer Funktion

Im letzten Kapitel wurde die Abhängigkeit von zwei Größen untersucht.
Im Beispiel „Landmetzger" beschreibt die Gleichung y = 16x die Einnahmen in
Abhängigkeit vom Gewicht. Jedem Gewicht wird ein Preis zugeordnet.

Im Beispiel „Umfang" ordnet man mit dem Term $U(a) = 2a + \frac{60}{a}$ jeder Seitenlänge a
mit a > 0 genau einen Umfang U zu.

Im Beispiel „Bremsweg" ordnet man jeder Geschwindigkeit x eindeutig einen
Bremsweg y zu.
Solche eindeutigen Zuordnungen nennt man in der Mathematik **F u n k t i o n**.

Funktion bedeutet „eindeutige Zuordnung"

Am Beispiel „Bremsweg" soll der Begriff Funktion näher erläutert werden.

Gleichung $y = 0,01x^2$

Wertetabelle

x	0	30	50	80	100	120	150
y	0	9	25	64	100	144	225

Die Menge, die alle zugelassenen x-Werte enthält, nennt man **Definitionsmenge D.**
Für die **Definitionsmenge D** der „Bremsweg"-Funktion gilt: $D = R_+$.
Die **Funktion** (wir bezeichnen sie mit **f**) ordnet **jeder Zahl aus der Definitions-
menge D** mit Hilfe der Funktionsvorschrift $f(x) = 0,01x^2$ **genau eine reelle Zahl zu.**
Aus der Tabelle liest man ab:

Für x = 30:   y = f (30) = **9**
für x = 50:   y = f (50) = 25
für x = 120:   y = f (120) = 144
Für jedes x aus D: **y = f (x)**   **y ist der Funktionswert an der Stelle x.**

Wir übertragen die Werte
in ein **Koordinatensystem**
mit x-Achse und y-Achse,
und erhalten nebenstehendes
Schaubild.

Es besteht ein
**funktionaler
Zusammenhang**
von Geschwindigkeit
und Bremsweg.

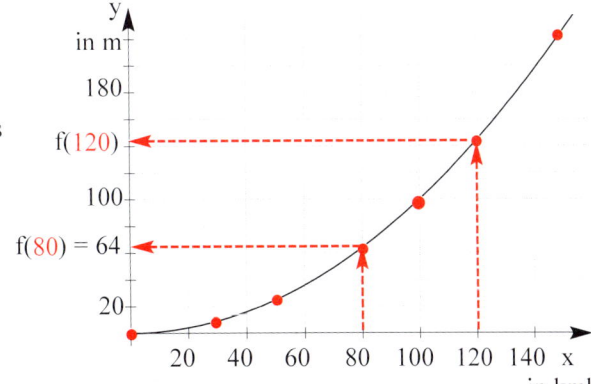

Jeder Geschwindigkeit x wird genau ein Bremsweg f(x) zugeordnet.

Formale Schreibweise dieser Funktion:
f : x ↦ f(x) = 0,01x² ; x ∈ R₊   **oder**   **f mit f(x) = 0,01x² ; D = R₊**
Der Term 0,01x² ist der Funktionsterm.

Definition einer Funktion

Eine **Funktion** f ist eine Vorschrift, die jeder reellen Zahl aus einer **Definitions-menge** D **genau eine** reelle Zahl zuordnet.

Schreibweise $\quad f : x \mapsto f(x) \, ; x \in D$

Bezeichnungen

$f(x_0)$ **Funktionswert** von x_0 (Funktionswert an der Stelle x_0)

D **Definitionsmenge**,

Menge aller x-Werte, auf die f angewandt werden soll

x Element von D ($x \in D$), Stelle, Argument oder Abszisse

K, K_f **Schaubild von f,**

enthält alle Punkte P(x | y), deren Koordinaten die Gleichung $y = f(x)$ erfüllen.

Darstellungsmöglichkeiten einer Funktion **Beispiel**

—**Wertetabelle**

x	–2	–1	0	0,5	1	2	3
y	0,25	0,5	1	1,41	2	4	8

– **Funktionsterm** $\qquad f(x) = 2^x$

– **Funktionsgraph**

Schaubild der Funktion f.

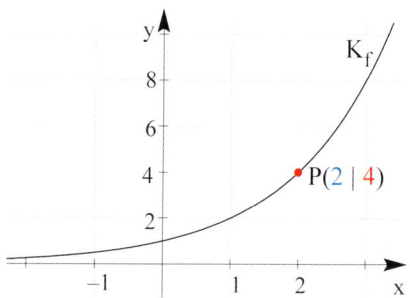

Unterscheiden Sie :

Funktion: f mit $f(x) = 2^x$; $x \in \mathbf{R}$
beschreibt die Zuordnung.

Kurvengleichung: $y = 2^x$
beschreibt die Punkte auf dem
Schaubild K von f.

Bemerkungen

1) **Bedeutungen** von $\qquad \mathbf{f(2)} = 4$

Für den x-Wert 2 erhält man
durch **Einsetzen in f(x)** den
y-Wert (Funktionswert) 4

Der Punkt P(2 | 4) liegt auf
dem Schaubild von f
$P(2 | 4) \in K_f$

2) Die **Wertemenge** besteht aus allen y-Werten, für die gilt: $W = \{\, y \mid y = f(x) \, ; x \in D \,\}$
Wertemenge für das obige Beispiel: $W = \mathbf{R}_+^*$.

Diese Zuordnung ist **eine Funktion** **ist keine Funktion**

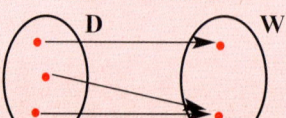
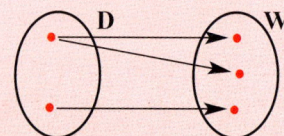

Beispiel

Gegeben ist die Funktion f durch $f(x) = \frac{1}{2}x^2 - 3$; $x \in \mathbf{R}$. K ist das Schaubild von f.

a) Berechnen Sie ohne GTR die Funktionswerte an den Stellen $\sqrt{2}$ und -3.

b) Erstellen Sie eine Wertetabelle für $-3 \leq x \leq 3$ mit Schrittweite 1 und zeichnen Sie K.

c) Berechnen Sie die Funktionswerte an den Stellen $x = u$ und $x = u + 1$.

d) Liegt der Punkt $P(1,5 | -2,3)$ auf dem Schaubild K?

e) An welchen Stellen ist der Funktionswert 4?

Lösung

a) $f(\sqrt{2}) = \frac{1}{2}(\sqrt{2})^2 - 3 = \frac{1}{2} \cdot 2 - 3 = -2$

$f(-3) = \frac{1}{2}(-3)^2 - 3 = \frac{1}{2} \cdot 9 - 3 = 1,5$

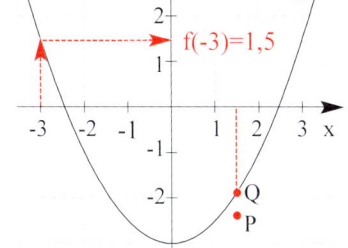

b) Wertetabelle und Schaubild

x	-3	-2	-1	0	1	2	3
f(x)	1,5	-1	$-2,5$	-3	$-2,5$	-1	1,5

c) Funktionswert an der Stelle u: $\quad f(u) = \frac{1}{2}u^2 - 3$

$P(u | f(u))$ liegt auf K.

f(x) an der Stelle u + 1: $\quad f(u+1) = \frac{1}{2}(u+1)^2 - 3 = \frac{1}{2}u^2 + u - \frac{5}{2}$

d) Punktprobe mit $P(1,5 | -2,3)$:

Einsetzen der Koordinaten in f(x) $\quad f(1,5) = \frac{1}{2}(1,5)^2 - 3 = -1,875$

$-1,875 = -2,3$ ist eine falsche Aussage => P **liegt nicht auf** K, aber $Q(1,5 | -1,875) \in K$

e) Funktionswert gleich 4: $\quad f(x) = 4 => \frac{1}{2}x^2 - 3 = 4$

Stellen $\quad x_{1|2} = \pm\sqrt{14} = \pm 3,74$

Hinweis zur Lösung von f(x) = 4 mit dem GTR

Ist der Graph gezeichnet: **G-Solve (F5), F6, F2 (X-Cal)**

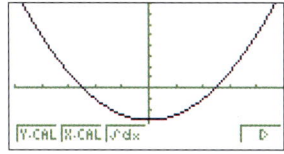

Ist das nebenstehende Schaubild G noch das Schaubild einer Funktion?

Antwort

Eine Funktion ordnet jedem x-Wert **genau einen** y-Wert zu.

In diesem Fall werden z. B. dem x-Wert -1 zwei y-Werte (2 und $-$ 2) zugeordnet, somit ist G **nicht** das Schaubild einer Funktion. G ist das Schaubild einer **Relation**.

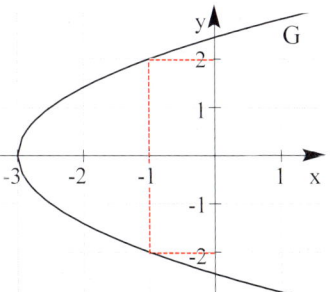

Eine **Relation** beschreibt eine Zuordnung.

Ist die Zuordnung (Relation) **eindeutig**, so spricht man von einer **Funktion**.

Aufgaben

1. Gegeben ist die Funktion f. Erstellen Sie eine geeignete Wertetabelle.
   Zeichnen Sie das zugehörige Schaubild in Ihr Heft.

   a) $f(x) = \frac{1}{2}x + 1$ b) $f(x) = x^2$ c) $f(x) = \frac{1}{x+3}$ d) $f(x) = 3^x$

2. Überlegen Sie, ob eine eindeutige Zuordnung $x \mapsto y$ vorliegt: $x^2 + y^2 = 1$

3. Welches Schaubild gehört zu einer Funktion $f : x \mapsto f(x)$? Begründen Sie.

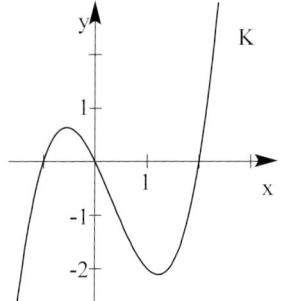 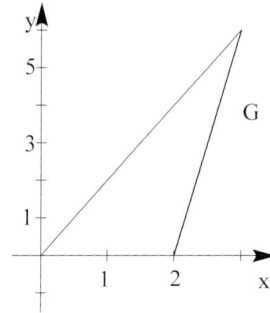 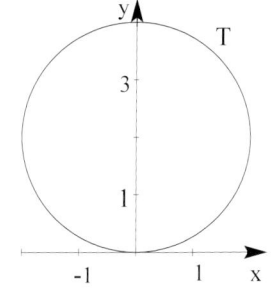

4. Formulieren Sie mit Hilfe der mathematischen Kurzschreibweise.

   a) An der Stelle 3 hat die Funktion f den Funktionswert 12.

   b) Durch die Funktion f wird dem x-Wert die Zahl – 4 zugeordnet.

   c) Der Punkt P(2 |5) liegt auf dem Schaubild von f

   d) Für welches Argument hat f den Funktionswert 4.

   e) Der Funktionswert von f ist größer als 7 für alle $x \in \mathbf{R}$.

   f) Die Funktion f nimmt an der Stelle – 17 den Funktionswert 9 an.

   g) Die Funktionen f und g nehmen an der Stelle x = 3 denselben Funktionswert an.

   h) An welcher Stelle x ist der Funktionswert von f kleiner als der
      Funktionswert von g?

   i) Der Funktionswert der Funktion f ist gleich 5 für alle $x \in \mathbf{R}$.

   j) Die Koordinaten eines Kurvenpunktes von K_f stimmen überein.

5. Nennen Sie ein alltägliches Beispiel für eine Zuordnung, die eine (keine) Funktion ist.

6. Gegeben ist $\left\{ (2 \mid 1); (5 \mid \frac{1}{4}), (10 \mid \frac{1}{9}), (25 \mid \frac{1}{24}), ... \right\}$. Liegt eine Funktion vor?
   Wenn ja, bestimmen Sie die Zuordnungsvorschrift und den größtmöglichen
   Definitionsbereich.

7. Zeichnen Sie mit dem GTR das Schaubild der Funktion f mit

   $f(x) = \frac{1}{8}(x^3 - 2x - 4); x \in \mathbf{R}$.

   a) Bestimmen Sie mit dem GTR f(3), f(–2).

   b) Wo ist der Funktionswert Null?

   c) Für welchen x-Wert ist der Funktionswert 1?

   d) Für welche x-Werte ist die Funktion negativ?

   e) Für welche x-Werte gilt: f(x) < 1?

8. Die nebenstehende Kurve ist der
   Graph der Funktion f.
   Lesen Sie aus dem Schaubild ab.
   a) Funktionswert an der Stelle 5
   b) eine Stelle x mit f(x) = 0
   c) Auf welchem Bereich gilt f(x) > 0?

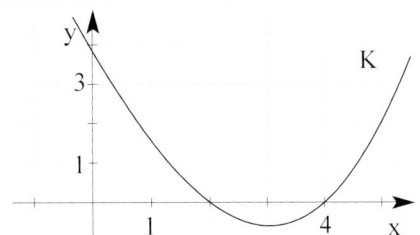

9. Gegeben sind die Graphen von drei Funktionen f_1, f_2, f_3.
   Entscheiden Sie, für welche Funktion gilt:
   a) Die Funktionswerte sind überall negativ.
   b) Die Funktionswerte sind negativ
      auf dem Intervall $[0{,}5;\ 1]$
   c) f(2) < f(0)
   d) f(0) = − 1
   e) f(−2) = f(2)

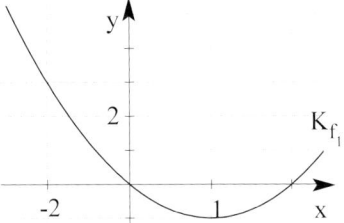

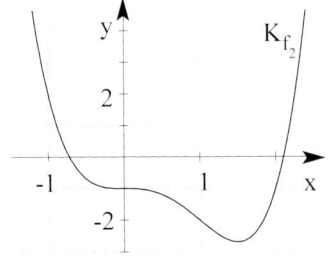

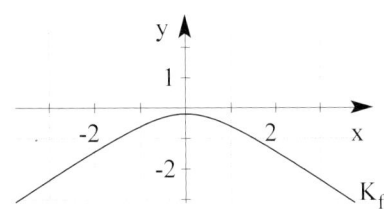

10. Welche der Wertetabellen können zu einer Funktion gehören?

    a)

x	−1	0	1	2	3
y	4	0	−2	4	4

    b)

x	−1	0	3	3	4
y	8	7	2	4	5

11. Gegeben ist die Funktion f mit $f(x) = -0{,}2(2-x)^2$; $x \in \mathbf{R}$
    a) Die Funktionswerte sind positiv für alle negativen x-Werte.
    b) f(x) < 0 für $x \in \mathbf{R}$
    c) f(x) ist negativ für x = 2
    d) Es gibt eine Stelle u so, dass f(u) = f(u + 1).
    Entscheiden Sie, ob die Aussage wahr oder falsch. Begründen Sie Ihre Entscheidung.

12. Beschreiben Sie den Verlauf des
    abgebildeten Funktionsgraphen.
    Markieren Sie hierzu wichtige
    Punkte.
    Erklären Sie die Punkte und
    Intervalle, indem Sie einen
    möglichen betriebswirtschaftlichen
    Hintergrund formulieren.

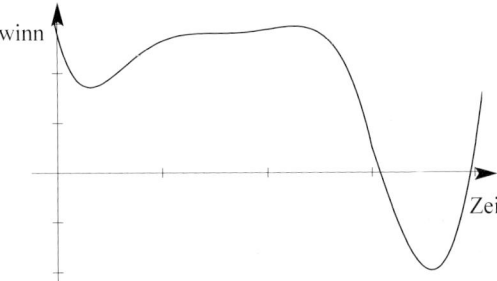

4 Eigenschaften von Funktionen

4.1 Definitions- und Wertemenge

Die maximale Definitionsmenge ist die Menge aller zugelassenen x-Werte aus **R**.
Die Wertemenge (der Wertebereich) ist die Menge aller Funktionswerte.

Beispiele: Bestimmen Sie zur Definitionsmenge D die Wertemenge von f.

1. $f(x) = -2x + 1; x \in \mathbf{R}$

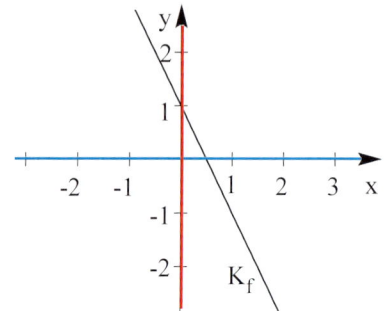

Maximaler Definitionsbereich: D = R
Der Term $-2x + 1$ ist für alle $x \in \mathbf{R}$ definiert.

Wertemenge : W = R
Für jeden y-Wert gibt es ein x,
sodass gilt: $y = f(x)$

Bemerkung: f ist eine lineare Funktion.

2. $f(x) = -x^2 + 3x; x \in \mathbf{R}$

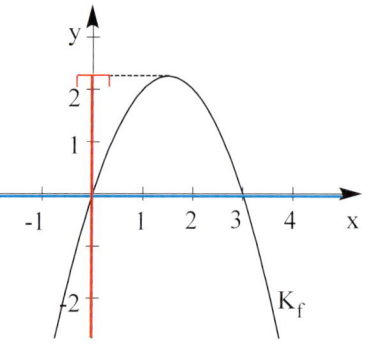

Maximaler Definitionsbereich: D = R
Der Term $-x^2 + 3x$ ist für alle $x \in \mathbf{R}$ definiert.

Wertemenge : W = $\left]-\infty; 2{,}25\right]$
Die y-Werte von f sind kleiner oder gleich y_s
(y-Koordinate des Scheitelpunktes).
$f(1{,}5) = 2{,}25$ ist der **maximale** Funktionswert.

Bemerkung: f ist eine quadratische Funktion.

3. $f(x) = x^3 - 3x^2 + 4x - 1; x \in [1; 2]$

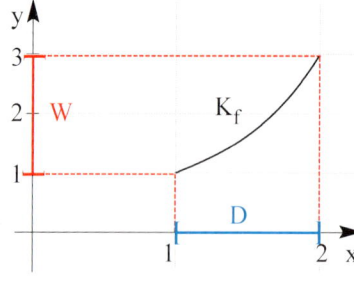

gewählter Definitionsbereich: D = $[1; 2]$

Es wurde nicht der maximale
Definitionsbereich **R** gewählt.

Wertemenge: W = $[1; 3]$

Beachten Sie:	Wird die Definitionsmenge verändert, so kann dies die Wertemenge beeinflussen.

4. $f(x) = \sqrt{x - 1}$; $x \geqq 1$

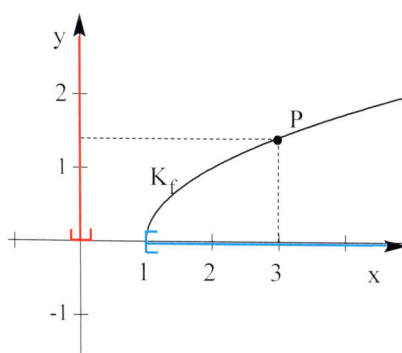

Maximaler Definitionsbereich:
$\sqrt{x - 1}$ ist definiert für $x - 1 \geqq 0 \Rightarrow x \geqq 1$
$D = \{x \mid x \in \mathbf{R} \wedge x \geqq 1\}$
Wertemenge: W = $\mathbf{R}_+$

Begründung: $\sqrt{x - 1}$ ist immer eine
positive Zahl oder Null.

Bemerkung: f ist eine Wurzelfunktion.

Hinweis: $f(1) = 0$ bedeutet:
0 ist der Funktionswert (y-Wert) an der Stelle
$x = 1$ und der **Punkt** $P(1 \mid 0)$ liegt auf dem
Schaubild K von f.

5. $f(x) = 2^x$; $x \in \mathbf{R}$

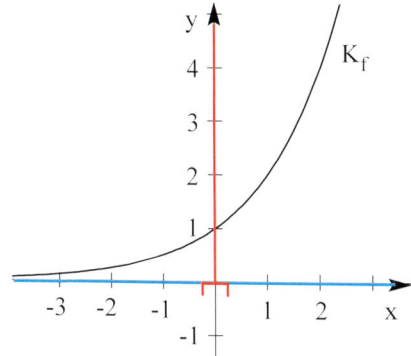

Maximaler Definitionsbereich: D = R
Der Term 2^x ist für alle $x \in \mathbf{R}$ definiert.

Wertemenge: W = $]0; \infty[= \mathbf{R}_+^*$
$2^x > 0$ für alle $x \in \mathbf{R}$.

Bemerkung: f ist eine Exponentialfunktion.
Hinweis: Das Schaubild K_f nähert sich
für $x \to -\infty$ der x-Achse an.

6. $f(x) = \sin x$; $x \in \mathbf{R}$

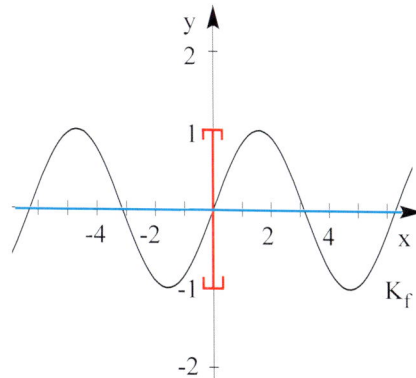

Maximaler Definitionsbereich: D = R
Der Term $\sin x$ ist für alle $x \in \mathbf{R}$ definiert.

Wertemenge: W = $[-1; 1]$
Für $\sin x$ gilt: $-1 \leqq \sin x \leqq 1$

Bemerkung: f ist eine trigonometrische
Funktion.

13   Bohner/Ihlenburg/Ott – ISBN 3-8120-0206-X

Aufgaben

1. Bestimmen Sie den maximalen Definitionsbereich D_{max} der Funktion f.

   a) $f(x) = 2 - 3x$ b) $f(x) = \sqrt{2x - 3}$ c) $f(x) = \dfrac{2x + 1}{x - 1}$ d) $f(x) = -x^2 + 1$

2. Bestimmen Sie den Wertebereich der Funktion f mit $D = D_{max}$.

   a) $f(x) = \dfrac{3}{2}x - 4$ b) $f(x) = 1 + \sqrt{x + 1}$ c) $f(x) = \sqrt{4 - x^2}$ d) $f(x) = x^2 - 5$

3. Gegeben ist die Funktion f. Bestimmen Sie den maximalen Definitionsbereich D_{max}.
   Zeichnen Sie das Schaubild der Funktion f.
   Berechnen Sie die Funktionswerte für $x \in \left\{ t; -\dfrac{2}{t}, t + 1; t - 4 \right\}$.

   a) $f(x) = \dfrac{1}{2}x + 1$ b) $f(x) = 2x - \dfrac{2}{x}$ c) $f(x) = x - x^2$

   d) $f(x) = \dfrac{1}{x + 3}$ e) $f(x) = \sqrt{4 - 2x}$ f) $f(x) = 2^x - 1$

4. Gegeben ist die Funktion f mit $f(x) = 3^x$.

   a) Geben Sie die maximale Definitionsmenge D und die Wertemenge W an.

   b) Für welches $x \in D$ gilt: $f(x) = 81$?

   c) Für welche $x \in D$ gilt: $f(x) \geqq 9$?

   d) Zeigen Sie: $f(x + 1) = 3 \cdot f(x)$ für alle $x \in D$.

5. Die Funktion f ist definiert für $D = \mathbf{R}$.
   Bestimmen Sie die Wertemenge W aus der Zeichnung.

   a) 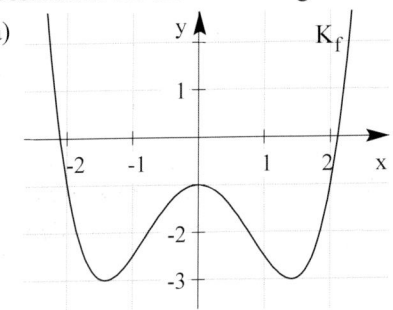   b)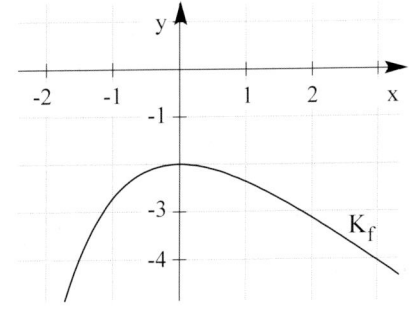

6. Gegeben ist die Funktion f durch $f(x) = \dfrac{1}{10}x^4 - \dfrac{2}{5}x^3 - 2$ mit $x \in \mathbf{R}$.
   Bestimmen Sie die Wertemenge mit Hilfe des GTR.

7. Die nebenstehende Kurve ist der Graph
   der Funktion f.
   Ist die Funktion für alle $x \in \mathbf{R}$ definiert?
   Für welche Werte von x
   ist der Funktionswert
   – größer als 2
   – kleiner als Null?

   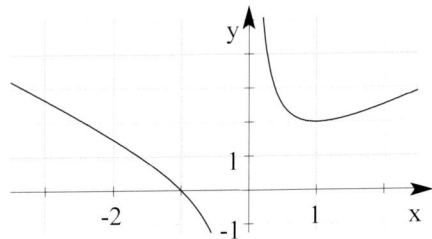

4.2 Symmetrie

Beispiel: Vergleichen Sie die folgenden Schaubilder der Funktionen

$$f \text{ mit } f(x) = x^2 \; ; \qquad g \text{ mit } g(x) = x^4 - 2x^2 \; ; \qquad h \text{ mit } h(x) = \frac{1}{2x^2}$$

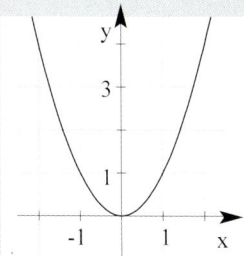 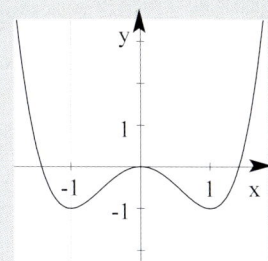 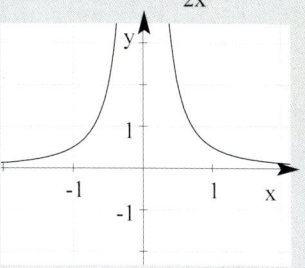

Lösung: Die Schaubilder sind symmetrisch zur y-Achse.

Was bedeutet: K_f ist symmetrisch zur y-Achse?

Beispiel

Gegeben ist das Schaubild der Funktion f mit $f(x) = 6 - x^2$.

Wertetabelle:

x	– 2	– 1	0	1	2
f(x)	2	5	6	5	2

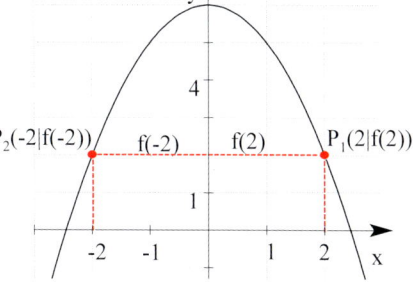

Man stellt fest: $f(-2) = 6 - (-2)^2 = 2$
$f(2) = 6 - (2)^2 = 2$

$f(-2)$ und $f(2)$ stimmen überein:

$f(-2) = f(2)$

Für jeden Wert $x \in D$ gilt: $f(-x) = f(x)$.

Das Schaubild ist **symmetrisch zur y-Achse**.

Beachten Sie: Gegeben ist eine Funktion f mit Definitionsmenge D.

Gilt **f(–x) = f(x)** für alle $x \in D$, so ist das Schaubild von f **achsensymmetrisch** zur y-Achse. Eine Funktion mit dieser Eigenschaft nennt man eine **gerade Funktion**.

Beispiele

1) Untersuchen Sie das Schaubild von f mit $f(x) = x^4 - 2x^2$; $x \in \mathbf{R}$ auf Symmetrie.

Lösung

Berechnung von f(–x) : $f(-x) = (-x)^4 - 2(-x)^2 = x^4 - 2x^2 = f(x)$

Das Schaubild von f ist achsensymmetrisch zur y-Achse. f ist eine gerade Funktion.

2) Überprüfen Sie, ob die Funktion f gerade ist: $f(x) = x^3 - 3x^2$; $x \in \mathbf{R}$.

Lösung

Berechnung von f(–x): $f(-x) = (-x)^3 - 3(-x)^2 = -x^3 - 3x^2$

Vergleich mit f(x) ergibt: $f(-x) \neq f(x)$

f ist **keine** gerade Funktion.

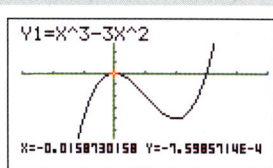

Beispiel: Vergleichen Sie die folgenden Schaubilder der Funktionen

$$f \text{ mit } f(x) = \frac{1}{x} \qquad g \text{ mit } g(x) = 0{,}5x^3 \qquad h \text{ mit } h(x) = x^5 - 2x^3$$

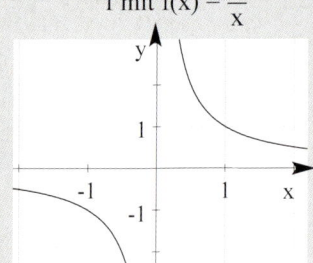 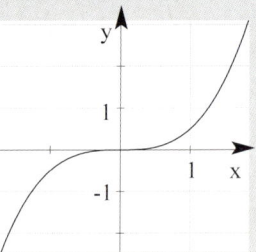 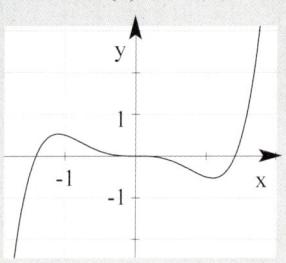

Lösung: Die Schaubilder K_f sind punktsymmetrisch zum Ursprung.

Was bedeutet: K_f ist symmetrisch zum Ursprung?

Beispiel

Gegeben ist der Graph von f mit $f(x) = \frac{2}{9}(x^3 - 12x)$

Wertetabelle:

x	- 3	- 1	0	1	3
f(x)	2	2,4	0	-2,4	-2

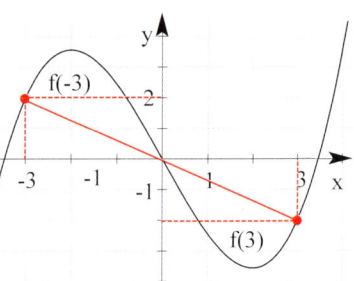

Man stellt fest: $f(-3) = 2$; $f(3) = -2$

$f(-3)$ und $f(3)$ unterscheiden sich nur im Vorzeichen:

$$f(-3) = -f(3)$$

Für jeden Wert $x \in D$ gilt: $f(-x) = -f(x)$.

Das Schaubild ist **symmetrisch zum Ursprung O**.

Beachten Sie: Gegeben ist eine Funktion f mit Definitionsmenge D.

Gilt **f(–x) = – f(x)** für alle $x \in D$, so ist das Schaubild von f **punktsymmetrisch** zum Ursprung. Eine Funktion mit dieser Eigenschaft nennt man eine **ungerade Funktion**.

Beispiele

1) Untersuchen Sie das Schaubild von f mit $f(x) = x^5 - 2x^3$; $x \in \mathbf{R}$ auf Symmetrie.

Lösung

Berechnung von f(–x) : $\qquad\qquad f(-x) = (-x)^5 - 2(-x)^3 = -x^5 + 2x^3$

Vergleich mit f(x) ergibt $\qquad\qquad f(-x) = -(x^5 - 2x^3) = -f(x)$

wegen $(-x)^5 = -x^5$ und $(-x)^3 = -x^3$

Der Graph von f ist **punktsymmetrisch** zum Ursprung. f ist eine ungerade Funktion.

2) Überprüfen Sie, ob die Funktion f ungerade ist: $f(x) = \frac{1}{x-1}$; $x \neq 1$.

Lösung

Berechnung von f(–x): $\qquad f(-x) = \frac{1}{-x-1} = -\frac{1}{x+1}$

Vergleich mit f(x) ergibt: $\qquad f(-x) \neq -f(x)$

f ist **keine** ungerade Funktion.

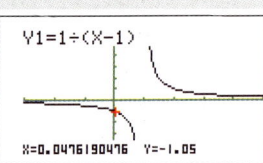

Beispiele

1) Untersuchen Sie das Schaubild von f auf Symmetrie:

a) $f(x) = \dfrac{x}{1+x^2}$; $x \in \mathbf{R}$.   b) $f(x) = 3x^2 + 5x$

Lösung

a) Am Schaubild lässt sich die Symmetrie zum Ursprung erkennen.

Berechnung und Vergleich:

$f(-x) = \dfrac{-x}{1+(-x)^2} = -\dfrac{x}{1+x^2} = -f(x)$

wegen $(-x)^2 = x^2$

Das Schaubild von f ist punktsymmetrisch zum Ursprung.

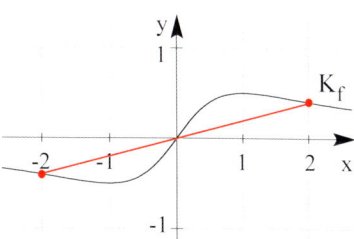

b) Berechnung und Vergleich:

$f(-x) = 3(-x)^2 + 5(-x)$

$= 3x^2 - 5x \neq f(x) \; (\neq -f(x))$

K_f ist **nicht symmetrisch** zum Ursprung und **nicht symmetrisch** zur y-Achse.

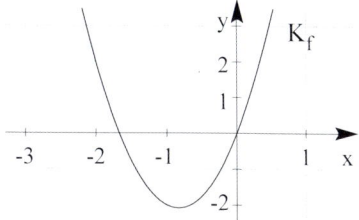

2) Überprüfen Sie, ob die Funktion gerade oder ungerade ist: $f(x) = \sqrt{x^2 - 5}$; $x \in \mathbf{D}$.

Lösung

Berechnung und Vergleich:

$f(-x) = \sqrt{(-x)^2 - 5} = \sqrt{x^2 - 5} = f(x)$

Das Schaubild von f ist achsensymmetrisch zur y-Achse. f ist eine gerade Funktion.

Beachten Sie: $D = \mathbf{R} \setminus \,]-\sqrt{5}; \sqrt{5}[$ ist **auch** symmetrisch zur y-Achse.

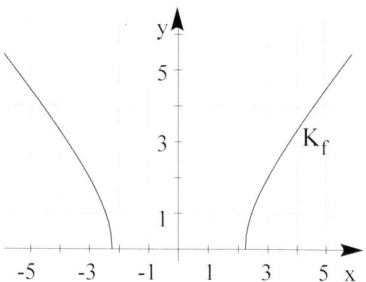

3) Gegeben ist die Funktion f durch $f(x) = e^{x^2} - 2$; $x \in \mathbf{R}$.

Untersuchen Sie K_f auf Symmetrie.

Lösung

Berechnung und Vergleich:

$f(-x) = e^{(-x)^2} - 2 = e^{x^2} - 2 = f(x)$

Das Schaubild von f ist symmetrisch zur y-Achse.

Bemerkung:

Erkennt man die Symmetrie, so erleichtert dies das Zeichnen des Schaubildes und man kann sich den Graph besser vorstellen.

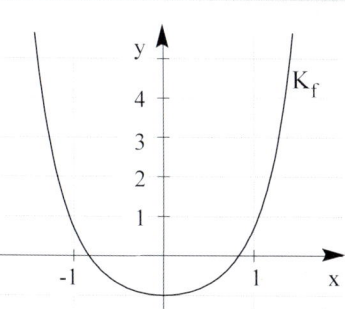

Aufgaben

1. Untersuchen Sie das Schaubild von f auf Symmetrie.

   a) $f(x) = x^6 + 2x^2$ b) $f(x) = \dfrac{2}{x^2} + 1$ c) $f(x) = x(x-1)(x+1)$

   d) $f(x) = (x^2 - 3)^2$ e) $f(x) = x^3 + 3x^2$ f) $f(x) = \sqrt{x^2 + 2}$

   Zeichnen Sie zur Überprüfung der Ergebnisse das Schaubild von f mit dem GTR.

2. Ist es möglich, bei folgenden Funktionen ohne Rechnung Aussagen
   über die Symmetrie zu machen? Lässt sich die Symmetrie bereits anhand des
   Funktionsterms bestimmen?

   a) $f(x) = -x^4 + x^2 - 3$ b) $f(x) = -x^3 + 3x$ c) $f(x) = 0,5x(x^2 - 2)$

   d) $f(x) = 2x^2 + 5$ e) $f(x) = \dfrac{1}{3}x^3 + x + 1$ f) $f(x) = 3x^4(x^2 - 2)$

3. a) Der Graph K einer ungeraden Funktion verläuft durch N(2 | 0). Skizzieren Sie K.
   b) Der Graph K einer geraden Funktion schneidet die Koordinatenachsen
   bei x = –1 und y = –2. Skizzieren Sie K.

4. Bestimmen Sie a so, dass f eine gerade Funktion ist.

   a) $f(x) = 0,4x^4 + (a-1)x^3 - x^2 + 4$ b) $f(x) = \dfrac{ax - 3}{x^2}$

5. Entscheiden Sie: Symmetrisch oder nicht symmetrisch.
   Welche Symmetrie liegt vor? Begründen Sie Ihre Entscheidung.

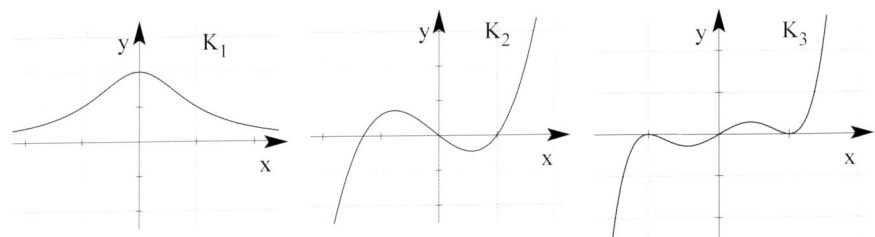

6. Ergänzen Sie das Schaubild, sodass K punktsymmetrisch zum Ursprung bzw.
   achsensymmetrisch zur y-Achse ist.

   a) 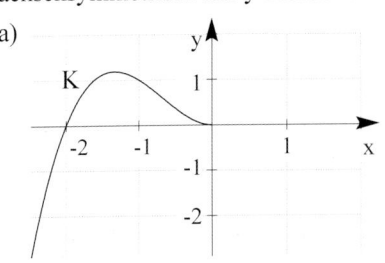   b)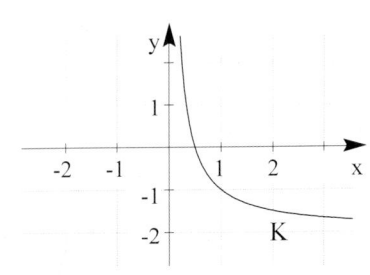

7. Eine Kurve K hat mit der x-Achse die Punkte $N_1(0 \mid 0)$ und $N_2(2 \mid 0)$ gemeinsam.
   a) K ist punktsymmetrisch zum Ursprung. Skizzieren Sie K.
   b) K ist achsensymmetrisch zur y-Achse. Skizzieren Sie K.

4.3 Lage von Funktionsgraphen im Koordinatensystem

Es gibt einfache Methoden , die Graphen von Funktionen im Koordinatensystem zu verändern z.B. durch Verschiebung und Streckung.

Die Schaubilder K_2 und K_3 entstehen durch **Verschiebung** aus der Normalparabel K_1 mit $y = x^2$.

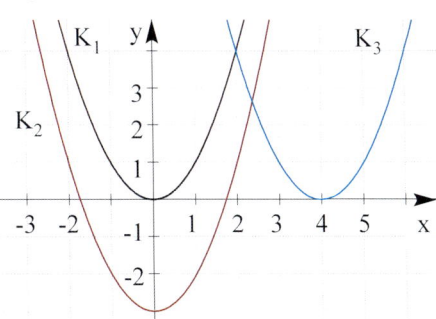

a) Verschiebung

Verschiebung in y-Richtung

Beispiel

Vergleichen Sie die Graphen K_1 und K_2 bzw. G_1 und G_2.

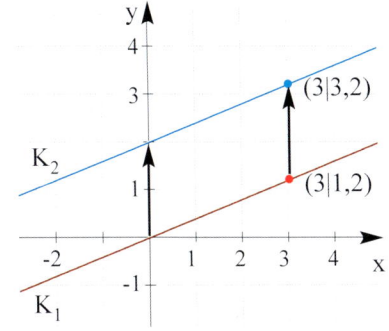 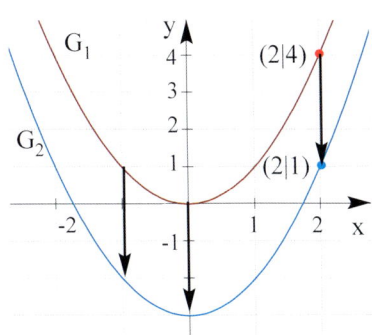

Lösung

Der Graph der Funktion f mit $f(x) = 0{,}4x$ wird um 2 Einheiten nach oben verschoben. Der Funktionsterm verändert sich zu: $h(x) = 0{,}4x + 2$. P(3 | 1,2) wird verschoben auf Q(3 | 3,2). Der y-Wert des verschobenen Punktes vergrößert sich um 2.	Der Graph der Funktion f mit $f(x) = x^2$ wird um 3 Einheiten nach **unten** verschoben. Der Funktionsterm verändert sich zu: $h(x) = x^2 - 3$. P(2 | 4) wird verschoben auf Q(2 | 1). Der y-Wert des verschobenen Punktes verringert sich um 3.

Beachten Sie: K_h entsteht durch **Verschiebung** von K_f in y-Richtung um c (LE):

$$h(x) = f(x) + c$$

Bei einer **Verschiebung** $\begin{Bmatrix} \text{nach oben} \\ \text{nach unten} \end{Bmatrix}$ ist $\begin{cases} c > 0 \\ c < 0. \end{cases}$

Verschiebung in x-Richtung
Beispiel

Gegeben sind die Funktionen f , g und h mit
$$f(x) = x^2, \ g(x) = (x - 5)^2 \text{ und } h(x) = (x + 5)^2.$$
Erstellen Sie jeweils eine Wertetabelle und zeichnen Sie die Graphen.
Vergleichen Sie die Graphen.

Lösung

K_f: $f(x) = x^2$

x	− 2	− 1	0	1	2
y	4	1	0	1	4

K_g: $g(x) = (x - 5)^2$

x	3	4	5	6	7
y	4	1	0	1	4

K_h: $h(x) = (x + 5)^2$

x	− 7	− 6	− 5	− 4	− 3
y	4	1	0	1	4

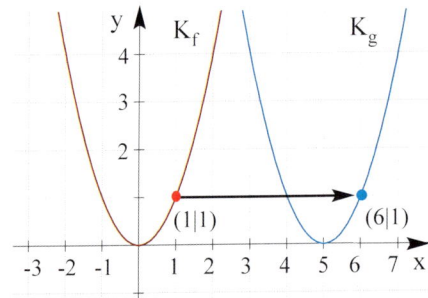

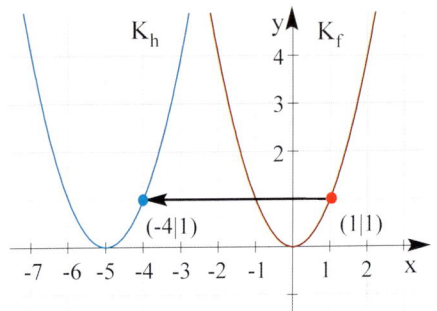

1. Wird der Graph von f um 5 Einheiten nach rechts verschoben, so verschiebt sich
   der Ursprung (0 | 0) auf den Punkt (5 | 0) , d.h. $g(5) = (5 - 5)^2 = 0$,
   der Punkt (1 | 1) auf (6 | 1), d. h. $g(6) = 1 = f(6 - 5) = 1$
   allgemein: **g(x) = f(x − 5)**
   Die **Verschiebung** um 5 Einheiten nach **rechts** bedeutet für den Funktionsterm:
   Ersetzen Sie x durch (x − 5)!
2. Wird der Graph von f um 5 Einheiten nach links verschoben, so verschiebt sich
   der Ursprung (0 | 0) auf den Punkt P(−5 | 0), d.h. $h(-5) = (-5 + 5)^2 = 0$
   der Punkt (1 | 1) auf (− 4 | 1), d. h. $h(-4) = 1 = f(-4 + 5) = 1$
   allgemein: **h(x) = f(x + 5) = f(x − (−5))**
   Die **Verschiebung** um 5 Einheiten nach **links** bedeutet für den Funktionsterm:
   Ersetzen Sie x durch (x + 5)!

Beachten Sie: K_h entsteht durch **Verschiebung** von K_f **parallel zur x-Achse** um d (LE)

$$h(x) = f(x - d)$$

Man ersetzt x durch (x − d).

Bei einer **Verschiebung** $\left\{ \begin{array}{l} \textbf{nach rechts} \\ \textbf{nach links} \end{array} \right\}$ ist $\left\{ \begin{array}{l} \textbf{d > 0} \\ \textbf{d < 0.} \end{array} \right.$

Aufgaben

1. Gegeben ist der Graph G der quadratischen Funktion f mit $f(x) = 0,5x^2$, $x \in \mathbf{R}$.
    Zeichnen Sie die Graphen der Funktionen f_1 bis f_4.
    $f_1(x) = 0,5x^2 - 2$; $f_2(x) = 0,5(x^2 - 2)$; $f_3(x) = 0,5x^2 + 2$; $f_4(x) = 0,5(x - 2)^2$
    Wie entstehen die Graphen von f_1 bis f_4 aus G?

2. Gegeben sind die Graphen K und G der Funktionen
    f mit $f(x) = \dfrac{1}{x^2}$, $x \in D_{max}$ und g mit $g(x) = \dfrac{1}{x^2} - 3$, $x \in D_{max}$.
    Welche Gemeinsamkeiten haben die beiden Graphen? Wodurch unterscheiden sie sich?

3. Um wie viel Einheiten muss man die Kurve K von f mit $f(x) = \dfrac{2}{x}$, $x \neq 0$ horizontal
    verschieben, damit die Bildkurve durch den Punkt P(3 | 2) verläuft.
    Geben Sie die Gleichung der verschobenen Kurve an.

4. Die Parabel mit der Gleichung $y = x^3$ wird so in y-Richtung verschoben, dass
    T(-2 |$-0,5$) auf der Bildkurve liegt.
    Geben Sie die Gleichung der verschobenen Parabel an.

5. Gegeben ist die Funktion f mit $f(x) = x^2 - 3x - 4$; $x \in \mathbf{R}$.
    a) Verschieben Sie das Schaubild K von f so, dass K die x-Achse in $x = 3$ schneidet.
        Wie viele Möglichkeiten gibt es?
    b) K wird an der x-Achse gespiegelt. Wie lautet die Gleichung der gespiegelten
        Kurve?
    c) K wird an der y-Achse gespiegelt. Wie lautet die Gleichung der gespiegelten
        Kurve?

6. Gegeben ist der Graph G der Funktion f mit $f(x) = (x - a)^3$, $x \in \mathbf{R}$.
    Bestimmen Sie a so, dass P(-1 | 8) auf G liegt.
    Bestimmen Sie für diesen Wert von a einen Punkt auf G mit der Ordinate -27?

7. Verschieben Sie den Graph der folgenden Funktion um 4 Einheiten in Richtung der
    positiven x-Achse. Geben Sie den Funktionsterm an.
    a) $f(x) = x - 2$ b) $f(x) = x^3$ c) $f(x) = 1 - x^2$ d) $f(x) = \sqrt{x}$

8. K ist der Graph der Funktion f mit $f(x) = x^2 + 1$; $x \in \mathbf{R}$.
    Die Abbildung zeigt die Wertetabellen von zwei
    Funktionen, deren Graphen durch Verschiebung von K
    entstehen. Bestimmen Sie die Richtung der Verschiebung.
    Um wie viel Einheiten wurde jeweils verschoben?
    Bestimmen Sie die Gleichung der verschobenen Parabel.

    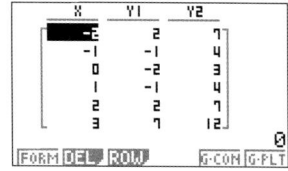

9. Zeigen Sie: K_f von f mit $f(x) = x^2 - 4x + 5$ ist symmetrisch zur Geraden mit $x = 2$.

10. K_f ist der Graph der linearen Funktion f mit $f(x) = 0,25x + 2$.
    a) Verschieben Sie K_f so, dass die verschobene Kurve durch P(-1 | 3) verläuft.
    b) Durch Spiegelung von K_f am Ursprung entsteht K_g. Bestimmen Sie einen
        Funktionsterm.

b) Streckung

Ein Funktionsgraph kann nicht nur durch Verschiebung in y-Richtung und in x-Richtung verändert werden, sondern auch durch Streckung.

Streckung in y-Richtung

Beispiel

Gegeben sind die Funktionen f und g.
K ist das Schaubild von f; G ist das Schaubild von g. Wie entsteht G aus K?

$f(x) = x, \ g(x) = 2x$

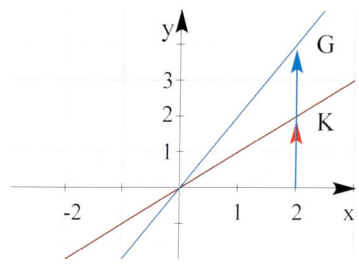

$f(x) = x + 1, \ g(x) = 2(x + 1)$

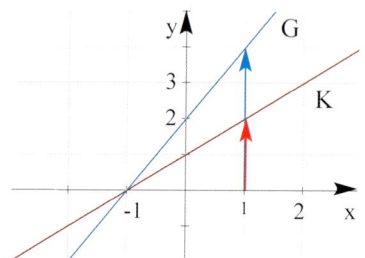

$f(x) = x^2, \ g(x) = 2x^2$

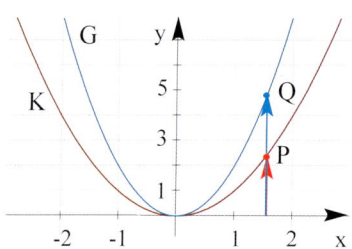

$f(x) = x^2 + 1, \ g(x) = 2(x^2 + 1)$

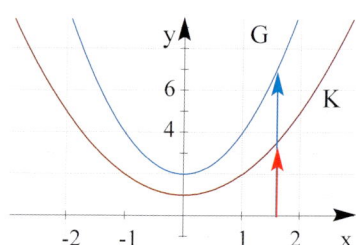

Lösung

$g(1) = 2 f(1); g(2) = 2 f(2); ... g(x_1) = 2 f(x_1)$
Der y-Wert von Q ist doppelt so groß als der y-Wert von P: $g(x) = 2 f(x)$
G entsteht aus K durch **Streckung** in y-Richtung mit dem Faktor 2.

Beachten Sie:

K von f wird mit dem **Faktor a**
in y-Richtung gestreckt.
Für die Bildkurve G von g gilt: $g(x) = a f(x)$

Der Graph G verläuft für **a > 1** steiler,
für $0 < a < 1$ flacher als K (a = 1).

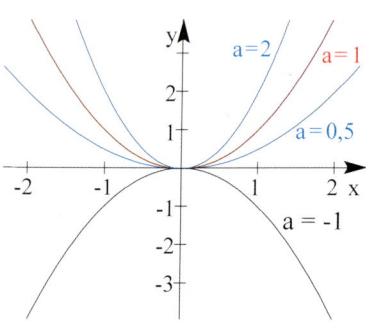

Streckung in x-Richtung

Beispiel

Gegeben sind die Funktionen f und g.

K ist das Schaubild von f mit $f(x) = x^2$, G ist das Schaubild von g. Wie entsteht G aus K?

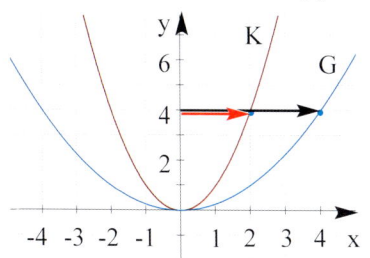 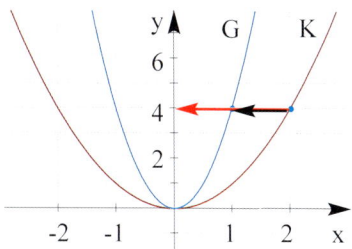

Lösung

$f(x) = x^2 \qquad g(x) = (0,5x)^2$	$f(x) = x^2 \qquad g(x) = (2x)^2$
$(2 \mid 4) \longrightarrow (4 \mid 4)$	$(2 \mid 4) \longrightarrow (1 \mid 4)$

Beim gleichen y-Wert wird der x-Wert **verdoppelt.**

Streckung in x-Richtung mit Faktor k = **2.**

Ersetzen Sie x durch (0,5x)

$$g(x_1) = f(0,5 \cdot x_1)$$

Beim gleichen y-Wert wird der x-Wert **halbiert.**

Streckung in x-Richtung mit Faktor k = 0,5.

Ersetzen Sie x durch (2x)

$$g(x_1) = f(2 \cdot x_1)$$

Beachten Sie: Wird die Kurve K von f in **x-Richtung mit dem Faktor k** (k ≠ 0) gestreckt, so gilt für die Bildkurve G von g : $\mathbf{g(x) = f(\frac{1}{k}x)}$.

Man ersetzt x durch $(\frac{1}{k}x)$.

Aufgaben

1. Die Kurve G entsteht durch Streckung der Kurve K in x-Richtung. Bestimmen Sie den Streckfaktor.

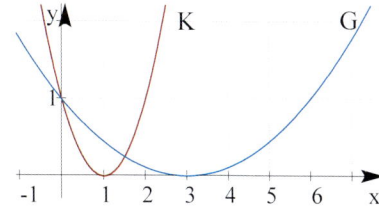 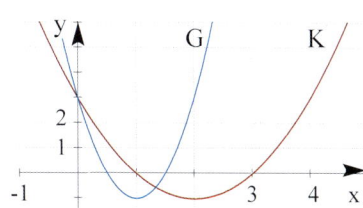

2. Gegeben ist die Funktion f. Strecken Sie das Schaubild von f in x-Richtung mit dem Faktor k. Geben Sie den zugehörigen Funktionsterm an.

   a) $f(x) = x^2 - 2x$, k = 3

   b) $f(x) = e^{2x} - 1$, k = 0,5

   c) $f(x) = 3\sqrt{x}$, k = 4

Beispiele für Verschiebung und Streckung

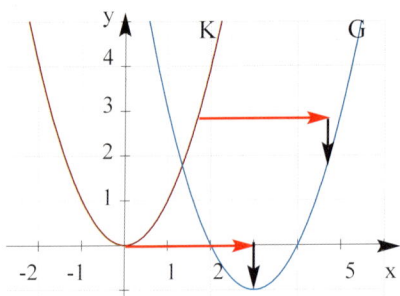

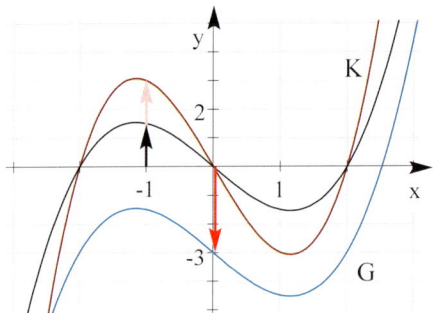

Parabel: $y = x^2$

Verschiebung in x-Richtung
$$y = (x - 3)^2$$
Verschiebung in y-Richtung
$$y = (x - 3)^2 - 1$$

Parabel: $y = x^3 - 4x$

Streckung in y-Richtung $y = 0{,}5(x^3 - 4x)$

Verschiebung in y-Richtung
$$y = 0{,}5(x^3 - 4x) - 3$$

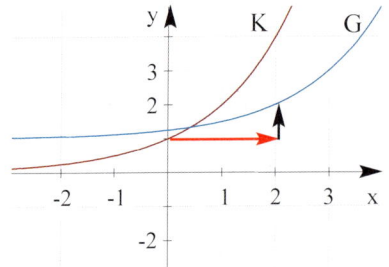

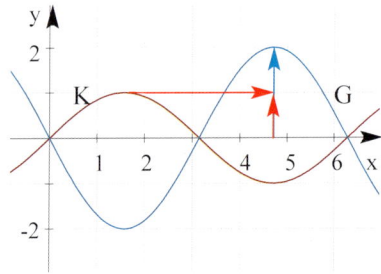

Exponentialkurve $y = 2^x$

Verschiebung in x-Richtung
$$y = 2^{(x - 2)}$$
Verschiebung in y-Richtung
$$y = 2^{(x - 2)} + 1$$

Sinuskurve $y = \sin (x)$

Verschiebung in x-Richtung
$$y = \sin (x - \pi)$$
Streckung in y-Richtung
$$y = 2 \sin (x - \pi)$$

Beachten Sie:

Das Schaubild G von g entsteht aus dem Schaubild K von f.

Bedeutung für den Graph G:

$g(x) = f(x) + c$ Verschiebung von K um c (LE) in y-Richtung

$g(x) = f(x - b)$ Verschiebung von K um b (LE) in x-Richtung

$g(x) = af(x)$ Streckung mit dem Faktor a $(\neq 0)$ in y-Richtung

$g(x) = f(\frac{1}{k}x)$ Streckung mit dem Faktor k $(k \neq 0)$ in x-Richtung

Aufgaben

1. Verschieben Sie die Normalparabel um 1,5 Einheiten nach rechts und um 2 Einheiten nach oben. Strecken Sie dann die verschobene Parabel mit dem Faktor 0,5 in y-Richtung. Zeichnen Sie die Graphen. Bestimmen Sie die Parabelgleichung.

2. Gegeben sind Funktionen f, g und h.
   Welcher Zusammenhang besteht zwischen den zugehörigen Schaubildern?
   a) $f(x) = \frac{1}{x}$, $g(x) = \frac{1}{x} - 1$ und $h(x) = \frac{1}{x - 1}$.
   b) $f(x) = x^2 - x - 5$, $g(x) = (x - 3)(x + 2)$ und $h(x) = (3x - 3)(3x + 2)$.

3. Zeichnen Sie das Schaubild K_f der Funktion f für unterschiedliche Parameter. Welche Wirkung hat der Parameter? Finden Sie gemeinsame Eigenschaften. Wie entstehen die Schaubilder aus der Normalparabel?
   a) $f(x) = x^2 + c$
   b) $f(x) = (x - b)^2$
   c) $f(x) = (x - b)^2 + c$
   d) $f(x) = ax^2$
   e) $f(x) = (kx)^2$
   f) $f(x) = a(x + 1)^2 - 2$

4. Gegeben ist die Funktion f mit $f(x) = \frac{1}{3}x^3 - x + 1$.
   a) Zeigen Sie, dass das Schaubild K von f symmetrisch zum Punkt P(0 | 1) ist.
   b) Spiegeln Sie K an der y-Achse. Wie lautet die Gleichung der gespiegelten Kurve?

5. Gegeben ist das Schaubild K von f.
   Übertragen Sie das Schaubild in Ihr Heft.
   Skizzieren Sie die Graphen
   der Funktionen g bis l.
   $g(x) = f(x) - 2$; $h(x) = 2 f(x)$
   $i(x) = f(- x)$; $j(x) = - f(-x)$
   $k(x) = - f(x)$; $l(x) = f(x - 3)$

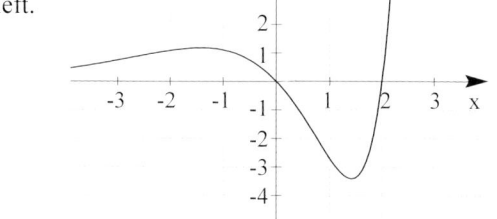

6. K ist der Graph der Funktion f mit
   $f(x) = x^2 + 6x + 10$; $x \in \mathbf{R}$.
   Übertragen Sie die Zeichnung in Ihr Heft.
   a) Zeigen Sie: K ist symmetrisch zur
      Geraden mit der Gleichung $x = - 3$.
   b) K wird in y-Richtung mit dem
      Faktor $- 0,5$ gestreckt. Zeichnen Sie das
      Bild der gestreckten Kurve in Ihr
      Koordinatensystem.
   c) K wird in x-Richtung mit dem Faktor
      $k = 3$ gestreckt. Bestimmen Sie die Kurvengleichung.

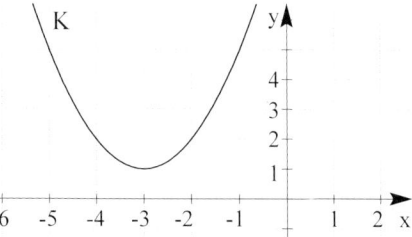

7. G ist das Schaubild von g mit $g(x) = \frac{2^x}{4}$; $x \in \mathbf{R}$. K ist das Schaubild von f mit $f(x) = 2^x$; $x \in \mathbf{R}$. Zeigen Sie, G entsteht durch Verschiebung von K.

4.4 Schnittpunkte einer Kurve mit den Koordinatenachsen

Beispiele

1) Gegeben ist die Gewinnfunktion f mit $f(x) = -\frac{1}{4}x^2 + 65x - 3\,600$; $x > 0$.
Zeichnen Sie die Gewinnkurve G. Bestimmen Sie aus der Zeichnung die Gewinnzone.
Bestätigen Sie durch Berechnung.
Bestimmen Sie den Schnittpunkt mit der y-Achse.
Welche Bedeutung hat dieser Punkt?

Lösung

Zeichnerische Lösung

Die Gewinnzone beginnt bei
einer Produktion von $x = 80$ $(f(80) = 0)$
und endet bei $x = 180$ $(f(180) = 0)$.
Die **Gewinnkurve G schneidet die
x-Achse in** $N_1(80 \mid 0)$ und $N_2(180 \mid 0)$

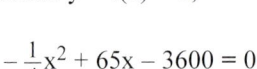

Rechnerische Lösung

Schnittpunkte von G mit der x-Achse

Vorüberlegung

Jeder Punkt auf der x-Achse hat die y-Koordinate Null.

Daher gilt für den Schnittpunkt von G mit der x-Achse: $y = f(x) = 0$,

d. h., wir berechnen den x-Wert unter

der **Bedingung: f(x) = 0** $\qquad -\frac{1}{4}x^2 + 65x - 3600 = 0$

Lösung der quadratischen Gleichung $\qquad x_1 = 80$; $x_2 = 180$

Schnittpunkte mit der x-Achse $\qquad N_1(80 \mid 0)$; $N_2(180 \mid 0)$

Bemerkung:

Die x-Koordinate des Schnittpunktes mit der x-Achse heißt **Nullstelle** (Schnittstelle).

Schnittpunkt von G mit der y-Achse

Vorüberlegung

Jeder Punkt auf der y-Achse hat die x-Koordinate Null.

Daher gilt für den Schnittpunkt von K mit der y-Achse: $x = 0$,

d. h., wir suchen den y-Wert unter

der **Bedingung x = 0** $\qquad\qquad y = f(0) = -3\,600$

Schnittpunkt mit der y-Achse $\qquad S_y(0 \mid -3\,600)$

Für die Produktion $x = 0$ entstehen die fixen Kosten von $3\,600$ (GE) als Verlust.

Beachten Sie:

Bedingung für die x-Koordinate des Schnittpunktes mit der **x-Achse: f(x) = 0**

Bedingung für die y-Koordinate des Schnittpunktes mit der **y-Achse: x = 0**

2) Gegeben ist die Funktion f mit $f(x) = x^3 + x^2 - 6x$; $x \in \mathbf{R}$. K ist das Schaubild von f. Berechnen Sie die Nullstellen von f.

Lösung

Nullstellen von f

Bedingung: $f(x) = 0$

$x^3 + x^2 - 6x = 0$

Lösung der Gleichung 3. Grades durch Ausklammern ergibt die Nullstellen

$x_1 = 0$; $x_2 = -3$; $x_3 = 2$

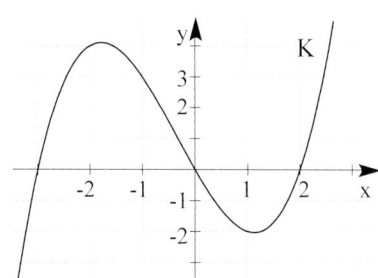

3) K ist das Schaubild der Funktion f mit $f(x) = \dfrac{1}{x+1}$; $x \in \mathbf{D}$.

a) Bestimmen Sie den maximalen Definitionsbereich von f.
b) Untersuchen Sie K auf Schnittpunkte mit den Koordinatenachsen.

Lösung

a) Der Term $\dfrac{1}{x+1}$ ist nicht definiert, wenn der Nenner null ist.

d. h., wenn $x + 1 = 0 \Rightarrow x = -1$

Maximale Definitionsmenge

$\mathbf{D_{max} = R \setminus \{-1\}}$

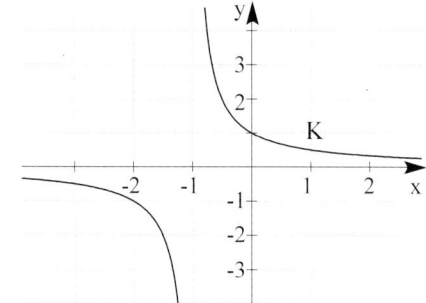

b) **Schnittpunkte von K mit der x-Achse**

Bedingung: $f(x) = 0$ $\dfrac{1}{x+1} = 0 \mid \cdot (x+1)$

$1 = 0$ falsche Aussage

K hat **keinen** Schnittpunkt mit der x-Achse.

Berechnung: Schnittpunkt von K mit der y-Achse

Bedingung: $x = 0$ $y = f(0) = 1$

Schnittpunkt mit der y-Achse $S_y (0 \mid 1)$

Beachten Sie: Zur Bestimmung der Nullstellen einer Funktion f muss man die Gleichung $f(x) = 0$ nach x auflösen.

Nullstellenbestimmung bei verschiedenen Funktionstypen

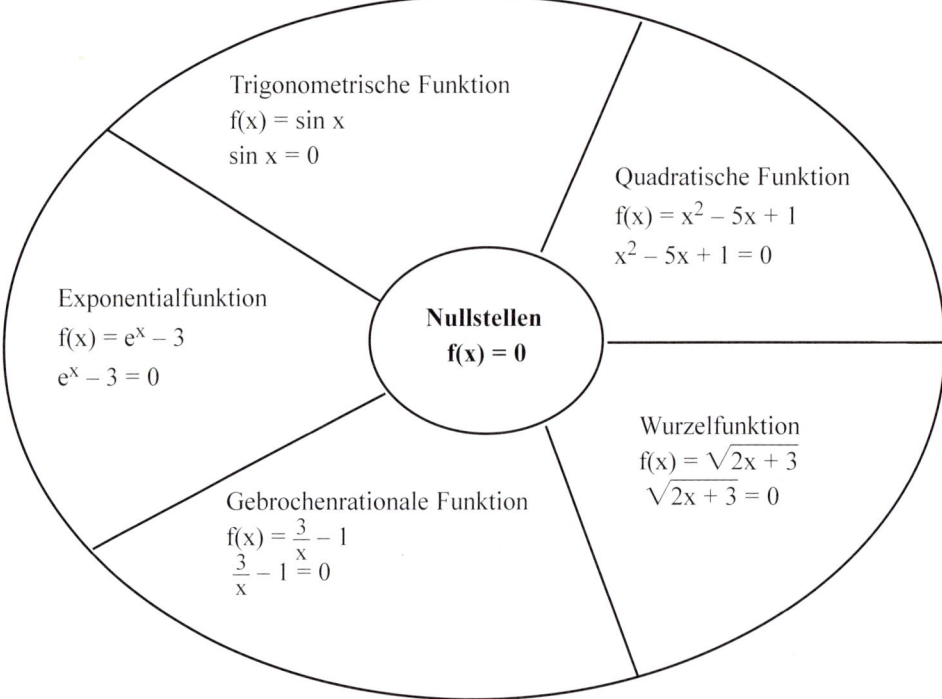

Trigonometrische Funktion
$f(x) = \sin x$
$\sin x = 0$

Quadratische Funktion
$f(x) = x^2 - 5x + 1$
$x^2 - 5x + 1 = 0$

Exponentialfunktion
$f(x) = e^x - 3$
$e^x - 3 = 0$

Nullstellen
$f(x) = 0$

Wurzelfunktion
$f(x) = \sqrt{2x + 3}$
$\sqrt{2x + 3} = 0$

Gebrochenrationale Funktion
$f(x) = \frac{3}{x} - 1$
$\frac{3}{x} - 1 = 0$

Bestimmung der Nullstellen mit dem GTR

Im **Graphik-Modus** den Funktionsterm eingeben.
EXE-Taste
DRAW (F6)
Der GTR zeichnet nun den Graph.

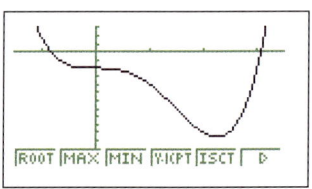

Mit **G-Solve (F5)** lassen sich die
Nullstellen finden.
Drücken Sie auf **ROOT (F1)** und Sie erhalten die erste
Nullstelle.

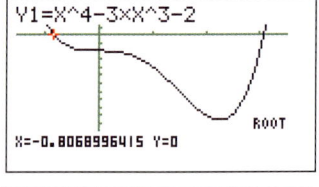

Um weitere Nullstellen zu erhalten, müssen
Sie die rechte Pfeiltaste betätigen.

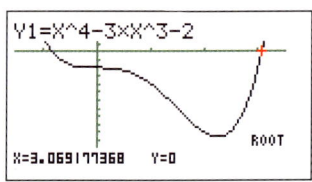

Aufgaben

1. Berechnen Sie die Schnittpunkte des Schaubildes K von f mit den Koordinatenachsen. Skizzieren Sie K.

   a) $f(x) = -\frac{1}{2}x + \frac{3}{4}$

   b) $f(x) = -\frac{3}{2}x^2 + \frac{3}{2}x + 3$

   c) $f(x) = x^3 - 3x$

   d) $f(x) = x^3 - 2x^2 + x$

   e) $f(x) = 2x - 4\sqrt{x}$

   f) $f(x) = x - \frac{2}{x}$

   g) $f(x) = -\frac{1}{3}xe^x - x$

   h) $f(x) = \frac{1}{4}e^{2x} - \frac{3}{4}e^x + \frac{1}{2}$

2. Lösen Sie graphisch mit dem GTR auf zwei Dezimalen gerundet.

   a) $(x - 1)\,e^{-x} + 0,5e = 0$

   b) $4x\,e^x = 1$

3. K ist das Schaubild der Funktion f mit $f(x) = \frac{1}{2}x^3 - \frac{1}{2}x^2 - 2x + 2$; $x \in \mathbf{R}$.

   a) Berechnen Sie die Nullstellen von f.

   b) K wird 3 LE nach rechts verschoben.
      In welchen Stellen schneidet die verschobene Kurve die x-Achse?

4. K ist das Schaubild von f mit $f(x) = \frac{1}{8}(x - 2)^2(x + 4)$; $x \in \mathbf{R}$.

   a) K wird in y-Richtung mit dem Faktor 3 gestreckt.
      Was verändert sich in Vergleich zu K, was bleibt gleich?

   b) Wie muss K verschoben werden, damit die verschobene Kurve nur
      die positive x-Achse schneidet?

5. Gegeben ist die Funktion f mit $f(x) = (x + 5)(x - 1)$; $x \in \mathbf{R}$.

   a) Geben Sie die Nullstellen x_1 und x_2 von f an.

   b) Wie erhält man weitere Funktionsterme mit den Nullstellen x_1 und x_2?
      Welcher Zusammenhang besteht zwischen den zugehörigen Schaubildern?

   c) Eine Kurve G verläuft durch $S(0 \mid 2)$ und hat die gleichen Schnittpunkte mit der
      x-Achse wie K. Bestimmen Sie den zugehörigen Funktionsterm.

6. Gegeben ist die Funktion f mit $f(x) = x^2 - 3x - 3$; $x \in \mathbf{R}$.

   a) Berechnen Sie die Nullstellen von f. Überprüfen Sie Ihr Ergebnis mit dem GTR.
      Für welche x-Werte gilt: $f(x) < 0$?

   b) Verschieben Sie das Schaubild K von f so, dass die verschobene Kurve
      die x-Achse in $x = 3$ schneidet.

   c) K wird an der x-Achse gespiegelt.
      Wie lautet die Gleichung der gespiegelten Kurve?

7. Gegeben ist die Wertetabelle einer Funktion f und einer Funktion g

x	-2	-1	0	1	2	3	4
f(x)	-18	-2	2	0	-2	2	18

x	-3	-1	0	1	3	20
g(x)	-1,78	0	Error	0	-1,78	-1,99

   Machen Sie Aussagen über die Nullstellen von f bzw. von g. Liegt eine Symmetrie
   vor? Wie verhalten sich die Funktionswerte für " große" x-Werte?

14 Bohner/Ihlenburg/Ott – ISBN 3-8120-0206-X

V. Funktionstypen

1 Potenzfunktionen

In der Physik und der Geometrie kommen Formeln der unterschiedlichsten Art vor.

Beispiele aus der **Geometrie**

Flächeninhalt eines Quadrates $A = a^2$;   Volumen eines Würfels $V = a^3$

Beispiele aus der **Physik**	Formel	mathematische Form
beschleunigte Bewegung	$v = a \cdot t$	$f(x) = a \cdot x$
Kinetische Energie	$W = \dfrac{m}{2} \cdot v^2$	$f(x) = b \cdot x^2$
Gravitationsgesetz	$F = f \cdot \dfrac{m_1 m_2}{r^2}$	$f(x) = c \cdot x^{-2}$

> Eine Funktion vom Typ f mit $f(x) = a\,x^r$ mit $x \in D$; $r \in Q$ ist eine **Potenzfunktion.**

Beispiele für Potenzfunktionen

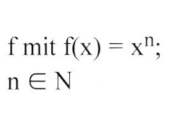

f mit $f(x) = x^n$;

$n \in N$

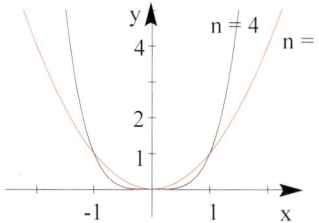

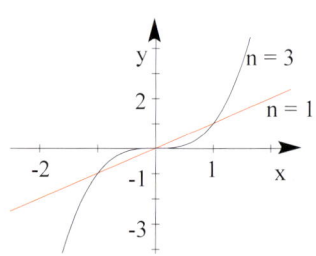

> Der Graph K der Funktion f mit $f(x) = x^n$; $n \in N$, $n > 1$ heißt **Parabel n-ter Ordnung**.
> Für $n = 1$ ist K die Ursprungsgerade mit der Gleichung $y = x$.

f mit $f(x) = x^{-n}$;

$n \in N^*$

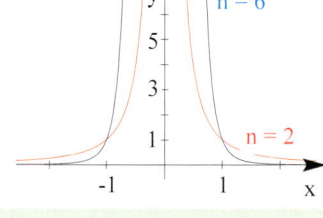

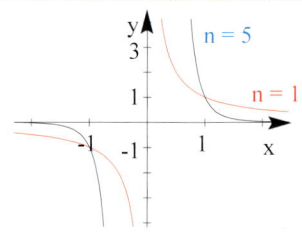

> Das Schaubild K der Potenzfunktion f mit $f(x) = x^{-n}$; $n \in N^*$ heißt **Hyperbel**.

f mit $f(x) = x^r$; $r \in Q^*$

> Das Schaubild K der Potenzfunktion
> f mit $f(x) = x^r$ ist z. B. für $r = \dfrac{1}{2}$ bzw. $r = \dfrac{1}{3}$
> das Schaubild einer **Wurzelfunktion**.

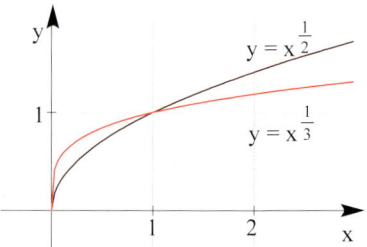

Aufgaben

1. Zeichnen Sie mit dem GTR die Graphen der Potenzfunktionen:

    a) $f(x) = x^{-1}$; b) $g(x) = x^{-2}$; c) $h(x) = \dfrac{-1}{x^2}$; d) $k(x) = -x^{-1}$; e) $m(x) = \sqrt[3]{x^{-2}}$

    Welche gemeinsame Eigenschaft haben alle Graphen?

    Wie ändert sich der Funktionswert, wenn sich der x-Wert verdoppelt (verdreifacht)?

2. Gegeben ist eine Funktion f mit $f(x) = ax^b + c$. Zeichnen Sie mit dem GTR zugehörige Kurven, inden Sie verschiedene Werte für a, b und c wählen. Welche Wirkung haben die Parameter? (Tipp: Verändern Sie jeweils nur einen Parameter.)

3. Aus einem Draht der Länge L soll das Gittermodell eines Würfels geformt werden.

    a) Geben Sie das Volumen V eines Würfels in Abhängigkeit von L an.

    Stellen Sie den funktionalen Zusammenhang mit dem GTR graphisch dar.

    b) Welche Beziehung besteht zwischen L und der Oberfläche des Würfels?

4. Die Abbildung zeigt zwei mit dem GTR erstellte Wertetabellen.

    Wie lautet der Funktionsterm der zugehörigen Potenzfunktion?

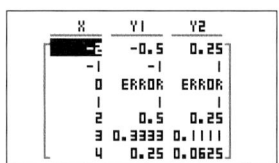

5. Das Schaubild K von f mit $f(x) = ax^b$ verläuft durch die Punkte A(2| 1) und B(1|4). Bestimmen Sie den Funktionsterm. Für welche x-Werte ist $f(x) < 10^{-3}$?

6. Gegeben ist das Schaubild der Potenzfunktion f mit $f(x) = ax^n$, $n \in \mathbf{Z}$.

    Welche Aussagen lassen sich über a und n machen?

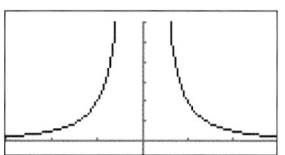

7. In einem Lexikon steht: Der Durchmesser d eines Atomkerns hängt im Wesentlichen von der Anzahl Nukleonen (Protonen + Neutronen) A ab. Wenn man sich den Atomkern als mehr oder weniger kugelförmigen Haufen aus Protonen und Neutronen vorstellt, so kann man die folgende Näherungsformel für d verwenden:

    $d = 2{,}4 \cdot 10^{-15}$ m$\cdot \sqrt[3]{A}$. Ein Aluminiumkern hat 13 Protonen und 14 Neutronen. Wie groß ist sein Durchmesser in Meter?

8. Der Funktionsterm $t(s) = 0{,}054 \, s^d$ beschreibt modellhaft den Zusammenhang zwischen der Laufstrecke s und der zugehörigen Weltrekordzeit t .

    a) Bestimmen Sie d, wenn der Weltrekord über 100 m von M. Greene (1999) 9,79 s beträgt.

    b) Berechnen Sie die Modellwerte und vergleichen Sie diese mit den realen Weltrekordwerten in s: 200 m, M. Johnson 19,32 ; 400 m, M. Johnson 43,18 800 m, W. Kipketer 101,11 ; 1500 m, El Gierrouj, 206,00 ; 5000 m, H. Gebreselassie 759,36 s.

    c) Zeichnen Sie das zugehörige Schaubild K von t.

2 Ganzrationale Funktionen 1. Grades
Lineare Funktionen

Beispiel

1) In einer Stadt wird der Müll gewogen.

   a) Die Jahresabrechnung weist für 365 kg Hausmüll einen Betrag von 83,95 EUR
   (ohne MWSt) aus. Wie hoch ist der Betrag, wenn durch Einsparungen
   nur 300, 250, 200 kg Müll anfallen?

   b) Ab 1. Januar wird eine Grundgebühr von 40 EUR eingeführt.
   Bestimmen Sie einen Term für den Rechnungsbetrag (ohne MWSt in EUR) in
   Abhängigkeit von der Müllmenge in kg.

Lösung

a) Preis pro kg in EUR: $\dfrac{83,95}{365} = 0,23$

   Wertetabelle

x (in kg)	200	250	300
p(x) (in EUR)	46	57,5	69

   Durch $p(x) = 0,23\,x$ wird jedem $x > 0$
   genau ein y-Wert (Preis) zugeordnet.

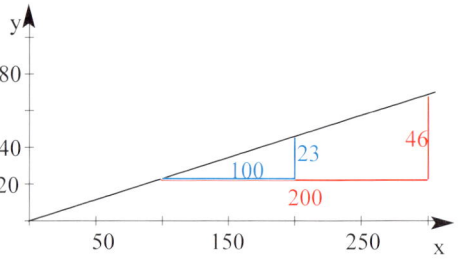

Bemerkung: Erhöht sich das Gewicht um 100 bzw. 200 kg, so erhöhen sich die Kosten
um 23 bzw. 46 EUR. $\dfrac{23}{100} = \dfrac{46}{200} = 0,23$ beschreibt den Anstieg der Kostengerade.
m = 0,23 heißt **Steigung**.

> y = **m**x ist die Gleichung einer Ursprungsgeraden mit der Steigung m.

b) Die Grundgebühr erhöht für jeden x-Wert
   die Kosten p(x) um 40 (EUR)
   Funktionsterm: $p_1(x) = 0,23x + 40$
   Der Anstieg m = 0,23 verändert sich nicht.
   Die Gerade mit der Gleichung
   $y = 0,23\,x + 40$
   ist das Schaubild der **linearen Funktion**
   p mit $p(x) = 0,23x + 40$, $x \in \mathbf{R}$.

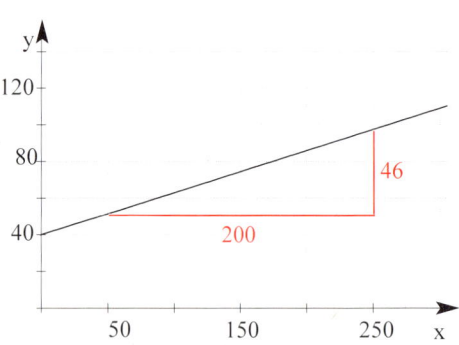

> **Definition: Eine Funktion der Form** f mit $f(x) = \mathbf{m}x + \mathbf{b}$, $x \in \mathbf{R}$
> heißt **lineare Funktion.**
> $y = m\,x + b$ ist die Gleichung einer Geraden in Hauptform.
> m heißt Steigung, b heißt y-Achsenabschnitt der Geraden.
> Für **m = 0**: f mit f(x) = b heißt **konstante Funktion.**
> Für **b = 0**: f mit f(x) = mx heißt **proportionale Funktion.**
> **Eine lineare Funktion ist eine ganzrationale Funktion 1. Grades !**

2.1 Hauptform der Geradengleichung

Steigung m und y-Achsenabschnitt b

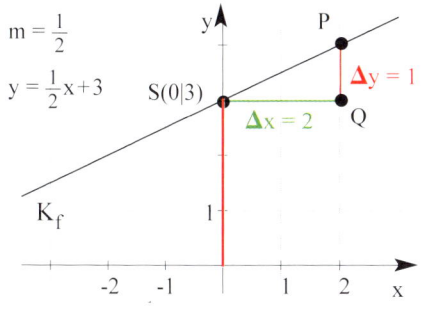

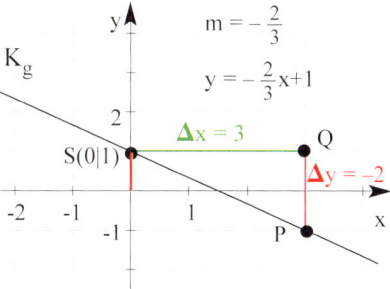

$f(x) = \frac{1}{2}x + 3$

$g(x) = -\frac{2}{3}x + 3$

$m = \frac{1}{2}$ bedeutet:

Von einem Geradenpunkt
z. B. S(0|3) aus
2 Einheiten nach rechts
zum Punkt Q(2| 3) und
1 Einheit nach oben
zum Geradenpunkt P(2 | 4)
S, P und Q sind die Eckpunkte
eines **Steigungsdreiecks**.

$m = -\frac{2}{3}$ bedeutet:

Von einem Geradenpunkt
z. B. S(0|1) aus
3 Einheiten nach rechts
zum Punkt Q(3| 1) und
2 Einheiten nach unten
zum Geradenpunkt P(3 | 4)
S, P und Q sind die Eckpunkte
eines **Steigungsdreiecks**.

Für die **Steigung einer Geraden** gilt: $m = \dfrac{\Delta y}{\Delta x}$.

K_f verläuft durch den Punkt
S(0 | 3).

K_g verläuft durch den Punkt
S(0 | 1).

Die Gerade hat den **y-Achsenabschnitt**
b = 3.

b = 1.

Beachten Sie:

Hauptform der Geradengleichung
y = m x + b
b : y-Achsenabschnitt
Die Gerade schneidet die y-Achse
im Punkt S (0 | b).

m: Steigung der Geraden
$m = \dfrac{\Delta y}{\Delta x}$

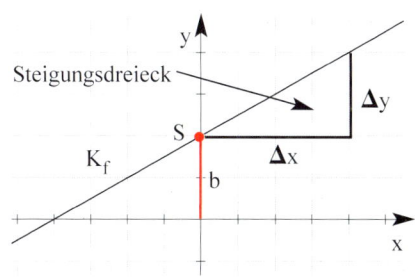

Zeichnen einer Geraden mit Hilfe von Steigung und y-Achsenabschnitt

Beispiele

Die Gerade K_f ist das Schaubild der linearen Funktionen f . Zeichnen Sie K_f .

a) f mit f(x)=3x– 1   b) K_f mit der Gleichung 5y + 4x – 5 = 0.

Lösung

a) Der **y-Achsenabschnitt** b = –1 bedeutet:

Die Gerade K_f schneidet die y-Achse in S (0 | – 1).

Die **Steigung m** = 3 bedeutet:

von S (0 |– 1) aus 1 Einheit nach rechts,

3 Einheiten nach oben.

Dies führt zum Geradenpunkt P (1 | 2).

Durch die Punkte S und P ist die Gerade K_f

eindeutig festgelegt.

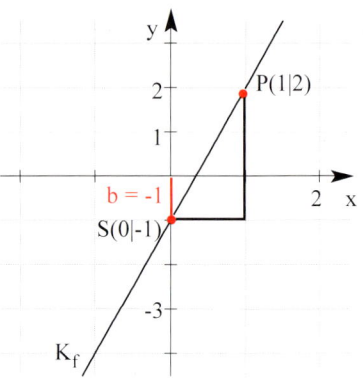

b) Umformung in Hauptform: $y = -\dfrac{4}{5} x + 1$

Die Gerade K_f schneidet die y-Achse
in S (0 | 1) und hat die Steigung $m = -\dfrac{4}{5}$.

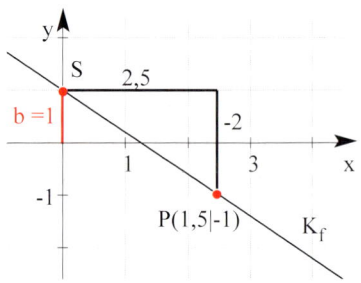

Beachten Sie: Ist eine Gerade in der **allgemeinen Form   Ax + By + C = 0**

oder in der **Achsenabschnittsform** $\dfrac{x}{a} + \dfrac{y}{b} = 1$; a, b ≠ 0 gegeben,

so ist zur Bestimmung von Steigung m und y-Achsenabschnitt

eine Umformung **in die Hauptform sinnvoll**.

Aufgaben

1. Gegeben ist die Funktion f. Zeichnen Sie die zugehörige Gerade K_f .

a) $f(x) = -\dfrac{2}{3} x + 2$ b) $f(x) = 2 x - 4$ c) $f(x) = -\dfrac{5}{4} x + 1$

d) $f(x) = -4x + 5$ e) $f(x) = -0{,}3x$ f) $f(x) = 2{,}5$

2. Eine Gerade K_f ist gegeben durch ihre Gleichung.

Zeichnen Sie in ein geeignetes Achsenkreuz.

a) $K_f : 2x - 3y = 7$ b) $K_f : 3y - 4x - 1 = 0$ c) $K_f : y - 95x = 0$

d) $K_f : \dfrac{x}{2} + \dfrac{y}{3} = 1$ e) $K_f : -\dfrac{x}{3} + \dfrac{y}{5} = 1$ f) $K_f : y = \sqrt{3}(x - 2)$

Beispiel

K_f ist das Schaubild der linearen Funktion f mit $f(x) = 1{,}5x - 2$; $x \in \mathbf{R}$.

a) Liegt der Punkt P(2,5 | 0,5) auf der Geraden K_f?

b) Die Punkte $A(x_A | 4)$ und $B(-2 | y_B)$ liegen auf K_f. Bestimmen Sie x_A bzw. y_B.

c) Berechnen Sie die Nullstelle von f.

d) Für welche Werte von x gilt: $f(x) > 0$?

e) Bestimmen Sie den Wertebereich von f, wenn $D = \mathbf{R}^*_+$ gewählt wird.

f) K_g entsteht durch Verschiebung von K_f in y-Richtung. K_g verläuft durch N(4 | 0).

Lösung

a) P(2,5|1,75) Einsetzen von $x = 2{,}5$ und $y = 1{,}75$ in den Funktionsterm $f(x) = 1{,}5x - 2$

$$1{,}75 = 1{,}5 \cdot 2{,}5 - 2 \quad \Rightarrow \quad 1{,}75 = 1{,}75 \text{ wahre Aussage (w. A.)}$$

d.h., P(2,5|1,75) **liegt auf** der Geraden g ($A \in g$).

Liegt ein Punkt auf einer Geraden, so ergibt das Einsetzen der Koordinaten des Punktes in die Geradengleichung eine wahre Aussage (Punktprobe).

Bemerkung: Für „ **A liegt auf g**" schreibt man kurz: $A \in g$.

Für „ **B liegt nicht auf g**" schreibt man kurz: $B \notin g$.

b) **Bedingung für x_A:** $f(x) = 4 \iff$ $1{,}5x - 2 = 4$ für $x = 4 = x_A$

Bedingung für y_B: $f(-2) = y_B$ $f(-2) = 1{,}5(-2) - 2 = -5 = y_B$

c) **Bedingung für die Nullstelle von f:** $\mathbf{f(x) = 0} \iff 1{,}5x - 2 = 0$ für $x = \dfrac{8}{3}$

Nullstelle $x = \dfrac{8}{3}$ bedeutet: K_f schneidet die x-Achse in N($\dfrac{8}{3}$ | 0).

d) **Ablesen am Schaubild:**

Die Bed. $\mathbf{f(x) > 0}$ ist erfüllt, wenn

K_f **oberhalb** der x-Achse verläuft:

für $x > \dfrac{8}{3}$ (Nullstelle)

rechnerische Lösung:

$1{,}5x - 2 > 0$ für $x > \dfrac{8}{3}$

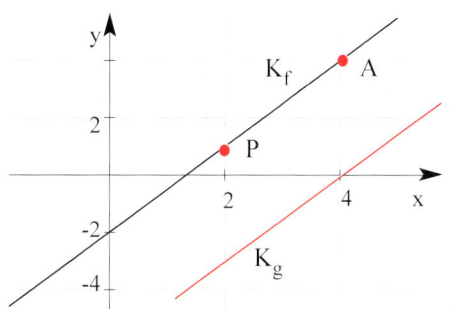

e) Für $D = \mathbf{R}^*_+$ ($x > 0$) gilt für die

Funktionswerte f(x): $f(x) > -2$

Wertemenge: $W = \left\{ y \mid y = f(x) > -2 \right\}$

f) Verschiebung ergibt eine **parallele Gerade mit gleicher Steigung**.

Ansatz für den Funktionsterm von g $g(x) = 1{,}5x + b$

Punktprobe mit N(4 | 0) ergibt $0 = 1{,}5 \cdot 4 + b \Rightarrow b = -6$

Funktionsterm $g(x) = 1{,}5x - 6$

Bemerkung:

Punktprobe mit dem GTR

mit Hilfe einer Wertetabelle

Was man wissen sollte...   über Geraden in Hauptform

Hauptform der Geradengleichung

$y = m\,x + b$

b : y-Achsenabschnitt

$m = \dfrac{\Delta y}{\Delta x}$: Steigung der Geraden

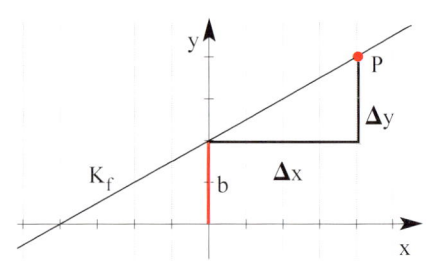

Zeichnen einer Geraden

Methode 1: Man bestimmt durch geschickte Wahl von zwei x-Werten
zwei Punkte auf der Geraden, die die Gerade eindeutig festlegen.

Methode 2: y-Achsenabschnitt b liefert S(0|b) als Geradenpunkt auf der y-Achse.
Mit Hilfe eines Steigungsdreiecks mit Eckpunkt S erhält man einen
weiteren Geradenpunkt P.

Mit Hilfe des GTR

Menue Table Func	Wertetabelle	Graph

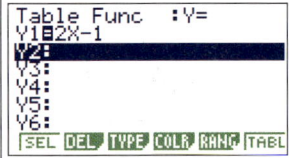

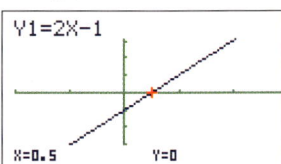

Bestimmung eines Geradenpunktes:

Einsetzen eines beliebigen x-Wertes in die Geradengleichung ergibt den y-Wert.

Punktprobe

Liefert das **Einsetzen der x- und y-Koordinate eines Punktes** in die Geradengleichung eine **wahre Aussage**, so **liegt der Punkt auf der Geraden.**

Ergibt sich eine **falsche Aussage**, so **liegt der Punkt nicht auf der Geraden.**

P (u| v) liegt auf dem Schaubild K der Funktion f, wenn f(u)= v erfüllt ist:

P (u|v) $\in$ K <=> v = f(u)

Beachten Sie:

**Für m> 0 ist die Gerade wachsend,
für m < 0 ist die Gerade fallend.**

2.Winkel-
halbierende: y = –x

1.Winkel-
halbierende: y = x

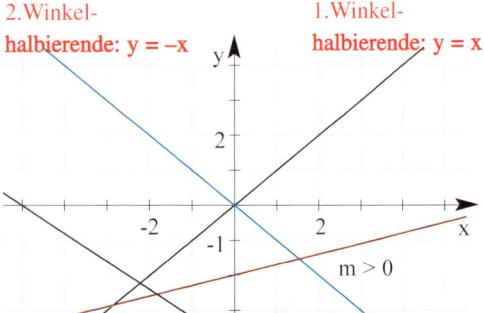

Aufgaben

1. Prüfen Sie, ob die Gerade durch A und B eine Ursprungsgerade ist.
   a) $A(2 \mid 4)$; $B(-1{,}5 \mid -3)$ b) $A(-1 \mid 3{,}5)$; $B(2 \mid -2)$

2. Gegeben ist die lineare Funktion f mit $f(x) = 1{,}25x + 1{,}5$; $x \in \mathbf{R}$.
   a) Berechnen Sie die Funktionswerte: $f(0)$, $f(-1{,}5)$, $f(0{,}7)$, $f(\pi)$, $f(\frac{x}{2})$, $f(u)$.
   b) An welcher Stelle hat die Funktion den Wert –5?
   c) Für welche Argumente sind die Funktionswerte positiv?
   d) Zeigen Sie: $f(u + 2) - f(u)$ ist unabhängig von u.

3. Gegeben ist eine lineare Funktion f durch ihren Funktionsterm Wo schneidet das Schaubild K_f von f die Koordinatenachsen. Zeichnen Sie K_f in ein Achsenkreuz ein.
   a) $f(x) = -\frac{3}{2}x + 4$ b) $f(x) = -4x - 3{,}5$ c) $f(x) = \frac{3}{7}x - 3$
   d) $f(x) = \frac{x}{6} + \frac{5}{6}$ e) $f(x) = 2(x + 1{,}25)$ f) $f(x) = -\frac{8}{3}x + \frac{5}{4}$

4. Für welche x-Werte gilt: $f(x) > 0$?
   a) $f(x) = 0{,}4x + 1$ b) $f(x) = -1{,}5(x - 2)$ c) $f(x) = \frac{x}{5} - \frac{7}{5}$

5. Der GTR liefert eine Wertetabelle für eine lineare Funktion f. Wo schneidet der Graph von f die Achsen? Bestimmen Sie einen Funktionsterm.

   a) 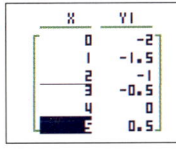   b)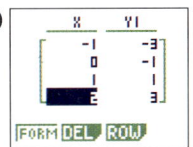

6. K_f ist das Schaubild der linearen Funktion f mit $f(x) = \frac{4}{3}x - 2$; $x \in \mathbf{R}$.
   a) Der Punkt $A(u \mid -1)$ liegt auf K_f. Bestimmen Sie u.
   b) Berechnen Sie die Nullstelle von f.
   c) Für welche Werte von x gilt: $f(x) > 1$?
   d) Bestimmen Sie den Wertebereich von f, wenn $D = [0; 4]$ gewählt wird.
   e) Verschieben Sie K_f so, dass die verschobene Gerade die x-Achse in $x = -2$ schneidet. Bestimmen Sie einen Funktionsterm.

7. Bestimmen Sie die Gleichung der Parallelen zur Geraden K_f von f mit $f(x) = -2x + 4$ durch den Punkt $A(-3 \mid 1)$.

8. Gegeben ist die lineare Funktion f mit $f(x) = 0{,}4x - 2$, $x \in \mathbf{R}$. Ihr Schaubild sei K_f. K_f wird um 4 Einheiten in Richtung der positiven x-Achse verschoben. Bestimmen Sie den Funktionsterm der Bildgeraden K_g. Wie lässt sich K_g noch aus K_f erzeugen?

9. Gegeben ist die lineare Funktion f mit $f(x) = 3 - \frac{12}{7}x$; $x \in \mathbf{R}$.
   a) Zeichnen Sie das zugehörige Schaubild. Kennzeichnen Sie $f(-1)$.
   b) Liegt der Punkt $P(\sqrt{7} \mid -1{,}54)$ auf dem Schaubild von f?
   c) Der Definitionsbereich D wird so eingeschränkt, dass gilt: $W = [1; \infty]$. Bestimmen Sie D.
   d) Für welche Werte von t ist $f(\sqrt{2t}) < 0{,}6$?

10. Gegeben sind die Funktionen f und g mit $f(x) = 0,75x + 3$ und $g(x) = -x - 2,5$; $x \in \mathbb{R}$.
    Die zugehörigen Geraden heißen K_f und K_g.
    Die Gerade K_g soll so in y-Richtung verschoben werden, dass K_f und die verschobene Gerade die x-Achse im gleichen Punkt schneiden.
    Bestimmen Sie den Funktionsterm für die verschobene Gerade.

11. Können die beiden GTR-Bildschirmausdrucke die gleiche Gerade darstellen?
    Begründen Sie
    Ihre Entscheidung.

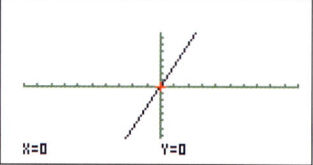 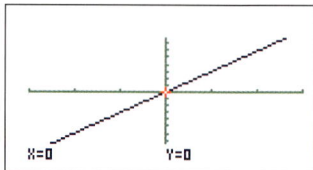

12. Zeichnen Sie die Gerade K_f von f mit $f(x) = 1,5x$ in ein Koordinatensystem.
    Zeichnen Sie ohne weitere Hilfsmittel folgende Geraden in obiges Koordinatensystem: g : $y = 1,5(x - 2)$; h: $y = 1,5x - 2$; l: $y = 1,5(-x)$; i: $y = 1,5(2x)$

13. Gegeben ist die Gerade g
    durch die Gleichung $y = 2x + 8,2$.
    Bestimmen Sie aus dem Schaubild
    die Gerade, die parallel zu g
    durch den Punkt A verläuft.
    Bestimmen Sie die Gleichung
    der gesuchten Geraden.
    Begründen Sie.

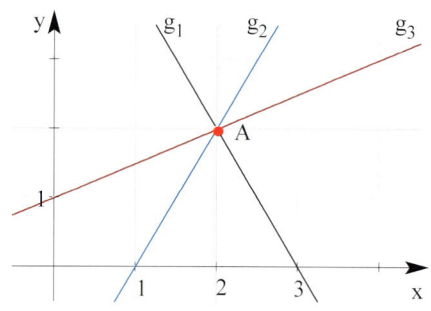

14. Der Punkt A(4,5 | –3) liegt auf einer Ursprungsgeraden K_f. Der Punkt B (3 | f(3)) liegt auch auf dieser Geraden. Bestimmen Sie die y-Koordinate von B?

15. Liegen die Punkte A(1 | 3), B(– 1| – 7), C(2 | –2) und D(8 | 7) oberhalb, unterhalb oder auf der Geraden mit der Gleichung $y = 4x - 3$?

16. Welche Gleichung gehört zu
    welcher Geraden ?
    Begründen Sie Ihre Entscheidung.
    g_1: $y = -4x + 3$;
    g_2: $5y + 2x + 15 = 0$;
    g_3: $y = x - 3$;
    g_4: $y = 0,5x + 3$

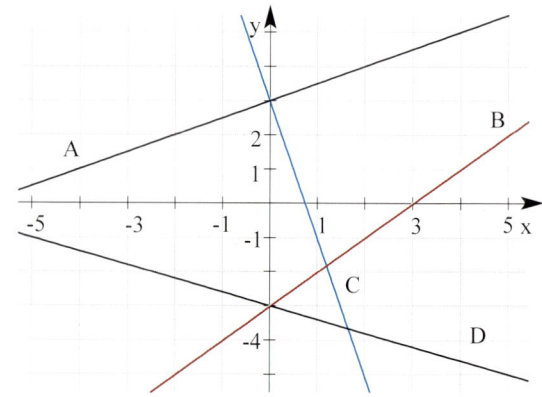

Aufstellen von Geradengleichungen mit Hilfe der Hauptform

a) **Bestimmung einer Geradengleichung, wenn m und ein Geradenpunkt gegeben sind.**

Beispiele

1) Eine Gerade g hat die Steigung m = – 2,5 und verläuft durch den Punkt A (3 | 2). Bestimmen Sie die Gleichung der Geraden g.

Lösung

Ansatz für die Geradengleichung:	$y = m\,x + b$
Einsetzen von m = – 2,5	$y = -2{,}5\,x + b$
Punktprobe mit A (3 | 2)	$2 = -2{,}5 \cdot 3 + b$
liefert b:	$b = 9{,}5$
Geradengleichung	$y = -2{,}5\,x + 9{,}5$

2) Eine Gerade g verläuft durch den Punkt A (2 | –5) und ist parallel zur Geraden h mit der Gleichung y = – x + 3. Bestimmen Sie die Gleichung der Geraden g.

Lösung

Ansatz für die Geradengleichung:	$y = m\,x + b$
Parallel heißt **gleiche Steigung**	$m_g = m_h = -1$
Einsetzen von m = – 1	$y = -x + b$
Punktprobe mit A (2 | –5) liefert b	$-5 = -2 + b \quad \Rightarrow \quad b = -3$
Geradengleichung	$y = -x - 3$

Aufgaben

1. Bestimmen Sie die Gleichung der Geraden g.

   a) $m = -\dfrac{3}{4}$; durch A(1 | – 2)   b) m = 1,5; durch A(–1 | – 0,5)

   c) durch A(2 | – 4); B(0 | –2)   d) durch den Ursprung und A(–3|–1).

   e) durch A(– 3 | 3); parallel zur Geraden h: $y = -\dfrac{1}{2}x - 5$

2. Für eine lineare Funktion f gilt: f(2) = –3 und f(0) = 5.
   Bestimmen Sie einen Funktionsterm. Berechnen Sie f(0,25) und f($\sqrt{2}$).

3. Gegeben ist die Funktion f mit $f(x) = 2e^x$, $x \in \mathbf{R}$.
   Das Schaubild einer linearen Funktion h verläuft durch den Ursprung.
   Bestimmen Sie h(x), wenn h(1) = f(0).

4. Bestimmen Sie den Funktionsterm aus der Abbildung.
   Überprüfen Sie Ihre Ergebnisse mit dem GTR.

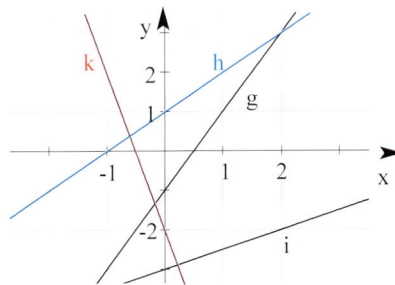

b) Bestimmung einer Geradengleichung, wenn zwei Geradenpunkte gegeben sind.

Beispiel

Eine Gerade g verläuft durch die Punkte A $(1 \mid -5)$ und B$(-2 \mid 1)$.
Bestimmen Sie die Gleichung der Geraden g.

Lösung

Ansatz für die Geradengleichung:	$y = m\,x + b$
Punktprobe mit A $(1 \mid -5)$	$-5 = m \cdot 1 + b$
Punktprobe mit B$(-2 \mid 1)$	$1 = m \cdot (-2) + b$
Die Punktproben ergeben **2 Gleichungen**	$-5 = \quad m + b$
mit **2 Unbekannten (LGS)**	$1 = -2m + b$

Auflösen des **Linearen Gleichungssystems (LGS)** mit dem **Additionsverfahren**:

$$-5 = \quad m + b \qquad (-1)$$
$$1 = -2m + b$$
$$6 = -3m \qquad \Rightarrow m = -2$$

Einsetzen von m $= -2$ $\qquad -5 = -2 + b \qquad \Rightarrow b = -3$

Geradengleichung $\qquad y = -2\,x - 3$

Lösung mit dem GTR

Menue **Equa**

F1; F2

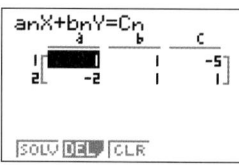 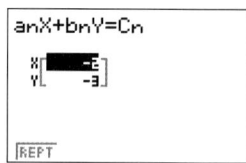

Aufgaben

1. Bestimmen Sie die Gleichung der Geraden g.

    a) A$(-4 \mid 2)$ und B$(2 \mid 0)$ liegen auf g

    b) g verläuft durch A$(-3 \mid 1)$und B$(1 \mid \frac{11}{3})$.

    c) A$(1 \mid -2)$ und B$(-2 \mid 10)$ liegen auf g

    d) g schneidet die Achsen in x = 2 und y = 6

    e) g geht durch A$(-6 \mid 1)$ und ist parallel zu h mit der Gleichung $y = -\frac{2}{3}x + 2$

    f) g hat die Steigung m $= -4{,}5$ und verläuft durch A$(2 \mid -3)$.

    g) g hat die Steigung m = 3 und verläuft durch A$(1 \mid 1{,}5)$.

    h) g schneidet die x-Achse in x = 3 und die Gerade h mit y = 4x −2 in x = −1.

2. Für eine lineare Funktion f gilt $f(-4) = 2$ und $f(1) = -4$.
    Bestimmen Sie einen Funktionsterm. Bestimmen Sie die Nullstelle von f.

3. Bestimmen Sie Gleichungen von 2 Geraden g und h, die durch P$(3 \mid -2)$ verlaufen.

4. Zeigen Sie: Die Punkte A$(\frac{\pi}{2} \mid -1)$, B$(\frac{3\pi}{2} \mid -5)$ und C$(-\frac{\pi}{2} \mid 3)$ liegen auf einer Geraden.

2.2 Die Punkt-Steigungs-Form einer Geradengleichung

Beispiel

Bestimmen Sie die Gleichung der Geraden g, wenn bekannt ist:

a) Die Gerade g verläuft durch   b) Die Gerade g verläuft durch

    A(1 | 3) mit Steigung $m = 1{,}5$. $A(x_1 | y_1)$ mit Steigung m.

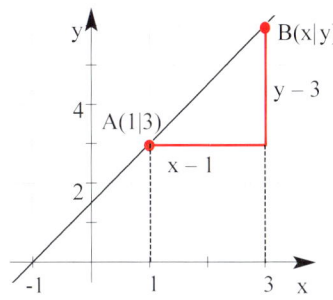 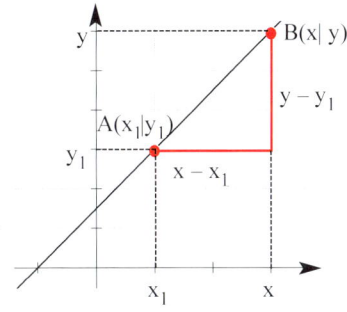

Zeichnet man von A(1| 3) aus   Zeichnet man von $A(x_1| y_1)$ aus

Steigungsdreiecke für $m = 1{,}5$,   Steigungsdreiecke für die Steigung m,

so erhält man weitere   so erhält man weitere

Geradenpunkte.   Geradenpunkte.

Für einen beliebigen   Für einen beliebigen

Geradenpunkt B(x | y) gilt: Geradenpunkt B(x | y) gilt:

$$m = 1{,}5 = \frac{y-3}{x-1} \qquad\qquad m = \frac{y-y_1}{x-x_1}$$

Auflösen nach y: Auflösen nach y:

$$y - 3 = 1{,}5\,(x-1) \qquad\qquad y - y_1 = m \cdot (x - x_1)$$

$$y = 1{,}5(x-1) + 3 \qquad\qquad y = m \cdot (x - x_1) + y_1$$

Punkt-Steigungsform   **Allgemeine Punkt-Steigungsform**

der Geradengleichung   **der Geradengleichung**

Beachten Sie: Die **Punkt-Steigungsform der Geradengleichung (PSF)** lautet:

    PSF : $y = m\,(x - x_1) + y_1$

Dabei sind x_1 und y_1 die Koordinaten eines festen Geradenpunktes.

Die **PSF** beschreibt eine Gerade mit **Steigung m** durch den Punkt $A(x_1 | y_1)$.

Vergleich

    Geradengleichung **mit der PSF**   mit der **Hauptform y = mx + b**

g verläuft durch A(1 | 3) mit Steigung $m = 1{,}5$ bedeutet:

Einsetzen in die PSF: Einsetzen von $m = 1{,}5$: $y = 1{,}5x + b$

$y = 1{,}5(x-1) + 3$ Punktprobe mit A: $3 = 1{,}5 \cdot 1 + b => b = 1{,}5$

$y = 1{,}5x + 1{,}5$ $y = 1{,}5x + 1{,}5$

Aufstellen von Geradengleichungen mit Hilfe der PSF

a) Bestimmung einer **Geradengleichung, wenn ein Geradenpunkt P und die Steigung m gegeben sind**.

Beispiele

1) Die Gerade g verläuft durch P(−2|3) mit Steigung m = − 0,5.

Lösung

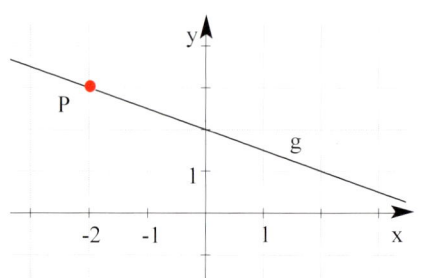

$m = - 0,5$, $x_1 = - 2$ und $y_1 = 3$

Einsetzen in die **PSF** ergibt die **Geradengleichung:**

$y = - 0,5(x - (- 2)) + 3 = - 0,5(x + 2) + 3$

Geradengleichung: $y = - 0,5x + 2$

b) Bestimmung einer **Geradengleichung, wenn zwei Geradenpunkte A und B gegeben sind**.

2) Die Gerade g verläuft durch die Punkte A(−3 | 1) und B (3 | 3)).

Lösung

Wir wählen $A(-3 \mid 1) = A(x_1 \mid y_1)$

$\qquad\qquad B(3 \mid 3) = B(x_2 \mid y_2)$

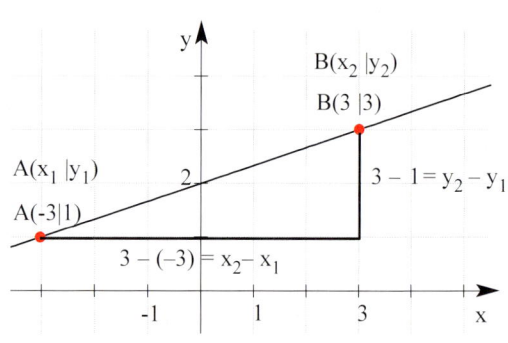

a) **Berechnung von m:**

$m = \dfrac{y_2 - y_1}{x_2 - x_1} = \dfrac{3 - 1}{3 - (-3)} = \dfrac{1}{3}$

b) **Einsetzen** in die **PSF:**

$B(-3 \mid 1)$, $m = \dfrac{1}{3}$

ergibt die **Geradengleichung**

$y = \dfrac{1}{3}(x - (-3)) + 1 = \dfrac{1}{3}x + 2$

Allgemein gilt für die **Steigung m:**

$m = \dfrac{y_2 - y_1}{x_2 - x_1} = \dfrac{\Delta y}{\Delta x} = \tan \alpha$

x_1 und y_1 bzw. x_2 und y_2 sind die Koordinaten von 2 Geradenpunkten.

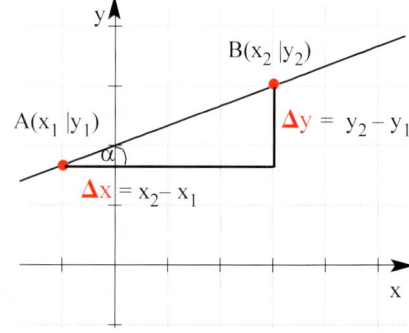

2.3 Die Zwei-Punkte-Form einer Geradengleichung

Man bestimmt die Gleichung der Geraden g durch die Punkte $A(x_1 \mid y_1)$ und $B(x_2 \mid y_2)$:

Berechnung der Steigung aus den Punkten

A und B: $m = \dfrac{y_2 - y_1}{x_2 - x_1}$

Berechnung der Steigung aus den Punkten

A und $C(x \mid y)$: $m = \dfrac{y - y_1}{x - x_1}$

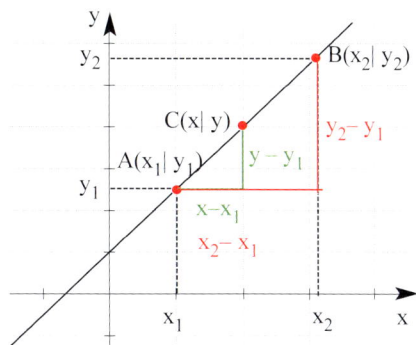

Gleichsetzen der Steigungen

$$\frac{y - y_1}{x - x_1} = \frac{y_2 - y_1}{x_2 - x_1}$$

ergibt die **Zwei-Punkte-Form der Geradengleichung.**

Beachten Sie: Die **Zwei-Punkte-Form** der Geradengleichung lautet:

$$\frac{y - y_1}{x - x_1} = \frac{y_2 - y_1}{x_2 - x_1}; \quad x_1 \neq x_2$$

Dabei sind x_1, y_1 und x_2, y_2 die Koordinaten von 2 festen Geradenpunkten.

Beispiel

Eine Gerade K_g der Funktion g verläuft durch die Punkte A $(-1 \mid 3)$ und B $(3 \mid -2)$.
Bestimmen Sie den Funktionsterm.

Lösung

Wir wählen A $(-1 \mid 3) = A(x_1 \mid y_1)$

B $(3 \mid -2) = B(x_2 \mid y_2)$

Einsetzen in die **Zwei-Punkte-Form**:

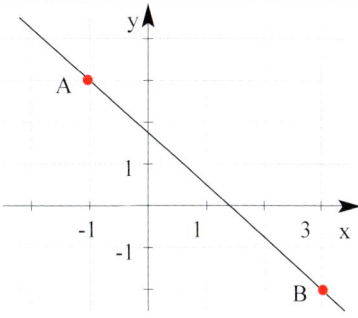

$$\frac{y - y_1}{x - x_1} = \frac{y_2 - y_1}{x_2 - x_1} \quad \Longleftrightarrow \quad \frac{y - 3}{x + 1} = \frac{-2 - 3}{3 + 1} = -\frac{5}{4}$$

Umformung in die Hauptform ergibt die

Geradengleichung: $y = -\dfrac{5}{4}(x + 1) + 3 = -\dfrac{5}{4}x + \dfrac{7}{4}$

Funktionsterm: $f(x) = -\dfrac{5}{4}x + \dfrac{7}{4}$

Aufgaben

Die Gerade g verläuft durch die Punkte A und B. Bestimmen Sie die Geradengleichung.

a) A $(1,5 \mid 3)$; B $(3 \mid 2,5)$ b) A $(-3 \mid 5)$; B $(1 \mid 2,5)$ c) A $(4 \mid 0)$; B $(-1 \mid -\sqrt{2})$

d) A $(t \mid 3)$; B $(2t \mid -1)$ e) A $(1 \mid 0)$; B $(-1 \mid t +1)$ f) A $(2\sqrt{t} \mid \sqrt{2}t)$; B $(\sqrt{t} \mid 0)$

2.4 Besondere Geraden – Parallelen zur x-Achse bzw. zur y-Achse

Beispiele

1) Die Gerade g verläuft durch den Punkt A(1 | 3) mit Steigung m = 0.
   Bestimmen Sie die Gleichung der Geraden g.

Lösung

Einsetzen in die **PSF**: $y = 0(x - 1) + 3$ ergibt die **Geradengleichung: y = 3**

Die Gerade g verläuft parallel zur x-Achse durch den Punkt A(1 | 3).

Weitere Geradenpunkte: $C_1(0 | 3)$, $C_2(-1 | 3)$, $C_3(4 | 3)$

Für jede Wahl von x haben alle Punkte auf der Geraden g die y-Koordinate 3.

Geraden mit der Gleichung y = a, a ∈ R verlaufen parallel zur x-Achse.

Bemerkung: Die x-Achse hat die Gleichung y = 0.

2) Eine Gerade g verläuft parallel zur y-Achse durch den Punkt B(2 | 3).
   Zeichnen Sie die Gerade g in ein Koordinatensystem ein.
   Geben Sie 3 Geradenpunkte an und bestimmen Sie die Gleichung der Geraden.

Lösung

Geradenpunkte

$D_1(2 | 0)$, $D_2(2 | 4)$, $D_3(2 | -1,5)$

Alle Punkte auf der Geraden g
haben die **x-Koordinate 2**,
x = 2 für jeden beliebigen y-Wert.
Gleichung der Geraden g: x = 2

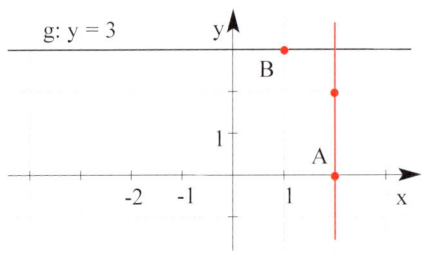

Bemerkungen: x = 2; y ∈ R beschreibt **keine Funktion**, da dem festen
x-Wert (x = 2) mehr als ein y-Wert zugeordnet wird.
Da man dieser Geraden **keine Steigung** zuordnen kann, lässt sich die
Gleichung **nicht mit der Punkt-Steigungsform** bestimmen.

Geraden mit der Gleichung x = b, b ∈ R verlaufen parallel zur y-Achse.

Bemerkung: Die y-Achse hat die Gleichung x = 0.

**Besondere Geraden
mit dem GTR zeichnen**
(Umschalten von Y auf X
mit TYPE)

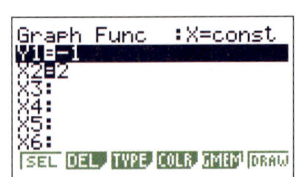

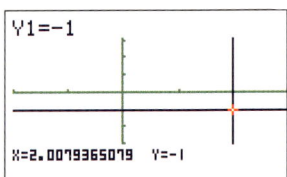

Was man wissen sollte... über lineare Funktionen

Das **Schaubild** einer linearen Funktion f mit f(x) = mx + b; x ∈ **R** ist eine **Gerade**.

**Gleichungen der „einfachsten"
Geraden:**

$y = x$

(1. Winkelhalbierende)

$y = -x$

(2. Winkelhalbierende)

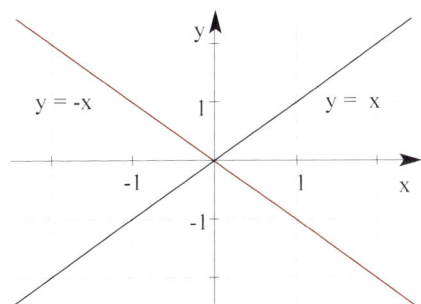

Gleichung einer Geraden

a) Allgemeine Form

$Ax + By + C = 0$

b) Hauptform

$y = m x + b$

b: y-Achsenabschnitt

m: Steigung der Geraden

$$m = \frac{y_2 - y_1}{x_2 - x_1}$$

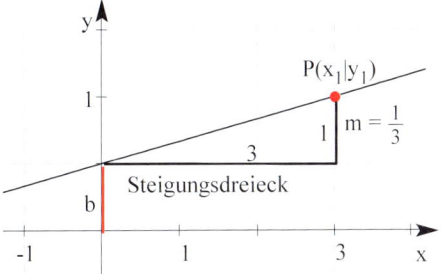

c) Punkt-Steigungs-Form (PSF)

$y = m(x - x_1) + y_1$

m: Steigung der Geraden

x_1, y_1: Koordinaten des
festen Punktes Q ($x_1 \mid y_1$)
auf der Geraden

d) Zwei-Punkte-Form

$$\frac{y - y_1}{x - x_1} = \frac{y_2 - y_1}{x_2 - x_1}$$

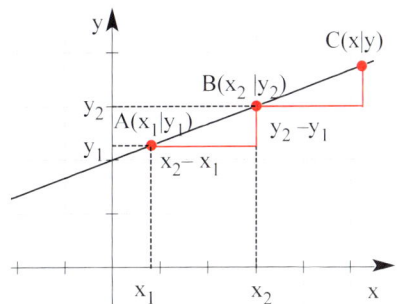

Sonderfälle:

Parallele zur y-Achse:

Gleichung $x = a$, $a \in$ R

Parallele zur x-Achse:

Gleichung $y = b$, $b \in$ R

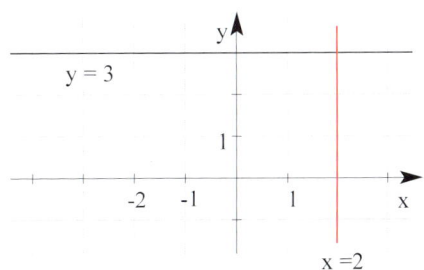

15 Bohner/Ihlenburg/Ott – ISBN 3-8120-0206-X

Aufstellen einer Geradengleichung

Gegeben: **Punkt P(x_1 | y_1)** und **Steigung m**

Lösung mit der

Hauptform: y = m x + b
Einsetzen von m,
Punktprobe mit P liefert b

PSF: y = m (x – x_1) + y_1
Einsetzen von m und der
Koordinaten x_1, y_1 von P

Gegeben: **zwei Punkte P_1 (x_1 | y_1)** und **P_2 (x_2 | y_2)**

Lösung mit der

Hauptform: y = mx + b
Punktprobe mit
P_1 und P_2 liefert ein
Lineares
Gleichungssystem
(LGS)
für m und b

PSF: y = m (x – x_1) + y_1
1. Schritt:
Steigung m = $\dfrac{y_2 - y_1}{x_2 - x_1}$
2. Schritt:
Einsetzen von m und
der Koordinaten eines
Geradenpunktes

Zwei-Punkte-Form:
$$\frac{y - y_1}{x - x_1} = \frac{y_2 - y_1}{x_2 - x_1}$$
Punktprobe mit
P_1 und P_2
liefert die
Geradengleichung

Aufgaben

1. Bestimmen Sie die Gleichung der Geraden g, wenn bekannt ist:

   a) g verläuft durch Q(4 | –1) mit Steigung $m = \dfrac{5}{4}$

   b) g verläuft durch die Punkte A(– 5| –3) und B(0 | 3);

   c) g verläuft durch den Punkt C(4,5| 2,7) und ist 45° zur x-Achse geneigt.

   d) g verläuft durch P(–1,5| 0) parallel zur Geraden h mit y = 2x + 2.

2. Zeichnen Sie die Gerade g und bestimmen Sie die Geradengleichung.

   a) A(3 | –1) $\in$ g und g verläuft parallel zur y-Achse.

   b) C(3,5 | 2,5) $\in$ g und g verläuft parallel zur x-Achse.

   c) g verläuft durch D (– 5 | 1) parallel zu h: $y = -\dfrac{1}{2}x + 4$

   d) g verläuft durch T $\left(1 \middle| \dfrac{3}{2}\right)$ parallel zur Geraden (AB) mit A (– 2 |–3) und B $\left(\dfrac{3}{2}\middle| -5\right)$

3. Die Gerade g verläuft durch die Punkte A (4 | –3,5) und B(2,5| – 1).

   Die Gerade h verläuft durch die Punkte C (5 |2,5) und D($\dfrac{3}{2}$| $\dfrac{25}{3}$).

   Wie liegen die Geraden g und h zueinander?

4. Die Gerade g mit der Gleichung $y = -0{,}25x + 1$ wird so verschoben, dass die verschobene Gerade g^* durch den Punkt $A(3 \mid 4)$ verläuft. Bestimmen Sie die Gleichung von g^*.

5. Ermitteln Sie den Funktionsterm der linearen Funktion f, wenn gilt:
   a) $f(1) = 7$; $f(-1) = 3$ b) $f(a) = 0$; $f(0) = a$ c) $f(a) = 1$; $f(2a) = -1$

6. Ermitteln Sie einen Funktionsterm und den Wertebereich der linearen Funktion f, wenn gilt: a) $f(0) = 20$; $f(12) = 32$; $x > 0$ b) $f(-3) = 6$; $f(2) = -8$; $x \in [-3; 3]$

7. Die nebenstehende Abbildung enthält Graphen von linearen Funktionen.
   Bestimmen Sie jeweils einen Funktionsterm.

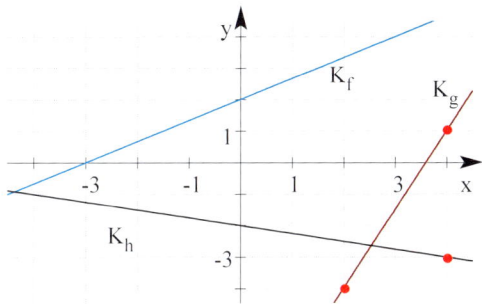

8. Gegeben ist die Schaubilder K_f von f und K_g von g.
   Bestimmen Sie jeweils einen Funktionsterm.

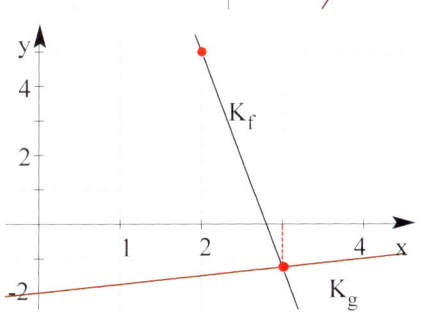

9. Für welchen Wert von t hat die Gerade durch die Punkte $A(0 \mid 1{,}5t)$ und $B(\sqrt{3t} \mid 2t)$ die Steigung $m = -1$?

10. Zeigen Sie: Die Gerade g durch $A(\sqrt{t} \mid t)$ und $B(1 \mid 1)$ besitzt die Steigung $m = \sqrt{t} + 1$. g schneidet die y-Achse in $(0 \mid -\sqrt{t})$.

11. Zeigen Sie: Die Punkte $P(\frac{1}{2}\sqrt{2} \mid t)$ liegen für alle $t \in \mathbf{R}$ auf einer Geraden.
    Bestimmen Sie die Geradengleichung.

12. Eine Gerade durch $N(2{,}5 \mid 0)$ schließt mit den Koordinatenachsen ein Dreieck ein. Für welche Steigung m ist dieses Dreieck gleichschenklig?

13. Das Schaubild K der Funktion f mit $f(x) = \frac{5}{3}x - 2$, $x \in \mathbf{R}$ wird um 3 LE nach links verschoben. Die Gleichung der verschobenen Geraden lautet:
    a) $y = \frac{5}{3}x + 1$ b) $y = \frac{5}{3}x - \frac{4}{3}$ c) $y = \frac{5}{3}(x + 3)$ Entscheiden Sie.

14. Gegeben ist die Funktion f mit $f(x) = 3e^{-0{,}5x}$, $x \in \mathbf{R}$.
    Für eine lineare Funktion h gilt: $h(0) = f(0)$ und $h(-2) = f(-2)$.
    Bestimmen Sie $h(x)$.

2.5 Gegenseitige Lage von zwei Geraden

Zwei Geraden schneiden sich

Besitzen die Geraden g und h einen gemeinsamen Punkt S (x | y), so müssen für den x-Wert von S die zugehörigen y-Werte g(x) und h(x) übereinstimmen. Daraus folgt:

Gleichsetzen der y-Werte liefert den x-Wert des Schnittpunktes: g(x) = h(x)

Beispiel

Gegeben sind die Funktionen f und g mit $f(x) = -2x + 4$ und $g(x) = 0,5x - 0,5$.
K_f und K_g schneiden sich im Punkt S. Berechnen Sie die Koordinaten von S.

Lösung

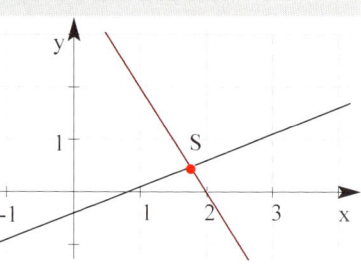

Gleichsetzen der y-Werte: $-2x + 4 = 0,5x - 0,5$
Auflösen liefert $\quad\quad 2,5x = 4,5$
den gesuchten x-Wert: $\quad x = 1,8$ (**Schnittstelle**)

Einsetzen des x-Wertes in f(x) oder g(x)
ergibt den y-Wert
des Schnittpunktes. $\quad\quad y = -2 \cdot (1,8) + 4 = 0,4$

Schnittpunkt der beiden Geraden: S (1,8 | 0,4)

Bemerkung: Die x-Koordinate des Schnittpunktes von zwei Geraden heißt **Schnittstelle**.

Probe mit dem GTR

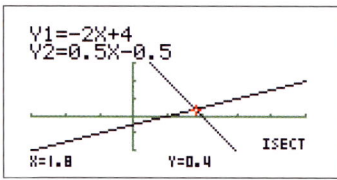

Zeichnen im Menue **Graph**

F5 (G-Solv)

F5 (ISCT) berechnet den

Schnittpunkt

Aufgaben

1. Gegeben sind die Geraden K_f und K_g. Die Geraden schneiden sich im Punkt S. Ermitteln Sie die Koordinaten von S mit dem GTR und rechnerisch.
   Zeichnen Sie die Geraden in ein Koordinatensystem ein.

   a) $f(x) = -3x + \dfrac{5}{4}$ $\quad$ b) $K_f: 2y - x = 3$ $\quad$ c) $f(x) = -\dfrac{2}{3}x - 1$ $\quad$ d) $K_f: x = 2$

   $\quad g(x) = -x - 1$ $\quad\quad\quad$ $K_g: y = -\dfrac{1}{2}x + 4$ $\quad$ $g(x) = \dfrac{1}{6}x - 4$ $\quad\quad$ $K_g: y = -\dfrac{3}{4}x - \dfrac{3}{2}$

2. Prüfen Sie, ob die Geraden g, h und l durch einen Punkt verlaufen.

   a) g: $y = x + 1$; $\quad$ h: $2y + x + 4 = 0$; $\quad$ l: $3y - 5x = 7$

   b) g: $y = \dfrac{1}{6}x + \dfrac{3}{2}$; $\quad$ h: $y = -\dfrac{2}{3}x + 2$; $\quad$ l: $2x - y = 3$

3. Gegeben sind die Funktionen f und g mit $f(x) = 2x - 3$ bzw. $g(x) = -0,5x + 1$, $x \in$ **R**.
   Für welche x-Werte gilt: $f(x) > g(x)$?

4. Gegeben ist eine Wertetabelle für zwei lineare
   Funktionen f (im GTR Y1) und g (im GTR Y2).
   Wo schneiden sich die Graphen der beiden Funktionen?
   Liegt der Schnittpunkt im 1. Feld?
   Für welche x-Werte gilt: f(x) < g(x)?

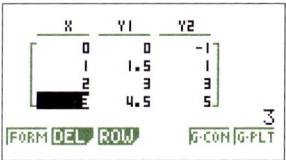

5. Gegeben sind die Geraden g mit y = 0,04x + 20 und h mit y = 0,15x + 15.
   Zeichnen Sie die Geraden g und h mit dem GTR und bestimmen Sie die Koordinaten
   des Schnittpunktes S.

6. Die Abbildung enthält vier Geraden.
   a) Bestimmen Sie für alle Geraden
      jeweils eine Geradengleichung.
      Überprüfen Sie Ihr Ergebnis mit
      dem GTR.
   b) Berechnen Sie zwei Schnittpunkte.
      Überprüfen Sie Ihr Ergebnis
      mit dem GTR.
   c) Zwei Geraden schneiden sich
      außerhalb des Bildausschnittes.
      Berechnen Sie den Schnittpunkt
      dieser Geraden.

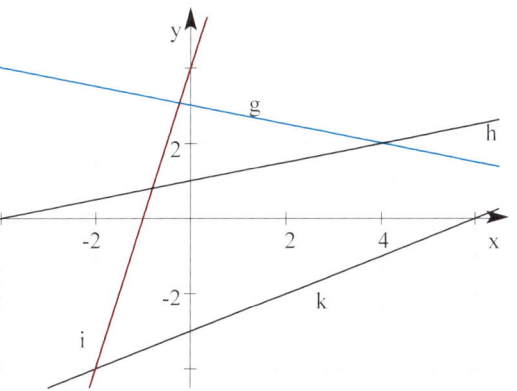

   d) Wie viele Schnittpunkte gibt es höchstens bei vier, nicht paarweise parallelen
      Geraden?

7. Zwei Geraden g und h schneiden sich auf der x-Achse in x = 4.
   Bestimmen Sie mögliche Funktionsterme.

8. Gegeben ist die Gerade g mit y = – 3x + 2.
   Eine Gerade h schneidet g   a) auf der x-Achse.   b) in x = – 5
   Bestimmen Sie eine Gleichung von h.

9. Eine Ursprungsgerade mit Steigung m = $-\frac{1}{8}$ wird so verschoben, dass sie die Gerade
   h mit der Gleichung y = – 1,5(x – 2) auf der x-Achse schneidet. Beschreiben Sie die
   Verschiebung. Bestimmen Sie die Gleichung der verschobenen Geraden.

10. Gegeben ist die lineare Funktion f mit f(x) = 0,75x +2; x ∈ **R**.
    Die Gerade mit der Gleichung x = u schneidet das Schaubild von f in P und die
    x-Achse in Q.
    a) Bestimmen Sie die Koordinaten von P und Q.
    b) Für welche Werte von u liegt P oberhalb der x-Achse?
    c) P(u | f(u)) liegt im 1. Quadranten. O(0 | 0), Q und P die Eckpunkte eines Dreiecks.
       Bestimmen Sie einen Term für den Flächeninhalt A dieses Dreiecks.
       Bestimmen Sie u so, dass gilt A(u) = 10.

11. Lösen Sie graphisch: a) 0,5x – 3 > 0   b) 0,5x – 3 = 1,25x

Zwei Geraden sind parallel

a) **Parallel und verschieden**

Liefert das Gleichsetzen der Funktionsterme g(x) = h(x) **keine** Lösung (keine x-Werte), so sind die Geraden g und h **parallel**.

Beispiel

Gegeben sind die Geraden K_g mit g(x) = 0,5x + 1,5 und K_h mit h(x) = $\frac{1}{2}$(x − 2).
Zeigen Sie, dass die Geraden g und h keinen Punkt gemeinsam haben.

Lösung

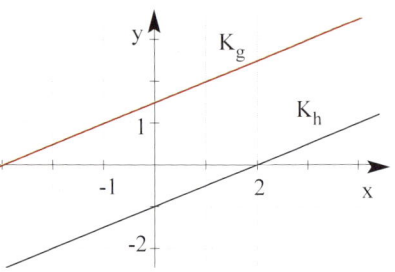

Bed.: g(x) = h (x)

0,5x + 1,5 = 0,5(x − 2)

    1,5 = − 1   falsche Aussage

g und h besitzen **keine** gemeinsamen Punkte.

=> g || h

=> $m_g = m_h$

> **Beachten Sie: Zwei Geraden K_g und K_h sind parallel, wenn sie die**
> **gleiche Steigung haben: $m_g = m_h$.**

b) **Identische Geraden**

Liefert das Gleichsetzen g(x) = h(x) **unendlich viele** Lösungen (x-Werte), so liegen die Geraden aufeinander!

Beispiel

Gegeben sind die Geraden K_g mit g(x) = $\frac{1}{2}$x + $\frac{3}{2}$ und K_h mit h(x) = $\frac{1}{2}$(x + 1) + 1.
Zeigen Sie, dass die Geraden g und h aufeinander liegen.

Lösung

Bed.: g(x) = h (x) $\frac{1}{2}$x + $\frac{3}{2}$ = $\frac{1}{2}$(x + 1) + 1

daraus folgt: 0 · x + $\frac{3}{2}$ = $\frac{3}{2}$ w.A.

        0 · x = 0

wahre Aussage für alle x ∈ **R**
(unabhängig von x)

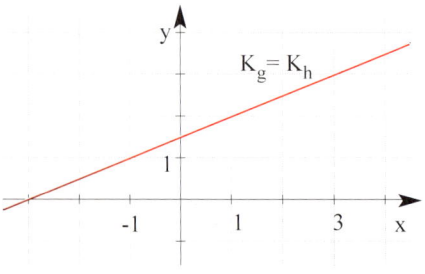

K_g und K_h haben unendlich viele
gemeinsame Punkte;
die Geraden liegen aufeinander,
K_g und K_h sind identisch.

Zwei Geraden stehen senkrecht aufeinander
Beispiel

Gegeben ist die Gerade K_g mit $g(x) = 2x - 1$.
Zeichnen Sie die Gerade K_g und eine auf K_g senkrecht stehende Gerade K_h in ein Koordinatensystem ein. Bestimmen Sie die Steigung von K_h.

Lösung

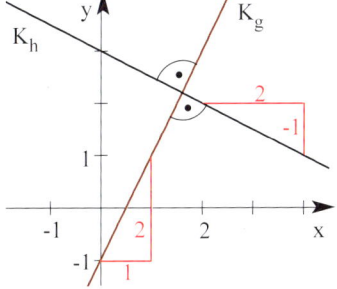

K_g und K_h stehen senkrecht aufeinander ($K_g \perp K_h$), sie schließen einen rechten Winkel ein.

Wir lesen ab: Steigung von K_h: $\quad m_h = -\dfrac{1}{2}$

Vergleich mit $m_g = 2$

ergibt: $\qquad 2 = -\dfrac{1}{-\dfrac{1}{2}} \qquad => m_g = -\dfrac{1}{m_h}$

Beachten Sie: Zwei Geraden haben die Steigungen m_1 und m_2. Ist m_1 der negative
Kehrwert von m_2, so stehen die Geraden **senkrecht aufeinander**.

$$m_1 = -\frac{1}{m_2} \quad \text{oder} \quad m_1 \cdot m_2 = -1$$

Steigung von K_g		Steigung von K_h
$m_g = -4$	$K_g \perp K_h$	$m_h = -\dfrac{1}{-4} = \dfrac{1}{4}$
$m_g = \dfrac{3}{5}$	$m_g = -\dfrac{1}{m_h}$	$m_h = -\dfrac{1}{\dfrac{3}{5}} = -\dfrac{5}{3}$

Bemerkung: $h \perp g$ bedeutet: g und h sind zueinander **orthogonal** (senkrecht).

Aufgaben

1. Bestimmen Sie die Gleichung der Parallelen und der Orthogonalen zu K_g durch P .
   a) K_g: $x + 2 - 3y = 0$; P(0 | 3) b) K_g: $y = \dfrac{2}{3}x - 3$; P(1 | 4) c) $y = -1{,}5tx$, P(1 | 0)

2. Die Gerade K_g verläuft durch die Punkte A (–1 | 1,5) und B (– 2 | –2,5), die Gerade K_h hat die Gleichung $– x – 6 – 4y = 0$. Untersuchen Sie die gegenseitige Lage von K_g und K_h. Berechnen Sie gegebenenfalls die Koordinaten des Schnittpunktes.

3. Zeigen Sie: Die Geraden g: $y - \sqrt{2}\,x = 1$ und h: $-2y - \sqrt{2}\,x + 6 = 0$ sind orthogonal.

4. Zwei aufeinander senkrecht stehende Geraden schneiden sich in S(–2 | –1).
   Geben Sie mögliche Geradengleichungen an.

5. A$(\sqrt{3t} \,|\, \frac{t}{3})$, B$(-\sqrt{3t} \,|\, \frac{t}{3})$ und C(0 | t) sind Eckpunkte eines Dreiecks.
   Für welchen Wert von t (t > 0) ist das Dreieck rechtwinklig?

6. Die Gerade h steht senkrecht auf der Geraden g. Bestimmen Sie m_h.
   a) $m_g = -0{,}5e$ b) $m_g = 2e^{-2}$ c) $m_g = \dfrac{1}{2}\sqrt{3}$

2.6 Die Strecke AB

Beispiel

Gegeben sind die Punkte A (–2 | 2) und B (2 | –1) und C (1 | 4).

a) Berechnen Sie die Länge der Strecke AB.
b) Bestimmen Sie den Mittelpunkt der Strecke AC.
c) Beschreiben Sie die Strecke AC mit einer Gleichung.
d) A, B und C sind die Eckpunkte eines Dreiecks. Zeichnen Sie das Dreieck in ein Koordinatensystem ein. Bestimmen Sie den Flächeninhalt des Dreiecks.

Lösung

a) Wir wählen: $\qquad\qquad\qquad\qquad$ $A(-2 \mid 2) = A(x \mid y_1)$; $B(2 \mid -1) = B(x_2 \mid y_2)$

Nach Pythagoras $\qquad\qquad$ $\overline{AB} = \sqrt{(x_2 - x_1)^2 + (y_2 - y_1)^2}$

Einsetzen ergibt für die **Länge**: $\qquad$ $\overline{AB} = \sqrt{4^2 + (-3)^2} = 5$ (LE)

b) Wir wählen: $\qquad\qquad\qquad\qquad$ $A(-2 \mid 2) = A(x_1 \mid y_1)$; $C(1 \mid 4) = C(x_2 \mid y_2)$

Einsetzen ergibt: $\qquad\qquad\quad$ $x_M = \dfrac{x_1 + x_2}{2} = -0{,}5 \qquad y_M = \dfrac{y_1 + y_2}{2} = 3$

Mittelpunkt der Strecke AC $\qquad$ $M(-0{,}5 \mid 3)$

c) Steigung der Geraden (AC): $\qquad$ $m = \dfrac{y_2 - y_1}{x_2 - x_1} = \dfrac{2}{3}$

Gleichung der Geraden (AC): $\qquad$ $y = \dfrac{2}{3}x + \dfrac{10}{3}$

Für $x \in [-2\,;\,1]$ erhält man die **Strecke AC**: $\left\{(x \mid y) \mid y = \dfrac{2}{3}x + \dfrac{10}{3}; x \in [-2\,;\,1]\right\}$

d) Flächeninhalt des Dreiecks:

$A_R = 4 \cdot 5 = 20$ FE

$A = 20 - \dfrac{1}{2}(3{\cdot}2 + 1{\cdot}5 + 4{\cdot}3)$

$A = 20 - \dfrac{23}{2}$

$A = \dfrac{17}{2}$ FE

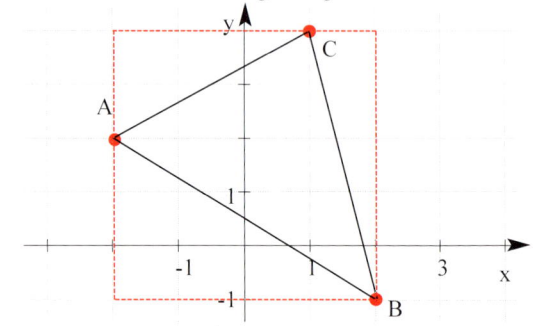

Beachten Sie:

Länge der Strecke AB

$$\overline{AB} = \sqrt{(x_2 - x_1)^2 + (y_2 - y_1)^2}$$

Mittelpunkt M $(x_M \mid y_M)$ der Strecke AB

$$x_M = \frac{x_1 + x_2}{2} \qquad y_M = \frac{y_1 + y_2}{2}$$

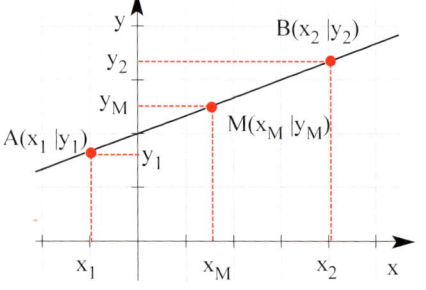

Aufgaben

1. Ein Dreieck hat die Eckpunkte A $(-3 \mid 1)$, B $(0 \mid 0)$ und C $(-1,5 \mid 4)$.
   a) Berechnen Sie die Länge der Seite AC und ihren Mittelpunkt.
   b) Vom Punkt C wird das Lot auf AB gefällt.
      Bestimmen Sie die Koordinaten des Lotfußpunktes.
   c) Berechnen Sie den Flächeninhalt des Dreiecks ABC.

2. Gegeben ist das Viereck ABCD mit A $(-3 \mid 1,5)$, B $(0 \mid 0)$, C $(2 \mid 4)$ und D$(0 \mid 7,5)$.
   a) Zeigen Sie: Das Viereck ist ein Trapez.
   b) Bestimmen Sie den Flächeninhalt des Trapezes.
   c) Die Strecke BC wird bis C' so verlängert, dass das Viereck ABC'D ein Rechteck
      ist. Bestimmen Sie die Koordinaten von C'.
   d) Für welche Punkte P auf der Geraden (BC) liegt der Mittelpunkt der Strecke AP
      auf der y-Achse?

3. Gegeben ist die Gerade g mit y $= \frac{1}{3}$x $- 1$. Der Punkt A $(1 \mid ...)$ liegt auf g. Bestimmen
   Sie die Geradenpunkte, die von A eine Entfernung von $\sqrt{10}$ LE haben.

4. Gegeben sind die Punkte P$(4 \mid 2,5)$ und Q$(-1,5 \mid -1,25)$. Bestimmen Sie die Gleichung
   der Geraden mit Steigung $-\frac{2}{3}$, die durch den Mittelpunkt der Strecke PQ verläuft.

5. Gegeben ist die Gerade g: $0 = 6x + 10y - 51$. Bestimmen Sie die Koordinaten des
   Geradenpunktes auf g, der vom Ursprung die kürzeste Entfernung hat.

6. M ist der Mittelpunkt der Strecke AB. Berechnen Sie die fehlenden Koordinaten.
   a) A$(-1 \mid 3)$; B$(-5 \mid 6)$; M$(? \mid ?)$ b) A$(? \mid -7)$; B$(1 \mid -1)$; M$(5 \mid ?)$

7. Bestimmen Sie den Mittelpunkt M der Strecke PR mit P$(0 \mid -\frac{3}{2}t)$ und R$(\frac{3}{t} \mid \frac{3}{4}t)$, t > 0.

8. Die Gerade g verläuft durch die Punkte A $(-1 \mid 3)$ und B $(2 \mid 1,2)$.
   Die Geraden g, l mit y $= 3$ und h mit y $= x - 4$ bilden ein Dreieck.
   Berechnen Sie den Flächeninhalt.

9. Gegeben ist die Gerade g mit y $= -1,5x + 2$.
   a) Die auf g senkrecht stehende Gerade h schneidet g im Punkt S $(2 \mid ?)$.
      Stellen Sie die Gleichung von h auf. Zeichnen Sie g und h in ein Achsenkreuz ein.
   b) Die Gerade h schneidet die y-Achse in S_y.
      Berechnen Sie den Abstand von S_y zur Geraden g.

10. Welcher Punkt der Geraden K_f hat vom Punkt
    A$(4 \mid 0,5)$ die geringste Entfernung?

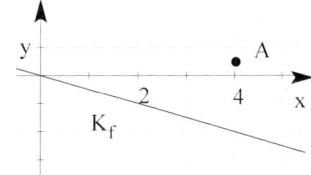

2.7 Winkel bei Geraden

Steigungswinkel

Beispiel

K_f ist das Schaubild der linearen Funktion f mit $f(x) = \frac{5}{8} x - \frac{1}{8}$, $x \in \mathbf{R}$.
Unter welchem Winkel schneidet K_f die x-Achse?

Lösung

Aus $m = \frac{\Delta y}{\Delta x} = \tan \alpha$ folgt für den

Steigungswinkel α

$\tan \alpha = \frac{5}{8} \Rightarrow \alpha = 32{,}0°$

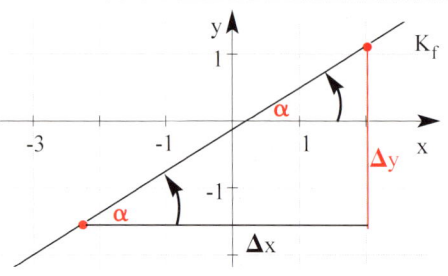

Beachten Sie: Unter dem **Steigungswinkel** α einer Geraden g versteht man den Winkel zwischen 0° und 180°, den sie mit der x-Achse bildet: $\alpha = \sphericalangle$ (x-Achse; g)

Bemerkung: $\alpha = 45°$ entspricht der Steigung $m = 1$.

Schnittwinkel zweier Geraden

Schnittwinkel

$\alpha = \sphericalangle$ (g ; h)

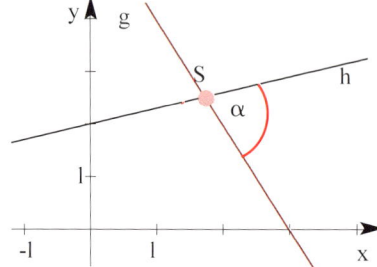

Beachten Sie: Zwei Geraden g_1 und g_2 schließen zwei Winkel ein.
Den kleineren der beiden Winkel, der zwischen 0° und 90° liegt, nennt man den
Schnittwinkel von g_1 und g_2.
Formel zur Berechnung des Schnittwinkels: $\tan \alpha = \left| \frac{m_2 - m_1}{1 + m_1 m_2} \right|$

Dabei sind m_1 und m_2 die Steigungen der beiden Geraden g_1 und g_2.

Beispiel: Gegeben sind die Geraden g: $y = -2x + 6$ und h: $y = 0{,}3x + 2$.
Bestimmen Sie den Schnittwinkel der Geraden g und h .

Lösung

Schnittwinkel von g und h

Mit $m_1 = -2$ und $m_2 = 0{,}3$ erhält man $\qquad \tan \alpha = \frac{-2 - 0{,}3}{1 - (-2) \cdot 0{,}3} = -\frac{23}{16}$

Ein GTR (SHIFT tan im Modus D) liefert $\qquad \alpha_{GTR} = -55{,}18°$

Schnittwinkel $(0° \leqq \alpha \leqq 90°)$) $\qquad \alpha = 55{,}18°$

Aufgaben

1. Die Gerade g verläuft durch die Punkte A und B. Bestimmen Sie die Steigung von g. Geben Sie die Geradengleichung und den Steigungswinkel an.

   a) $A(-1 \mid 3)$; $B(2 \mid -2)$ b) $A(-\frac{2}{3} \mid \frac{3}{2})$; $B(3 \mid -1)$ c) $A(-4 \mid -2)$; $B(\frac{1}{2} \mid -\frac{3}{2})$

2. Die Gerade h schneidet die x-Achse in $x = 3$ und verläuft durch den Punkt $P(4 \mid -1)$. Bestimmen Sie die Geradengleichung und den Steigungswinkel.

3. Bestimmen Sie die Geradengleichung.

   a) Die Gerade h schneidet die x-Achse unter 45° und verläuft durch $Q(\frac{4}{5} \mid -\frac{3}{2})$.

   b) $P(-1 \mid -3)$ liegt auf der Geraden g. Diese steigt bezüglich der positiven x-Achse unter dem Winkel von 135° an.

4. Gegeben sind die Geraden g mit $y = -x + 2$, h mit $y = -1,5x - 3$ und k mit $y = 0,5x + 1$.

   a) Ermitteln Sie den Schnittwinkel der Geraden g und h bzw. g und k.

   b) Bestimmen Sie den Steigungswinkel der Geraden k.

5. Gegeben sind die Punkte $A(-1 \mid -2)$, $B(1 \mid -3)$, $C(6 \mid 1)$ und $D(3 \mid 3)$.

   a) Berechnen Sie die Länge der Diagonalen des Vierecks ABCD.

   b) In welchem Punkt schneiden sich die Diagonalen? Bestimmen Sie den Schnittwinkel.

   d) Berechnen Sie den Flächeninhalt dieses Vierecks.

6. Die Abbildung zeigt die Schaubilder von linearen Funktionen f und g.

   a) Entnehmen Sie den jeweiligen Funktionsterm aus der Abbildung .

   b) Bestimmen Sie den Schnittpunkt S von K_f und K_g.

   c) Die drei Punkte S, P und Q sind die Eckpunkte eines Dreiecks. Berechnen Sie den Flächeninhalt des Dreiecks.

   d) Bestimmen Sie den Winkel $\alpha = \measuredangle\,PSQ$.

   e) Der Punkt $T(x_1 \mid -3)$ liegt auf g_2 . Berechnen Sie die x-Koordinate von T.

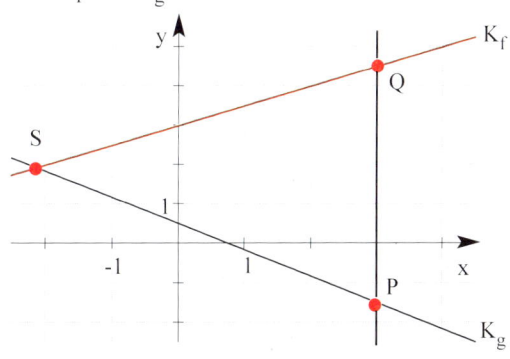

7. Die Gerade g verläuft durch $A(a \mid a^{-1})$ mit der Steigung $m = -2a^{-2}$. Für welche Werte von a ist die Senkrechte zu g durch A eine Ursprungsgerade?

8. Für welche Werte von a verläuft die Gerade g durch $A(3 \mid 4t^2)$ und $B(0 \mid 0,5t)$ parallel zur x-Achse?

9. Für welche Werte von t verläuft die Gerade (AB) mit $A(2t \mid 0)$ und $B(2t - 2 \mid e^{t-2})$ parallel zur 2. Winkelhalbierenden?

2.8 Lineare Funktionen im Alltag

Beispiele

1. Ein Energieversorger bietet seinen Kunden Strom zu folgenden Bedingungen an:
   Eine kWh kostet 0,14 EUR bei einer monatlichen Grundgebühr von 7,50 EUR.

   a) Stellen Sie einen Funktionsterm auf (y EUR für x kWh).
      Stellen Sie die Funktion für $0 \leqq x \leqq 200$ in einem geeigneten Achsenkreuz dar.

   b) Die Stromrechnung für 4 Monate beläuft sich auf 150,4 EUR (ohne MWSt).
      Wie hoch war der Stromverbrauch in kWh?

   c) Eine Kaufhauskette verkauft Strom für 0,1 EUR pro kWh bei einer monatlichen
      Grundgebühr von 10 EUR. Ab welcher monatlichen Verbrauchsmenge lohnt sich
      ein Wechsel des Stromanbieters?

Lösung

a) Die Variable x beschreibt die Anzahl der verbrauchten kWh.

   $y = f(x)$ sind die monatlichen Stromkosten in Abhängigkeit vom Verbrauch x.

   Wertetabelle

x	0	10	50	100
f(x)	7,5	8,9	14,5	21,5

   Ansatz für $y = f(x)$ $y = mx + b$

   Punktprobe mit $(0 \mid 7,5)$: $b = 7,5$

   Punktprobe mit $(10 \mid 8,9)$: $8,9 = 10\,m + 7,5$

   Auflösen nach m ergibt: $m = 0,14$

   Funktionsterm

   $f(x) = 0,14\,x + 7,5$

b) Bedingung für die Anzahl x der kWh :

   $0,14\,x = 150,4 - 4 \cdot 7,5$

   ergibt $x = 860$

   Der **Stromverbrauch** betrug 860 kWh.

c) Term für das Angebot der Kaufhauskette:

   g(x) = 0,1x + 10

   (Grundgebühr pro Monat $g(0) = 10$; Verbrauchskosten für x kWh: $0,1 \cdot x$)

   Wie man am Schaubild erkennt, ist zunächst die **Schnittstelle** zu berechnen.

   Gleichsetzen: $f(x) = g(x)$ $0,14\,x + 7,5 = 0,1\,x + 10$

   Auflösen nach x: $0,04\,x = 2,5$

                                 x = 62,5

   Ergebnis: Für $x < 62,5$ gilt: $f(x) < g(x)$

   Für $x > 62,5$ gilt: $f(x) > g(x)$, d. h., das Angebot der Kaufhauskette ist günstiger, es
   lohnt sich also ein Wechsel, wenn der Verbrauch im Monat mehr als 62,5 kWh
   beträgt.

2) Ein Kaufhaus verkauft pro Woche 100 Bekleidungsstücke zu einem Stückpreis von 12 EUR. Eine Kundenbefragung hat ergeben, dass sich die Absatzmenge um 10 Stück erhöht bei einer Preissenkung um 0,5 EUR.
   a) Erstellen Sie eine Wertetabelle (x Absatzmenge; y Stückpreis).
   b) Berechnen Sie den Stückpreis bei einem Absatz von 140 Stück.
      Welcher Stückpreis ergibt sich bei einem Absatz von x Stück.
      Stellen Sie den Zusammenhang von Absatzmenge x und Stückpreis y graphisch dar.
   c) Welcher Absatz ist zu erwarten, wenn man den Stückpreis auf 5,5 EUR senkt?

Lösung

a) Die Variable x beschreibt die Absatzmenge in Stück.

   $y = p(x)$ ist der Stückpreis in Abhängigkeit vom Absatz.

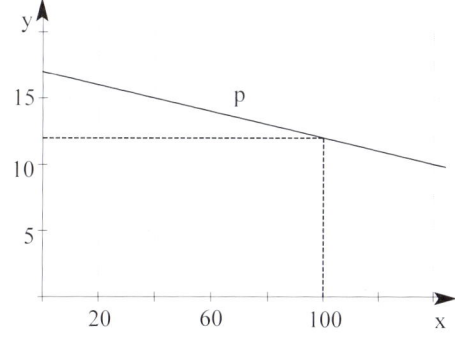

   Wertetabelle

x	100	110	120	140
p(x)	12	11,5	11	10

b) $p(140) = 10$

   An der Zeichnung erkennt man,

   dass der Funktionsterm $p(x)$ **linear** ist.

   Das Schaubild ist eine Gerade.

   Ansatz für $y = p(x)$: $y = mx + b$

   Punktprobe mit $(100 \,|\, 12)$: $12 = 100\,m + b$

   Punktprobe mit $(120 \,|\, 11)$: $11 = 120\,m + b$

   Additionverfahren ergibt: $1 = -20\,m \Rightarrow m = -0,05$

   Einsetzen ergibt $12 = -5 + b \Rightarrow b = 17$

   Funktionsterm $p(x) = -0,05x + 17$ **(Preis-Absatz-Funktion p)**

c) Bedingung für die Stückzahl $x : p(x) = 5,5$ $-0,05x + 17 = 5,5 \quad | \cdot (-20)$

   $x - 340 = -110 \Rightarrow \mathbf{x = 230}$

   Bei einem Stückpreis von 5,5 EUR ist ein Absatz von 230 Stück zu erwarten.

3) Die folgende Tabelle ist Grundlage für einen Gewinnvergleich bei zwei Modellen.

	Stückpreis in EUR	Fixkosten in EUR	variable Stückkosten in EUR
A	4,9	10 580	0,60
B	3,8	6 800	0,90

   Bei welcher produzierten und verkauften Stückzahl stimmt der Gewinn bei beiden Modellen überein? Welches Modell wird bei einer Stückzahl von 3000 bevorzugt?

Lösung

   Für den erzielten Gewinn gilt: Gewinn = Erlös – fixe Kosten – variable Kosten

   Für A: $G(x) = 4,9 \cdot x - 10\,500 - 0,6 \cdot x = 4,3 \cdot x - 10\,580$

   Für B: $G(x) = 3,8 \cdot x - 6\,800 - 0,9 \cdot x = 2,9 \cdot x - 6\,800$

   Gleichsetzen ergibt die Stückzahl $x = 2\,700$ mit gleichem Gewinn.

   Bei einer Stückzahl von 3 000 bringt Modell A den höheren Gewinn.

4) Weil das Gasvolumen von der Temperatur abhängt, kann man ideale Gase (z.B. Helium) zur Temperaturmessung verwenden. Eine Messung von Temperatur und Volumen hat folgende Werte ergeben:

t [C°]	0	50	100	150
V [cm³]	5	5,91	6,83	7,74

a) Leiten Sie aus den Messwerten einen Term ab, der einen linearen Zusammenhang von Gasvolumen und Temperatur bestätigt.

b) Bestimmen Sie die Volumina für folgende Temperaturen: − 50°, − 120°, − 200°.

c) Wo schneidet die zugehörige Gerade die t-Achse?
Welche Bedeutung hat dieser Schnittpunkt?

d) Die allgemeine Gasgleichung lautet: $V = V_0 + \dfrac{V_0}{273,14} \cdot t$.

Um wie viel Prozent weicht der ermittelte Steigungswert vom Literaturwert ab?

Lösung

a) Der Zusammenhang zwischen Volumen und Temperatur lässt sich aus der Wertetabelle und der Graphik ermitteln:

Mit $m = \dfrac{\Delta y}{\Delta x} = \dfrac{6,83 - 5,91}{100 - 50} = 0,0184$

und $V(0) = 5 = V_0$ erhält man den
Funktionsterm $V(t) = 0,0184\, t + 5$

Punktprobe mit (150 | 7,74) ergibt
$V(150) = 0,0184 \cdot 150 + 5 = 7,76 \approx 7,74$

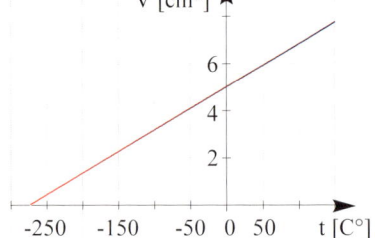

b)

t [C°]	−50	−120	− 200
V [cm³]	4,08	2,79	1,32

c) Bedingung für die Nullstelle: $V(t) = 0$ $\qquad$ $0,0184\, t + 5 = 0$
$$t = -271,73$$

Die Gerade schneidet die t-Achse bei t = −271,73 °C.

Bemerkung: Man bezeichnet −273,14 °C als den **absoluten Nullpunkt**.
Im absoluten Nullpunkt (− 273,14 °C) wäre das Volumen theoretisch gleich Null, was in der Praxis nicht erreichbar ist.

d) Allgemeine Gasgleichung $V = V_0 + \dfrac{V_0}{273,14} \cdot t$.

Mit $V_0 = 5$ ergibt sich für die Steigung

der zugehörigen Geraden: $\qquad\qquad m = \dfrac{5}{273,14} \approx 0,01830$

Vergleich mit der Steigung m = 0,0184 aus a) ergibt eine Abweichung von 0,0001
0,0001 von 0,01830 = 5,4 %
Der ermittelte Steigungswert weicht um 5,4 % vom Literaturwert ab.

Aufgaben

1. Eine Zeitschrift, die zum Preis von 2,20 EUR zu kaufen ist, hat eine Auflage von 120 000 Exemplaren. Mit Hilfe der Marktforschung stellt der Verlag fest, dass sich die Auflage bei einer Preissenkung um 0,2 EUR um 5 000 Exemplare erhöhen lässt, bei einer Preiserhöhung um 0,2 EUR verliert man 5 000 Käufer.
   a) Berechnen Sie den Preis bei einer Auflage von 140 000 Exemplaren.
      Welcher Stückpreis ergibt sich bei einer Auflage von x Exemplaren?
   b) Welcher Auflage kann der Verlag erwarten, wenn er den Preis der Zeitschrift auf 1,5 EUR senkt?

2. Eine Brauerei rechnet für die Auslieferung seiner Getränkekisten mit dem eigenen Verkaufsfahrzeug 0,8 EUR pro Kiste bei monatlichen Fixkosten von 840 EUR.
   a) Erstellen Sie einen Term für die Kosten der Auslieferung von x Kisten.
   b) Ein Logistikunternehmen bietet die Auslieferung von Getränkekisten für 1,15 EUR pro Kiste an. Erstellen Sie einen Term für die Kosten der Auslieferung von x Kisten. Wie groß ist die Kostenersparnis bei einem monatlichen Absatz von 2 500 Kisten? Bei welcher Kistenzahl wird eine Kosteneinsparung von 1 000 EUR erreicht?
   c) Unterbreiten Sie der Brauerei zwei Angebote, sodass die Kosteneinsparung bei einem Absatz von 4 000 Kisten 680 EUR beträgt.

3. Die Abbildung zeigt das Schaubild der linearen Kostenfunktion K.
   a) Entnehmen Sie dem Schaubild die fixen Kosten und die variablen Stückkosten in Euro.
      Geben Sie die Gesamtkosten K bei einer Produktion von x ME an.
   b) Welcher Verkaufspreis je ME ist zu erzielen, wenn 175 ME erzeugt werden und kein Verlust entstehen soll?

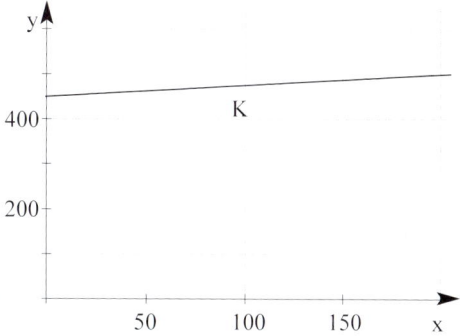

4. Die Kosten K für die Herstellung von Tennisbällen hängen linear von der produzierten Stückzahl x ab.
   a) Wie viel kosten 1 000 bzw. 3 000 Bälle? Geben Sie einen Term für die Kostenfunktion K an. Wie hoch sind die fixen Kosten und die variablen Stückkosten?
   b) Für den Erlös gilt bis 2 500 Stück ein Pauschalbetrag. Ab 2 500 Stück steigt der Erlös linear mit der Anzahl der verkauften Bälle. Bestimmen Sie die Erlösfunktion für x > 2 500 und die Schnittpunkte S_1 und S_2. Kommentieren Sie die x-Werte zwischen S_1 und S_2.

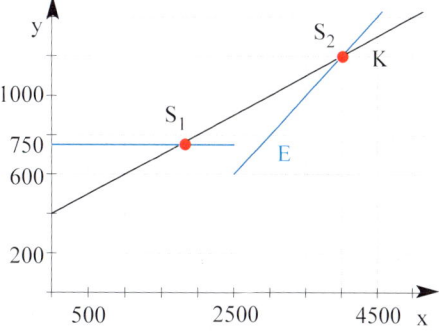

5. In einem Vorratstank befinden sich 9 500 Liter Wasser. Pro Tag werden 160 Liter dem Tank entnommen. Die Funktion f beschreibt den Zusammenhang der Zeit in Tagen mit dem Tankinhalt. Geben Sie eine Zuordnungsvorschrift an.
   Zeichnen Sie die Gerade in ein geeignetes Koordinatensystem. Wann ist der Tank leer?

6. In einem volkswirtschaftlichen Modell sind die Konsumausgaben linear vom verfügbaren Einkommen abhängig. Bei einem Einkommen von 1 000 EUR betragen die Konsumausgaben 900 EUR, bei 1 800 EUR betragen sie 1 460 EUR.
   a) Ermitteln Sie einen Funktionsterm für die Konsumfunktion K.
      Welche Bedeutung hat die Steigung der zugehörigen Geraden?
   b) Berechnen Sie die Höhe der Konsumausgaben, wenn das Einkommen 800, 2 500 bzw. 4 000 EUR beträgt.
   c) Die Konsumquote ist der Anteil des Einkommens, das für den Konsum aufgewendet wird. Bestimmen Sie die Konsumquote für die Einkommen aus b).
      Welcher Zusammenhang besteht zwischen Konsumquote und Einkommen?
   d) Welche Funktion S beschreibt die Sparleistung in Abhängigkeit vom Einkommen?
      Stellen Sie die Funktionen K und S graphisch dar.
      Welche Bedeutung hat die Nullstelle von S?

7. Um eine Schraubenfeder als Federwaage benutzen zu können, wird der Zusammenhang zwischen der an der Feder wirkenden Gewichtskraft F_G (in N) und der Federauslenkung s (in cm) festgestellt.
   a) Bestimmen Sie die Federkonstante D bei Feder F_2. Welche Bedeutung hat D?
   b) Bestimmen Sie einen Term, der die Abhängigkeit der Kraft F_G von der Auslenkung s beschreibt.
   c) Ist es möglich, mit dieser Formel die für 1 m Auslenkung benötigte Kraft F_G zu bestimmen?
   d) Was bedeuten die unterschiedlichen Federkonstanten für die Feder F_1 bzw. F_2.

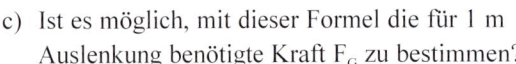

8. Ein Eisenträger hat eine Länge $l_0 = 85$ m und einen Ausdehnungskoeffizienten $\alpha = 12 \cdot 10^{-6} \cdot K^{-1}$. (K $\triangleq$ ° Kelvin)
   Ein Funktionsterm $l(\Delta t) = l_0 + \alpha\, l_0\, \Delta t$ beschreibt die Länge des Eisenträgers in Abhängigkeit von der Temperaturdifferenz Δt in K.
   Geben Sie den Funktionsterm für die Länge dieses Eisenträgers an.
   Berechnen Sie $l(30\ K)$, $l(60\ K)$ und $l(40\ K)$.
   Wie lange muss ein Eisenträger sein, wenn er bei einer Temperaturerhöhung um 25 K 25 mm länger wird?

9. Aus 80 kg Zuckerrohr lassen sich 8,5 kg Zucker herstellen.
   Ein Funktionsterm f(x) beschreibt, wie viel kg Zucker man aus x kg Zuckerrohr erhält.
   Bestimmen Sie f(x). Berechnen Sie: f(100), f(250); f(x) = 25.
   Zeichnen Sie das Schaubild der Funktion f.

10. Der elektrische Widerstand eines Leiters verursacht einen Spannungsabfall.
    Die Spannung U, die dem Kunden zur Verfügung steht, wird mit folgender Formel
    berechnet: $U(I) = U_0 - R \cdot I$
    Dabei sind: U_0: Ausgangsspannung (Spannung am Generator, Batteriespannung),
    R: Ohm'scher Widerstand und I: Stromstärke. Die Spannung U kann als Funktion der
    Stromstärke aufgefasst werden: $U(I) = 2\,000 - 1{,}17 \cdot I$
    (Die Einheiten wurden weggelassen, Stromstärke in A (Ampere))
    a) Berechnen Sie den Spannungsabfall bei einer Stromstärke von 25 A.
    b) Welche physikalische Bedeutung hat die Nullstelle von U?

11. Der Radfahrer A erzielt beim Zeitfahren eine Durchschnittsgeschwindigkeit von
    25 km/h. Radfahrer B startet 20 Minuten nach A und erzielt eine Durchschnitts-
    geschwindigkeit von 45 km/h. Wie viel km hat B zurückgelegt, als er A einholt?
    Lösen Sie graphisch und durch Rechnung.

12. Die Konkurrenz unterbreitet einem Internetnutzer folgendes Angebot:
    50 Stunden im Internet alles inklusive 27,50 EUR. Erarbeiten Sie zwei Tarifmodelle,
    die dem Internetnutzer die gleichen Bedingungen einräumen.

13. Ein PKW fährt mit 72 km pro Stunde und ist noch 6,6 km von seinem Zielort entfernt.
    Stellen Sie einen Funktionsterm zur Berechnung des Weges (in km) in Abhängigkeit
    von der Zeit (in min) auf. Zeichnen Sie das Schaubild der zugehörigen Funktion.
    Wie lange braucht der PKW, bis er das Ziel erreicht?

14. In eine zylinderförmige Regentonne mit 1 m^2 Grundfläche fließen 80 l pro h.
    Beschreiben Sie die Füllhöhe h in Abhängigkeit von der Zeit t, wenn zu Beginn (t = 0)
    150 l in der Tonne waren. Ist der Zusammenhang zwischen h und t linear, wenn die
    Tonne gebaucht oder kegelfömig ist?

15. Ein Tarifmodell eines Energieversorgers setzt sich zusammen aus einer monatlichen
    Grundgebühr G und den Verbrauchskosten p pro kWh. Dabei entsteht ein linearer
    Zusammenhang $K(x) = G + p \cdot x$.
    a) Übertragen Sie Tarifmodelle verschiedener Energieversorger in ein geeignetes
       Koordinatensystem. Ermitteln Sie für den Verbrauch einer Durchschnittsfamilie
       (800 kWh pro Monat) den günstigsten Anbieter.
    b) Welche Bedeutung haben die Schnittpunkte der Geraden?

16. In einem Betrieb entstehen Kosten K in
    Abhängigkeit von der hergestellten Stückzahl.

x (Stück)	50	100	140	200
K (in EUR)	370	382	390	404

    a) Zeichnen Sie die gegebenen Punkte in ein Koordinatensystem ein.
    b) Zeichnen Sie eine Gerade ein, die den Verlauf der Kosten möglichst genau
       beschreibt. Bestimmen Sie eine Geradengleichung mit dem GTR (Regression).
    c) Wie hoch sind die Stückkosten bei einer Produktion von 140 Stück?
       Gegen welchen Wert streben die Stückkosten für sehr hohe Stückzahlen?
    d) Bei welcher Menge liegt die Gewinnschwelle, wenn ein Verkaufspreis von
       5,2 EUR erzielt wird?

16   Bohner/Ihlenburg/Ott – ISBN 3-8120-0206-X

2.9 Geradenscharen

Beispiele

1) Gegeben ist die lineare Funktion f mit $f(x) = mx - m + 2$, $x \in \mathbf{R}$.
   Wählen Sie einige Werte für m aus und zeichnen Sie die zugehörigen Geraden.

Lösung

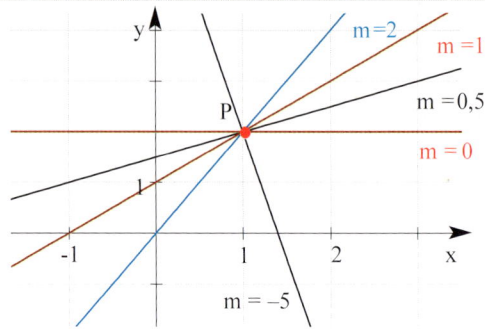

Man stellt fest:
Alle Geraden verlaufen durch den
Punkt P(1|2),
denn **Punktprobe** mit P(1|2) ergibt:
$2 = f(1) = m \cdot 1 - m + 2 \iff 0 = 0$
wahre Aussage für alle m-Werte.

Durch die Gleichung $y = mx - m + 2$ werden unendlich viele Geraden durch den
Punkt P beschrieben, deren Steigung **m** frei wählbar ist. m heißt **Parameter.**
Diese Vielzahl von Geraden nennt man **Geradenschar**.
Verlaufen alle Geraden **durch einen festen Punkt**, wie in unserem Beispiel, so nennt
man diese Geradenschar auch **Geradenbüschel**.

Für jede Wahl von m erhält man die **Gleichung einer Geraden** durch den Punkt P,
   z.B.:   m = 1: y = x + 1   m = –5: y = –5x + 7   m = 0 : y = 2
   m = – 0,5: y = – 0,5x+2,5   m = 2: y = 2 x

Bemerkung: Dieses Geradenbüschel enthält alle Geraden mit Steigung m und
y-Achsenabschnitt b = – m + 2. Es besteht ein Zusammenhang
zwischen Steigung und y-Achsenabschnitt. Für jede Wahl von m ist
der y-Achsenabschnitt eindeutig bestimmt.

Ersetzt man m durch t und y durch $f_t(x)$, so ergibt sich folgende **Funktionsschreibweise**:
Für jedes $t \in \mathbf{R}$ ist die lineare Funktion f_t gegeben durch $f_t(x) = tx - t + 2$; $x \in \mathbf{R}$.
Das Schaubild von f_t heißt K_t.
x ist die Funktionsvariable, t ist ein Parameter.

Bemerkung: Für jede Wahl von t erhält man **eine**
lineare Funktion, das Schaubild K_t ist eine **Schargerade**.
Die Gesamtheit aller Schargeraden heißt **Geradenschar**.

Darstellung im GTR

Menue **Graph**

Funktionsterm mit Parameter A

A nimmt die Werte 0,5, – 5, 1... an

Abschluss der Eingabe mit eckiger Klammer]

Tastenfolge für] : **Shift –**

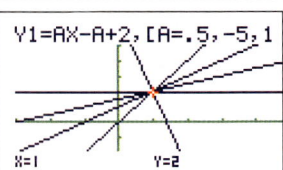

2) Die Gerade K_t einer Funktion f_t verläuft durch $T(-3|-1)$.

   a) Bestimmen Sie einen Funktionsterm.

   b) Zeigen Sie: Die Gerade K_g von g mit $g(x) = -2x + 2$ ist keine Gerade aus der Geradenschar.

Lösung

a) Einsetzen von Steigung t und Punkt $T(-3|-1)$ in die PSF ergibt $f_t(x) = t(x + 3) - 1$

   Funktionsterm $f_t(x) = tx + 3t - 1,\ t,\ x \in \mathbf{R}$

Bemerkung: $b = 3t - 1$ ist der y-Achsenabschnitt der Geraden K_t.

b) Vergleich von Steigung und y-Achsenabschnitt ergibt die Bedingungen:

   $m = -2$ und $b = 2 = 3t - 1$

   $m = -2$ und $m = 1$ (Widerspruch)

   Die Gerade K_g ist damit **keine** Gerade
aus der Geradenschar.

   Oder:

   Punktprobe mit T ergibt eine falsche Aussage.

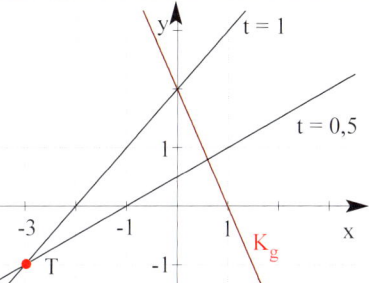

3) Für jedes $t \in \mathbf{R}^*$ ist die lineare Funktion f_t gegeben durch $f_t(x) = tx - \dfrac{1}{t};\ x \in \mathbf{R}.$

   a) Zeichnen Sie das Schubild K_t von f_t für $t \in \{-2; -0,5\,;\,1;\,2\}$.

   b) Bestimmen Sie t so, dass die Gerade h mit $6y - 9x + 4 = 0$ eine Schargerade ist.

   c) Zeigen Sie: Durch $A(-1 \mid 0)$ verläuft keine Schargerade.

Lösung

a) Für jede Wahl des Parameters t
erhält man eine Geradengleichung:

     $t = 1:\ \ y = x - 1$

     $t = -2:\ y = -2x + 0,5$

     $t = 2:\ \ \ y = 2x - 0,5$

     $t = -0,5:\ y = -0,5\,x + 2$

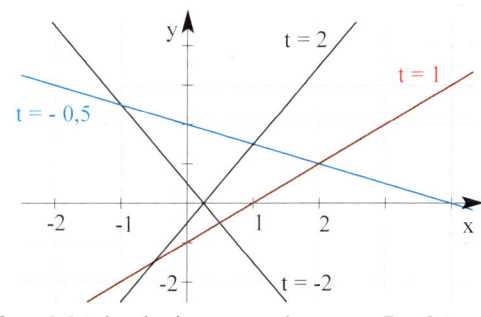

Man stellt fest:

Die Geraden dieser Geradenschar verlaufen **nicht** durch einen **gemeinsamen Punkt**.

b) Umformung in **Hauptform:** $y = \dfrac{3}{2}x - \dfrac{2}{3}$

   Vergleich der Steigungen ergibt $t = \dfrac{3}{2}$

   Einsetzen in $y = tx - \dfrac{1}{t}$ liefert $b = -\dfrac{2}{3}$

   d.h., für $t = \dfrac{3}{2}$ ist h eine Schargerade.

c) Punktprobe mit $A(-1 \mid 0)$: $0 = -t - \dfrac{1}{t}$ $| \cdot t$

   Die quadratische Gleichung $0 = -t^2 - 1 \ \Rightarrow t^2 = -1$

   hat **keine** Lösung, d. h., es gibt keinen Wert für t.

Sonderfall Parallenschar

Scharen paralleler Geraden
erhält man, wenn **m eine feste Zahl**
und nur **b frei wählbar** ist.
Parallele Geraden haben **dieselbe Steigung**,
unterscheiden sich aber im y-Achsenabschnitt.

Beispiel: Für b = t erhält man:

K_t ist das Schaubild der linearen
Funktion f_t mit $f_t(x) = 2x + t$; $x, t \in \mathbf{R}$

t = 0 K_0: $f_0(x) = 2x$

t = 2,5 $K_{2,5}$: $f_{2,5}(x) = 2x + 2,5$

t = −1,5 $K_{-1,5}$: $f_{-1,5}(x) = 2x − 1,5$

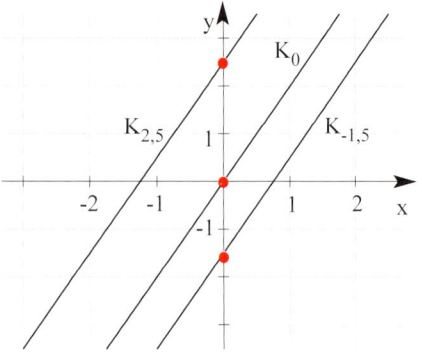

Sonderfall Geradenbüschel

Ein Geradenbüschel erhält man, wenn alle
Geraden durch einen

gemeinsamen Punkt verlaufen.

Beispiel: Für m = 2t und b = −2 − 2t

K_t ist das Schaubild der
linearen Funktion f_t mit
$f_t(x) = 2tx − 2 − 2t$; $x, t \in \mathbf{R}$

Punktprobe mit P(1|−2):

−2 = 2t − 2 − 2t

wahre Aussage für alle $t \in \mathbf{R}$,

d.h., P ist der **gemeinsame Punkt** aller Schargeraden K_t .

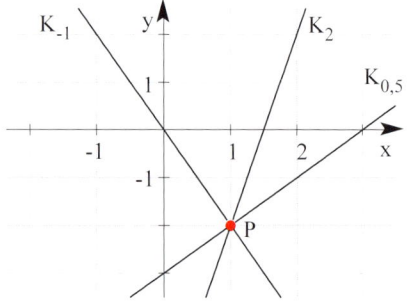

Beachten Sie: Sonderfälle einer Geradenschar

Parallelenschar:	Steigung m fest.
Geradenbüschel:	Alle Geraden verlaufen durch einen Punkt.

Aufgaben

1. Für jedes $t \in \mathbf{R}$ ist eine lineare Funktion f_t gegeben.
   Zeichnen Sie das Schaubild von f_t für $t \in \left\{ -2; 0; 0,5; 2 \right\}$.

   a) $f_t(x) = tx − 1 + 3t$ b) $f_t(x) = 0,5x − (t + 1)^2$

   c) $f_t(x) = \dfrac{x}{t^2 + 1} − 2t$ d) $f_t(x) = −2tx + 3t$

2. Gegeben ist die Gerade g_t durch $y = \dfrac{1}{t+2}x + t − 1$, t > 0
   und die Gerade h_a durch $y = \dfrac{2 − a}{5}x − \dfrac{3}{4}a$.

   Bestimmen Sie t und a so, dass g_t und h_a durch den Punkt $P(−5 \,|-\dfrac{5}{2})$ verlaufen.
   Zeichnen Sie die beiden Geraden in ein Achsenkreuz ein.

3. Die Abbildung zeigt Schargeraden, die Schaubilder der linearen Funktion f_t sind .
   a) $f_t(x) = 0,5tx - (t-1)$; $x, t \in \mathbf{R}$ b) $f_t(x) = 0,5(tx - t^2)$; $t > 0$
   Ordnen Sie jeder Geraden einen Parameterwert zu.

   a) 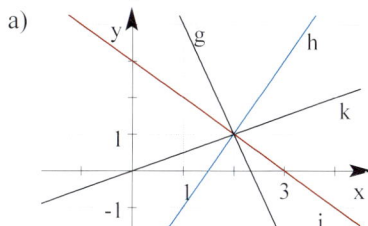   b)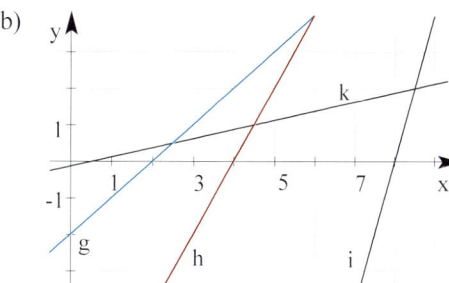

4. Gegeben sind die Schaubilder K_t der linearen Funktion f_t mit
   $f_t(x) = tx + \dfrac{3t-9}{2}$; $x \in \mathbf{R}$, $t > 0$.
   Finden Sie gemeinsame Eigenschaften aller Schaubilder K_t .

5. Welche Wirkung hat der Parameter t? Gibt es Gemeinsamkeiten aller K_t?
   a) $f_t(x) = t(x - 2)$ b) $f_t(x) = -4x + t + 2$

6. Gegeben sind die Schaubilder K_t
   der linearen Funktion f_t mit
   $f_t(x) = \dfrac{t}{2}x + t^2 - 3$; $x, t \in \mathbf{R}$.
   Ordnen Sie jeder Geraden einen Parameter-
   wert zu. Finden Sie gemeinsame
   Eigenschaften aller Schaubilder K_t .

   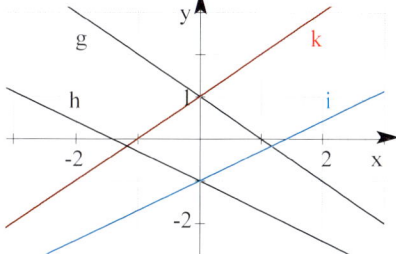

7. Gegeben sind die Schaubilder K_t der linearen Funktion f_t mit $f_t(x) = 2tx - t^2$; $x, t \in \mathbf{R}$.
   Zeichnen Sie einige Schargeraden und zusätzlich die Normalparabel in ein
   Achsenkreuz. Machen Sie Aussagen über die Geradenschar.

8. Bestimmen Sie einen Funktionsterm $f_t(x)$.

   a) 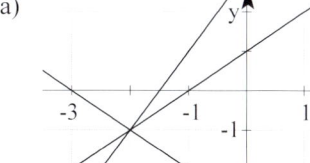   b)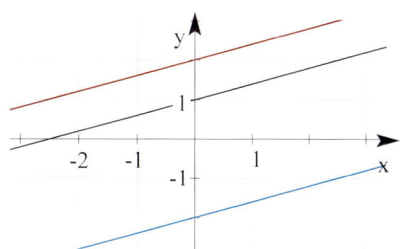

9. Eine Ursprungsgerade durch $B(2t \mid 2t^2)$ und eine Gerade g durch B mit Steigung
   $m = -3t^2$ bilden mit der x-Achse ein Dreieck.
   Für welche Wahl von t ist das Dreieck rechtwinklig?

Schnittpunkte

Schnittpunkte von Schargeraden und Koordinatenachsen

Beispiel

> Für jedes $t \in \mathbf{R}$ ist die Funktion f_t gegeben durch $f_t(x) = tx - t + 2$; $x \in \mathbf{R}$.
> Das Schaubild von f_t heißt K_t.
> Berechnen Sie die Schnittpunkte von K_t mit den Koordinatenachsen.

Lösung

Schnittpunkt mit der x-Achse

Bedingung: $\mathbf{f_t(x) = 0}$ $\qquad$ $tx - t + 2 = 0 \Rightarrow tx = t - 2 \mid : t \neq 0$

Nullstelle, abhängig von t ($t \neq 0$) $\qquad$ $x = \dfrac{t-2}{t}$

Schnittpunkt mit der x-Achse: $N\left(\dfrac{t-2}{t} \mid 0\right)$

Für $t = 0$: $f_0(x) = 2$; **kein SP_x**

Schnittpunkt mit der y-Achse

Bedingung: $\mathbf{x = 0}$ $\qquad$ $f_t(0) = -t + 2$

Schnittpunkt mit der y-Achse: $S_y(0 \mid -t + 2)$

Beispiele

$t = 1$: $N(-1 \mid 0)$; $S_y(0 \mid 1)$

$t = 2$: $N(0 \mid 0) = S_y$

$t = -0,5$: $N(-5 \mid 0)$; $S_y(0 \mid 2,5)$

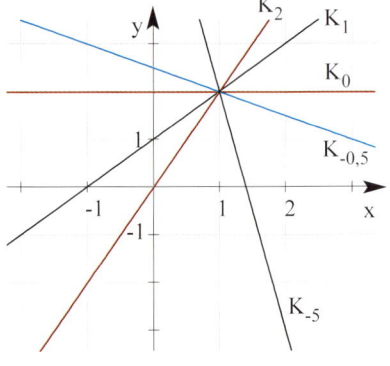

SP_x und SP_y sind abhängig von der Wahl des Parameters t.

Aufgaben

1. K_t ist für $t \neq 0$ das Schaubild der Funktion f_t mit $f_t(x) = t\,x - \dfrac{t^2}{2}$; $x \in \mathbf{R}$.
   a) Zeichnen Sie K_t für $t \in \{-2; -1; 1; 2\}$.
   b) Berechnen Sie die Schnittpunkte von K_t mit den Koordinatenachsen.
   c) Zeigen Sie: Es gibt kein t, so dass K_t durch $A(0 \mid 2)$ verläuft.

2. K_t ist das Schaubild von f_t mit $f_t(x) = -3x + \dfrac{4}{t}$; $x \in \mathbf{R}, t \in \mathbf{R}^*$.
   a) Zeichnen Sie K_t für $t \in \left\{-4 ; -2 ; \dfrac{2}{3} ; 1\right\}$. Gibt es gemeinsamkeiten aller K_t?
   b) Berechnen Sie die Schnittpunkte von K_t mit den Koordinatenachsen.
   c) Für welchen Wert von t schneidet K_t die 1. Winkelhalbierende an der Stelle $x = 3$?

3. K_t ist das Schaubild der Funktion f_t mit $f_t(x) = \dfrac{4}{t} x + \dfrac{8}{t^2}$; $x \in \mathbf{R}, t \in \mathbf{R}^*$.
   a) Zeichnen Sie K_t für $t \in \left\{-4 ; -2 ; 2; 4\right\}$.
   b) Berechnen Sie die Schnittpunkte von K_t mit den Koordinatenachsen.
   c) Bestimmen Sie t so, dass K_t zur 2. Winkelhalbierenden orthogonal ist.

4. Gegeben ist für $t > 0$ die Funktion f_t mit $f_t(x) = tx - 4t - 1$; $x \in \mathbf{R}$.
   Zeigen Sie, dass für die Nullstelle x_t von f_t gilt: $x_t > 4$.

Schnittpunkte von Schargeraden

Beispiele

1) Zeigen Sie, dass alle Geraden K_t von f_t durch einen gemeinsamen Punkt verlaufen.

a) $f_t(x) = \frac{t}{2}x - 3t + 1$ b) $f_t(x) = 4tx - 5t + 2{,}5$

Lösung

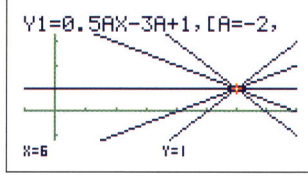

a) gemeinsamer Punkt $S(6 \mid 1)$ aus dem GTR

   Punktprobe mit $S(6 \mid 1)$

   $(6 \mid 1)$ **in den Term** $f_t(x) = \frac{t}{2}x - 3t + 1$ einsetzen:

   $1 = \frac{t}{2} \cdot 6 - 3t + 1 \implies 1 = 1$

   wahre Aussage für alle t, d.h. **wahr, unabhängig von der Wahl von t.**

   Somit ist $S(6 \mid 1)$ **gemeinsamer Punkt aller Geraden.**

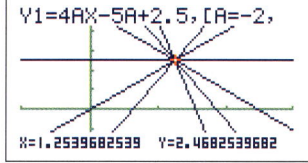

b) gemeinsamer Punkt aus dem GTR schlecht erkennbar

   Berechnung des gemeinsamen Punktes

   Lösungsweg 1)

   Man nimmt 2 beliebige Geraden aus der Geradenschar, indem man für **t zwei feste Werte** wählt, z.B. $t = 0$ und $t = 1$.

   gemeinsamer Punkt S dieser beiden Geraden durch Gleichsetzen $f_0(x) = f_1(x)$

                               $2{,}5 = 4x - 2{,}5 \quad \Longleftrightarrow \quad x = 1{,}25$

   Mit $f_0(1{,}25) = f_1(1{,}25) = 2{,}5$

   Schnittpunkt der beiden Geraden: $S(1{,}25 \mid 2{,}5)$

   Die **Punktprobe mit S in der f_t-Vorschrift** muss eine wahre Aussage ergeben für alle t.

   $S(1{,}25 \mid 2{,}5)$ **in den Term** $f_t(x) = 4tx - 5t + 2{,}5$ einsetzen: $2{,}5 = 4t \cdot 1{,}25 - 5t + 2{,}5$

   wahre Aussage für alle t, d.h. **wahr, unabhängig von der Wahl von t.**

   Somit ist $S(1{,}25 \mid 2{,}5)$ **gemeinsamer Punkt aller Geraden.**

   Lösungsweg 2)

   Man nimmt eine feste Schargerade z.B. für $t = 1$ und eine beliebige Gerade aus der Geradenschar K_t mit $t \neq 1$ und berechnet die Koordinaten des gemeinsamen Punktes S.

   Gleichsetzen: $f_t(x) = f_1(x)$ $4tx - 5t + 2{,}5 = 4x - 2{,}5$

   Nach x sortieren $4tx - 4x = 5t - 5 \Longleftrightarrow 4(t-1)x = 5(t-1)$

   Durch $(t-1)$, $t \neq 1$ dividieren $x = \frac{5(t-1)}{4(t-1)} = \frac{5}{4}$

   Schnittstelle, **unabhängig von t**

   Mit $f_t(1{,}25) = f_1(1{,}25) = 2{,}5$ (y-Wert **unabhängig von t**)

   Schnittpunkt aller Geraden $S(1{,}25 \mid 2{,}5)$

Bemerkung: Die Koordinaten des **gemeinsamen Punktes** einer Geradenschar sind

              unabhängig vom Parameter t.

2) K_t ist das Schaubild von f_t mit $f_t(x) = 2tx + t^2 - 1$; $x, t \in \mathbf{R}$.

Berechnen Sie die Koordinaten des Schnittpunktes von K_t und K_1 ($t \neq 1$).

Lösung

Gleichsetzen der Funktionsterme $f_t(x) = f_1(x)$	$2t\,x + t^2 - 1 = 2x$
Nach x sortieren	$2t\,x - 2x = 1 - t^2$
(2x) ausklammern	$2x(t-1) = 1 - t^2 = (1-t)(1+t)$
mit $1 - t^2 = (1-t)(1+t)$	
durch $t-1 = -(1-t) \neq 0$ dividieren	$x = \dfrac{(1-t)(1+t)}{2(t-1)} = -\dfrac{1}{2}(1+t)$
ergibt die Schnittstelle	$x = -\dfrac{1}{2}(1+t)$
Schnittstelle ist **abhängig von t**	
Einsetzen ergibt die y-Koordinate	
des Schnittpunktes von K_t und K_1	$f_t(-\dfrac{1}{2}(1+t)) = -\dfrac{1}{2}2t(1+t) + t^2 - 1$
	$= -t - 1 = -(t+1)$
Schnittpunkt S von K_t und K_1 ($t \neq 1$) :	$S(-\dfrac{1}{2}(1+t) \mid -(t+1))$

Bemerkung: Die Koordinaten des Schnittpunktes von zwei Geraden K_t und K_1 ($t \neq 1$) sind **abhängig** von der Wahl des Parameters t.

Damit ist gezeigt, dass es **keinen gemeinsamen Punkt** aller Schargeraden gibt.

3) K_t ist das Schaubild von f_t mit $f_t(x) = \dfrac{4}{t}x + \dfrac{8}{t}$; $x \in \mathbf{R}$, $t \in \mathbf{R}^*$,

G_t ist das Schaubild von g_t mit $g_t(x) = tx + 4$; $x, t \in \mathbf{R}$.

Berechnen Sie die Koordinaten des Schnittpunktes von K_t und G_t in Abhängigkeit von t. Für welche Werte von t gibt es keinen Schnittpunkt?

Lösung

Gleichsetzen der Funktionsterme: $f_t(x) = g_t(x)$	$\dfrac{4}{t}x + \dfrac{8}{t} = tx + 4$
Nach x sortieren	$\dfrac{4}{t}x - tx = 4 - \dfrac{8}{t}$
	$x(\dfrac{4}{t} - t) = \dfrac{4t-8}{t} = \dfrac{-4(2-t)}{t}$
Mit $\dfrac{4}{t} - t = \dfrac{4 - t^2}{t}$ und $4 - t^2 = (2-t)(2+t)$ erhält man	
eine Schnittstelle, abhängig von t	$x = \dfrac{-4}{2+t}$

Mit $g_t(\dfrac{-4}{2+t}) = \dfrac{8}{2+t}$: **Schnittpunkt** von K_t und G_t $S(-\dfrac{-4}{2+t} \mid \dfrac{8}{2+t})$

Für $t = -2$ gibt es **keinen** Schnittpunkt, K_{-2} und G_{-2} sind parallel.

Bemerkung: Für $t = 2$ gibt es unendlich viele gemeinsame Punkte, K_2 und G_2 liegen aufeinander.

4) Die Abbildung zeigt verschiedene Geraden K_t einen Funktionenschar f_t.

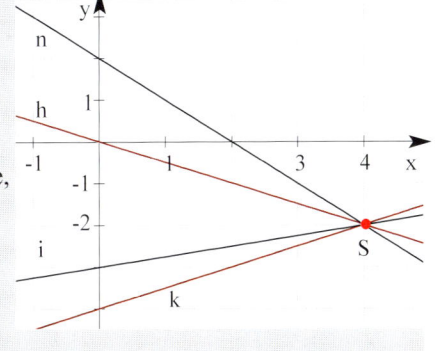

a) Bestimmen Sie einen Funktionsterm $f_t(x)$. Ordnen Sie jeder Schargeraden einen Parameterwert zu.

b) Die Gerade g verläuft durch die Punkte $C(4|-2)$ und $D(-2|-6,5)$. Untersuchen Sie, ob g eine Gerade aus der Geradenschar ist.

c) Für jedes $t \neq 0$ gibt es einen Wert t^*, so-dass die zugehörigen Schargeraden orthogonal sind. Bestimmen Sie den Zusammenhang von t^* und t.

d) Die Gerade h_t hat die Gleichung $y = 0,5tx - 2t$, $t > 0$. Bestimmen Sie die Schnittpunkt S_t von K_t und h_t. Zeigen Sie: S_t liegt im 1. Feld.

Lösung

a) Alle Geraden verlaufen durch $S(4|-2)$.

Man wählt den Parameter t für die Steigung m.

Einsetzen in die PSF ergibt $\qquad f_t(x) = t\,(x-4) -2 = tx - 4t - 2$

Parameterwert für die Geraden $\quad$ n: $t = -1$; $\quad$ h: $t = -0,5$; $\quad$ i: $t = 0,25$; $\quad$ k: $t = 0,5$

b) Steigung der Geraden g: $\qquad\qquad m = \dfrac{-6,5+2}{-2-4} = 0,75$

Einsetzen von Punkt C und m in die PSF: $\quad y = 0,75\,(x-4) - 2 = 0,75x - 5$

Gleichung der Geraden g: $\qquad\qquad y = 0,75x - 5$

Bedingungen für t: $\qquad\qquad\qquad \dfrac{3}{4} = t$ und $-4t -2 = -5$

Beide Bedingungen sind erfüllt für $t = \dfrac{3}{4}$, d.h., g ist eine Schargerade.

c) Bedingung für orthogonal: $\qquad\qquad m_t \cdot m_{t*} = -1$

$\qquad\qquad\qquad\qquad\qquad\qquad\qquad t \cdot t^* = -1$

Umformung ergibt den Zusammenhang $\qquad t = \dfrac{-1}{t^*}$

d) Gleichsetzen $f_t(x) = y$ $\qquad\qquad tx - 4t - 2 = 0,5tx - 2t$

$\qquad\qquad\qquad\qquad\qquad\qquad\qquad \dfrac{t}{2}x = 2t + 2$

Schnittstelle für $t \neq 0$ $\qquad\qquad x_t = \dfrac{2(2t+2)}{t} = \dfrac{4(t+1)}{t}$

einsetzen in $f_t(x) = tx - 4t - 2$ ergibt $\quad y_t = f_t(x_t) = t\,\dfrac{4(t+1)}{t} - 4t - 2 = 2$

Schnittpunkt $\qquad\qquad\qquad\qquad S_t(\dfrac{4(t+1)}{t} | 2)$

S_t liegt wegen $\dfrac{4(t+1)}{t} = 4 + \dfrac{4}{t} > 4$ für $t > 0$ stets im 1. Feld.

Aufgaben

1. a) Eine Gerade hat die Steigung 2 und verläuft durch den Punkt P_t $(-t \mid -t + 2)$.
   Bestimmen Sie die Gleichung der Geraden.
   Die Gerade h_t hat die Gleichung $y = 2x + t + 2$; $t \in \mathbf{R}$.
   b) Zeichnen Sie h_t für $t \in \{-4 ; -2 ; 1\}$.
   c) Berechnen Sie die Schnittpunkte von h_t mit den Koordinatenachsen.
   d) Für welchen Wert von t ist h_t eine Ursprungsgerade?

2. a) Eine Gerade hat die Steigung 2t und verläuft durch den Punkt P_t $(1 \mid 6t - 1)$.
   Bestimmen Sie die Geradengleichung.
   K_t ist das Schaubild von f_t mit $f_t(x) = 2tx + 4t - 1$; $x, t \in \mathbf{R}$.
   b) Bestimmen Sie die Koordinaten des gemeinsamen Punktes aller Schargeraden K_t.
   c) Untersuchen Sie K_t auf Schnittpunkte mit den Koordinatenachsen.
   d) Zeichnen Sie K_t für $t \in \{1 ; -0,5 ; 1,5\}$.
   e) Bestimmen Sie t so, dass K_t auf der Geraden h mit $y = \frac{3}{2}x$ senkrecht steht.
   f) Für welchen Wert von t schneidet K_t die Gerade g mit $y = -2x + 3$ an
   der Stelle $x = 1,5$? Bestimmen Sie den Schnittpunkt.

3. K_t ist das Schaubild der linearen Funktion f_t mit $f_t(x) = -\frac{2}{t}x + 4 - \frac{1}{t}$; $x \in \mathbf{R}, t \in \mathbf{R}^*$.
   a) Untersuchen Sie K_t auf Schnittpunkte mit den Koordinatenachsen.
   Zeichnen Sie K_t für $t \in \{-2; -1; 2\}$.
   b) Bestimmen Sie t so, dass K_t eine Ursprungsgerade ist.
   c) Für welchen Wert von t liegt der Punkt $B(4 \mid -\frac{4}{3})$ auf K_t?
   d) Bestimmen Sie den gemeinsamen Punkt aller Schargeraden.

4. Für jedes $t \in \mathbf{R}^*$ ist K_t das Schaubild der Funktion f_t mit $f_t(x) = \frac{t}{2}x - \frac{4}{3}t^2$.
   a) Zeichnen Sie K_t für $t \in \{-2 ; -1; 1,5\}$.
   b) Bestimmen Sie den Schnittpunkt von K_t und K_1 $(t \neq 1)$.
   c) G_t ist das Schaubild von g_t mit $g_t(x) = \frac{2}{t}x - 4 - \frac{1}{3}t^2$; $x \in \mathbf{R}, t \in \mathbf{R}^*$.
   Bestimmen Sie den Schnittpunkt von K_t und G_t in Abhängigkeit von t.

5. Gegeben ist die lineare Funktion f_t mit $f_t(x) = \frac{t-2}{3}x + t$; $x, t \in \mathbf{R}$.
   a) Zeichnen Sie die Schargerade K_t für $t \in \{0; 1; 3\}$.
   b) Berechnen Sie die Koordinaten des gemeinsamen Punktes aller Schargeraden.
   c) Welche Schargerade steht senkrecht auf der Geraden h mit $y = \frac{4}{3}x$?
   d) Zeigen Sie: Keine Gerade der Geradenschar verläuft durch den Punkt $T(-3 \mid 5)$.

6. Bestimmen Sie die Gleichung der Geradenschar.
   a) Alle Geraden der Schar haben die Steigung $m = -3$.
   b) Alle Geraden der Schar stehen senkrecht auf der Geraden mit $y = -2x + 5$.
   c) Alle Geraden der Schar verlaufen durch den Punkt $P(-5 \mid 4)$.
   (nicht parallel zur y-Achse).

7. a) Bestimmen Sie einen Funktionsterm für die Geradenschar.
   (mögliche Lösung: $f_t(x) = tx - 3t + 1$)

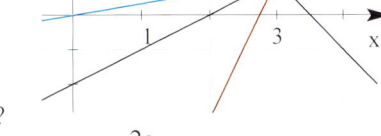

   b) Die Gerade g verläuft durch A (4| 1,5) und B(−1 | −1). Ist g eine Schargerade?

   c) Für welches t ist der y-Achsenabschnitt der zugehörigen Schargeraden kleiner als − 2?

   d) Gegeben ist die Gerade g mit der Gleichung $y = -x + \dfrac{2a}{a-1}$.
   Bestimmen Sie a und t so, dass g eine Gerade K_t aus der Geradenschar ist.

8. Ordnen Sie jeder Abbildung einen Funktionsterm zu:
   $h_t(x) = t(x - t)$; $f_t(x) = 2t - tx$; $g_t(x) = tx - 1$. Begründen Sie Ihre Wahl.

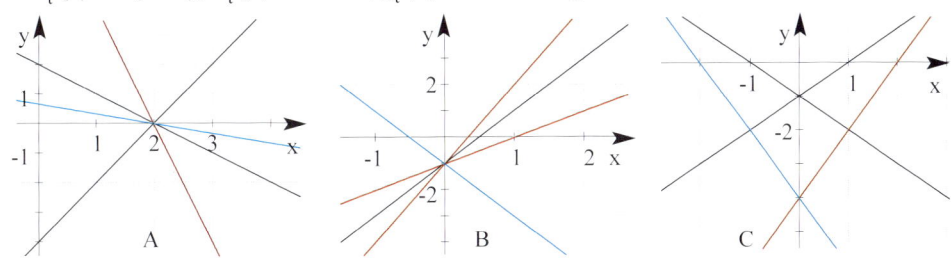

9. Gegeben sind die Geraden g, h und l_t durch ihre Gleichungen:
   g: $y = 0{,}5(x - 1)$; h: $y = -4x + 2{,}5$; l_t: $y = 0{,}5(t + 1)x - t$
   Für welches $t \in \mathbf{R}$ schneiden sich die drei Geraden in einem Punkt?

10. Eine Geradenschar K_t ist gegeben durch $y = \dfrac{t+2}{3}x - t$; $x, t \in \mathbf{R}$.
    a) Wie lautet die Gleichung der Geraden dieser Schar,
       – die parallel zur 2. Winkelhalbierenden verläuft,
       – die senkrecht auf der Geraden mit der Gleichung $y = 2x + 5$ steht?
    b) Gibt es ein t, sodass eine Schargerade die Gleichung $y = 4x - 3$ hat?
    c) Bestimmen Sie den Schnittpunkt von K_t mit der x-Achse in Abhängigkeit von t.
    d) Welche Schargerade begrenzt für t > 0 mit den Koordinatenachsen ein Dreieck mit dem Inhalt A = 1,5 FE?
    e) Berechnen Sie die Koordinaten des Schnittpunktes von K_t und der Geraden h mit $y = 6x$ in Abhängigkeit von t. Wie liegen die Geraden für t = 16 zueinander?

11. Eine Geradenschar K_t ist gegeben durch $f_t(x) = -\dfrac{1}{t}x + \dfrac{1}{t}$; $x \in \mathbf{R}, t \in \mathbf{R}^*$.
    a) Zeigen Sie, dass alle Geraden durch einen gemeinsamen Punkt gehen.
    b) Bestimmen Sie für t > 0 den Flächeninhalt des Dreiecks, das von zwei orthogonalen Schargeraden und der y-Achse gebildet wird.
    c) G_t ist das Schaubild der Funktion g_t mit $g_t(x) = 1 - tx$; $t \in \mathbf{R}$.
       Berechnen Sie den Schnittpunkt von K_t und G_t in Abhängigkeit von t.
       Für welchen t-Wert gibt es keinen Schnittpunkt?
       Welche geometrische Bedeutung hat dieser Fall?

3 Ganzrationale Funktionen 2. Grades

3.1 Von der Normalparabel zur allgemeinen Parabel 2. Ordnung

Beispiel

Der Anhalteweg eines PKWs im Straßenverkehr verändert sich bei größerer Geschwindigkeit überproportional. Der Anhalteweg setzt sich zusammen aus Reaktionsweg und Bremsweg. Bei einer Reaktionszeit von einer Sekunde lässt sich der Anhalteweg F in m bei trockener Fahrbahn in Abhängigkeit von der Geschwindigkeit x in km pro h näherungsweise berechnen durch den Term $F(x) = (\frac{x}{10})^2 + 3(\frac{x}{10})$, $x > 0$.

a) Bestimmen Sie den Anhalteweg F für verschiedene Geschwindigkeiten x. Übertragen Sie die Werte in ein Achsenkreuz.

b) Bei welcher Geschwindigkeit muss man bereits mit einem Anhalteweg von 50 m rechnen?

Lösung

a) **Wertetabelle**

x	30	40	60	100	130
F	18	28	54	130	200

Schaubild

Parabel 2. Ordnung für x > 0

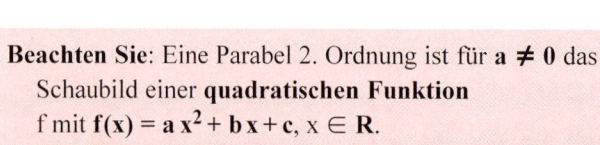

b) Bed. für die Geschwindigkeit x:

$F(x) = 50 \iff 0{,}01x^2 + 0{,}3\,x = 50$

Lösung der quadratischen Gleichung

ergibt $x_1 = -87{,}3$; $x_2 = 57{,}3$

sinnvolle **Lösung**: $x_2 = 57{,}3$ (km/h)

Bereits bei einer Geschwindigkeit von 57 km pro h beträgt der Anhalteweg ca. 50 m.

Beachten Sie: Eine Parabel 2. Ordnung ist für $a \neq 0$ das Schaubild einer **quadratischen Funktion**
f mit $f(x) = a\,x^2 + b\,x + c$, $x \in \mathbb{R}$.
a, b und c sind Koeffizienten, x ist die Funktionsvariable.
Parabelgleichung: $y = a\,x^2 + b\,x + c$, $a \neq 0$

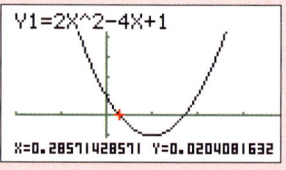

Quadratische Funktionen nennt man auch **ganzrationale Funktionen 2. Grades**.

Verschobene Parabeln

a) nach rechts

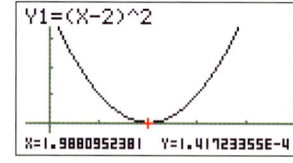

b) nach unten

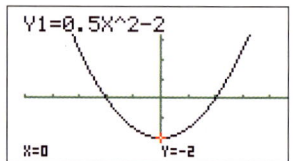

Das Schaubild der Funktion f mit $f(x) = x^2$, $x \in \mathbb{R}$ ist die **Normalparabel**.

Das Schaubild K der Funktion f mit $f(x) = \mathbf{a}x^2$, $x \in \mathbb{R}$, $a \neq 0$
ist eine **in y-Richtung gestreckte Parabel**.

a ist der Streckfaktor

K ist für $\begin{cases} a > 0 \text{ nach oben} \\ a < 0 \text{ nach unten} \end{cases}$ geöffnet.

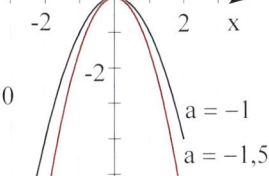

Die gestreckte Parabel ist gegenüber der Normalparabel

(Gleichung $y = x^2$) für $\begin{cases} -1 < a < 1 \, ; a \neq 0 \text{ weiter} \\ a > 1 \lor a < -1 \quad \text{enger}. \end{cases}$

Beachten Sie: Die Parabel K von f mit $f(x) = ax^2 + c$ ist **achsensymmetrisch** zur y-Achse, da $f(x) = f(-x)$ für alle $x \in \mathbb{R}$.
Bei einer Verschiebung ändert sich der Streckungsfaktor **a** nicht.
Für **a = 1** hat die Parabel die **Form der Normalparabel**.

Eine **beliebig verschobene Parabel** hat die Gleichung

$y = a \, (x - x_0)^2 + y_0$ **(Scheitelform der Parabelgleichung)**

Der Parabelpunkt mit dem größten bzw. kleinsten
y-Wert liegt auf der Symmetrieachse
und heißt **Scheitel** $S(x_0 \mid y_0)$.

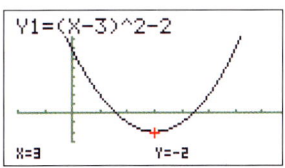

Beispiel: Bestimmen Sie die Scheitelkoordinaten der Parabel P: $y = 2x^2 - 4x + 1$.

Lösung

Ausklammern	$y = 2(x^2 - 2x) + 1$
Quadratische Ergänzung	$y = 2((x^2 - 2x + 1) - 1) + 1 = 2(x - 1)^2 - 1$
Scheitelkoordinaten	$S(1 \mid -1)$

Aufgaben

1. Wählen Sie Beispiele von Parabeln 2. Ordnung. Vergleichen Sie die Kurven untereinander. Welche Unterschiede und Gemeinsamkeiten lassen sich feststellen?

2. Die Normalparabel wird mit Faktor 0,4 in y-Richtung gestreckt und um 4 nach rechts verschoben. Bestimmen Sie die Parabelgleichung.

3. Gegeben ist eine Parabel P durch ihre Gleichung. Verschieben Sie P so, dass die verschobene Parabel durch $S(0 \mid 2)$ geht.
   a) $y = -(x - 1)^2$ b) $y = 3x^2 - 1$ c) $y = -x^2 - 2x + 1$

4. Ein physikalischer Versuch ergab folgende Messwerte:

benötigte Zeit in s	0	2	4	6	8
zurückgelegter Weg in cm	0	6	24	54	96

   Tragen Sie die Werte in ein geeignetes Achsenkreuz ein. Beschriften Sie die Achsen.
   Bestimmen Sie einen Term, der die Zuordnung beschreibt (Regression).

5. Gegeben ist das Schaubild K der Funktion f.
   Skizzieren Sie das Schaubild der Funktion g.

   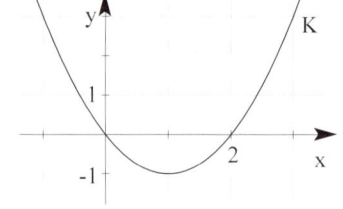

   a) $g(x) = 0,5\,f(x)$
   b) $g(x) = -2\,f(x)$
   c) $g(x) = f(x) + 1,5$
   d) $g(x) = \left[f(x) \right]^2$

6. Erläutern Sie ein Verfahren zur Bestimmung der Scheitelkoordinaten.

7. Gegeben ist eine Wertetabelle für eine   a)   b)
   quadratische Funktion f. Machen Sie
   Aussagen über das Schaubild K von f.
   Ist K enger als die Normalparabel?
   Für welche x-Werte fallen die Funktionswerte?

   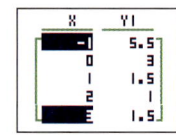
   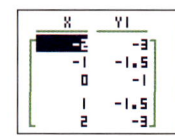

8. Gegeben sind zwei ganzrationale Funktionen 2. Grades
   durch ihre Wertetabellen.
   Welche Eigenschaften der Schaubilder K (Y1) bzw. G (Y2)
   lassen sich ablesen? Wie unterscheiden sich die beiden Parabeln?

   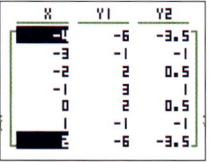

9. Die Parabel P von f mit $f(x) = 0,1x^2$ wird abgebildet. Dadurch entsteht jeweils eine
   neue Parabel. Geben Sie den zugehörigen Funktionsterm an, wenn es sich um folgende
   Abbildung handelt: a) Spiegelung an der x-Achse   b) Spiegelung an der y-Achse
   c) Verschiebung um 3 LE in Richtung der positiven x-Achse
   d) Verschiebung um 2 LE in Richtung der negativen y-Achse
   e) Streckung mit dem Faktor 4 in y-Richtung

10. Welcher Zusammenhang besteht zwischen den Kurven K_f und K_g?

   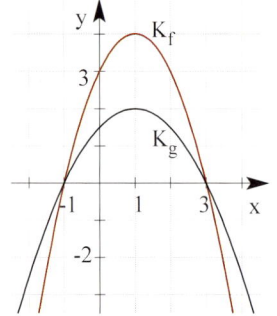
   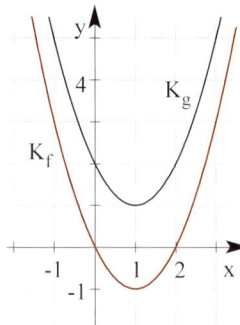
   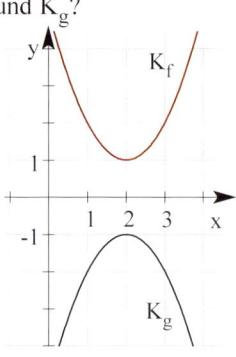

11. Eine Parabel P wird in y-Richtung verschoben bzw. gestreckt.
    Welche Eigenschaften der Parabel P bleiben erhalten, welche ändern sich?

12. P ist der Graph der quadratischen Funktion f mit $f(x) = 0{,}5x^2 - 2x - 2{,}5$; $x \in \mathbf{R}$.
    a) Zeigen Sie: P ist symmetrisch zur Geraden mit der Gleichung $x = 2$.
    b) P wird um 2 LE nach links verschoben. Die Gleichung der Bildkurve lautet:
       $y = 0{,}5(x^2 - 9)$, $y = 0{,}5x^2 - x$ oder $y = x^2 - 4{,}5$. Entscheiden Sie.

13. Jede Parabel lässt sich durch Verschiebung und Streckung aus der Normalparabel gewinnen. Zeichnen Sie mit dem GTR die Schaubilder folgender Funktionen:
    $f(x) = x^2$; $f_1(x) = 0{,}25x^2 + 1$; $f_2(x) = 2(x-1)^2 + 1$; $f_3(x) = 2 - x^2$
    Welche Verschiebungen und Streckungen stellen Sie jeweils fest.

14. Welcher Zusammenhang besteht zwischen den Graphen der Funktionen
    f mit $f(x) = 0{,}5x^2 - 6x + 3$; $x \in \mathbf{R}$ und g mit $g(x) = 0{,}5x(x - 12)$; $x \in \mathbf{R}$.

15. Ordnen Sie jedem Funktionsgraph einen Funktionsterm zu.

    $f_1(x) = x^2 + 1$ $\qquad$ $f_2(x) = -2x^2 + 2x$ $\qquad$ $f_3(x) = 2x + 1$

    $f_4(x) = -2x^2 + 2x + 1$ $\qquad$ $f_5(x) = 2 - 0{,}5x$ $\qquad$ $f_6(x) = 0{,}5(x + 2)^2 + 1$

A
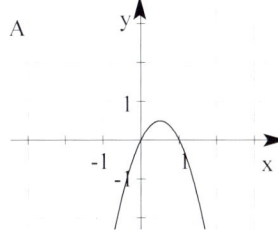

B
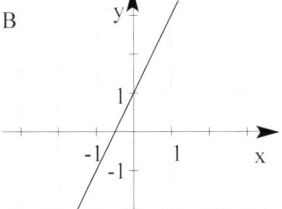

C
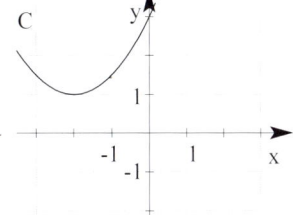

D
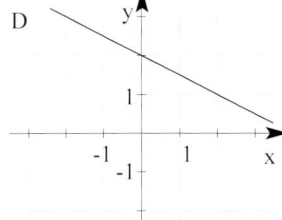

E
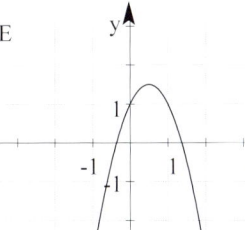

F
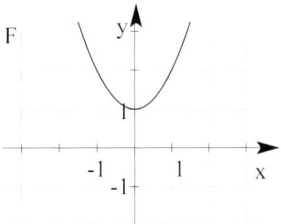

16. Bestimmen Sie den zugehörigen Funktionsterm.

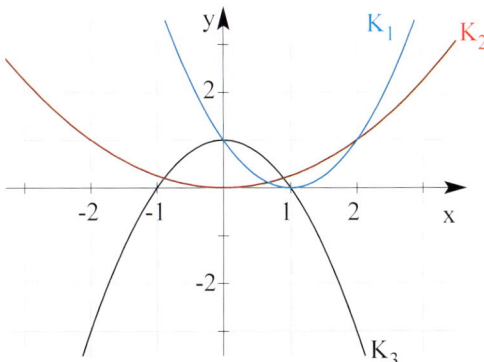

3.2 Nullstellen und Scheitel

Beispiele

1) Gegeben ist die Parabel K von f mit $f(x) = \frac{1}{2}x^2 + 2x$, $x \in \mathbf{R}$.
   Zeichnen Sie K mit dem GTR.
   Bestimmen Sie Schnittpunkte mit der x-Achse
   a) mit dem GTR   b) durch Berechnung

Lösung

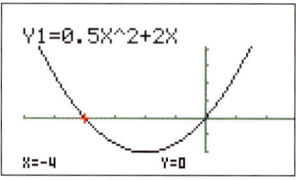

a) **Nullstellen durch Ablesen**
   oder mit ROOT-Taste:
   $x_1 = 0$; $x_2 = -4$

b) **Berechnung der Nullstellen**
   mit der Bedingung: f(x) = 0 $\frac{1}{2}x^2 + 2x = 0$

Die **Nullstelle einer quadratischen Funktion** berechnen heißt, eine **quadratische Gleichung lösen**.

Lösung duch Ausklammern	$\frac{1}{2}x(x+4) = 0$
Satz vom Nullprodukt	$x = 0 \lor x + 4 = 0$
zwei (einfache) Schnittstellen	$x_1 = 0$; $x_2 = -4$
Schnittpunkte mit der x-Achse:	$N_1(0 \mid 0)$, $N_2(-4 \mid 0)$

2) Gegeben ist die Parabel K von f mit $f(x) = 0{,}5x^2 - 2x + 2$, $x \in \mathbf{R}$.
   Zeichnen Sie K mit dem GTR.
   Bestimmen Sie Schnittpunkte mit der x-Achse
   a) mit dem GTR   b) durch Berechnung

Lösung

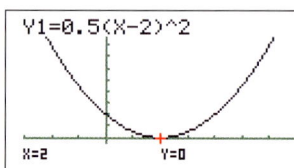

a) **Nullstellen durch Ablesen**
   oder mit ROOT-Taste:
   $x_1 = 2$

b) **Berechnung der Nullstellen**
   mit der Bedingung: f(x) = 0 $0{,}5x^2 - 2x + 2 = 0$
   Lösung durch Zerlegung $0{,}5(x-2)^2 = 0 \iff x_{1|2} = 2$
   doppelte Schnittstelle $\triangleq$ Berührstelle
   Schnittpunkt mit der x-Achse: $N_{1|2}(2 \mid 0)$

Bemerkung: Die Lösung von $0{,}5x^2 - 2x + 2 = 0$ mit der Formel ergibt $x_{1|2} = 2 \pm \sqrt{0}$
   (**D = 0**), also ist $x_{1|2} = 2$ eine **doppelte** Lösung.

Doppelte Nullstelle von f bedeutet: zwei Nullstellen von f fallen zusammen.
Das Schaubild K von f **berührt die x-Achse.**

3) Gegeben ist die quadratische Funktion f_c mit $f_c(x) = x^2 - x + c$; $x, c \in \mathbb{R}$.
Untersuchen Sie das Schaubild K_c von f_c auf Schnittpunkte mit der x-Achse.
Für welche Werte von c besitzt f_c zwei, eine oder keine Nullstelle(n)?
Zeichnen Sie K_c für $c \in \{-1; 1; 0,25\}$ in ein Koordinatensystem.

Lösung

Wir lesen ab:

Für c = 1: keine Nullstelle

Für c = −1: zwei Nullstellen

Für c = 0,25: eine Nullstelle

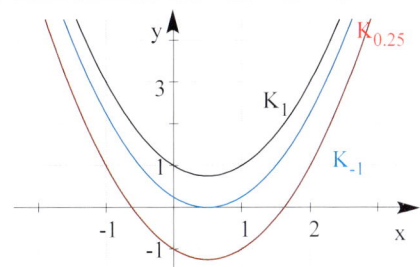

Berechnung der Nullstellen

mit der **Bedingung: $f_c(x) = 0$** $\qquad x^2 - x + c = 0$

mit Hilfe der Formel $\qquad\qquad x_{1|2} = \dfrac{1 \pm \sqrt{1 - 4c}}{2}$

Die Anzahl der Nullstellen hängt ab von $D = 1 - 4c$

zwei (einfache) Nullstellen für **D > 0** $\qquad 1 - 4c > 0 \Rightarrow c < 0,25$

eine (doppelte) Nullstelle für **D = 0** $\qquad 1 - 4c = 0 \Rightarrow c = 0,25$

keine Nullstelle für **D < 0** $\qquad 1 - 4c < 0 \Rightarrow c > 0,25$

Beachten Sie: Schnittpunkte der Parabel P von f mit der x-Achse

Bedingung für die x-Koordinaten der Schnittpunkte (Nullstellen von f):

$\qquad$ **y = 0** $\qquad$ bzw. $\qquad$ **f(x) = 0**

Die quadratische Gleichung **$y = a x^2 + b x + c = 0$** hat die Lösungen:

$$x_{1|2} = \frac{-b \pm \sqrt{b^2 - 4ac}}{2a}$$

Die Anzahl der Lösungen hängt von der Diskriminante (D) ab.

$$D = b^2 - 4ac$$

D > 0	**D = 0**	**D < 0**
f hat **zwei einfache** NST, d.h., P schneidet die x-Achse in zwei **verschiedenen** Punkten.	**f** hat **eine doppelte** NST, d.h., **P berührt** die x-Achse.	f hat **keine** NST, d.h., P schneidet die x-Achse nicht.

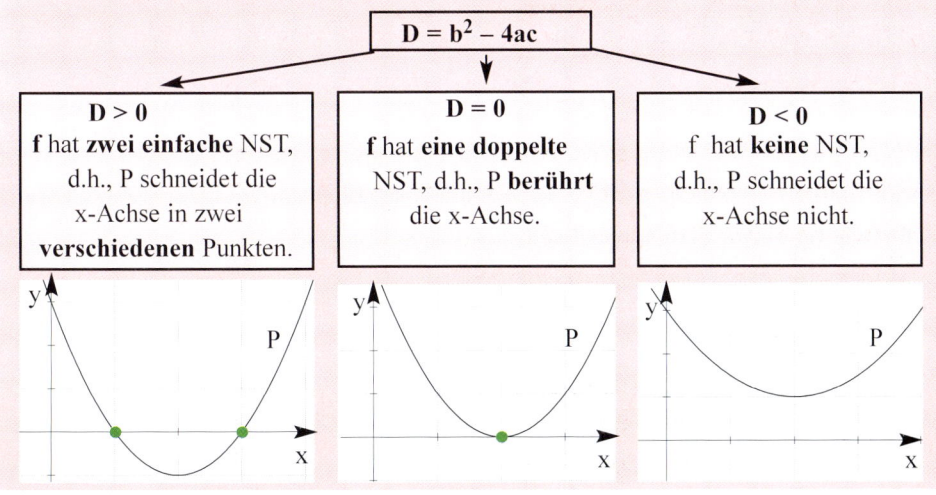

17 Bohner/Ihlenburg/Ott − ISBN 3-8120-0206-X

Aufgaben

1. Gegeben ist eine Parabel durch ihre Gleichung. Untersuchen Sie die Parabel auf Schnittpunkte mit den Koordinatenachsen. Fertigen Sie eine Skizze an.

   a) $y = \frac{1}{3}x^2 - \frac{1}{3}x - 2$ b) $y = -\frac{x^2}{2} + 4x - 4$ c) $y = (x-1)^2 - 2$

   d) $y = -\frac{1}{5}x^2 + x - \frac{5}{4}$ e) $y = \frac{1}{2}(x-3)(x+4)$ f) $y = \frac{5}{6}x^2 - 3x$

   g) $y = 2x^2 + x - 1$ h) $y = 0,5\,(x^2 - 5)$ i) $y = -0,25x^2 - x - 1$

2. Gegeben ist die Funktion f mit $f(x) = -\frac{1}{2}x^2 + \frac{3}{2}x - \frac{9}{8}$; $x \in \mathbf{R}$.

   Zeigen Sie rechnerisch, dass das Schaubild K von f die x-Achse berührt.

3. a) Zeigen Sie, dass die Parabel mit der Gleichung $y = x^2 - 1,5x + 2$ keinen Schnittpunkt mit der x-Achse besitzt.

   b) Für welche a (a ≠ 0) hat die Parabel mit der Gleichung $y = ax^2 - 1,5x + 2$ keinen, einen oder zwei Schnittpunkt(e) mit der x-Achse?

4. f ist eine ganzrationale Funktion 2. Grades mit $f(x) = x^2 + b\,x + c$.
   Welche Bedingungen müssen die Koeffizienten des Funktionsterms erfüllen, damit f keine Nullstellen besitzt.

Zusammenhang von Nullstellen und Scheitelpunkt

Beispiele

1) Gegeben ist die Funktion f mit $f(x) = -x^2 + 2x + 3$; $x \in \mathbf{R}$.
   Bestimmen Sie die Nullstellen von f und die Koordinaten des Scheitels der Parabel.

Lösung

Graph und Nullstellen mit dem GTR:

$x_1 = 3$; $x_2 = -1$

Scheitel mit G-Solv, MAX : S (1 | 4)

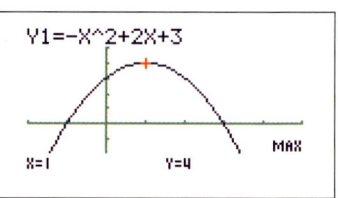

Bemerkung:

Die Parallele zur y-Achse durch den Scheitel ist **Symmetrieachse** der Parabel.

Aus der Abbildung erkennt man, dass die **Symmetrieachse** die Strecke zwischen den Nullstellen halbiert, d. h., der **x-Wert des Scheitels** ist der

Mittelwert der beiden Nullstellen.

Berechnung der x-Koordinate des Scheitels: $x_S = \frac{x_1 + x_2}{2}$

Mit $x_1 = 3$ und $x_2 = -1$: $x_S = \frac{3 + (-1)}{2} = 1$

Einsetzen in die Parabelgleichung

ergibt den **y-Wert** y_S $y_S = f(1) = 4$

Scheitelpunkt: S (1 | 4)

Beachten Sie:

Sind die **Nullstellen x_1 und x_2** der quadratischen Funktion f bekannt, so erhält man die **x-Koordinate des Scheitelpunktes** der zugehörigen Parabel P von f als

Mittelwert von x_1 und x_2: $\qquad x_S = \dfrac{x_1 + x_2}{2}$

Einsetzen in den Funktionsterm ergibt den y-Wert des Scheitelpunktes: $f(x_S)$

Scheitel $S(x_S \mid f(x_S))$

Ist $x_1 = x_2$ (**doppelte NST = Berührstelle**), so gilt: $x_S = x_1$.

Die Parabel berührt die x-Achse, der Scheitelpunkt liegt auf der x-Achse.

2) K ist das Schaubild der Funktion f mit $f(x) = x^2 - 4x + 3$; $x \in \mathbf{R}$.
G ist das Schaubild der Funktion g mit $g(x) = x^2 - 4x + 5$; $x \in \mathbf{R}$.
Berechnen Sie die Nullstellen von f und g.
Bestimmen Sie die Koordinaten des Scheitels von K bzw. von G.

Lösung

Nullstellen von f: $f(x) = 0$	$x^2 - 4x + 3 = 0$
Lösung mit Formel	$x_{1|2} = \dfrac{4 \pm \sqrt{4}}{2}$
zwei einfache Nullstellen von f	$x_1 = 1$; $x_2 = 3$
Scheitelpunkt	
Abszisse x_S	$x_S = \dfrac{x_1 + x_2}{2} = \dfrac{1+3}{2} = 2$
Einsetzen in f(x) ergibt die Ordinate y_S	$y_S = f(2) = -1$
Scheitelpunkt:	$S(2 \mid -1)$

Beachten Sie: x_1 und x_2 sind die Nullstellen von f mit $f(x) = ax^2 + bx + c$. Aus

$x_1 = \dfrac{-b + \sqrt{b^2 - 4ac}}{2a}$ und $x_2 = \dfrac{-b - \sqrt{b^2 - 4ac}}{2a}$ erhält man für $x_S = \dfrac{1}{2}(x_1 + x_2) = -\dfrac{b}{2a}$.

Nullstellen von g:

Bedingung für die Nullstellen: $g(x) = 0$ $x^2 - 4x + 5 = 0$

Lösung mit Formel $\qquad x_{1|2} = \dfrac{4 \pm \sqrt{-4}}{2}$

Wegen D < 0 hat g **keine Nullstellen**.

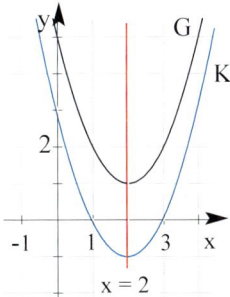

G entsteht durch Verschiebung von K in y-Richtung, d. h.,
der **x-Wert des Scheitels bleibt gleich:** $x_S = 2$.

Scheitelpunkt: $S(2 \mid 1)$

Beachten Sie: Für die **x-Koordinate des Scheitelpunktes** einer Parabel P mit
$y = ax^2 + bx + c$ gilt stets: $x_S = -\dfrac{b}{2a}$.

3) Für welchen Wert von t nimmt der Term $A(t) = 0,5t^2 + t + 1$ den kleinsten Wert an? Berechnen Sie diesen kleinsten Wert.

Lösung

Wir betrachten die Parabel P: $y = 0,5t^2 + t + 1$.

Die nach oben geöffnete Parabel P hat den **kleinsten y-Wert im Scheitelpunkt**.

Scheitelbestimmung:

t-Koordinate: Aus $t_S = -\dfrac{b}{2a}$ folgt

mit b = 1 und a = 0,5 : $t_S = -1$

Einsetzen ergibt die y-Koordinate: $y_S = 0,5$

$A(t)$ wird **minimal** für $t = -1$,

der **minimale Wert** beträgt $A(-1) = 0,5$.

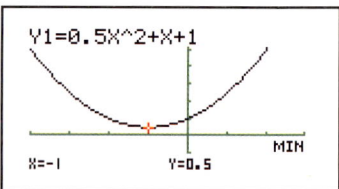

Aufgaben

1. K ist der Graph der Funktion f mit D = **R**. Bestimmen Sie die Achsenschnittpunkte und den Scheitel von K. Zeichnen Sie K in ein Koordinatensystem ein.

   a) $f(x) = -\dfrac{1}{8}x^2 + \dfrac{3}{4}x$ b) $f(x) = -\dfrac{1}{2}(x-3)(x+2)$ c) $f(x) = x^2 - 4x + 1$

   d) $f(x) = -0,25(4x^2 + 12x + 9)$ e) $f(x) = 3x(1-x)$ f) $f(x) = \dfrac{1}{3}x^2 - 2x + \dfrac{5}{3}$

2. Hat die Funktion f einen größten oder einen kleinsten Funktionswert? Begründung. Bestimmen Sie diesen Wert.

   a) $f(x) = (x-2)^2 - 2x - 2$ b) $f(x) = -0,5x^2 + 0,5x - 6$

3. Welches Rechteck mit Umfang U = 18 cm hat den größten Flächeninhalt?

4. Die Parallele zur x-Achse mit y = a (0 < a < 3) schneidet die Gerade g in P, die Gerade h in Q. N(1| 0), P und Q sind die Eckpunkte eines Dreiecks. Wie ist a zu wählen, damit der Inhalt des Dreiecks den größtmöglichen Flächeninhalt besitzt?

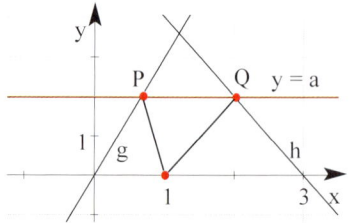

5. Der Kraftstoffverbrauch b eines PKW (in l pro 100 km) in Abhängigkeit von der Geschwindigkeit v (in km/h) lässt sich beschreiben durch die Funktion b mit $b(v) = 0,002v^2 - 0,18v + 8,55$; v > 40.

   Bei welcher Geschwindigkeit beträgt der Verbrauch genau 7 l auf 100 km?

   Bei welcher Geschwindigkeit ist der Kraftstoffverbrauch am geringsten?

6. Ein Armbrustschütze schießt einen Pfeil senkrecht in die Höhe. Die Höhe h des Pfeils in Abhängigkeit von der Zeit t wird beschrieben durch $h(t) = -4t^2 + 15t + 2$.

   a) Lösen Sie die Gleichung h(t) = 0. Erläutern Sie die Bedeutung der Lösungen.

   b) Zeichnen Sie das Schaubild von h mit dem GTR.

   c) Nach welcher Zeit hat der Pfeil wieder die Abschusshöhe erreicht?

   d) Bestimmen Sie die größte Höhe, die der Pfeil erreicht.

7. Domino-Spiel zu Parabeln 2. Ordnung

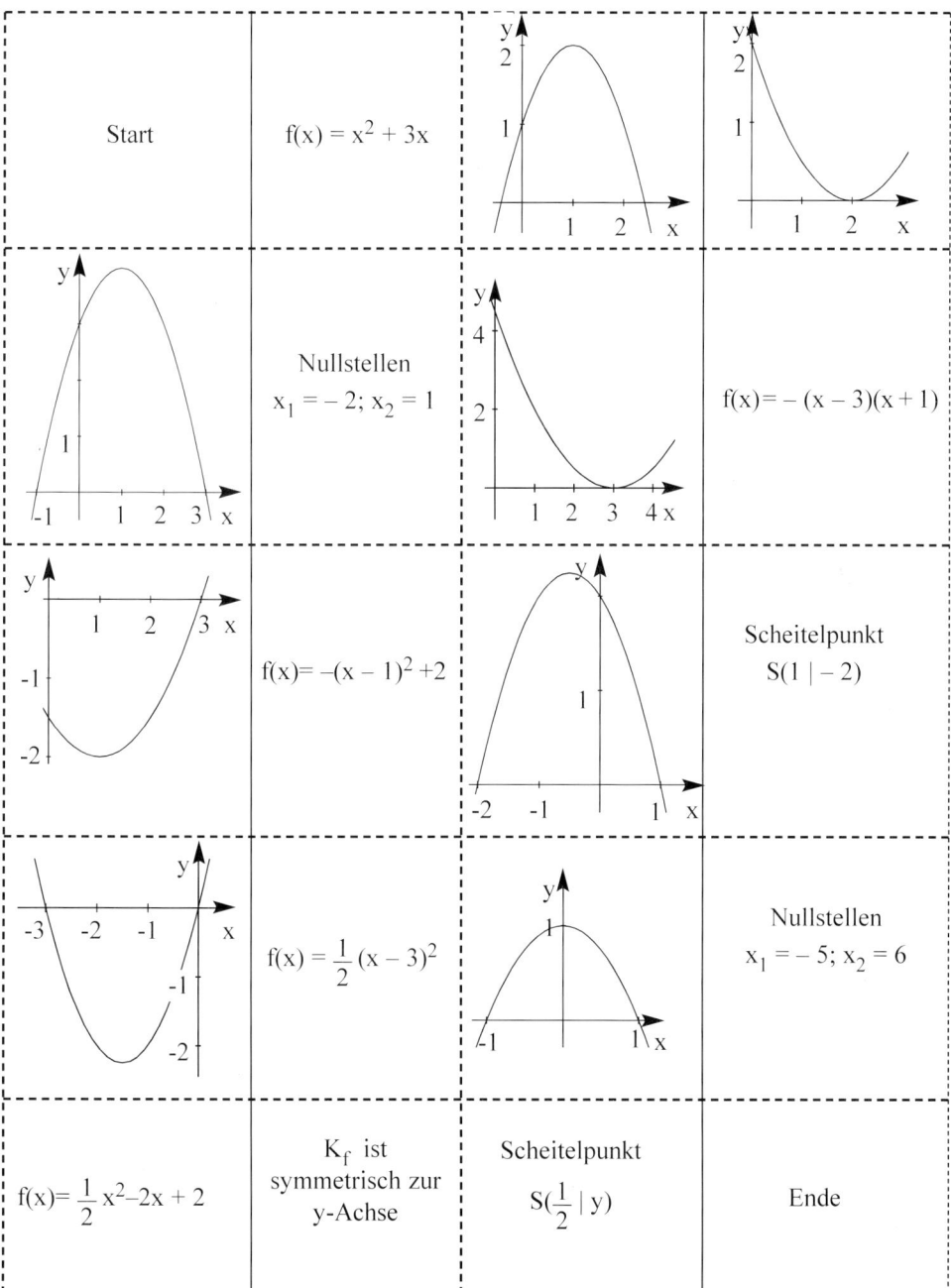

Nur entlang der gestrichelten Linien schneiden.

8. Welches Schaubild gehört zu
   welcher Funktion?

   $f(x) = -(x + 1)^2 + 3$;

   $g(x) = \dfrac{1}{2}x^2 + x + 2$;

   $h(x) = (2 - x)(x + 3)$?

   Begründen Sie Ihre Entscheidung.

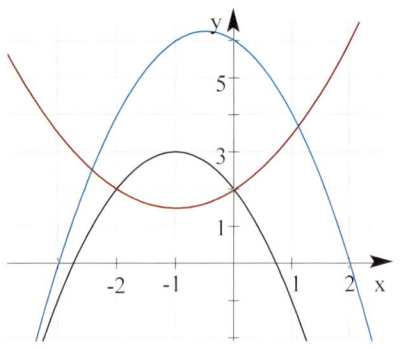

9. Wo schneiden die Kurven K_f und K_g die x-Achse? Wo liegt der Scheitel?
   Welcher Zusammenhang besteht zwischen den Kurven K_f und K_g?
   Beantworten Sie die Fragen mit Hilfe der Wertetabelle.

   a)

X	Y1	Y2
-3	-3.5	4
-2	0.5	0
-1	2.5	-2
0	2.5	-2
1	0.5	0
2	-3.5	4

   b)

X	Y1	Y2
-2	-12	3.5
-1	-5	0
0	0	-2.5
1	3	-4
2	4	-4.5
3	3	-4

10. Welche Eigenschaften der zugehörigen Schaubilder lassen sich aus folgenden
    Funktionstermen ablesen?

    $f(x) = -x^2 - x + 6$; $g(x) = (2 - x)(x + 3)$; $h(x) = -(x + 0,5)^2 + \dfrac{25}{4}$.

11. Ordnen Sie jeder Parabel einen
    Funktionsterm zu.
    Bestimmen Sie a und b.

    $f(x) = ax^2 - 2x$

    $g(x) = 0,5\, x^2 + bx$

    $h(x) = a\, x(x - 2)$

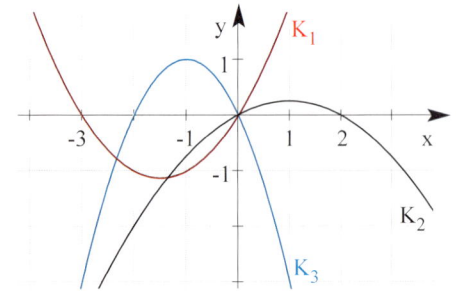

12. K_f ist der Graph der Funktion f mit $f(x) = -x^2 + 4$, $x \in \mathbf{R}$.
    Die Gerade $x = u$ $(-1 \leqq u \leqq 2)$ schneidet
    die Gerade K_g in P und K_f in Q.
    Bestimmen Sie den Abstand von P und Q
    für u = 1.
    Begründen Sie ohne Rechnung, warum es
    zwei u-Werte gibt, sodass PQ eine Strecke
    mit der Länge l = 2 ist.
    Wie ist u zu wählen, damit der Abstand
    der Punkte P und Q am größten wird?

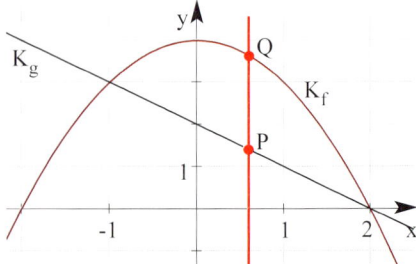

3.3 Schnittpunkte

a) Schnittpunkte von Parabel und Gerade

Beispiele

1) Gegeben sind die Parabel K von f und die Gerade G von g mit

$$f(x) = x^2 + 2x \text{ und } g(x) = -0,5x - 1 \, ; \, x \in \mathbf{R}.$$

Berechnen Sie die Koordinaten der Schnittpunkte von K und G.
Zeichnen Sie beide Schaubilder in ein Koordinatensystem.

Lösung

Bedingung für die Schnittstellen: f(x) = g(x) $x^2 + 2x = -0,5x - 1$

Nullform $x^2 + 2,5x + 1 = 0 \, |\cdot 2$

$$2x^2 + 5x + 2 = 0$$

Lösung mit der **Formel** ergibt
zwei einfache Schnittstellen **(D > 0)** $x_1 = -2; \, x_2 = -\dfrac{1}{2}$

Einsetzen der x-Werte in **f(x) oder g(x)**
ergibt die y-Werte der Schnittpunkte

$f(-2) = g(-2) = 0;$

$f(-\dfrac{1}{2}) = g(-\dfrac{1}{2}) = -\dfrac{3}{4}$

Schnittpunkte

$S_1(-2 \mid 0) \, ; \, S_2(-\dfrac{1}{2} \mid -\dfrac{3}{4})$

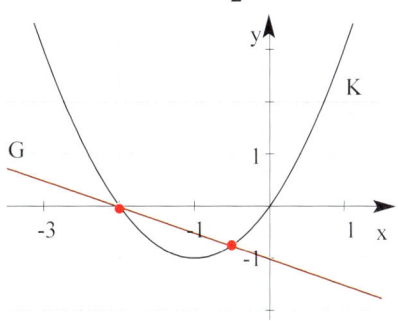

Beachten Sie: Bedingung für die Schnittstellen von Parabel K und Gerade G:

f(x) = g(x)   (Gleichsetzen der Funktionsterme)

Die Lösung der Gleichung liefert die Schnittstellen.

Einsetzen in **f(x)** oder **g(x)** liefert die y-Werte der Schnittpunkte.

Vorgehensweise mit dem GTR
Menue Graph ; F5 (DRAW)

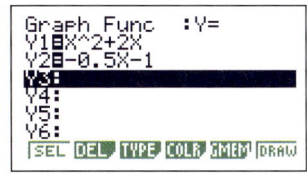

Schnittpunkte bestimmen:
Funktionstaste GSolve (F5)
ISCT(F5)

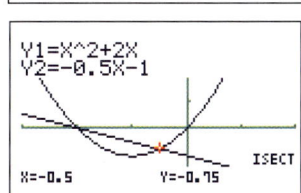

2) Gegeben sind die Parabel K von f und die Gerade G von g mit
$$f(x) = x^2 + 2x \text{ und } g(x) = x - 0,25 \; ; \; x \in \mathbf{R}.$$

a) Berechnen Sie die Koordinaten der Schnittpunkte von K und G.
Zeichnen Sie beide Schaubilder in ein Koordinatensystem.

b) Welche Parallelen zu G haben mit K keine gemeinsamen Punkte? Begründen Sie.

c) Für welche Werte von c hat die Gerade mit $y = -2x + c$
keine gemeinsamen Punkte mit K?

Lösung

a) **Bedingung für die Schnittstellen: f(x) = g(x)** $\quad x^2 + 2x = x - 0,25$

Nullform $\qquad\qquad\qquad\qquad\qquad\qquad\qquad x^2 + x + 0,25 = 0 \;\; | \cdot 4$

$$4x^2 + 4x + 1 = 0$$

Lösung mit der **Formel**
eine doppelte Schnittstelle **(D = 0)** $\qquad x_{1|2} = \dfrac{-4 \pm \sqrt{0}}{8}$

$x_{1|2} = -0,5$

Einsetzen des x-Wertes
in eine der beiden Funktionsterme
$f(-0,5) = g(-0,5) = -0,75$
ergibt den y-Wert des Schnittpunktes
Schnittpunkt (Berührpunkt)

$S_{1|2}(-0,5 \,|-0,75) = B$

doppelte Schnittstelle — Tangente

Beachten Sie: Eine Gerade G, die die Kurve K **berührt**, nennt man **Tangente** an K
im Berührpunkt B. Die x-Koordinate des Berührpunkts B ist eine
doppelte Schnittstelle von K und G.

b) y-Achsenabschnitt der Tangente: $\qquad\qquad b = -0,25$
Alle Parallelen mit y-Achsenabschnitt kleiner als $-0,25$ können K nicht mehr
schneiden, da K nach oben geöffnet ist.

c) Gleichsetzen: $\qquad\qquad\qquad\qquad\qquad x^2 + 2x = -2x + c$

Bemerkung: Gesucht ist die Schnittstelle x_1; der Parameter c entscheidet, ob es eine,
keine oder eine doppelte Schnittstelle gibt.

Nullform	$x^2 + 4x - c = 0$
Lösung mit Formel	$x_{1|2} = 0,5(-4 \pm \sqrt{16 + 4c})$
Bedingung für **keine Lösung: D < 0**	$D = 16 + 4c < 0$
gesuchter c-Wert	$c < -4$

Alle Geraden mit $y = -2x + c$ mit $c < -4$ schneiden die Parabel nicht (**Passante**).

Beachten Sie: Gegenseitige Lage von Parabel K von f und Gerade G von g

Bedingung für die x-Koordinate der Schnittpunkte (Schnittstellen):

Gleichsetzen der Funktionsterme $\qquad f(x) = g(x)$

$$f(x) - g(x) = 0$$

quadratische Gleichung in Nullform

Die Anzahl der Lösungen dieser quadratischen Gleichung (eine Lösung entspricht einer Schnittstelle) hängt ab von der **Diskriminante D**

D > 0	D = 0	D < 0
K und G haben **zwei einfache** Schnittstellen K und G **schneiden** sich in **zwei** (verschiedenen) Punkten.	K und G haben **eine** doppelte Schnitt(Berühr-)stelle K und G **berühren** sich.	K und G haben **keine** Schnittstelle. K und G haben **keinen** gemeinsamen Punkt.

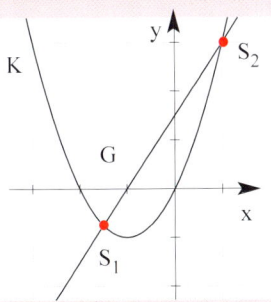 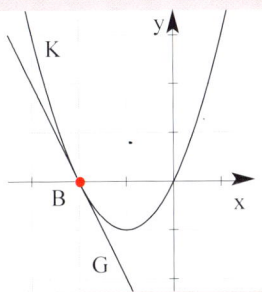 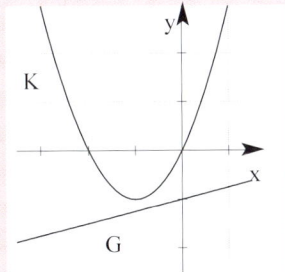

Aufgaben

1. Gegeben sind die Parabel K von f und die Gerade G von g.
   Berechnen Sie die Koordinaten der gemeinsamen Punkte von K und G.
   Wie liegen Parabel und Gerade zueinander?

   a) $f(x) = (x - 3)(x + 2); \; g(x) = 4x - 10$ \qquad b) $f(x) = -\dfrac{1}{2}(x^2 - 5x - 6); \; g(x) = 3x$

   c) $f(x) = x^2 + x - 5; \; g(x) = 3x - 6$ \qquad d) $f(x) = \dfrac{1}{8}x^2 + 3x - 2; \; g(x) = 4x - 4$

2. Gegeben ist die Funktion f mit $f(x) = 0{,}75(x^2 - 5x + 4); \; x \in \mathbf{R}$.
   K ist der Graph von f.

   a) Die Gerade g mit der Gleichung $y = 0{,}75x + 3$ schneidet K in zwei Punkten S_1 und S_2. Berechnen Sie die Koordinaten von S_1 und S_2.

   b) Zeigen Sie: Die Ursprungsgerade h mit der Steigung $m = -\dfrac{3}{4}$ berührt K. Berechnen Sie die Koordinaten des Berührpunktes.

   c) Welche auf der Geraden h senkrecht stehende Gerade schneidet K in $x = 3$?

3. Gegeben ist die Funktion f mit $f(x) = (1 - x)(2x + 5)$; $x \in R$. K ist der Graph von f.

   a) Geben Sie die Schnittpunkte von K mit den Koordinatenachsen an.

   b) Die Gerade g verläuft parallel zur x-Achse durch A(1|3) und schneidet K in zwei Punkten S_1 und S_2. Berechnen Sie die Koordinaten von S_1 und S_2.

   c) Die Gerade K_g ist der Graph der Funktion g mit $g(x) = -\frac{3}{4}x + b$.

   Bestimmen Sie die Anzahl der Schnittpunkte von K_f und K_g in Abhängigkeit von b.

4. Gegeben ist die Parabel P von f mit $f(x) = 3x + 0,5 x^2$, $x \in \mathbf{R}$.

   Verschieben Sie die Parabel P so in y-Richtung, dass sie die Gerade g: $2y - 4x + 8 = 0$ berührt. Bestimmen Sie den Berührpunkt.

5. K ist das Schaubild der Funktion f mit $f(x) = -\frac{3}{2}x^2 + 3x + \frac{9}{2}$; $x \in R$.

   a) Die Ursprungsgerade g verläuft durch A(1|6) und schneidet K in zwei Punkten S_1 und S_2. Berechnen Sie die Koordinaten von S_1 und S_2.

   b) Welche Parallele zu g berührt die Parabel K ? Bestimmen Sie die Koordinaten des Berührpunktes. Welche Parallelen zu g haben mit K keinen gemeinsamen Punkt?

6. Bei der Produktion eines Artikels werden die Gesamtkosten pro Tag, in Abhängigkeit von der Ausbringungsmenge x (in Stück), festgelegt durch:

   $K(x) = 0,125x^2 + 1,5x + 200$; $0 \leq x \leq 90$

   Der Betrieb hat einen konstanten Verkaufspreis von 14 EUR je Stück geplant.

   a) Zeichnen Sie die Gesamtkostenkurve und die Erlösgerade mit dem GTR.

   b) Bestimmen Sie rechnerisch und graphisch, für welche Stückzahlen der Erlös und die Gesamtkosten gleich groß sind (Nutzenschwelle und Nutzengrenze).

   c) Für welche Stückzahl ist der Gewinn am größten?

7. Gegeben sind eine Parabel und eine Gerade durch eine Wertetabelle.

   Ordnen Sie die Spalten Y1 und Y2 der Parabel bzw. der Geraden zu.

   Wie liegen Parabel und Gerade zueinander?

   Auf welchem Bereich verläuft die Parabel oberhalb der Geraden?

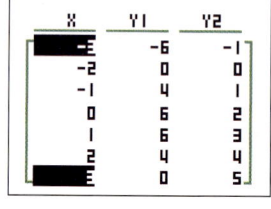

X	Y1	Y2
-3	-6	-1
-2	0	0
-1	4	1
0	6	2
1	6	3
2	4	4
3	0	5

8. Die Gerade K_g mit der Gleichung $y = -2x$ berührt die Parabel K_f im Ursprung.

   Für welche Werte von m hat die Ursprungsgerade mit der Gleichung $y = mx$ mit K_f zwei bzw. einen gemeinsame(n) Punkt(e)?

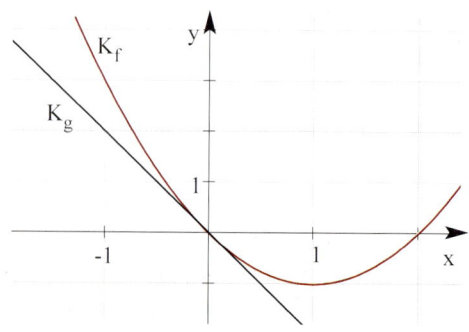

Tangente an eine Parabel legen
Beispiele

1) Gegeben sind die Funktionen g_t mit $g_t(x) = tx - 3$; $x, t \in \mathbf{R}$
   und f mit $f(x) = x^2 + x - 2$; $x \in \mathbf{R}$.
   G_t ist das Schaubild von g_t, K ist das Schaubild von f.
   Für welche Werte $t \in \mathbf{R}$ berührt die Gerade G_t die Parabel K?
   Bestimmen Sie die Berührpunkte und geben Sie die Gleichungen der Tangenten an.

Lösung

Bedingung für die Schnittstelle: $f(x) = g_t(x)$	$x^2 + x - 2 = tx - 3$
Nullform	$x^2 + x - tx + 1 = 0$
	$x^2 + (1 - t)x + 1 = 0$
In der Lösungsformel setzt man:	
$a = 1$; $b = 1 - t$; $c = 1$	$x_{1|2} = \dfrac{-(1 - t) \pm \sqrt{(1-t)^2 - 4}}{2}$
Bedingung für Berühren: D = 0	$(1 - t)^2 - 4 = 0 \Longleftrightarrow (1 - t)^2 = 4$
Wurzel ziehen	$1 - t = 2 \vee 1 - t = -2$
gesuchte t-Werte	$t_1 = -1; t_2 = 3$
Einsetzen von t in die Lösungsformel ergibt die **x-Koordinate** des Berührpunktes:	$t_1 = -1: x_{1|2} = -1 = x_B$ $t_2 = 3: \quad x_{1|2} = 1 = x_{B'}$
Einsetzen in die Geradengleichung ergibt die **Tangentengleichung:**	$g_t(x) = tx - 3$ $t_1 = -1: g_{-1}(x) = -x - 3$ $t_2 = 3: \quad g_3(x) = 3x - 3$
Einsetzen der x-Werte in **f(x) oder $g_t(x)$** ergibt den **y-Wert:**	
$y_B = f(-1) = g_{-1}(-1) = -2$ $y_{B'} = f(1) = g_3(1) = 0$	

Berührpunkte
$B(-1|-2); B'(1|0)$

Bemerkung: Alle Geraden G_t verlaufen durch den Punkt $S(0 \mid -3)$.
Gesucht sind also alle Tangenten an K, die durch S verlaufen.
Aufgabenstellungen, die den gleichen Lösungsweg erfordern:
1) Legen Sie von $S(0 \mid -3)$ Tangenten an die Parabel K.
2) Welche Tangenten an K verlaufen durch den Punkt $S(0 \mid -3)$?
3) Eine Tangente g an K schneidet die y-Achse in $S(0 \mid -3)$?

2) Das Schaubild K der Funktion f mit $f(x) = -\frac{1}{5}x^2 + 3$; $x \in \mathbf{R}$.

beschreibt zwischen den Punkten A und B das Geländeprofil in einem Baugebiet. Das angrenzende Gelände verläuft von A aus horizontal bis zum Punkt R(–8|0).

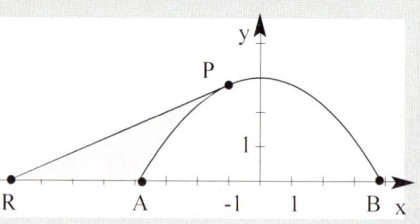

Von R ausgehend soll eine Rampe angelegt werden und im Punkt P(u | f(u)) in den Hügel münden. Bestimmen Sie u so, dass die Rampe möglichst steil wird. (Bemerkung: Bei „möglichst steil" verläuft der Übergang von Rampe und Gelände ohne Knick.)

Lösung

Man bestimmt die Gerade aus der Geradenschar durch R, die die Parabel berührt.

Einsetzen der Koordinaten von R(–8 | 0) in die **PSF**: $y = m(x + 8)$

Gleichung der Geradenschar durch R(–8 | 0) $y = mx + 8m$

Gleichsetzen liefert die Schnittstellen: $-\frac{1}{5}x^2 + 3 = m x + 8m$

Nullform $\frac{1}{5}x^2 + m x + 8m - 3 = 0$

In der Lösungsformel setzt man:

$a = 0{,}2; b = m; c = 8m - 3$ $x_{1|2} = \dfrac{-m \pm \sqrt{m^2 - 4 \cdot 0{,}2 \cdot (8m - 3)}}{0{,}4}$

Bedingung für Berühren: D = 0 $m^2 - 0{,}8(8m - 3) = 0$

Ausmultiplizieren $m^2 - 6{,}4m + 2{,}4 = 0$

Lösung mit Formel oder GTR ergibt die

gesuchten m-Werte $m_1 = 6 ; m_2 = 0{,}4$

Bemerkung: Für diese Parameterwerte (Steigungswerte) von m **berühren** sich die Parabel und die zugehörige Schargerade. Es liegt eine **doppelte** Schnittstelle vor.

Einsetzen von m in die Lösungsformel ergibt die **x-Koordinate** des Berührpunktes.

Für $m_1 = 6$ erhält man $x_{1|2} = -\dfrac{6}{0{,}4} = -15$.

(Punkt (–15| f(–15) liegt nicht auf dem Hügel.)

Für $m_2 = 0{,}4$ erhält man $x_{1|2} = -1 = u$ als gesuchte Berührstelle.

Mit f(–1) = 2,8 erhält man den Berührpunkt   P(– 1 | 2,8).

Einsetzen von m = 0,4 in die Geradengleichung $y = m(x + 8)$

ergibt die **Tangentengleichung**: $y = 0{,}4(x + 8) = 0{,}4x + 3{,}2$

Ergebnis: Die Rampe geht im Punkt P(–1 | 2,8) in den Hügel über.

Aufgaben

1. Bestimmen Sie t so, dass die Gerade h die Parabel K berührt. Geben Sie die Koordinaten des Berührpunktes an.

   a) $h: y = \frac{3}{2}x + t$ b) $h: y = -tx - 5$ c) $h: y = t(x-3) - 2$

       $K: y = -\frac{1}{4}x^2 + x + \frac{1}{2}$ $K: y = x^2 - 2x - 4$ $K: y = (x-2)^2 + 1$

2. Gegeben ist die Parabel P mit $y = x^2 - x + 1$.

   a) Welche Ursprungsgeraden berühren die Parabel P? Bestimmen Sie die Koordinaten der Berührpunkte und die Gleichungen der Geraden.

   b) Bestimmen Sie die Anzahl der gemeinsamen Punkte von Parabel P und einer Ursprungsgeraden in Abhängigkeit von der Steigung m.
   Verwenden Sie das Ergebnis von Teilaufgabe a).

3. Gegeben ist die Parabel P mit der Gleichung $y = -x^2 + 2x + 3$.
   Legen Sie von A (0|7) aus Tangenten an die Parabel P.
   Bestimmen Sie die Berührpunkte und geben Sie die Gleichungen der Tangenten an.
   Zeichnen Sie die Parabel und die Tangenten in ein geeignetes Achsenkreuz.

4. Gegeben ist die Parabel P mit der Gleichung $y = -\frac{1}{2}x^2 + \frac{5}{2}x - \frac{13}{8}$.
   Bestimmen Sie die Parabelpunkte B_1 und B_2 so, dass die Tangenten an die Parabel P in B_1 und B_2 durch A (2 | 2,5) verlaufen.
   Wie lauten die Tangentengleichungen?
   Zeichnen Sie die Parabel und beide Tangenten in ein Koordinatensystem.

5. K ist der Graph der quadratischen Funktion f mit $f(x) = 0,5(x^2 - 4x + 3)$; $x \in \mathbf{R}$.

   a) Legen Sie von $A(1 | -\frac{9}{8})$ aus Tangenten an K.
   Bestimmen Sie die Berührpunkte und die Tangentengleichungen.

   b) Welche Tangenten an die Parabel K verlaufen durch den Punkt B (6 |– 0,5)?

   c) Zeigen Sie, dass es keine Tangente an K gibt, die durch T (0|3) verläuft.

6. Gegeben ist die quadratische Funktion f mit $f(x) = -0,25x^2 + 4$; $x \in \mathbf{R}$.
   Eine Gerade g verläuft durch P(0 | 5) und berührt K.
   Bestimmen Sie die Berührpunkte und die Geradengleichungen.

7. Die Parabel P ist der Graph der Funktion f mit $f(x) = \frac{x^2}{2} + x - 1$; $x \in \mathbf{R}$.
   An P werden zwei Tangenten gelegt, die senkrecht zueinander stehen. Eine Tangente hat die Gleichung $y = -x - 3$. Wie heißt die Gleichung der anderen?

8. Der Straßenverlauf hat die Form einer Parabel mit $y = 0,5x^2 + 5$.
   Ein PKW fährt in der angegebenen Richtung zu schnell durch die Kurve und prallt auf einen Baum in B(0 |1). In welchem Punkt verlässt der PKW die Fahrbahn?

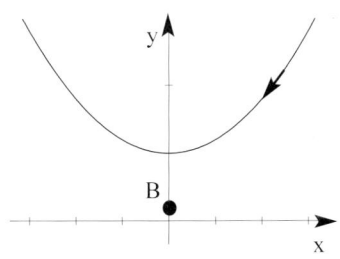

b) Schnittpunkte von zwei Parabeln

1. Zwei Parabeln schneiden sich in zwei verschiedenen Punkten

Beispiel

Gegeben sind die Parabel P_1 von f und die Parabel P_2 von g mit

$$f(x) = x^2 + 2 \quad \text{und} \quad g(x) = -\frac{1}{4}x^2 + \frac{1}{2}x + \frac{15}{4}; x \in \mathbf{R}.$$

Berechnen Sie die Koordinaten der Schnittpunkte.

Lösung

Die Schnittstellen errechnet man durch **Gleichsetzen**.

Bed.: f(x) = g(x) $\qquad\qquad x^2 + 2 = -\frac{1}{4}x^2 + \frac{1}{2}x + \frac{15}{4}$

Nullform $\qquad\qquad\qquad\qquad \frac{5}{4}x^2 - \frac{1}{2}x - \frac{7}{4} = 0 \mid \cdot 4$

$\qquad\qquad\qquad\qquad\qquad 5x^2 - 2x - 7 = 0$

Lösung mit Formel oder GTR ergibt
zwei einfache Schnittstellen (D > 0): $\qquad x_1 = 1{,}4 \; ; \; x_2 = -1$
Einsetzen der x-Werte in f(x) oder g(x)
ergibt die y-Werte der Schnittpunkte: $\qquad f(1{,}4) = g(1{,}4) = 3{,}96$
$\qquad\qquad\qquad\qquad\qquad\qquad\qquad\qquad f(-1) = g(-1) = 3$
Schnittpunkte: $\qquad\qquad\qquad S_1(1{,}4 \mid 3{,}96); S_2(-1 \mid 3)$

2. Zwei Parabeln haben keine gemeinsamen Punkte

Beispiel

Gegeben sind die Parabeln P_1 von f und P_3 von h mit $h(x) = -0{,}5x^2 + x; x \in \mathbf{R}$.
Zeigen Sie, dass die beiden Parabeln keine gemeinsamen Punkte haben.

Lösung

Bedingung für die Schnittstellen: f(x) = g(x) $\quad x^2 + 2 = -0{,}5x^2 + x$
Nullform $\qquad\qquad\qquad\qquad\qquad\qquad\qquad\qquad 0{,}5x^2 - x + 2 = 0$
Lösung mit Formel ergibt
wegen **D = -22 < 0 keine Lösung**,
d.h., die Parabeln P_1 und P_2 haben
keinen gemeinsamen Punkt.

Abbildung
für die Beispiele 1) und 2)

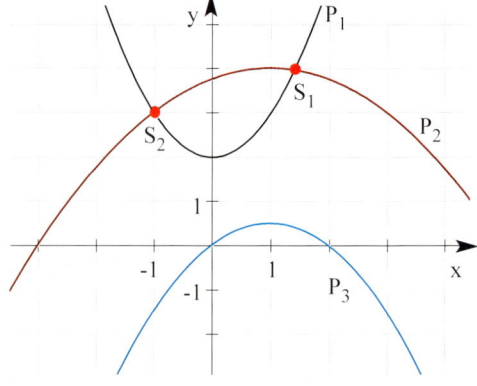

3. Zwei Parabeln berühren sich in einem Punkt

Beispiel

Gegeben sind die Parabel P_1 von f und die Parabel P_4 von g mit
$g(x) = -0,5(x^2 - 6x - 1)$; $x \in \mathbf{R}$.
Zeigen Sie, dass sich die beiden Parabeln in einem Punkt berühren.
Bestimmen Sie die Koordinaten des Berührpunktes B.

Lösung

Bedingung für die Schnittstelle: f(x) = g(x) $\quad x^2 + 2 = -0,5x^2 + 3x + 0,5$

Nullform $\qquad\qquad\qquad\qquad\qquad\qquad\qquad 1,5x^2 - 3x + 1,5 = 0$

a) Lösung mit Formel $\qquad\qquad\qquad\qquad x_{1|2} = \dfrac{3 \pm \sqrt{9 - 9}}{3}$

D = 0 bedeutet **doppelte Schnittstelle**

(Berührstelle). $\qquad\qquad\qquad\qquad\qquad\qquad x_{1|2} = 1$

b) Lösung durch **Zerlegung** $\qquad\qquad\quad 1,5(x^2 - 2x + 1) = 0$

in **Linearfaktoren** $\qquad\qquad\qquad\qquad 1,5\,(x - 1)^2 = 0$

Satz vom Nullprodukt ergibt

eine **doppelte Schnittstelle**

$x_1 = x_2 = 1$.

Einsetzen in **f(x)** (einfacher !)

$f(1) = 3$

Berührpunkt B (1 | 3)

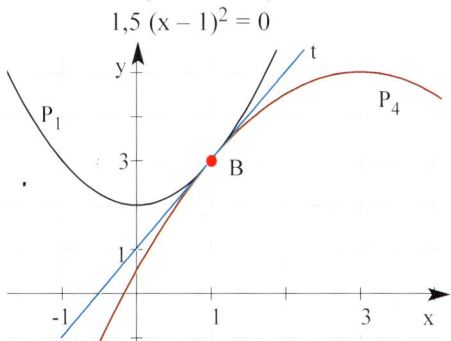

Beachten Sie: Berühren sich die Parabeln K_f und K_g in einem Punkt B, so bedeutet dies: Die Parabeln haben im gemeinsamen Punkt B dieselbe Tangente!

4. Zwei Parabeln schneiden sich in einem Punkt

Beispiel

Gegeben sind die Parabeln P_1 von f und P_5 von h mit $h(x) = x^2 + 2x - 1$; $x \in \mathbf{R}$.
Berechnen Sie die Koordinaten der gemeinsamen Punkte.

Lösung

Bedingung für die Schnittstelle: f(x) = h(x)

$x^2 + 2 = x^2 + 2x - 1$

Die Nullform ist eine **lineare Gleichung** $2x - 3 = 0$
(Quadrate fallen weg).

Einfache Schnittstelle x = 1,5

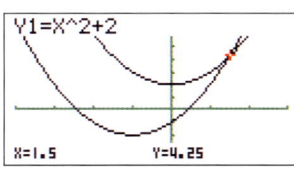

Einsetzen in f(x): f(1,5) = 4,25 ergibt den **einzigen Schnittpunkt** S(1,5 | 4,25).

Beachten Sie: Gegenseitige Lage von zwei Parabeln P_1 von f und P_2 von g

Bedingung für die Schnittstellen:

Gleichsetzen der Funktionsterme $\quad f(x) = g(x)$

$$f(x) - g(x) = 0$$

ergibt eine quadratische Gleichung (Nullform).

Das Gleichsetzen führt i.Allg. zu einer quadratischen Gleichung.

Die Anzahl der Lösungen (eine Lösung entspricht einer Schnittstelle)

hängt von der **Diskriminante** ab.

Diskriminante D

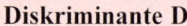

D > 0	**D = 0**	**D < 0**
P_1 und P_2 haben **zwei** einfache Schnittstellen. P_1 und P_2 **schneiden** sich in **zwei** Punkten.	P_1 und P_2 haben **eine doppelte** Schnittstelle. P_1 und P_2 **berühren** sich.	P_1 und P_2 haben **keine** Schnittstelle. P_1 und P_2 haben **keinen** gemeinsamen Punkt.

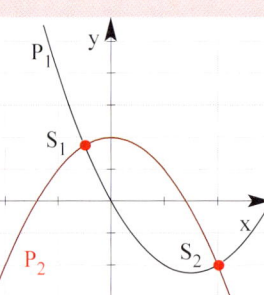
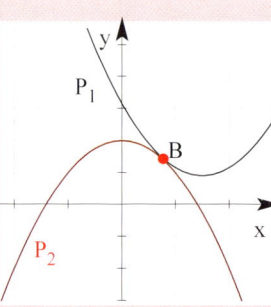
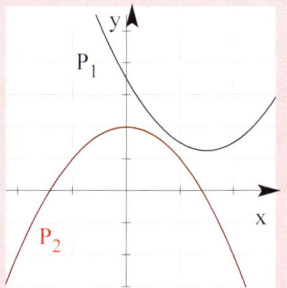

Einsetzen der x-Werte (Schnittstellen) in **f (x) oder g (x)** liefert die y-Werte der gemeinsamen Punkte (Schnittpunkt oder Berührpunkt).

Aufgaben

1. Bestimmen Sie die Koordinaten der Schnittpunkte der beiden Parabeln P_1 und P_2.
   Welche Lage haben die beiden Parabeln zueinander?
   a) P_1: $f(x) = x^2 + 3x$ $\qquad\qquad$ P_2: $g(x) = 0{,}5x^2$
   b) P_1: $f(x) = 2x^2 - 4x + 8$ $\qquad$ P_2: $g(x) = x^2 + 2x - 1$
   c) P_1: $f(x) = 0{,}5x^2 - 2x - 1$ $\qquad$ P_2: $g(x) = 2x^2 + 2x + 1$
   d) P_1: $f(x) = -x^2 + 3x - 1{,}5$ $\qquad$ P_2: $g(x) = 2{,}5 - x - x^2$

2. K ist das Schaubild der quadratischen Funktion f mit $f(x) = -x^2 + 1$, $x \in \mathbf{R}$.
   Die Parabel P ist der Graph von g mit $g(x) = ax^2 - a$, $x \in \mathbf{R}$, $a \in \mathbf{R}^*$.
   Untersuchen Sie die gegenseitige Lage von K und P in Abhängigkeit von a.

3. Gegeben sind die quadratischen Funktionen
   f mit $f(x) = -x^2 + 2; x \in \mathbf{R}$
   und g mit $g(x) = 0,5x^2 + 3x; x \in \mathbf{R}$.
   K_1 ist das Schaubild von f,
   K_2 ist das Schaubild von g.
   Verschieben Sie K_2 so in y-Richtung,
   dass die verschobene Kurve und K_1
   keine gemeinsamen Punkte haben.

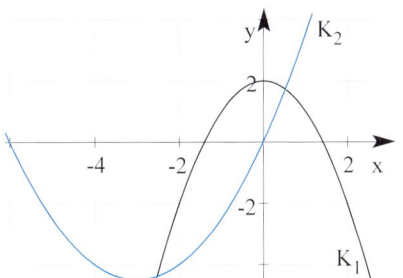

4. Gegeben ist die Parabel P_1 von f mit $f(x) = -\frac{1}{2}x^2 + 2; x \in \mathbf{R}$.

   Untersuchen Sie, welche Lage die Parabel P_2 von g zur gegebenen Parabel P_1 hat.
   Berechnen Sie die Koordinaten der gemeinsamen Punkte.

   a) P_2: $g(x) = x^2 - 3x + \frac{7}{2}$ b) P_2: $g(x) = -x(x-2)$

   c) P_2: $g(x) = -\frac{1}{9}(x-1)^2 + 1$ d) P_2: $g(x) = \frac{1}{4}(x^2 - 3x + 2)$

5. Gegeben sind die quadratischen Funktionen f und g mit
   $$f(x) = -x^2 - 3x\ ;\ x \in \mathbf{R} \text{ und } g(x) = 0,5x(x+3); x \in \mathbf{R}.$$

   a) Zeichnen Sie die beiden Parabeln K_1 von f und K_2 von g in ein
      Koordinatensystem ein.
      Begründen Sie ohne Rechnung, warum sich K_1 und K_2 auf der x-Achse schneiden.
      $S(-1,5|2,25)$ ist der Scheitel von K_1. Geben Sie den Scheitel von K_2 an.

   b) Die Gerade mit $x = u$ schneidet für $-3 < u < 0$ die Parabel K_1 in P, die Parabel K_2
      in Q. Bestimmen Sie die Koordinaten von P und Q.

   c) Die Strecke PQ ist eine Seite eines Rechtecks, das den beiden Parabeln K_1 und K_2
      einbeschrieben ist. Bestimmen Sie den Inhalt dieses Rechtecks für $u = -1$
      und den Umfang U in Abhängigkeit von u.

   d) Verschieben Sie die Parabel K_2 in y-Richtung so, dass die verschobene Parabel das
      Schaubild K_1 berührt. Bestimmen Sie die Koordinaten des Berührpunktes.

   e) Bestimmen Sie a, sodass $f(a) - f(a + 1) = 4$.

6. Gegeben ist die quadratische Funktionen f mit $f(x) = (x-1)(x-2);\ x \in \mathbf{R}$.
   Bestimmen Sie a so, dass die Parabel mit $y = ax^2$ den Graph von f berührt.

7. Zeigen Sie, dass es keinen Wert von a gibt, sodass das Schaubild von f mit
   $f(x) = ax^2 + 1$ die Normalparabel berührt.

8. Der GTR zeigt die Wertetabelle für zwei quadratische Funktionen f (Y1) und g (Y2).
   Wie liegen die zugehörigen Kurven K_f und K_g zueinander ?
   Bestimmen Sie gegebenenfalls die gemeinsamen Punkte.

   a)

X	Y1	Y2
-2	1	-7
-1	0	-2
0	1	1
1	4	2
2	9	1

   b)

X	Y1	Y2
-1	1.5	6
0	2	2
1	1.5	0
2	0	0
3	-2.5	2

18   Bohner/Ihlenburg/Ott – ISBN 3-8120-0206-X

3.4 Aufstellen von Parabelgleichungen

Eine Parabel 2. Ordnung ist das Schaubild einer quadratischen Funktion f mit
$$f(x) = ax^2 + bx + c;\ a \neq 0,\ x \in \mathbb{R}.$$

Beispiele

1) Eine Parabel 2. Ordnung verläuft durch die Punkte A(0 | 3), B(1 | –1), C(–2 | 17).
   Bestimmen Sie den zugehörigen Funktionsterm.

Lösung

Die Parabel ist das Schaubild der Funktion f mit $f(x) = ax^2 + bx + c$.

Punktprobe mit A(0 | 3):

Einsetzen von x = 0 und y = f(0) = 3 ergibt: $a \cdot 0^2 + b \cdot 0 + c = 3$ =>

$3 = c$

Punktprobe mit B(1 | –1):

Einsetzen von x = 1 und y = f(1) = –1 ergibt: $a \cdot 1^2 + b \cdot 1 + c = -1$ =>

$a + b + c = -1$

Punktprobe mit C(–2 | 17):

Einsetzen von x = –2 und y = f(–2) =17 ergibt: $a \cdot (-2)^2 + b \cdot (-2) + c = 17$ =>

$4a - 2b + c = 17$

Liegt ein Punkt auf der Parabel, so liefert die **Punktprobe** mit seinen Koordinaten eine Gleichung mit den Unbekannten a, b, c.

Punktprobe: P(u | v) liegt auf dem Schaubild K der Funktion f, wenn
f(u) = v erfüllt ist: P(u | v) ∈ K <=> v = f(u)

Übersichtlichere Darstellung in Form einer Tabelle:

Punktprobe mit	Bedingung	Gleichungssystem für a, b, c
A(0 | 3)	f(0) = 3	c = 3
B(1 | –1)	f(1) = –1	a + b + c = –1
C(–2 | 17)	f(–2) = 17	4a – 2b + c = 17

Auflösen des Gleichungssystems:

1) Einsetzen von c = 3 ergibt: $a + b + 3 = -1$ => $a + b = -4$

$4a - 2b + 3 = 17$ => $4a - 2b = 14$

2) Additionsverfahren

$a + b = -4$ |·(2)

$4a - 2b = 14$

$\overline{6a \quad\quad = 6}$ => $a = 1$

3) Einsetzen von a = 1
   in eine Gleichung mit a und b: $1 + b = -4$ => $b = -5$

Mit den berechneten Werten für a, b und c
lautet der gesuchte Funktionsterm $f(x) = x^2 - 5x + 3$

2) Eine Parabel K_f verläuft durch die Punkte $A(1 \mid -\frac{7}{2})$, $B(2 \mid -4)$ und $C(4 \mid -8)$.
Bestimmen Sie den Funktionsterm f(x).

Lösung

Ansatz: $\qquad\qquad\qquad\qquad$ $f(x) = ax^2 + bx + c$

Punktprobe mit	Bedingung	Gleichungssystem für a, b, c
$A(1 \mid -\frac{7}{2})$	$f(1) = -\frac{7}{2}$	$a + b + c = -\frac{7}{2}$
$B(2 \mid -4)$	$f(2) = -4$	$4a + 2b + c = -4$
$C(4 \mid -8)$	$f(4) = -8$	$16a + 4b + c = -8$

Lösung des linearen Gleichungssystems (LGS) mit dem **GTR**

Hauptmenue **EQUA**,
Menue **Equation**
F1 (Simultaneous),
F2 (3 Unbekannte)

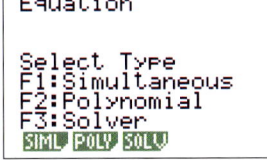 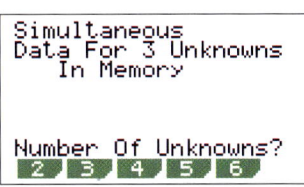

Eingabe der
Koeffizienten

SOLVE.

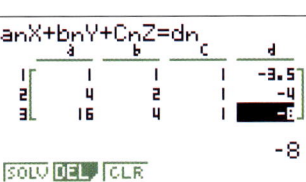 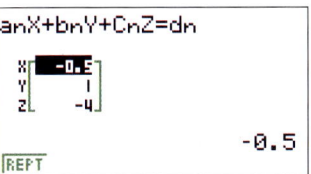

Mit den berechneten Werten für a = – 0,5 , b = 1und c = – 4 lautet der Funktionsterm

$$f(x) = -\frac{1}{2} x^2 + x - 4.$$

Lösung mit quadratischer Regression

Einstellungen und Tastenfolge: Vergleichen Sie Seite 83.

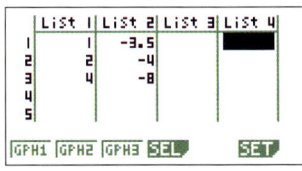 

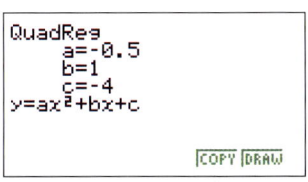

Mit **COPY** wird die
Parabel in den
Graph-Modus
übernommen.

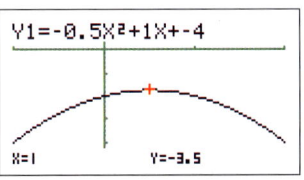

Sonderfälle zur Bestimmung einer Parabelgleichung

1) Eine Parabel K ist achsensymmetrisch zur y-Achse und geht durch die Punkte P(-1| -2) und Q(2 | 7). Bestimmen Sie den Funktionsterm.

Lösung

Ansatz wegen **Achsensymmetrie zur y-Achse:** $f(x) = a\,x^2 + c$

Punktprobe mit	**Bedingung**	**Gleichungssystem für a, c**
P(-1 | -2)	$f(-1) = -2$	$a + c = -2$
Q(2 | 7)	$f(2) = 7$	$4a + c = 7$
Auflösung ergibt		$a = 3$ und $c = -5$
Funktionsterm		$f(x) = 3x^2 - 5$

2) Eine Parabel K_f schneidet die x-Achse in N_1(3 | 0) und in N_2(-5 | 0) und hat den größten Funktionswert 3. Bestimmen Sie den Funktionsterm f(x).

Lösung

Da **alle** möglichen (2) **Nullstellen** bekannt sind, $x_1 = 3$ und $x_2 = -5$
wählt man **nicht** den Ansatz $f(x) = ax^2 + bx + c$,

sondern den **Ansatz mit Linearfaktoren:** $\qquad f(x) = a(x-3)(x+5)$

Der größte Funktionswert liegt im Scheitel: $\qquad x_S = 0{,}5(3 - 5) = 1$

Punktprobe mit P(1 | 3) liefert a: $\qquad f(1) = a(1-3)(1+5) = 3 \Rightarrow a = -\dfrac{1}{4}$

Funktionsterm $\qquad f(x) = -\dfrac{1}{4}(x-3)(x+5) = -\dfrac{1}{4}x^2 - \dfrac{1}{2}x + \dfrac{15}{4}$

Beachten Sie: Eine Parabel **2. Ordnung** hat **höchstens zwei Schnittpunkte** mit der x-Achse.

3) Das Schaubild K_f einer ganzrationalen Funktion 2. Grades berührt die x-Achse an der Stelle x = 4 und geht durch den Punkt P(-1 | 2). Bestimmen Sie den Funktionsterm.

Beachten Sie: Der Ansatz $f(x) = ax^2 + bx + c$ führt nicht zum Ziel, da nur 2 Punkte bekannt sind.

Lösung

Ansatz mit Linearfaktoren

Berührstelle x = 4 heißt **doppelte NST** $\qquad f(x) = a(x - 4)(x - 4)$

$\qquad\qquad\qquad\qquad\qquad\qquad\qquad\qquad\qquad\qquad f(x) = a(x - 4)^2$

Punktprobe mit P (-1 | 2) liefert a: $\qquad 2 = a(-1 - 4)^2$

$\qquad\qquad\qquad\qquad\qquad\qquad\qquad\qquad\qquad 2 = 25a \;\Rightarrow\; a = \dfrac{2}{25}$

Der gesuchte Funktionsterm lautet: $\qquad f(x) = \dfrac{2}{25}(x - 4)^2 = \dfrac{2}{25}(x^2 - 8x + 16)$

Bemerkung: **Berührstelle** x = 4 bedeutet: S (4 | 0) ist **Scheitelpunkt** der Parabel K_f.

Anwendungsbeispiel

Viele Brückenbögen haben die Form einer Parabel, d. h., ihr Verlauf lässt sich durch eine quadratische Funktion beschreiben.

Der Bogen einer Brücke ist ein Parabelträger mit Spannweite l = 30 m und der größten Höhe h = 6 m. Berechnen Sie die Länge der 5 in gleichen Abständen vertikal angebrachten Spannstäbe.

Lösung

Sinnvolle Wahl eines Koordinatensystems

1. Aufstellen der Parabelgleichung

Die Schnittpunkte mit der x-Achse sind bekannt: $N_1(0 \mid 0)$; $N_2(30 \mid 0)$

Daher wählt man den Ansatz

$f(x) = ax(x - 30)$.

Die größte Höhe wird in der Mitte (vgl. Symmetrie) erreicht, also für x = 15.

Punktprobe ergibt:

$f(15) = 6 \Rightarrow 15a \cdot (-15) = 6 \Rightarrow a = -\frac{2}{75}$

Funktionsterm

$$f(x) = -\frac{2}{75}x(x - 30) = -\frac{2}{75}x^2 + \frac{4}{5}x$$

Bemerkung: Der Ansatz $y = ax^2 + bx + c$ führt nach Punktprobe mit N_1, N_2 und C(15 | 6) auch zum Ziel.

2. Berechnung der Länge der Spannstäbe mit dem GTR

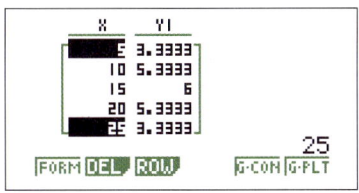

Die Spannstäbe sind 3,33 m, 5,33 m, 6 m, 5,33 m und 3,33 m lang. (Beachten Sie die Symmetrie.)

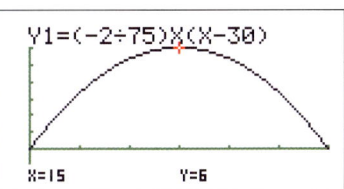

Aufgaben

1. Bestimmen Sie die Gleichung der Parabel P, wenn folgendes bekannt ist:
   a) P verläuft durch die Punkte A(2 | – 1), B(–1| 0,5) und C(4 | 3).
   b) A($-2 | -\frac{5}{4}$) , Q($\frac{1}{2}$ | 0) und R(1 | $\frac{7}{4}$) sind Parabelpunkte.
   c) P verläuft symmetrisch zur y-Achse durch die Punkte A(1 | 0,5) und B(– 2 | – 5,5).
   d) P berührt die x-Achse in x_1 = –3 und verläuft durch A(–5|–7).
   e) P schneidet die x-Achse in x_1 = 2 und x_2 = –1 und verläuft durch A(1| –2).
   f) Eine verschobene Normalparabel berührt die x-Achse bei x = – 2.

2. Eine Parabel P hat ihren Scheitel in S (0|6) und schneidet die x-Achse im
   Punkt N(2$\sqrt{3}$ | 0). Bestimmen Sie die Gleichung der Parabel.
   Zeichnen Sie die Parabel in ein geeignetes Achsenkreuz ein.

3. Das Schaubild einer ganzrationalen Funktion f 2. Grades schneidet die
   Koordinatenachsen in N_1(t | 0), N_2(– 2 | 0) und S(0 | – t). Bestimmen Sie f(x).

4. Die Abbildung zeigt den Querschnitt
   einer Sprungschanze. Die Maße (in m)
   sind der Abbildung zu entnehmen.
   a) Beschreiben Sie die Anlaufspur
      durch ein quadratische Funktion.
   b) Bestimmen Sie die Differenz von
      höchstem und tiefstem Punkt der
      Anlaufspur.

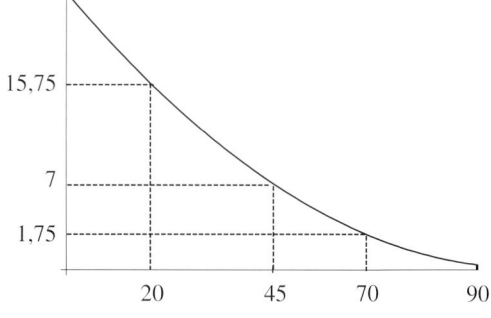

5. Für eine 18 m lange Brücke werden
   im 2-m-Abstand Pfeiler benötigt.
   Berechnen Sie die Länge aller Pfeiler.

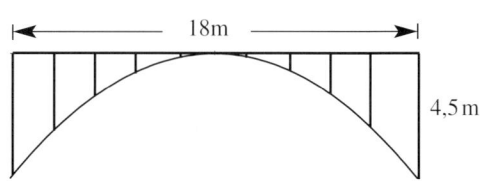

6. Auf einer Teststrecke wird gemessen, wie viel Benzin ein PKW bei gleich bleibender
   Geschwindigkeit verbraucht. Dabei hängt der Benzinverbrauch b (in l pro 100 km)
   quadratisch von der Geschwindigkeit v (in kmh^{-1}) ab:

v	30	40	80
b	6,25	6,2	7,0

   a) Bestimmen Sie einen Funktionsterm (v > 25).
   b) Mit welchem Verbrauch ist bei durchschnittlich 120 km pro h zu rechnen?
   c) Wie schnell darf man fahren, wenn man 8 l auf 100 km verbrauchen will?
   d) Mit welchem geringsten Verbrauch kann man rechnen?

7. Der Graph der quadratischen Funktion f mit f(x) = $3x^2$ – bx + b schneidet die x-Achse
   in x = – 3. Bestimmen Sie den Funktionsterm.

8. Eine quadratische Funktion f hat die Nullstellen – 2 und 3 und den kleinsten
   Funktionswert –1. Bestimmen Sie f(x).

9. Welche Aussagen lassen sich über die Koeffizienten b und c der quadratischen
   Funktion f mit $f(x) = x^2 + bx + c$ machen?
   a) f hat eine Nullstelle $x = 0$.
   b) Die Nullstellen von f unterscheiden sich nur durch das Vorzeichen.

10. Für eine quadratische Funktion f mit $f(x) = ax^2 + bx + c$ gilt: $f(0) = 5$ und $f(1) = 2$.
    Welche Beziehung besteht zwischen a und b?
    Für welche Werte von a und b ist $x = 3$ Nullstelle?

11. Der Gewinn einer Unternehmung in Abhängigkeit von der hergestellten Menge ist eine
    ganzrationale Funktion 2. Grades. Bei 50 ME ist der Gewinn Null, für 150 ME ist der
    Gewinn maximal. Er beträgt dann 60 000 EUR.
    Bestimmen Sie den Funktionsterm der Gewinnfunktion.

12. Bestimmen Sie die Parabelgleichung aus der Abbildung.

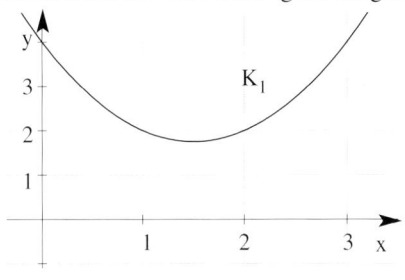 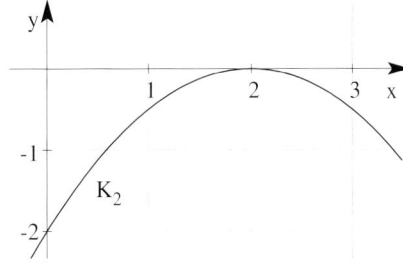

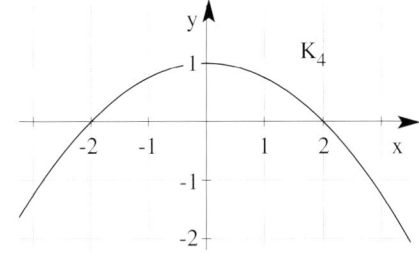 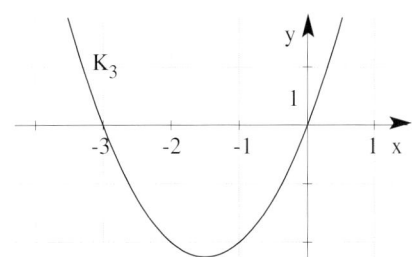

13. Ermitteln Sie die Zahlen a und b so, dass die Funktion f mit $f(x) = ax^2 + bx + 3$
    an den Stellen $x = -1$ und $x = 0,5$ die gleichen Funktionswerte hat wie die Funktion
    g mit $g(x) = 2x - 1$.

14. Eine Brückendurchfahrt hat die Form
    einer Parabel 2. Ordnung.
    Sie ist 6 m hoch und 4 m breit.
    Ein Fahrzeug ist 3 m breit und
    2,20 m hoch.
    Kann dieses Fahrzeug noch unter der
    Brücke hindurchfahren?

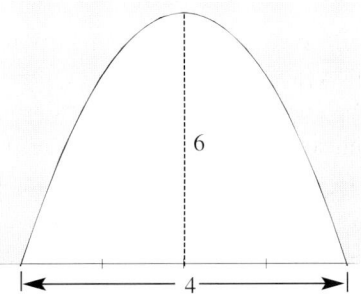

3.5 Quadratische Ungleichungen

Beispiele

1) Die Parabel P ist der Graph der Funktion f mit $f(x) = x^2 - 2x$, $x \in \mathbf{R}$.
Skizzieren Sie die Parabel in ein Achsenkreuz.
Für welche x-Werte sind die y-Werte (Funktionswerte) negativ bzw. positiv?

Lösung

Bedingung: $f(x) = 0$

$x^2 - 2x = 0$

Lösung durch Ausklammern ergibt

$x = 0 \lor x = 2$

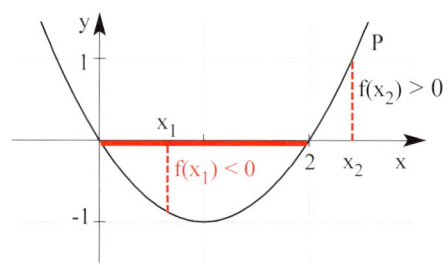

Aus der Skizze lassen sich die
gesuchten x-Werte ablesen:

$f(x) < 0$ für $0 < x < 2$

$f(x) > 0$ für $x > 2 \lor x < 0$

Bemerkung: $f(x) < 0$ bedeutet: Der zugehörige Graph verläuft **unterhalb** der x-Achse.

$f(x) > 0$ bedeutet: Der zugehörige Graph verläuft **oberhalb** der x-Achse.

Mit Hilfe der Skizze für die Parabel mit der Gleichung $y = x^2 - 2x$ hat man somit
die **quadratische Ungleichung** $\quad \mathbf{x^2 - 2x < 0}\quad$ gelöst.

$$\mathbf{x^2 - 2x < 0 \iff 0 < x < 2}$$

Lösung der **quadratischen Ungleichung $x^2 - 2x > 0$**

mit Hilfe der Skizze $\qquad\qquad \mathbf{x > 2 \lor x < 0}$

Beachten Sie für die zeichnerische Lösung quadratischer Ungleichungen:
- **Gleichung der zugehörigen Parabel P bestimmen**
- **Berechnung der Schnittstellen von P mit der x-Achse**
- **Skizze der Parabel P**
- **graphische Bestimmung der Lösungsmenge**

2) Bestimmen Sie die Lösungsmenge der quadratischen Ungleichung $x^2 - 3 \geqq 0$; $G = \mathbf{R}$.

Lösung

Gleichung der **zugehörigen Parabel** P: $y = x^2 - 3$
Berechnung der **Schnittstellen** von P
mit der x-Achse. Bed.: $y = 0 \iff x_{1|2} = \pm\sqrt{3}$

P verläuft **oberhalb** der
x-Achse für $x \leqq -\sqrt{3} \lor x \geqq \sqrt{3}$

Lösungsmenge:
$L = \left\{ x \mid x \in \mathbf{R} \land (x \leqq -\sqrt{3} \lor x \geqq \sqrt{3}) \right\}$

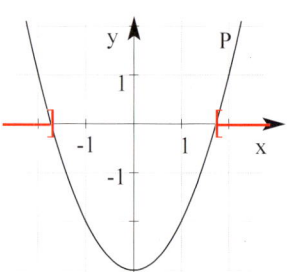

3) Lösen Sie die quadratische Ungleichung $0{,}5x^2 + x + 1{,}5 < 0$; $G = \mathbf{R}$.

Lösung

Durchmultiplizieren mit 2 ergibt:	$x^2 + 2x + 3 < 0$
Gleichung der zugehörigen Parabel P	$y = x^2 + 2x + 3$
Schnittstellen von P mit der x-Achse	
Bedingung: $y = 0$	$x^2 + 2x + 3 = 0$

wegen **D < 0** hat **P keine** Schnittstelle mit der x-Achse.

Die zugehörige **Parabel ist nach oben geöffnet**,

damit ist $0{,}5x^2 + x + 1{,}5 < 0$ eine falsche Aussage für alle x, also $L = \varnothing$

Bemerkung: Eine Parabel K_f hat **keine Schnittstellen** mit der x-Achse.

   Ist K_f nach oben geöffnet, so gilt für alle $x \in \mathbf{R}$: **f(x) > 0.**

   Ist K_f nach unten geöffnet, so gilt für alle $x \in \mathbf{R}$: **f(x) < 0.**

4) Lösen Sie die quadratische Ungleichung $-x^2 > x - 2$; $G = \mathbf{R}$.

Lösung

Umformung auf **Nullform** ergibt: $\qquad\qquad -x^2 - x + 2 > 0$

Gleichung der zugehörigen Parabel K_f $\qquad y = -x^2 - x + 2$

Berechnung der **Schnittstellen** von K_f

mit der x-Achse: Bed.: $y = 0$ $\qquad\qquad\qquad x_1 = -2$; $x_2 = 1$

P verläuft **oberhalb** der

x-Achse für $-2 < x < 1$

Lösungsmenge für $-x^2 - x + 2 > 0$

$L = \left\{ x \mid x \in \mathbf{R} \wedge (-2 < x < 1) \right\}$

$L = \,]-2\,;\,1[$

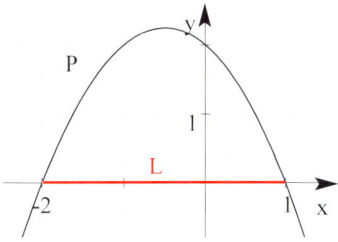

Beachten Sie bei der Umformung von

Ungleichungen:

Durchmultiplizieren mit einer **negativen Zahl**

oder **dividieren** durch eine **negative Zahl**

dreht das Ungleichheitszeichen um,

aber **die Lösungsmenge bleibt gleich!**

$\left. \begin{array}{l} -x^2 - x + 2 > 0 \\ x^2 + x - 2 < 0 \end{array} \right\} \; | \cdot(-1) < 0$ gleiche Lösungsmenge

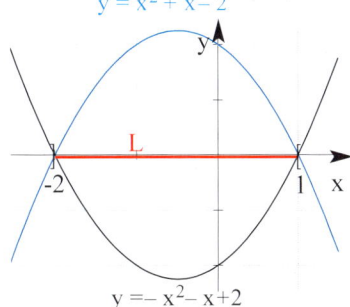

Aufgaben

1. Lösen Sie folgende quadratische Ungleichungen zeichnerisch.

   a) $x^2 > x + 1$ b) $x(x-3) \geqq -2$ c) $(x-1)^2 > 2$

2. Für welche $t \in \mathbf{R}$ liegt der Punkt $S(\frac{t}{2} \mid \frac{t^2}{8} - 1)$ unterhalb der x-Achse?

3. Für welche $t \in \mathbf{R}$ liegt der Punkt $Q(t-1 \mid t^2 + 2t - 15)$ im 4. Quadranten?

4. Zeigen Sie, das Schaubild der Funktion f mit $f(x) = -3 + 0{,}25x - x^2$
   verläuft für alle $x \in \mathbf{R}$ unterhalb der x-Achse.

5. Für jedes $a \in \mathbf{R}$ ist eine Parabel gegeben durch $y = x^2 + x + a^2 - 1$.
   Für welche Wahl von a verläuft die Parabel oberhalb der x-Achse?

6. K_f und K_g sind die Graphen der Funktionen f und g mit $f(x) = x^2 - 2x$ und $g(x) = x - 2$.
   Für welche x-Werte verläuft K_f oberhalb von K_g?

7. Für welche x-Werte gilt:

   a) $f(x) > 0$, $f(x) < g(x)$ b) $f(x) < g(x)$

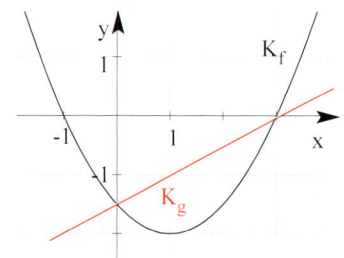 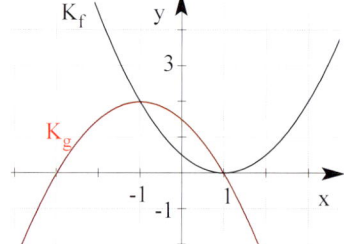

8. Die Abbildung zeigt das Schaubild K
   der Funktion f.
   a) Für welche x-Werte gilt: $f(x) > 1$?
   b) Aus dem Schaubild K von f entsteht
   durch Verschiebung das Schaubild G
   von g. Wie muss K verschoben werden,
   damit die Bedingung $g(x) < 0{,}5$
   für alle $x \in \mathbf{R}$ erfüllt ist?

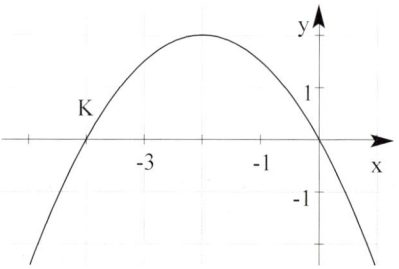

9. Das rechteckige Spielfeld beim American Football hat eine Fläche von höchstens
   $10\,800$ m². Die Breite ist um 30 m kürzer als die Länge.
   a) Zeigen Sie, dass für die Länge x folgende Ungleichung gilt: $x^2 - 30x - 10\,800 \leqq 0$.
   b) Welche Breite darf das Fussballfeld haben, wenn es mindestens 90 m
   lang sein muss?

10. Mit 260 m Maschendrahtzaun will ein Landwirt einen rechteckigen Freilauf für
    seine 250 Hühner abgrenzen. Wie kann er die Längen der Rechtecksseiten
    wählen, wenn er die EU-Norm (10 m² pro Huhn) einhält?

3.6 Parabelscharen

Beispiele

1) Gegeben ist die Funktion f_t mit $f_t(x) = tx^2 + 1$; $x \in \mathbf{R}$, $t \in \mathbf{R}^*$.
   K_t ist das Schaubild von f_t.
   a) Für welche $t \in \mathbf{R}^*$ schneidet die Parabel K_t von f_t die x-Achse?
   b) Bestimmen Sie die Koordinaten des Scheitelpunktes von K_t.
   c) Für welches t ist die Gerade g mit $y = 4x - 1$ Tangente an K_t?

Vorüberlegung

Der **Parameter t** steht für
eine reelle Zahl.
Damit wird es möglich, durch
einen **Funktionsterm**
mit Parameter $f_t(x) = tx^2 + 1$
viele verschiedene Parabeln zu
beschreiben.
Für jede Wahl von t erhält man
einen bestimmten Funktionsterm
und die dazugehörige **Parabel.**

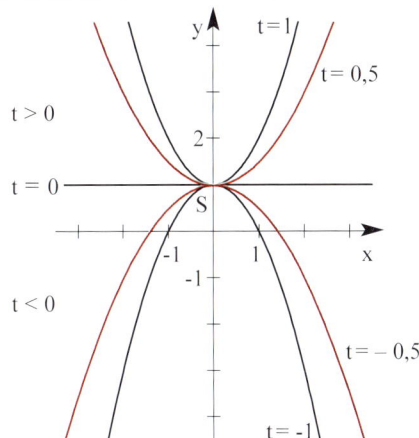

In der Abbildung sind einige Parabeln dieser Parabelschar gezeichnet:

Wählt man z. B. für t = 0,5, so erhält man $f_{0,5}(x) = 0{,}5x^2 + 1$ mit Schaubild $K_{0,5}$,

für t = −1, so erhält man $f_{-1}(x) = -x^2 + 1$ mit Schaubild K_{-1}.

Für t = 0 erhält man eine Gerade (Parallele zur x-Achse),

d.h., um für **jede Wahl von t eine Parabel zu erhalten, muss t ≠ 0 sein.**

Mit dem GTR: Kurvenschar in Standardeinstellung (STD)

  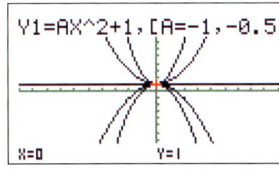

Kurvenschar in verbesserter Einstellung

 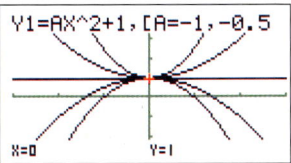

Lösung

a) **Bedingung** für die **Nullstellen** von f_t : $f_t(x) = 0$ $\quad tx^2 + 1 = 0$

$$tx^2 = -1 \implies x^2 = -\frac{1}{t}$$

Nullstellen in Abhängigkeit von t $\qquad\qquad x = \pm \sqrt{-\dfrac{1}{t}}$

nur definiert für t < 0

Für t < 0 hat die Parabel K_t **zwei Schnittpunkte** mit der x-Achse.

b) Aus der Zeichnung: Scheitel $\qquad\qquad\qquad$ S(0 | 1)

Begründung: Der Scheitel liegt auf der y-Achse, also x = 0 einsetzen ergibt y = 1.

$\qquad\qquad$ Eine Parabel P mit $y = tx^2$ hat den Scheitel S(0 | 0).

$\qquad\qquad$ K_t entsteht aus P durch Verschiebung in y-Richtung um 1 LE.

> **Bemerkung:** Die **Koordinaten** von S_t (0 | 1) sind **unabhängig von t**, d.h., S (0 | 1) ist
> **gemeinsamer Punkt aller Parabeln der Schar.**
> Für **t > 0** sind die Scharkurven nach oben geöffnet.

c) **Bedingung** für die **Schnittstellen** von K_t und der Geraden g:

$f_t(x) = y$ $\qquad\qquad\qquad\qquad\qquad\quad$ $tx^2 + 1 = 4x - 1$

Auflösen nach x $\qquad\qquad\qquad\qquad\quad$ $tx^2 - 4x + 2 = 0$

die quadratische Gleichung liefert **eine** (doppelte) Lösung (Berührstelle),

wenn D = 0 $\qquad\qquad\qquad\qquad\qquad$ $D = 16 - 8t = 0$

Für t = 2 berührt die Gerade g die Scharparabel K_2 in B(1 | 3).

> 2) Untersuchen Sie das Verhalten der Funktionenschar f_t mit Schaubild K_t.
> $\quad$ a) $f_t(x) = -x^2 + 2tx - t^2 - t$ $\qquad\qquad$ b) $f_t(x) = tx^2 - 3tx$

Lösung

Wahl einiger Parameterwerte und Zeichnung **mit dem GTR.** Man kann ablesen:

a) Alle Kurven K_t haben
die Form der **Normalparabel**
und sind **nach unten geöffnet.**
Die **Scheitel** liegen auf der
2. Winkelhalbierenden.
Die Kurven K_t haben **keinen** gemeinsamen Punkt.

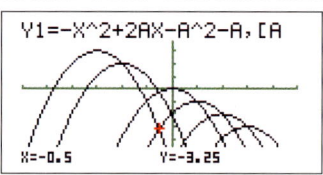

b) Die Öffnung hängt von der Wahl von t ab.
Alle **Scheitel** haben die gleiche
x-Koordinate x = 1,5.
x = 1,5 ist Symmetrieachse.
Sie haben **zwei** gemeinsamen Punkte:
$N_1(0 | 0)$, $N_2(3 | 0)$

3) Gegeben ist die Funktion f_t mit $f_t(x) = -\frac{1}{2}x^2 - \frac{t}{2}x - \frac{t}{4}$; $x, t \in \mathbf{R}$.

Für welche Werte von t schneidet die zugehörige Parabel K_t die x-Achse in zwei (einem, keinem) Punkt(en)?

Lösung

Berechnung der **Nullstellen in Abhängigkeit von t**

Bedingung: $f_t(x) = 0$

$$-\frac{1}{2}x^2 - \frac{t}{2}x - \frac{t}{4} = 0 \quad |\cdot(-4)$$

$$2x^2 + 2tx + t = 0$$

$$x_{1|2} = \frac{-2t \pm \sqrt{4t^2 - 8t}}{4}$$

Die Anzahl der Nullstellen hängt von der Diskriminante $\mathbf{D = 4t^2 - 8t}$ ab.

Wenn $\mathbf{D = 4t^2 - 8t} \left\{ \begin{matrix} > 0 \\ = 0 \\ < 0 \end{matrix} \right\}$ dann gibt es $\left\{ \begin{matrix} 2 \\ 1 \\ 0 \end{matrix} \right\}$ Nullstelle(n).

Lösung der quadratischen Ungleichung in t: $\quad 4t^2 - 8t > 0 \; (< 0)$

Gleichung der zugehörigen Parabel P $\qquad y = 4t^2 - 8t$

Schnittstellen von P mit der **t-Achse**

Bed.: $y = 0$

$4t^2 - 8t = 0 \Rightarrow 4t(t - 2) = 0$

Schnittstellen mit der t-Achse: $t_1 = 0$; $t_2 = 2$

Lösung der Ungleichungen durch

Ablesen der Lösungen:

$D > 0$ für $t > 2 \vee t < 0$

$D < 0$ für $0 < t < 2$

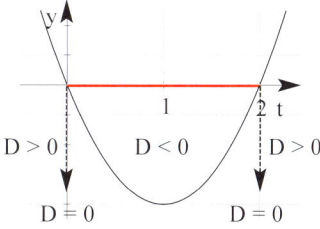

Ergebnis:

Die Anzahl der Schnittpunkte
mit der x-Achse
hängt vom Parameter t ab:

Für $t > 2 \vee t < 0$ hat K_t
zwei Schnittpunkt(e) mit der x-Achse.

Für $t = 2 \vee t = 0$ hat K_t
einen Schnittpunkt mit der x-Achse.

Für $0 < t < 2$ hat K_t
keinen Schnittpunkt mit der x-Achse.

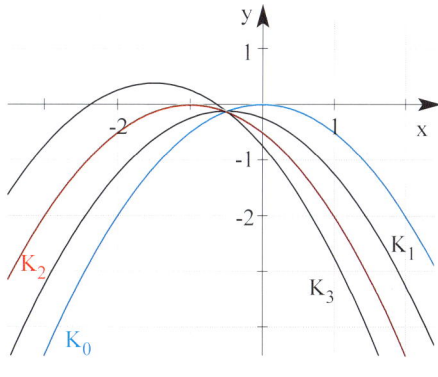

Bemerkung: Für $t = 2 \vee t = 0$ berührt die zugehörige Parabel K_t die x-Achse
(f_t hat eine **doppelte** Schnittstelle).

4) Gegeben ist die quadratische Funktion f_t mit $f_t(x) = x^2 + tx + t$; $x, t \in \mathbf{R}$.

Das Schaubild von f_t sei K_t. Zeichnen Sie K_t für einige Werte von t.

Welche Vermutung lässt sich aufstellen?

Weisen Sie Ihre Vermutung durch Rechnung nach.

Lösung

Vermutung: Alle Kurven K_t schneiden sich in einem Punkt S $(-1 \mid 1)$.

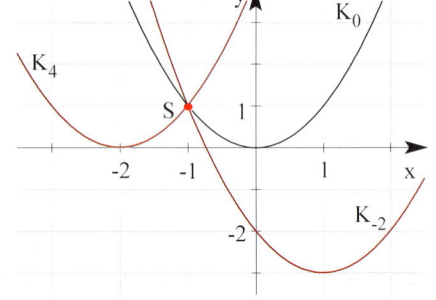

Rechnerischer Nachweis

Lösungsweg a)

Man nimmt **2 beliebige Parabeln** aus der Parabelschar, indem man für t zwei feste Werte wählt, z.B. t = 0 und t = 1.

Dann berechnet man die **Koordinaten des gemeinsamen Punktes S dieser beiden Parabeln.**

Die **Punktprobe mit S** (mit $f_t(x)$) muss eine **wahre Aussage ergeben für alle t.**

1. Schritt: Gleichsetzen $f_0(x) = f_1(x)$ $\qquad x^2 = x^2 + x + 1 \Longleftrightarrow x + 1 = 0$

ergibt die Schnittstelle $\qquad\qquad\qquad x = -1$

Einsetzen von $x = -1$ **in** $f_0(x)$ oder $f_1(x)$: $\qquad f_0(-1) = 1$

Schnittpunkt der beiden Parabeln: $\qquad\qquad$ S$(-1 \mid 1)$

2. Schritt: Punktprobe mit S (mit $\mathbf{f_t(x)}$): $\qquad f_t(-1) = 1 - t + t = 1$

wahre Aussage für alle t $\in$ R, (d.h. wahr, unabhängig von der Wahl für t)

damit ist $\;$ S$(-1 \mid 1)$ gemeinsamer Punkt aller Parabeln.

Lösungsweg b)

Man nimmt **eine feste Parabel** aus der Parabelschar, z.B. für t = 1 und eine **beliebige Parabel** K_t mit t $\neq$ 1. Die Koordinaten des gemeinsamen Punktes S müssen unabhängig von t sein.

Gleichsetzen: $f_1(x) = f_t(x)$ $\qquad\qquad\qquad x^2 + x + 1 = x^2 + tx + t$

nach x sortieren $\qquad\qquad\qquad\qquad\qquad x - tx + 1 - t = 0$

Ausklammern $\qquad\qquad\qquad\qquad\qquad\quad x(1 - t) = -(1 - t)$

Durch (1 – t) $\neq$ 0 dividieren ergibt eine

einfache Schnittstelle **(unabhängig von t).** $\qquad x = -1$

Einsetzen in $f_t(x)$ oder $f_1(x)$ $\qquad\qquad\qquad f_t(-1) = (-1)^2 + t(-1) + t = 1$

y-Wert unabhängig von t

Schnittpunkt aller Parabeln: $\qquad\qquad\qquad$ S $(-1 \mid 1)$

Beachten Sie: Die Koordinaten der gemeinsamen Punkte einer Kurvenschar sind unabhängig von t,

d.h., der Parameter t fällt bei der Berechnung der Koordinaten weg.

5) K_t ist der Graph der Funktion f_t mit $f_t(x) = tx^2 + (1 - 2t)x + t + 1$; $x \in R, t \in R^*$.
Zeigen Sie: Alle Parabeln K_t von f_t berühren sich in einem Punkt.

Bemerkung: $t \neq 0$, da man für $t = 0$ eine Gerade erhält.

Lösung

Man wählt einen festen Wert für t, z. B. $t = 1$ und berechnet die Schnittstellen
von K_t und K_1 für $t \neq 1$.

Gleichsetzen: $f_t(x) = f_1(x)$ $tx^2 + (1 - 2t)x + t + 1 = x^2 - x + 2$

$$tx^2 - x^2 + (2 - 2t)x + t - 1 = 0$$

quadratische Gleichung in x $(t - 1)x^2 + 2(1 - t)x + t - 1 = 0$

mit $1 - t = -(t - 1)$

durch $(t - 1) \neq 0$ dividieren

$x^2 - 2x + 1 = 0 \Rightarrow (x - 1)^2 = 0$

doppelte Schnittstelle, unabhängig von t

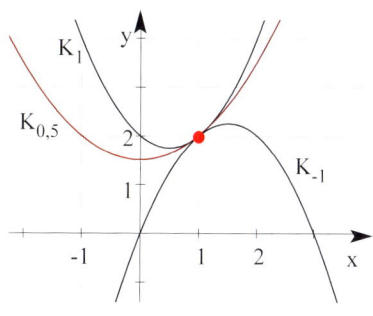

$\quad x_{1|2} = 1$

Einsetzen in $f_t(x)$ oder $f_{0,5}(x)$:

$\quad f_t(1) = 2$ **(unabhängig** von t)

Schnittpunkt (**Berührpunkt**): B(1 | 2)

Beachten Sie: Ergibt das Gleichsetzen $f_t(x) = f_1(x)$ $(t \neq 1)$
                eine **doppelte Schnittstelle unabhängig von t**,
                so **berühren** sich alle Parabeln der Parabelschar in einem Punkt.

6) Für jedes $t \in R$ ist ein Punkt $P(2t | t^2 + 1)$ gegeben. Tragen Sie für verschiedene
t-Werte die zugehörigen Punkte in ein Koordinatensystem ein.
Die Punkte liegen auf einer Kurve. Bestimmen Sie die Kurvengleichung.

Lösung

Koordinaten von P:

$x = 2t$; $y = t^2 + 1$

Aus $x = 2t$ folgt $t = 0,5x$

Einsetzen in $y = t^2 + 1$ ergibt $y = (0,5x)^2 + 1$

Gleichung der Ortskurve: $y = \frac{1}{4}x^2 + 1$

mit Definitionsbereich $D = R$ wegen $t \in R$.

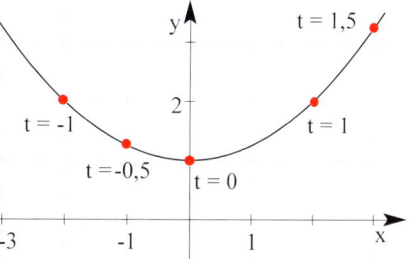

Hinweis: Die Gleichung der Ortskurve lässt sich auch mit **quadratischer Regression**
           bestimmen.

Bemerkung: Durchläuft t alle zugelassenen Werte, so liegen die Punkte P auf einer
                Kurve, der **Ortskurve** aller Punkte P.
                Zur Bestimmung der Gleichung wird der Parameter t **eliminiert**.

7) K_t ist das Schaubild von f_t mit $f_t(x) = x^2 - 4t\,x + 3t^2$; $x, t \in \mathbf{R}$.

   a) Bestimmen Sie die Gleichung der Ortskurve aller Scheitel S_t von K_t.

   b) Für welchen Werte von t liegt der Punkt $P(1 \mid 0)$ auf der Parabel K_t?

   c) Welches ist der kleinste y-Wert, sodass $P(1 \mid y)$ auf einer Parabel K_t liegt?

Lösung

a) Schnittpunkte von K_t mit der x-Achse: $N_1(t \mid 0)$; $N_2(3t \mid 0)$

   Scheitelpunkt S_t $S_t(2t \mid - t^2)$

   Gleichung der Ortskurve

   Für die Koordinaten des Scheitelpunktes S_t gilt: $x = 2t$ (1)

                                                $y = - t^2$ (2)

> Da die **Gleichung einer Kurve** den Zusammenhang zwischen **x und y** ausdrückt, muss man **t eliminieren.**

   Auflösen der Gleichung (1) nach t: $t = \dfrac{x}{2}$

   Einsetzen von t in die Gleichung (2) $y = -\left(\dfrac{x}{2}\right)^2 = -\dfrac{x^2}{4}$

   Definitionsmenge D:

   $x \in \mathbf{R}$ wegen $t \in \mathbf{R}$

   Gleichung der **Ortskurve**:

   $y = -\dfrac{x^2}{4}$; $x \in \mathbf{R}$

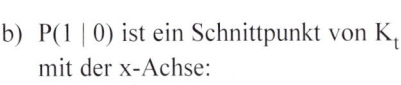

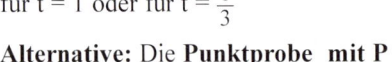

b) $P(1 \mid 0)$ ist ein Schnittpunkt von K_t

   mit der x-Achse:

   aus $N_1(t \mid 0)$; $N_2(3t \mid 0)$ folgt :

   für $t = 1$ oder für $t = \dfrac{1}{3}$

   Alternative: Die **Punktprobe mit P**

   liefert $1 - 4t + 3t^2 = 0$ mit den Lösungen $t = 1$, $t = \dfrac{1}{3}$.

c) **Punktprobe mit P** liefert $y = 1 - 4t + 3t^2$.

   Gesucht ist der **kleinste y-Wert**. Der Term $y = 1 - 4t + 3t^2$ beschreibt eine nach oben offene Parabel, die den kleinsten Wert iin ihrem Scheitel anninmmt.

   Bestimmung der Scheitelkoordinaten:

   Nullstellen des Terms $1 - 4t + 3t^2 = 0$: $t_1 = 1$, $t_2 = \dfrac{1}{3}$

   Für den x-Wert des Scheitels gilt: $t_S = \dfrac{1}{2}(t_1 + t_2) = \dfrac{2}{3}$

   Für $t = \dfrac{2}{3}$ wird der **y-Wert von P am kleinsten.**

   Einsetzen in $y = 1 - 4t + 3t^2$ ergibt $y = -\dfrac{1}{3}$

   Der Punkt P auf $K_{2/3}$ mit dem kleinsten y-Wert lautet $P\left(1 \mid -\dfrac{1}{3}\right)$.

Aufgaben

1. K_t ist das Schaubild von f_t mit $f_t(x) = -\frac{1}{4t}x^2 + t^2$; $x \in \mathbf{R}$, $t \in \mathbf{R}^*$.

   Skizzieren Sie K_1, K_{-1} und K_2 in eine Achsenkreuz.

   Welche Eigenschaften haben die Schaubilder der Parabelschar?

2. Untersuchen Sie den Einfluss des Parameters auf die Funktionsgraphen.

   a) $f_t(x) = t(x^2 - x - 2)$ b) $f_t(x) = (x-2)(t-x)$ c) $f_t(x) = x^2 + tx - 3$

3. Für jedes $t \in \mathbf{R}$ ist die Funktion f_t
   gegeben mit $f_t(x) = x^2 - \frac{t^2}{2}x + t$; $x \in \mathbf{R}$.
   Die Abbildung zeigt die Graphen
   einer Funktion f_t in einem Achsenkreuz.
   Ermitteln Sie die t-Werte, für die
   die Graphen der zugehörigen
   Funktion f_t dargestellt sind.
   Beschreiben Sie die wichtigsten
   Eigenschaften aller Graphen von f_t.

   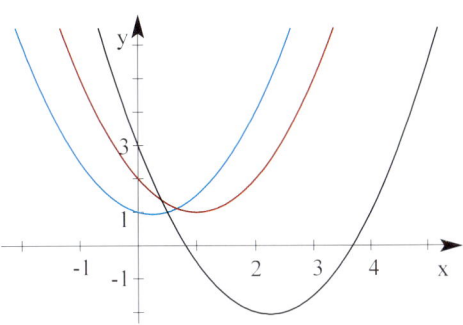

4. Untersuchen Sie das Verhalten der Funktionenschar. Finden Sie Gemeinsamkeiten.

   a) $f_a(x) = ax^2 + (1 - 4a)x$, $a \neq 0$ b) $f_a(x) = ax^2 - 0{,}5x + 1{,}5 - 9a$, $a \neq 0$

5. K_t ist das Schaubild von f_t mit $f_t(x) = \frac{1}{4(t-4)}x^2 + t$; $x \in \mathbf{R}$, $t \neq 4$.

   a) Zeichnen Sie K_3 in ein Achsenkreuz ein.
   b) Welche Frage kann mit der Lösung von $4(t-4) > 0$ beantwortet werden?
   c) Berechnen Sie die Nullstellen von f_t. Für welche $t \neq 4$ existieren zwei Nullstellen?
   d) Zeigen Sie: Die Gerade g mit $g(x) = x + 4$ ist Tangente an K_t für alle $t \neq 4$.
      Geben Sie den Berührpunkt an.
   e) Bestimmen Sie den Schnittpunkt von K_t und K_3 ($t \neq 3$) in Abhängigkeit von t.
      Für welche Werte von t gibt es keinen Schnittpunkt?

6. K_t ist das Schaubild von f_t mit $f_t(x) = -0{,}5(x^2 + tx - 0{,}5t)$; $x, t \in \mathbf{R}$.
   Gibt es Gemeinsamkeiten aller Scharkurven K_t?
   Für welche t besitzt f_t zwei, eine bzw. keine Nullstelle(n)?
   Zeichnen Sie K_{-2} und K_2.

7. Für jedes $t \in \mathbf{R}$ ist die Funktion f_t gegeben mit $f_t(x) = x^2 - tx + t^2 + 1$; $x \in \mathbf{R}$.
   a) Skizzieren Sie den Graph K_t von f_t für $t = -2, 1, 3$ in eine Achsenkreuz.
   b) Wo liegen die Scheitel aller Graphen K_t?
   c) Zeigen Sie ohne weitere Rechnung: Für alle $x, t \in \mathbf{R}$ gilt: $f_t(x) \geq 1$.
   d) Für welchen Wert von t verläuft K_t durch $P(-1 \mid 10)$?
      Welches ist das kleinste y, sodass $P(-1 \mid y)$ auf einer Parabel K_t liegt?
   e) K_t schneidet die y-Achse in $S(0 \mid b)$. Welche Werte kann b annehmen?

19 Bohner/Ihlenburg/Ott – ISBN 3-8120-0206-X

8. Gegeben ist die Funktion f_t mit $f_t(x) = 0{,}25x^2 - tx + 9$; $x, t \in \mathbf{R}$.

   Bestimmen Sie t so, dass der Scheitel der zugehörigen Parabel auf der x-Achse liegt.

9. K_t ist das Schaubild der Funktion f_t mit $f_t(x) = x^2 + tx - 2t^2$; $x, t \in \mathbf{R}$.

   a) Berechnen Sie die Achsenschnittpunkte und den Scheitel S_t von K_t.
   Zeichnen Sie K_t für $t \in \{-1; 0; 1\}$ in ein Achsenkreuz.

   b) Für welche t hat f_t genau eine Nullstelle? Für welche t liegt S_t im III. Quadranten?

   c) Bestimmen Sie die Ortskurve aller Scheitel S_t von K_t.

   d) Bestimmen Sie die Schnittpunkte von K_t und der Geraden g mit y = tx.

   e) Zeigen Sie: Es gibt keinen t-Wert, sodass die Gerade g: y = x Tangente an K_t ist.

   f) Weisen Sie nach: Es gibt keinen gemeinsamen Punkt aller Schaubilder K_t.
   Bestimmen Sie die Koordinaten des Schnittpunktes von K_{t_1} und $K_{t_2}(t_1 \neq t_2)$.

11. Gegeben ist eine Parabelschar K_t von f_t durch $f_t(x) = x^2 + tx + t - 2$; $x, t \in \mathbf{R}$.

   a) Zeigen Sie, dass alle Parabeln einen Punkt gemeinsam haben.
   Bestimmen Sie die Koordinaten dieses Punktes.

   b) Bestimmen Sie den Scheitel S_t von K_t und die Ortskurve aller Scheitel S_t von K_t.
   Für welche Werte von t liegt S_t unterhalb der x-Achse?

   c) Zeichnen Sie K_t für $t \in \{-1; 1; 2\}$ in ein Achsenkreuz.

   d) Für welche $t \in \mathbf{R}$ berührt K_t die Parabel P mit der Gleichung $y = -x^2$?
   Geben Sie für diese t-Werte die Berührpunkte an.

12. Gegeben ist eine Parabelschar K_t von f_t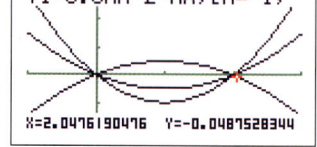
    durch $f_t(x) = \frac{t}{2}x^2 - tx$; $x \in \mathbf{R}, t \in \mathbf{R}^*$.

   a) Welche Gemeinsamkeiten haben die K_t-Kurven?

   b) Bestimmen Sie die Gleichung der
   Ortskurve aller Scheitel S_t.

   c) Für welchen Wert von t ist die 1.Winkelhalbierende Tangente an K_t?

   d) Für welchen Wert von t hat die Funktion den größten Funktionswert 3?

13. Für t < 6 ist die Funktion f_t gegeben durch $f_t(x) = \frac{4}{9}(x - 6)(x - t)$; $x \in \mathbf{R}$.

   a) Zeichnen Sie K_t für $t \in \{0; 2; 4\}$ in ein Achsenkreuz.

   b) Bestimmen Sie die Achsenschnittpunkte und den Scheitel S_t von K_t.
   Für welchen t-Wert berührt K_t die x-Achse?

   c) Die Schnittpunkte von K_t mit der x-Achse und der Scheitel S_t von K_t sind die
   Eckpunkte eines Dreiecks. Berechnen Sie den Flächeninhalt A(t).

   d) Bestimmen Sie die gemeinsamen Punkte von K_t und der Geraden g mit der
   Gleichung y = x – 6. Für welchen Wert von t ist g Tangente an K_t?

14. Für jedes $t \in \mathbf{R}$ ist der Punkt P_t gegeben durch $P_t(\frac{t}{4} \mid \frac{t^2}{4} + \frac{t}{2} - 1)$.

   Bestimmen Sie t so, dass der y-Wert von P_t am kleinsten wird.
   Geben Sie diesen kleinsten y-Wert an.

Was man wissen sollte... über quadratische Funktionen

Gleichung der Normalparabel

$$y = x^2$$

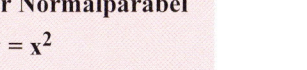

Gleichung der an der x-Achse gespiegelten Normalparabel

$$y = -x^2$$

Symmetrie zur y-Achse

Bed.: $f(x) = f(-x)$

Eine zur y-Achse symmetrische Parabel hat die Gleichung:

$$y = ax^2 + c$$

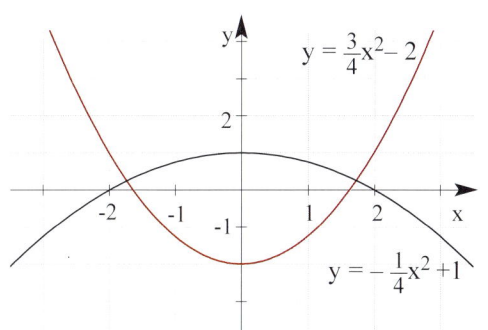

Allgemeine Parabelgleichung: $\qquad y = ax^2 + bx + c$

Scheitelform der Parabelgleichung $\qquad y = a(x - x_0)^2 + y_0$

mit Scheitel $S(x_0 \mid y_0)$

Eine Parabel 2. Ordnung ist das Schaubild einer ganzrationalen Funktion f 2. Grades mit $f(x) = ax^2 + bx + c$; $a \neq 0$; $x \in R$.

Öffnung der Parabel

für **a > 0** ist die Parabel nach oben offen!

für **a < 0** ist die Parabel nach unten offen!

für **a = ±1** lässt sich die Parabel mit der Schablone zeichnen.

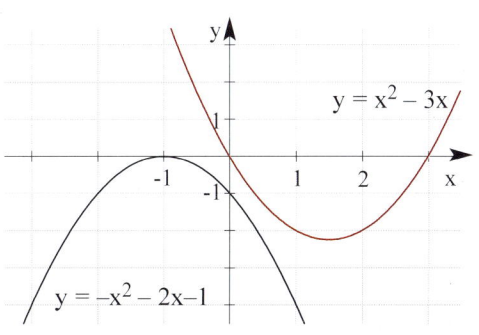

Schnittpunkte von Parabel und x-Achse.
Bedingung für die x -Koordinate (Nullstelle von f):
$y = 0$ bzw. $f(x) = 0$

Schnittpunkt S_y von Parabel und y-Achse.
Bedingung für die y -Koordinate:
$x = 0$

Vielfachheit von Nullstellen

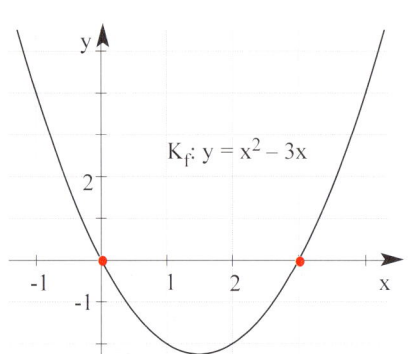

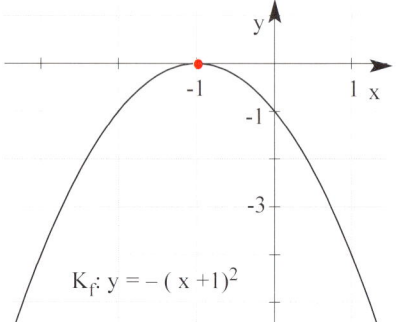

Einfache Nullstellen von f
$x_1 = 0$ **und** $x_2 = 3$

Doppelte Nullstelle von f
(Berührstelle)
$x_1 = x_2 = -1$

Schnittpunkte von zwei Kurven K_f und K_g
Gleichsetzen der Funktionsterme $f(x) = g(x)$ ergibt die Schnittstelle x_1.
Einsetzen der Schnittstelle x_1 in f(x) oder g(x) ergibt den y -Wert des Schnittpunktes.

Vielfachheit von Schnittstellen

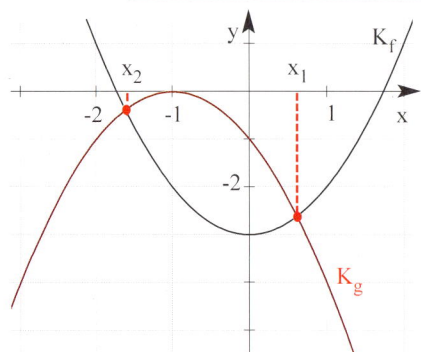

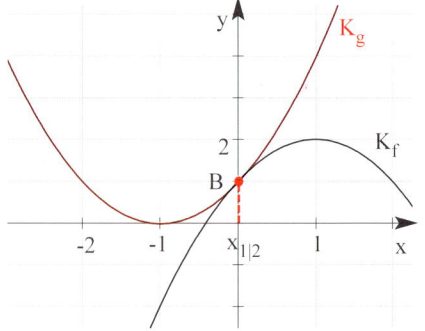

Einfache Schnittstellen von K_f und K_g
x_1 **und** x_2

Doppelte Schnittstelle von K_f und K_g (Berührstelle) $x_1 = x_2 = 0$

Aufgaben zu quadratischen Funktionen

1. Welche Ursprungsgeraden berühren die Parabel K von f mit $f(x) = (x - 2)^2$?
   Bestimmen Sie die Koordinaten der Berührpunkte und die Gleichungen der Tangenten.

2. P_1, P_2 und P_3 sind Graphen
   ganzrationaler Funktionen 2. Grades.
   Ordnen Sie jedem Graph einen
   Funktionsterm zu:

   $f(x) = 4 - 4x + x^2$

   $g(x) = 2(1 - x^2)$

   $h(x) = \frac{1}{2}x^2 - 2x$

   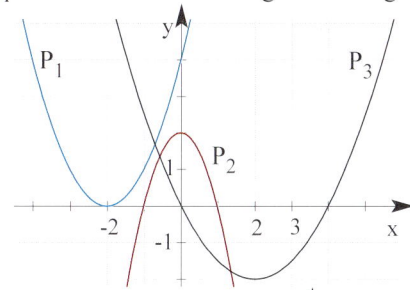

3. Gegeben ist das Schaubild K der Funktion f.
   Von welchen Punkten P lassen sich keine, eine
   oder zwei Tangenten an K legen?
   Erläutern Sie.

   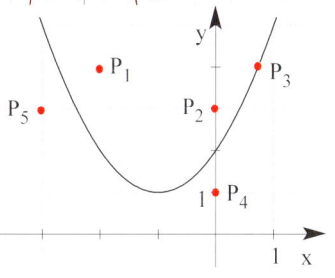

4. Ordnen Sie jeder Schar einen Funktionsterm zu:
   $f_t(x) = (x - t)^2 + t^2$; $g_t(x) = (x + t)^2 + t + 2$, $x, t \in \mathbf{R}$. Finden Sie gemeinsame
   Eigenschaften aller Parabeln der Schar. Wo liegen alle Scheitelpunkte?

   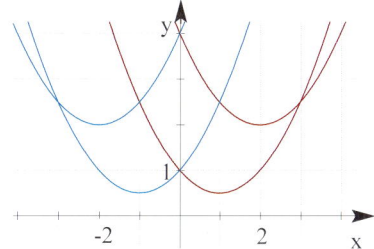 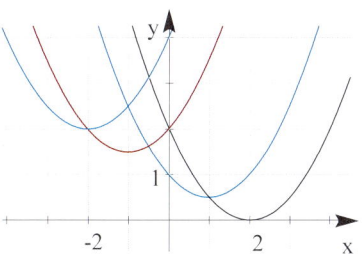

5. K_t ist das Schaubild der Funktion f_t mit $f_t(x) = tx^2 - t^2x$; $x \in \mathbf{R}, t > 0$.
   a) Zeigen Sie: Die Gerade g_1 mit $y = -t^2x$ berührt K_t im Ursprung, die Gerade g_2
      mit $y = t^2x - t^3$ berührt K_t in N(t | 0).
   b) Die Geraden g_1 und g_2 bilden mit der x-Achse ein Dreieck.
      Untersuchen Sie dieses Dreieck auf besondere Formen.

6. Ein Fußballclub hat bei einem Eintrittspreis von 6 EUR durchschnittlich 180 Besucher.
   Eine Umfrage ergibt, dass eine Erhöhung des Eintrittspreises um 0,5; 1; 2;... EUR eine
   Verringerung der Besucherzahl um 10, 20, 40, ... zur Folge hat. Um wie viel muss der
   Eintrittspreis erhöht werden, wenn man die höchsten Einnahmen erzielen will?
   a) Lösen Sie durch Aufstellen der Erlösfunktion.
   b) Lösen Sie durch Regression.

7. Eine Hofeinfahrt hat die Form einer Parabel 2. Ordnung. Sie ist 5 m breit, die größte Höhe beträgt 5,5 m. Kann der Besitzer mit einem Fahrzeug von 2,5 m Breite und 4 m Höhe durch das Tor fahren?

8. Herr Mayr erwirbt im Baumarkt einen Restposten von 80 m Maschenzaun. Damit will er eine möglichst große rechteckige Fläche um seine Garage einzäunen. Die Garage ist 12 m breit. Welche Maße a und b wählt er?

9. Ein Zehnkämpfer stößt seine Kugel so, dass die Flugbahn durch folgenden Funktionsterm beschrieben werden kann: $f(x) = -0,0135x^2 + 0,142x + 2$; $x > 0$. Die Entfernung vom Wurfkreis wird durch x in Meter gemessen, die Funktionswerte geben die Höhe der Kugel in Meter an.
    a) Berechnen Sie die Nullstelle von f. Welche Bedeutung hat diese Nullstelle?
    b) Zeichnen Sie die zugehörige Parabel in ein geeignetes Koordinatensystem.
    c) Welche größte Höhe erreicht die Kugel?

10. Ein Unternehmen bietet als Monopolist am Markt eine Ware an. Dadurch hängt der Preis (in EUR) von der nachgefragten Stückzahl ab.
    Die Erlöskurve ist eine Parabel, welche die x-Achse in $x = 16$ schneidet.
    Der größtmögliche Erlös beträgt 320 EUR. Bestimmen Sie die Erlösfunktion.

11. Der Anhalteweg eines Fahrzeuges setzt sich zusammen aus dem Bremsweg und dem Reaktionsweg. Der Anhalteweg ist abhängig von der Geschwindigkeit x in km/h. Bei schneebedeckter Fahrbahn ergeben sich die folgenden Daten:

x in km/h	20	40	50	60	80	120
Bremsweg in m	16	64	100	144		
Reaktionsweg in m	6	12	15		24	

    Vervollständigen Sie die Tabelle. Bestimmen Sie eine Funktionsvorschrift für den Anhalteweg. Wie ändert sich der Term für den Anhalteweg bei trockener Straße?

12. Die Abbildung zeigt den Kohlendioxid-Ausstoß in Deutschland in Millionen Tonnen. Die Bundes- regierung hat für 2004 $760 \cdot 10^6$ Tonnen als Ziel vorgegeben. Machen Sie Aussagen über mögliche Entwicklungen für die Jahre 2001 bis 2003, um dieses Ziel zu erreichen.

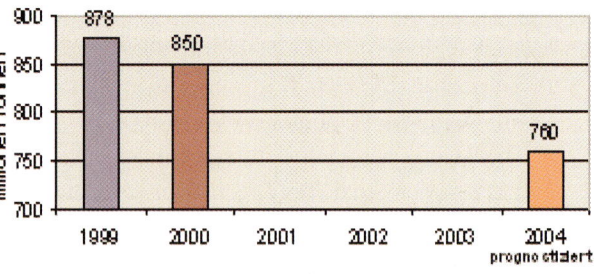

    Welchen Wert liefern Ihre Modellrechnungen für das Jahr 1992?
    Vergleichen Sie mit dem erhobenen Kohlendioxid-Ausstoß von $928 \cdot 10^6$ Tonnen .

4 Ganzrationale Funktionen 3. Grades

Beispiel

Der Wasserverbrauch der Erdbevölkerung von 1970 bis 2000 lässt sich beschreiben durch eine Funktion f mit $f(t) = 0{,}0166t^3 - 1{,}5t^2 + 73{,}33t + 2600; t \geqq 0$.
Dabei ist f(t) der Wasserverbrauch in km^3 und t = 0 entspricht dem Jahr 1970.

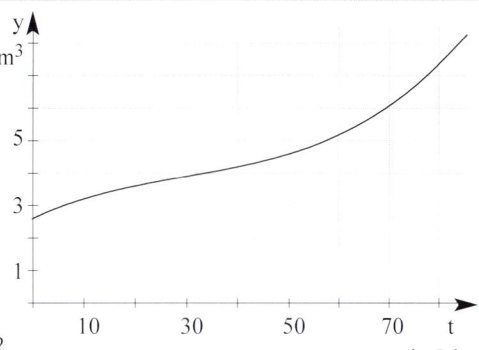

Die Funktionswerte für t = 0 (1970)
bis t = 30 (2000) basieren auf
Daten des Bundesumweltamtes.

Fragestellungen

a) Wie hat sich der Wasserverbrauch
   in den letzten 30 Jahren entwickelt ?
b) Wie wird er in den nächsten 20 Jahren zunehmen?
c) Von 1950 bis 2000 hat sich der Wasserverbrauch vervierfacht. Vergleichen Sie.

Lösung

Die obige Funktion ist ein mögliches Modell für den weltweiten Wasserverbrauch, mit dem auch Vorhersagen für den zukünftigen Wasserverbrauch gemacht werden können.

a) 1970: f(0) = 2600; 2000: f(30) = 3898,1 => Die Zunahme beträgt ca. 50 %.
b) 2020: f(50) = 4591,5 => Zunahme um 17,8 % des Verbrauchs von 2000.
c) Nach den erhobenen Daten betrug der Wasserverbrauch 1950 ungefähr 950 km^3
   1950: f(–20) = 400, die Funktion f liefert einen zu kleinen Wert.

Die gezeichnete Kurve ist eine Parabel 3. Ordnung und das Schaubild einer
ganzrationalen Funktion 3. Grades f mit $f(t) = 0{,}0166t^3 - 1{,}5t^2 + 73{,}33t + 2600; t \geqq 0$.

> **Beachten Sie: Eine ganzrationale Funktion f 3. Grades ist gegeben durch**
>
> $$f(x) = ax^3 + bx^2 + cx + d \; ; a \neq 0, x \in \mathbb{R}$$
>
> **a, b, c und d heißen Koeffizienten.**
>
> Der **maximale** Definitionsbereich von f ist D = **R**.

Die **rechte Seite des Funktionsterms** nennt man ein **Polynom** 3. Grades.
Deshalb werden ganzrationale Funktionen auch als Polynomfunktionen bezeichnet.

> **Beachten Sie** den Unterschied von Kurvengleichung und Funktionsterm:
>
> $y = x^3 - 3x^2 + 3x + 1$ $\qquad$ $f(x) = x^3 - 3x^2 + 3x + 1$
>
> ist die Gleichung einer Parabel. $\qquad$ ist ein Funktionsterm.

> **Aufgabe**: Wählen Sie Beispiele von Parabeln 3. Ordnung.
> Vergleichen Sie die Kurven miteinander. Welche Unterschiede und welche
> Gemeinsamkeiten lassen sich feststellen?

4.1 Schaubilder von ganzrationalen Funktionen 3. Grades

Beispiele

1) Gegeben ist die Funktion f mit $f(x) = x^3 - 2x^2 - 5x + 6$.

   Untersuchen Sie das Schaubild K von f.

Lösung

Wertetabelle:

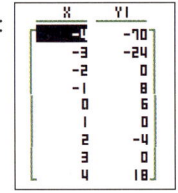

Eigenschaften von K:

3 Schnittpunkte mit der x-Achse:

mit dem GTR: G-SOLV (F5); ROOT (F1) $N_1(-2 \mid 0)$, $N_2(1 \mid 0)$, $N_3(3 \mid 0)$

K verläuft vom III. in den I. Quadranten (der Faktor vor x^3 ist positiv).

2) Gegeben ist die Funktion f mit $f(x) = -\frac{1}{6}x^3 + 2x - 3$; $x \in \mathbf{R}$.

   Untersuchen Sie das Schaubild K von f.

Lösung

Wertetabelle:

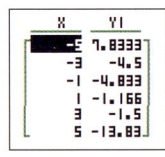

Eigenschaften von K:

1 Schnittpunkt mit der x-Achse

Bestimmung mit dem GTR (ROOT (F1)) ergibt die Nullstelle $x_N = -4,05$.

Mit **TRACE (F1):** höchster Punkt unterhalb der x-Achse: $P(2,06 \mid -0,33)$

K verläuft vom II. in den IV. Quadranten (der Faktor vor x^3 ist negativ).

Beachten Sie: Die **höchste Potenz von x** (x^3) bestimmt **mit dem Vorzeichen des Faktors vor x^3** den Verlauf der Kurve für „große" x-Werte (für $|x| \to \infty$).

$f(x) = \boxed{\textbf{positiv}} \ x^3 + ...$ $f(x) = \boxed{\textbf{negativ}} \ x^3 + ...$

Das Schaubild von f verläuft vom

III. in den I. Quadranten.   **II. in den IV. Quadranten**

3) Gegeben ist die Funktion f mit $f(x) = \frac{1}{3}x^3 - 3x$; $x \in \mathbf{R}$.
   Untersuchen Sie das Schaubild K von f.

Lösung

Wertetabelle: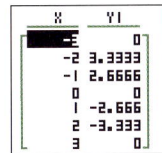

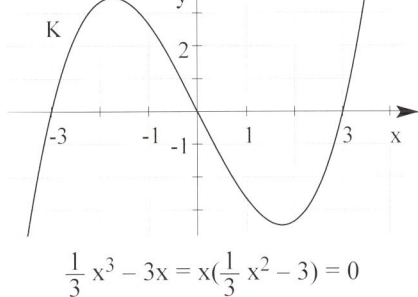

Eigenschaften von K:

3 Schnittpunkte mit der x-Achse

Bedingung für die Nullstellen: f(x) = 0

$\frac{1}{3}x^3 - 3x = x(\frac{1}{3}x^2 - 3) = 0$

Berechnung durch Ausklammern

$x_1 = -3$, $x_2 = 0$, $x_3 = 3$

f besitzt **3 einfache Nullstellen.**

K ist symmetrisch zum Ursprung.

K verläuft vom III. in den I. Quadranten (Der Faktor vor x^3 ist positiv).

Aus dem Funktionsterm lassen sich folgende Eigenschaften des Schaubildes einer **ganzrationalen Funktion 3. Grades** direkt ablesen.

Symmetrie zum Ursprung:

Kommen in dem Funktionsterm nur **ungerade Exponenten von x** vor, so ist das Schaubild symmetrisch zum Ursprung.

Die **Bedingung für Punktsymmetrie zu O(0 | 0): f(–x) = – f(x)** bedeutet, dass b = 0 und d = 0, d.h., im Funktionsterm kommen nur **ungerade Exponenten von x** vor: $\qquad$ **f (x) = ax³ + cx**

Verlauf der Kurve für „große" x-Werte:

Das **Vorzeichen des Koeffizienten a (als Zahl) vor x³** entscheidet über den Verlauf für $x \to \infty$ bzw. für $x \to -\infty$ (für „große" x-Werte).

4) Gegeben ist die Funktion f mit $f(x) = x^3 - 1{,}4x^2 - 2x + 2{,}8$; $x \in \mathbf{R}$.
   Machen Sie Aussagen über das Schaubild K von f .

Lösung

K verläuft vom III. in den I. Quadranten.

Keine Symmetrie erkennbar.

ROOT liefert **nur** eine Nullstelle $x_1 = -1{,}41...$

Weitere Nullstellen erhält man nur durch Berechnung.

Hilfsmittel: $\quad$ **ZOOM (F2)**
$\qquad\qquad$ **TRACE (F1)**
$\qquad\qquad$ **Berechnung mit EQUA**

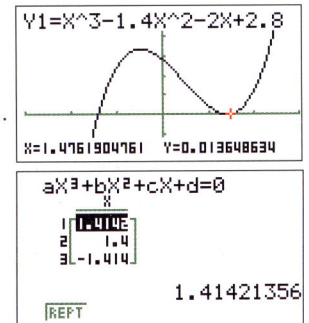

5) Gegeben ist die Funktion f mit $f(x) = -\frac{1}{3}x^3 + 2x^2 - 3x; x \in \mathbf{R}$.

Untersuchen Sie das Schaubild K von f.

Lösung

Bed. für die Nullstellen: **f(x) = 0**

Durchmultiplizieren

Ausklammern, Satz vom Nullprodukt

eine **einfache**, eine **doppelte** NST

$x_1 = 0; \ x_{2|3} = 3$

Schnittpunkte mit der x-Achse:

$N_1(0 \mid 0) = S_y; \ N_{2|3}(3 \mid 0)$

Verhalten für „ große" x-Werte:

K verläuft vom **II.** in den

IV. Quadranten, da der **Faktor**

vor x^3 $(-\frac{1}{3})$ **negativ** ist.

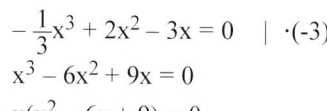

$-\frac{1}{3}x^3 + 2x^2 - 3x = 0 \quad | \ \cdot(-3)$

$x^3 - 6x^2 + 9x = 0$

$x(x^2 - 6x + 9) = 0$

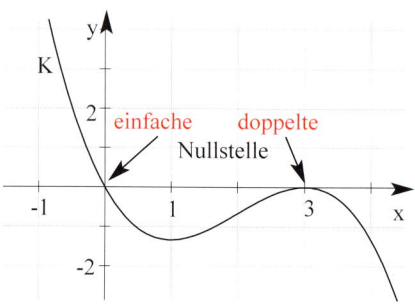

Bemerkung: Mit Hilfe der Abbildung lässt sich eine **Ungleichung**, z. B. $f(x) < 0$ lösen.

$f(x) < 0 \Longleftrightarrow x > 0 \land x \neq 3$

$f(x) < 0$ bedeutet: Der zugehörige Graph verläuft unterhalb der x-Achse.

6) Gegeben ist die Funktion f mit $f(x) = (x-1)^3 ; x \in \mathbf{R}$.

Untersuchen Sie das Schaubild K von f.

Lösung

Schnittpunkte mit der x-Achse: f(x) = 0

Satz vom Nullprodukt

$x_1 = x_2 = x_3 = 1$

dreifache Nullstelle: $x_{1|2|3} = 1$

Schnittpunkt mit der x-Achse:

$N_{1|2|3}(1 \mid 0)$

(Sattelpunkt)

$(x-1)^3 = 0$

$(x-1)(x-1)(x-1) = 0$

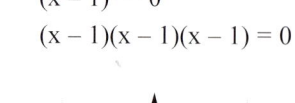

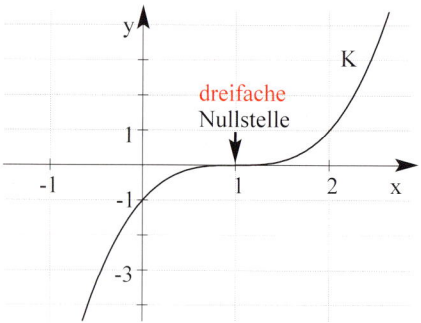

Beachten Sie: $(x-1)^3 = x^3 - 3x^2 + 3x - 1 \neq x^3 - 1$

f mit $f(x) = x^3 - 1$ besitzt in $x = 1$ eine einfache und **keine dreifache**

Nullstelle, denn $x \cdot x \cdot x = 1$ ist **kein** Nullprodukt.

Vielfachheit von Nullstellen ganzrationaler Funktionen

$f(x) = 0{,}5x^3 - 2x$	$f(x) = -3x^3 + 6x^2$	$f(x) = (x-1)^3$

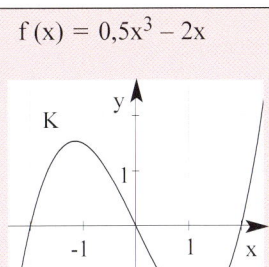 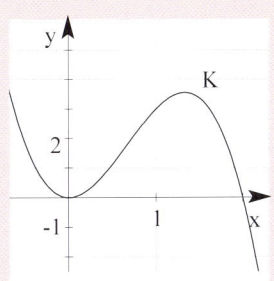 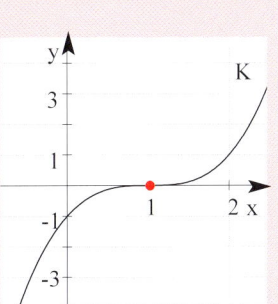

Nullstellen

Bed.: $f(x) = 0$

$0{,}5x^3 - 2x = 0$

$x(0{,}5x^2 - 2) = 0$

$0{,}5x(x-2)(x+2) = 0$

einfache Faktoren
(Linearfaktoren) im
Nullprodukt

$x_1 = 0 \quad x_2 = 2 \quad x_3 = -2$

drei **einfache NST**

**Bedeutung für das
Schaubild K von f:**
x_1 einfache NST =>
K (durch)schneidet die
x-Achse in $N(x_1 \mid 0)$.

Nullstellen

Bed.: $f(x) = 0$

$-3x^3 + 6x^2 = 0$

$-3x^2(x-2) = 0$

x ist **2-facher
Faktor** im
Nullprodukt

$x_1 = x_2 = 0$

$x_{1|2} = 0 \qquad x_3 = 2$

doppelte einfache
NST NST

**Bedeutung für das
Schaubild K von f:**
$x_{1|2}$ doppelte NST =>
K berührt die
x-Achse in $N(x_1 \mid 0)$.

Nullstellen

Bed.: $f(x) = 0$

$(x-1)^3 = 0$

$(x-1)(x-1)(x-1) = 0$

$(x-1)$ ist **3-facher
Faktor** im
Nullprodukt

$x_1 = x_2 = x_3 = 1$

$x_{1|2|3} = 1$

dreifache NST

**Bedeutung für das
Schaubild K von f:**
$x_{1|2|3}$ dreifache NST =>
K berührt und
(durch)schneidet die
x-Achse in $N(x_1 \mid 0)$.

$f(x) = (x-1) \cdot (............)$

$f(x) = (x-1)^2 \cdot (............)$ dann ist $x = 1$

$f(x) = (x-1)^3 \cdot (............)$

$\left\{\begin{array}{l}\textbf{einfache}\\ \textbf{doppelte}\\ \textbf{dreifache}\end{array}\right\}$ Nullstelle von f.

Aufgaben

1. $x_1 = -3$; $x_2 = 1$ und $x_3 = 2$ sind die Nullstellen einer Funktion f 3. Grades. Das Schaubild K von f verläuft durch den Punkt P(0 | 1,5). Skizzieren Sie K.

2. Eine Parabel 3. Ordnung ist symmetrisch zum Ursprung. Skizzieren Sie die Parabel, wenn diese
   a) durch die Punkte P(1 | 2) und Q(3 | −2) verläuft,
   b) die Gerade g mit y = 3x die Parabel in O berührt.

3. Gegeben ist die Funktion f mit dem Definitionsbereich D = **R**. Untersuchen Sie das Schaubild K von f auf Symmetrie, skizzieren Sie K in ein Achsenkreuz. Berechnen Sie die Nullstellen von f.

   a) $f(x) = \frac{1}{2}x^3 - 3x^2$

   b) $f(x) = x^3 - \frac{4}{3}x^2 + \frac{1}{3}x$

   c) $f(x) = \frac{1}{4}x^3 - \frac{3}{4}x^2 + 5$

   d) $f(x) = \frac{1}{48}x^3 - x$

   e) $f(x) = \frac{1}{4}x^3 - 3x^2 + 9x$

   f) $f(x) = \frac{1}{5}x(3 - x)(x + 1)$

   g) $f(x) = \frac{1}{2}x(\frac{1}{4}x - 1)^2$

   h) $f(x) = -\frac{1}{4}x^3 + \frac{9}{4}x^2 - 6x + \frac{9}{2}$

4. Gegeben ist die Funktion f mit $f(x) = x^3 - 0{,}5x^2 - 3x + 1{,}5$; D = **R**.
   a) Zeigen Sie: $f(x) = 0{,}5(2x - 1)(x^2 - 3)$
   b) Zeichnen Sie das Schaubild K von f in ein Achsenkreuz ein.
   c) Für welche Werte von x gilt: f(x) > 0?

5. Gegeben ist die Funktion f mit $f(x) = -x^3 + 3x + 2$; D = **R**. Zeigen Sie: Das Schaubild K von f ist symmetrisch zu W(0| 2). Lösen Sie graphisch: $-x^3 + 3x + 2 > 0$.

6. Gegeben ist die Funktion f mit D = **R**. Zeichnen Sie die zugehörige Kurve mit dem GTR. Bestimmen Sie die Nullstellen von f.

   a) $f(x) = x^3 - \frac{2}{3}x^2 - \frac{10}{3}x - 1$

   b) $f(x) = 0{,}01(x^3 - x^2 - x + 1)$

   c) $f(x) = 0{,}1x^3 - 0{,}3x^2 - 9x - 10$

   d) $f(x) = (x - 1{,}7)(x^2 - 3)$

7. K_f ist der Graph der Funktion f mit $f(x) = x^3 - 3x^2 + 6$; D = **R**.

   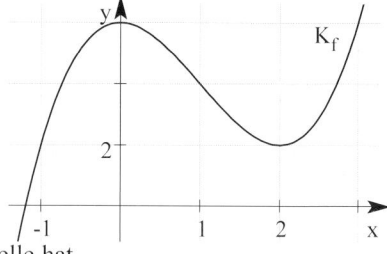

   a) Zeigen Sie: Die Nullstelle von f liegt zwischen −2 und −1. Wie muss die Kurve K_f von f verschoben werden, damit die verschobene Kurve genau zwei Nullstellen hat? Begründen Sie damit, dass f nur eine Nullstelle hat.
   b) Die Gerade mit x = u schneidet K_f im Punkt Q, die x-Achse in P. Bestimmen Sie den Flächeninhalt des Dreiecks OPQ für u = 2. Geben Sie einen Term für den Flächeninhalt des Dreiecks in Abhängigkeit von u für u > 0 an.
   c) Wie viele Nullstellen hat g mit g(x) = 3·f(x)? Begründen Sie.

8. Gegeben ist die Funktion f mit $f(x) = 5x^3 - 10{,}8x^2 + 4$; $D = \mathbf{R}$.
   Zeigen Sie: $x = 0{,}4$ ist Nullstelle. Berechnen Sie die weiteren Nullstellen.

9. Gegeben ist die Funktion f durch $f(x) = \frac{1}{4}x^3 - \frac{3}{4}x^2 + 2$, $x \in \mathbf{R}$.
   $P(0\,|f(0))$ liegt auf dem Schaubild K_f der Funktion f.
   Durch Spiegelung an $W(1\,|\,1{,}5)$ geht P in den Punkt Q über.
   Bestimmen Sie die Koordinaten von Q. Zeigen Sie, dass Q auf K_f liegt.
   Beschreiben Sie die Bedeutung dieses Ergebnisses.

10. Wodurch unterscheiden sich die Schaubilder von f , g und h?
    $f(x) = x(x-4)^2$; $g(x) = 0{,}25x^3 - 2x^2 + 4x$; $h(x) = 0{,}25(x^3 - 8x^2 + 16x + 1)$

11. Ordnen Sie jeder Kurve einen Funktionsterm zu. Begründen Sie Ihre Entscheidung.
    $f(x) = x^3 - x + 1$; $g(x) = x^3 - 2x + 1$; $h(x) = x^3 - x^2 + 1$; $k(x) = \frac{1}{12}x^3 - \frac{1}{4}x^2 - \frac{1}{3}x + 1$

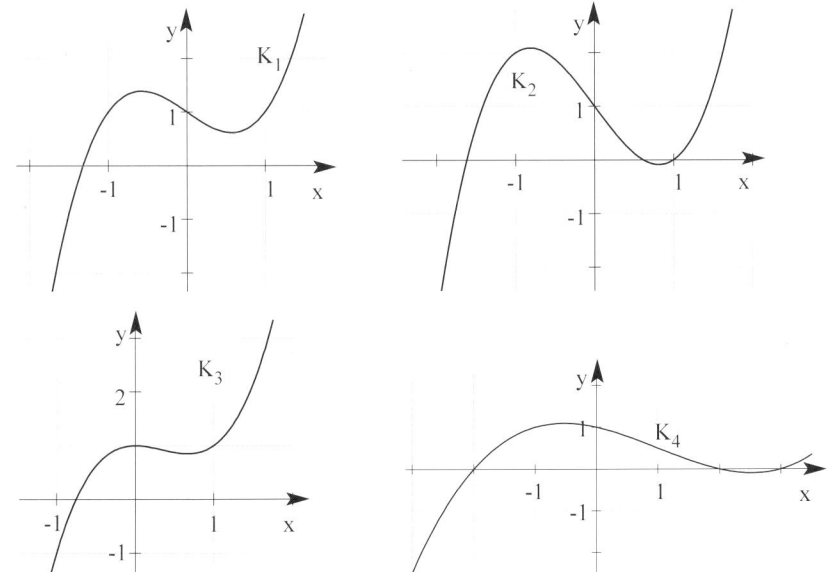

12. Gegeben ist die Funktion f durch $f(x) = x^3 + 2x^2 + 2cx$, $x \in \mathbf{R}$.
    Bestimmen Sie die Anzahl der Nullstellen in Abhängigkeit von c.

13. Der Graph K einer ganzrationalen Funktion 3. Grades ist symmetrisch zum Ursprung O.
    Welche Bedingung müssen die Koeffizienten des Funktionsterms erfüllen, damit K drei
    Schnittpunkte mit der x-Achse hat? Gibt es eine solche Funktion mit zwei Nullstellen?

14. Gegeben ist die Wertetabelle einer ganzrationalen
    Funktion 3. Grades.
    a) Skizzieren Sie das zugehörige Schaubild.
       Machen Sie Aussagen über die Funktion.
    b) Bestimmen Sie den Funktionsterm mit Regression.

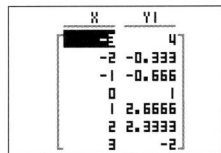

4.2 Aufstellen von Parabelgleichungen

Beispiele

1) Die folgende Tabelle gibt den weltweiten Wasserverbrauch in km^3 zwischen 1970 und
   2000 an.

Jahr	1970	1980	1990	2000
Verbrauch	2600	3200	3600	3900

   Bestimmen Sie eine ganzrationale Funktion 3. Grades, die den Wasserverbrauch
   (in km^3) in Abhängigkeit von der Zeit t (t = 0 entspricht 1970) angibt.

Lösung

Funktionsterm für eine ganzrationale Funktion 3. Grades: $f(t) = a t^3 + bt^2 + ct + d$
Für die 4 Unbekannten a, b, c, d benötigt man 4 Bedingungen und damit
4 Bestimmungsgleichungen.

Bedingungen	**Gleichungssystem für a, b, c, d**
$f(0) = 2600$	$d = 2600$
$f(10) = 3200$	$1000a + 100b + 10c + d = 3200$
$f(20) = 3600$	$8000a + 400b + 20c + d = 3600$
$f(30) = 3900$	$27000a + 900b + 30c + d = 3900$

Nach Einsetzen von d = 2600 bleibt ein **lineares Gleichungssystem (LGS)** mit drei
Gleichungen

$$1000a + 100b + 10c = 600 \Longleftrightarrow 100a + 10b + c = 60$$
$$8000a + 400b + 20c = 1000 \Longleftrightarrow 400a + 20b + c = 50$$
$$27000a + 900b + 30c = 1300 \Longleftrightarrow 2700a + 90b + 3c = 130$$

Lösung mit dem GTR ergibt: $a = \frac{1}{60}$; $b = -\frac{3}{2}$; $c = 73\frac{1}{3}$

Funktionsterm: $f(t) = 0,0166t^3 - 1,5t^2 + 73,33t + 2600$

2) Eine Parabel 3.Ordnung verläuft durch die Punkte A $(0|\,2)$; B $\left(1|\frac{3}{2}\right)$; C $\left(-1|\frac{5}{2}\right)$, D(2| 6).
   Wie lautet die Gleichung der Parabel?

Lösung

Ansatz $\qquad\qquad y = f(x) = ax^3 + bx^2 + cx + d$

Punkte	**Bedingungen**	**Gleichungssystem für a, b, c, d**
A $(0\,|\,2)$	$f(0) = 2$	$d = 2$
B $(1\,|\,1{,}5)$	$f(1) = 1{,}5$	$a + b + c + d = 1{,}5$
C $(-1\,|\,2{,}5)$	$f(-1) = 2{,}5$	$-a + b - c + d = 2{,}5$
D $(2\,|\,6)$	$f(2) = 6$	$8a + 4b + 2c + d = 6$

Nach Einsetzen von d = 2 bleibt ein **lineares Gleichungssystem (LGS)** mit drei
Gleichungen

$$a + b + c = -0,5$$
$$-a + b - c = 0,5$$
$$8a + 4b + 2c = 4$$

Lösung mit dem GTR (EQUA oder **Regression)** ergibt: $c = -\frac{4}{3}$; $b = 0$; $a = \frac{5}{6}$
Mit den berechneten Werten für a, b, c und d lautet die
gesuchte Parabelgleichung: $\qquad y = \frac{5}{6}x^3 - \frac{4}{3}x + 2.$

3) Das Schaubild einer ganzrationalen Funktion 3. Grades ist punktsymmetrisch zum Ursprung und verläuft durch die Punkte P ($\sqrt{2}$ | $\sqrt{2}$) und Q (1 | 2). Bestimmen Sie den Funktionsterm.

Lösung

Wegen der gegebenen Punktsymmetrie wählt man den Ansatz: $f(x) = ax^3 + cx$

Aufstellen des linearen Gleichungssystems für a, c:

Punkte	Bedingungen	Gleichungssystem für a, c
P ($\sqrt{2}$ | $\sqrt{2}$)	$f(\sqrt{2}) = \sqrt{2}$	$2a\sqrt{2} + c\sqrt{2} = \sqrt{2}$
Q (1 | 2)	$f(1) = 2$	$a + c = 2$

Gleichung vereinfachen ($|:\sqrt{2}$) $2a\sqrt{2} + c\sqrt{2} = \sqrt{2}$ $\Leftrightarrow$ $2a + c = 1$

Lösung des LGS mit dem **Additionsverfahren oder mit dem GTR**: $a = -1; c = 3$

Damit lautet der gesuchte Funktionsterm $f(x) = -x^3 + 3x$.

4) Die Abbildung zeigt das Schaubild K einer ganzrationalen Funktion 3. Grades. Bestimmen Sie einen Funktionsterm.

a)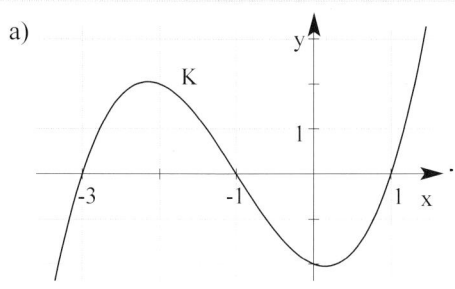

b)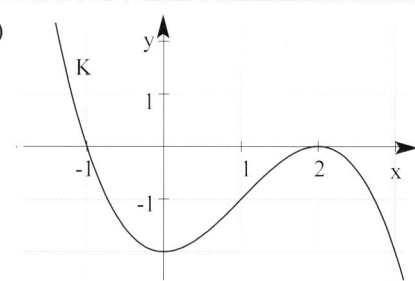

Lösung

a) Man kann **alle 3** Nullstellen von f ablesen: $x_1 = -3$, $x_2 = -1$, $x_3 = 1$,

Ansatz in **Produktform**(Linearfaktoren): $f(x) = a \cdot (x + 3)(x + 1)(x - 1)$

Punktprobe mit P (0 | -2) liefert a: $f(0) = -2$

$$-2 = a \cdot 3 \cdot 1 \cdot (-1) \implies a = \frac{2}{3}$$

Funktionsterm $f(x) = \frac{2}{3}(x+3)(x+1)(x-1) = \frac{2}{3}(x^3 + 3x^2 - x - 3)$

b) **K berührt die x-Achse in x = 2 bedeutet: f hat in x = 2 eine doppelte Nullstelle.**

Somit sind alle NST von f bekannt: $x_{1|2} = 2$ und $x_3 = -1$,

daher wählt man die **Produktform** als Ansatz : $f(x) = a \cdot (x + 1)(x - 2)^2$

Punktprobe mit B (1 |−1) liefert a: $f(1) = -1$

$$-1 = a \cdot (2)(-1)^2 \implies a = -\frac{1}{2}$$

gesuchter Funktionsterm: $f(x) = -\frac{1}{2}(x + 1)(x - 2)^2$

$$= -\frac{1}{2}(x^3 - 3x^2 + 4)$$

Aufgaben

1. Eine Parabel 3. Ordnung verläuft durch die gegebenen Punkte.
   Bestimmen Sie die Gleichung der Parabel.
   a) A $(0 \mid -4)$, B $(1 \mid -1,5)$, C $(2 \mid -2)$, D $(-3 \mid 0,5)$.
   b) A $(-1 \mid 2)$; B $(2 \mid -1)$; C $(-3 \mid 44)$; D $(1 \mid 0)$.

2. Eine Parabel 3. Ordnung ist symmetrisch zum Ursprung O $(0 \mid 0)$ und verläuft durch
   die Punkte P $(3 \mid 0)$ und R $(5 \mid 5)$. Bestimmen Sie die Gleichung der Parabel.

3. Eine ganzrationale Funktion 3. Grades f hat die Nullstellen $x_1 = -1$, $x_2 = 1$, $x_3 = -10$.
   Das Schaubild K von f verläuft durch den Punkt P $(2 \mid 6)$. Bestimmen Sie f(x).
   Wie hängt K mit dem Schaubild der Funktion g mit $g(x) = \frac{1}{6}x^3 + \frac{5}{3}x^2 - \frac{1}{6}x$, $x \in \mathbf{R}$
   zusammen?

4. Eine Parabel P 3. Ordnung verläuft durch die Punkte P $(2 \mid 0)$ und R $(1 \mid -5)$ und
   berührt die x-Achse im Ursprung. Bestimmen Sie die Parabelgleichung.
   Wie entsteht die P aus dem Schaubild K der Funktion f mit $f(x) = 5x(x+2)^2$, $x \in \mathbf{R}$?

5. Das Schaubild einer ganzrationalen Funktion 3. Grades hat in N$(-2 \mid 0)$ einen
   Sattelpunkt und verläuft durch den Punkt P $(-4 \mid 6)$.
   Bestimmen Sie den Funktionsterm.

6. K ist das Schaubild einer ganzrationalen Funktion 3. Grades.
   Bestimmen Sie den Funktionsterm.

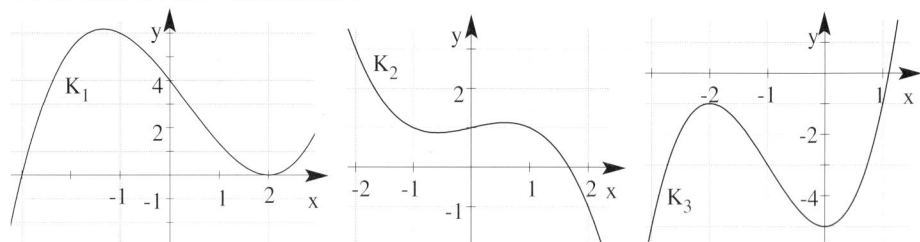

7. Der Graph der Funktion f mit $f(x) = -\frac{1}{4}x^3 + cx + d$ schneidet die Gerade mit der
   Gleichung $y = -3(x - 3)$ auf der y-Achse und in $x = -4$. Bestimmen Sie f(x).

8. Bei der Herstellung einer Ware entstehen die Gesamtkosten K (in EUR) in
   Abhängigkeit von der Stückzahl x.

x	5	10	20	35
K(x)	915	1035	1140	1185

   Bestimmen Sie einen Funktionsterm für die Gesamtkostenfunktion K.
   Wie ist der Verkaufspreis je Stück (in EUR) zu wählen, damit für x = 15 kein Verlust
   entsteht?

9. Das Schaubild K_f einer ganzrationalen Funktion f 3. Grades ist punktsymmetrisch
   zum Ursprung O und schneidet die x-Achse in x = 3.
   Welche Beziehung besteht zwischen den Koeffizienten?
   Bestimmen Sie einen Funktionsterm, wenn P$(2 \mid \frac{32}{9})$ auf K_f liegt.

4.3 Schnittpunkte von zwei Kurven

Beispiele

1) Gegeben sind die Funktionen f und g mit

$$f(x) = \frac{1}{4}x^3 + 2x^2 + 4x \quad \text{und} \quad g(x) = -\frac{1}{2}x^3 - \frac{5}{2}x^2 - 2x \; ; D = \mathbf{R}$$

Berechnen Sie die Koordinaten der gemeinsamen Punkte der zugehörigen
Schaubilder K und G.

Lösung

Berechnung der Schnittstellen durch **Gleichsetzen der Funktionsterme**

f (x) = g (x) $\qquad \frac{1}{4}x^3 + 2x^2 + 4x = -\frac{1}{2}x^3 - \frac{5}{2}x^2 - 2x \; | \cdot 4$

Brüche eliminieren $\qquad x^3 + 8x^2 + 16x = -2x^3 - 10x^2 - 8x$

Nullform $\qquad 3x^3 + 18x^2 + 24x = 0$

Lösung durch **Ausklammern** $\qquad 3x(x^2 + 6x + 8) = 0$

Die Anwendung des **Satzes vom Nullprodukt** ergibt **drei einfache** Schnittstellen:

$x_1 = 0; \; x_2 = -2; \; x_3 = -4$

Mit dem **GTR: ISECT (F5)**

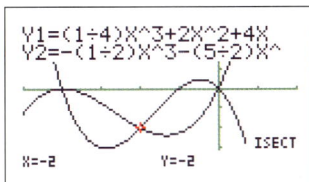

Schnittpunkte von K und G:

$S_1(0 \,|\, 0); \; S_2(-2\,|-2); \; S_3(-4\,|\,0)$

2) K und G sind die Graphen der Funktionen f und g auf D = **R** mit

$f(x) = -x^3 + 4x$ und $g(x) = x + 2;$

a) Berechnen Sie die Koordinaten der gemeinsamen Punkte von K und G.

b) Die Gerade mit $y = -8(x+2)$ berührt K in $x = -2$.

Bestimmen Sie ohne weitere Rechnung die Anzahl der Schnittpunkte von K und
der Geraden mit $y = m(x + 2)$ in Abhängigkeit von m.

Lösung

a) **Berechnung der Schnittstellen** durch **Gleichsetzen der Funktionsterme**

f(x) = g(x) $\qquad -x^3 + 4x = x + 2 \iff -x^3 + 3x - 2 = 0$

$x_1 = -2$ ist **Schnittstelle** von K und G (mit dem GTR oder aus der Zeichnung)

also **Lösung der Gleichung** $\qquad -x^3 + 3x - 2 = 0$

Polynomdivision mit $(x + 2)$ $\qquad (-x^3 + 3x - 2) : (x+2) = -x^2 + 2x - 1$

weitere Schnittstellen, wenn $\qquad -x^2 + 2x - 1 = 0 \iff -(x-1)^2 = 0$

doppelte Schnittstelle (Berührstelle) $\quad x_{2|3} = 1$

20   Bohner/Ihlenburg/Ott – ISBN 3-8120-0206-X

Bemerkung: Die Lösung der quadratischen Gleichung $-x^2 + 2x - 1 = 0$ mit der Formel ergibt: $\mathbf{D = 0}$ (**doppelte Lösung** $\triangleq$ **Berührstelle**).

Einsetzen liefert die zugehörigen y-Werte und damit: Schnittpunkt $S_1(-2 \mid 0)$; Berührpunkt $S_{2\mid3}(1 \mid 3)$.

b) Die Gerade mit $y = -8(x + 2)$
berührt K in $x = -2$.
Begründung:

$f(x) = -x(x - 2)(x + 2)$

Gleichsetzen

$-x(x - 2)(x + 2) = -8(x + 2)$

Ausklammern

$-(x + 2)(x(x - 2) - 8) = 0$

Satz vom Nullprodukt

$x_1 = -2 \ \lor \ x^2 - 2x + 8 = 0$

ergibt eine

doppelte Schnittstelle $x_{1\mid2} = -2$,

eine einfache Schnittstelle $x_3 = 4$.

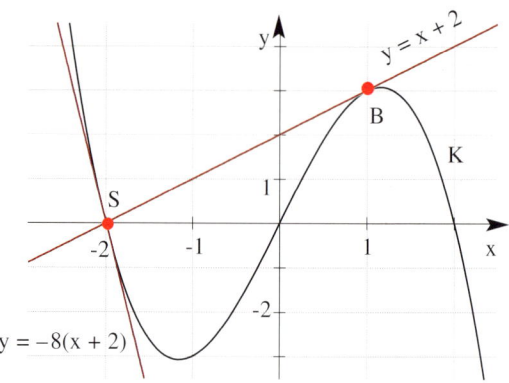

Anzahl der Schnittpunkte von K und der Geraden mit $y = m(x + 2)$

Aus dem Schaubild kann man ablesen:

Für $m > 1$:	einziger Schnittpunkt $N(-2 \mid 0)$	(ein Schnittpunkt)
Für $m = 1, m = -8$:	ein Schnittpunkt, ein Berührpunkt	(zwei Schnittpunkte)
Für $-8 < m < 1 \lor \ m < -8$	drei einfache Schnittstellen	(drei Schnittpunkte)

3) Gegeben sind die Schaubilder
der Funktionen f (Y1) und g (Y2)
Machen Sie Aussagen über die
gegenseitige Lage.
Für welche x-Werte ist $f(x) > g(x)$?

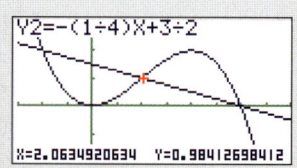

Lösung

Wir lesen ab: K_f ist eine Parabel 3. Ordnung.

$$K_g : g(x) = -\frac{1}{4}x + \frac{3}{2} \text{ ist eine Gerade.}$$

K_f und K_g schneiden sich in drei Punkten: $S_1(6 \mid 0)$; $S_2(2 \mid 1)$ und $S_3(-2 \mid 3)$.

(Lässt sich durch Einsetzen in $g(x)$ nachprüfen.)

Funktionsterm von f: $\qquad\qquad f(x) = -\frac{1}{16}x^2(x - 6)$

mit Hilfe der Nullstellen und $S_2(2 \mid 1)$

$f(x) > g(x)$ für $2 < x < 6 \ \lor \ x < -2$ (K_f verläuft oberhalb von K_g.)

4) Gegeben sind die Funktionen f mit $f(x) = \frac{1}{2}x^3 - 3x^2 + 4x; \ x \in \mathbf{R}$
und g mit $g(x) = -2x + 4; \ x \in \mathbf{R}$.
Zeigen Sie: Die zugehörigen Kurven K und G haben nur einen gemeinsamen Punkt.

Lösung

Berechnung der Schnittstellen
durch Gleichsetzen: $f(x) = g(x)$ $\qquad \frac{1}{2}x^3 - 3x^2 + 4x = -2x + 4$

Nullform $\qquad\qquad\qquad\qquad \frac{1}{2}x^3 - 3x^2 + 6x - 4 = 0 \Leftrightarrow$
Mit Hilfe von **Polynomdivision**
erhält man die Zerlegung $\qquad (x-2)(\frac{1}{2}x^2 - 2x + 2) = \frac{1}{2}(x-2)^3$

dreifache **Schnittstelle** $\qquad x_{1|2|3} = 2$

Berührpunkt
$S_{1|2|3}(2 \mid 0)$

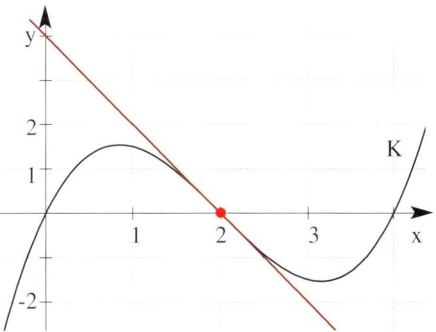

Bemerkung: $x_{1|2|3} = 2$ ist **dreifache**
Schnittstelle von K und G.
Dies bedeutet: Die Gerade G **berührt**
und durchschneidet die Kurve K.

Aufgaben

1. Gegeben sind die Funktionen f , g und h mit
$f(x) = \frac{1}{2}x^3 - x^2 + 4$, $g(x) = 3x - 4$, $h(x) = 0{,}3x + 4$, $x \in \mathbf{R}$.
Zeichnen Sie die zugehörigen Schaubilder in ein Koordinatensystem.
Machen Sie Aussagen über die gegenseitige Lage.

2. Gegeben sind die Schaubilder der Funktionen f (Y1) und g (Y2). Ordnen Sie zu.
Machen Sie Aussagen über die gegenseitige Lage.

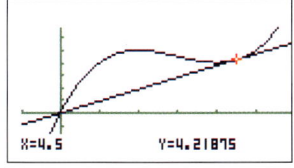

X	Y1	Y2
0	0	0
2	5	1.875
4	4	3.75
4.5	4.2187	4.2187
5	5	4.6875
6	9	5.625

3. Gegeben ist die Funktion f mit $f(x) = 0{,}25x^3 - 0{,}75x^2 + 2$; $D = \mathbf{R}$.
Zeigen Sie, dass die drei Punkte des Schaubildes K von f mit den x-Werten -2 , 1
und 4 auf einer Geraden liegen.

4. Gegeben ist die Funktion f mit $f(x) = -0{,}25x^3 + x^2$; $D = \mathbf{R}$.
Bestimmen Sie die Gleichung der Ursprungsgeraden, die das Schaubild K von f
außerhalb des Ursprungs berührt und geben Sie die Koordinaten des Berührpunktes an.

5. Gegeben sind die Funktionen f und g mit
$$f(x) = (x^2 - 3x + 2)(x + 3) \quad \text{und} \quad g(x) = \frac{1}{2}(x^3 - x) \, ; \, D = \mathbf{R}.$$

   a) Berechnen Sie die Koordinaten der gemeinsamen Punkte von K und G.

   c) Zeigen Sie: Die Gerade h mit $y = -4x + 4$ berührt das Schaubild K von f. Bestimmen Sie die Koordinaten des Berührpunktes und des weiteren Schnittpunktes.

6. Gegeben ist die Funktion f mit $f(x) = x^2(x - 3)$, $x \in \mathbf{R}$ mit Schaubild K.

   a) Untersuchen Sie die gegenseitige Lage von K und der Parabel G von g mit $g(x) = ax^2$ in Abhängigkeit von a.

   b) Für welchen Wert von t hat K und die Parabel H von $h(x) = tx(x - 3)$ nur zwei gemeinsame Punkte?

7. K ist der Graph der Funktion f mit $f(x) = \frac{1}{2}x^3 - \frac{3}{2}x^2 - 3x + 4$; $D = \mathbf{R}$.

   a) Die Gerade durch die Punkte A (2 | 3,5) und B (−1 | −7) schneidet K in 3 Punkten. Berechnen Sie die Koordinaten der gemeinsamen Punkte.

   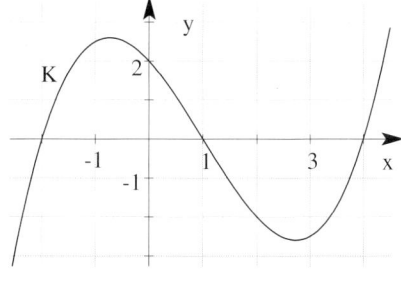

   b) Die Gerade g mit $y = -3x + 4$ berührt K auf der y-Achse. Bestimmen Sie die Anzahl der gemeinsamen Punkte von K und der Geraden h mit $y = mx + 4$ in Abhängigkeit von m.

8. Die Abbildung zeigt den Graph K der Funktion f mit $f(x) = a(x - x_1)(x - x_2)^2$; $x \in \mathbf{R}$.

   a) Ermitteln Sie a, x_1 und x_2 aus der Zeichnung. Wie weit darf K in y-Richtung verschoben werden, damit die verschobene Kurve weiterhin mehr als einen Schnittpunkt mit der x-Achse hat.

   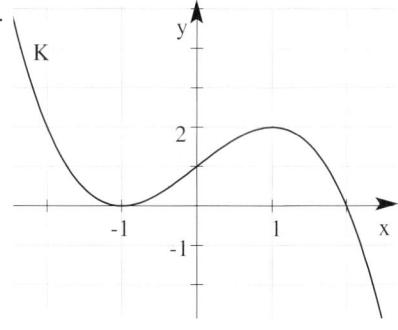

   b) Welche Parallelen zur x-Achse haben mit K einen, zwei oder drei Punkte gemeinsam?

   c) Die Gerade g mit der Gleichung $y = -4,5(x - 2)$ berührt K in N(2 | 0). Bestimmen Sie m so, dass die Gerade h mit $y = m(x - 2)$ mit K genau drei gemeinsame Punkte hat.

9. Gegeben sind die Funktionen f mit $f(x) = \frac{1}{4}x^3 - \frac{3}{2}x^2 + 8$, $x \in \mathbf{R}$ und g mit $g(x) = -\frac{3}{2}x^2 + 3x + 12$, $x \in \mathbf{R}$.

   a) Skizzieren Sie die beiden Schaubilder K_f und K_g mit Hilfe des GTR. Welche Vermutung lässt sich formulieren?

   b) Zeigen Sie rechnerisch, dass sich die beiden Schaubilder berühren. Berechnen Sie die Koordinaten des Berührpunktes und des weiteren Schnittpunktes.

Was man wissen sollte ...   über ganzrationale Funktionen 3. Grades

Ganzrationale Funktion 3. Grades f mit $f(x) = ax^3 + bx^2 + cx + d$; $a \neq 0$; $x \in \mathbb{R}$

Polynom 3. Grades $ax^3 + bx^2 + cx + d$

Gleichung der „einfachsten" Parabel

3. Ordnung $y = x^3$

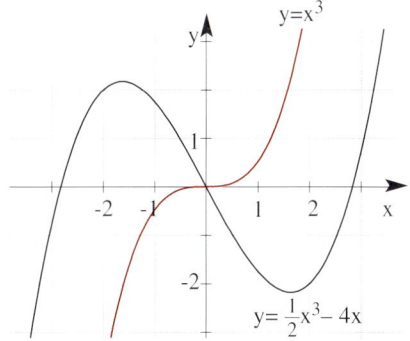

Symmetrie zum Ursprung

Bed.: f (x) = – f (– x)

Eine zum Ursprung symmetrische
Parabel 3. Ordnung
hat die Gleichung **y = ax³ + cx.**
(Nur **ungerade Hochzahlen** von **x**.)

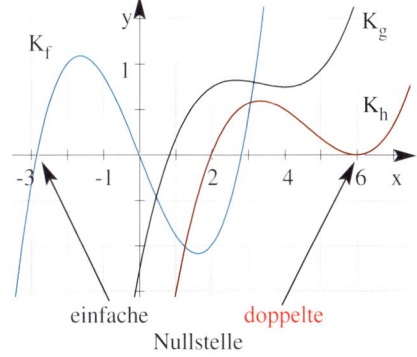

Eine **ganzrationale Funktion f**
3. Grades hat **mindestens eine**
und **höchstens drei** Nullstellen!

einfache   doppelte
Nullstelle

Schnittpunkte von K_f und K_g: Gleichsetzen $f(x) = g(x)$ ergibt die **Schnittstelle**,
durch Einsetzen in f(x) oder g(x) erhält man den y-Wert des **Schnittpunktes**.

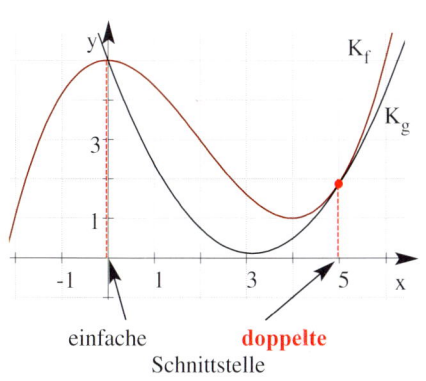

einfache   **doppelte**
Schnittstelle

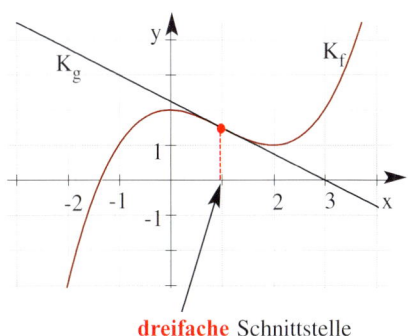

dreifache Schnittstelle

4.4 Parabelscharen 3. Ordnung

Beispiele

1) Für jedes $t \neq 0$ ist eine Funktion f_t gegeben durch $f_t(x) = t(x^3 - 3x)$; $x \in \mathbf{R}$.

   K_t ist das Schaubild von f_t.

   a) Zeichnen Sie K_t für einige t-Werte. Welche Eigenschaften lassen sich ablesen?

   b) Für welchen Wert von t berührt K_t die 1. Winkelhalbierende?

   Bestimmen Sie die Anzahl der gemeinsamen Punkte von K_t und der 1. Winkelhalbierenden in Abhängigkeit von t.

Lösung

a) Alle Kurven K_t schneiden sich auf der
x-Achse und sind symmetrisch zum
Ursprung O.

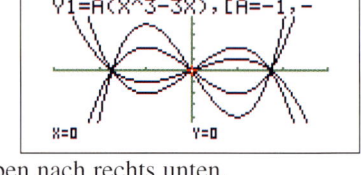

Für $t > 0$ verläuft K_t von links unten nach
rechts oben. Für $t < 0$ verläuft K_t von links oben nach rechts unten.

Der konstante **Faktor t** ($t \neq 0$) bewirkt eine **Streckung von K_1 in y-Richtung**
mit dem Faktor t.

Berechnung der **Schnittstellen mit der x-Achse**

Bedingung: $f_t(x) = 0$	$t(x^3 - 3x) = 0$
Ausklammern	$tx(x^2 - 3) = 0$
Satz vom Nullprodukt $(t \neq 0)$	$x = 0 \lor x^2 - 3 = 0$
Nullstellen (**unabhängig von t**)	$x_1 = 0$; $x_{2\mid3} = \pm\sqrt{3}$

Alle Parabeln verlaufen durch die gemeinsamen Punkte: $O(0\mid0)$; $N_{2\mid3}(\pm\sqrt{3}\mid0)$

b) **Schnittstellen durch Gleichsetzen**: $t(x^3 - 3x) = x$

Nullform und Ausklammern $x(tx^2 - 3t - 1) = 0$

Satz vom Nullprodukt $x_1 = 0$ **(unabhängig von t)**

Weitere Schnittstellen, wenn $tx^2 - 3t - 1 = 0 \iff x^2 = \dfrac{3t + 1}{t}$

$$x_{2\mid3} = \pm\sqrt{\dfrac{3t + 1}{t}}$$

Berühren verlangt eine **doppelte (oder eine dreifache) Schnittstelle**.

Bedingung für eine doppelte (dreifache) Lösung: $x_2 = x_3$ wenn $x^2 = 0 \Rightarrow 3t + 1 = 0$

gesuchter t-Wert: $t = -\dfrac{1}{3}$

Ergebnis: $K_{-\frac{1}{3}}$ berührt die

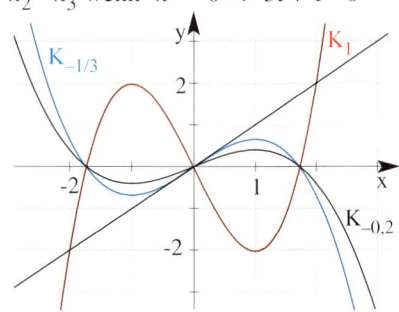

1. Winkelhalbierende im Ursprung
($x = 0$ ist dreifache Schnittstelle).

Für $t < -\dfrac{1}{3}$ oder $t > 0$ gibt es 3 Schnittpunkte.

Für $0 < t < -\dfrac{1}{3}$ gibt es nur einen Schnittpunkt.

2) Für jedes $t \in \mathbf{R}$ ist eine Funktion f_t gegeben durch $f_t(x) = -x^3 + 3tx^2 + \frac{9}{4}tx$; $x \in \mathbf{R}$.

K_t ist das Schaubild von f_t.

a) Für welche Werte von t hat K_t drei (zwei, einen) Schnittpunkt(e) mit der x-Achse?

b) Zeigen Sie: Alle Parabeln K_t haben zwei Punkte gemeinsam.

Lösung

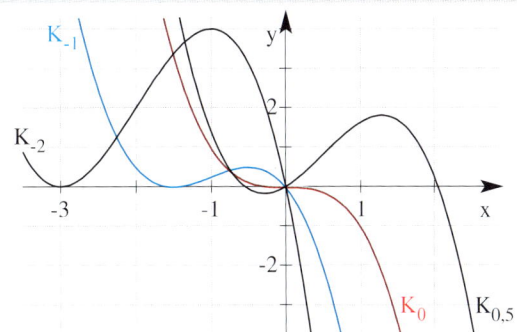

a) **Berechnung der Nullstellen**

Bed.: $f_t(x) = 0$

$-x^3 + 3tx^2 + \frac{9}{4}tx = 0$

Ausklammern

$-x(x^2 - 3tx - \frac{9}{4}t) = 0$

Nullstelle unabhängig von t $\qquad\qquad x_1 = 0$

In der Lösungsformel setzt man:

$a = 1$; $b = -3t$; $c = \frac{9}{4}t$ $\qquad\qquad x_{2|3} = \dfrac{3t \pm \sqrt{9t^2 + 9t}}{2}$

Bemerkung: Alle Parabeln verlaufen durch $N_1(0 \mid 0)$.

K_t hat weitere Schnittpunkte mit der x-Achse, wenn $D = 9t^2 + 9t \geqq 0$.

Lösen der quadratischen Ungleichung

$9(t^2 + t) \geqq 0$

mit Hilfe einer Skizze:

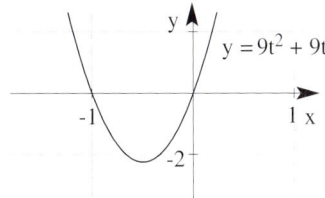

$y = 9t^2 + 9t$

$D > 0$ für $t > 0 \vee t < -1$

$D = 0$ für $t = -1 \vee t = 0$

Die Anzahl der Schnittpunkte mit der x-Achse hängt von D ab.

K_t hat 3 (verschiedene) Schnittpunkte mit der x-Achse: $D > 0$, also für $t > 0 \vee t < -1$

K_t hat einen Schnittpunkt mit der x-Achse: $\qquad\qquad D < 0$, also für $-1 < t < 0$

Sonderfälle für $D = 0$: für $t = 0$ eine Schnittstelle

$\qquad\qquad$ (dreifache Nullstelle von f_t) $\qquad x_{1|2|3} = 0$

$\qquad\qquad$ für $t = -1$ zwei Schnittstellen $\qquad x_1 = 0$; $x_{2|3} = -\dfrac{3}{2}$

Ergebnis:

K_t hat $\left\{\begin{array}{l} 3 \\ 2 \\ 1 \end{array}\right.$ Schnittpunkt(e) mit der x-Achse, wenn $\left\{\begin{array}{l} t > 0 \vee t < -1 \\ t = -1 \\ -1 < t \leqq 0. \end{array}\right.$

b) Berechnung der **Schnittpunkte von K_t und K_0** $(t \neq 0)$

Gleichsetzen: $f_t(x) = f_0(x)$	$-x^3 + 3tx^2 + \frac{9}{4}tx = -x^3$
Nullform und Ausklammern	$tx(3x + \frac{9}{4}) = 0$
Satz vom Nullprodukt	$tx = 0 \lor 3x + \frac{9}{4} = 0$
Mit $t \neq 0$ **Schnittstellen unabhängig von t**	$x_1 = 0;\ x_2 = -\frac{3}{4}$
Einsetzen in $f_t(x)$ oder $f_0(x)$	$f_t(0) = 0\ ;\ f_t(-\frac{3}{4}) = \frac{27}{64}$
Gemeinsame Punkte aller Parabeln K_t, da die Koordinaten unabhängig von t sind:	$S_1(0 \mid 0);\ S_2(-\frac{3}{4} \mid \frac{27}{64})$

3) K_t ist das Schaubild der Funktion f_t mit $f_t(x) = x^3 - tx^2; t \in \mathbf{R}^*, x \in \mathbf{R}$.
   a) Welche Gemeinsamkeiten haben alle Kurven K_t?
   b) Zeigen Sie: Für jede Wahl von t liegt $E_t(\frac{2t}{3} \mid -\frac{4}{27}t^3)$ auf K_t.
      Bestimmen Sie die Gleichung der Ortskurve aller Punkte E_t.

Lösung

a) K_t ist eine Parabel 3. Ordnung,
   verläuft vom 3. in den 1. Quadranten
   K_t berührt die x-Achse in O,
   K_t schneidet die x-Achse
   im Negativen für $t < 0$,
   im Positiven für $t > 0$.

b) **Punktprobe** ergibt

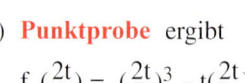

$$f_t(\frac{2t}{3}) = (\frac{2t}{3})^3 - t(\frac{2t}{3})^2$$

$$= \frac{8}{27}t^3 - \frac{4}{9}t^3 = -\frac{4}{27}t^3$$

wahre Aussage für alle $t \in \mathbf{R}^*$.

Gleichung der Ortskurve

Koordinaten von E_t:	$x = \frac{2t}{3}$	(1)
	$y = -\frac{4}{27}t^3$	(2)

Man **eliminiert t**, um y in Abhängigkeit von x (ohne den Parameter t) anzugeben.

Auflösung von Gleichung (1) nach t:	$t = \frac{3x}{2};\ x \in \mathbf{R}^*$, wegen $t \in \mathbf{R}^*$
Einsetzen von t in Gleichung (2):	$y = -\frac{4}{27}(\frac{3x}{2})^3 = -\frac{1}{2}x^3$
Gleichung der Ortskurve aller Punkte E_t:	$y = -\frac{1}{2}x^3\ ;\ D = \mathbf{R}^*$

(Diagramm: K₁, K₂, K₃ (blau); K₋₃, K₋₁; y = −0,5x³ (rot))

Aufgaben

1. Gegeben ist die Funktion f_t mit $f_t(x) = (x - t)(x^2 - 5x + t)$; $x \in \mathbf{R}$, $t \in \mathbf{R}$.
   Wie muss $t \in \mathbf{R}$ gewählt werden, damit die zugehörige Kurve K_t mit der x-Achse genau zwei Punkte gemeinsam hat?

2. K_t ist das Schaubild der Funktion f_t mit $f_t(x) = (x - t)^2(x - 1)$; $x \in \mathbf{R}$, $t > 0$.
   Welchen Einfluss hat der Parameter t auf die Kurve K_t?
   Gibt es Gemeinsamkeiten aller Kurven K_t?

3. Untersuchen Sie den Einfluss des Parameters auf die Funktionsgraphen.
   Bestimmen Sie die Anzahl der Nullstellen in Abhängigkeit von t.
   a) $f_t(x) = x^3 - 3x + 2t$ b) $f_t(x) = x^3 + tx$ c) $f_t(x) = 0,5t\,(x^3 + 2x + 1)$

4. Für jedes $t > 0$ ist K_t das Schaubild der Funktion f_t mit
   $f_t(x) = \frac{1}{4}(x + t)(x - t)\,(x - 2t)$; $x \in \mathbf{R}$.
   Welche Punkte der Kurve K_t lassen sich aus dem Funktionsterm ablesen?
   Welche gemeinsamen Eigenschaften haben alle Kurven dieser Parabelschar?
   Zeigen Sie, dass die Gerade durch $N(2t \mid 0)$ und den Schnittpunkt von K_t mit der y-Achse die Kurve K_t berührt.

5. Für welche reellen t-Werte liegt der Punkt $Q_t\,(t - 1 \mid t(t^2 - t - 6))$ im vierten Feld?

6. Für jedes reelle $t > 0$ ist die Funktion f_t gegeben durch $f_t(x) = -\frac{1}{6t}x^3 + x^2 - \frac{3}{2}tx$; $x \in \mathbf{R}$.
   Das Schaubild von f_t sei K_t.
   a) Untersuchen Sie das Schaubild K_2 auf Schnittpunkte mit der x-Achse.
      Skizzieren Sie K_2.
   b) Bestimmen Sie die Gleichung der Ursprungsgeraden g, die durch den Punkt $P(2t \mid f_t(2t))$ verläuft.
   c) Geben Sie die Gleichung der Geraden h an, die senkrecht auf g steht und durch den Punkt $A(3 \mid 4)$ verläuft.
   d) Zeigen Sie, dass das Schaubild K_t für jedes $t > 0$ die x-Achse berührt.
      Geben Sie die Koordinaten des Berührpunktes an.

7. Gegeben ist die Funktion f_t mit
   $f_t(x) = \frac{3}{t^2}x^3 - \frac{3}{2t}x^2 + 2$; $x \in \mathbf{R}$, $t > 0$.
   Die nebenstehende Abbildung zeigt einige Schaubilder K_t von f_t.
   Ordnen Sie jeder Kurve einen Parameterwert zu.

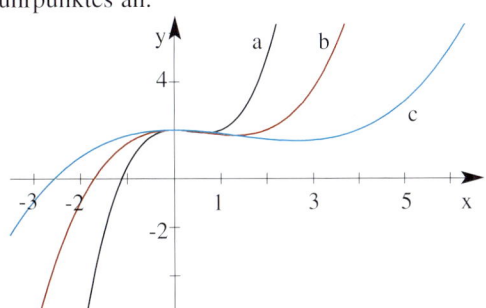

8. Zu jedem $t \in \mathbf{R}$ ist die Funktion f_t gegeben durch $f_t(x) = t\,x^3 - 4(t + 1)x$; $x \in \mathbf{R}$.
   Berechnen sie für $t \neq 1$ die gemeinsamen Punkte von K_t und K_1.
   Was folgt ohne weitere Rechnung aus diesem Ergebnis für die gemeinsamen Punkte von zwei beliebigen Scharkurven?

9. a) Eine Parabel 3. Ordnung ist punktsymmetrisch zum Ursprung und verläuft durch
        die Punkte P(1 | 3+ t) und R(–2 | –12– 2t).
        Bestimmen Sie die Parabelgleichung.
    Gegeben ist die Funktion f_t mit $f_t(x) = x^3 + (t + 2) x$; $x, t \in \mathbf{R}$.

    b) Bestimmen Sie t so, dass die Parabel K_t von f_t durch den Punkt Q(–1 | 5) verläuft.

    c) Zeigen Sie: Es gibt genau einen gemeinsamen Punkt aller Kurven K_t.

    d) Für welchen Wert von t berührt K_t die Gerade mit der Gleichung $y = 1{,}5x$?

10. Für jedes reelle t ist K_t der Graph der Funktion f_t mit $f_t(x) = 2x^3 - tx^2 + (1-t)x$; $x \in \mathbf{R}$.

    a) Bestimmen Sie die Koordinaten der gemeinsamen Punkte von K_t und K_{t+1}.
        Welche Bedeutung hat dieses Ergebnis für die Kurvenschar?

    b) Die Gerade mit der Gleichung x = 1 schneidet K_t in P und K_{t+1} in Q.
        Zeigen Sie: Der Abstand von P und Q ist unabhängig von t.

11. Gegeben ist die Funktion f_t mit $f_t(x) = x^3 - 6x^2 + (t + 3)x - t + 2$; $D = \mathbf{R}$.

    a) Zeigen Sie: $x_1 = 1$ ist Nullstelle von f_t.
        Für welche Werte von t hat f_t zwei Nullstellen?

    b) Zeichnen Sie das Schaubild K_6 von f_6 für $0 \leqq x \leqq 4$ in ein Achsenkreuz ein.

12. Für jedes $t \in \mathbf{R}$ ist die Funktion f_t gegeben durch $f_t(x) = -\frac{1}{8}(tx^3 - 3t^2x^2 - 9x)$; $x \in \mathbf{R}$.
    Das Schaubild von f_t sei K_t.
    Für welche Werte von t haben K_t und K_{t+1} genau zwei gemeinsame Punkte?

13. Gegeben ist die Funktion f_t durch $f_t(x) = -x^3 + (3 -t)x^2 + (2t -3)x -t + 1$; $x, t \in \mathbf{R}$.
    Das Schaubild von f_t sei K_t.

    a) Untersuchen Sie das Schaubild K_1 auf Schnittpunkte mit der x-Achse
        und skizzieren Sie K_1.

    b) Zeigen Sie: Für alle $t \in \mathbf{R}$ gilt: $f_t(1) = 0$.
        Untersuchen Sie K_t auf Schnittpunkte mit der x-Achse.

    c) Beweisen Sie, dass die Schaubilder K_{t_1} und K_{t_2} mit $t_1 \neq t_2$ außer dem Punkt
        A(1 | 0) keinen weiteren Punkt gemeinsam haben.

14. Für jedes $t \in \mathbf{R}^*$ ist die Funktion f_t gegeben durch $f_t(x) = \frac{t}{2}x^3 + (t - 1)x^2 - 2x$; $x \in \mathbf{R}$.
    Das Schaubild von f_t sei K_t.

    a) Eine Parabel 3.Ordnung verläuft durch O(0| 0) und die Punkte P(1| 0), Q(2| 8)
        und S (–3 | –12). Bestimmen Sie die Parabelgleichung.
        Untersuchen Sie, ob es einen Wert für t gibt, sodass die Parabel eine Kurve K_t ist.

    b) Untersuchen Sie das Schaubild K_2 auf Schnittpunkte mit den Koordinatenachsen.
        Skizzieren Sie K_2.

    c) Zeigen Sie: Die Schnittpunkte von K_2 und K_t ($t \neq 2$) sind unabhängig von t.
        Welche Bedeutung hat dieses Ergebnis für die Parabelschar?

    d) Eine Gerade g verläuft durch A(1 | $f_t(1)$) und B(–1 |$f_t(-1)$).
        Bestimmen Sie die Geradengleichung.
        Für welche Werte von t liegt A oberhalb der x-Achse?

4.5 Anwendungen

Beispiel

Die (theoretische) Leistung P einer Windenergie-
anlage hängt von der Windgeschwindigkeit v ab.
Die Leistung kann mit folgendem Term berechnen
werden: **P(v) = 0,25 v³**; v in $\frac{m}{s}$, P in kW

a) Berechnen Sie für verschiedene Windgeschwin-
digkeiten bis 20 $\frac{m}{s}$ die Leistung der Anlage.

b) Wie ändert sich die Leistung, wenn sich die
Windgeschwindigkeit verdoppelt?

c) Ein Haushalt benötigt eine Leistung von 11 kW.
Wie viele Haushalte können mit dieser Anlage
bedient werden, bei einer Windgeschwindigkeit
von 6,4 $\frac{m}{s}$?

d) Unter dem Wirkungsgrad einer Anlange versteht
man den Quotient aus der tatsächlich erbrachten
Leistung und der theoretischen Leistung.
Die Tabelle gibt die erbrachte Leistung bei der
jeweiligen Geschwindigkeit an.

v in ms⁻¹	5	8	10	14
erbrachte Leistung in kW	12	59	120	298

Berechnen Sie die jeweiligen Wirkungsgrade. Bei welcher Geschwindigkeit hat
man den besten Wirkungsgrad?

e) Warum muss man die Anlage bei einer Geschwindigkeit größer als 25 $\frac{m}{s}$ abschalten?

Lösung

a)
v (in ms⁻¹)	3	5	8	10	14	20
P(v) (in kW)	6,75	31,25	128	250	686	2000

b) Die Leistung verachtfacht sich, wegen $(2v)^3 = 8v^3$

c) Leistung bei v = 6,4 $\frac{m}{s}$:   P(6,4) = 65,536
Anzahl der Haushalte   n = 65,536 : 11= 5,95
Es können nahezu 6 Haushalte versorgt werden.

d)
v in ms⁻¹	5	8	10	14
Wirkungsgrad	$\frac{12}{31,25} = 0,384$	$\frac{59}{128} = 0,461$	$\frac{120}{250} = 0,48$	$\frac{298}{686} = 0,434$

Den besten Wirkungsgrad erzielt man bei einer Geschwindigkeit von $\approx 10\frac{m}{s}$.

e) Bei einer Geschwindigkeit größer als 25 $\frac{m}{s}$ wird die Drehzahl der Rotoren so hoch,
dass Schäden und damit der Ausfall der Anlage zu befürchten sind.

Aufgaben

1. Die Gesamtkosten K eines Betriebes (in GE) hängen von der Produktionsmenge (in ME) ab und werden beschrieben durch eine ganzrationale Funktion 3. Grades
   K mit $K(x) = x^3 - 10x^2 + 37x + 72$; $x \in [\,0\,;\,15\,]$.
   Die Erlösfunktion E ist gegeben durch $E(x) = 100x$.
   a) Zeichnen Sie die Kostenkurve und die Erlösgerade mit Hilfe einer Wertetabelle in ein geeignetes Koordinatensystem.
   b) In welchem Bereich wird mit Gewinn produziert?

2. Die Stromgewinnung aus Windkraft gewinnt neben der Wasserkraft immer mehr an Bedeutung. Die installierte Leistung in Megawatt in Deutschland lässt sich der Tabelle entnehmen.

Jahr	1994	1996	1998	2000
Leistung	640	1546	2875	6095

   a) Ermitteln Sie eine Funktion, die die Entwicklung beschreibt.
   b) Erstellen Sie eine Prognose für die Jahre 2002 und 2010.
      Vergleichen Sie die Funktionswerte mit der installierten Leistung von 12 000 MW in 2002 und dem Ziel von 30 000 MW im Jahre 2010.
   c) Stellen Sie die Entwicklung graphisch dar.

3. Aus einem quadratischen Karton der Seitenlänge 30 cm wird durch Falten eine Schachtel ohne Deckel mit der Höhe x geformt.

   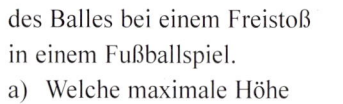
   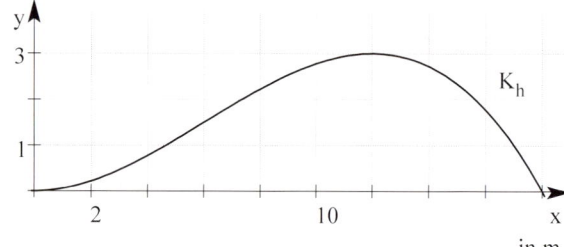

   a) Zeigen Sie, dass man nur für $0 < x < 15$ eine solche Schachtel formen kann.
   b) Bestimmen Sie einen Funktionsterm, der das Volumen V in Abhängigkeit von x beschreibt. (Teilergebnis: $V(x) = 4x^3 - 120x^2 + 900x$.)
   c) Bestimmen Sie das maximale Volumen der Schachtel mit dem GTR.

4. Der Graph der Funktion f mit
   $f(x) = -\dfrac{1}{288}x^3 + \dfrac{1}{16}x^2$, $x > 0$
   ist näherungsweise die Flugkurve des Balles bei einem Freistoß in einem Fußballspiel.

   a) Welche maximale Höhe erreicht der Ball?
   b) Überfliegt der Ball die Abwehrmauer in 9,15 m Entfernung?
   c) Wo kommt der Ball wieder auf den Boden?
   d) Wie weit entfernt vom Tor wurde der Freistoß ausgeführt, wenn der Ball in 2 m Höhe die Torlinie überschreitet?

5. Ein Skater fährt eine S-Kurve, die durch die Funktion f mit $f(x) = -\frac{1}{8}x^3 + x + 2$ beschrieben wird. In x = 0 stürzt er und schlittert geradlinig weiter.
   Bestimmen Sie einen Term, der die Bahn des Skaters nach dem Sturz beschreibt.

6. Die Abbildung zeigt das Schaubild der Funktion f mit $f(x) = ax(x + b)(x + c)$.

   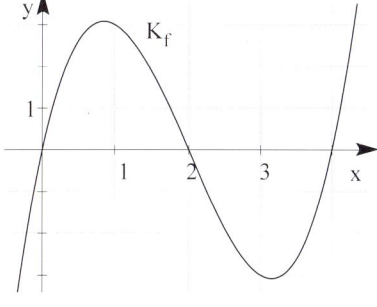

   a) Bestimmen Sie a, b und c.
   b) Der Punkt T(... | − 3.08) liegt auf K.
      Bestimmen Sie die x-Koordinate so genau wie möglich.
      Beschreiben Sie, wie man zu einem gegebenen y-Wert die zugehörigen Argumente bestimmen kann.
   c) Für welche Werte von k (k ≠ 0) schneidet die Parabel G von g mit $g(x) = kx(x - 4)$ das Schaubild K in genau zwei Punkten?
   d) Für welche Werte von m ist die Gerade mit der Gleichung y = mx Tangente an K?
      Bestimmen Sie die Berührpunkte und die Tangentengleichungen.

7. Für jedes t ∈ **R** ist K_t das Schaubild der Funktion f_t mit $f_t(x) = (x + t)^2(2 - x)$; x ∈ **R**.

   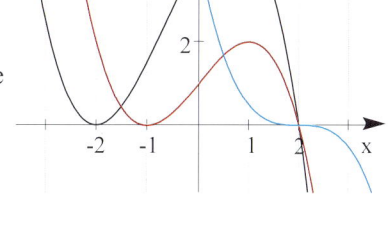

   a) Ordnen Sie jeder Kurve einen t-Wert zu.
   b) Bestimmen Sie die Lösungsmenge folgender Ungleichung $(x + 1)^2(2 - x) < 0$.
   c) Berechnen Sie die Abszissen der Schnittpunkte von K_{t_1} und K_{t_2} für $t_1 \neq t_2$.
   d) G ist das Schaubild von g mit $g(x) = -x + 2$.
      Berechnen Sie die Koordinaten der Schnittpunkte von K_t und G in Abhängigkeit von t.
      Für welche Werte von t gibt es genau zwei Schnittpunkte?

8. Für jedes t < 0 ist K_t das Schaubild der Funktion f_t mit $f_t(x) = tx^3 + 2x$; x ∈ **R**.
   a) Zeichnen Sie K_t für t ∈ {−2, − 1, − 0,5}. Gibt es gemeinsame Eigenschaften aller Schaubilder K_t? Welche Wirkung hat der Parameter t?
   b) Zeigen Sie: Die Ursprungsgerade mit Steigung m = 2 berührt K_t.
   c) Bestimmen Sie die Anzahl der gemeinsamen Punkte einer Ursprungsgeraden mit y = mx und K_t in Abhängigkeit von m.
   d) Die Gerade mit x = a (0 < a < 3) schneidet $K_{-0,1}$ im Punkt P und die 1.Winkelhalbierende in Q. Bestimmen Sie die Länge der Strecke PQ für a = 1,5.
      Zeigen Sie: Es gibt Werte für a, sodass die Strecke eine größere Länge besitzt.

9. Für jedes t ∈ **R** ist K_t das Schaubild der Funktion f_t mit $f_t(x) = x^3 - tx + 2$; x ∈ **R**.
   Zeichnen Sie K_t für t ∈ { 2, 1, 3, −1}. Bestimmen Sie Gemeinsamkeiten und Unterschiede der Schaubilder K_t? Bestimmen Sie die Anzahl der Nullstellen in Abhängigkeit von t.

5 Ganzrationale Funktionen 4. Grades

5.1 Definition

Eine ganzrationale Funktion f 4. Grades ist gegeben durch:

$$f(x) = ax^4 + bx^3 + cx^2 + dx + e \; ; \; a \neq 0$$

Für den **maximalen Definitionsbereich** einer ganzrationalen Funktion f gilt: **D = R.**

Das Schaubild ist eine **Parabel 4. Ordnung**.

Beispiel: $f(x) = 3x^4 + x^3 - 5x - 4$; Koeffizienten sind: a = 3, b = 1, c = 0, d = − 5, e = − 4

Der Funktionsterm einer ganzrationalen Funktion 4. Grades enthält **stets x^4 als höchste**

Potenz, kann aber auch x^3, x^2, x oder eine konstante Zahl enthalten.

Bemerkung: $3x^4 + x^3 - 5x - 4$ ist ein **Polynom 4. Grades**.

Aufgaben

1. Wählen Sie Beispiele von Parabeln 4. Ordnung. Vergleichen Sie die Kurven miteinander. Welche Unterschiede und welche Gemeinsamkeiten lassen sich feststellen?

2. Eine ganzrationale Funktion 4. Grades hat die Nullstellen $x_{1|2} = 4$, $x_3 = -1$ und $x_4 = 0$. Skizzieren Sie eine mögliche zugehörige Parabel.

3. Das Schaubild K einer ganzrationalen Funktion 4. Grades verläuft symmetrisch zur y-Achse, berührt die x-Achse in x = 3 und schneidet die y-Achse in S(0 | 4). Zeichnen Sie K.

5.2 Schaubilder von ganzrationalen Funktionen 4. Grades

Beispiele

1) f mit $f(x) = x^4$, $x \in$ **R**

   Eigenschaften des Schaubildes K:

   a) **Symmetrie zur y-Achse**

   b) **nach oben geöffnet**

   c) einen Schnittpunkt mit der x-Achse

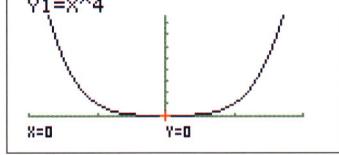

2) f mit $f(x) = \frac{1}{9}(x^4 - 6x^2 + 9)$, $x \in$ **R**

   Eigenschaften des Schaubildes K:

   a) **Symmetrie zur y-Achse**

   b) **nach oben geöffnet**

   c) zwei Schnittpunkte mit der x-Achse

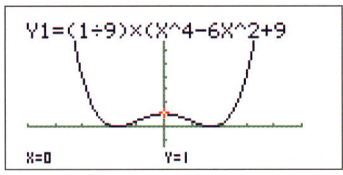

3) f mit $f(x) = -x^4 + x^3 + 2x^2$, $x \in$ **R**

   Eigenschaften des Schaubildes K:

   a) **keine Symmetrie zur y-Achse**

   b) **nach unten geöffnet**

   c) drei Schnittpunkte mit der x-Achse

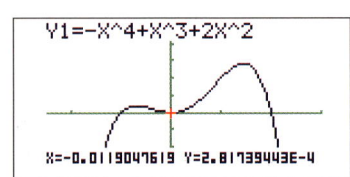

4) Gegeben ist die ganzrationale Funktion f mit $f(x) = -0,25x^4 + 2x$, $x \in \mathbb{R}$.

Untersuchen Sie das Schaubild K von f.

Lösung

Bed. für die Nullstellen: **f (x) = 0**

Lösung durch Ausklammern

ergibt zwei einfache Nullstellen.

Schnittpunkte mit der x-Achse:

$N_1 (0 \mid 0)$, $N_2(2 \mid 0)$

K verläuft **vom III. in den IV. Quadranten.**

(K ist nach unten geöffnet.)

K ist nicht symmetrisch.

$-0,25x^4 + 2x = 0$

$-0,25x(x^3 - 8) = 0$

$x_1 = 0$; $x_2 = \sqrt[3]{8} = 2$

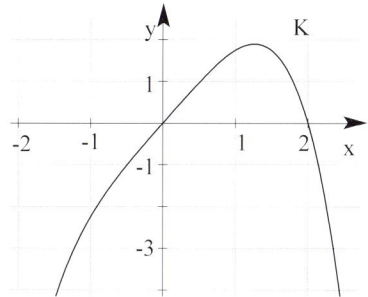

Bemerkung

Mit Hilfe der Abbildung lässt sich z. B. die Ungleichung $-0,25x^4 + 2x > 0$
oder die Gleichung $-0,25x^4 + 2x = 0$ **graphisch lösen**.

$-0,25x^4 + 2x > 0 \iff 0 < x < 2$ (K verläuft oberhalb der x-Achse.)

5) Gegeben ist die Funktion f mit $f(x) = \dfrac{1}{4}x^4 - \dfrac{1}{2}x^3$; $x \in \mathbb{R}$.

Untersuchen Sie das Schaubild K von f.

Lösung

Bed. für die Nullstellen: **f (x) = 0**

Nullprodukt

dreifache Nullstelle; einfache Nullstelle

Schnittpunkte mit der x-Achse:

$N_{1|2|3}(0 \mid 0) = S_y$; $N_4(4 \mid 0)$

$\dfrac{1}{4}x^4 - x^3 = 0 \mid \cdot(4) \Rightarrow x^4 - 4x^3 = 0$

$x^3(x - 4) = 0$

$x^3 = 0 \vee x - 4 = 0$

$x_{1|2|3} = 0$; $x_4 = 4$

Verhalten für „große" x-Werte:

K verläuft vom **II. in den I. Quadranten.**

(K ist nach oben geöffnet.)

K ist nicht symmetrisch zur y-Achse.

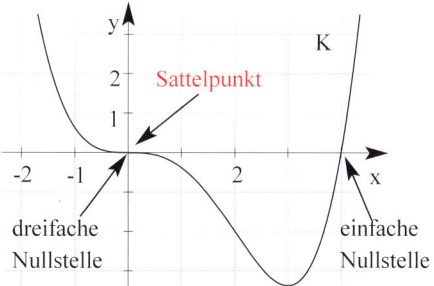

dreifache
Nullstelle

einfache
Nullstelle

Bemerkung: Die Funktion **f besitzt eine dreifache Nullstelle** bedeutet:

Das Schaubild von f berührt und durchschneidet die x-Achse.

Was man wissen sollte ... über ganzrationale Funktionen 4.Grades

Ganzrationale Funktion 4. Grades
f mit $f(x) = ax^4 + bx^3 + cx^2 + dx + e;$
$\quad a \neq 0; x \in R$

Symmetrie zur y-Achse
Bed.: $f(x) = f(-x)$
Eine zur y-Achse symmetrische Parabel
4. Ordnung hat die Gleichung
$y = ax^4 + cx^2 + e.$
(nur **gerade Hochzahlen** von **x**)

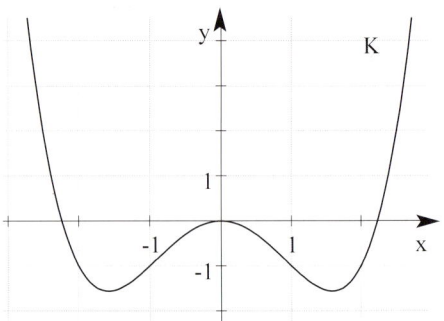

Kurvenverlauf für x→ ∞ bzw. x→ − ∞ (für „ große" x-Werte)

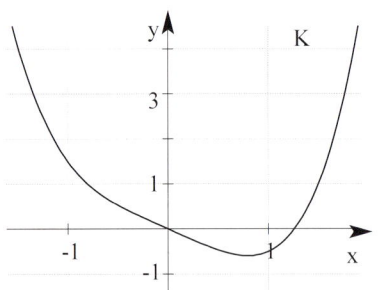

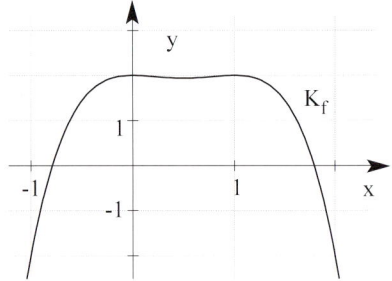

Die Kurve K verläuft vom
II. in den I. Quadranten.
K: $f(x) = \boxed{+}\, 0{,}5x^4 - x$

Die Kurve verläuft vom
III. in den IV. Quadranten.
K_f: $f(x) = \boxed{-}\, x^2(x-1)^2 + 2$

Vielfachheit von Nullstellen

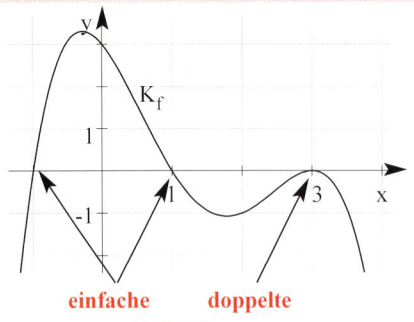

einfache **doppelte**
Nullstelle

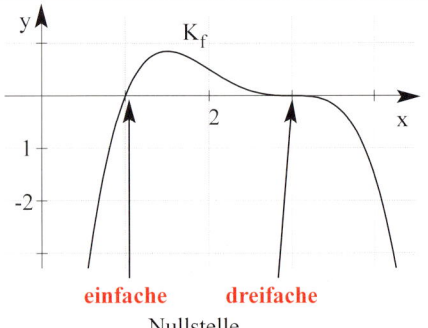

einfache **dreifache**
Nullstelle

Aufgaben

1. Gegeben ist die ganzrationale Funktion f 4. Grades. K ist das Schaubild von f.
   Untersuchen Sie das Schaubild K von f auf Schnittpunkte mit den Koordinatenachsen, auf Symmetrie zur y-Achse und skizzieren Sie das Schaubild K.

   a) $f(x) = \frac{1}{8}x^4 - x$ b) $f(x) = -\frac{1}{2}x^2(x^2 - 4)$ c) $f(x) = (x^2 - 1)(x - 2)^2$

   d) $f(x) = -\frac{1}{16}x^4 + \frac{1}{2}x^3 - x^2$ e) $f(x) = \frac{1}{4}x^4 - x^2 - 3$ f) $f(x) = (x^2 - 3)^2$

   g) $f(x) = x^4 - 6x^3 + 12x^2 - 8x$ h) $f(x) = -\frac{3}{8}x^4 + x^3 - 2$ i) $f(x) = -\frac{3}{5}x^2(x - 2)(x + 1)$

2. Welcher Term gehört zu
   welchem Funktionsgraphen?

   $f(x) = -x^4 - x + 2$

   $g(x) = -(x^3 + x^2 + 2)$

   $h(x) = x^3 + 8x^2 + 20x + 16$

   $k(x) = \frac{1}{2}(x^4 - 11x^3 + 42x^2 - 68x + 40)$

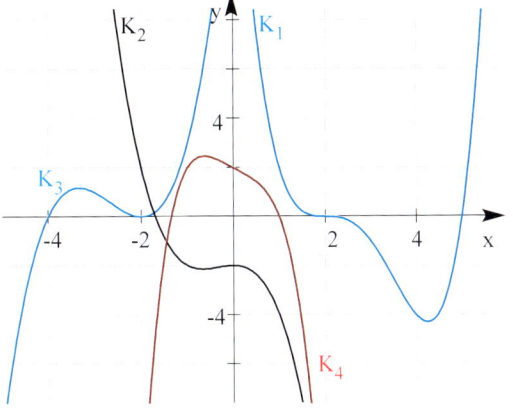

3. Gegeben ist die Funktion f mit $f(x) = (x - 1)^m (x + 2)^n$, m, n ∈ **N**, x ∈ **R**.

   a) Skizzieren Sie die zugehörige
      Kurve K_f für m = 1 und n = 2.

   b) Bestimmen Sie m und n aus der
      Abbildung.

   c) Machen Sie Aussagen über K_f für
      beliebige m- und n-Werte.

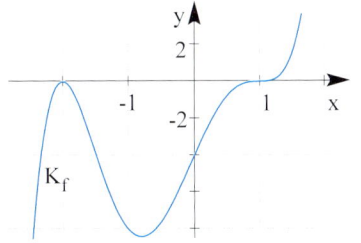

4. Lösen Sie die Gleichung mit Hilfe des GTR.

   a) $x^4 - 3x - 2 = 0$ b) $-x^4 + 2x^2 = x$ c) $-(x - 1)^3(x + 3) > 0$

   d) $-x^4 + 2x + 2 = 0$ e) $-x^4 + x = 0{,}5$ f) $-x^4 - x^3 + x + 5 = 0$

5. Gegeben sind die Funktionen
   f mit $f(x) = x^2(x - 3)^2$ und
   g mit $g(x) = x^2(3 - x)$, x ∈ **R**.
   Die Abbildung zeigt die zugehörigen
   Schaubilder K und G. Ordnen Sie zu.
   Begründen Sie Ihre Entscheidung.

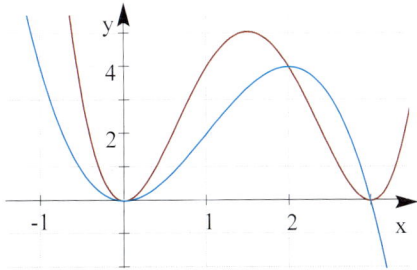

21 Bohner/Ihlenburg/Ott – ISBN 3-8120-0206-X

5.3 Schnittpunkte von zwei Kurven

Beispiele

1) Die Funktionen f und g sind gegeben durch $f(x) = \frac{1}{48}x^4 - x^2 + 8$, $g(x) = 5 - \frac{1}{2}x^2$; $x \in \mathbf{R}$.

Zeigen Sie, dass sich die Schaubilder K_f und K_g in zwei Punkten berühren. Berechnen Sie die Koordinaten der Berührpunkte.

Lösung

Gleichsetzen liefert die Schnittstellen: **f (x) = g (x)**　　$\frac{1}{48}x^4 - x^2 + 8 = 5 - \frac{1}{2}x^2$

Nullform　　$\frac{1}{48}x^4 - \frac{1}{2}x^2 + 3 = 0$　$|\cdot 48 <=>$　　$x^4 - 24x^2 + 144 = 0$

Lösung durch **Zerlegung** $(x^2 - 12)^2 = 0$ oder durch **Substitution** $x^2 = z$

ergibt zwei doppelte Schnittstellen:　　　　　　$x_{1|3} = \sqrt{12}$; $x_{2|4} = -\sqrt{12}$

Beachten Sie: Die **doppelte Schnittstelle** von K_f und K_g ist eine **Berührstelle.**

Einsetzen der x-Werte in **f (x)** oder **g (x)** ergibt die y-Werte und damit die

Berührpunkte:

$B_1(\sqrt{12} \mid -1)$; $B_2(-\sqrt{12} \mid -1)$

Bemerkung: K_f und K_g sind **symmetrisch zur y-Achse.**

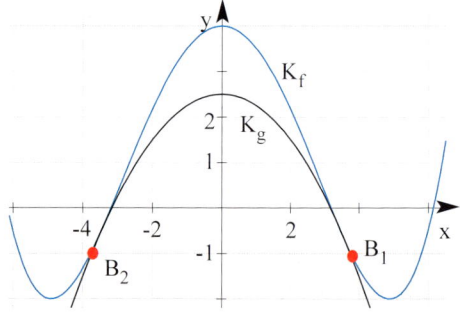

2) Die Funktionen f und g sind gegeben durch $f(x) = \frac{1}{16}x^4 - \frac{1}{4}x^3 + 1$, $g(x) = -x + 2$, $D = \mathbf{R}$.

Lösen Sie die Ungleichung : $f(x) < g(x)$.

Lösung

Schnittstellen: f (x) = g (x)

$\frac{1}{16}x^4 - \frac{1}{4}x^3 + 1 = -x + 2$

Lösung durch **Zerlegung z. B mit**

Polynomdivision $\frac{1}{16}(x-2)^3 (x+2) = 0$.

Damit gilt: **dreifache Schnittstelle** $x_{1|2|3} = 2$

　　　　　einfache Schnittstelle $x_4 = -2$

Lösung der Ungleichung durch Ablesen:

$f(x) < g(x)$ für $-2 < x < 2$

K_f verläuft auf diesem Bereich **unterhalb** von K_g.

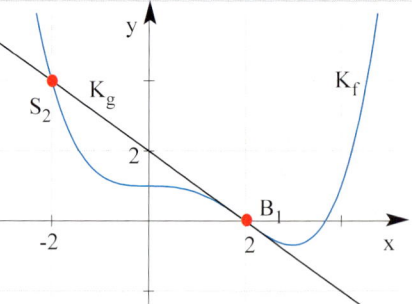

Bemerkung: K_f und K_g besitzen eine **dreifache Schnittstelle** in $x_1 = 2$. Dies bedeutet:

　　　K_f und K_g **berühren und durchschneiden** sich in $x_1 = 2$.

Aufgaben

1. Berechnen Sie die Koordinaten der Schnittpunkte der beiden Schaubilder K_f und K_g.

   a) $f(x) = -x^4 + 2x^3$ $\qquad\qquad$ $g(x) = 2x^3 - 1$

   b) $f(x) = -\frac{1}{4}x^2(x^2 - 4)$ $\qquad\quad$ $g(x) = -\frac{1}{2}x^2 + 2$

   c) $f(x) = \frac{1}{8}x^4 - x^3 + 2x^2$ $\qquad$ $g(x) = -\frac{1}{2}x^2 + 2x$

2. K ist das Schaubild der Funktion f mit $f(x) = -\frac{1}{27}x^4 + \frac{2}{9}x^3$, $x \in \mathbf{R}$.

   a) Untersuchen Sie das Schaubild K von f auf Schnittpunkte mit den Koordinatenachsen und skizzieren Sie K in ein Achsenkreuz.

   b) Zeigen Sie: Die Gerade g mit der Gleichung $y = 2x - 3$ berührt K an der Stelle $x = 3$ und schneidet K in einem weiteren Punkt.
   Berechnen Sie die Koordinaten der gemeinsamen Punkte.

3. Gegeben ist die Funktion f mit $f(x) = \frac{1}{48}x^4 - x^2 + 9$, $x \in \mathbf{R}$. K ist ihr Schaubild.

   a) Untersuchen Sie K auf Achsenschnittpunkte und skizzieren Sie K.

   b) Zeigen Sie, dass K die Parabel mit der Gleichung $y = 6 - 0{,}5x^2$ in zwei Punkten berührt. Bestimmen Sie die Koordinaten der Berührpunkte.

4. Gegeben sind die Funktionen f mit $f(x) = \frac{1}{4}x^4 - x^2$ und g_c mit $g_c(x) = \frac{1}{2}x^4 - x^2 + c$.

   K ist das Schaubild von f, G_c ist das Schaubild von g_c.

   a) Bestimmen Sie c so, dass G_c genau 2 Schnittpunkte mit der x-Achse hat.

   b) Für welche Werte von c haben K und G_c genau zwei gemeinsame Punkte?

5. Gegeben sind die Funktionen f mit $f(x) = -x^4 + 2x^2 + 0{,}5$
   und g mit $g(x) = -\frac{1}{2}x^4 + 2x$, $x \in \mathbf{R}$.
   Wie viele gemeinsame Punkte haben die zugehörigen Schaubilder K und G?
   Bestimmen Sie die Koordinaten mit dem GTR. Gibt es Besonderheiten?

6. Schneiden sich die Kurven K und G für $x \in \mathbf{R}$? Wenn ja, wie oft? Begründen Sie Ihre Antwort?

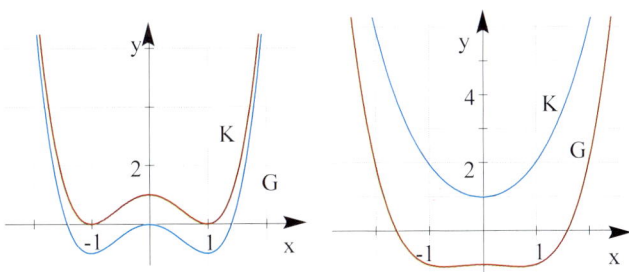

7. Gegeben sind die Funktionen f mit $f(x) = x^4 + x^3 + 1$ und g mit $g(x) = x^4 + x^2 + 1$.
   Zeichnen Sie die zugehörigen Kurven in ein Koordinatensystem.
   Machen Sie Aussagen über die gegenseitige Lage der beiden Kurven.
   Bestätigen Sie Ihre Aussagen durch Rechnung.

5.4 Aufstellen von Parabelgleichungen

Beispiele

1) Eine Parabel 4. Ordnung verläuft durch den Ursprung und die Punkte A(1 | –2),
B(–1 | 2), C(2 | – 4) und D(3 | 18). Bestimmen Sie den zugehörigen Funktionsterm.

Lösung

Ansatz: $f(x) = ax^4 + bx^3 + cx^2 + dx + e$

Für die 5 Unbekannten a, b, c, d und e benötigt man **5 Bedingungen**, aus denen
man ein **lineares Gleichungssystem** mit 5 Gleichungen aufstellen kann.

Punkte	Bedingungen	Gleichungssystem
O(0 | 0)	$f(0) = 0$	$e = 0$
A(1 | –2)	$f(1) = -2$	$a + b + c + d + e = -2$
B(–1 | 2)	$f(-1) = 2$	$a - b + c - d + e = 2$
C(2 | – 4)	$f(2) = -4$	$16a + 8b + 4c + 2d + e = -4$
D(3 | 18)	$f(3) = 18$	$81a + 27b + 9c + 3d + e = 18$

Nach **Einsetzen** von e = 0 und **Vereinfachung durch Division** verbleibt ein LGS
mit 4 Gleichungen: $a + b + c + d = -2 \quad \wedge \quad a - b + c - d = 2$
$$8a + 4b + 2c + d = -2 \quad \wedge \quad 27a + 9b + 3c + d = 6$$

Lösung des LGS
mit dem **GTR** ergibt:
a = 1, b = –2,
c = –1, d = 0

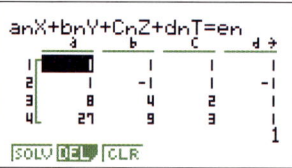 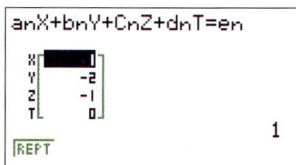

Gesuchter Funktionsterm: $f(x) = x^4 - 2x^3 - x^2$

Bemerkung: Mit **Regression** erhält man a = 1, b = –2, c = –1, d = –3·10⁻¹², e = 2·10⁻¹²

2) Das Schaubild einer ganzrationalen Funktion 4. Grades ist symmetrisch zur y-Achse
und verläuft durch die Punkte A(0 | 4), B(2 | 2) und C (1 | $\frac{25}{8}$). Bestimmen Sie f(x).

Lösung

Wegen der gegebenen **Achsensymmetrie zur y-Achse ist b = 0 und d = 0**.
Man erhält als Ansatz die vereinfachte Form: $f(x) = ax^4 + cx^2 + e$

**Punktprobe mit den Koordinaten der Punkte A, B und C ergibt ein LGS für
die Unbekannten a, c und e.**

$$e = 4$$
$$16a + 4c + e = 2$$
$$a + c + e = \frac{25}{8}$$

Nach **Einsetzen von e = 4**
verbleibt ein LGS mit 2 Gleichungen: $16a + 4c = -2 \quad \wedge \quad a + c = -\frac{7}{8}$
Lösung mit Additionsverfahren ergibt: $a = \frac{1}{8}; c = -1; e = 4$
Funktionsterm: $f(x) = \frac{1}{8}x^4 - x^2 + 4$

3) Gegeben ist das Schaubild K einer ganzrationalen Funktion f   4. Grades.
   Bestimmen Sie den Funktionsterm.

Lösung

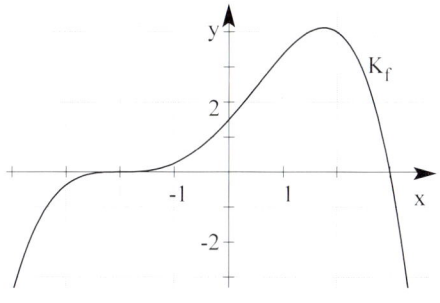

Aus der Abbildung lässt sich **ablesen**:

$x_{1|2|3} = -2$ ist **dreifache Nullstelle** von f,

$x_4 = 3$ ist **einfache Nullstelle** von f.

$P(0|\ 1,5)$ liegt auf dem Schaubild K von f.

Da **alle Nullstellen** bekannt sind, wählt
man die **Produktform** als Ansatz: $f(x) = a(x+2)^3 (x-3)$

Punktprobe mit $S(0\ |\ 1,5)$ liefert a: $f(0) = -24a = 1,5 \ <=> a = -\dfrac{1}{16}$

Funktionsterm: $f(x) = -\dfrac{1}{16}(x+2)^3 (x-3)$

Aufgaben

1. Eine zur y-Achse symmetrische Parabel 4. Ordnung verläuft durch die gegebenen
    Punkte. Bestimmen Sie einen zugehörigen Funktionsterm.

    a) $A(0|\ 2)$, $B(-2|0)$, $C(1\ |\ \frac{57}{40})$ b) $A(1\ |\ \frac{1}{16})$, $B(2\ |-2)$, $C(-4\ |\ 1)$

    c) $A(\sqrt{3}\ |-\frac{9}{4})$, $B(\sqrt{2}\ |-2)$, $C(-1\ |-\frac{5}{4})$ d) $A(0|\ \frac{3}{2}t)$, $B(\sqrt{t}\ |\ \frac{16}{9}t)$, $C(\sqrt{3t}\ |\ 2t)$

2. Eine Parabel 4. Ordnung verläuft durch

    a) den Ursprung O und die Punkte $B(1|\ 2,5)$, $C(-2\ |-14)$, $D(2\ |\ 6)$ und $E(-1\ |-8,5)$.

    b) die Punkte $A(0\ |-4)$, $B(-2\ |-4)$, $C(2\ |\ 12)$, $D(1\ |-\frac{5}{2})$ und $E(-1\ |-\frac{9}{2})$.

    Bestimmen Sie jeweils die Parabelgleichung.

3. Das Schaubild einer ganzrationalen Funktion 4. Grades hat in $O(0|\ 0)$ einen
    Sattelpunkt, schneidet die x-Achse in $N(3\ |\ 0)$ und verläuft durch den Punkt $T(2\ |-2)$.
    Bestimmen Sie den Funktionsterm.

4. Eine zur y-Achse symmetrische Parabel K 4. Ordnung schneidet die y-Achse in 2
    und verläuft durch die Punkte $N(\sqrt{6}|\ 2)$ und $W(1\ |\ 0,75)$.
    Bestimmen Sie die Gleichung von K. Wie erhält man $G: y = 0,25x^2(x^2-6)$ aus K?

5. Die Abbildung zeigt zwei
    Schaubilder von ganzrationalen
    Funktionen 4. Grades.
    Bestimmen Sie jeweils den
    Funktionsterm.

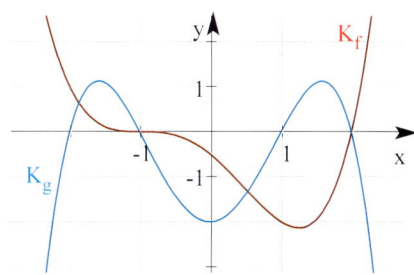

6. Der Graph der Funktion f mit $f(x) = ax^4 + bx^3 + e$ schneidet eine Parallele zur
    x-Achse mit Abstand 3 LE in $x = 0$ und $x = 2$. $x = 0$ ist dreifache Schnittstelle.
    Bestimmen Sie einen möglichen Funktionsterm.

7. K ist das Schaubild einer Funktion f
    mit $f(x) = ax^4 + dx + e$.
    Bestimmen Sie a, d, e
    aus der Zeichnung.
    Bestimmen Sie die positive Nullstelle.

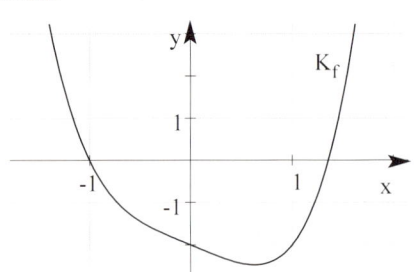

8. Eine Parabel K_f von f mit
    $$f(x) = ax^4 + bx^2 - \frac{7}{4}$$
    schneidet die Gerade in zwei Punkten.
    Bestimmen Sie a und b
    und die Geradengleichung.

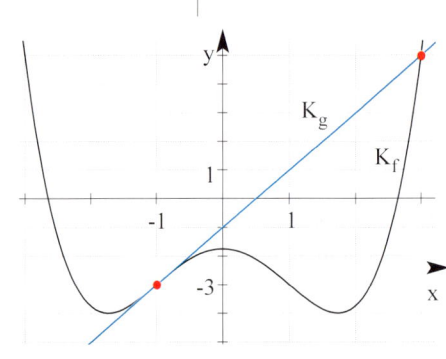

9. Die Abildung zeigt den Giebel eines
    Barock-Hauses (Maße in m).
    a) Begründen Sie, dass es sich bei der
        Randfunktion um eine ganz-
        rationale Funktion 4. Grades
        handelt.
    b) Bestimmen Sie den Funktionsterm.
    c) Ein Fenster der Höhe 2,25 m soll
        in den Giebel eingepasst werden.
        Wie breit kann es höchstens sein?

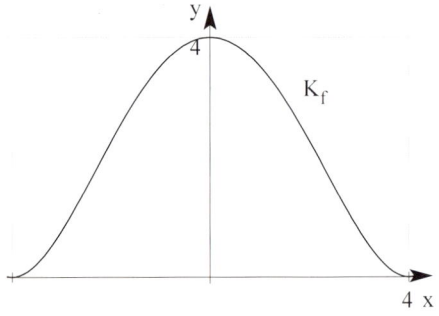

10. Die symmetrische Querschnittsfläche eines Gebirgstales lässt sich beschreiben
    durch eine ganzrationale Funktion 4. Grades. Das Tal hat bei einer Breite
    von 120 m seine größte Höhe von 360 m.
    Bei einer Breite von 60 m wird eine
    Höhe von 157,5 m erreicht.
    a) Bestimmen Sie einen Funktionsterm.
    b) Ein 250 m hoher Staudamm soll errichtet
        werden. Wie breit ist die Dammkrone?
        Bestimmen Sie auf eine Dezimale gerundet.

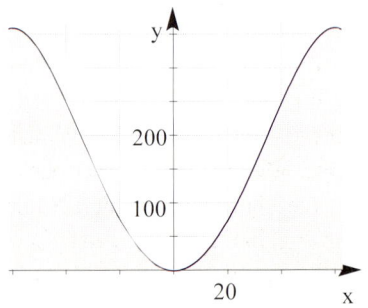

5.5 Parabelscharen 4. Ordnung

Beispiele

1) Zu jedem $t \in \mathbf{R}$ ist eine Funktion f_t gegeben durch $f_t(x) = x^4 - 0{,}5tx^3$; $x \in \mathbf{R}$.
Ihr Schaubild sei K_t. Welche Gemeinsamkeiten aller Kurven liegen vor?
Berechnen Sie die Nullstellen von f_t.

Lösung

Wir lesen ab:

Alle Parabeln der Parabelschar

berühren die x-Achse im

Ursprung O(0 |0).

Der Ursprung ist **gemeinsamer**

Punkt aller Scharkurven K_t.

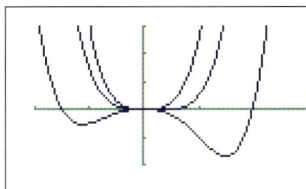

Alle K_t verlaufen vom II. in den I. Quadranten.

Bed. für die **Nullstellen von** f_t: $f_t(x) = 0$ $x^4 - 0{,}5tx^3 = 0 <=> x^3(x - 0{,}5t) = 0$

Nullprodukt $x^3 = 0 \vee x - 0{,}5t = 0$

dreifache Nullstelle, unabhängig von t $x_{1|2|3} = 0$

einfache Nullstelle für $t \neq 0$ $x_4 = 0{,}5t$

Bemerkung: Für $t \neq 0$ ist $x = 0$ **dreifache** Nullstelle von f_t, d.h., die Funktionswerte
wechseln an dieser Stelle **das Vorzeichen**. K_t „durchschneidet" die x-Achse in $x = 0$.
Für $t = 0$ ist $x = 0$ **vierfache** Nullstelle von f_0, die zugehörige Parabel K_0 berührt
die x-Achse im Ursprung (**kein Vorzeichenwechsel** der Funktionswerte).

2) Zu jedem $t \in \mathbf{R}$ ist eine Funktion f_t gegeben durch $f_t(x) = \frac{1}{4}x^4 - 2x^2 + t$; $x \in \mathbf{R}$.
Ihr Schaubild sei K_t.
Bestimmen Sie die Anzahl der Nullstellen von f_t in Abhängigkeit von t.

Lösung

Die Abbildung zeigt K_2, K_3 und K_4.
Alle Parabeln verlaufen vom II. in den
I. Quadranten. Der Parameter t bewirkt eine
Verschiebung in y-Richtung.
Verschiebt man z. B
die Kurve K_2 um 2 LE nach oben oder
die Kurve K_3 um 1 LE nach oben, so hat

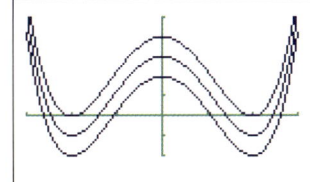

die verschobene Kurve **K_4** genau zwei Schnittpunkte mit der x-Achse:
Für $t = 4$ hat f_4 genau zwei Nullstellen.
Verschiebt man noch weiter nach oben, $t > 4$, so hat f_t **keine Nullstellen** mehr.
Für $t = 0$ hat **f_0** genau drei Nullstellen.
Für $t < 0$ hat **f_t** genau zwei Nullstellen.

Ergebnis: Für $t < 0 \vee t = 4$ zwei, für $t = 0$ drei, für $0 < t < 4$ vier, für $t > 4$ keine NST.

3) Zu jedem $t \in \mathbf{R}$ ist eine Funktion f_t gegeben durch $f_t(x) = x^4 - tx^3 + (t-1)x^2$; $x \in \mathbf{R}$.
Ihr Schaubild sei K_t.
a) Untersuchen Sie K_t auf Schnittpunkte mit der x-Achse.
b) Bestimmen Sie die Koordinaten der gemeinsamen Punkte aller Scharkurven K_t.

Lösung

a) Bed. für die **Nullstellen von f_t** : $f_t(x) = 0$ $x^4 - tx^3 + (t-1)x^2 = 0$

    Ausklammern $x^2(x^2 - tx + (t-1)) = 0$

    Nullprodukt $x^2 = 0 \;\vee\; x^2 - tx + (t-1) = 0$

    doppelte Nullstelle, unabhängig von t $x_{1|2} = 0$

    weitere Nullstellen, wenn $x^2 - tx + (t-1) = 0$

    (quadratische Gleichung in x)

    In der Formel setzt man: $b = -t$; $c = t - 1$ $x_{3|4} = \dfrac{t \pm \sqrt{t^2 - 4(t-1)}}{2}$

    mit $D = t^2 - 4(t-1) = (t-2)^2$ $x_{3|4} = \dfrac{t \pm (t-2)}{2}$

    einfache Nullstelle, unabhängig von t $x_3 = 1$

    Nullstelle, abhängig von t $x_4 = t - 1$

    Jede Parabel K_t schneidet die x-Achse in den Punkten $N_{1|2}(0 \mid 0)$ und $N_3(1 \mid 0)$.
    Die Parabel K_t hat für $t \neq 1$ und $t \neq 2$
    einen weiteren Schnittpunkt mit der x-Achse: $N_4 (t - 1 \mid 0)$

Bemerkung: Die Schnittpunkte mit der x-Achse
$N_{1|2}(0 \mid 0)$ und $N_3(1 \mid 0)$ sind **gleichzeitig**
gemeinsame Punkte aller Kurven K_t, da
die Koordinaten unabhängig von t sind.

Möglicherweise gibt es aber **noch weitere**
gemeinsame Punkte aller Kurven K_t.

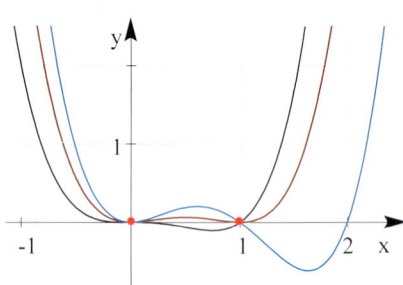

b) Die Koordinaten der Schnittpunkte der Scharkurven K_t und K_1 ($t \neq 1$) müssen
unabhängig von t sein.
Gleichsetzen: $f_t(x) = f_1(x)$ $x^4 - tx^3 + (t-1)x^2 = x^4 - x^3$

                                    $-tx^3 + x^3 + (t-1)x^2 = 0$

    Ausklammern $x^2(-tx + x + t - 1) = 0$

    doppelte Schnittstelle, unabhängig von t $x_{1|2} = 0$

    weitere Nullstellen, wenn $-tx + x + t - 1 = 0 \;\Rightarrow\; x(t-1) = t - 1$

    einfache Schnittstelle, unabhängig von t $x_3 = 1$ (für $t \neq 1$)

    gemeinsamer Berührpunkt aller K_t $N_{1|2} (0 \mid 0)$

    gemeinsamer Schnittpunkt aller K_t $N_3(1 \mid 0)$

Aufgaben

1. Untersuchen Sie den Einfluß des Parameters auf die Funktionsgraphen.

   a) $f_t(x) = x^4 - 2x^3 + t$ b) $f_t(x) = tx^4 - 2x^2$ c) $f_t(x) = x^4 + tx^2$

   Für welche Werte von t hat f_t Nullstellen?

2. Die Abbildung zeigt Kurven der
   Funktionenschar
   f_t mit $f_t(x) = -\frac{1}{4}x^4 + t^2x^2$; $x \in \mathbf{R}$.
   Finden Sie gemeinsame Eigenschaften.
   Ordnen Sie jeder Kurve einen t-Wert zu.

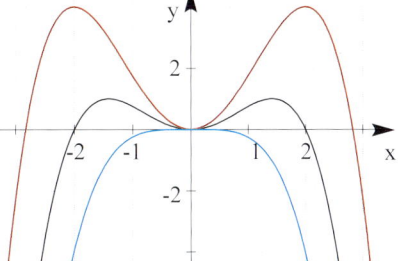

3. Für jedes $t \in \mathbf{R}^*$ ist eine Funktion f_t gegeben durch $f_t(x) = \frac{1}{16t}x^4 - x^2 + t + 6$; $x \in \mathbf{R}$.
   K_t ist das Schaubild von f_t.

   a) Für welchen Wert von t verläuft K_t
      durch den Punkt D $(-1 \mid 4,5)$?

   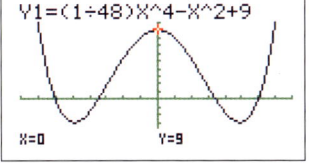

   b) Gegeben ist die Parabel P mit der Gleichung
      $y = 6 - 0,5x^2$; $x \in \mathbf{R}$. Für welche Werte von t
      berührt die Parabel P das Schaubild K_t in
      zwei Punkten? Bestimmen Sie die Koordinaten der beiden Berührpunkte.

   c) Die Gerade mit der Gleichung $x = u$ schneidet die Parabel P für $0 \leq x \leq 2\sqrt{3}$
      im Punkt A und das Schaubild K_3 im Punkt B. Die Punkte A, B und O$(0 \mid 0)$ sind
      die Eckpunkte eines Dreiecks. Berechnen Sie den Flächeninhalt A(u).

4. a) Das Schaubild einer ganzrationalen Funktion 4. Grades ist symmetrisch zur y-
      Achse und verläuft durch die Punkte A$(0 \mid t)$, B$(\sqrt{t} \mid 0)$ und C$(\sqrt{2t} \mid t)$ mit $t > 0$.
      Bestimmen Sie den Funktionsterm der ganzrationalen Funktion.

   K_t ist der Graph der Funktion f_t mit $f_t(x) = \frac{1}{t}x^4 - 2x^2 + t$; $x \in \mathbf{R}$, $t \in \mathbf{R}^*$.

   b) Untersuchen Sie K_t auf Symmetrie und Schnittpunkte mit den Koordinatenachsen.
      Zeichnen Sie K_3.

   c) Die Gerade g verläuft parallel zur x-Achse durch den Schnittpunkt von K_t mit der
      y-Achse. K_t und g schneiden sich in zwei weiteren Punkten S_1 und S_2.
      Berechnen Sie die Koordinaten von S_1 und S_2.

   d) Zeigen Sie: Es gibt keinen gemeinsamen Punkt aller Kurven K_t.

5. K_t ist der Graph der Funktion f_t mit $f_t(x) = \frac{1}{t^2}x^4 - x^2$; $x \in \mathbf{R}$, $t \in \mathbf{R}^*$.

   a) Untersuchen Sie K_t auf Symmetrie und Schnittpunkte mit der x-Achse.

   b) Skizzieren Sie K_t für $t \in \{1; 2\}$.

   c) Bestimmen Sie die Koordinaten der Schnittpunkte von K_t und der Normalparabel
      in Abhängigkeit von t. Für welchen Wert von t ist S$(5 \mid ?)$ ein Schnittpunkt?

   d) Bestimmen Sie die Lösungsmenge folgender Ungleichung: $x^4 - x^2 \geq 0$.

5.6 Aufgaben zu ganzrationalen Funktionen

1. K ist das Schaubild der Funktion f mit $f(x) = \frac{1}{8}x^4 - x^3 + 2x^2$; $x \in \mathbf{R}$.
   a) Zeigen Sie: $f(x) \geqq 0$ für alle $x \in \mathbf{R}$.
   b) Der Ursprung, $P(u \mid 0)$ und $Q(u \mid f(u))$ bilden für $0 < u < 4$ die Eckpunkte eines Dreiecks. Bestimmen Sie den Flächeninhalt des Dreiecks in Abhängigkeit von u. Wie ändert sich der Flächeninhalt, wenn O durch $R(0 \mid 5)$ ersetzt wird?

2. Gegeben ist das Schaubild der Funktion f.
   a) Zeichnen Sie das Schaubild der Funktion g mit $g(x) = x \cdot f(x)$.
   Beschreiben Sie Ihre Vorgehensweise.
   b) Machen Sie Aussagen über die Nullstellen von h mit $h(x) = [f(x)]^2$.

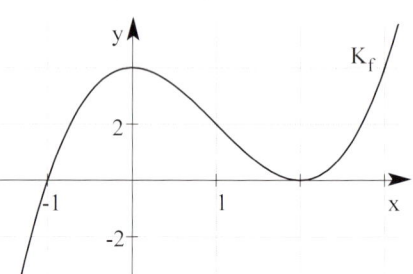

3. Gegeben ist die Funktion f mit $f(x) = \frac{1}{8}(x^5 - 8x^3)$; $x \in \mathbf{R}$.
   Begründen Sie, warum eine Ursprungsgerade mit dem Schaubild K von f nur einen oder drei oder fünf gemeinsame Punkte haben kann.
   Welche Ursprungsgeraden haben mit K genau drei (genau fünf) gemeinsame Punkte? Lösen Sie mit Hilfe des GTR.

4. Für jedes $t \in \mathbf{R}^*$ ist eine Funktion f_t gegeben durch $f_t(x) = x^3 - tx^2 + tx + 1$; $x \in \mathbf{R}$.
   Ihr Schaubild sei K_t.
   Zeigen Sie, dass alle Schaubilder K_t zwei Punkte gemeinsam haben.
   Bestimmen Sie t-Werte, sodass f_t eine bzw. drei Nullstelle(n) hat.
   Wie viele Nullstellen hat f_t für $t = 4,4$? Begründen Sie Ihre Entscheidung.

5. Gegeben ist die Wertetabelle einer ganzrationalen Funktion f.
   Skizzieren Sie die zugehörige Kurve. Welche Eigenschaften hat die Funktion f?

   a) 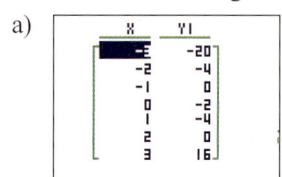 b)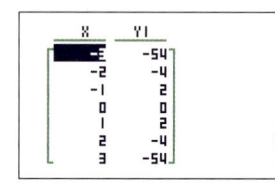

6. Die Abbildungen zeigen Schaubilder von ganzrationalen Funktionen. Ordnen Sie jedem Schaubild einen Grad zu. Begründen Sie.

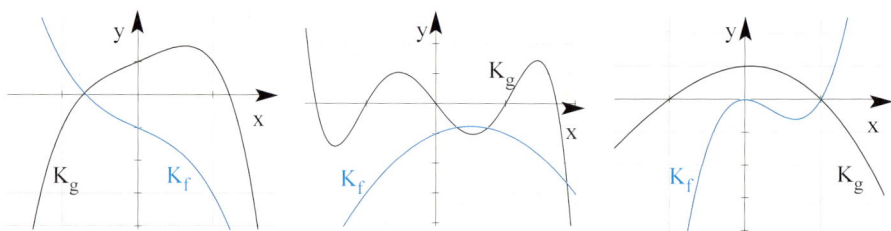

Domino zu ganzrationalen Funktionen

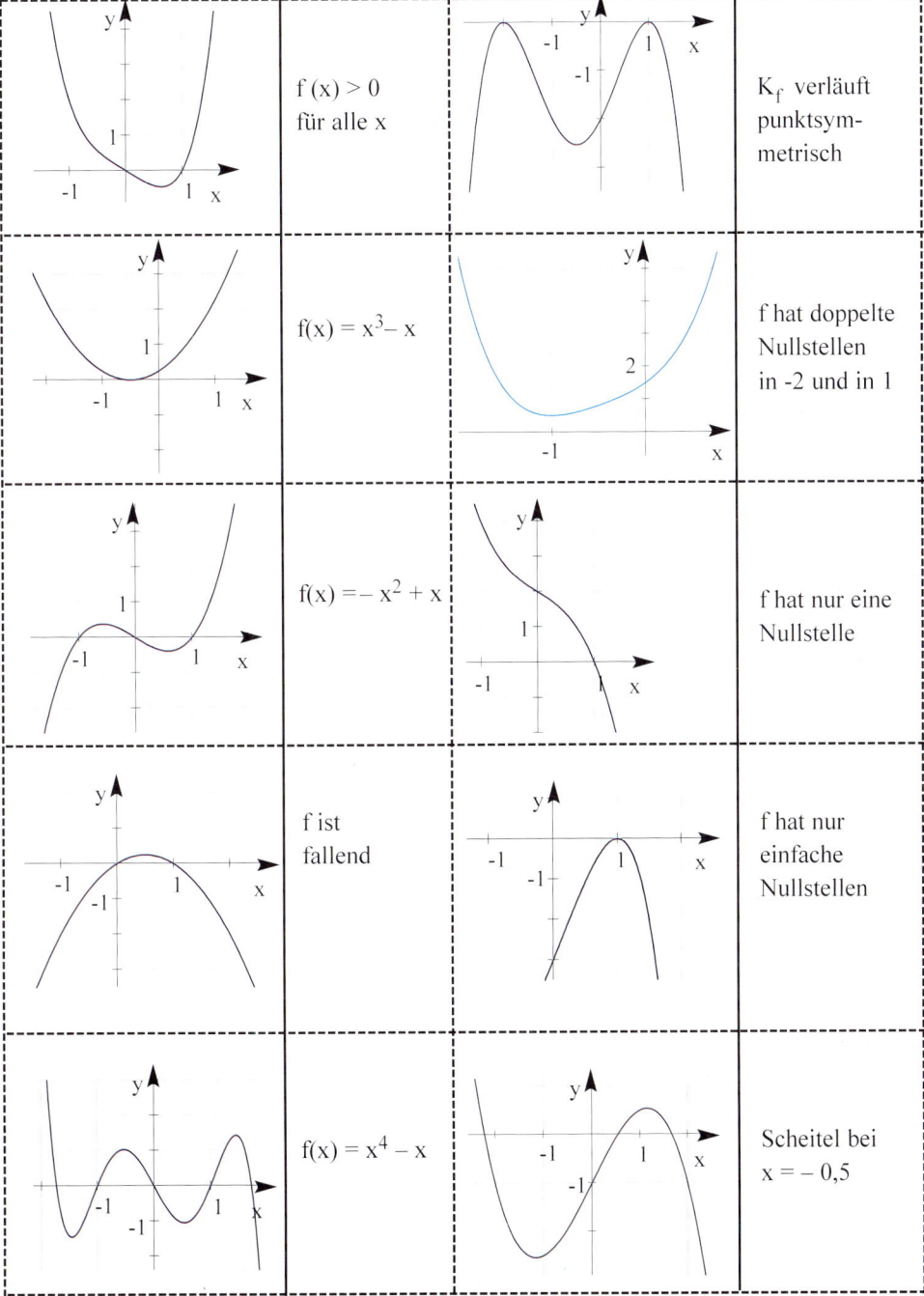

An den gestrichelten Linien schneiden.

6 Exponentialfunktionen

6.1 Einführung und Definition

Beispiele

1) Ein Kapital von 1000 EUR kann auf verschiedene Art zu 5 % Zinsen angelegt werden.
   a) Die Zinsen werden jedes Jahr abgehoben.
   b) Die Zinsen werden mitverzinst.
   Stellen Sie die Kapitalentwicklung für 20 Jahre graphisch dar.

Lösung

a) Kapital nach x Jahren:
   $K(x) = 1000 + 0,05 \cdot 1000 \cdot x = 1000 + 50x$
   Das Kapital erhöht sich jedes Jahr
   um 50 EUR, also **linear**,
   nach 10 Jahren: $K(10) = 1500$;
   nach 20 Jahren: $K(20) = 2\,000$.

b) Kapital nach x Jahren: $K(x) = 1000 \cdot 1,05^x$
   Jedes Jahr wächst das Kapital zu Beginn
   des Jahres mit dem Faktor 1,05.
   Das Kapital erhöht sich **exponentiell**,
   nach 10 Jahren: $K(10) = 1\,628,89$;
   nach 20 Jahren: $K(20) = 2\,653,30$.

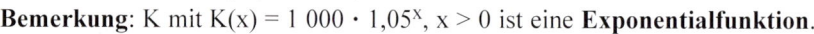

Bemerkung: K mit $K(x) = 1\,000 \cdot 1,05^x$, $x > 0$ ist eine **Exponentialfunktion**.

2) Steht ein Glas Milch im Kühlschrank,
   so hat sie eine Temperatur von 6 °C.
   Nimmt man die Milch heraus,
   dann erwärmt sich die Milch.
   Dieser Vorgang lässt ich durch einen
   Funktionsterm beschreiben:
   $f(x) = 20 - 14e^{-0,1x}$,
   x in Minuten, f(x) in °C.

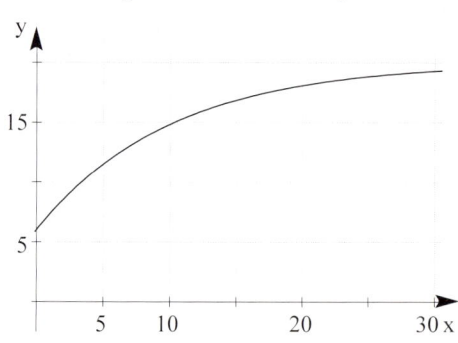

Man stellt fest:

Die Erwärmung verläuft nicht linear.
$f(0) = 6$; $f(1) = 7,33$; $f(10) = 14,85$; $f(20) = 18,11$; $f(30) = 19,30$ (gerundete Werte)
Die Erwärmung ist abgeschlossen, wenn die Milch die Umgebungstemperatur hat:
für $x \to \infty$ strebt die Temperatur $f(x) \to 20$.
Vergleich von f(1) mit f(0) ergibt: in der 1. Minute erwärmt sich die Milch um 1,3 °C.

Fragen

1. Bestimmen Sie die Durchschnittstemperatur für die ersten bzw. die zweiten
   10 Minuten. Was bedeuten die Ergebnisse?

Bei den bisher betrachteten Funktionen (z.B. f mit $f(x) = x^2$) war die Basis x variabel und die Hochzahlen konstante Zahlen. Ist die **Hochzahl x variabel** und die Basis eine positive Zahl, dann ergibt sich ein neuer Funktionstyp, die **Exponentialfunktion.**

In der Abbildung sind die Schaubilder einiger Exponentialfunktionen f mit $f(x) = a^x$, $a > 0$ gezeichnet.

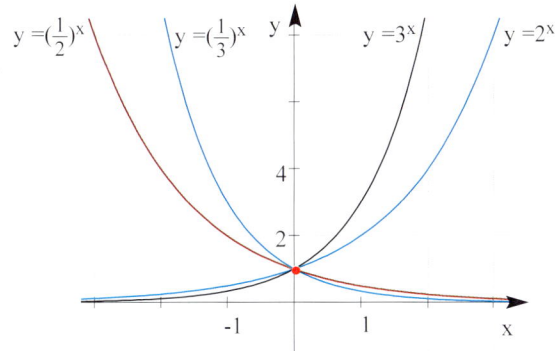

Eigenschaften der Exponentialfunktion f mit $f(x) = a^x$, $a > 0$.

1) $D = \mathbf{R}$

2) Die Schaubilder verlaufen im I. und II. Quadranten, denn es gilt $a^x > 0$ für alle $x \in \mathbf{R}$, d.h., sie schneiden die x-Achse nicht.

3) Für **a > 1** nähern sich alle Schaubilder für sehr kleine x-Werte ($x \to -\infty$) der x-Achse an. Für **0 < a < 1** nähern sich alle Schaubilder für sehr große x-Werte ($x \to \infty$) der x-Achse an. **Die x-Achse ist waagrechte Asymptote.**

4) Alle Schaubilder verlaufen durch den Punkt S(0 | 1), denn $a^0 = 1$ für jedes positive a.

5) Für **a > 1** und wachsende x-Werte ergeben sich wachsende y-Werte. Eine Funktion mit dieser Eigenschaft heißt (streng) **monoton steigend.**

   Für **0 < a < 1** und wachsende x-Werte ergeben sich fallende y-Werte. Eine Funktion mit dieser Eigenschaft heißt (streng) **monoton fallend.**

Beachten Sie: Eine Funktion f heißt **streng monoton wachsend,** wenn
   aus $\mathbf{x_1 < x_2}$ folgt: $\mathbf{f(x_1) < f(x_2)}$.

6) Das Schaubild der Funktion g mit $g(x) = (\frac{1}{2})^x$ entsteht aus dem Schaubild der Funktion f mit $f(x) = 2^x$ durch Spiegelung an der y-Achse.

   Begründung: Ersetzen Sie x durch (–x)

   $$2^x \xrightarrow{\text{Spiegelung an der y-Achse}} 2^{-x} = \frac{1}{2^x} = \frac{1^x}{2^x} = (\frac{1}{2})^x$$

   Allgemein: Spiegelung von K: $f(x) = a^x$ an der y-Achse ergibt G: $g(x) = a^{-x}$

Aufgaben

1. a) Erstellen Sie für die Funktion f mit $f(x) = 0,5 \cdot 3^x$, $x \in \mathbf{R}$ mit dem GTR eine Wertetabelle für $-4 \leq x \leq 4$ mit Schrittweite 0,5 und zeichnen Sie das zugehörige Schaubild K_1.

   Lösen Sie folgende (Un-) Gleichungen rechnerisch und näherungsweise mit dem GTR. (TRACE, X-CAL, Y-CAL)

   $f(x) = 5$; $f(x) = 0,5$; $3^x = 2$; $0,5 \cdot 3^x = -1$; $f(x) < 10$; $0,5 \leq f(x) \leq 8,5$.

   b) K_2 ist das Schaubild der Funktion g mit $g(x) = 3^x - 1$; $x \in \mathbf{R}$. Bestimmen Sie die Koordinaten des Schnittpunktes von K_1 und K_2 näherungsweise mit dem GTR.

2. K ist das Schaubild der Funktion f mit $f(x) = 2^x$, $x \in \mathbf{R}$.

   a) Durch Abbildung von K entsteht das Schaubild der Funktion g mit $g(x) = k \cdot a^x$. Bestimmen Sie a und k, wenn es sich um

   – eine Spiegelung an der x-Achse,

   – eine Spiegelung an der y-Achse,

   – eine Verschiebung um 4 LE in Richtung der positiven x-Achse,

   – Streckung in y-Richtung mit dem Faktor 1,5 handelt.

   Überprüfen Sie Ihre Ergebnisse mit dem GTR.

   Lässt sich eine horizontale Verschiebung durch eine andere Abbildung ersetzen?

   b) Begründen Sie: K schneidet die Normalparabel dreimal.

3. Für $a > 0$ sind die Funktionen f mit $f(x) = a^x$; $x \in \mathbf{R}$ und g mit $g(x) = \dfrac{2}{a} x + 1$; $x \in \mathbf{R}$ gegeben. Für welchen Wert von a schneiden sich die zugehörigen Schaubilder K und G an der Stelle $x_1 = 1$?

4. In der Bundesrepublik lebten im Jahr 2000 83 Millionen Menschen. Aufgrund der Bevölkerungsstruktur kann die Bevölkerungszahl (in Millionen) beschrieben werden durch die Funktion f mit $f(x) = 83 \cdot 0,972^x$; $x \geq 0$, (2000 entspricht x = 0).

   a) Wie groß ist die jährliche Zu- bzw. Abnahme in %?

   b) Bestimmen Sie mit dem GTR:

   Wann wird zum ersten Mal die Zahl 70 Millionen unterschritten?

   Mit welcher Bevölkerungszahl ist im Jahre 2030 zu rechnen?

5. Ein Kapital A von 1 000 EUR wurde 1970 langfristig zu einem Jahreszins von 5 % angelegt. 1975 wurde ein Kapital B von 500 EUR zu einem Zinssatz von 8,5 % angelegt. Die Zinsen werden jeweils mitverzinst.

   Stellen Sie die Entwicklung von Kapital A und B bis Ende 2020 graphisch mit dem GTR dar.

   Wann ist das Kapital B auf den gleichen Betrag wie das Kapital A angewachsen?

   Welcher Betrag ist dann auf dem Konto?

   Wie lange dauert es, bis Kapital A den Betrag von 8 000 EUR übersteigt? Welcher Betrag ist nach jeweils 40 Jahren zu erwarten?

```
Y1=1000×1.05^X


                          ISECT
X=33.578928482  Y=5146.5234747
```

In den Naturwissenschaften, in der Technik und in den Wirtschaftswissenschaften sind die Exponentialfunktionen von überragender Bedeutung.

Dabei spielt die Basis e eine besondere Rolle:

$$e = 2{,}718281828\ldots \quad \text{(Euler'sche Zahl)}$$

Die zugehörige Exponentialfunktion lautet **f** mit $f(x) = e^x$, $x \in R$.

Mathematische Probleme, die mit einer Exponentialfunktion beschrieben werden können, löst man i. Allg. mit einer **Exponentialfunktion zur Basis e (e-Funktion).**

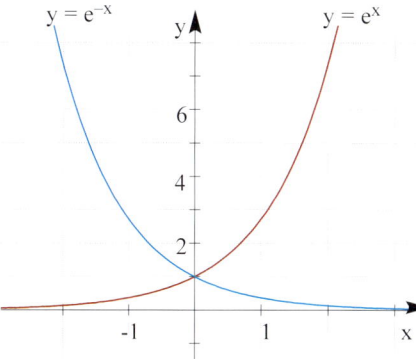

Eigenschaften der e-Funktion

f mit $f(x) = e^x$ ($f(x) = e^{-x}$)

1) $D = R$

2) $e^x > 0$ ($e^{-x} > 0$)

3) $e^x \to \infty$ für $x \to \infty$ ($e^{-x} \to \infty$ für $x \to -\infty$)

4) $e^x \to 0$ für $x \to -\infty$ ($e^{-x} \to 0$ für $x \to \infty$)

Die x-Achse ist waagrechte Asymptote.

5) S(0 | 1) liegt auf dem Schaubild.

Beispiel

Gegeben ist die Funktion f mit $f(x) = 0{,}25\, e^{0{,}5x}$ und die Funktion g mit $g(x) = e^{-0{,}5x}$.

Zeichnen Sie mit dem GTR die Schaubilder der beiden Funktionen.

Lösen Sie die Gleichungen $f(x) = 4$ und $f(x) = g(x)$.

Lösung

Eingabe mit Basis e **ohne** ^

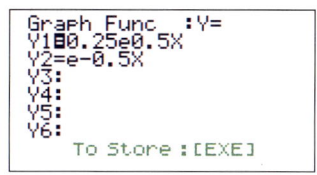

$f(x) = 4$

```
Y1=0.25×e(0.5X)
Y2=4



                    ISECT
X=5.5451774444  Y=4
```

$f(x) = g(x)$

```
Y1=0.25×e(0.5X)
Y2=e(-0.5X)



                    ISECT
X=1.3862943611  Y=0.5
```

oder im Graph-Modus mit **X-CAL**: Y = 4

Aufgaben

1. Zeichnen Sie das Schaubild der Funktion f mit Hilfe einer Wertetabelle.

    a) $f(x) = e^{1-x}$ b) $f(x) = 0{,}5e^x - 2$ c) $f(x) = 45e^{0{,}0125x}$

    Untersuchen Sie das Verhalten der Funktionswerte für $|x| \to \infty$.

2. Gegeben ist der Graph K der Funktion
    f mit $f(x) = e^x$.
    Die beiden Kurven G und H entstehen
    durch Verschiebung von K in Richtung
    der x-Achse. Bestimmen Sie die
    zugehörigen Funktionsterme.

    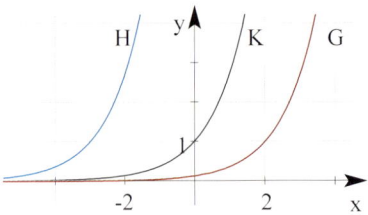

3. Gegeben ist der Graph K der Funktion f mit $f(x) = e^{-x}$. Durch Abbildung von K
    entsteht das Schaubild der Funktion g mit $g(x) = a \cdot e^{-x} + b$.
    Bestimmen Sie a und b, wenn es sich um

    a) eine Verschiebung um 2 LE in Richtung der positiven x-Achse,

    b) eine Verschiebung um 3 LE in Richtung der positiven y-Achse,

    c) Streckung in y-Richtung mit dem Faktor 0,5 handelt.

    Überprüfen Sie Ihre Ergebnisse mit dem GTR.

    Lässt sich eine horizontale Verschiebung durch eine andere Abbildung ersetzen?
    Welche gemeinsame Eigenschaft haben alle Kurven?

4. Gegeben ist die Funktion f mit $f(x) = 2 - e^{2x}$ und die Funktion g mit $g(x) = e^{-2x}$.

    a) Zeichnen Sie mit dem GTR das Schaubild der beiden Funktionen.

    b) Lösen Sie die Gleichungen $f(x) = 0{,}5$, $g(x) = 4$, $f(x) = g(x)$.

5. Hat der GTR das richtige Schaubild gezeichnet? Nehmen Sie Stellung.

    a) $f(x) = 2e^{1-2x}$ b) $f(x) = 2e - e^{-2x}$

    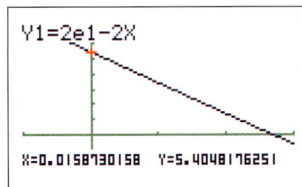   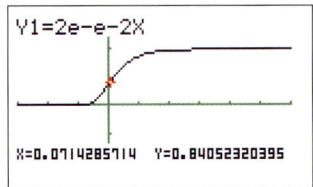

6. Gegeben ist die Funktion f mit $f(x) = 2 + e^{0{,}5x}$ und die Funktion g mit $g(x) = 0{,}5x + 3$.
    Machen Sie Aussagen über die gegenseitige Lage der beiden Kurven K_f und K_g.
    Überprüfen Sie Ihre Vermutung mit dem GTR. Wie muss man K_f verschieben, damit
    sich die verschobene Kurve und K_g auf der x-Achse schneiden?

7. Ein Bestand von 2 000 Bakterien vermehrt sich innerhalb von 4 Stunden auf 2 600.
    Welche Art von Wachstum liegt vor?
    Zeigen Sie, dass sich der Bakterienbestand in Abhängigkeit von der Zeit t (in h) durch
    die Wachstumsgleichung $B(t) = 2\,000\,e^{0{,}06558t}$, $t \geqq 0$ beschreiben lässt.
    Nach wie viel Stunden sind es 10 000 Bakterien?

6.2 Lage von Schaubildern von Exponentialfunktionen

Beispiele

1) Gegeben ist die Exponentialfunktion f mit $f(x) = -0,5\,e^x + 3$, $x \in \mathbf{R}$.
   Untersuchen Sie das Schaubild K von f auf Schnittpunkte mit den Koordinatenachsen.
   Wie verhält sich K, wenn x eine sehr große Zahl ist? Fertigen Sie eine Skizze an.

Lösung

Schnittpunkt mit der x-Achse: f(x) = 0	$-0,5e^x + 3 = 0 \iff e^x = 6$
Logarithmieren	$x = \ln 6 \approx 1,79$
SP$_x$:	$N\,(\ln 6 \mid 0)$
Schnittpunkt mit der y-Achse: x = 0	$f(0) = 2,5$
SP$_y$:	$S_y\,(0 \mid 2,5)$

Beachten Sie: $e^0 = 1$

Verhalten von f(x) für $x \to \infty$	$f(x) = -0,5e^x + 3 \to -\infty$
für $x \to -\infty$	$f(x) = -0,5e^x + 3 \to 3$
	wegen $e^x \to 0$

Für $x \to -\infty$ verhält sich K wie die Gerade mit der Gleichung $y = 3$.
Diese Gerade heißt **waagrechte Asymptote.**

Schreibweise: $\displaystyle\lim_{x \to -\infty} (-0,5e^x + 3) = 3$

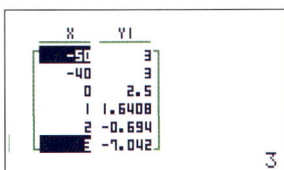

2) Untersuchen Sie den Graph von f mit $f(x) = e - e^{-x}$, $x \in \mathbf{R}$.

Lösung

SP$_x$: $N\,(-1 \mid 0)$

waagrechte Asymptote für $x \to \infty$: $y = e$

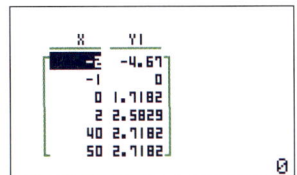
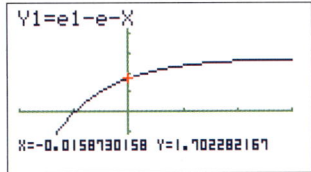

Bemerkung: Bei $f(x) = e - e^{-x}$ ist e ein **konstanter Summand und wird somit wie eine feste Zahl** behandelt.

22 Bohner/Ihlenburg/Ott – ISBN 3-8120-0206-X

3) Gegeben ist die Exponentialfunktion f durch $f(x) = 2x - e^{-x}$, $x \in \mathbb{R}$.
Untersuchen Sie das Schaubild K von f auf Achsenschnittpunkte und
Asymptoten. Fertigen Sie eine Skizze an.

Lösung

    Schnittpunkt mit der y-Achse SP_y: $S_y(0 \mid -1)$

    Schnittpunkt mit der x-Achse: $f(x) = 0$ $2x - e^{-x} = 0$

Näherungsweise Lösung mit dem GTR **(ROOT)** $x = 0{,}352$

    Asymptote

    Verhalten von f(x) für $x \to \infty$ bzw. $x \to -\infty$

Beachten Sie:

    Für $x \to \infty$ strebt $e^{-x} \to 0$,

    die errechneten Werte für f(x) und $y = 2x$

    unterscheiden sich immer weniger, da

    $x \to \infty$: $f(x) = 2x - e^{-x} \approx 2x$.

    Die **schiefe Asymptote** hat die Gleichung: $y = 2x$

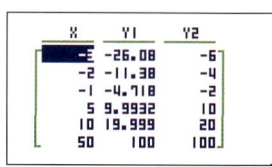

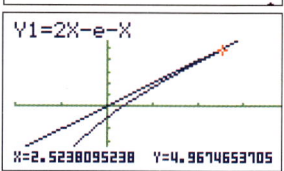

4) Gegeben ist die Exponentialfunktion f mit $f(x) = (x - 2)e^x$, $x \in \mathbb{R}$.
Untersuchen Sie das Schaubild K von f.

Lösung

    Schnittpunkt mit der x-Achse: $f(x) = 0$ $(x - 2)e^x = 0$

    Nullprodukt $x - 2 = 0 \iff x = 2$

    einzige Lösung wegen $e^x \neq 0$ $N(2 \mid 0)$

    Schnittpunkt mit der y-Achse $S_y(0 \mid -2)$

    Asymptote

    Verhalten von f(x) für $x \to -\infty$

    Anhand der Wertetabelle erkennt man,

    dass das Produkt $(x - 2)e^x \to 0$ strebt.

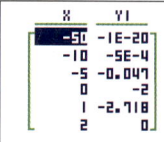

Beachten Sie: Für $x \to -\infty$ strebt e^x „schneller" gegen Null
             als $(x - 2)$ gegen $-\infty$, damit strebt $f(x) = (x - 2)e^x \to 0$.

    Die **waagrechte Asymptote**
    hat die Gleichung: $y = 0$

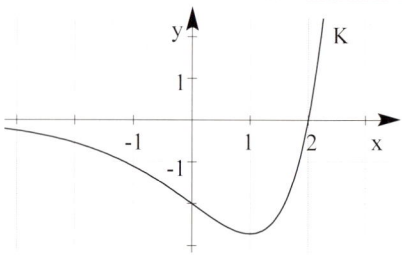

Asymptoten bei Schaubildern von Exponentialfunktionen

Beachten Sie:

Eine **Asymptote** für $x \to \infty$ bzw. $x \to -\infty$ kann nur vorliegen, wenn $e^{\square} \to 0$.

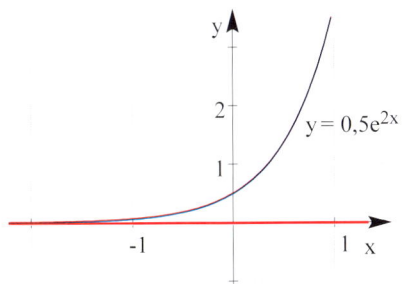

$e^{2x} \to 0$ für $x \to -\infty$

waagrechte Asymptote: y = 0

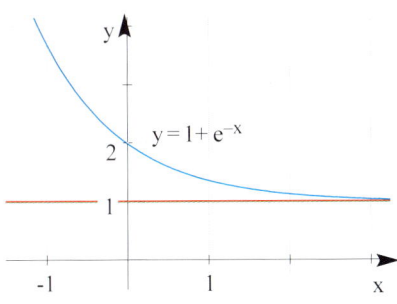

$e^{-x} \to 0$ für $x \to \infty$

waagrechte Asymptote: y =1

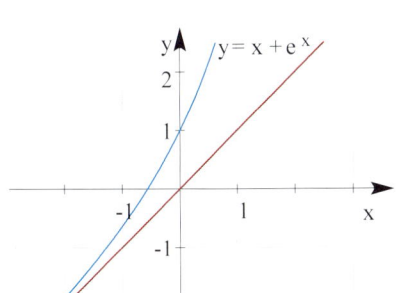

$e^{x} \to 0$ für $x \to -\infty$

schiefe Asymptote: y = x

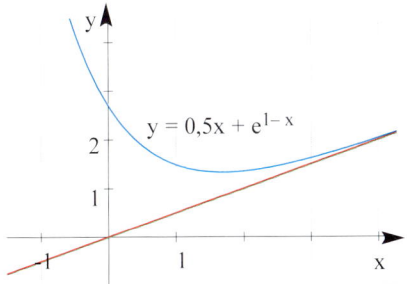

$e^{1-x} \to 0$ für $x \to \infty$

schiefe Asymptote: y = 0,5x

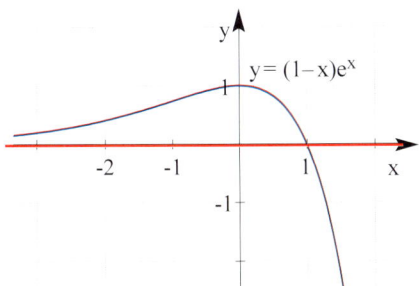

Für $x \to -\infty$: $1 - x \to \infty$

$\qquad\qquad e^{x} \to 0$

Da e^{x} „schneller" gegen Null geht als $(1 - x)$ gegen ∞, strebt das Produkt $(1 - x)e^{x}$ gegen Null.

waagrechte Asymptote: y = 0

5) Gegeben ist die Exponentialfunktion f mit $f(x) = -e^{-x} + 2$, $x \in \mathbf{R}$.

   a) Untersuchen Sie das Schaubild K von f auf Achsenschnittpunkte und Asymptoten.

   b) Zeichnen Sie K und das Schaubild G von g mit $g(x) = e^x$ in ein Achsenkreuz.
      Wie liegen K und G zueinander. Bestätigen Sie Ihre Vermutung durch Rechnung.

   c) H ist das Schaubild von h mit $h(x) = e^x - 2$, $x \in \mathbf{R}$.
      Die Gerade $x = u$ schneidet H im Punkt P und K im Punkt Q. Zeigen Sie ohne
      Rechnung, dass es für $-1,2 < u < 1,3$ zwei Werte für u gibt, sodass die zugehörige
      Strecke PQ die Länge 1 (LE) hat.

Lösung

a) Schnittpunkt mit der x-Achse: N $(-\ln 2 \mid 0)$
   Schnittpunkt mit der y-Achse: S$(0 \mid 1)$
   Die **waagrechte Asymptote** hat die
   Gleichung: $y = 2$
   (für $x \to \infty$: $e^{-x} \to 0$)

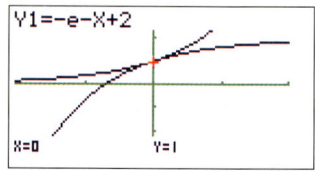

b) Vermutung: **K und G berühren sich auf der y-Achse** (s. Abbildung).

   Nachweis: Gleichsetzen der Funktionsterme $-e^{-x} + 2 = e^x$

   Nullform $-e^{-x} + 2 - e^x = 0$ $| \cdot (-e^x)$

                                       $1 - 2e^x + e^{2x} = 0$

   Lösung durch Substitution: $u = e^x$ $1 - 2u + u^2 = 0 \iff u_{1|2} = 1$
   Rücksubstitution $u_{1|2} = 1 = e^x$
   ergibt eine **doppelte** Schnittstelle $x = \ln 1 = 0$
   Berührpunkt: $S_{1|2}(0 \mid 1)$
   S liegt auf der y-Achse.

c) Aus der Zeichnung kann man ablesen:
   K und H schneiden sich in $x_1 < 0$ und
   $x_2 > 0$, d. h., für die Länge l der Strecke
   PQ gilt: $l(x_1) = l(x_2) = 0$.
   Für $x = 0$ gilt: $Q(0 \mid 1)$; $P(0 \mid -1)$
   und damit $l(0) = 2$.
   Die Längenfunktion l nimmt für
   $x_1 < u < 0$ Werte von 0 bis 2 an,

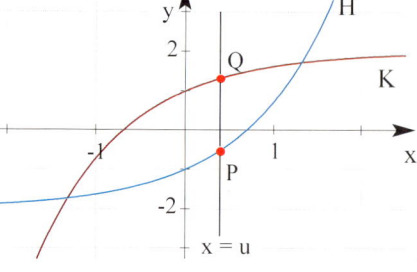

d. h., es gibt mindestens eine Lösung von $l(u) = 1$.
Die Längenfunktion l nimmt für $0 < u < x_2$ Werte von 2 bis 0 an, d. h., es gibt
mindestens eine Lösung von $l(u) = 1$.
Damit gibt es mindestens zwei Lösungen von $l(u) = 1$.

Bemerkung: Funktionsterm für die Länge von PQ in Abhängigkeit von u:
               $l(u) = f(u) - h(u) = -e^{-u} + 4 - e^u$
               Berechnung von $l(u) = 1$ mit Substitution.
               Maximale Länge bei $x = 0$ (mit dem GTR zeichnen und ablesen).

Aufgaben

• 1. Untersuchen Sie das Schaubild K von f mit D = **R** auf Achsenschnittpunkte und Asymptoten. Skizzieren Sie K in ein Achsenkreuz.

a) $f(x) = -e^{-1,5x} + 4$ b) $f(x) = e^{-0,5x+1}$ c) $f(x) = 4 - 0,5e^{2x}$

d) $f(x) = e^x - 4e^{-x}$ e) $f(x) = e(1 - e^x)$ f) $f(x) = x^2 e^{-0,25x}$

g) $f(x) = (3 + 2x)e^{1-x}$ h) $f(x) = 2e^{(\ln 2)x} - 1$ i) $f(x) = 4xe^{1+x}$

• 2. K ist das Schaubild von f mit D = **R**. Wo schneidet K die y-Achse? Bestimmen Sie die Asymptote. Zeichnen Sie K mit Hilfe einer Wertetabelle.
Bestimmen Sie die Nullstelle, falls vorhanden, mit dem GTR.

a) $f(x) = 2x - e^{-x}$ b) $f(x) = -ex + e^x$ c) $f(x) = x - 1 + e^{1-x}$

3. Gegeben sind die Funktionen f mit $f(x) = \frac{1}{2}e^x - 2$ und g mit $g(x) = 2 - e^x$, $x \in$ **R**.
K ist das Schaubild von f, G ist das Schaubild von g.
P und Q sind die Schnittpunkte von K und G mit der y-Achse.
K und G schneiden sich in S. Berechnen Sie den Inhalt des Dreiecks PQS.

4. Gegeben sind die Funktionen f mit $f(x) = e^{2x}$, $x \in$ **R** und g mit $g(x) = 2e^x$, $x \in$ **R**.
a) Berechnen Sie die Koordinaten des Schnittpunktes von K und G.
b) K und G schneiden aus der Geraden mit der Gleichung x = u (u < ln 2) eine Strecke aus. Bestimmen Sie die Länge für u = −1.
Begründen Sie ohne Rechnung, dass es zwei Strecken mit einer Länge von 0,5 LE gibt? Berechnen Sie die zugehörigen u-Werte.
Bestimmen Sie nach Augenmaß u so, dass die Strecke am längsten wird.
Bestätigen Sie Ihre Vermutung mit dem GTR.

• 5. Welcher Graph gehört zu welchem Funktionsterm: $f_1(x) = \frac{1}{2}ex + e$; $f_2(x) = 2e - e^x$;

$f_3(x) = (e^x - 2)^2$; $f_4(x) = (x - 1)e^x$; $f_5(x) = 4(e^x - 2)e^{-2x}$; $f_6(x) = 2e^{-\ln 2 \cdot x} - 4$

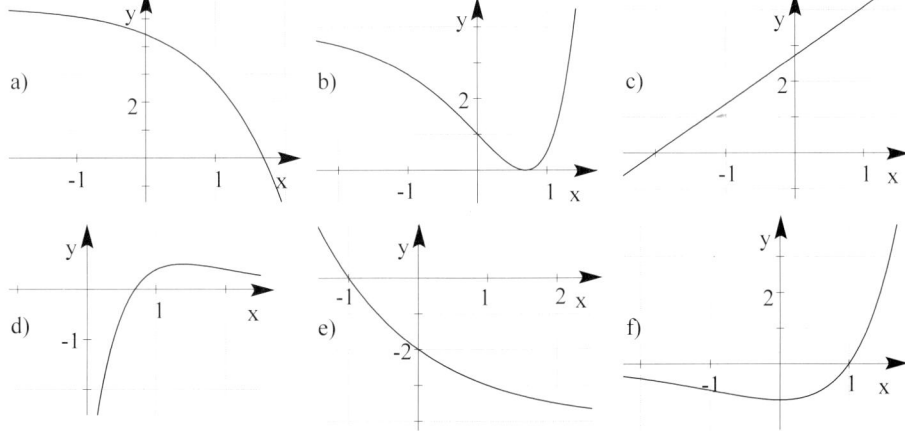

6. Gegeben ist die Exponentialfunktion f mit $f(x) = (e^{-x} - 2)^2$, $D = \mathbf{R}$.
   Das Schaubild K von f und ihre Asymptote schneiden sich im Punkt S.
   Die Punkte $P(u \mid f(u))$, $Q(u \mid 4)$ und S sind für $u > -\ln 2$ die Eckpunkte eines Dreiecks.
   Bestimmen Sie den Flächeninhalt A dieses Dreiecks in Abhängigkeit von u.
   Was ergibt sich für den Flächeninhalt A für $u \to \infty$?

7. Gegeben sind die Funktionen f und g mit
   $f(x) = 0{,}25x^3 - x^2$ und $g(x) = 4x^2 e^{-x}$, $x \in \mathbf{R}$.
   Begründen Sie: K ist das Schaubild von f,
   G ist das Schaubild von g.

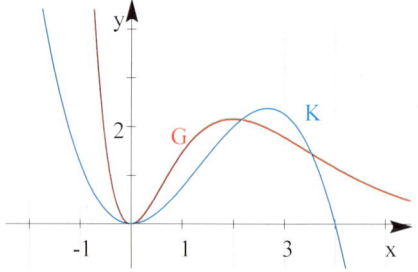

8. Finden Sie einen Funktionsterm einer Exponentialfunktion, sodass das zugehörige
   Schaubild eine einfache, eine doppelte bzw. eine dreifache Nullstelle hat.
   Skizzieren Sie.

9. Das Schaubild K der Funktion f mit $f(x) = ae^x + b$; $x \in \mathbf{R}$, $a, b \in \mathbf{R}^*$ verläuft durch
   den Punkt $P(\ln 2 \mid 2)$ und hat eine Asymptote mit der Gleichung $y = 1$.
   Bestimmen Sie den Funktionsterm $f(x)$.
   Welcher Zusammenhang besteht zwischen K und dem Graph von g mit $g(x) = \frac{1}{2}e^{2x} + 1$?

10. Welche Aussagen lassen sich über a und b (und c) machen?

   a) $f(x) = axe^{bx}$

   b) $f(x) = ae^{bx} + c$

   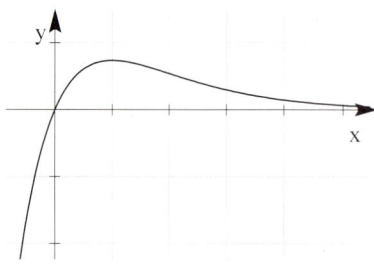   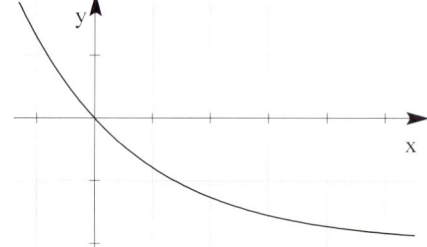

11. Gegeben sind die Funktionen f mit $f(x) = e^{-x} + 0{,}1x$
    und g mit $g(x) = 0{,}1x$.
    Der GTR liefert eine Schnittstelle: $x = 30{,}2777...$
    Nehmen Sie Stellung.

    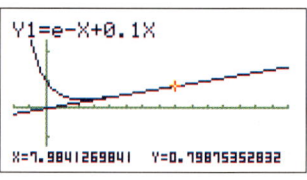

12. Gegeben sind die Funktionen f mit $f(x) = -\frac{9}{8}e^{-x} + 4$ und g mit $g(x) = 2e^x - 1$; $x \in \mathbf{R}$.

    a) Bestimmen Sie die gemeinsamen Punkte von K_f und K_g. Verschieben Sie K_g so in
       y-Richtung, dass sich K_f und die verschobene Kurve berühren.

    b) Die Gerade mit der Gleichung $x = -0{,}5$ schneidet K_f im Punkt P und K_g im
       Punkt Q. Berechnen Sie die Länge der Strecke PQ.

6.3 Anwendungen

Beispiele

1) Auf einem Konto sind 1 000 EUR fest angelegt. Der jährliche Zinssatz beträgt 8 %.
   - a) Wie kann man das Kapital nach einer beliebigen Zeit berechnen?
   - b) Nach welcher Zeit hat sich das Kapital auf 1 400 EUR erhöht?
     Nach wie viel Jahren verdoppelt sich das Kapital?

Lösung

a) **Kapital nach n Jahren**
   (mit Zins und Zinseszins)

Zeit t (in Jahren)	Kapital in EUR y
0	1000
1	$1000 \cdot 1{,}08 = 1080$
2	$1000 \cdot 1{,}08 \cdot 1{,}08 = 1000 \cdot 1{,}08^2 = 1166{,}4$
3	$1000 \cdot 1{,}08^3 = 1259{,}7$
t	$1000 \cdot 1{,}08^t = y$

Ergebnis: Die Höhe des Kapitals lässt sich mit der Gleichung $y = 1000 \cdot 1{,}08^t$ berechnen.

Dieses **exponentielle Wachstum** kann man mit der Exponentialfunktion f mit $f(t) = 1000 \cdot 1{,}08^t$, t in Jahren, beschreiben.

In der Praxis wählt man als **Basis die Zahl e**.
Mit $1{,}08 = e^{\ln 1{,}08}$ erhält man: $f(t) = 1000 \cdot 1{,}08^t = 1000 \, (e^{\ln 1{,}08})^t = 1000 \, e^{0{,}0770t}$

Zum Zeitpunkt $t = 0$ ergibt sich für das Kapital: $f(0) = 1\,000$ (**Anfangsbestand**).
Festlegung: $k = \ln 1{,}08 = 0{,}0770 \; (> 0)$ ist die **Wachstumskonstante**.

Bemerkung: Das Kapital vermehrt sich mit dem **Wachstumsfaktor** 1,08.

$y = 1000 \, e^{0{,}0770t}$ bezeichnet man als **Wachstumsgleichung**.

Beachten Sie: Prozesse exponentiellen Wachstums können mit einer Exponentialfunktion
beschrieben werden: $f(t) = f(0) \, e^{kt} \, ; \, t > 0$

$k \, (> 0)$ ist die **Wachstumskonstante**

$f(0)$ ist der **Anfangsbestand**

b) Bed. für t: $f(t) = 1400$ $1\,000 \cdot e^{0{,}0770t} = 1\,400$

$\qquad\qquad\qquad\qquad\qquad\qquad\quad 0{,}0770t = \ln 1{,}4$

gesuchter t-Wert $t \approx 4{,}4$

Ergebnis: Nach ungefähr 4,4 Jahren hat man 1 400 EUR auf dem Konto.

Bed. für t_V: $f(t) = 2 \cdot f(0)$ $2\,000 = 1\,000 \, e^{0{,}0770t} \iff e^{0{,}0770t} = 2$

$\qquad\qquad\qquad\qquad\qquad\qquad\quad t = \dfrac{\ln 2}{0{,}0770} \approx 9{,}0$

Verdoppelungszeit: $t_V = 9$ Jahre

Beachten Sie: Die **Verdoppelungszeit** t_V ist die Zeit, in der sich das Kapital (der Anfangswert) jeweils verdoppelt. t_V ist **unabhängig vom Anfangswert**: $t_V = \dfrac{\ln 2}{k}$.

2) Ein Zerfallsprozess lässt sich beschreiben durch $f(t) = a \cdot e^{kt}$, t in Tagen.

   a) Berechnen Sie a und k, wenn nach 5 Tagen noch 12 g, nach 10 Tagen noch 4,3 g vorhanden sind.

   b) Nach wie viel Tagen sind 90 % der ursprünglichen Masse zerfallen?

   c) Berechnen Sie die Halbwertszeit.

Lösung

a) Bestimmung von a und k: $\qquad\qquad$ $f(5) = 12 : a \cdot e^{k \cdot 5} = 12$ $\qquad$ (1)

$\qquad\qquad\qquad\qquad\qquad\qquad\qquad\qquad$ $f(10) = 4,3 : a \cdot e^{k \cdot 10} = 4,3$ $\qquad$ (2)

aus (1) $a = 12 \cdot e^{-5 \cdot k}$ einsetzen in (2): $\quad$ $12 e^{-5 \cdot k} \cdot e^{k \cdot 10} = e^{5 \cdot k} = 4,3$

Logarithmieren ergibt: $\qquad\qquad\qquad$ $k = 0,0205$

aus $12 = a e^{-0,2050 \cdot 5}$ folgt mit $e^{-0,2050 \cdot 5} = 0,3588$: $a \approx 33,4$

Zerfallsgleichung $\qquad\qquad\qquad$ $f(t) = 33,4 \, e^{-0,2050 \cdot t}$

Bemerkung: $k = -0,2050 < 0$ ist die **Zerfallskonstante**, $f(0) = a$ ist der **Anfangsbestand**.

Lösung durch Regression: (expReg; Ansatz : $y = a e^{bx}$)

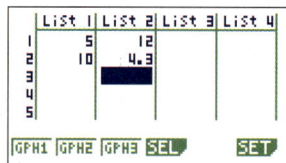 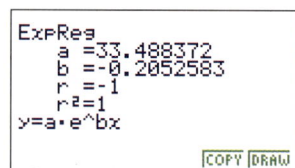 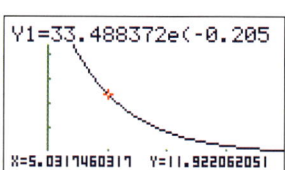

b) 90 % der ursprünglichen Masse zerfallen, d. h. 10 % sind vorhanden.

Bed. für t: $f(t) = 0,1 \cdot a$ $\qquad\qquad$ $a e^{-0,2050 \cdot t} = 0,1 \cdot a \iff e^{-0,2050 \cdot t} = 0,1$

Logarithmieren ergibt: $\qquad\qquad$ $t = \dfrac{\ln 0,1}{-0,2050} \approx 11,2$

gesuchter t-Wert: $\qquad\qquad\qquad$ $t = 11,2$ (Tage)

c) **Halbwertszeit** ist die Zeit, in der sich die Masse einer radioaktiven Substanz auf die Hälfte des Anfangswertes vermindert.

Bed. für t_H: $f(t) = 0,5 \cdot a$ $\qquad\qquad$ $a e^{-0,2050 t} = 0,5 a$

$\qquad\qquad\qquad\qquad\qquad\qquad$ $e^{-0,2050 t} = 0,5 \iff -0,2050 \, t = \ln 0,5$

mit $\ln 0,5 = -\ln 2$ **Halbwertszeit:** $\qquad$ $t_H = \dfrac{-\ln 2}{-0,2050} \approx 3,4$ (Tage)

Beachten Sie:

Die Halbwertszeit ist **unabhängig vom Anfangswert** und es gilt: $t_H = -\dfrac{\ln 2}{k}$.

Wachstums- und Zerfallsprozesse können mit Hilfe einer Exponentialfunktion

beschrieben werden: $\quad$ **$f(t) = f(0) \cdot e^{kt}, t \geq 0$**

Dabei gilt: $\qquad\qquad$ f(0) Anfangsbestand

$\qquad\qquad\qquad\qquad$ k (> 0) **Wachstumskonstante; k (< 0) Zerfallskonstante**

$\qquad\qquad\qquad\qquad$ e^k **Wachstumsfaktor (Zerfallsfaktor)**

Beachten Sie: f(t) gibt den zum Zeitpunkt t **vorhandenen Bestand** an.

Aufgaben

1. Die Population von Insekten nimmt ab nach folgender Gesetzmäßigkeit: $f(t) = a\,e^{-kt}$, wobei $f(t)$ die Anzahl der Insekten in t Jahren (von heute an) bedeutet. Bestimmen Sie a und k, wenn die Anzahl der Insekten von $4,8 \cdot 10^6$ im Zeitpunkt $t = 0$ in zwei Jahren auf $1,8 \cdot 10^6$ abgenommen hat.

2. Ein Bundesland hatte im Jahre 1970 8,2 Millionen Einwohner.
    Im Jahre 1996 wurden 9 Millionen Einwohner gezählt.
    a) Bestimmen Sie die Wachstumsgleichung (exponentielles Wachstum unterstellt).
    b) Wie viele Einwohner hat das Land im Jahr 2020, wenn die Zuwanderung außer Acht gelassen wird?
    c) Berechnen Sie die Verdoppelungszeit und die jährliche Zuwachsrate in Prozent.
    d) In welchem Jahr wird die 10-Millionen-Marke überschritten?

3. Die Temperatur T(t) eines Gegenstandes (in $^\circ$ C) verändert sich in Abhängigkeit von der Zeit t (in min) nach folgender Gesetzmäßigkeit: $T(t) = 40 + 200e^{-k\,t}$; $k > 0$.
    Zeigen Sie, dass es sich um einen Abkühlungsvorgang handelt. Welche Temperaturen kann der Körper für $t \geqq 0$ annehmen? Bestimmen Sie k auf 3 Dezimalen gerundet, wenn sich der Gegenstand in den ersten 30 min auf 68° abgekühlt hat. Zeigen Sie, dass nach 40 min die Temperatur pro Minute um weniger als 1 Grad abnimmt.

4. Eine radioaktive Substanz zerfällt nach dem Gesetz $g(t) = g(0) \cdot e^{-0,0122\,t}$.
    Dabei gibt g(t) die Masse des Präparates in Gramm zum Zeitpunkt t (t in Tagen) nach Beginn der Messung an.
    a) Welche Masse war zu Beginn der Messung ($t = 0$) vorhanden, wenn nach 20 Tagen noch 24 g übrig sind? Geben Sie das Zerfallsgesetz an.
    b) Nach wie viel Tagen ist nur noch 1 % der ursprünglichen Masse vorhanden?
    c) Berechnen Sie die tägliche Zerfallsrate in Prozent und die Halbwertszeit der radioaktiven Substanz.

5. Bei einem Wachstumsprozess ist der Momentanbestand $f(t)$ zum Zeitpunkt t (t in Stunden) gegeben durch: $f(t) = 420\,e^{k\,t}$.
    a) Bestimmen Sie k auf 4 Dezimalen gerundet, wenn die tägliche Zuwachsrate 11,2 % beträgt.
    b) In der Zeit von $t = 0$ bis $t = t_1$ ist der Momentanbestand um die Hälfte des Anfangsbestandes angewachsen. Bestimmen Sie t_1.
    c) Nach wie viel Tagen wird die Zahl 2000 überschritten?
    d) Bestimmen Sie die Verdoppelungszeit.

6. Die Höhe eines Baumes wird näherungsweise beschrieben durch die Funktion f mit $f(t) = a - be^{-0,428t}$, $t > 3$, t in Wochen.
    Bestimmen Sie a und b auf 2 Dezimale n gerundet, wenn nach 6 Wochen eine Höhe von 1,5 m, nach 8 Wochen eine Höhe von 2,05 m gemessen wird.
    Gegen welchen Wert strebt $f(t)$ für $t \to \infty$? Welche Bedeutung hat dieser Wert für den Baum? Ab welchem Zeitpunkt wächst der Baum in einer Woche um weniger als 0,1m?

7. Um wie viel % nimmt ein eingesetztes Kapital in 8 Jahren zu, wenn der jährliche Zinssatz 4,6 % beträgt?

8. Ein Radfahrer fährt auf der Ebene mit einer Durchschnittsgeschwindigkeit von 40 km/h. Nimmt die Steigung zu, so nimmt seine Durchschnittsgeschwindigkeit ab. Bei einer Steigung von 10 % kann er nur noch 20 km/h fahren, bei 20 % Steigung schafft er gerade noch 10 km/h.

   a) Bestimmen Sie einen möglichen Funktionsterm, mit dem die Durchschnittsgeschwindigkeit in Abhängigkeit von der Steigung x bestimmt werden kann. Geben Sie einen sinnvollen Definitionsbereich an und zeichnen Sie die zugehörige Kurve in diesem Bereich.

   b) Welche Bedeutung haben negative x-Werte? Wie verläuft die Kurve für große x-Werte?
   Überprüfen Sie Ihr Modell an der Praxis: Bei 35 % Steigung muss der Radfahrer absteigen und legt dann nur noch 3,5 km/h zurück.

9. Eine 1 m² große Fläche auf unserem Stadtweiher ist mit Seerosen bedeckt. Man beobachtet, dass sich die bedeckte Fläche alle 4 Tage verdoppelt.
   Wie entwickelt sich die Größe der bedeckten Fläche in Abhängigkeit von der Zeit t in Tagen? Nach wie viel Tagen ist die Hälfte der Teichfläche von 1 000 m² mit Seerosen bedeckt? Stimmt unsere Vorhersage mit der Realität überein?

10. Eine Population von Mäusen hat sich in 5 Jahren von 200 auf 250 erhöht.

    a) Bestimmen Sie die Wachstumsfunktion, wenn man exponentielles Wachstum unterstellt.

    b) Wie groß ist die jährliche Vermehrungsrate? Nach welcher Zeit sind es 500 Mäuse?

    c) Die Zahl der Mäuse ist durch verschiedene Faktoren (welche?) begrenzt.
    Die Vermehrung lässt sich besser durch die Abbildung beschreiben.
    Bestimmen Sie den Funktionsterm.
    (Teilergebnis: B*(t) = 500 − 300e^{−0,036t}, t in Jahren.)
    Nach wie viel Jahren verdoppelt sich nun die Anzahl der Mäuse auf 400?

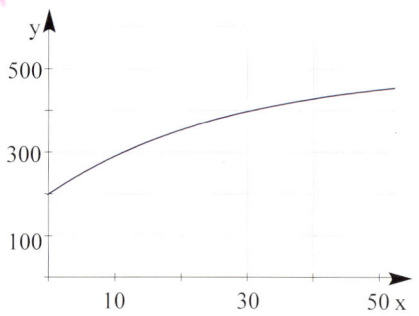

11. Die Tabelle enthält die installierte Leistung von Windkraftanlagen in MW in Deutschland.

Zeitpunkt	1992	1994	1996
Leistung in MW	183	643	1 546

Erstellen Sie einen Funktionsterm, der die installierte Leistung f in Abhängigkeit von der Zeit (1992 ≙ t = 0) angibt.
Überprüfen Sie Ihren Ansatz, wenn im Jahr 2 000 die installierte Leistung 6 095 MW beträgt. Wie ist der Ansatz zu verändern, wenn damit gerechnet wird, dass maximal eine Leistung von 30 000 MW installiert werden kann?

6.4 Exponentialfunktionen mit Parameter

Beispiele

1) Für jedes t > 0 ist die Funktion f_t gegeben mit $f_t(x) = 4t - te^{-x}$; $x \in \mathbf{R}$.

   a) Zeichnen Sie K_t für $t \in \lfloor 0,5; 1 \rfloor$ im Bereich $- 3 \leqq x \leqq 3$.

      Gibt es gemeinsame Eigenschaften aller Kurven K_t? Welchen Einfluss hat der Parameter auf die Kurven?

   b) Bestimmen Sie einen Wert für t so, dass K_t das Schaubild G von g

      mit $g(x) = 2e^x$; $x \in \mathbf{R}$ berührt. Geben Sie die Koordinaten des Berührpunktes an.

Lösung

a) Man stellt fest:

   Alle Kurven K_t schneiden die x-Achse

   in einem gemeinsamen Punkt.

   Berechnung: $4t - te^{-x} = 0 \Rightarrow t(4 - e^{-x}) = 0$

   wegen t > 0 $\qquad\qquad\qquad 4 - e^{-x} = 0$

   Schnittstelle, **unabhängig von t** $\qquad x = -\ln 4$

   Schnittpunkt mit der x-Achse $N(-\ln 4 \mid 0)$

   Der Parameter t bewirkt eine **Streckung in y-Richtung**: $f_t(x) = t(4 - e^{-x})$

Bemerkung: $f_a(x) = a\, f_1(x)$

   Die **waagrechte Asymptote** ($y = 4t$ für $x \to \infty$) ist abhängig von t.

   Schnittpunkt mit der y-Achse $\qquad\qquad S_y(0 \mid 3t)$

b) **Berechnung der Schnittstellen** von K_t und G (t ≠ 1)

   Gleichsetzen der Funktionsterme: $f_t(x) = g(x)$ $\qquad 4t - te^{-x} = 2e^x$

   Nullform $\qquad\qquad\qquad\qquad\qquad\qquad 2e^x - 4t + te^{-x} = 0 \;\mid \cdot e^x$

$\qquad\qquad\qquad\qquad\qquad\qquad\qquad\qquad 2e^{2x} - 4te^x + t = 0$

   Lösung durch Substitution: $u = e^x$ $\qquad 2u^2 - 4tu + t = 0$

   Lösung der quadratischen Gleichung $\qquad u_{1|2} = \dfrac{4t \pm \sqrt{16t^2 - 8t}}{4}$

   Bedingung für Berühren: $D = 0 \Leftrightarrow 16t^2 - 8t = 0$ für (t = 0) ; t = 0,5

   Für t = 0,5 erhält man $\qquad\qquad\qquad u_{1|2} = 0,5$

   Rücksubstitution $\qquad\qquad\qquad\qquad e^x = 0,5$

   ergibt eine **doppelt** Schnittstelle $\qquad x = \ln 0,5 = -\ln 2$

   Einsetzen ergibt

   $f_{0,5}(-\ln 2) = g(-\ln 2) = 1$

   Berührpunkt $B(-\ln 2 \mid 1)$

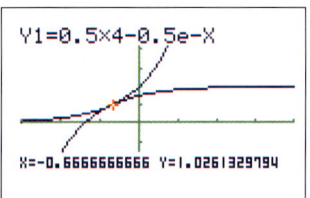

2) Für jedes $t > 0$ ist die Funktion f_t gegeben mit $f_t(x) = e^{tx} - tx$; $x \in \mathbb{R}$.
K_t ist das Schaubild von f_t.

   a) Bestimmen Sie die Gleichung der Asymptote von K_t.
      Zeigen Sie: Alle Kurven K_t schneiden sich auf der y-Achse.
      Zeichnen Sie K_t mit Asymptote für $t \in \left[\frac{1}{2}; 1 \right]$.

   b) Die Gerade mit der Gleichung $x = -2$ schneidet K_t im Punkt P und die schiefe
      Asymptote in Q. Für welche Werte von t ist der Abstand der Punkte P und Q
      kleiner als e^{-1} LE?

Lösung

a) schiefe **Asymptote:** $y = -tx$
    ($e^{tx} \to 0$ für $x \to -\infty$ und $t > 0$)
    Schnittpunkt mit der y-Achse $S_y (0 \mid 1)$
    unabhängig von t
    d.h., alle Kurven K_t verlaufen
    durch $S_y (0 \mid 1)$.
    Bestätigung durch Punktprobe in $f_t(x)$.

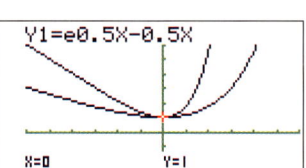

b) **Koordinaten** von P: mit $f_t(-2) = e^{-2t} + 2t$ $P(-2 \mid e^{-2t} + 2t)$
    Koordinaten von Q: $Q(-2 \mid 2t)$
    Der **Abstand** ist die **Differenz der y-Werte**: $d = e^{-2t} + 2t - 2t = e^{-2t}$
    Bedingung für t: $e^{-2t} < e^{-1}$
    Auflösen nach t durch Logarithmieren: $-2t < \ln e^{-1}$
    Mit $\ln e^{-1} = -1$ erhält man für die gesuchten t-Werte: $t > 0{,}5$

Aufgaben

1. Für jedes $t > 0$ ist eine Funktion f_t gegeben durch $f_t(x) = 2 - e^{tx}$; $x \in \mathbb{R}$.
    Ihr Schaubild sei K_t.
   a) Zeichnen Sie K_t für einige t-Werte. Gibt es Gemeinsamkeiten? Welche?
   b) Für welchen Wert von t verläuft K_t durch den Punkt $P(2 \mid 2 - e)$?

2. Für jedes $t > 0$ ist eine Funktion f_t gegeben durch $f_t(x) = (e^{-x} - 2t)^2$; $x \in \mathbb{R}$.
    Ihr Schaubild sei K_t.
   a) Untersuchen Sie das Schaubild K_t auf Schnittpunkte mit den Koordinatenachsen
      und Asymptoten. Zeichnen Sie K_1 für $-1{,}5 \leq x \leq 4$ in ein Achsenkreuz ein.
   b) K_t schneidet die waagrechte Asymptote in S_t.
      Berechnen Sie die Koordinaten von S_t.
   c) G ist das Schaubild von g mit $g(x) = 0{,}25 e^{-2x}$; $x \in \mathbb{R}$.
      Berechnen Sie die Koordinaten der Schnittpunkte von K_1 und G.

3. Gegeben ist die Funktion f_t mit $f_t(x) = (1 - x)e^{tx}$; $x \in \mathbb{R}$, $t \neq 0$.
    Bei veränderlichem t verlaufen die Kurven K_t von f_t durch zwei Punkte S_1 und S_2.
    Bestimmen Sie die Koordinaten.

4. Für jedes reelle t ist eine Funktion f_t gegeben durch $f_t(x) = te^{2x} - e^{3x}$; $x \in \mathbf{R}$.

   a) Zeichnen Sie das Schaubild K_t für einige t-Werte.
   Für welche Werte von t schneidet K_t die positive y-Achse?
   Wie verhält sich f_t für $x \to -\infty$, wie für $x \to \infty$?

   b) Für welchen Wert von t schneiden sich K_t und die Kurve G von g mit
   $g(x) = 3 - e^x$; $x \in \mathbf{R}$ auf den Koordinatenachsen?

5. Gegeben ist die Funktion f mit $f(x) = xe^{-x}$; $x \in \mathbf{R}$. Ihr Schaubild sei K.

   a) Die Gerade g mit $y = x$ berührt K im Ursprung. Überprüfen Sie mit dem GTR.

   b) Bestimmen Sie die Anzahl der gemeinsamen Punkte von K und einer
   Ursprungsgeraden mit $y = mx$ in Abhängigkeit von m.

6. Für jedes positive reelle t ist eine Funktion f_t gegeben durch
   $f_t(x) = e^{\ln t \cdot x} - tx - 1$; $x \in \mathbf{R}$. Ihr Schaubild sei K_t .
   Warum sind nur positive t-Werte zugelassen?
   Zeichnen Sie das Schaubild K_t für einige t-Werte (t = 1; 2; 3).
   Zeigen Sie: Alle Schaubilder K_t haben zwei gemeinsame Punkte.
   Wie verhält sich f_t für $x \to -\infty$, wie für $x \to \infty$? Unterscheiden Sie für t > 1 und t < 1.

7. Gegeben ist die Funktion f_t mit
   $f_t(x) = (x + 2t)e^{-x}$; $x \in \mathbf{R}$.

   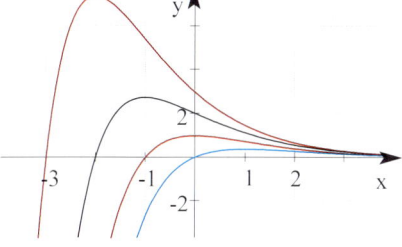

   a) Ordnen Sie jedem Schaubild einen
   Parameter zu. Zeigen Sie: Es gibt keinen
   gemeinsamen Punkt aller Kurven K_t.

   b) Die Gerade mit der Gleichung x = u
   schneidet für u > 0 die Kurve $K_{0,5}$ in P,
   die Kurve K_1 in Q.
   Die Punkte O, P und Q sind die Eckpunkte eines Dreiecks.
   Bestimmen Sie den Flächeninhalt A(u) des Dreiecks in Abhängigkeit von u.
   Wie verhält sich A(u) für $u \to -\infty$?

8. Gegeben sind für jedes $a \in \mathbf{R}_+^*$ die Funktionen f_a mit $f_a(x) = 5 - ae^{-x}$; $x \in \mathbf{R}$
   und g_a mit $g_a(x) = ae^x$; $x \in \mathbf{R}$. Ihr Schaubild sei K_a bzw. G_a.

   a) Berechnen Sie die Schnittpunkte von K_2 und G_2.

   b) Für welche Werte von a haben K_a und G_a zwei gemeinsame Punkte, einen oder
   keinen gemeinsamen Punkt? Bestimmen Sie die Koordinaten des Berührpunktes.

9. K_t ist der Graph der Funktion f_t mit $f_t(x) = te^{0,5x} - 2t + 1$; $x \in \mathbf{R}$; t > 0.

   a) Machen Sie Aussagen über den Verlauf von K_t. Für welchen Wert von t verläuft K_t
   durch den Ursprung? Gibt es einen t-Wert, so dass die Gerade h mit y = 1
   Asymptote ist? Für welche Werte von t hat K_t Schnittpunkte mit der x-Achse?

   b) Bestimmen Sie die Koordinaten des gemeinsamen Punktes aller Kurven K_t.

   c) Das Schaubild G von g mit $g(x) = ae^{0,5x} + b$; $x \in \mathbf{R}$ schneidet die y-Achse in
   $S(0 \mid -1)$ und die x-Achse in $N(2 \ln 1{,}5 \mid 0)$. Bestimmen Sie g(x).
   Prüfen Sie, ob es ein t gibt, sodass G eine Kurve K_t ist.

7 Trigonometrie

7.1 Definition der Winkelfunktionen

Definition der Winkelfunktionen für Winkel von 0° bis 90°

In der Trigonometrie beschäftigt man sich mit Dreiecken, insbesondere mit rechtwinkligen Dreiecken.

Im **rechtwinkligen Dreieck** nennt man die dem rechten Winkel gegenüberliegende Seite **Hypotenuse**, die anderen beiden Seiten heißen **Katheten**.
Die Kathete, die dem Winkel α anliegt, nennt man **Ankathete** von α , die dem Winkel α gegenüberliegende Seite nennt man **Gegenkathete** von α.

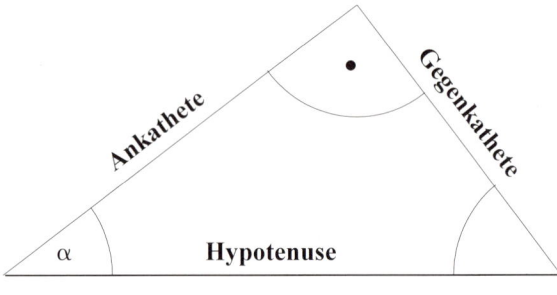

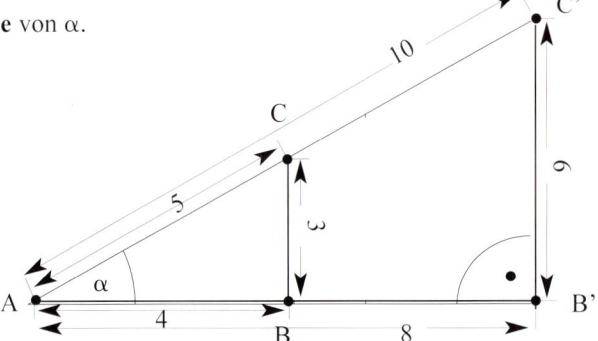

Aus der Abbildung ersieht man, dass die **Verhältnisse von Gegenkathete zu Hypotenuse** im Dreieck ABC und im Dreieck AB'C' gleich sind. Beide Dreiecke haben den gleichen Winkel α, der durch das **Verhältnis von Gegenkathete zu Hypotenuse** eindeutig festgelegt ist. Dieses Verhältnis nennt man den **Sinus des Winkels α**.

$$\sin\alpha = \frac{\text{Gegenkathete (von } \alpha\text{)}}{\text{Hypotenuse}} = \frac{3}{5} = \frac{6}{10}$$

Auch das **Verhältnis von Ankathete zu Hypotenuse** legt den Winkel α fest, man nennt es den **Kosinus des Winkels α**.

$$\cos\alpha = \frac{\text{Ankathete (von } \alpha\text{)}}{\text{Hypotenuse}} = \frac{4}{5} = \frac{8}{10}$$

Das **Verhältnis von Gegenkathete zu Ankathete** nennt man den **Tangens des Winkels α**.

$$\tan\alpha = \frac{\text{Gegenkathete (von } \alpha\text{)}}{\text{Ankathete (von } \alpha\text{)}} = \frac{3}{4} = \frac{6}{8}$$

Wie bestimmt man aus einem Seitenverhältnis im rechtwinkligen Dreieck den zugehörigen Winkel?

Lösung

Man legt die Spitze A des **rechtwinkligen Dreiecks** in den Ursprung eines rechtwinkligen Koordinatensystems.

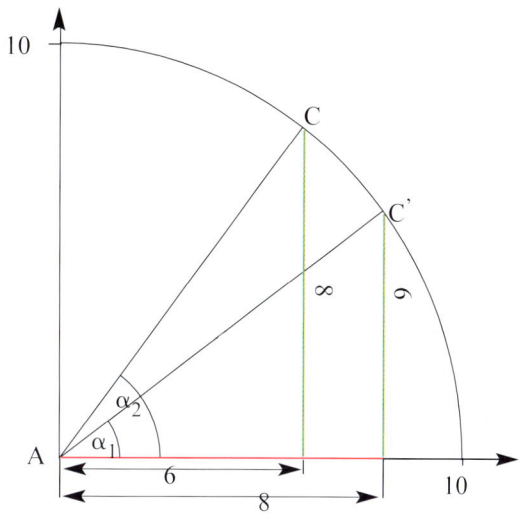

Legt man den Eckpunkt C auf einen Kreis mit Radius 10 LE (≙ Länge der Hypotenuse), so erhält man alle Dreiecke mit Winkel α von 0° bis 90°, und jedem Seitenverhältnis ist eindeutig ein Winkel zugeordnet.

$$\sin \alpha_1 = \frac{6}{10} \Rightarrow \alpha_1 \approx 36,9°$$

$$\cos \alpha_1 = \frac{8}{10} \Rightarrow \alpha_1 \approx 36,9°$$

$$\sin \alpha_2 = \frac{8}{10} \Rightarrow \alpha_2 \approx 53,1°$$

$$\cos \alpha_2 = \frac{6}{10} \Rightarrow \alpha_2 \approx 53,1°$$

Setzt man die Länge der Hypotenuse als 1 Längeneinheit (1 LE), so erhält man

$$\sin \alpha_1 = \frac{0,6\,LE}{1\,LE} = 0,6$$

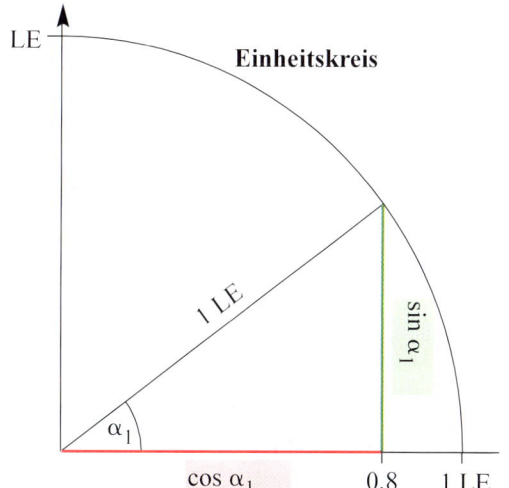

Beachten Sie:

Für $0° \leq \alpha \leq 90°$ gilt:

$0 \leq \sin \alpha \leq 1$

$0 \leq \cos \alpha \leq 1$

Durch diese Vereinfachung kann man bei gegebenen Winkeln sin α als **Maßzahl** der Länge der Gegenkathete, cos α als Maßzahl der Länge der Ankathete ablesen.

Bemerkung: Mit dem Satz des Pythagoras erhält man $(\sin \alpha)^2 + (\cos \alpha)^2 = 1$.

Andere Schreibweise mit $(\sin \alpha)^2 = \sin^2\alpha$: $\sin^2\alpha + \cos^2\alpha = 1$.

Beispiele

1) Berechnen Sie mit dem GTR: a) sin 65°   b) cos 12°

Lösung

Mit der Einstellung

D oder DEG

(wie degree – Grad)

im **SET UP**

2) Bestimmen Sie den zugehörigen Winkel. a) sin α = 0,850 b) cos α = 0,625

Lösung

Mit der Einstellung **D oder DEG**

im **SET UP**

```
sin⁻¹ 0.850
            58.21166938
cos⁻¹ 0.625
            51.31781255
```

Aufgaben

1. Berechnen Sie mit dem GTR. Runden Sie auf 2 Dezimalen.
   a) sin 54°   b) sin 18,5°   c) cos 88,2°   d) cos 9,4°   e) sin 4,2°

2. Bestimmen Sie den zugehörigen Winkel α mit $0° \leq \alpha \leq 90°$.
   a) $\sin\alpha = 0,380$ b) $\sin\alpha = 0,922$ c) $\cos\alpha = 0,185$ d) $\cos\alpha = 0,788$

3. Bestimmen Sie den zugehörigen Winkel zeichnerisch und mit dem GTR.
   a) $\sin\alpha = 0,5$ b) $\sin\alpha = \frac{1}{3}$ c) $\cos\alpha = \frac{2}{3}$ d) $\cos\alpha = \frac{4}{5}$

4. In einem rechtwinkligen Dreieck ABC ist c = 6 cm und α = 50°.
   Berechnen Sie die fehlenden Winkel und Seiten im Dreieck.

5. In einem gleichschenkligen Dreieck ist c = 8,5 cm und γ = 62°.
   Berechnen Sie die fehlenden Winkel und Seiten sowie den Flächeninhalt.

6. Eine Zahnradbahn steigt auf einer Strecke von 1 250 m mit einen Neigungswinkel
   von 10,5°(gegen die Horizontale gemessen).
   Wie viel m Höhendifferenz bewältigt sie?

7. Eine Leiter der Länge 4,5 m lehnt in einer Höhe von 3,2 m an der Wand.
   Berechnen Sie den Neigungswinkel.

8. Für einen Rollstuhlfahrer soll eine schiefe Ebene eine Stufe der Höhe 35 cm
   überbrücken. Wie lang ist die schiefe Ebene bei einem Steigungswinkel von **α** = 10°?

9. Ein Pendel der Länge l = 1 m wird aus der Ruhelage um 20° ausgelenkt.
   Bestimmen Sie die Höhendifferenz gegenüber seiner Ausgangslage.

10. Der Giebel eines Daches ist 12 m breit und 4,8 m hoch.
    Welchen Neigungswinkel hat die Dachfläche?

Definition der Winkelfunktionen für beliebige Winkel

Für **Winkel α_1 zwischen 90° und 180°**
(II.Quadrant)
gilt: $\alpha_1 = 180° - \alpha$ für $0° < \alpha < 90°$

Einheitskreis

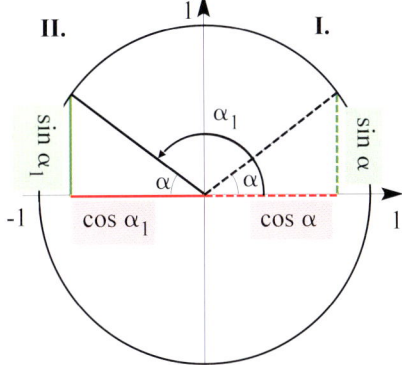

Durch diese Zerlegung erhält man zwei **kongruente Dreiecke**. Da man sin α als Maßzahl der Länge der Gegenkathete festgelegt hat, lässt sich sin α_1 auf sin α zurückführen und es

gilt: $$\sin \alpha_1 = \sin(180° - \alpha) = \sin \alpha$$

Da die Länge der Ankathete in beiden Dreiecken gleich ist, aber auf der positiven bzw. negativen x-Achse liegen, gilt:

$$\cos \alpha_1 = \cos(180° - \alpha) = -\cos \alpha$$

Beispiele
$\sin 150° = \sin(180° - 30°) = \sin 30°$; $\cos 110° = \cos(180° - 70°) = -\cos 70°$
Bestätigen Sie mit dem GTR!

Für Winkel α_1 zwischen 180° und 270° (III. Quadrant)
gilt: $\alpha_1 = 180° + \alpha$ für $0° < \alpha < 90°$

$$\sin \alpha_1 = \sin(180° + \alpha) = -\sin \alpha$$
$$\cos \alpha_1 = \cos(180° + \alpha) = -\cos \alpha$$

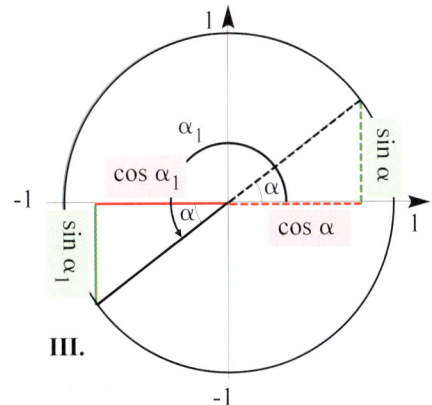

Beispiele
$\sin 200° = \sin(180° + 20°)$
$\qquad = -\sin 20°$
$\cos 240° = \cos(180° + 60°)$
$\qquad = -\cos 60°$

23   Bohner/Ihlenburg/Ott – ISBN 3-8120-0206-X

Für Winkel α_1 zwischen 270° und 360° (IV. Quadrant)

gilt:

$\alpha_1 = 360° - \alpha$ für $0° < \alpha < 90°$

$\sin \alpha_1 = \sin(360° - \alpha) = -\sin \alpha$

$\cos \alpha_1 = \cos(360° - \alpha) = \cos \alpha$

Beispiele

$\sin 300° = \sin(360° - 60°)$

$\quad = -\sin 60°$

$\cos 310° = \cos(360° - 50°)$

$\quad = \cos 50°$

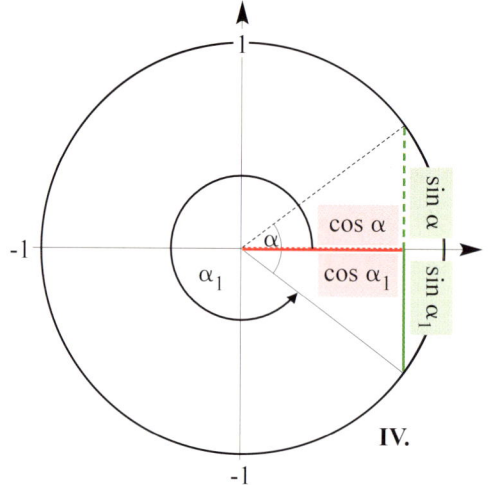

Trägt man einen Winkel **gegen** die **Drehrichtung** des **Uhrzeigers** ab, so ist der **Winkel positiv**. **In Drehrichtung** des **Uhrzeigers** abgetragene Winkel sind **negativ**.

Für Sinus und Kosinus gilt:

$\sin (360° - \alpha) = \sin (-\alpha) = -\sin \alpha$

$\cos (360° - \alpha) = \cos (-\alpha) = \cos \alpha$

Für Winkel größer als 360° gilt:

$\sin (360° + \alpha) = \sin \alpha$

$\cos (360° + \alpha) = \cos \alpha$

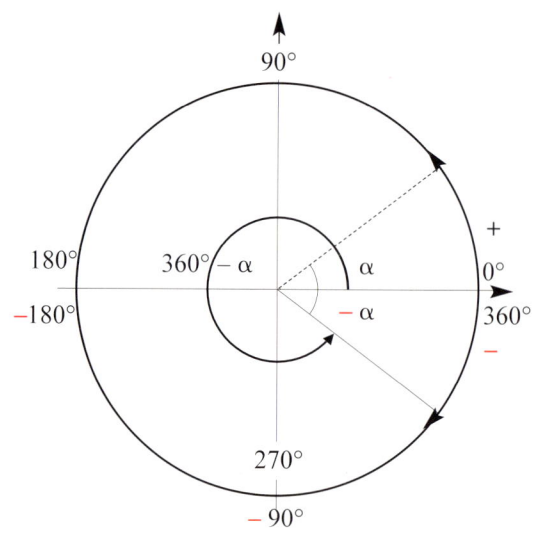

Beispiele

$\sin(-50°) = \sin(360° - 50°)$

$\quad = -\sin 50°$

$\cos(-30°) = \cos (360° - 30°)$

$\quad = \cos 30°$

$\sin(-150°) = \sin(360° - 150°) = \sin 210°$

$\quad = -\sin 150° = -\sin(180° - 30°) = -\sin 30°$

$\cos(- 100°) = \cos (360° - 100°) = \cos 100°$

Zusammenfassung

Wie lassen sich die Sinuswerte (Kosinuswerte) beliebiger Winkel auf die Sinuswerte (Kosinuswerte) **spitzer Winkel** α zwischen 0° und 90° zurückführen?

I. Quadrant: $0° \leq \alpha \leq 90°$

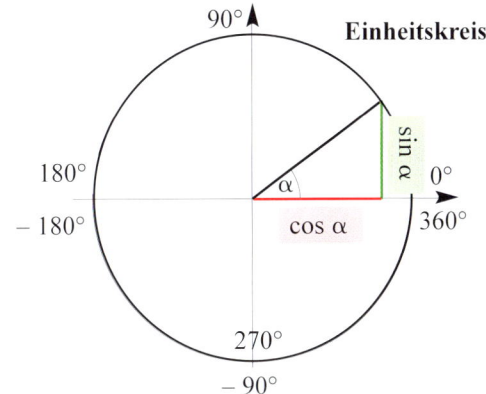

Beachten Sie:

$\sin 0° = 0$; $\sin 90° = 1$

$\cos 0° = 1$; $\cos 90° = 0$

II. Quadrant: $90° \leq \alpha_1 \leq 180°$

$\sin \alpha_1 = \sin (180° - \alpha) = \sin \alpha$

$\cos \alpha_1 = \cos (180° - \alpha) = -\cos \alpha$

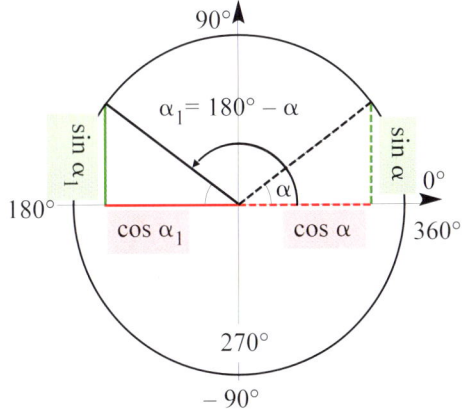

Beachten Sie:

$\sin 180° = 0$; $\cos 180° = -1$

III. Quadrant: $180° \leq \alpha_1 \leq 270°$

$\sin \alpha_1 = \sin(180° + \alpha) = -\sin \alpha$

$\cos \alpha_1 = \cos(180° + \alpha) = -\cos \alpha$

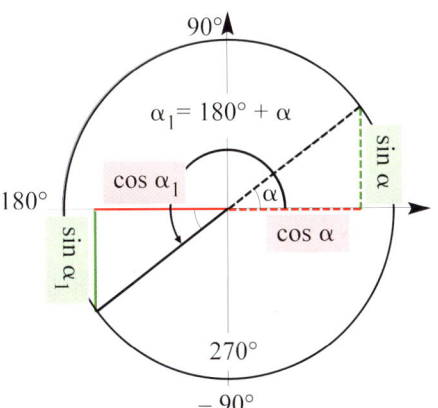

Beachten Sie:

$\sin 270° = -1$; $\cos 270° = 0$

IV. Quadrant: $270° \leq \alpha_1 \leq 360°$

$$-90° \leq \alpha_1 \leq 0°$$

$\sin \alpha_1 = \sin (360° - \alpha)$

$\quad = \sin (-\alpha) = -\sin \alpha$

$\cos \alpha_1 = \cos (360° - \alpha)$

$\quad = \cos (-\alpha) = \cos \alpha$

Beachten Sie:

$\sin 360° = 0; \quad \cos 360° = 1$

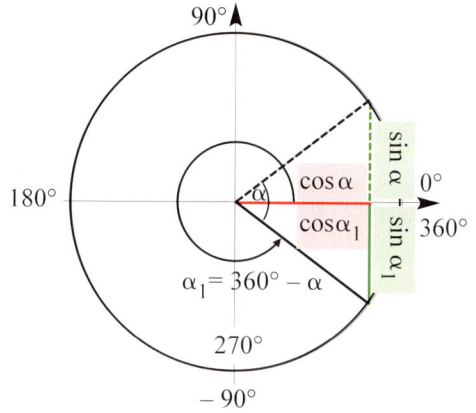

Für Winkel größer als 360°:

$\sin \alpha_1 = \sin (n \cdot 360° + \alpha) = \sin \alpha \qquad \cos \alpha_1 = \cos (n \cdot 360° + \alpha) = \cos \alpha \; ; n \in \mathbb{N}$

Sinus und Kosinus haben die **Periode 360°.**

Vorzeichen von Sinuswerten und Kosinuswerten in den 4 Quadranten:

VZ von sin α $\quad \dfrac{+ \;|\; +}{- \;|\; -}$ $\qquad$ VZ von cos α $\quad \dfrac{- \;|\; +}{- \;|\; +}$

Aufgaben

1. Berechnen Sie mit dem GTR. Runden Sie ggf. auf 2 Dezimalen.

   a) $\sin 145°$ $\qquad$ b) $\sin 225°$ $\qquad$ c) $\sin 312,5°$ $\qquad$ d) $\sin (-105°)$

   e) $\cos 165°$ $\qquad$ f) $\cos 195,2°$ $\qquad$ g) $\cos 345°$ $\qquad$ h) $\cos (-30°)$

   i) $\sin 423°$ $\qquad$ j) $\cos 500°$ $\qquad$ k) $\sin (-220°)$ $\qquad$ l) $\cos (-468,3°)$

2. Für welche Winkel α ist

   a) $\sin \alpha$ positiv, $\cos \alpha$ negativ $\qquad$ b) $\sin \alpha$ positiv, $\cos \alpha$ positiv

   c) $\sin \alpha$ negativ, $\cos \alpha$ negativ $\qquad$ d) $\sin \alpha$ negativ, $\cos \alpha$ positiv

3. Bestimmen Sie die zwischen 0° und 360° liegenden Werte von α, wenn

   a) $\sin \alpha = 0,707$ $\qquad$ b) $\sin \alpha = 0,866$

   c) $\sin \alpha = -0,5$ $\qquad$ d) $\cos \alpha = -0,707$

   e) $\sin \alpha = -0,245$ $\qquad$ f) $\cos \alpha = 0,909$

   g) $\cos \alpha = 0,5$ $\qquad$ h) $\sin \alpha = 0$

   i) $\cos \alpha = -1$ $\qquad$ j) $\cos \alpha = -0,866$

   k) $\sin \alpha = 0,5\sqrt{3}$ $\qquad$ l) $\cos \alpha = -0,5\sqrt{2}$

   m) $\sin \alpha = -\dfrac{3}{4}$ $\qquad$ n) $\cos \alpha = \dfrac{5}{16}$

   o) $\sin \alpha = 1 - \sqrt{2}$ $\qquad$ p) $\cos \alpha = 1 - \sqrt{3}$

7.2 Was man über den Tangens wissen sollte

Definition $\quad \tan \alpha = \dfrac{\textbf{Gegenkathete (von } \alpha)}{\textbf{Ankathete (von } \alpha)}$

tan 90° ist nicht definiert

tan 60° ≈ 1,7

tan 45° =1

Tangens am
Einheitskreis

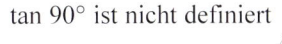

60°

45°

- 45°

-60°

► **tan 0° = 0**

tan (- 45°) = –1

tan (- 90°) ist nicht definiert

tan (- 60°) ≈ –1,7

Zusammenhang mit Sinus und Kosinus

$$\frac{\tan \alpha}{1} = \frac{\sin \alpha}{\cos \alpha}$$

$$\tan \alpha = \frac{\sin \alpha}{\cos \alpha}$$

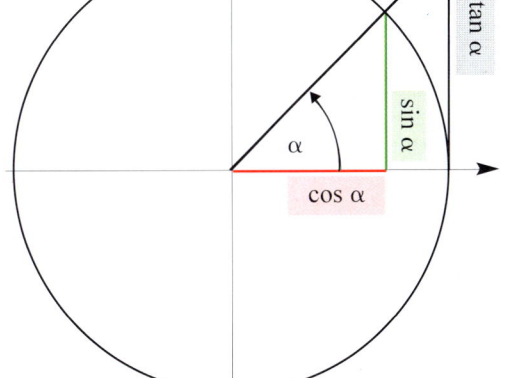

tan α

sin α

α

cos α

Beachten Sie:

tan α = 0 <=> sin α = 0

<=> α = 0 ; 180°; 360°; ...

tan α ist nicht definiert

für cos α = 0

<=> α = ±90° ; ±270°; ...

Tangens für beliebige Winkel

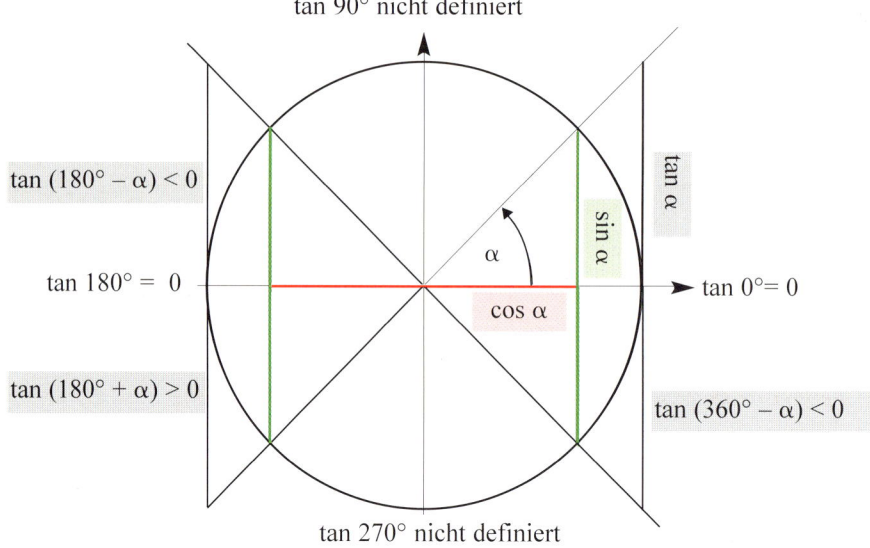

tan 90° nicht definiert

tan $(180° - \alpha) < 0$

tan 180° $= 0$

tan $(180° + \alpha) > 0$

tan $0°= 0$

tan $(360° - \alpha) < 0$

sin α

cos α

tan α

α

tan 270° nicht definiert

Eigenschaften: $\tan(180° - \alpha) = -\tan\alpha$ $\qquad$ $\tan(180° + \alpha) = \tan\alpha$

$\tan(360° - \alpha) = -\tan\alpha$ $\qquad$ $\tan(-\alpha) = -\tan\alpha$

Beachten Sie: Wächst α von 0° bis 90°, so wächst tan α von 0 bis ∞.

Tangens hat die Periode 180°,

d.h., die Tangenswerte wiederholen sich nach 180°.

Beispiele

1) Bestimmen Sie alle Winkel zwischen 0° und 360° für die gilt: $\tan\alpha = 1{,}5$.

Lösung

Mit GTR: $\qquad\qquad\qquad\qquad\qquad$ $\alpha_{GTR} = \alpha_1 \approx 56{,}3°$

Überlegung am Einheitskreis: $\qquad$ $\alpha_2 \approx 180° + 56{,}3° = 236{,}3°$

Lösungen zwischen 0° und 360°: $\quad$ $\alpha_1 = 56{,}3°; \alpha_2 = 236{,}3°$

2) Bestimmen Sie alle Winkel zwischen $-180°$ und 360° für die gilt: $\tan\alpha = -0{,}65$.

Lösung

Mit GTR: $\qquad\qquad\qquad\qquad\qquad$ $\alpha_{GTR} = \alpha_1 \approx -33{,}0°$

Überlegung am Einheitskreis: $\qquad$ $\alpha_2 \approx 180° - 33{,}0° = 147{,}0°$

$\qquad\qquad\qquad\qquad\qquad\qquad\qquad$ $\alpha_3 = 360° - 33{,}0° = 327{,}0°$

Lösungen zwischen $-180°$ und 360°: $\quad$ $\alpha_1 = -33{,}0°; \alpha_2 = 147{,}0°; \alpha_3 = 327{,}0°$

Beachten Sie: α_{GTR} ist eine Lösung von $\tan\alpha = z$.

Addiert man **Vielfache von 180°** zu α_{GTR} , so erhält man weitere

7.3 Trigonometrische Gleichungen mit der Lösungsvariablen α

Beispiele

1) Für welche Winkel α gilt: $\sin α = 0{,}2$?

Lösung

Der Winkel α lässt sich nicht elementar berechnen. Die zeichnerische Lösung liefert einen ungenauen Wert (siehe Abbildung).

Mit dem **GTR** kann man

einen gesuchten Winkel bestimmen.

Im Modus **DEG**

$\sin α = 0{,}2$ für $α ≈ 11{,}5°$

```
sin⁻¹ 0.2
            11.53695903
```

Der GTR liefert **nur** diese **eine** Lösung.

Die weiteren Lösungen ermittelt man mit **Hilfe des Einheitskreises**.

$α = 11{,}5°$ und $α_1 = 168{,}5°$

sind die beiden einzigen Lösungen
zwischen 0° und 360°.

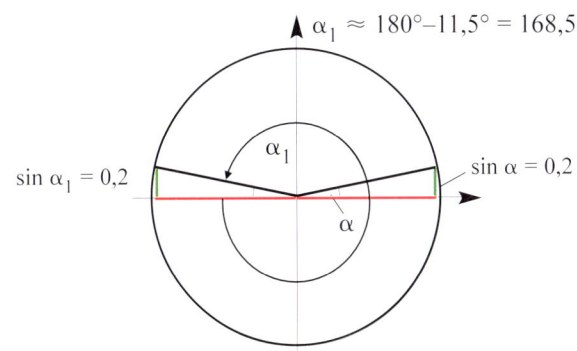

Bemerkung: Durch Addition von Vielfachen von 360° zu α und $α_1$ erhält man **beliebig viele weitere Lösungen.**

2) Bestimmen Sie alle Winkel zwischen 0° und 360° für die gilt: $\sin α = -0{,}75$.

Lösung

Mit GTR: $α_{GTR} ≈ -48{,}6°$

Mit Einheitskreis:

$α_1 ≈ 180° + 48{,}6° = 228{,}6°$

$α_2 ≈ 360° - 48{,}6° = 311{,}4°$

Lösungen zwischen 0° und 360°:

$α_1 = 228{,}6°$

$α_2 = 311{,}4°$

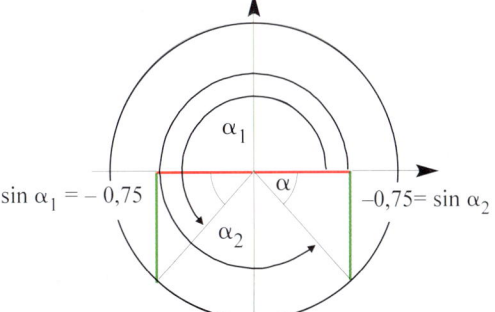

3) Bestimmen Sie alle Winkel zwischen 0° und 360° für die gilt: $\cos \alpha = 0{,}4$.

Lösung

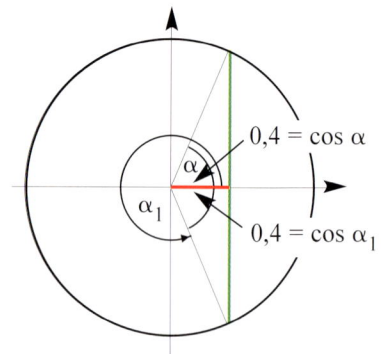

Mit GTR: $\alpha_{GTR} = \alpha \approx 66{,}4°$

Mit Einheitskreis:

$\alpha_1 \approx 360° - 66{,}4° = 293{,}6°$

Lösungen zwischen 0° und 360°:

$\alpha = 66{,}4°$

$\alpha_1 = 293{,}6°$

$0{,}4 = \cos \alpha$

$0{,}4 = \cos \alpha_1$

---

4) Bestimmen Sie alle Winkel zwischen 0° und 360° für die gilt: $\cos \alpha = -0{,}8$.

Lösung

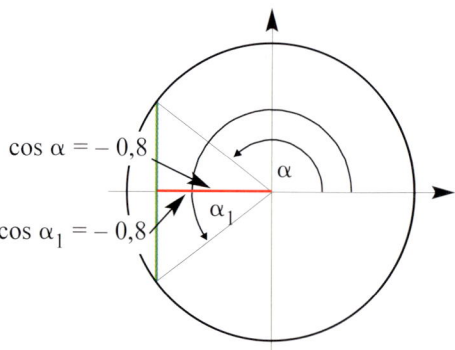

Mit GTR: $\alpha_{GTR} = \alpha \approx 143{,}1°$

Mit Einheitskreis:

$\alpha_1 = 360° - 143{,}1° = 216{,}9°$

$\cos \alpha = -0{,}8$

Lösungen zwischen 0° und 360°:

$\alpha = 143{,}1°$

$\cos \alpha_1 = -0{,}8$

$\alpha_1 = 216{,}9°$

---

5) Bestimmen Sie alle Winkel zwischen 0° und 360° für die gilt: $-2 \sin \alpha - \frac{1}{2} = 0$.

Lösung

Umformung $-2 \sin \alpha - \frac{1}{2} = 0$

$$-2 \sin \alpha = \frac{1}{2} \quad <=> \quad \sin \alpha = -\frac{1}{4}$$

Mit GTR: $\alpha_{GTR} \approx -14{,}5°$

Mit Einheitskreis:

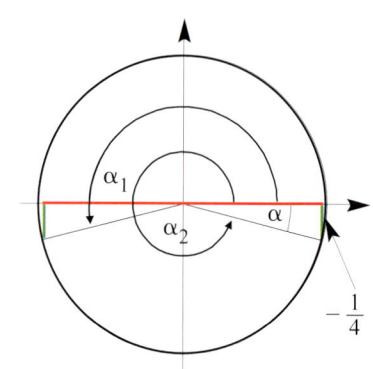

$\alpha_1 \approx 180° + 14{,}5° = 194{,}5°$

$\alpha_2 \approx 360° - 14{,}5° = 345{,}5°$

Lösungen zwischen 0° und 360°:

$\alpha_1 = 194{,}5°$

$\alpha_2 = 345{,}5°$

$-\frac{1}{4}$

Aufgaben

1. Bestimmen Sie alle Winkel α zwischen $0°$ und $360°$, für die gilt:

   a) $\sin \alpha = \frac{4}{9}$ b) $\sin \alpha = -\frac{3}{7}$ c) $\cos \alpha = \frac{2}{7}$

   d) $\cos \alpha = -\frac{5}{12}$ e) $\cos \alpha = 0{,}913$ f) $\sin \alpha = -0{,}5$

2. Bestimmen Sie, falls vorhanden, alle Winkel α ($-180° \leq \alpha \leq 360°$), für die gilt:

   a) $3 \sin \alpha = 1$ b) $\frac{8}{3} \cos \alpha - 2 = 0$ c) $2 \cos \alpha - \sqrt{3} = 0$

   d) $\sqrt{2} \sin \alpha = 1$ e) $2 \cos \alpha + 1 = 0$ f) $8 \cos \alpha = 0$

   g) $-4\pi \sin \alpha = 0$ h) $\frac{4}{3}(\sin \alpha - 1) = 0$ i) $\frac{1}{4} \sin \alpha = -\sqrt{\frac{1}{32}}$

   j) $2{,}2 \sin \alpha = \sin \alpha - 2$ k) $1{,}8 + 2{,}5\cos \alpha = 0$ l) $\frac{1}{8} + \sin \alpha = 1 - \sqrt{2}$

   m) $\sqrt{3}\cos \alpha = -1$ n) $\sqrt{2}\sin \alpha = \sin \alpha$ o) $\sqrt{3}\cos \alpha - 2\cos \alpha = 0{,}3$

Lösen von trigonometrischen Gleichungen mit Hilfe von Tangens
Beispiel

Bestimmen Sie alle Winkel zwischen $-360°$ und $360°$ für die gilt: $\sin \alpha + 2 \cos \alpha = 0$.

Lösung

Umformung: $\sin \alpha + 2 \cos \alpha = 0 \iff \sin \alpha = -2 \cos \alpha$ $| :\cos \alpha$

$$\frac{\sin \alpha}{\cos \alpha} = \tan \alpha = -2$$

Mit GTR: $\alpha_{GTR} = \alpha_1 \approx -63{,}4°$

Mit Periode $p = 180°$ $\alpha_2 \approx -63{,}4° + 180° = 116{,}6°$

         $\alpha_3 \approx -63{,}4° - 180° = -243{,}4°$

         $\alpha_4 \approx -63{,}4° + 2 \cdot 180° = 296{,}6°$

Lösungen auf $[-360°; 360°]$ $\alpha_1 = -63{,}4°$; $\alpha_2 = 116{,}6°$; $\alpha_3 = -243{,}4°$;
         $\alpha_4 = 296{,}6°$

Aufgaben

1. Berechnen Sie mit dem GTR. Runden Sie ggf. auf 2 Dezimalen.

   a) $\tan 75°$ b) $\tan (-28)°$ c) $\tan 280°$ d) $\tan (-130°)$

2. Bestimmen Sie alle Winkel zwischen $0°$ und $360°$ für die gilt:

   a) $\tan \alpha = 2{,}5$ b) $\tan \alpha = -0{,}9$ c) $3\tan \alpha - 2 = 0$

3. Bestimmen Sie alle Winkel zwischen $-180°$ und $180°$ für die gilt:

   a) $\sin \alpha = -\cos\alpha$ b) $3\cos \alpha - 0{,}5\sin \alpha = 0$ c) $\sin \alpha - \sqrt{3}\cos \alpha = 0$

   d) $-\sqrt{3}\sin \alpha + \cos \alpha = 0$ e) $2\cos\alpha - \sin \alpha = 0$ f) $4\sin \alpha = \frac{3}{4}\cos \alpha$

7.4 Das Bogenmaß eines Winkels

Der Winkel α wird in der Einheit Grad
angegeben, z. B. α = 45°.
In der Mathematik ist es zweckmäßig,
ohne Einheiten, mit reellen Zahlen
zu rechnen.
Daher ordnet man dem Winkel 360° den
Umfang des Einheitskreises
$U = 2 \cdot \pi \cdot 1 = 2\,\pi$ zu,
d.h.: $360° \triangleq 2\,\pi \approx 6{,}28$

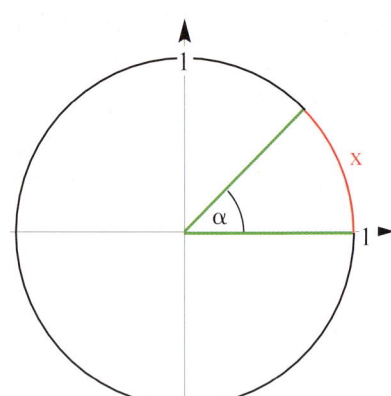

Umrechnungstabelle

Winkel α (in Grad)	180°	90°	60°	45°	30°
Maßzahl der Bogenlänge x (ist eine reelle Zahl)	$\pi \approx 3{,}14$	$\frac{\pi}{2} \approx 1{,}57$	$\frac{\pi}{3} \approx 1{,}05$	$\frac{\pi}{4} \approx 0{,}79$	$\frac{\pi}{6} \approx 0{,}52$

Jedem Winkel α lässt sich eindeutig eine reelle Zahl x zuordnen (x im Bogenmaß).

Umrechnungsformel: $\dfrac{2\,\pi}{360°} = \dfrac{x}{\alpha}$ ergibt $x = \dfrac{\alpha \cdot \pi}{180°}$ oder $\alpha = \dfrac{x \cdot 180°}{\pi}$

Beispiele: Gradmaß $\alpha = 36{,}7°$ => Bogenmaß $x = \dfrac{36{,}7° \cdot \pi}{180°} \approx 0{,}64$

Bogenmaß $x = \dfrac{\pi}{10}$ => Gradmaß $\alpha = \dfrac{\pi \cdot 180°}{10\pi} = 18°$

Berechnung von **Sinus-, Kosinus-** und **Tangenswerten** eines Winkels im Bogenmaß
mit dem GTR:

Im **SET UP**:

Angle in den Modus **RAD**
umschalten.

Beachten Sie:
Ist der **Winkel im Gradmaß** (α) gegeben, so rechnet man im **Modus DEG (D)**.
Ist der Winkel im **Bogenmaß (x)** gegeben, so rechnet man im **Modus RAD (R)**.

Aufgaben

1. Geben Sie folgende Winkel im Bogenmaß x in Bruchteilen von π an.

   a) α = 15°   b) α = 150°   c) α = − 72°   d) α = 135°   e) α = 225°

2. Geben Sie das Gradmaß der folgenden Winkel an.

   a) $x = \dfrac{\pi}{8}$ b) $x = \dfrac{3\pi}{2}$ c) $x = 1{,}8$ d) $x = \dfrac{4\pi}{3}$ e) $x = \dfrac{\pi}{9}$

3. Bestimmen Sie mit dem GTR. Runden Sie ggf. auf zwei Dezimalen.

   a) $\sin \dfrac{\pi}{12}$ b) $\cos \dfrac{3\pi}{4}$ c) $\sin -1$ d) $3\cos(-\sqrt{2})$ e) $4 \tan (-\pi)$

7.5 Trigonometrische Gleichungen mit der Lösungsvariablen x

1. Gleichungen der Form sin x = z bzw. cos x = z

Aufgabe: Bestimmen Sie alle Lösungen x, die im Intervall $[\,0\,;\,2\,\pi\,]$ liegen.

a) **sin x = 0,2**

Lösung

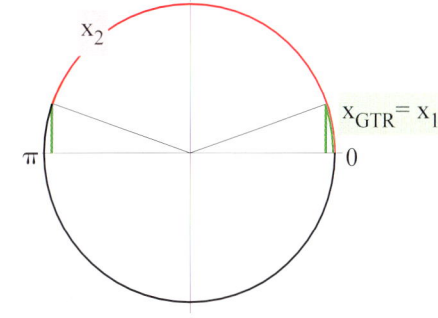

Mit GTR (Modus R): $x_{GTR} = x_1 \approx 0{,}20$

Mit Einheitskreis:
$$x_2 = \pi - 0{,}20 \approx 2{,}94$$

Lösungen zwischen 0 und 2π:
$$x_1 = 0{,}20;\ \ x_2 = 2{,}94$$

b) **sin x = – 0,75**

Lösung

Mit GTR (Modus R): $x_{GTR} \approx -0{,}85$

Mit Einheitskreis:
$$x_1 = \pi + 0{,}85 \approx 3{,}99$$
$$x_2 = 2\pi - 0{,}85 \approx 5{,}43$$

Lösungen zwischen 0 und 2π:
$$x_1 = 3{,}99;\ \ x_2 = 5{,}43$$

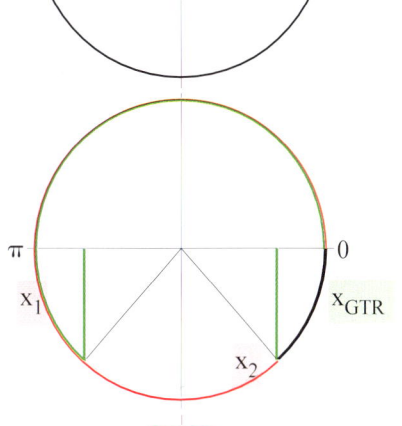

c) **cos x = 0,4**

Lösung

Mit GTR (Modus R): $x_{GTR} = x_1 \approx 1{,}16$

Mit Einheitskreis:
$$x_2 = 2\pi - 1{,}16 \approx 5{,}12$$

Lösungen zwischen 0 und 2π:
$$x_1 = 1{,}16;\ \ x_2 = 5{,}12$$

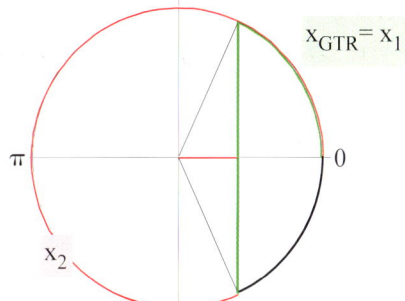

d) **cos x = – 0,84**

Lösung

Mit GTR (Modus R): $x_{GTR} = x_1 \approx 2{,}57$

Mit Einheitskreis:
$$x_2 = 2\pi - 2{,}57 \approx 3{,}71$$

Lösungen zwischen 0 und 2π:
$$x_1 = 2{,}57;\ \ x_2 = 3{,}71$$

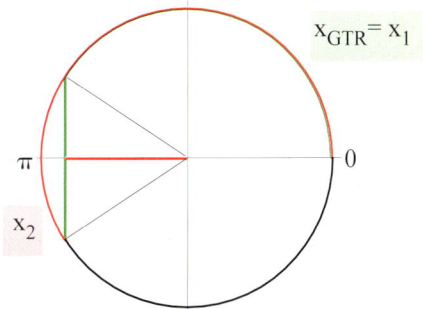

Aufgaben

1. Bestimmen Sie alle Lösungen x, die im Intervall $[-\pi; 2\pi]$ liegen.

   a) $\sin x = 0$ b) $\cos x = 0$ c) $\sin x = 0{,}71$

   d) $\cos x = -0{,}350$ e) $\sin x = -0{,}905$ f) $\cos x = 0{,}82$

2. Bestimmen Sie alle Lösungen x, die im Intervall $[0; 6{,}5]$ liegen.

   a) $3\sin x - 1 = 0$ b) $3\cos x = 2$ c) $-\frac{1}{2}\sin x + \frac{3}{8} = 0$

   d) $2\cos x - \sqrt{3} = 0$ e) $2 - \frac{\pi}{2} + \cos x = 0$ f) $\sqrt{2}\cos x + 1 = 0$

3. Bestimmen Sie alle Lösungen x, die im Intervall $[-4; 4]$ liegen.

   a) $\frac{3}{4} - \frac{3}{2}\sin x = 0$ b) $-4\cos x + 2\sqrt{2} = 0$ c) $\sqrt{3}\cos x + \sqrt{3} = 0$

   d) $\sqrt{2} + 4\sin x = 0$ e) $-\cos x = 0{,}5\cos x - 2$ f) $\sqrt{2}\sin x = \sqrt{3}\sin x$

4. Für welchen Wert von a ist $x = \frac{\pi}{6}$ Lösung der Gleichung $a \cdot \sin x - 2 = 0$?
   Berechnen Sie für diesen Wert von a alle Lösungen für $0 < x < 6$.

5. Für welche Werte von a hat die Gleichung $3\cos x + a = 0$ keine Lösung?

6. Bestimmen Sie alle Lösungen x, die im Intervall $[0; 6{,}5]$ liegen.

   a) $\sin x - 4\cos x = 0$ b) $2\sin x + 2\cos x = 0$ c) $-2\sin x + \tan x = 0$

   d) $2\cos^2 x + \sqrt{2}\cos x = 0$ f) $8\sin^2 x - \sin x = 0$ g) $1{,}5\cos x + \sin x = 0$

2. Gleichungen der Form $\sin(kx) = z$ bzw. $\cos(kx) = z$

Aufgabe: Bestimmen Sie alle Lösungen x, die im Intervall $[0; 2\pi]$ liegen.
           Runden Sie auf zwei Dezimalen.

a) $\sin(2x) = 0{,}2$

Lösung

Wir setzen $2x = u$ (**Substitution**) und lösen die Gleichung $\sin u = 0{,}2$.

Mit GTR (Modus R):	$u_{GTR} = u_1 = 0{,}20$
Mit Hilfe des Einheitskreises	$u_2 = \pi - 0{,}20 = 2{,}94$
wegen der Periode 2π	$u_3 = 2\pi + 0{,}20 = 6{,}48$
	$u_4 = 3\pi - 0{,}20 = 9{,}22$
	$u_5 = 4\pi + 0{,}20 = 12{,}77$

Rücksubstitution

Mit $u = 2x \Leftrightarrow x = \frac{1}{2}u$ erhält man:

$u_1 = 0{,}20 \;\Rightarrow x_1 = 0{,}10$

$u_2 = 2{,}94 \;\Rightarrow x_2 = 1{,}47$

$u_3 = 6{,}48 \;\Rightarrow x_3 = 3{,}24$

$u_4 = 9{,}22 \;\Rightarrow x_4 = 4{,}61$

$(u_5 = 12{,}77 \Rightarrow x_5 = 6{,}38)$

Wegen $x \in [0; 2\pi]$ ist x_5 **keine** Lösung.

Lösungen zwischen 0 und 2π: $x_1 = 0{,}10;\; x_2 = 1{,}47;\; x_3 = 3{,}24;\; x_4 = 4{,}61$

b) $\sin\left(\frac{2}{3}x\right) = -0,75$

Lösung

Wir setzen $\left(\frac{2}{3}x\right) = u$ und lösen die Gleichung **sin u = $-$ 0,75.**

Mit GTR (Modus R):	$u_{GTR} = -0,85$
Mit Einheitskreis:	$u_1 = \pi + 0,85 = 3,99$
	$u_2 = 2\pi - 0,85 = 5,43$
wegen der Periode **2π**	$u_3 = 3\pi + 0,85 = 10,2$

Rücksubstitution

Mit $u = \left(\frac{2}{3}x\right) <=> x = \frac{3}{2}u$ erhält man: $u_1 = 3,99 => x_1 = 5,99$

$(u_2 = 5,43 => x_2 = 8,15)$

Wegen $x \in [\,0\,;\,2\,\pi\,]$ ist x_2 **keine** Lösung.

Einzige **Lösung zwischen 0 und 2π:** $x_1 = 5,99$ (gerundet)

c) **cos (0,5x) = 0,4**

Lösung

Wir setzen **(0,5x)** = u und lösen die Gleichung **cos u = 0,4.**

Mit GTR (Modus R):	$u_{GTR} = u_1 = 1,16$
Mit Einheitskreis:	$u_2 = 2\pi - 1,16 = 5,12$

Rücksubstitution: Mit $u = $ **(0,5x)** $<=>x = 2u$ erhält man eine

Lösung zwischen 0 und 2π: $u_1 = 1,16 => x_1 = 2,32$

Die weiteren Lösungen liegen **alle außerhalb** des gegebenen Intervalls.

d) **cos(πx) = $-$ 0,84**

Lösung

Wir setzen **πx** = u und lösen die Gleichung **cos u = $-$ 0,84.**

Mit GTR (Modus R):	$u_{GTR} = u_1 = 2,57$
Mit Einheitskreis:	$u_2 = 2\pi - 2,57 = 3,71$
wegen der Periode **2π**	$u_3 = 2\pi + 2,57 = 8,85$
	$u_4 = 4\pi - 2,57 = 10,0$

Rücksubstitution

Mit $u = $ **π**x $<=> x = \dfrac{u}{\pi}$ erhält man die Lösungen für x:

$$u_1 = 2,57 \quad => x_1 = 0,82$$
$$u_2 = 3,71 \quad => x_2 = 1,18$$
$$u_3 = 8,85 \quad => x_3 = 2,82$$
$$u_4 = 10,0 \quad => x_4 = 3,18$$

Weitere Lösungen finden wir auch mit Hilfe der Periode p von cos(πx): **p = 2**

$$x_5 = 2,82 + 2 = 4,82$$

$$x_6 = 3,18 + 2 = 5,18$$

Die Gleichung **cos(πx) = $-$ 0,84 hat zwischen 0 und 2π sechs Lösungen.**

Beachten Sie: $\sin(kx)$ und **cos (kx)** haben die **Periode** $p = \dfrac{2\pi}{k}$.

Folgerung: Hat man **alle Lösungen auf einer Periode** bestimmt, erhält man alle
weitere Lösungen durch Addition von Vielfachen der Periode.

Vergleichen Sie:

sin (2x) hat die Periode π: x_1 und x_2 sind die Lösungen auf einer Periode,

$$x_1 + \pi = x_3 \; ; \; x_2 + \pi = x_4 \; ; \; x_1 + 2\pi = x_5 \; ; \; ...$$

cos (0,5x) hat die Periode 4π

Aufgaben

1. Bestimmen Sie alle Lösungen für $x \in \left[\, 0; 4 \,\right]$.

   a) $\sin(3x) = 0$

   b) $\sin(1,5x) = -0,5\sqrt{2}$

   c) $\cos(4x) = 0,5$

   d) $\cos\left(\frac{2}{3}x\right) = 0$

   e) $\sin(\sqrt{2}\, x) = 0,5\sqrt{2}$

   f) $\sin(\pi\, x) = 0,5$

   g) $\cos\left(\frac{5}{3}x\right) = \frac{2}{5}$

   h) $\sin\left(\frac{x}{2}\right) = 0,125$

   i) $\cos(3x) = \frac{5}{6}$

2. Bestimmen Sie alle Lösungen für $x \in \left[\, -4; 4 \,\right]$.

   a) $4\sin(0,75x) = \sqrt{2}$

   b) $\sin(0,5\pi\, x) - 0,5\sqrt{3} = 0$

   c) $2\sin(0,25x) - 0,3 = 0$

   d) $-\frac{1}{2}\cos\left(\frac{x}{3}\right) - 0,455 = 0$

   e) $\sqrt{3}\cos(2\pi x) - 1 = 0,5$

   f) $\sin\left(\frac{2}{3}x\right) = 0,3$

   g) $\cos(\sqrt{3}x) = 0,7$

   h) $\sin(0,5x) = -0,15$

   i) $4\cos(0,8x) - 1 = 0$

3. Gleichungen der Form sin (ax + b) = c

Beispiel

1) Gegeben ist die Gleichung $3\sin\left(\frac{1}{2}x + 1\right) = 0$.

   Bestimmen Sie alle Lösungen x, die im Intervall $\left[\, 0\, ; 2\pi \,\right]$ liegen.

Lösung

Substitution	$u = \frac{1}{2}x + 1$
führt auf die Gleichung in u	$3\sin u = 0$
Lösungen von sin u = 0 auf $\left[\, 0\, ; 2\pi \,\right]$	$u_1 = 0; \; u_2 = \pi; \; u_3 = 2\pi; ... \; u_k = k\pi$
Lösungen für x durch **Rücksubstitution**	$\frac{1}{2}x + 1 = u \Rightarrow x = 2(u - 1)$
Lösungen in x:	$x_1 = -2; \; x_2 = 2(\pi - 1); \; x_2 = 2(2\pi - 1); ...$
Lösungen zwischen 0 und 2π:	$x_1 = -2; \; x_2 = 2(\pi - 1);$
Lösungen auf R: aus $u_k = k\pi$	$x_k = 2(k\pi - 1); \; k \in \mathbf{Z}$

Aufgaben

Bestimmen Sie alle Lösungen x, die im Intervall $\left[\, 0\, ; 7 \,\right]$ liegen.

   a) $\cos(x+2) = 0,5$

   b) $2 + 3\sin(x - 1) = 0$

   c) $\frac{1}{2}\cos(2x) + \frac{1}{3} = 0$

   d) $1 - \cos\left(\frac{\pi}{2}x\right) = 0$

   e) $-2\cos(x - \pi) = \sqrt{3}$

   f) $2\sin(x + \pi) = 1$

4. Lösung von Gleichungen mit Hilfe von Formeln

Beispiele

1) Gegeben ist die Gleichung $\sin x + \sin(2x) = 0$.
   Bestimmen Sie alle Lösungen x, die im Intervall $[\,0\,;\,2\pi\,]$ liegen.

Lösung

Wir ersetzen $\sin(2x)$ mit Hilfe von	$\sin(2x) = 2\sin x \cos x$
Gleichung in sin x	$\sin x + 2\sin x \cos x = 0$
Vereinfachen durch **Ausklammern**	$\sin x\,(1 + 2\cos x) = 0$
Satz vom Nullprodukt	$\sin x = 0 \lor 1 + 2\cos x = 0$
Lösungen von	$\sin x = 0$:
auf $[\,0\,;\,2\pi\,]$	$x_1 = 0;\ x_2 = \pi;\ x_3 = 2\pi$
Lösungen auf $[\,0\,;\,2\pi\,]$ von $\cos x = \frac{1}{2}$:	$x_4 = \dfrac{\pi}{3}$
Lösungen zwischen 0 und 2π:	$x_1 = 0;\ x_2 = \pi;\ x_3 = 2\pi;\ x_4 = \dfrac{\pi}{3}$

Beachten Sie die folgenden Formeln:

$$\cos^2 x + \sin^2 x = 1 \iff \sin x = \sqrt{1 - \cos^2 x}$$
$$\sin 2x = 2\sin x \cos x$$
$$\cos 2x = \cos^2 x - \sin^2 x$$
$$= 2\cos^2 x - 1 = 1 - 2\sin^2 x$$

2) Gegeben ist die Gleichung $\sin^2 x = \cos x + 0{,}25$.
   Bestimmen Sie alle Lösungen x, die im Intervall $[\,0\,;\,2\pi\,]$ liegen.

Lösung

Wir ersetzen $\sin^2 x$ mit Hilfe von	$\sin^2 x + \cos^2 x = 1$
Umformung	$\sin^2 x = 1 - \cos^2 x$
Einsetzen ergibt **eine Gleichung nur in cos x**:	$1 - \cos^2 x = \cos x + 0{,}25$
Nullform	$0{,}75 - \cos x - \cos^2 x = 0$
Lösung durch **Substitution: cos x = u**	$0{,}75 - u - u^2 = 0$
Lösungen in u:	$u_1 = 0{,}5;\ u_2 = -1{,}5$
Rücksubstitution ergibt aus **cos x = – 1,5**	**keine Lösung**
aus **cos x = 0,5**	$x_1 = \dfrac{\pi}{3};\ x_2 = \dfrac{5\pi}{3}$
Lösungen zwischen 0 und 2π:	$x_1 = \dfrac{\pi}{3};\ x_2 = \dfrac{5\pi}{3}$

Beachten Sie: Lösung von trigonometrischen Gleichungen der Form
$a\cdot \sin^2 x + b\cdot\sin x + c = 0$ oder $a\cdot \cos^2 x + b\cdot\cos x + c = 0;\ a, b, c \neq 0$
Substitution $u = \sin x$ bzw. $u = \cos x$
ergibt eine quadratische Gleichung in u: $a\cdot u^2 + b\cdot u + c = 0$.
Auflösen nach u
Rücksubstitution ergibt die gesuchten Lösungen.

3) Gegeben ist die Gleichung **$1 - \sin x = \cos x$.**
  Bestimmen Sie alle Lösungen x, die im Intervall $\left[\, 0 \,;\, 2\pi \,\right]$ liegen.

Lösung

Wir ersetzen cos x mit Hilfe von	$\sin^2 x + \cos^2 x = 1$
Umformung	$\cos x = \sqrt{1 - \sin^2 x}$
Einsetzen ergibt **eine Gleichung nur in sin x**:	$1 - \sin x = \sqrt{1 - \sin^2 x}$
Quadrieren	$(1 - \sin x)^2 = 1 - \sin^2 x$
Binomische Formel	$1 - 2\sin x + \sin^2 x = 1 - \sin^2 x$
Vereinfachen	$-2\sin x + 2\sin^2 x = 0$
Lösung durch **Ausklammern**	$-2\sin x\,(1 - \sin x) = 0$
Satz vom Nullprodukt	$-2\sin x = 0 \;\vee\; 1 - \sin x = 0$
Lösungen auf $\left[\, 0 \,;\, 2\pi \,\right]$ von sin x = 0:	$x_1 = 0; \; x_2 = \pi; \; x_3 = 2\pi$
Lösungen auf $\left[\, 0 \,;\, 2\pi \,\right]$ von sin x = 1:	$x_4 = \dfrac{\pi}{2}$
Lösungen zwischen 0 und 2π:	$x_1 = 0; \; x_2 = \pi; \; x_3 = 2\pi; \; x_4 = \dfrac{\pi}{2}$

Beachten Sie: Lösung von trigonometrischen Gleichungen der Form

$$a\cdot\sin x + b\cdot\cos x + c = 0; \; a, b, c \neq 0$$

Mit $\sin x = \sqrt{1 - \cos^2 x}$ oder $\cos x = \sqrt{1 - \sin^2 x}$

erhält man durch Quadrieren eine Gleichung nur in sin x bzw. cos x.

Aufgaben

1. Bestimmen Sie alle Lösungen x, die im Intervall $\left[\, 0 \,;\, 2\pi\right]$ liegen.
   Runden Sie gegebenenfalls auf zwei Dezimalen.

   a) $\sin x(\sin x + 1) = 0$ b) $\cos x + \sin^2 x = 0$ c) $3\sin x \cos x = 0$

   d) $1{,}2 \cdot x \cdot \sin x = 0$ e) $\sin x + \cos x = -1$ f) $2\cos^2 x = \sin x + 1$

   g) $\sin^2 x + 2\cos^2 x = 0$ h) $(\cos x - 1)^2 = 0{,}5$ i) $\sin 2x = 1{,}4 \sin x$

2. Bestimmen Sie alle Lösungen x, die im Intervall $\left[\, -4 \,;\, 4\right]$ liegen.

   a) $1 + \cos 2x + 2\cos x = 0$ b) $2\cos x + \sin 2x = 0$ c) $\cos 2x = \cos x$

   d) $\sin^2 x = \cos x + 0{,}25$.   e) $\sin^2 x = 0{,}5 \sin x$ f) $\cos^2 x = 3\cos x - 2$

   g) $(\sin x + \cos x)^2 = \cos 2x - \sin 2x$ h) $2 - \cos(2x) = -\cos x$

Beachten Sie: Besondere Sinus- und Kosinuswerte

x	0	$\dfrac{\pi}{6}$	$\dfrac{\pi}{4}$	$\dfrac{\pi}{3}$	$\dfrac{\pi}{2}$
sin x	0	$\dfrac{1}{2}$	$\dfrac{1}{2}\sqrt{2}$	$\dfrac{1}{2}\sqrt{3}$	1
cos x	1	$\dfrac{1}{2}\sqrt{3}$	$\dfrac{1}{2}\sqrt{2}$	$\dfrac{1}{2}$	0

Was man wissen sollte...   über das Lösen trigonometrischer Gleichungen

A. Trigonometrische Gleichungen der Form $a + b \sin x = 0$ oder $a + b \cos x = 0$; $b \neq 0$

Lösung

   1) Umformung in $\sin x = \boxed{}$ oder $\cos x = \boxed{}$

   2) Der Taschenrechner (GTR) liefert eine Lösung x_{GTR}.

   3) **Weitere** Lösungen innerhalb einer Periode durch
      Überlegungen am **Einheitskreis**
        oder   an der **Sinus- bzw. Kosinuskurve**
        oder   durch Verwendung der **Formeln**:
$$\sin x = \sin(\pi - x) \; ; \; -\sin x = \sin(\pi + x) = \sin(2\pi - x)$$
$$\cos x = \cos(2\pi - x) = \cos(-x)$$
$$-\cos x = \cos(\pi - x) = \cos(\pi + x)$$

   4) Addition von Vielfachen von 2π (**Periode 2π**) ergibt beliebig viele Lösungen.

Bemerkung: Lösung von $\sin(b(x + c)) = d$ durch **Substitution** $u = b(x + c)$.

B. Trigonometrische Gleichungen der Form $a \sin x + b \cos x = 0$; $a, b \neq 0$

Lösung

   1) **Dividieren mit cos x** und Umformung ergibt $\tan x = \boxed{}$.

   2) Der Taschenrechner (GTR) liefert eine Lösung x_{GTR}.
      (Einzige Lösung innerhalb einer Periode.)

   3) Addition von Vielfachen von π (**Periode π**) ergibt beliebig viele Lösungen.

Beachten Sie: $\tan x = \dfrac{\sin x}{\cos x}$

C. Trigonometrische Gleichungen der Form $a \sin x + b \cos x = c$; $a, b, c \neq 0$

Mit Hilfe der Gleichung $\sin^2 x + \cos^2 x = 1$

ersetzt man $\sin x$ durch $\sin x = \sqrt{1 - \cos^2 x}$

          bzw. $\cos x$ durch $\cos x = \sqrt{1 - \sin^2 x}$

Quadrieren ergibt eine **Gleichung nur in sin x** bzw. **in cos x**.

D. Trigonometrische Gleichungen der Form $a \sin^2 x + b \sin x + c = 0$

                bzw. $a \cos^2 x + b \cos x + c = 0$; $a, b, c \neq 0$

  Lösung durch

  1) **Substitution** $u = \sin x$ bzw. $u = \cos x$

  2) Auflösen der quadratischen Gleichung $a u^2 + b u + c = 0$ nach u.

  3) **Rücksubstitution** ergibt die gesuchten Lösungen.

24 Bohner/Ihlenburg/Ott – ISBN 3-8120-0206-X

7.6 Trigonometrische Funktionen

1. Sinus- und Kosinusfunktion

Die Funktion f mit **f(x) = sin x**; $x \in$ **R** heißt **Sinusfunktion**.

Die Funktion g mit **g(x) = cos x**; $x \in$ **R** heißt **Kosinusfunktion**.

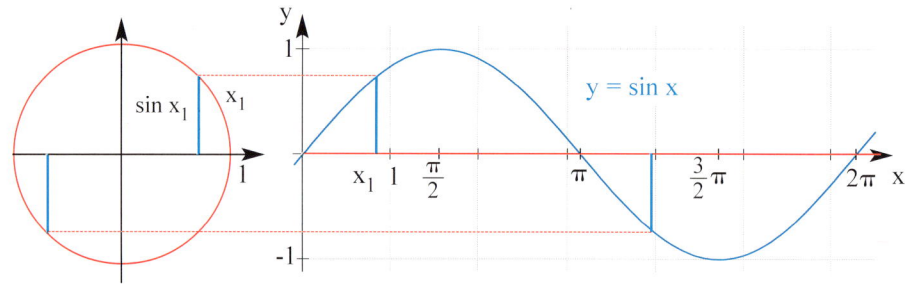

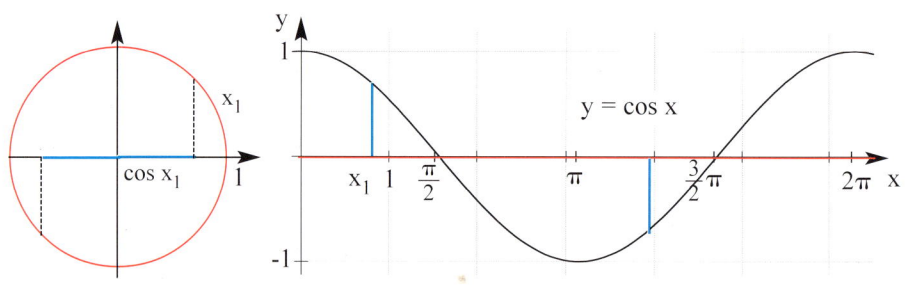

Eigenschaften

1) **Wertebereich**: **W** = [–1 ; 1] d.h.: –1 ≤ sin x ≤ 1 bzw. –1 ≤ cos x ≤ 1

Sinus- und Kosinuskurve haben die **Amplitude** 1.

2) **Periodizität**: Wegen **sin x = sin (2π + x)** bzw. **cos x = cos (2π + x)** gilt:

Sinus- und Kosinusfunktion haben die Periode 2π.

3) **Nullstellen** Bed.: f(x) = 0   **sin x = 0** <=> $x_1 = 0$; $x_2 = \pi$; $x_3 = 2\pi$; ...

Bed.: g(x) = 0   **cos x = 0** <=> $x_1 = \dfrac{\pi}{2}$; $x_2 = \dfrac{3}{2}\pi$; $x_3 = \dfrac{5}{2}\pi$; ...

Nullstellen von f(x) = sin x: $x_k = k \cdot \pi$; $k \in$ **Z**

Nullstellen von g(x) = cos x: $x_k = \dfrac{2k + 1}{2} \cdot \pi$; $k \in$ **Z**

4) **Symmetrie** für $x \in$ **R**: **Punktsymmetrie** zu den Schnittpunkten mit der x-Achse, **Achsensymmetrie** zu den Parallelen zur y-Achse durch die Punkte mit f(x) =± 1.

Im SET-UP: RAD
V-Window TRIG =>
automatische Wahl
von y-Bereich
Nullstelle mit **ROOT**

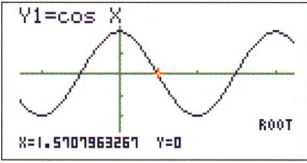

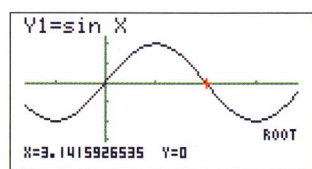

2. Schaubilder trigonometrischer Funktionen
Beispiele

1) Gegeben ist die Funktion f mit $f(x) = 2 \sin x + \sqrt{3}$, $x \in \mathbf{R}$.
   Zeichnen Sie ihr Schaubild K. Bestimmen Sie für $x \in [0, 2\pi]$ die Nullstellen.

Lösung

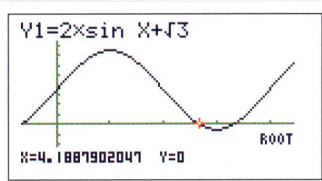

Zeichnung mit dem GTR

Nullstellen: $x_1 \approx -1,05$; $x_1 \approx 4,19$; $x_2 \approx 5,23$

(ROOT)

Berechnung der Nullstellen

$2 \sin x + \sqrt{3} = 0 \Rightarrow \sin x = -\dfrac{\sqrt{3}}{2}$ 　Mit GTR (Modus R): $x_{GTR} = -\dfrac{\pi}{3} \approx -1,05$

Überlegung am Einheitskreis 　　$x_1 = \pi + \dfrac{\pi}{3} = \dfrac{4}{3}\pi \approx 4,19$

$$x_2 = 2\pi - \dfrac{\pi}{3} = \dfrac{5}{3}\pi \approx 5,23$$

Bemerkungen: f hat die **Periode** $p = 2\pi$ und die **Amplitude** a = 2.

2) Gegeben ist die Funktion f mit $f(x) = 2\sin(x - 2)$, $x \in \mathbf{R}$.
   a) Zeichnen Sie ihr Schaubild K. Bestimmen Sie (mit dem GTR) geeignete Punkte.
   b) Bestimmen Sie rechnerisch die Lösung der Gleichung $f(x) = 2$.
      Für welche $x \in [0, 2\pi]$ gilt: $f(x) < 0$?
   c) Wie entsteht K aus der Sinuskurve (y = sin x)?

Lösung

a) geeignete Punkte:

　SP$_x$: $N_1(2 \mid 0)$; $N_2(2 + \pi \mid 0)$;
　　$N_3(2 - \pi \mid 0)$;

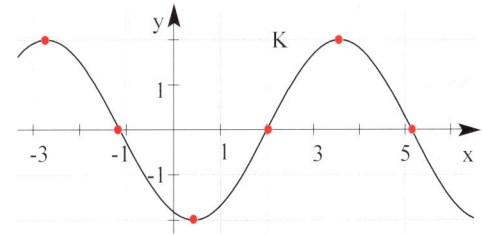

Mit dem GTR bestimmt man
Punkte mit y-Wert 2 oder –2,
mit **G-Solv (F5), MAX bzw. MIN.**
Bemerkung: Mit **TRACE** gibt der GTR nur einen
Näherungswert an.

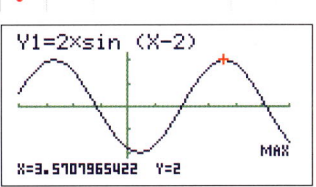

b) **Berechnung**: $f(x) = 2 \iff \sin(x - 2) = 1 \iff x - 2 = \dfrac{\pi}{2} \Rightarrow x = \dfrac{\pi}{2} + 2$

　$f(x) < 0$ bedeutet: K **verläuft unterhalb** der x-Achse.

　$f(x) < 0$ für $x \in [0, 2\pi] \iff 0 < x < 2 \lor 2 + \pi < x \leq 2\pi$

c) Die Sinus-Kurve (y = sin x) wird mit dem Faktor 2 in y-Richtung gestreckt. Die Kurve
   mit y = 2sin x wird um 2 LE nach rechts verschoben: Ersetzen Sie x durch (x – 2).
   Bemerkungen: Verschiebung der Sinus-Kurve und anschließende Streckung ergibt
   　　auch K. K ist **punktsymmetrisch** z. B zu $N_1(2 \mid 0)$.

3) Gegeben ist die Funktion f mit f(x) = 1,5sin (3x) ; x $\in \left[-0,5 ; \pi \right]$.

Untersuchen Sie das Schaubild K von f auf Schnittpunkte mit den Koordinatenachsen. Zeichnen Sie K in ein Koordinatensystem.

Lösung

Schnittpunkte mit der x-Achse

Bed.: f(x) = 0

Wir setzen u = 3x und lösen die Gleichung

Lösungen in u

Rücksubstitution mit x = $\frac{u}{3}$

Schnittpunkte mit der x-Achse

$N_1(0 \mid 0) = S_y$; $N_2(\frac{\pi}{3} \mid 0)$;

$N_3(\frac{2\pi}{3} \mid 0)$; $N_4(\pi \mid 0)$

Bemerkungen:

f hat die **Amplitude** a = 1,5
und für D = **R** die **Periode** p = $\frac{2\pi}{3}$.

K entsteht aus G: y = 1,5 sin x durch
Streckung in x-Richtung mit Faktor $\frac{1}{3}$.

1,5sin (3x) = 0 => sin (3x) = 0

sin u = 0

$u_1 = 0$; $u_2 = \pi$; $u_2 = 2\pi$;...

$x_1 = 0$; $x_2 = \frac{\pi}{3}$; $x_3 = \frac{2\pi}{3}$; $x_4 = \pi$

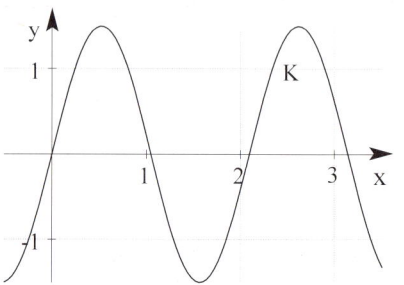

4) Gegeben ist die Funktion f mit f(x) = 0,5 – cos(0,5x) ; x $\in$ **R**.

Berechnen Sie die Nullstellen für x $\in \left[-6,5 ; 6,5 \right]$.

Bestimmen Sie den Wertebereich von f. Zeichnen Sie K in ein Koordinatensystem.

Lösung

Nullstellen: f(x) = 0   0,5 – cos (0,5x) = 0 <=>cos (0,5x) = 0,5

Wir setzen u = 0,5x und lösen die Gleichung   cos u = 0,5

Lösungen in u $u_1 = \frac{\pi}{3}$; $u_2 = -\frac{\pi}{3}$; $u_3 = \frac{4\pi}{3}$; ...

Rücksubstitution mit x = 2u

$x_1 = \frac{2\pi}{3}$; $x_2 = -\frac{2\pi}{3}$; $(x_3 = \frac{8}{3}\pi \notin D)$

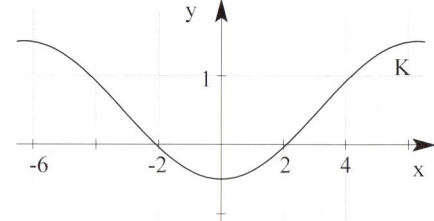

Bemerkungen:

f hat die **Periode** p = $\frac{2\pi}{0,5}$ = 4π

Wertebereich von f:

W = $\left[-0,5 ; 1,5 \right]$ wegen –1 $\leq$ – cos(0,5x) $\leq$ 1 => – 0,5 $\leq$ 0,5 – cos(0,5x) $\leq$ 1,5

Beachten Sie: Die Funktion f mit **f(x) = a sin (bx) bzw. f(x) = a cos (bx)** hat

die **Amplitude** |a| und für D = **R** die **Periode** p = $\frac{2\pi}{b}$.

5) G ist der Graph der Funktion g mit g(x) = 2,5sin (3x+ π) – 1,5 ; x $\in$ **R**.

Durch welche Abbildungen entsteht G aus dem Graph K von f mit f(x) = sin x; x $\in$ **R**.

Lösung

K von f mit f (x) = sin x

K$_1$ von f$_1$ mit f$_1$(x) = 2,5sin x

Streckung in y-Richtung mit Faktor 2,5

Allgemein: f*(x) = a sin x

Streckung in y-Richtung mit Faktor a

Die Periode (p = 2π) ändert sich nicht.

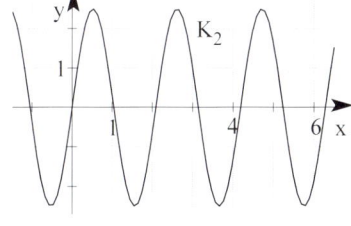

K$_2$ von f$_2$ mit f$_2$(x) = 2,5sin (3x)

Streckung in x-Richtung mit Faktor $\frac{1}{3}$

Allgemein: f*(x) = sin (bx)

Streckung in x-Richtung mit Faktor $\frac{1}{b}$

Ersetzen Sie x durch (bx)

Die Periode ändert sich: p = $\frac{2\pi}{b}$

K$_3$ von f$_3$ mit f$_3$(x) = 2,5sin (3x+ π)

Bemerkung: f$_3$(x) = 2,5sin (3(x + $\frac{\pi}{3}$))

Verschiebung in x-Richtung um – $\frac{\pi}{3}$

Allgemein: f*(x) = sin (x – c)

Verschiebung in x-Richtung um c

Ersetzen Sie x durch (x – c)

Die Periode (p = 2π) ändert sich nicht

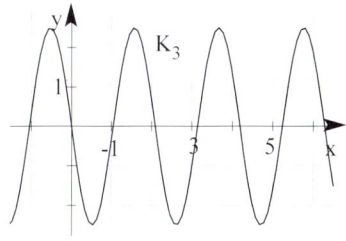

G von g mit g(x) = 2,5sin (3x+ π) – 1,5

Verschiebung in y-Richtung um -1,5

Allgemein: f*(x) = sin x + d

Verschiebung in y-Richtung um d

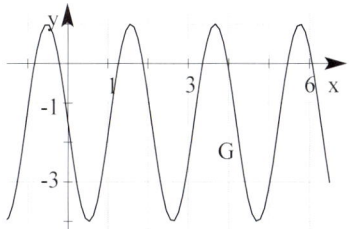

Bemerkung:

Verschiebung von K: f(x) = sin x um – π in x-Richtung ergibt K$_1$: f$_1$(x) = sin(x+π)

Streckung von K$_1$ in x-Richtung mit Faktor $\frac{1}{3}$ ergibt (Ersetzen Sie x durch (3x))

K$_2$: f$_2$(x) = sin(3x+π)

Beachten Sie:

Das Schaubild der Funktion f mit $f(x) = a \sin (b(x - c)) + d$

bzw. $\quad f(x) = a \cos (b(x - c)) + d$

entsteht aus der Sinus- bzw.
Kosinus-Kurve
durch

Streckung in y-Richtung Streckfaktor |a|	Streckung in x-Richtung Streckfaktor $\|\frac{1}{b}\|$	Verschiebung in x-Richtung um c	Verschiebung in y-Richtung um d

$\Rightarrow$ Periode $p = \dfrac{2\pi}{b}$

---

6) Gegeben ist die Funktion f mit $f(x) = -4\cos (2x - 1); x \in [-\pi;\ \pi]$.

Berechnen Sie die Nullstellen von f.

Wie entsteht das zugehörige Schaubild aus der Kosinus-Kurve?

Lösung

Bedingung für die Nullstellen: f(x) = 0 $\quad -4\cos(2x-1) = 0 \Longleftrightarrow \cos(2x-1) = 0$

Substitution $u = 2x - 1$ ergibt $\quad\quad \cos u = 0$

Lösungen in u $\quad\quad\quad\quad\quad u_1 = \dfrac{\pi}{2}\ ;\ u_2 = \dfrac{3}{2}\pi\ ;\ u_2 = \dfrac{5}{2}\pi\ ;...$

Rücksubstitution mit $x = \dfrac{1}{2}u + \dfrac{1}{2}$ $\quad x_1 = \dfrac{\pi}{4} + \dfrac{1}{2};\ x_2 = \dfrac{3\pi}{4} + \dfrac{1}{2};\ (x_3 = \dfrac{5}{4}\pi + \dfrac{1}{2})$

Das Schaubild von f entsteht aus der
cos-Kurve $(y = \cos x)$ durch
Streckung in y-Richtung mit Faktor $a = 4$
und Spiegelung an der x-Achse:
$f_1(x) = -4 \cos x$

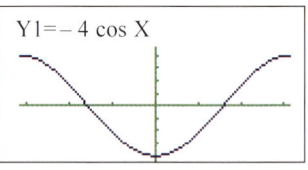
Y1= – 4 cos X

Streckung in x-Richtung mit Faktor $k = \dfrac{1}{2}$:

$\Rightarrow$ f hat die Periode $p = \dfrac{2\pi}{2} = \pi$.

Für den halben x-Wert erhält man den
gleichen y-Wert: z. B.: $f_2(x) = -4 \cos (2x)$.

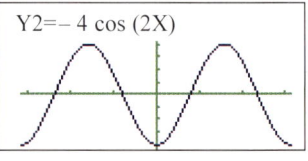
Y2= – 4 cos (2X)

$f(x) = -4\cos(2x - 1) = -4\cos(2(x - \dfrac{1}{2}))$

Verschiebung in positive x-Richtung um $\dfrac{1}{2}$

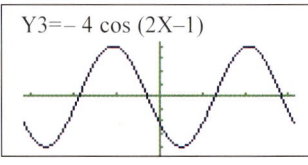
Y3= – 4 cos (2X–1)

Bemerkung:

Erst aus der Darstellung $f(x) = -4\cos(2(x - \dfrac{1}{2}))$ lassen sich die Periode $p = \pi$
und die Verschiebung in x-Richtung ablesen.

7) Gegeben ist das Schaubild K von f.

G_1 von g und G_2 von h entstehen durch Verschiebung von K.

Bestimmen Sie einen Funktionsterm für f , g und h aus der Abbildung.

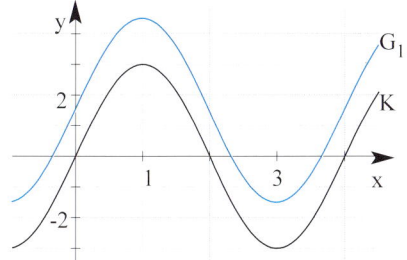 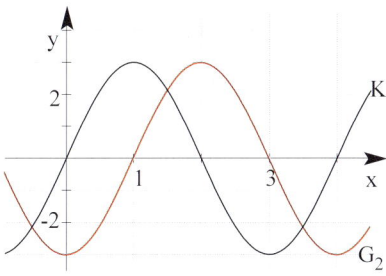

Lösung

Man liest ab für K: K verläuft durch den **Ursprung**, ist also eine Sinus-Kurve, die nicht in x-Richtung verschoben ist. K hat die **Amplitude** a = 3 und

aus der **Periode p = 4** folgt mit $p = \frac{2\pi}{b}$: $b = \frac{\pi}{2}$.

Ansatz für K: $f(x) = a \sin (bx)$

Einsetzen ergibt einen gesuchten Funktionsterm $f(x) = 3 \sin (\frac{\pi}{2}x)$

Man liest ab für G_1: G_1 entsteht durch Verschiebung in y-Richtung um 1,5 LE.

gesuchter Funktionsterm $g(x) = 3 \sin (\frac{\pi}{2}x) + 1,5$

Man liest ab für G_2: G_2 entsteht durch Verschiebung in x-Richtung um 1 LE.

gesuchter Funktionsterm $h(x) = 3 \sin (\frac{\pi}{2}(x - 1))$

Bemerkung: $g(x) = 3 \sin (\frac{\pi}{2}x - \frac{\pi}{2}) = -3 \cos(\frac{\pi}{2}x)$

Durch die Verschiebung in x-Richtung lässt sich auch ein Term mit cos angeben.

8) Gegeben ist das Schaubild K von f.

Bestimmen Sie einen Funktionsterm

für f aus der Abbildung.

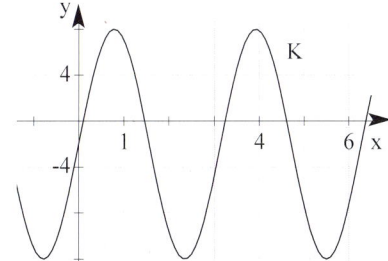

Lösung

Man liest ab für K:

K verläuft durch $S_y(0 \mid -2)$.

Man wählt: K ist eine Sinus-Kurve, die um -2

in y-Richtung verschoben ist.

K hat die **Amplitude** a = 10.

(Die Differenz zwischen größtem (= 8) und kleinstem Funktionswert (= -12)

beträgt 20.) und aus der **Periode p = π** folgt mit $p = \frac{2\pi}{b}$: b = 2 .

Das Schaubild von $f^*(x) = 10 \sin (2x)$ verläuft durch $O(0 \mid 0)$ und nimmt den größten

Funktionswert 10 an, also muss zusätzlich eine Verschiebung um 2 LE in

negativer y-Richtung erfolgen.

Funktionsterm $f(x) = 10 \sin (2x) - 2$

9) Gegeben ist die Funktion f mit $f(x) = \sin x + 2\cos x$; $x \in [0 ; 6]$.
Untersuchen Sie das Schaubild K von f auf Schnittpunkte mit den Koordinatenachsen.
Zeichnen Sie K durch Ordinatenaddition in ein Koordinatensystem mit 1 LE $\triangleq$ 1 cm.

Lösung

Schnittpunkte mit der x-Achse

Bed.: f(x) = 0	$\sin x + 2\cos x = 0$
Division durch $\cos x$ ($\neq 0$):	$\tan x = -2$
Mit GTR (Modus R):	$x_{GTR} = -1,11$
mit Periode π	$x_1 = \pi - 1,11 = 2,03$; $x_2 = 2\pi - 1,11 = 5,17$
Lösungen auf $[0 ; 2\pi]$	$x_1 = 2,03$; $x_2 = 5,17$
gerundet auf zwei Dezimalen	
Schnittpunkte mit der x-Achse	$N_1(2,03 \mid 0)$; $N_2(5,17 \mid 0)$
Schnittpunkt mit der y-Achse	$S_y (0 \mid 2)$

Schaubild durch **Ordinatenaddition**:

Zerlegung $f(x) = y_1 + y_2$
mit $y_1 = \sin x$
und $y_2 = 2\cos x$.
Für beliebige, geschickt gewählte
x-Werte werden die zugehörigen
y-Werte addiert.

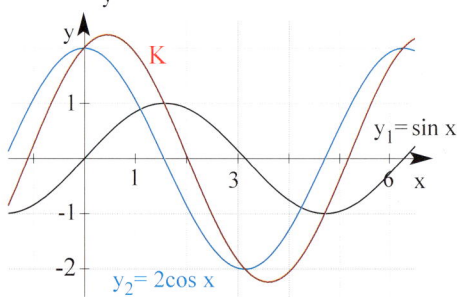

Bemerkung: $f(x) = \sin x + 2\cos x$ lässt sich mit Hilfe der Additionstheoreme umformen
zu $f(x) = \sqrt{5}\sin (x + 1,107)$.

Mit Hilfe des Additionstheorems $\sin(x + y) = \sin x \cdot \cos y + \cos x \cdot \sin y$
erhält man aus $f(x) = \sqrt{5}\sin (x + 1,107)$
mit $y = 1,107$ $f_a(x) = \sqrt{5}(\sin x \cdot \cos 1,107 + \cos x \cdot \sin 1,107)$
mit $\sin 1,107 = 0,894$; $\cos 1,107 = 0,447$ $= \sqrt{5}(\sin x \cdot 0,447 + \cos x \cdot 0,894)$
$= \sin x + 2\cos x$

Beachten Sie:

Der Funktionsterm der Funktion f mit $f(x) = a \cdot \sin x + b \cdot \cos x$, $x \in \mathbf{R}$; $a, b \neq 0$
lässt sich darstellen als $f(x) = A \cdot \sin (x + \varphi)$ mit $A = \sqrt{a^2 + b^2}$ und $\tan \varphi = \dfrac{b}{a}$.

Bemerkung: Bestimmt man die **Nullstellen von f**
mit $f(x) = \sin x + 2\cos x$ aus dem Schaubild,
so hat man die **Gleichung $\sin x + 2\cos x = 0$**
graphisch gelöst.

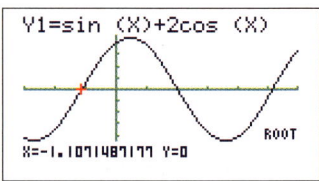

Was man wissen sollte über...   Trigonometrische Funktionen

Definition: Die Funktion f mit **f(x) = sin x; x ∈ R** heißt **Sinusfunktion**.

Beachten Sie:

$\sin 0 = 0$

$-1 \leq \sin x \leq 1$

Periode $p = 2\pi$

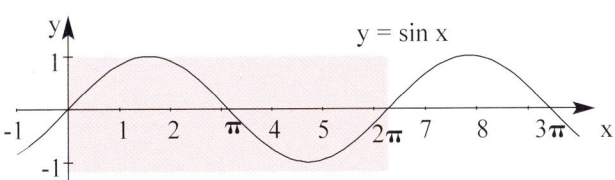

Nullstellen: $\sin x = 0 \iff x = k\pi$; $k \in Z$

Umformungen:

$\sin x = \sin(\pi - x)$

$-\sin x = \sin(\pi + x) = \sin(2\pi - x)$

$\sin x = \sin(x + 2\pi)$

Definition: Die Funktion f mit **f(x) = cos x; x ∈ R** heißt **Kosinusfunktion**.

Beachten Sie:

$\cos 0 = 1$

$-1 \leq \cos x \leq 1$

Periode $p = 2\pi$

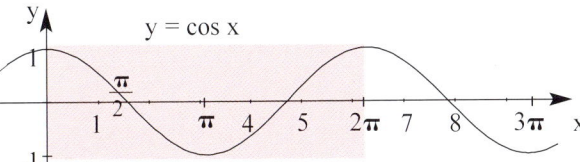

Nullstellen: $\cos x = 0 \iff x = \dfrac{2k+1}{2}\pi$; $k \in Z$

Umformungen:

$\cos x = \cos(2\pi - x) = \cos(-x)$

$\cos x = \cos(x + 2\pi)$

Zusammenhang von sin x, cos x und tan x

$$\sin^2 x + \cos^2 x = 1$$

$$\sin(2x) = 2 \sin x \cos x$$

$$\cos(2x) = \cos^2 x - \sin^2 x$$

$$\tan x = \frac{\sin x}{\cos x}$$

Beachten Sie: Das Schaunbild G von g mit $g(x) = a \cdot \sin\left[b \cdot (x - c)\right] + d$

- hat die Periode $p = \dfrac{2\pi}{b}$ und die Amplitude $|a|$,
- entsteht aus K_f: $f(x) = \sin x$

  durch **Streckung** in y-Richtung mit Faktor **a** und in x-Richtung um $\dfrac{1}{b}$ **und**

  durch **Verschiebung** in x-Richtung um **c** und in y-Richtung um **d**.

Aufgaben

1. Gegeben ist die Funktion f auf dem Definitionsbereich D.
   Untersuchen Sie das Schaubild K von f auf Schnittpunkte mit den Koordinaten-
   achsen. Zeichnen Sie K in ein Koordinatsystem. Geben Sie die Amplitude an.
   Wie entsteht das zugehörige Schaubild aus der Kosinus- bzw. Sinus-Kurve?

   a) $f(x) = \sqrt{2} - 2\cos x$; $D = [-4; 4]$ b) $f(x) = \frac{1}{4} + \frac{1}{2}\sin x$; $D = [-0,5 ; 2\pi]$

   c) $f(x) = \frac{3}{2}\cos x - \sin x$; $D = [-1; 5]$ d) $f(x) = 2\cos x - 1,5$; $D = [-2 ; 6]$

   e) $f(x) = 1 - 2\sin(0,5x)$; $D = [-1; 7]$ f) $f(x) = 2\cos(3x) + 1$; $D = [-\pi ; \pi]$

   g) $f(x) = 2 + 2\cos(\pi x + \frac{\pi}{6})$; $D = [-2; 2]$ h) $f(x) = \frac{1}{2}\sin(\frac{2}{3}x - 1) - 1$; $D = [-0,5; 10]$

2. Gegeben ist das Schaubild K der Funktion f mit $f(x) = 2 - \cos x$; $x \in [-0,5 ; 6,5]$

   a) Wo schneidet K die Parallele zur x-Achse durch $A(0 \mid 2)$?

        Wo schneidet K die Parallele zur y-Achse durch $B(\frac{\pi}{2} \mid 1)$?

   b) Für welche x-Werte sind die Funktionswerte größer als 2?

        Für welche x-Werte sind die Funktionswerte kleiner als 1,5?

   c) Wie muss man K verschieben, damit die verschobene Kurve mindestens zwei
   Punkte mit der x-Achse gemeinsam hat?

3. Gegeben sind die Funktionen f und g mit $f(x) = \sin x$ und
   $g(x) = 1 - \cos x$; $x \in [-2,5; 4,5]$.

   a) Ordnen Sie dem Schaubild K bzw. G eine Funktionsvorschrift zu.

   b) Die Schaubilder K und G schneiden
   sich in zwei Punkten S_1 und S_2.
   Berechnen Sie die Koordinaten.

   c) Für welche x-Werte liegt K oberhalb von G?

   d) Zeigen Sie, dass sich der Funktionsterm
   $h(x) = f(x) + g(x)$ darstellen lässt als
   $h(x) = \sqrt{2}\sin(x - \frac{\pi}{4}) + 1$.

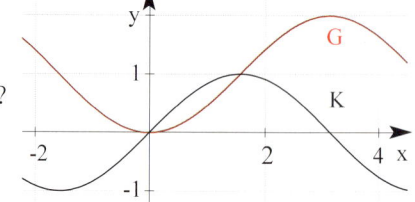

4. Gegeben ist der Graph K der Funktion f mit $f(x) = \cos x$. Durch Abbildung von K
   entsteht das Schaubild der Funktion g mit $g(x) = a \cdot \cos[b(x - c)] + d$.
   Bestimmen Sie a, b, c und d, wenn es sich um folgende Abbildungen handelt:

   a) Verschiebung um π LE in Richtung der positiven x-Achse und um 2 LE in
   Richtung der negativen y-Achse.

   b) Verschiebung um 3 LE in Richtung der positiven y-Achse und
   Streckung in y-Richtung mit Faktor 2,5.

   c) Streckung in x- und in y-Richtung mit dem Faktor 0,5.
   Überprüfen Sie Ihre Ergebnisse mit dem GTR.

5. Zeichnen Sie für $-\pi \leq x \leq 2\pi$ das Schaubild der Funktion f.
   Bestimmen Sie (mit dem GTR) geeignete Stellen und Funktionswerte.
   Bestimmen Sie mit dem GTR: $f(x) = 0,5$; $f(-2)$; $f(\frac{\pi}{4})$
   a) $f(x) = 2 + \cos x$ b) $f(x) = \sin(x + 2)$ c) $f(x) = 4\cos x$
   d) $f(x) = \sin(\frac{3}{2}x)$ e) $f(x) = -2\cos x$ f) $f(x) = -\cos(\pi x)$

6. Gegeben ist der Graph K der Funktion f mit $f(x) = a \cdot \cos(bx)$.
   Bestimmen Sie $a > 0$ und b aus der Abbildung.

   a)
   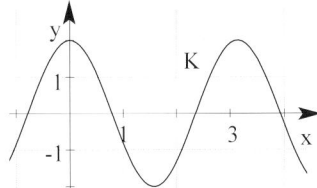

   b)
   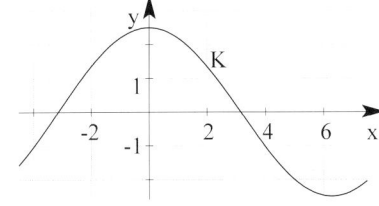

7. Gegeben ist der Graph K der Funktion f mit $f(x) = a \cdot \sin(x + c)$.
   Bestimmen Sie $a > 0$ und c aus der Abbildung.

   a)
   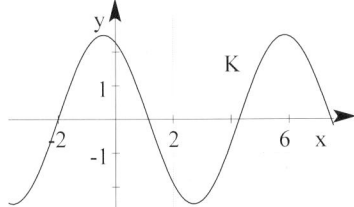

   b)
   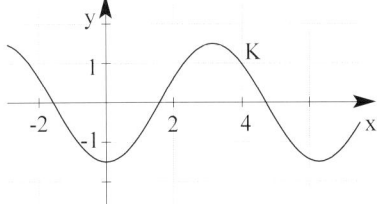

8. Die Abbildung zeigt das Schaubild
   einer Funktion f mit $f(x) = a + b\cos(kx)$.
   Ermitteln Sie an Hand der Zeichnung
   die Werte von a, b und k.
   Begründen Sie Ihre Entscheidung.

   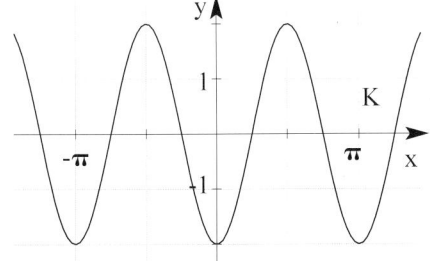

9. Gegeben ist eine Funktion f durch ihren Funktionsterm $f(x) = a\cos(b(x + c))$.
   Bestimmen Sie mit Hilfe der Abbildung die Koeffizienten a, b und c.
   Überprüfen Sie Ihr Ergebnis mit dem GTR.

   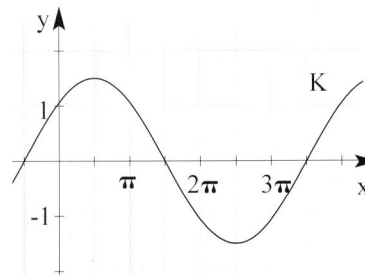

7.7 Trigonometrische Funktionen mit Parameter

Beispiele

1) Für jedes $t \in \mathbf{R}_+^*$ ist die Funktion f_t gegeben durch $f_t(x) = t \sin\left(\frac{x}{t}\right)$; $x \geqq 0$.

   a) Zeichnen Sie die Schaubilder K_t für $t \in \{0,5; 1; 2\}$.

      Beschreiben Sie die Schaubilder K_t. Welche Wirkung hat der Parameter für $t \to 0$

      bzw. für $t \to \infty$?

   b) Berechnen Sie die Nullstellen in Abhängigkeit von t.

Lösung

a) Das Schaubild K_t hat

   die Amplitude t und

   die Periode $p = 2t\pi$.

   Der Ursprung ist gemeinsamer

   Punkt.

   Für $t \to 0$ geht die

   Amplitude t gegen Null.

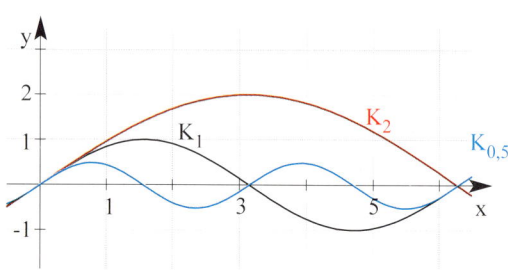

   Für $t \to \infty$ streben Amplitude und Periode auch gegen ∞.

b) Bedingung für die Nullstellen: $f_t(x) = 0 \iff \sin\left(\frac{x}{t}\right) = 0$

   Lösung durch Substitution: $u = \frac{x}{t}$ $\sin u = 0 \iff u_k = k\pi$; $k \in \mathbf{N}$

   Rücksubstitution mit $x = tu$ ergibt die Nullstellen $x_k = k \cdot t \cdot \pi$

---

2) Für jedes $b > 0$, $b \in \mathbf{R}$ ist die Funktion f_b gegeben durch $f_b(x) = -2\cos(bx)$; $x \in \mathbf{R}$.

   a) Zeichnen Sie die Schaubilder K_b für $b \in \{1; 2; 3\}$.

      Welche Wirkung hat der Parameter auf die Funktionsgraphen?

   b) Für welchen Wert von b hat f_b auf $-\pi \leqq x \leqq \pi$ keine Nullstelle?

Lösung

a) Das Schaubild K_b ist symmetrisch zur y-Achse, hat die Ampitude 2 und

   die Periode $p = \frac{2\pi}{b}$.

   b bedeutet eine Streckung mit

   Faktor $\frac{1}{b}$ in x-Richtung.

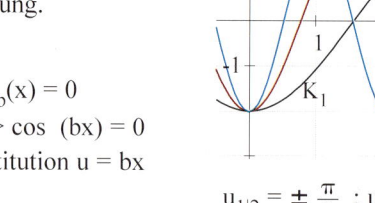

b) Nullstellen: Bed.: $f_b(x) = 0$

   $-2\cos(bx) = 0 \iff \cos(bx) = 0$

   Lösung durch Substitution $u = bx$

   $\cos u = 0 \iff$ $u_{1|2} = \pm\frac{\pi}{2}$; $u_{3|4} = \pm\frac{3\pi}{2}$; ...

Rücksubstitution mit $x = \frac{u}{b}$ ergibt die Nullstellen $x_{1|2} = \pm\frac{\pi}{2b}$; $x_{3|4} = \pm\frac{3\pi}{2b}$; ...

Bedingung für **keine** Nullstelle: $\frac{\pi}{2b} > \pi \iff 0 < b < 0,5$

Aufgaben

1. Die Abbildung zeigt Schaubilder einer
   Funktion f mit f(x) = a cos x.
   Bestimmen Sie die zugehörigen Werte von a.
   Welche gemeinsamen Eigenschaften haben
   die Kurven?

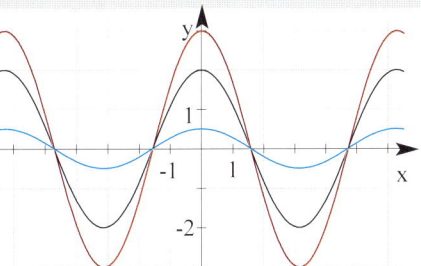

2. Für jedes $t \in \mathbf{R}_+^*$ ist die Funktion f_t gegeben durch $f_t(x) = t - t\sin x$; $x \in \mathbf{R}$.
   K_t ist das Schaubild der Funktion f_t.

   a) Beschreiben Sie die Wirkung des Parameters auf die Funktionsgraphen.
   b) Für welchen Wert von t verläuft K_t durch $P(\frac{\pi}{6} \mid 2)$?
   c) Bestimmen Sie die Wertemenge von f_t.
   d) Begründen Sie, warum sich K_t und das Schaubild G von g mit
      g(x) = sin x −1; x ∈ **R** nur auf der x-Achse schneiden können.
      Berechnen Sie die Schnittpunkte von K_2 und G.

3. Gegeben sind die reellen Funktionen $f_a : x \mapsto \frac{1}{a} \cdot \sin(ax) - \frac{1}{a}$ mit a ∈ **R** und a > 0
   in der Definitionsmenge D = $\left[0 ; \frac{\pi}{a} \right]$.

   a) Berechnen Sie Anzahl und Lage der Nullstellen der Funktion f_a in Abhängigkeit
      von a.
   b) Bestimmen Sie die Wertemenge der Funktion f_a.
   c) Ermitteln Sie den Wert des Parameters a (0 < a < 1) so, dass der Punkt P(π ; 0) auf
      dem Graphen G_a der Funktion f_a liegt.

4. Für jedes positive reelle a ist die Funktion f_a gegeben durch $f_a(x) = a + \sin(ax)$; x ∈ **R**.

   a) In der Abbildung sind die Schaubilder für die Werte a ∈ {1; 2; 0,5} gezeichnet.
      Ordnen Sie jeder Kurve
      den zugehörigen Parameter zu.
   b) Wie muss a gewählt werden, damit
      f_a Nullstellen besitzt?
      Für welche Werte von a hat f_a auf
      ihrer Periode genau eine Nullstelle?
   c) Bestimmen Sie den Wertebereich
      und die Periode von f_a?

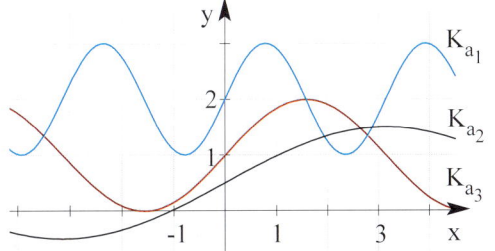

5. Gegeben sind für a ∈ **R** und a > 0 die Funktionen f_a mit $f_a(x) = a \cos x$; x∈ **R** und
   g_a mit $g_a(x) = a \sin x + a$; x ∈ **R**.
   Die zugehörigen Schaubilder sind K_a und G_a.
   Berechnen Sie die Schnittpunkte von K_a und G_a in Abhängigkeit von a.
   Gibt es Punkte, die auf allen Kurven K_a und G_a liegen?

6. Gegeben sind für $a \in \mathbf{R}$ und $a > 0$ die Funktion f_a mit $f_a(x) = \sin(2x) - a \cos x$; $x \in \mathbf{R}$.
   Ihr Schaubild sei K_a.
   Zeichnen Sie K_a für einige a-Werte im Bereich $0 < x < 2\pi$.
   Gibt es gemeinsame Punkte aller Kurven K_a? Wie lauten die exakten x-Koordinaten
   dieser Punkte?

7. Für jedes $t \in \mathbf{R}^*$ ist die Funktion f_t gegeben durch $f_t(x) = t^2 + t\cos x$; $x \in \mathbf{R}$.
   K_t ist das Schaubild der Funktion f_t.
   a) Das Schaubild einer Funktion f mit $f(x) = a\cos x + b$ verläuft durch $P(\frac{\pi}{3} \mid 0{,}5)$
      und schneidet die x-Achse in $x = \frac{2}{3}\pi$. Bestimmen Sie den Funktionsterm.
      Prüfen Sie, ob es einen Wert für t gibt, sodass dieses Schaubild mit K_t
      übereinstimmt?
   b) Für welche t-Werte besitzt K_t auf $[0; 2\pi]$ zwei Schnittpunkte mit der x-Achse?

8. Der Punkt P_t hat die Abszisse $x = \frac{t}{2}\pi$ und liegt auf dem Schaubild der Funktion f
   mit $f(x) = \frac{1}{t} + 1 - \sin\frac{x}{t}$; $t \neq 0$.
   Bestimmen Sie die Gleichung der Ortskurve aller Punkte P_t.

9. Für $t > 0$ ist die Funktion f_t gegeben durch $f_t(x) = 1 + t\cos x$; $x \in [-4; 4]$.
   K_t ist das Schaubild der Funktion f_t.
   a) Welche Gemeinsamkeiten aller Schaubilder K_t lassen sich feststellen?
   b) Für welche Werte von t hat K_t Schnittpunkte mit der x-Achse?
   c) Die Gerade g schneidet K_t im Punkt P mit der Abszisse $x = \frac{\pi}{3}$ und hat die
      Steigung $m = -t$. Die Gerade h schneidet g in P senkrecht.
      Die Geraden g und h bilden mit der y-Achse ein Dreieck. Berechnen Sie den
      Flächeninhalt A dieses Dreiecks. Bestimmen Sie t so, dass gilt: $A = \frac{\pi^2}{9}$.

10. Für jedes $t \in \mathbf{R}_+^*$ ist die Funktion f_t gegeben durch $f_t(x) = t(1 + \sin(2x))$; $-\pi < x < \pi$.
    K_t ist das Schaubild der Funktion f_t.
    a) Untersuchen Sie das Schaubild K_1 auf Achsenschnittpunkte. Zeichnen Sie K_1.
    b) Zeigen Sie: $f_2(x) \leq 4$ für alle $x \in \mathbf{R}$.
    c) Die Gerade g verläuft parallel zur x-Achse durch den Punkt $P_t(\frac{\pi}{4} \mid f_t(\frac{\pi}{4}))$.
       Die Gerade h schneidet K_t in $x = \frac{\pi}{2}$ und hat die Steigung $m = -2t$.
       Zeigen Sie: Die Schnittstelle von g und h ist unabhängig von t.
       Geben Sie die Koordinaten des Schnittpunktes an.

11. K_t ist das Schaubild der Funktion
    f_t mit $f_t(x) = -\frac{1}{t}\cos(tx)$; $x \in \mathbf{R}$, $t > 0$.
    a) Die Abbildung zeigt drei Schaubilder $K_{t_1}, K_{t_2}, K_{t_3}$.
       Bestimmen Sie für jedes Schaubild
       den zugehörigen Parameterwert.

    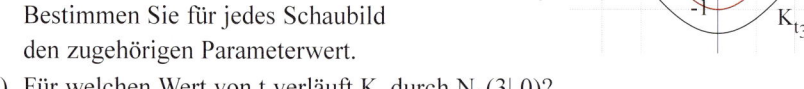

    b) Für welchen Wert von t verläuft K_t durch $N_1(3 \mid 0)$?
    c) Berechnen Sie die Nullstellen von f_t. Wie viele Nullstellen besitzt f_t auf $[0; \frac{2\pi}{t}]$?

7.8 Anwendungen

Beispiele

1) Durch U mit $U(t) = U_0 \sin(2\pi f t)$ ist eine Wechselspannung in Abhängigkeit von der Zeit t (t in s) gegeben. Zeichnen Sie ein U-t-Diagramm.

   a) $U_0 = 6$ V; $f = 25$ Hz   b) $U_0 = 12$ V; $f = 25$ Hz   c) $U_0 = 12$ V; $f = 50$ HZ

Lösung

a) U_0 heißt Scheitelwert und entpricht der Amplitude.

   f ist die Frequenz.

   $T = \dfrac{1}{f} = 0{,}04$ s entspricht

   der Periode.

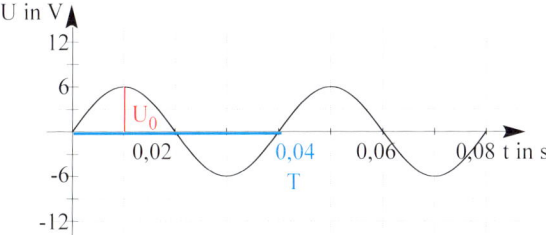

b) Die Amplitude wird auf 12 V verdoppelt.

   Die Frequenz bzw. die Periode bleibt gleich.

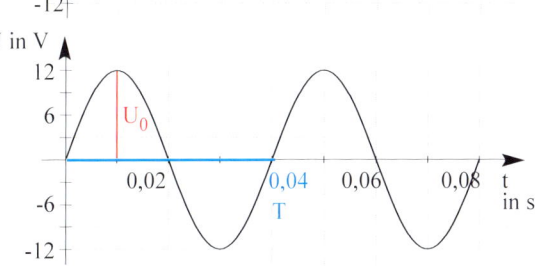

c) Die Amplitude (12 V) bleibt gleich.

   Die Frequenz wird auf 50 Hz verdoppelt bzw. die Periode (0,04 s) wird halbiert (0,02 s).

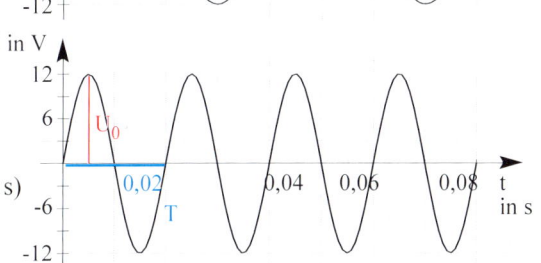

2) Der Neigungswinkel des Satteldaches eines Wohnhauses sei x ($0 < x < 0{,}5\pi$).

   Berechnen Sie das Volumen des Dachraumes in Abhängigkeit von x, wenn die Dachkante 11 m und die Dachsparren 8 m lang sind. Bei welchem Neigungswinkel wird das Volumen des Dachraumes maximal? Bestimmen Sie mit dem GTR.

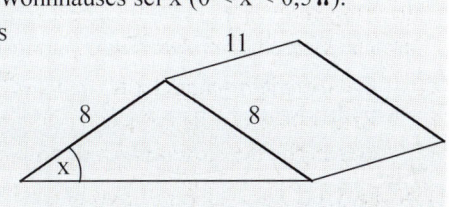

Lösung

Die Abbildung zeigt den Querschnitt des Dachraumes.

Höhe h des Dachraumes

Aus $\dfrac{h}{8} = \sin x$ folgt $h = 8 \sin x$.

Grundseite a des Dreiecks

Aus $\dfrac{0{,}5a}{8} = \cos x$ folgt $a = 16 \cos x$.

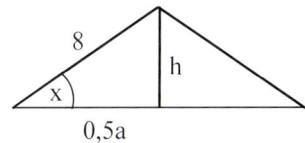

Querschnittsfläche $A = \frac{1}{2} a \, h$: $\qquad\qquad$ $A = 64 \sin x \cos x$

Volumen des Dachraumes $V = 11 \, A \ (m^3)$: $\qquad$ $V = 704 \sin x \cos x$

Mit $2 \sin x \cos x = \sin 2x$ folgt: $\qquad\quad$ $V = 352 \sin (2x); \ 0 < x < \frac{\pi}{2}$

Untersuchung auf Maximum

mit dem GTR:

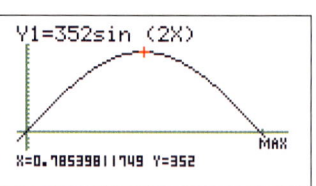

MAX: $V(\frac{\pi}{4}) = 352 \ (m^3)$

V wird maximal, wenn $\sin (2x) = 1 \Longleftrightarrow x = \frac{\pi}{4}$.

Für einen Neigungswinkel von 45° wird der Dachraum am größten.

---

3) Ein Fadenpendel der Länge $l = 1,5$ m und einer Pendelmasse m wird um den Winkel $\alpha = 3°$ nach rechts aus der Ruhelage ausgelenkt und losgelassen.
   a) Bestimmen Sie die Schwingungsamplitude.
   b) Bestimmen Sie die Schwingungszeit T und stellen Sie die Gleichung für die Auslenkung s in Abhängigkeit von der Zeit t auf. In t = 0 schwingt das Pendel durch die Ruhelage. Stellen Sie s für 2 Schwingungen graphisch dar.

Lösung

a) Die maximale Amplitude ergibt sich aus $s_{max} = \frac{\pi \alpha}{180°} \, l$.

   Einsetzen ergibt $s_{max} = \frac{\pi}{60} \cdot 150 = 7,85$ (cm).

b) Die Schwingungsdauer eines Fadenpendels ist $T = 2\pi \sqrt{\frac{l}{g}}$

   mit $g = 9,81 \, \frac{m}{s^2}$ (Erdbeschleunigung) : $T = 2,46$ s

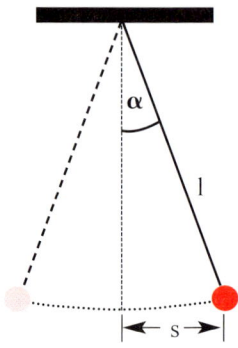

Weg-Zeit-Gleichung der Schwingung:

$s(t) = s_{max} \cdot \sin(\frac{2\pi}{T} t)$

Einsetzen $s(t) = 7,85 \cdot \sin(2,55t)$

Schaubild von s

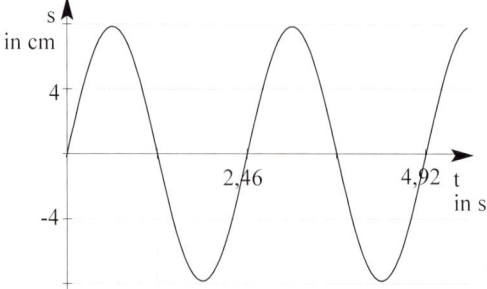

Aufgaben

✗ 1. Die Abbildung zeigt den zeitlichen Verlauf einer Wechselspannung. Bestimmen Sie den Scheitelwert und die Frequenz.

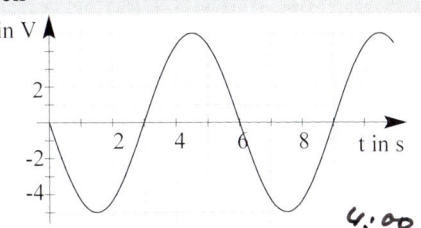

✗ 2. Im Verlauf eines Sommertages schwankt die Temperatur zwischen 12° C um ~~8:00~~ 4:00 Uhr und 34° C um 16:00 Uhr. Die Temperatur in Abhängigkeit von der Zeit t (t in Stunden ab Mitternacht) wird näherungsweise beschrieben durch die Funktion f mit $f(t) = a + b \sin (\frac{\pi}{12}(t + c))$

a) Bestimmen Sie die Parameter a und b.

b) Welche Temperatur herrscht nach diesem Modell noch um 18:00 Uhr?

c) In welcher Stunde ist der Temperaturanstieg am größten?

3. Die Anzahl der durchschnittlichen monatlichen Sonnenstunden in einem Ferienland lässt sich in Abhängigkeit von der Zeit (in Monaten) näherungsweise beschrieben durch eine Funktion f mit $f(x) = a \sin (b(t + 1)) + d$; $t \in \{1; 2; 3; ...; 12\}$.

a) Bestimmen Sie die Koeffizienten a,b und d, wenn die Zahl der monatlichen Sonnenstunden zwischen 380 im August und 120 Stunden im Februar schwankt.

b) Wie groß ist nach diesem Modell die Anzahl der Sonnenstunden im Juni?

c) In welchem Monat ist der Anstieg am größten? Begründen Sie Ihr Ergebnis.

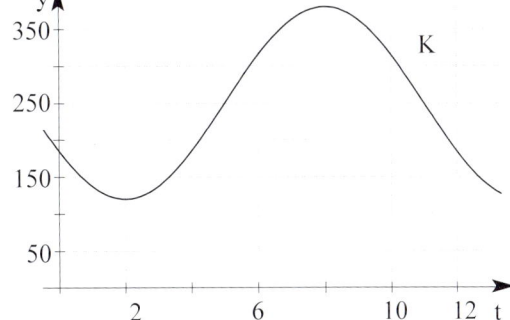

4. Ein Kreis hat den Radius r = 2 LE. Berechnen Sie den Inhalt der markierten Fläche in Abhängigkeit vom Mittelpunktswinkel x.
Für welchen Winkel x gilt A = 1 FE? Berechnen Sie x näherungsweise auf zwei Dezimalen gerundet.

5. Bei einem gleichschenkligen Trapez ist das Verhältnis eines Schenkels zur Grundseite 1 : 2. Ein Schenkel schließt mit der Grundseite den Winkel x ein. Berechnen Sie den Inhalt der Trapezfläche in Abhängigkeit vom Winkel x. Wie groß ist die Fläche höchstens? Welchen Wert nimmt x in diesem Fall an?

385

25 Bohner/Ihlenburg/Ott – ISBN 3-8120-0206-X

6. Das Diagramm zeigt den zeitlichen Verlauf einer harmonischen Schwingung.
Bestimmen Sie ihre Gleichung.

a)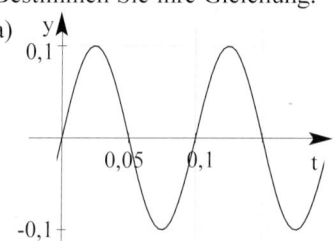

b)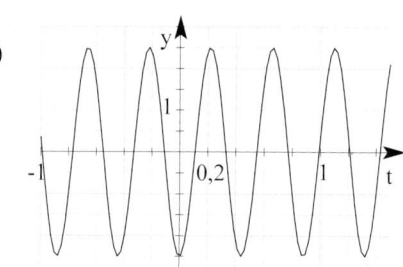

7. Ein Fadenpendel der Länge l = 2 m wird um den Winkel α = 5° nach rechts aus der Ruhelage ausgelenkt und losgelassen.

$T = 2\pi \sqrt{\frac{l}{g}}$

a) Berechnen Sie die Schwingungsamplitude .

b) Berechnen Sie die Schwingungszeit T und stellen Sie die Gleichung für die Auslenkung s in Abhängigkeit von der Zeit t auf.

8. Ein Riesenrad mit Durchmesser d macht
eine ganze Umdrehung in der Zeit t_1 in s.
Die Abbildung beschreibt den
Zusammenhang zwischen der Höhe der
Gondel über Grund in m und der Zeit t in s.
(Der Boden des Riesenrades liegt 1 m
über Grund.) Bestimmen Sie d und t_1 und
den zugehörigen Funktionsterm.

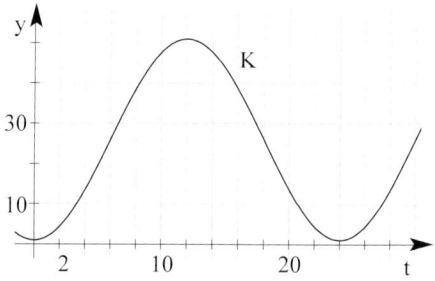

9. Mit einer Funktion f soll die mittlere Lufttemperatur in ° C für alle Tage t eines Jahres
($0 \leq t \leq 360$; 12 Monate zu je 30 Tagen) angegeben werden. Die Funktion f soll
folgende Bedingungen erfüllen:
Die Temperaturschwankungen im Jahresverlauf verhalten sich näherungsweise
sinusförmig, die höchste mittlere Temperatur beträgt 19° und wird im langjährigen
Mittel am 5. Juli erreicht, die niedrigste mittlere Temperatur beträgt – 25°.
Bestimmen Sie einen Funktionsterm. An welchen Tagen liegt die mittlere
Temperatur bei 0°?

10. Eine Firma dokumentiert monatlich die Verkaufszahlen für ihr Produkt.
Die nebenstehende Abbildung zeigt
die Verkaufszahlen pro Monat.
Nennen Sie besondere Punkte und
Bereiche des Schaubildes und ihre
Bedeutung für die Firma.
Welche Art von Produkt wird verkauft?
Wie könnte die weitere Entwicklung der
Verkaufszahlen aussehen?

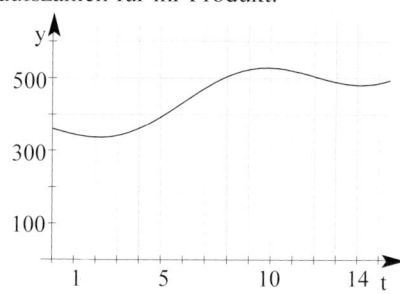

7.9 Aufgaben zu Funktionen

1. Ordnen Sie jeder Kurve einen Funktionstyp zu. Begründen Sie Ihre Entscheidung.

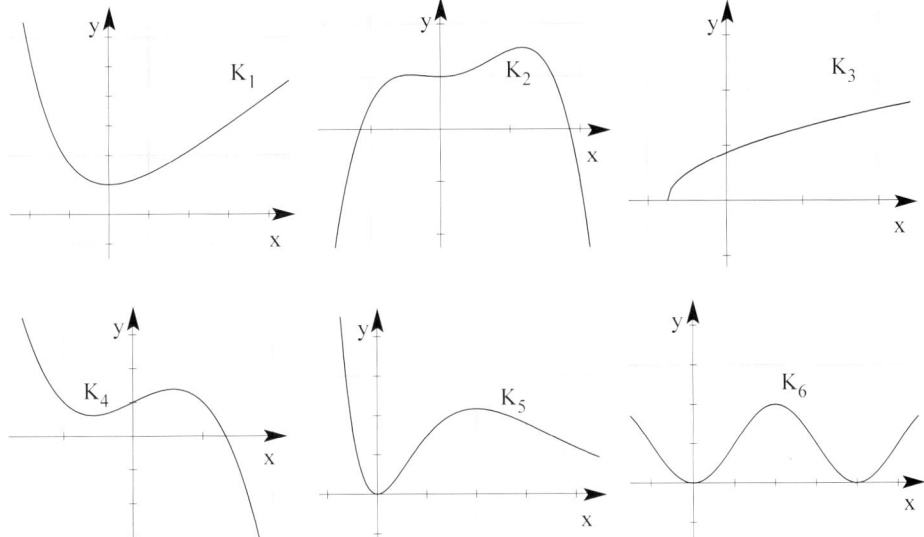

2. Die Abbildungen zeigen die Schaubilder von Funktionen mit $D = \mathbf{R}$.
   Entscheiden Sie, für welche Funktion folgende Aussagen richtig oder falsch sind.
   a) f ist eine gerade Funktion
   b) f hat eine doppelte Nullstelle
   c) f ist periodisch
   d) f ist positiv für $x > 0$
   e) Es gibt ein $u \neq 2$, so dass $f(2) = f(u)$
   f) $f(x) \to \infty$ für $x \to \infty$

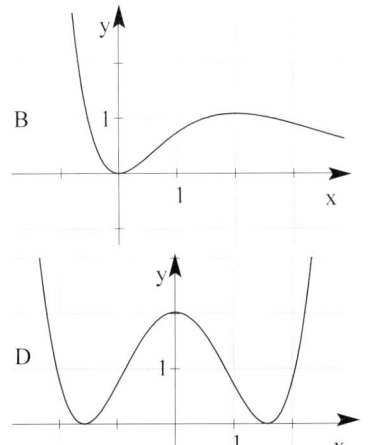

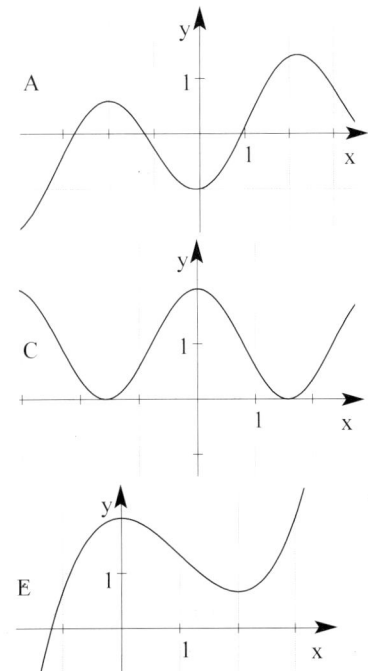

3. Ordnen Sie jeder Abbildung einen Funktionsterm aus folgender Liste zu:

$f(x) = x(x+2)(x+t)$, $f(x) = x^2(x+t)$, $f(x) = tx^2(x+2)$, $f(x) = tx(x-2)e^{-x}$,

$f(x) = e^x - tx+1$, $f(x) = e^x - x+t$, $f(x) = t(\sin x - 1)$, $f(x) = \sin(x-t)$.

Bestimmen Sie Eigenschaften, die mindestens zwei Kurvenscharen gemeinsam haben.

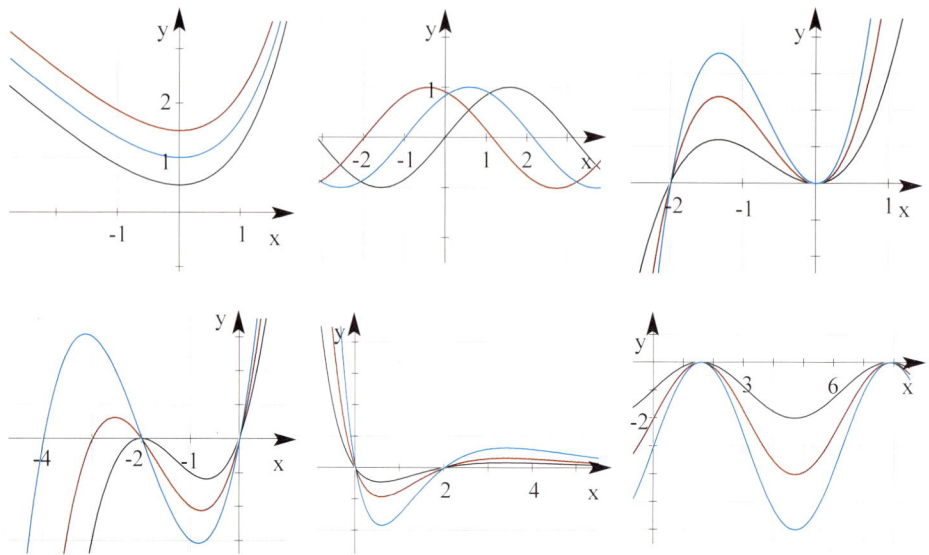

4. Gegeben ist die Funktion f mit ihrem Schaubild K. Skizzieren Sie das Schaubild G der Funktion g mit $g(x) = \left|f(x)\right|^2$. Wodurch unterscheiden sich K und G?

a) $f(x) = -x^2 + 2x$ b) $f(x) = \sin x$ c) $f(x) = 0,5e^{0,5x}$

5. Für den Bau einer Solaranlage ist der Schattenwurf W der Solarbauteile von großer Bedeutung. Für Bauteile von 3,2 m Höhe wurde am 1. Januar ($t = 0$) der längste Schatten von 9,85 m, am 1. Juli ($t = 6$) der kürzeste Schatten von 1,50 m gemessen.

a) Die Abbildung zeigt eine Darstellung des Schattenwurfs W in Abhängigkeit von der Zeit t (in Monaten).
   $W(t) = 0,00644x^2(x-12)^2 + 9,85$

b) Bestimmen Sie einen zweiten Funktionsterm, der die Abhängigkeit von W und t ausdrückt?
   Vergleichen Sie die beiden Ansätze.
   Beurteilen Sie die praktische Verwendbarkeit durch Berechnung und Vergleich mit den gemessenen Werten:

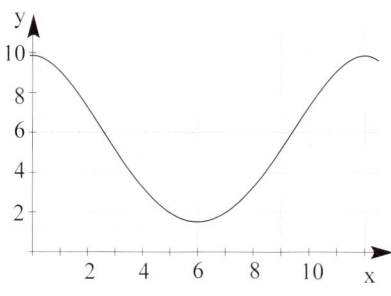

t	3	5	7	11
W(t)	3,20	1,63	1,92	8,79

8 Umkehrfunktion

Beispiele

1) Bei der Temperaturskala nach Fahrenheit liegt der Gefrierpunkt des Wassers bei 32° F und der Siedepunkt bei 212° F.
   Die bei uns gebräuchliche Skala nach Celsius legt den Gefrierpunkt des Wassers bei 0° C und den Siedepunkt bei 100° C fest.

   a) Stellen Sie den Term einer Funktion f auf, der den Zusammenhang von ° F und ° C ausdrückt (y °F für x °C). Zeichnen Sie den Graph K_f von f in ein Koordinatensystem.
   Bestimmen Sie f(30).

   b) Bestimmen Sie eine Funktionsvorschrift, mit der man umgekehrt ° F in ° C umrechnen kann. Diese Funktion heißt f^{-1}.
   Zeichnen Sie den Graph von f^{-1} in das Achsenkreuz von a).

   c) Gibt es einen Zusammenhang zwischen den Graphen?
   Wie erhält man den Funktionsterm von f^{-1} aus f(x)?

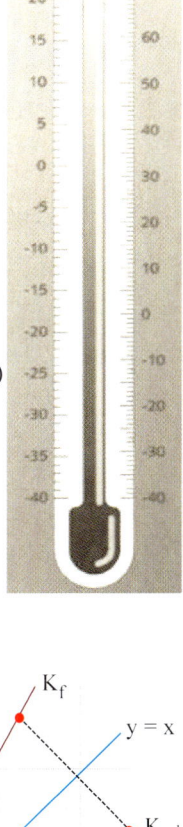

Lösung

a) Aus der Wertetabelle

x (in ° C)	0	100
f(x) (in ° F)	32	212

bestimmt man mit dem Ansatz f(x) = ax + b
die Unbekannten a und b: a = 1,8; b = 32
und damit   f(x) = 1,8x + 32
Einsetzen ergibt   f(30) = 86 (30° C entsprechen 86° F)
Zu **jeder Temperatur in ° C** lässt sich die **Temperatur in ° F** berechnen.

b) Aus der Wertetabelle

x (in ° F)	32	212
f^{-1}(x) (in ° C)	0	100

bestimmt man mit dem Ansatz $f^{-1}(x) = ax + b$

die Unbekannten a und b: $a = \frac{5}{9}$; $b = \frac{160}{9}$

und damit f^{-1} mit $f^{-1}(x) = \frac{5}{9}(x - 32)$

Einsetzen ergibt $f^{-1}(86) = 30$ (86° F entsprechen 30° C)

Zu **jeder Temperatur in ° F** lässt sich die
Temperatur in ° C berechnen.

c) $P_1(0 \mid 32)$ und $P_2(30 \mid 86)$ liegen auf K_f.
$Q_1(32 \mid 0)$ und $Q_2(86 \mid 30)$ liegen auf $K_{f^{-1}}$.
Vertauschen der Koordinaten bedeutet
Spiegelung an der 1. Winkelhalbierenden.
Spiegelt man K_f **an der 1. Winkel-**
halbierenden, so erhält man $K_{f^{-1}}$.

2) Gegeben ist die Funktion f mit $f(x) = 0,5x + 1; x \in \mathbf{R}$.

   a) Zeichnen Sie das Schaubild von f und der Umkehrfunktion f^{-1} in ein Achsenkreuz.

   b) Bestimmen Sie die Umkehrfunktion.

Lösung

a) K_f an der 1. Winkelhalbierenden spiegeln ergibt $K_{f^{-1}}$

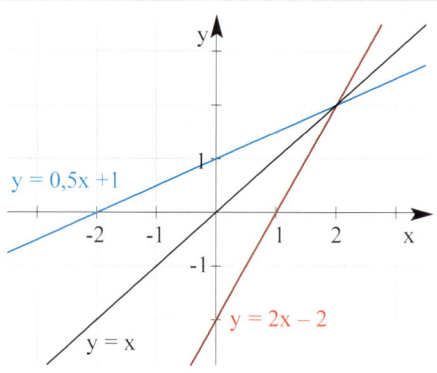

b) **Kurvengleichung:** $y = 0,5x + 1$

   1. Schritt: Vertauschen von x und y

$$x = 0,5\,y + 1$$

   2. Schritt: Auflösen nach y

$$y = 2x - 2$$

Funktionsterm der Umkehrfunktion f^{-1}

$$f^{-1}(x) = 2x - 2 \; ; x \in \mathbf{R}$$

Rechnerische Bestimmung der Umkehrfunktion in zwei Schritten :

   1. Schritt: Setzen von f(x) = y und Vertauschen der Variablen x und y

   2. Schritt: Auflösen nach y ; setzen von $y = f^{-1}(x)$

Geometrisch erhält man den Graph der Umkehrfunktion f^{-1} durch **Spiegelung** des Funktionsgraphen von f **an der 1. Winkelhalbierenden**.

---

3) Gegeben ist die Funktion f mit $f(x) = 0,4x + 20; x > 0$.

   Bestimmen Sie die Umkehrfunktion f^{-1} mit Definitions- und Wertemenge.

Lösung

Definitionsmenge D von f:	$x > 0$
Wertemenge W von f: $f(0) = 20$; f wachsend $\Rightarrow$	$W = \{ y \mid y > 20 \}$
Bestimmung von f^{-1}:	$y = 0,4x + 20$
1. Schritt: Vertauschen von x und y	$x = 0,4y + 20$
2. Schritt: Auflösen nach y	$y = 2,5(x - 20)$
Funktionsterm der Umkehrfunktion f^{-1}:	$f^{-1}(x) = 2,5x - 50$

Definitionsmenge D von f^{-1}:

$x > 20$

Wertemenge W von f^{-1}:

$f^{-1}(20) = 0$; f^{-1} wachsend $\Rightarrow$

$W = \{ y \mid y > 0 \}$

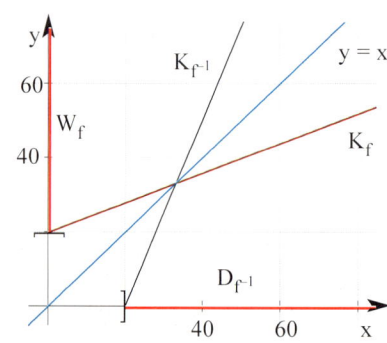

Beachten Sie: D_f wird zu $W_{f^{-1}}$

        W_f wird zu $D_{f^{-1}}$

Das Schaubild $K_{f^{-1}}$ erhält man durch **Spiegelung** von K_f **an der 1. Winkelhalbierenden**.

Man spiegelt nun die **Normalparabel** an der 1. Winkelhalbierenden.

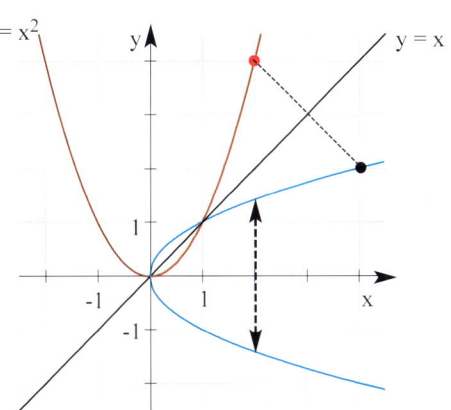

Das Spiegelbild ist **nicht mehr**
das Schaubild einer Funktion.
Begründung: Einem x-Wert,
z. B. x = 2,
werden zwei y-Werte zugeordnet.
Um eine Umkehrfunktion zu erhalten,
muss man den **Definitionsbereich**
einschränken, z. B. $D_f : x \geqq 0$.
Beim Umkehren einer Funktion werden die
Koordinaten in den Zahlenpaaren **vertauscht**.

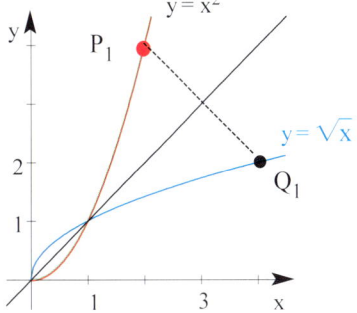

Kurvenpunkte auf $\quad K_f \qquad$ auf $K_{f^{-1}}$

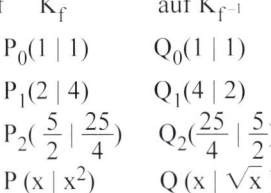

$$P_0(1 \mid 1) \qquad Q_0(1 \mid 1)$$
$$P_1(2 \mid 4) \qquad Q_1(4 \mid 2)$$
$$P_2(\tfrac{5}{2} \mid \tfrac{25}{4}) \qquad Q_2(\tfrac{25}{4} \mid \tfrac{5}{2})$$
$$P\,(x \mid x^2) \qquad Q\,(x \mid \sqrt{x}\,)$$

Die Umkehrfunktion von f mit $f(x) = x^2$, $x \geqq 0$ ist die **Wurzelfunktion**
$$f^{-1} \text{ mit } \; f^{-1}(x) = \sqrt{x}\,; D = R_+.$$

Bemerkung: Da der Wert einer Wurzel stets größer oder gleich Null ist, gilt für die
Wertemenge: $W = R_+$.

Woran erkennt man, ob eine Funktion f eine Umkehrfunktion besitzt?

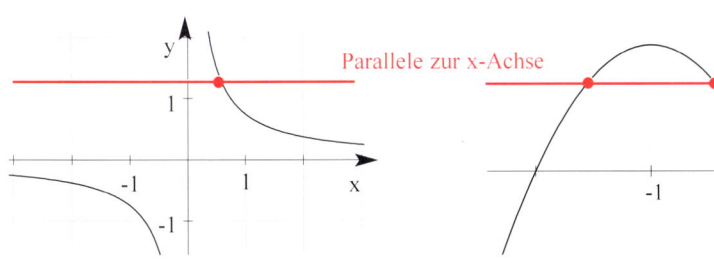

Parallele zur x-Achse

Eine Funktion f hat **eine Umkehr-**
funktion, wenn jedem x-Wert genau
ein y-Wert und jedem y-Wert genau
ein x-Wert zugeordnet wird.

Eine Funktion f besitzt **keine**
Umkehrfunktion, wenn es eine
Parallele zur x-Achse gibt, die das
Schaubild von f **zweimal schneidet**.

4) K_f ist das Schaubild der Funktion
f mit $f(x) = (x + 2)^2$; $x \in \mathbf{R}$.

Bestimmen Sie f^{-1} für

a) für $x \geq -2$

b) für $x \leq -2$

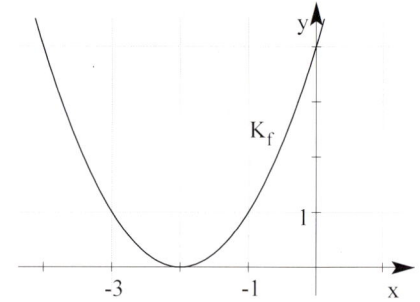

Lösung

Der Definitionsbereich von f wird so eingeschränkt, dass jede **Parallele zur x-Achse**
das Schaubild K_f von f höchstens einmal schneidet.

Definitionsmenge von f :	a) $x \geq -2$	b) $x \leq -2$
Wertemenge von f	$y \geq 0$	$y \geq 0$
Definitionsmenge von f^{-1}:	$x \geq 0$	$x \geq 0$
Wertemenge von f^{-1}:	$y \geq -2$	$y \leq -2$

Bestimmung der Umkehrfunktion f^{-1} aus $y = (x + 2)^2$

Vertauschen von x und y	$x = (y + 2)^2$	
Auflösen nach y:	$\sqrt{x} = y + 2$	$-\sqrt{x} = y + 2$
	$\Rightarrow y = \sqrt{x} - 2$	$y = -\sqrt{x} - 2$
Funktionsterm	$f^{-1}(x) = \sqrt{x} - 2$	$f^{-1}(x) = -\sqrt{x} - 2$

Bemerkung: Die Wahl von $+\sqrt{x}$ oder $-\sqrt{x}$ ist abhängig von der Wertemenge.

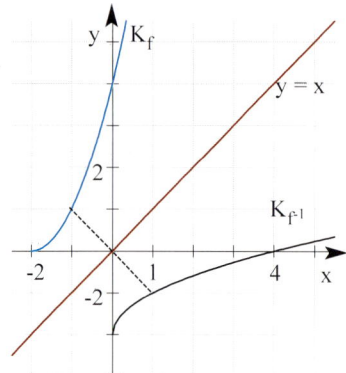

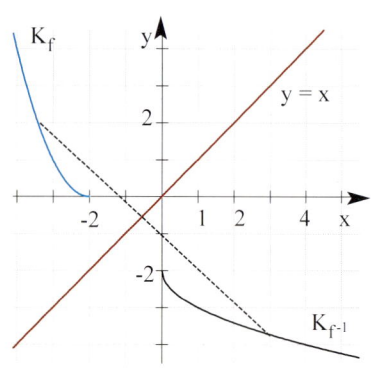

Bemerkung: Wie man bei der Spiegelung an der 1. Winkelhalbierenden erkennen kann,
ist die **Wertemenge von f** die **Definitionsmenge der Umkehrfunktion f^{-1}**.

5) K_f ist das Schaubild der Funktion f mit $f(x) = 2e^x$; $x \in \mathbf{R}$.
Wie lautet die Umkehrfunktion f^{-1} ?

Lösung

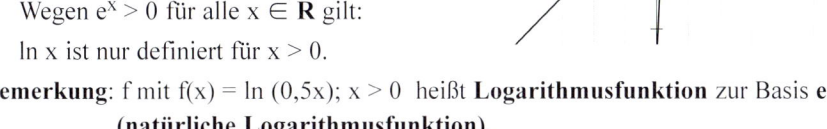

K_f an der 1. Winkelhalbierenden
spiegeln ergibt $K_{f^{-1}}$

Kurvengleichung:	$y = 2e^x$
Vertauschen von x und y:	$x = 2e^y$
Auflösen nach y:	
$0{,}5x = e^y <=>$	$y = \ln(0{,}5x)$

Funktionsterm der Umkehrfunktion f^{-1}

$f^{-1}(x) = \ln(0{,}5x)$; $x > 0$

Wegen $e^x > 0$ für alle $x \in \mathbf{R}$ gilt:

$\ln x$ ist nur definiert für $x > 0$.

Bemerkung: f mit $f(x) = \ln(0{,}5x)$; $x > 0$ heißt **Logarithmusfunktion** zur Basis e
(**natürliche Logarithmusfunktion**).

Aufgaben

1. Bestimmen Sie die Umkehrfunktion für $x \in \mathbf{R}$.
   a) $f(x) = -3x + 7$ b) $f(x) = 0{,}05x - 4$ c) $f(x) = 2{,}5(x - 1)$

2. Gegeben ist die Funktion f mit $f(x) = 12x + 40$; $x > 0$.
   Bestimmen Sie die Umkehrfunktion mit Definitionsmenge und Wertemenge.

3. Spiegeln Sie die Gerade mit $y = 2{,}5$ an der 1. Winkelhalbierenden. Ist die Bildgerade
   das Schaubild einer Funktion? Begründen Sie ihre Entscheidung.

4. Welche Eigenschaft muss eine (lineare) Funktion haben, damit sie umkehrbar ist?
   Gibt es lineare Funktionen, die nicht umkehrbar sind? Gibt es eine lineare Funktion f,
   für die gilt: $f(x) = f^{-1}(x)$ für alle $x \in \mathbf{R}$? Nennen Sie gegebenenfalls Beispiele.

5. Spiegeln Sie das Schaubild der Funktion f an der 1. Winkelhalbierenden.
   Bestimmen Sie anhand der Zeichnung die Definitionsmenge von f, sodass f eine
   Umkehrfunktion besitzt. Bestimmen Sie die Umkehrfunktion.
   a) $f(x) = \dfrac{2}{3x}$ b) $f(x) = x^2 + 1$ c) $f(x) = x(x + 2)$
   d) $f(x) = \ln x^2$ e) $f(x) = \sqrt{x + 4}$ f) $f(x) = 1 - \sqrt{x}$

6. Untersuchen Sie anhand des Graphen der Funktion f, ob f eine Umkehrfunktion
   besitzt. Begründen Sie Ihre Entscheidung.
   a) $f(x) = x(x - 1)$; $x \geq 0{,}5$ b) $f(x) = \dfrac{2}{x^2}$; $x \in \mathbf{R}^*$
   c) $f(x) = 2^x - 3x$; $x \in \mathbf{R}$ d) $f(x) = 0{,}25e^x - 1$; $x \in \mathbf{R}$
   e) $f(x) = x - e^x$; $x \in \mathbf{R}$ f) $f(x) = \ln(x - 2)$; $x > 2$
   Wenn ja, bestimmen Sie f^{-1}.

7. Prüfen Sie nach, ob die Funktion h die Umkehrfunktion von f ist.

   a) $f(x) = 1 + \frac{2}{5}x$; $h(x) = \frac{5}{2}x - \frac{5}{2}$ b) $f(x) = \sqrt{3x}$; $h(x) = 3x^2$

   c) $f(x) = \frac{1}{2}x^2 - 2$; $h(x) = \sqrt{2x+4}$ d) $f(x) = 5 - \frac{1}{x}$; $h(x) = \frac{1}{5-x}$

   e) $f(x) = e^{x-2}$; $h(x) = \ln x + 2$ f) $f(x) = e^{0,5x}$; $h(x) = 2\ln x$

8. Welche Wirkung hat der Parameter bei der Funktion f und ihrer Umkehrfunktion f^{-1}?

   a) $f(x) = x^2 - b$; $x > 0$ b) $f(x) = ax^2$; $x > 0$ c) $f(x) = \sqrt{ax}$; a , $x > 0$

   d) $f(x) = ae^x$, $a > 0$ e) $f(x) = e^{ax}$, $a > 0$ f) $f(x) = e^{x-a}$

9. Bestimmen Sie f und ihre Umkehrfunktion f^{-1}.

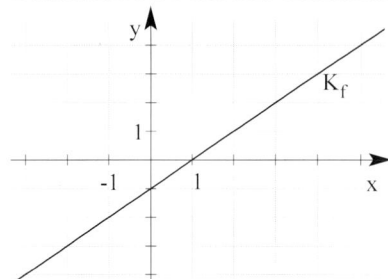 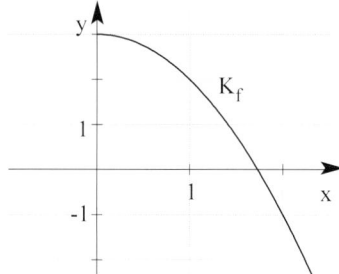

10. Beim Kauf von Aktien fallen 2,75 EUR fixe Kosten und 1 % des Kaufpreises als Provision an. Der aktuelle Kurs der Aktie betrage 12 EUR.

   a) Erstellen Sie einen Funktionsterm, der die Gesamtkosten für den Kauf von x Aktien beschreibt.

   b) Bestimmen Sie eine Funktionsvorschrift, mit der man aus dem zur Verfügung stehenden Etat die Anzahl der zu erwerbenden Aktien berechnen kann.

11. Wasser wird mit $17\,\frac{m}{s}$ senkrecht nach oben abgespritzt.

   Die Geschwindigkeit eines Wasserteilchens ist eine Funktion f der Zeit x:

   $f(x) = 17 - 10x$ (x in s; alle Einheiten wurden weggelassen).

   a) Bestimmen Sie den Term der Umkehrfunktion f^{-1}.

   b) Zeichnen Sie die Schaubilder der Funktionen f und f^{-1} in ein Koordinatensystem.

   c) Welche physikalische Bedeutung hat die Nullstelle von f, welche der y-Achsenabschnitt von K_f?

   d) Beantworten Sie die Frage von Aufgabe c) für die Umkehrfunktion f^{-1}.

12. Robert steht auf einen 10 m hohen Felsvorsprung und lässt einen Stein in die Tiefe fallen. Nach dem Weg-Zeit-Gesetz beschreibt die Funktion f mit $f(x) = 5x^2$ den Zusammenhang von zurückgelegtem Weg f in m und der Zeit x in s.

   a) Bestimmen Sie $f(1,5)$ und $f(2)$ und interpretieren Sie die Lösungen.

   b) Wie lange dauert es, bis der Stein auf dem Boden aufschlägt?

   c) Bestimmen Sie eine Funktionsvorschrift für die Umkehrfunktion f^{-1}. Welche physikalische Bedeutung hat f^{-1}?

9 Wurzelfunktionen

Beispiele

1) Gegeben ist die Funktion f mit $f(x) = \sqrt{x - 1,5}$, $x \in D$.
   Bestimmen Sie den maximalen Definitionsbereich von f.
   Untersuchen Sie das Schaubild K von f auf Schnittpunkte mit der x-Achse.
   Fertigen Sie eine Skizze an.

Lösung

Definitionsbereich: $\sqrt{x - 1,5}$ ist definiert für $x - 1,5 \geq 0 \Rightarrow x \geq 1,5$

$$D = \{\, x \mid x \in \mathbf{R} \wedge x \geq 1,5 \,\}$$

Schnittpunkte von K mit der x-Achse

Bed.: $f(x) = 0$ $\qquad\qquad$ $\sqrt{x - 1,5} = 0 \Rightarrow x - 1,5 = 0 \Rightarrow x = 1,5$

Schnittpunkt mit der x-Achse: N(1,5 | 0)

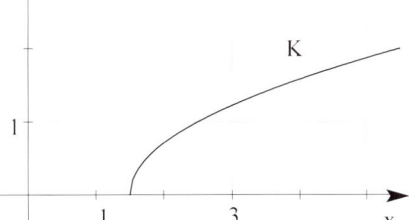

Beachten Sie:

 $\sqrt{\ \Box\ }$ ist definiert für $\Box \geq 0$

$\sqrt{\ \Box\ } = 0$ $\qquad\Rightarrow\qquad$ $\Box = 0$

2) Gegeben ist die Funktion f mit $f(x) = \sqrt{x^2 + 2}$, $x \in D$.
   Bestimmen Sie den maximalen Definitionsbereich von f.
   Untersuchen Sie das Schaubild K von f auf Schnittpunkte mit den
   Koordinatenachsen. Fertigen Sie eine Skizze an.

Lösung

Definitionsbereich:

wegen $x^2 + 2 \geq 0$ für alle $x \in \mathbf{R}$: $D = \mathbf{R}$

Schnittpunkt von K mit der x-Achse

Bed.: $f(x) = 0$ $\qquad$ $\sqrt{x^2 + 2} = 0$

$\qquad\qquad\qquad\qquad$ $x^2 + 2 = 0$

$x^2 = -2$ unlösbar in $\mathbf{R}$, da $x^2 \geq 0$

K hat **keinen** Schnittpunkt mit der x-Achse.

Schnittpunkt von K mit der y-Achse

Bed.: $x = 0$ $\qquad\qquad$ $f(0) = \sqrt{2}$

$S_y(\, 0 \mid \sqrt{2}\,)$

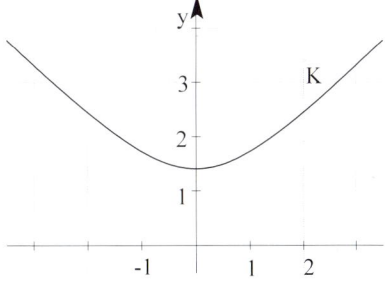

3) Gegeben ist die Funktion f mit $f(x) = -\sqrt{1,5x + 4} + 1$, $x \in D$.
Bestimmen Sie den maximalen Definitionsbereich von f.
Untersuchen Sie das Schaubild K von f auf Schnittpunkte mit den
Koordinatenachsen. Fertigen Sie eine Skizze an.

Lösung

Definitionsbereich: $\sqrt{1,5x + 4}$ ist definiert für $1,5x + 4 \geq 0 \Leftrightarrow x \geq -\dfrac{8}{3}$

$$D = \left\{ x \mid x \in \mathbf{R} \wedge x \geq -\frac{8}{3} \right\}$$

Schnittpunkt von K mit der x-Achse   Bed.: $f(x) = 0$ $-\sqrt{1,5x + 4} + 1 = 0$

$\sqrt{1,5x + 4} = 1$

beide Seiten quadrieren:

$1,5x + 4 = 1 \Rightarrow x = -2$

Schnittpunkt mit der x-Achse: N (–2 | 0)

Schnittpunkt von K mit der y-Achse

Bed.: $x = 0$ $f(0) = -\sqrt{4} + 1 = -1$

$S_y(0 \mid -1)$

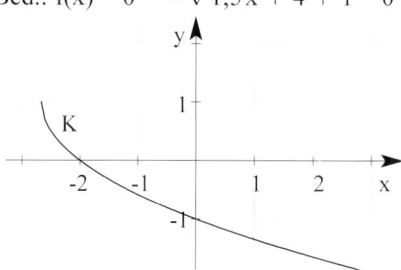

Aufgaben

1. Zeichnen Sie das Schaubild der Funktion f mit dem GTR.
   Wie erhält man die Schaubilder aus der Kurve mit der Gleichung $y = \sqrt{x}$.
   a) $f(x) = -2\sqrt{x}$ b) $f(x) = 0,5\sqrt{-x}$ c) $f(x) = -\sqrt{-x}$
   d) $f(x) = 2 + \sqrt{x}$ e) $f(x) = \sqrt{x} - 2$ f) $f(x) = 2\sqrt{x-1}$

2. Gegeben ist die Funktion f mit $f(x) = \sqrt{x}$, $x \geqq 0$ mit Schaubild K.
   Bestimmen Sie jeweils Definitions- und Wertemenge bei einer Verschiebung von K
   a) um 4 LE nach unten,   b) um 3 LE nach rechts,   c) um 2 LE nach oben.
   Wie lautet der Funktionsterm bei einer Streckung in y-Richtung mit Faktor 1,5?

3. Gegeben ist die Funktion f mit $f(x) = \sqrt{5x - x^2}$.
   Bestimmen Sie die maximale Definitionsmenge von f.
   Besitzt f auf D_{max} eine Umkehrfunktion? Begründen Sie.

4. Bestimmen Sie den maximalen Definitionsbereich von f.
   Untersuchen Sie das Schaubild K von f auf Schnittpunkte mit den
   Koordinatenachsen. Zeichnen Sie K in ein Achsenkreuz.
   a) $f(x) = \sqrt{x - 1,5}$ b) $f(x) = 3\sqrt{2 - x}$ c) $f(x) = -\sqrt{\dfrac{x}{3} - 1}$
   d) $f(x) = -\sqrt{x^2 + 4}$ e) $f(x) = \sqrt{x - 1} - 2$ f) $f(x) = -\sqrt{4 - x} + 0,5$
   g) $f(x) = \sqrt{x^2 - 4}$ h) $f(x) = \sqrt{2x - 3}$ i) $f(x) = \sqrt{16 - x^2}$

5. Zeichnen Sie mit dem GTR die Schaubilder der Funktionen f mit $f(x) = x\sqrt{x}$
   und g mit $g(x) = \dfrac{x}{\sqrt{x}}$.
   Arbeiten Sie Unterschiede und Gemeinsamkeiten beider Schaubilder heraus.

6. Gegeben ist die Funktion f mit $f(x) = 0,5x\sqrt{x}$; $x \in D$.

   a) Bestimmen Sie den maximalen Definitionsbereich.
      Skizzieren Sie das Schaubild K der Funktion f.

   b) Der Punkt $P(x \mid 3)$ liegt auf K. Bestimmen Sie die Abszisse von P.

   c) Welcher Punkt von K liegt auch auf der 1. Winkelhalbierenden?

7. K ist das Schaubild der Funktion f mit $f(x) = \sqrt{5x - 1}$; $x \in D$.

   a) Bestimmen Sie den maximalen Definitionsbereich.
      Skizzieren Sie das Schaubild K der Funktion f.

   b) Die Kurve K schneidet aus der Geraden g mit der Gleichung $y = 2x$ eine Strecke
      der Länge l aus. Berechnen Sie l.

   c) Welche Ursprungsgerade berührt das Schaubild K?

8. Ordnen Sie jeder Kurve einen Funktionsterm zu.

   A: $f(x) = \sqrt{2x - 1}$ B: $f(x) = \sqrt{1 - 2x}$ C: $f(x) = \sqrt{8 - x^2}$ D: $f(x) = \sqrt{1 + x^2}$
   Begründen Sie Ihre Wahl.

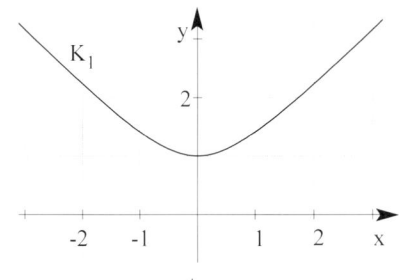
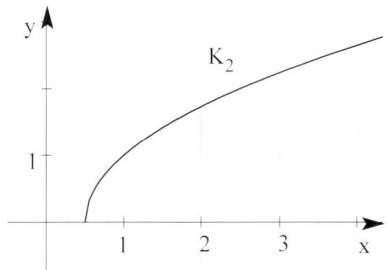
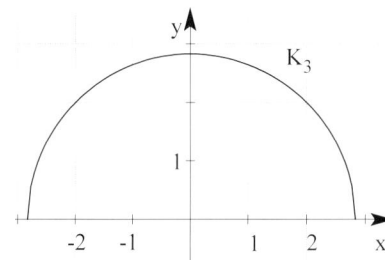
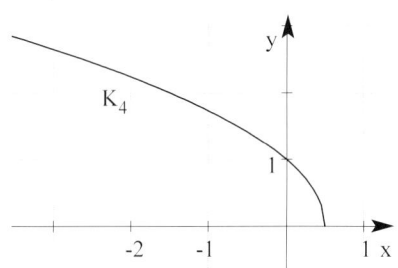

9. Welchen Einfluss hat der Parameter auf das Schaubild von f?

   a) $f(x) = t\sqrt{x}$ b) $f(x) = \sqrt{x - t}$ c) $f(x) = t - \sqrt{x}$ d) $f(x) = \sqrt{tx}$

10. Gegeben ist der Graph K der Funktion f.

    a) Bestimmen Sie einen Funktionsterm
       $f(x)$ und die Umkehrfunktion von f.

    b) Zeigen Sie: Die Gerade g mit
       $y = -x + 0,25$ berührt K.

    c) Skizzieren Sie das Schaubild der
       Funktion h mit $h(x) = 2f(x)$.

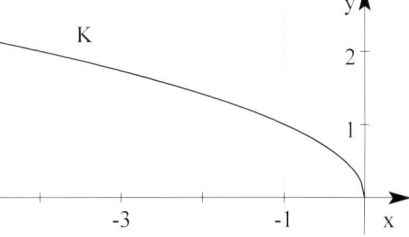

10 Abschnittsweise definierte Funktionen

Beispiele

1) Bei der Herstellung eines Produktes entstehen Gesamtkosten (in EUR) in Abhängigkeit von der Stückzahl: Für $x \leqq 50$: $K(x) = 1{,}8x + 100$.

Werden mehr als 50 Stück produziert, so erhöhen sich die fixen Kosten auf 150 EUR und die variablen Stückkosten können auf 0,8 EUR gesenkt werden.

a) Bestimmen Sie einen Funktionsterm für die Gesamtkosten K.
   Bestimmen Sie K(40), K(80).
   Für welche Stückzahlen übersteigen die Kosten 160 EUR?

b) Lohnt sich die Produktionssteigerung auf 70 Stück, wenn sich ein Verkaufserlös von 3,2 EUR pro Stück erzielen lässt?

Lösung

a) Kosten für $0 \leqq x \leqq 50$ $K(x) = 1{,}8x + 100$

   Kosten für $x > 50$ $K(x) = 0{,}8x + 150$

> **Bemerkung:** Die **variablen Stückkosten** entsprechen der **Steigung** der Kostengeraden.

Zusammenfassende Schreibweise $K(x) = \begin{cases} 1{,}8x + 100 & \text{für } 0 \leqq x \leqq 50 \\ 0{,}8x + 150 & \text{für } x > 50 \end{cases}$

Die Funktion K ist eine **abschnittsweise definierte Funktion**.

Berechnung von Funktionswerten: $K(40) = 1{,}8 \cdot 40 + 100 = 172$ $(x < 50)$

              $K(80) = 0{,}8 \cdot 80 + 150 = 214$ $(x > 50)$

Berechnung von x-Werten: $K(x) > 160$

              $1{,}8x + 100 > 160 \iff x > 33{,}3$

Für Stückzahlen $x \geqq 34$ betragen die Gesamtkosten mehr als 160 EUR.

> **Bemerkung:** Das Schaubild der Funktion K setzt sich aus zwei Teilen zusammen.
> Die beiden Teile stoßen im Punkt (50 | 190) zusammen.

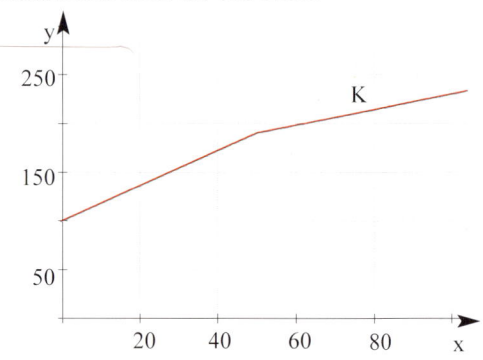

b) **Erlös in Abhängigkeit** $E(x) = 3{,}2x$
   von der Stückzahl
   Gewinn wird erzielt bei $E(x) > K(x)$
   Für $x = 70$: $E(70) = 224$ (EUR)
                 $K(70) = 206$ (EUR)

Die Produktionssteigerung auf 70 Stück lohnt sich, da Gewinn erzielt wird.

2) K ist das Schaubild der Funktion f mit $f(x) = \begin{cases} 0,5\,x - 2 & \text{für } x \leqq 2 \\ -1 & \text{für } 2 < x < 4 \\ 2x - 9 & \text{für } x \geqq 4 \end{cases}$

  a) Zeichnen Sie das Schaubild der Funktion f.
  b) Bestimmen Sie f(–2); f(2); f(5).
  c) Bestimmen Sie x mit f(x) = 1,4.

Lösung

a) Schaubild

b) Berechnung von **Funktionswerten**
   durch Einsetzen des x-Wertes.
   (Beachten Sie die **Definitionsmenge.**)
   $f(-2) = 0,5 \cdot (-2) - 2 = -3$
   $f(2) = 0,5 \cdot (2) - 2 = -1$
   $f(5) = 2 \cdot (5) - 9 = 1$

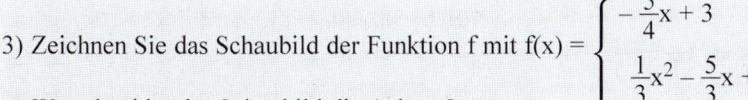

c) Die Bedingung f(x) = 1,4
   führt zu **zwei Gleichungen:** $0,5\,x - 2 = 1,4 \iff x = 6,8$
   x = 6,8 ist **keine** Lösung, da der Term 0,5 x – 2 nur für x ≦ 2 gilt.
                              $2x - 9 = 1,4 \iff x = 5,2$
   x = 5,2 ist **Lösung**, da der Term 2x – 9 für x ≧ 4 gilt.

3) Zeichnen Sie das Schaubild der Funktion f mit $f(x) = \begin{cases} -\dfrac{5}{4}x + 3 & \text{für } x < \dfrac{3}{2} \\ \dfrac{1}{3}x^2 - \dfrac{5}{3}x + 2 & \text{für } x > \dfrac{3}{2} \end{cases}$

  Wo schneidet das Schaubild die Achsen?

Lösung

  Schnittpunkt mit der y-Achse:

  Für x = 0: $f(0) = -\dfrac{5}{4} \cdot 0 + 3 = 0$ **S(0 | 3)**

  Schnittpunkte mit der x-Achse
  Bedingung: f(x) = 0
  $-\dfrac{5}{4}x + 3 = 0 \iff x = 2,4,$

  aber 2,4 > 1,5; also nicht in D.
  $\dfrac{1}{3}x^2 - \dfrac{5}{3}x + 2 = 0 \iff x_1 = 2;\; x_2 = 3$
  SP$_x$: $N_1(2 | 0)$; $N_2(3 | 0)$

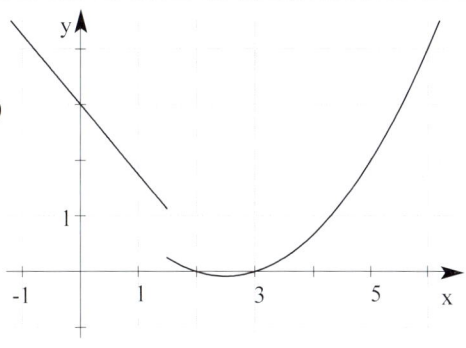

Bemerkung: Der Funktionswert an der Stelle $x = \dfrac{3}{2}$ existiert nicht.

    Die Funktion f besitzt in $x = \dfrac{3}{2}$ eine **Definitionslücke.**

Aufgaben

1. Zeichnen Sie das Schaubild der gegebenen Funktion f.

a) $f(x) = \begin{cases} \dfrac{1}{5}x + 1 \; ; \; x < \dfrac{5}{4} \\ -\dfrac{5}{2}x + 4 \; ; \; x > \dfrac{5}{4} \end{cases}$
   b) $f(x) = \begin{cases} \sin x & \text{für } 0 < x \leq 0,5\pi \\ -\cos x & \text{für } 0,5\pi < x \leq \pi \\ -\sin x & \text{für } \pi < x \leq 1,5\pi \end{cases}$

c) $f(x) = \begin{cases} 0,5e^{\ln 2 \cdot x} & \text{für } -4 \leq x \leq 2 \\ x^2 - 2x & \text{für } 2 < x \leq 4 \end{cases}$
   d) $f(x) = \begin{cases} 2 - x^2 & \text{für } -2 \leq x \leq 0 \\ \sqrt{4 - x^2} & \text{für } 0 < x < 2 \end{cases}$

2. Gegeben ist die Funktion f durch $f(x) = \begin{cases} 0,5x^2 & \text{für } x \leq 2 \\ \sqrt{2x} & \text{für } x > 2 \end{cases}$

   a) Zeichnen Sie das Schaubild K von f für $-1 \leq x \leq 4$.
   b) Bestimmen Sie f(2), f(x) = 4, f(x) < 2.
   c) K und die Gerade mit $y = -0,2x + 3,9$ schneiden sich. Berechnen Sie.

3. Gegeben ist die Funktion f durch $f(x) = \begin{cases} \sin(0,5\pi x) & \text{für } 0 \leq x \leq 2 \\ -(x - 4)^2 + 2 & \text{für } x \geq 4 \end{cases}$

   Bestimmen Sie die Gleichung einer Geraden, die die beiden Teile des Graphen
   von f nahtlos verbindet.

4. Erfinden Sie eine Geschichte, die zum abgebildeten Kurvenverlauf passt.

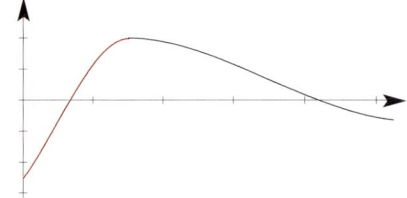 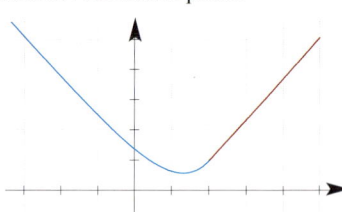

5. Ein Großhändler bietet seinen Kunden folgendes Bonussystem: Für einen Umsatz ab
   10 000 EUR erhält der Kunde einen Bonus von 5 % auf den gesamten Umsatz.
   Übersteigt der Umsatz 20 000 EUR, so gewährt der Händler auf den die 20 000 EUR
   übersteigenden Betrag einen Bonus über zusätzlich 3 %. Erstellen Sie einen Term für
   den Bonusbetrag in Abhängigkeit vom Umsatz. Zeichnen Sie den zugehörigen Graph.

6. Die Abbildung zeigt den Notenschlüssel
   für die maximale Punktzahl 30.
   Mit welchem Term lässt sich zur
   gegebenen Punktzahl x die Note N
   berechnen?
   Welche Note ergeben 8, 18
   und 26 Punkte?

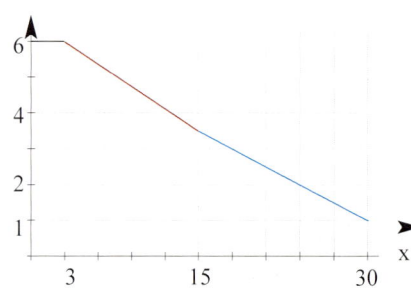

11 Betragsfunktionen

Beispiele

1) Gegeben ist die Funktion f durch $f(x) = \begin{cases} x & \text{für } x \geq 0 \\ -x & \text{für } x < 0 \end{cases}$

Zeichnen Sie das Schaubild K von f in ein Koordinatensystem.

Lösung

Man erhält
die folgende Abbildung:

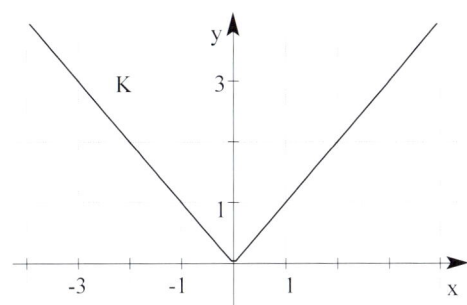

Vergleicht man die Darstellung von f(x) mit der Festlegung für den

Betrag einer Zahl x: $\qquad |x| = \begin{cases} x & \text{für } x \geq 0 \\ -x & \text{für } x < 0 \end{cases}$

so lässt sich der Funktionsterm in **kürzerer Form** schreiben: $f(x) = |x|$; $x \in \mathbf{R}$.
Die Funktion f heißt **Betragsfunktion**.

2) Gegeben ist die Funktion f mit $f(x) = |x - 3|$; $x \in \mathbf{R}$
   a) Bestimmen Sie f(0), f(5), f(–5).
   b) Stellen Sie f(x) abschnittsweise bzw. betragsfrei dar.

Lösung

a) $f(0) = |-3| = 3$;
$f(5) = |5 - 3| = |2| = 2$
$f(-5) = |-5 - 3| = |-8| = 8$

b) Aus der Festlegung für den Betrag folgt:

$f(x) = \begin{cases} x - 3 & \text{für } x - 3 \geq 0 \\ -(x - 3) & \text{für } x - 3 < 0 \end{cases}$

$f(x) = \begin{cases} x - 3 & \text{für } x \geq 3 \\ -x + 3 & \text{für } x < 3 \end{cases}$

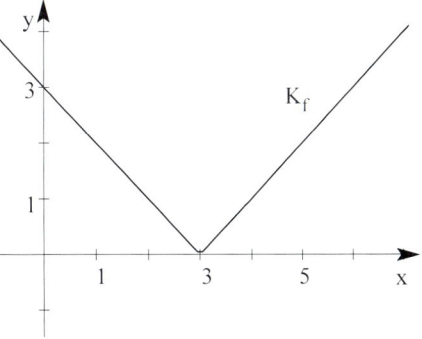

Bemerkungen

a) x = 3 ist Nullstelle von f.

b) Das Schaubild von f setzt sich aus 2 Halbgeraden zusammen, die auf ihrem Definitionsbereich gezeichnet werden.

26   Bohner/Ihlenburg/Ott – ISBN 3-8120-0206-X

3) K ist das Schaubild der Funktion f mit $f(x) = |x^2 - 3|$; $x \in \mathbf{R}$.

   a) Stellen Sie f(x) abschnittsweise (betragsfrei) dar und zeichnen Sie K.

   b) Berechnen Sie die Schnittpunkte von K und der Geraden g mit y = 2x.

Lösung

a) Aus der Festlegung für den Betrag folgt: $f(x) = |x^2 - 3| = \begin{cases} x^2 - 3 & \text{für } x^2 - 3 \geq 0 \\ -(x^2 - 3) & \text{für } x^2 - 3 < 0 \end{cases}$

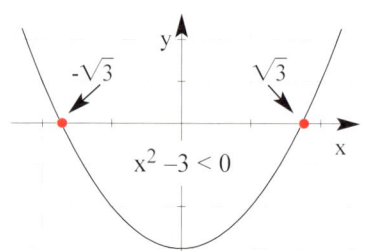

Die Lösung der quadratischen Ungleichung

$x^2 - 3 \geq 0$

erfolgt mit Hilfe einer Skizze:

$x^2 - 3 \geq 0$ für $x \geq \sqrt{3} \vee x \leq -\sqrt{3}$

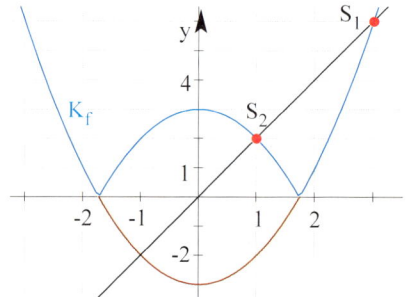

Betragsfreie Darstellung von f:

$f(x) = \begin{cases} x^2 - 3 & \text{für } x \geq \sqrt{3} \vee x \leq -\sqrt{3} \\ -x^2 + 3 & \text{für } -\sqrt{3} < x < \sqrt{3} \end{cases}$

Bemerkungen: Für den Wertebereich von f gilt: $W = \mathbf{R_+}$
(y-Werte sind größer oder gleich Null).
Das **Schaubild von f** verläuft im 1. und 2. Quadranten, die im 3. oder 4. Quadranten
verlaufenden Teile der Parabel mit $y = x^2 - 3$ werden an der x-Achse gespiegelt.

b) **Gleichsetzen**: f(x) = 2x ergibt **die Gleichungen** $x^2 - 3 = 2x \vee -x^2 + 3 = 2x$

   Nullform $x^2 - 2x - 3 = 0 \vee x^2 + 2x - 3 = 0$

   Lösung durch Zerlegung $(x - 3)(x + 1) = 0 \vee (x + 3)(x - 1) = 0$

                                           $(x_1 = 3; x_2 = -1) \vee (x_3 = -3; x_4 = 1)$

   Vergleich mit dem Definitionsbereich
   ergibt die Schnittstellen $x_1 = 3; x_4 = 1$

   Einsetzen in y = 2x ergibt die y-Werte $y_1 = 6; y_4 = 2$

   Schnittpunkte $S_1(3 \mid 6); S_2(1 \mid 2)$

Aufgaben

1. Das Schaubild K der Betragsfunktion f mit $f(x) = |0,5x|$; $x \in \mathbf{R}$ wird
    a) um 4 Einheiten in y-Richtung verschoben,
    b) mit dem Faktor 0,5 in y-Richtung gestreckt,
    c) um 2 Einheiten in negativer x-Richtung verschoben,
    d) um 4 Einheiten in negativer y-Richtung verschoben und mit dem Faktor 2 in y-Richtung gestreckt.

    Bestimmen Sie jeweils einen Funktionsterm für die Bildkurve.
    Untersuchen Sie die Bildkurve auf Symmetrie und Achsenschnittpunkte.

2. Gegeben ist die Funktion f.
    Stellen Sie f(x) betragsfrei dar und zeichnen Sie das Schaubild von f in ein Achsenkreuz. Untersuchen Sie f auf Schnittstellen mit der x-Achse.

    a) $f(x) = |2x - 1,5| - 1$; $x \in \mathbf{R}$ b) $f(x) = 2x - |x|$; $x \in \mathbf{R}$

    c) $f(x) = |3 \sin x|$; $-4 < x < 4$ d) $f(x) = |\ln x|$; $x > 0$

    e) $f(x) = 0,5x - 2|1 - x|$; $x \in \mathbf{R}$ f) $f(x) = \dfrac{2x}{|x|}$; $x \in \mathbf{R}^*$

    g) $f(x) = |-(x-4)(x-2)|$; $x \in \mathbf{R}$ h) $f(x) = \sqrt{|x-1|}$; $x \in \mathbf{R}$

3. Gegeben ist die Funktion f durch $f(x) = 2x - x|4 - 2x^2|$; $x \in \mathbf{R}$.
    a) Bestimmen Sie f(2), f(−1), f(x) = 0.
    b) Stellen Sie f(x) betragsfrei dar.
    c) Weisen Sie nach, dass die Funktion f eine ungerade Funktion ist.
    d) Zeichnen Sie das Schaubild K von f für $-3 \le x \le 3$.

4. Bestimmen Sie f(x).

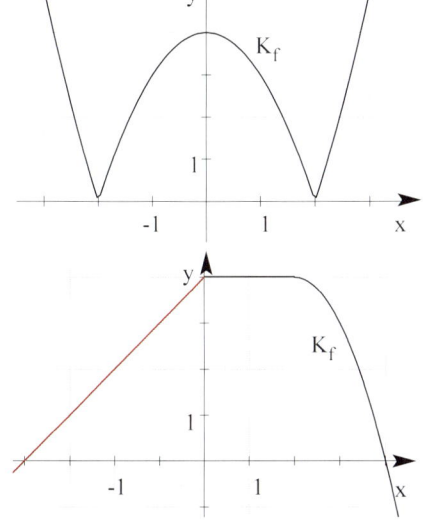

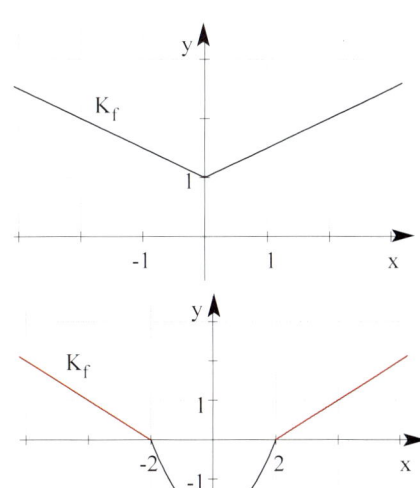

VI. Änderungsverhalten

1 Änderungsrate

Bei Wachstumsvorgängen ändert sich i. Allg. der Bestand (der Funktionswert), z. B. die Bevölkerungszahl in Deutschland (mit der Zeit), der Durchmesser eines Baumes, die Anzahl der Bakterien, die Geschwindigkeit eines Autos, der Zufluss in ein Gefäß usw. Bei einem Wachstumsvorgang kommt es jedoch nicht nur auf den Bestand an, sondern auch darauf, wie schnell sich der Bestand ändert. Diese „Schnelligkeit" versucht man mathematisch zu beschreiben.

Beispiele

1) Während eines Dauerregens wird die Wassermenge (Volumen in Liter) in einer Regentonne in Abhängigkeit von der Zeit (in Minuten) gemessen.

Zeit x	0	1	3	5
Volumen y	25	29,2	37,6	58

Berechnen Sie die Volumenänderung pro Minute.
Übertragen Sie die Messdaten in ein Koordinatensystem.

Lösung

Zeitintervall [a; b]	[0; 1]	[1; 3]	[3; 5]
$\Delta x = b - a$	1	2	2
Volumenänderung Δy	4,2	8,4	20,4

Das Volumen ändert sich pro Minute auf dem Intervall [0;1] bzw. [1; 3] um 4,2 l, d. h.: $\frac{\Delta y}{\Delta x} = 4,2$.

$4,2 \frac{1}{\text{min}}$ ist die **mittlere Änderungsrate**.

Auf dem Intervall [3; 5] ist die mittlere Änderungsrate $10,2 \frac{1}{\text{min}}$.

Die mittlere Änderungsrate $\frac{\Delta y}{\Delta x}$ entspricht der Steigung der Strecke AB bzw. BC.

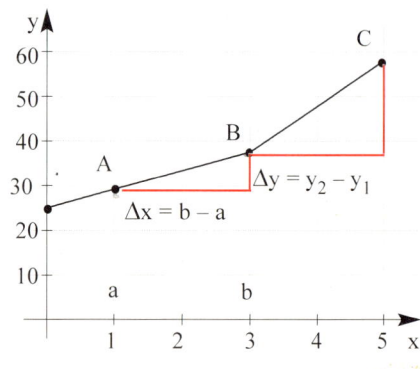

Festlegung

Die (mittlere) Änderungsrate einer Funktion f im **Intervall [a; b]** ist der **Differenzenquotient** $\frac{\Delta y}{\Delta x}$.

Mit dem Differenzenquotient kann z. B. beschrieben werden:
– die mittlere Steigung,
– die mittlere Volumenzunahme,
– die mittlere Geschwindigkeit (Durchschnittsgeschwindigkeit).

2) Die Flughöhe einer Rakete nach dem Start hängt von der Zeit ab.

Für eine Saturn V Rakete kann die Flughöhe (in m) näherungsweise

durch den Funktionsterm $f(x) = 1{,}17x^2 + 5{,}99x$ in Abhängigkeit von der Zeit x (in s)

beschrieben werden. Berechnen Sie die Änderungrate zwischen der 3. und 7. Sekunde,

der 3. und 5. Sekunde, der 3. und 4. Sekunde. Interpretieren Sie diese Änderungsraten.

Lösung

x	3	4	5	7
f(x)	28,5	42,68	59,2	99,26

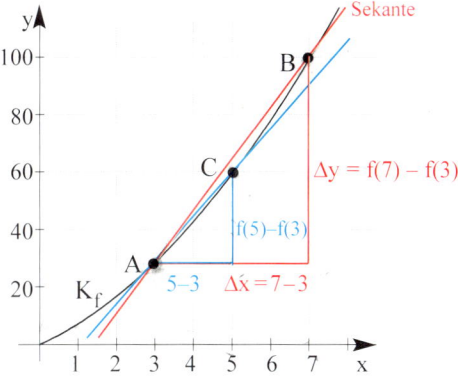

Änderungsrate zwischen der
3. und 7. Sekunde:

$$\frac{\Delta y}{\Delta x} = \frac{f(7) - f(3)}{7 - 3} = \frac{99{,}26 - 28{,}5}{4} = 17{,}69$$

3. und 5. Sekunde:

$$\frac{f(5) - f(3)}{5 - 3} = \frac{59{,}2 - 28{,}5}{2} = 15{,}35$$

3. und 4. Sekunde:

$$\frac{f(4) - f(3)}{4 - 3} = \frac{42{,}68 - 28{,}5}{1} = 14{,}18$$

Bedeutung der (mittleren) Änderungsrate

Die Änderungsrate 17,69 ist die Steigung der Sekante (AB),

d.h. Änderungsrate $= \frac{\Delta y}{\Delta x}$. Dies entspricht der mittleren Geschwindigkeit ($\frac{\Delta s}{\Delta t}$)

der Rakete von der 3. bis zur 7. Sekunde. Da sich die Kurve und die Strecke AB auf

dem Intervall [3; 7] unterscheiden, ist v = 17,69 (ms^{-1}) nur ein Näherungswert und

nicht die tatsächliche Geschwindigkeit der Rakete nach 3 Sekunden. Diesen

Näherungswert kann man verbessern, indem man die Zeitabstände Δx verkleinert,

d.h. den Punkt B näher an den Punkt A „wandern" lässt.

Man erhält dadurch weitere mittlere Geschwindigkeiten wie z. B.15,35 oder 14,18.

Welche Geschwindigkeit hat die Rakete nun tatsächlich nach 3 s?

Dazu berechnet man die Änderungsraten (Geschwindigkeiten) für Δx → 0 .

Intervall [3; b]	[3; 4]	[3; 3,5]	[3; 3,1]	[3; 301]	[3; 3,0001]	[3; 3,00001]
Δx = b − 3	1	0,5	0,1	0,01	0,0001	0,00001
$\frac{f(b) - f(3)}{b - 3}$	14,180	13,595	13,127	13,022	13,010	13,010

Die **momentane Änderungsrate** (Momentangeschwindigkeit)

nach 3 s beträgt $13{,}01 \frac{m}{s}$.

Beachten Sie: Die **momentane Änderungsrate** ist der „Grenzwert" der

mittleren Änderungsrate $\frac{f(b) - f(a)}{b - a}$ für $\Delta x = b - a \to 0$.

3) Gegeben ist die Funktion f mit $f(x) = -\frac{1}{2}x^2 + 3x; x \in \mathbf{R}$.

   a) Berechnen Sie die Änderungsrate im Intervall [1; 3].

   b) Berechnen Sie die momentane Änderungsrate an der Stelle x = 1.

     Überprüfen Sie Ihr Ergebnis mit dem GTR.

Lösung

a) Mittlere Änderungsrate auf [1; 3]: $\qquad \dfrac{f(3) - f(1)}{3 - 1} = \dfrac{4,5 - 2,5}{2} = 1$

b) Momentane Änderungsrate

   Berechnung von $\dfrac{f(b) - f(1)}{b - 1}$ für $\Delta x = b - 1 \to 0$

Tabelle	Intervall [1; b]	[1; 1,1]	[1; 1,01]	[1; 1,001]	[1; 1,0001]
	$\Delta x = b - 1$	0,1	0,01	0,001	0,0001
	$\dfrac{f(b) - f(1)}{b - 1}$	1,95	1,995	1,9995	1,99995

Vermutung: Die momentane Änderungsrate in x = 1 ist 2.

Beweis:

   Berechnung des Differenzenquotienten

   Schreibweise: $b = 1 + h \Rightarrow \Delta x = 1 + h - 1 = h$

$$\frac{f(b) - f(1)}{b - 1} = \frac{f(1 + h) - f(1)}{h} = \frac{-0,5(1 + h)^2 + 3(1 + h) - 2,5}{h} = \frac{-0,5h^2 + 2h}{h} = -0,5h + 2$$

   Für $h \to 0$ gilt: $-0,5h + 2 \to 2$

   Die mittlere Änderungsrate strebt

   für $h \to 0$ gegen 2.

   Die momentane Änderungsrate

   in x = 1 ist 2.

Graphische Interpretation

Die Tangente an der Stelle x = 1 hat die
Steigung 2.

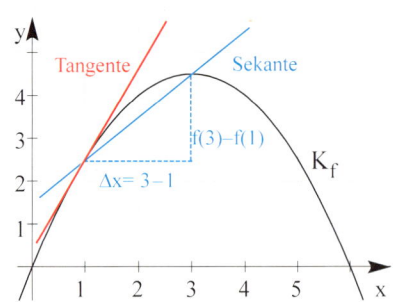

Beachten Sie: Die momentane Änderungsrate entspricht der Steigung der Tangente.

Bestimmung der Änderungsrate mit dem GTR

Menue-Recur

Typ angeben

F3 (Type) und F1(an)

Formel eingeben mit z. B. $h = 10^{-n}$; n = 1, 2, 3 ...

$(-0.5(1 + 10\text{^-}n)^2 + 3(1 + 10\text{^-}n) - 2.5) : 10\text{^-}n$

Eingabe von n mit der **F4-Taste**.

Bemerkung: Die Formel entspricht dem

       Differenzenquotienten $\dfrac{f(1 + h) - f(1)}{h}$.

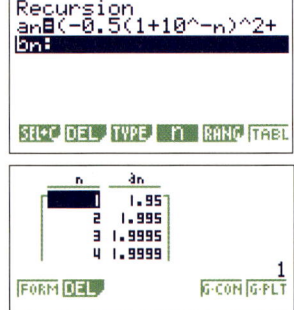

Aufgaben

1. Chemische Reaktionen können langsam oder schnell ablaufen. Bringt man z. B. Zink in Salzsäure, so entsteht Wasserstoff. Die folgende Tabelle gibt die Menge des Wasserstoffs in Abhängigkeit von der Zeit an.

Zeit in s	2	4	6	8	10	12
Menge Wasserstoff in ml	21	30,5	35,5	40,5	42,5	43

Erstellen Sie hierzu ein Diagramm. Was lässt sich über die Wasserstoffproduktion aussagen? Berechnen Sie die Änderungsraten in den folgenden Intervallen: [2; 4]; [4; 8]; [8; 12] .

2. Berechnen Sie die Änderungsraten von f mit $f(x) = \frac{1}{4}x^2 - x + 1$ auf den Intervallen [1; 1,5], [– 4; – 2,5], [2; t] mit t $\neq$ 2, [3; 3 + h] mit h > 0.

3. Gegeben ist die Funktion f mit $f(x) = \frac{3}{4}x^2 - 3x$.
   a) Berechnen Sie die mittlere Änderungsrate von f auf dem Intervall I = [2; 5].
   b) Bestimmen Sie die Gleichung der Sekante g durch P(2 | f(2)) und Q(5 | f(5)). Zeichnen Sie die Schaubilder von f und g in ein Koordinatensystem.
   c) Berechnen Sie die momentane Änderungsrate von f an der Stelle x = 2.

4. Beim freien Fall bewegt sich ein Körper so, dass er in der Zeit t den Weg $s(t) = 5t^2$ zurücklegt (s in Meter, t in Sekunden).
   Bestimmen Sie seine momentane Geschwindigkeit zu den Zeiten t = 1; 2; 3.

5. Ein Pudding kühlt nach seiner Zubereitung ab.
   Der Term $T(t) = 20 + 70e^{-0,1t}$; t $\geqq$ 0 (t in Minuten, T(t) in Grad Celsius) beschreibt den Abkühlvorgang.
   Die Abbildung zeigt das Schaubild der Funktion T.

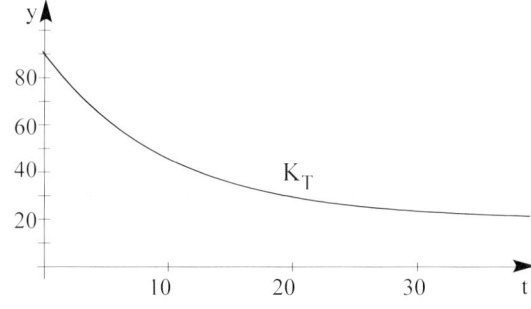

   a) Von welcher anfänglichen Temperatur geht man aus?
   b) Welche Temperatur hat der Pudding, wenn er abgekühlt ist?
   c) Zu welcher Zeit ist die „Geschwindigkeit", mit der sich der Pudding abkühlt, am größten?
   d) Berechnen Sie für die ersten 10 Minuten die Durchschnittstemperatur.

2 Ableitung

Die Berechnung der momentanen Änderungsrate kann mühsam sein. Deshalb überlegt man sich eine allgemeine Methode zur Berechnung der momentanen Änderungsrate und bestimmte Regeln, die es gestatten, die momentane Änderungsrate (Steigung der Tangente) sofort anzugeben.

Berechnung der Tangentensteigung nach der h-Methode

Gegeben ist die Funktion f mit $f(x) = x^2$.

a) Zunächst wollen wir die Steigung der Tangente an die Normalparabel im Punkt P(1 | 1) berechnen.

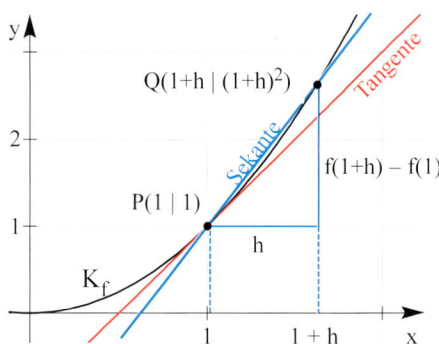

Wie bei der Herleitung der momentanen Änderungsrate geht man von einer Sekante aus und lässt den Punkt Q auf den Punkt P zuwandern, so dass die Tangente entsteht. Hierbei strebt h gegen 0.

Berechnung der Sekantensteigung m

$$m = \frac{f(1 + h) - f(1)}{1 + h - 1} = \frac{(1 + h)^2 - 1}{h} = \frac{2h + h^2}{h} = \frac{h(2 + h)}{h} = 2 + h$$

Für $h \to 0$ erhält man die Steigung m_t der Tangente: $m_t = 2$.

Man bezeichnet die momentane Änderungsrate bzw. die Steigung der Tangente an die Kurve im Punkt P(1 | 1) als **Ableitung** von **f** an der Stelle 1.

$$m_t = 2 = f'(1) \qquad \text{Lesen Sie: f „Strich" von 1}$$

Festlegung:
Die Steigung m_t der Tangente an die Parabel im Punkt P ist die **Steigung der Parabel** im Punkt P.
f'(1) ist die Steigung der Parabel von f im Kurvenpunkt P(1 | f(1))

Beachten Sie:
Die Ableitung bzw. die momentane Änderungsrate kann verschiedene Bedeutungen haben, z. B.: – Momentane Zunahme der Wassermenge,
 – Momentangeschwindigkeit einer Rakete,
 – Abkühlgeschwindigkeit eines Puddings.

b) Berechnung der Steigung der Normalparabel im (beliebigen) Punkt P(u | f(u))

Steigung m der Sekante (PQ)

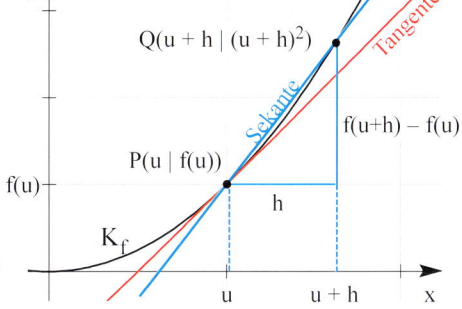

$$m = \frac{f(u+h) - f(u)}{u + h - u} = \frac{f(u+h) - f(u)}{h}$$

$$= \frac{(u+h)^2 - u^2}{h} = \frac{h(2u+h)}{h}$$

$$= 2u + h$$

Für $h \to 0$ gilt: $m_t = 2u$.

Die Steigung f'(u) der Tangente an die Normalparabel im Punkt P(u | f(u)) ist 2u.

$$f'(u) = 2u$$

Ersetzt man den beliebigen u-Wert durch x, so gilt für alle $x \in \mathbf{R}$:

$f(x) = x^2 \Rightarrow f'(x) = 2x.$ f'(x) ist die **Ableitung von f** an der Stelle x.

Begriffe:

Der Quotient $\dfrac{f(x+h) - f(x)}{h}$ heißt **Differenzenquotient**.

Der Grenzwert des Differenzenquotienten heißt **Differentialquotient**.

$$\lim_{h \to 0} \frac{f(x+h) - f(x)}{h} = \lim_{h \to 0} \frac{\Delta y}{\Delta x} = \frac{d\,y}{d\,x} = f'(x)$$

Beispiel

In der folgenden Tabelle sind für einige x-Werte die Steigungen f'(x) im zugehörigen Parabelpunkt P(x | f(x)) berechnet.

Mit $f(x) = x^2$ und $f'(x) = 2x$

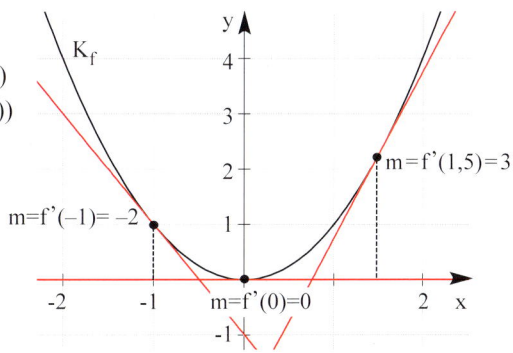

x	− 3	− 1	0	1,5
f'(x)	− 6	− 2	0	3

Beachten Sie: f' ordnet jedem x-Wert die Steigung der Tangente zu.

f' ist die Ableitungsfunktion von f.   f' : x $\mapsto$ f'(x)

Bestimmung der Steigung mit dem GTR
Im SET UP Derivative auf **ON** stellen.
Schaubild zeichnen
F3 (V-Windows); INIT; F1 (Trace)

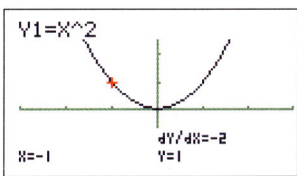

Beispiel

Gegeben ist die Funktion f mit $f(x) = \dfrac{1}{x}$; $x \in \mathbf{R}^*$.

Berechnen Sie die Ableitung von f an der Stelle $x_0 = 2$ und an der Stelle $x_1 = u$.

Lösung

Die Sekante verläuft durch die Punkte $P(2 \mid \frac{1}{2})$ und $Q(2 + h \mid \frac{1}{2+h})$.
Berechnung der Sekantensteigung m:

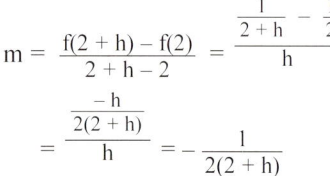

$$m = \frac{f(2+h) - f(2)}{2 + h - 2} = \frac{\frac{1}{2+h} - \frac{1}{2}}{h}$$

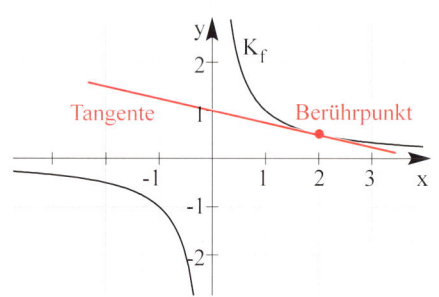

Tangente   Berührpunkt

K_f

$$= \frac{\frac{-h}{2(2+h)}}{h} = -\frac{1}{2(2+h)}$$

Für $h \to 0$ gilt: $m \to -\dfrac{1}{4}$.

Ergebnis: $f'(2) = -\dfrac{1}{4}$

Die Sekante verläuft durch die Punkte $P(u \mid \frac{1}{u})$ und $Q(u + h \mid \frac{1}{u+h})$.
Berechnung der Sekantensteigung m:

$$m = \frac{f(u+h) - f(u)}{u + h - u} = \frac{\frac{1}{u+h} - \frac{1}{u}}{h} = \frac{\frac{-h}{u(u+h)}}{h} = -\frac{1}{u(u+h)}$$

Für $h \to 0$ gilt: $m \to -\dfrac{1}{u^2}$.

Ergebnis: $f'(u) = -\dfrac{1}{u^2}$

Für $f(x) = \dfrac{1}{x}$ gilt: $f'(x) = \dfrac{d\,f(x)}{dx} = -\dfrac{1}{x^2}$.

Bedeutung der Ableitung:

Die **Ableitung an einer Stelle x = u ist f'(u).**

f'(u) ist die **Steigung des Schaubildes K von f im Kurvenpunkt P(u | f(u)).**

f'(u) ist die **Steigung der Tangente an K im Kurvenpunkt P(u | f(u)).**

A b l e i t u n g an der Stelle x = u	≙	**S t e i g u n g** im Kurvenpunkt P(u	f(u))

Aufgaben

Berechnen Sie die Ableitung von f an den Stellen x = 2 und x = u.

a) $f(x) = x^2 + 3$ b) $f(x) = \dfrac{2}{x}$ c) $f(x) = \dfrac{1}{x+1}$ d) $f(x) = \sqrt{x}$

Ableitungsregeln

Wie lautet die Ableitung der quadratischen Funktion f mit $f(x) = ax^2$, $a \neq 0$?

Ableitung an der festen Stelle $x = u$

$$m = \frac{f(u + h) - f(u)}{h} = \frac{a(u + h)^2 - a(u)^2}{h} = \frac{ah(2u + h)}{h} = a(2u + h)$$

Für $h \rightarrow 0$: $\qquad\qquad m_t = 2au = f'(u)$

Die Ableitung von f mit $f(x) = ax^2$ ist $f'(x) = 2ax$.

Beispiele

$$f(x) = \frac{1}{3}x^2 \Rightarrow f'(x) = \frac{1}{3} \cdot 2x = \frac{2}{3}x \qquad\qquad f(x) = -4x^2 \Rightarrow f'(x) = -4 \cdot 2x = -8x$$

Faktorregel: Konstante Faktoren bleiben bei der Ableitung erhalten.

Wie lautet die Ableitung der quadratischen Funktion f mit $f(x) = ax^2 + c$, $a \neq 0$?

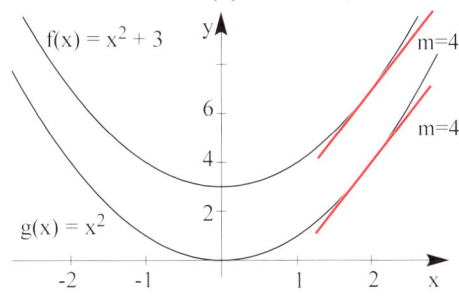

Verschiebt man eine Parabel in y-Richtung, so ändert sich die Form der Parabel nicht, damit kann sich auch die **Steigung** an einer festen Stelle x_0 **nicht ändern**.

$g(x) = x^2 \quad \uparrow 3 \qquad \Rightarrow \quad f(x) = x^2 + 3 \qquad$ Ableitung $\quad f'(x) = 2x$

$g(x) = x^2 \quad \downarrow 1 \qquad \Rightarrow \quad f(x) = x^2 - 1 \qquad$ Ableitung $\quad f'(x) = 2x$

$g(x) = ax^2 \quad\ c \qquad \Rightarrow \quad f(x) = ax^2 + c \qquad$ Ableitung $\quad f'(x) = 2ax$

Die Ableitung von f mit $f(x) = ax^2 + c$ ist $f'(x) = 2ax$.

Beim Ableiten wird ein konstanter Summand zu Null. **$f(x) = c$ folgt $f'(x) = 0$**

Die Ableitung der quadratischen Funktion f mit **$f(x) = ax^2 + bx + c$; $a \neq 0$, $x \in R$**

ist **$f'(x) = 2ax + b$.**

Beispiele

$f(x) = x^2 - 4x + 3 \qquad \Rightarrow f'(x) = 2x - 4 \qquad$ **Die Ableitung von f mit**

$f(x) = -3x + 2 \qquad\quad \Rightarrow f'(x) = -3 \qquad\quad$ **$f(x) = mx + b$ ist $f'(x) = m$.**

Summenregel: Die Ableitung einer Summe ist die Summe der Ableitungen der Summanden.

Wie lautet die Ableitung der Funktion 3. Grades f mit $f(x) = ax^3$?

Ableitung an der festen Stelle $x = u$:

$$m = \frac{f(u+h) - f(u)}{h} = \frac{a(u+h)^3 - a(u)^3}{h} = \frac{ah(3u^2 + 3hu + h^2)}{h} = a(3u^2 + 3uh + h^2)$$

Für $h \to 0$: $m_t = 3au^2 = f'(u)$

Die Ableitung von f mit $f(x) = ax^3$ ist $f'(x) = 3ax^2$.

Vorgehensweise beim Ableiten einer Potenzfunktion:

$$f(x) = x \qquad => \qquad f'(x) = 1 \qquad f'(x) = 1 \cdot x^{1-1}$$

$$f(x) = x^2 \qquad => \qquad f'(x) = 2x \qquad f'(x) = 2 \cdot x^{2-1}$$

$$f(x) = x^3 \qquad => \qquad f'(x) = 3x^2 \qquad f'(x) = 3 \cdot x^{3-1}$$

1) „Alte" Hochzahl als Faktor vor x setzen.

2) Neue Hochzahl: „alte" Hochzahl minus 1.

Anwendung auf Potenzfunktionen höheren Grades:

$$f(x) = x^4 \qquad => \qquad f'(x) = 4 \cdot x^{4-1} = 4x^3$$

$$f(x) = x^5 \qquad => \qquad f'(x) = 5 \cdot x^{5-1} = 5x^4$$

Die Ableitung von f mit $f(x) = x^r$

ist $f'(x) = rx^{r-1}$; $r \in Q$ **(Potenzregel der Ableitung).**

Für den konstanten Faktor a gilt: $(a\,x^r)' = r \cdot a \cdot x^{r-1}$

Bemerkung:

$r = -1$: $f(x) = \dfrac{1}{x} = x^{-1}$ $=>$ $f'(x) = -1 \cdot x^{-1-1} = -1 \cdot x^{-2} = -\dfrac{1}{x^2}$

$r = -2$: $f(x) = \dfrac{1}{x^2} = x^{-2}$ $=>$ $f'(x) = -2 \cdot x^{-3} = -\dfrac{2}{x^3}$

Ableitung der Funktion f mit $f(x) = \sqrt{x}$

$r = 0{,}5$: $f(x) = \sqrt{x} = x^{0,5}$ $=>$ $f'(x) = 0{,}5 x^{0,5-1} = 0{,}5 x^{-0,5} = \dfrac{1}{2\sqrt{x}}$

Beachten Sie:

Faktorregel: $f(x) = a \cdot g(x)$ $=>$ $f'(x) = a \cdot g'(x)$

Summenregel: $f(x) = g(x) + h(x)$ $=>$ $f'(x) = g'(x) + h'(x)$

Beispiele für die Anwendung der Ableitungsregeln

Konstante Summanden werden beim Ableiten **zu Null.**

Beispiele

$f(x) = x + 2 \qquad => f'(x) = 1$

$f(x) = x^3 + 2,5 \qquad => f'(x) = 3x^2$

$f(x) = x^2 - 4 \quad => f'(x) = 2x$

$f(x) = x^4 - 16 \quad => f'(x) = 4x^3$

Konstante Faktoren bleiben beim Ableiten **erhalten.**

Beispiele

$f(x) = -\frac{1}{8}(x^2 - 4x) \qquad => \qquad f'(x) = -\frac{1}{8}(2x - 4) = -\frac{1}{4}x + \frac{1}{2}$

$f(x) = \frac{1}{32}(x^3 + x^2 - 2x) \qquad => \qquad f'(x) = \frac{1}{32}(3x^2 + 2x - 2)$

Die **Ableitung einer Summe** ist die **Summe der Ableitungen** der **Summanden.**

Beispiele

$f(x) = -2x^2 - 4x \qquad => \qquad f'(x) = -2 \cdot 2x - 4 = -4x - 4$

$f(x) = -\frac{1}{8}x^4 - \frac{2}{5}x^3 - x^2 - 2 \qquad => \qquad f'(x) = -\frac{1}{2}x^3 - \frac{6}{5}x^2 - 2x$

$f(x) = (x - 2)x^2 = x^3 - 2x^2 \qquad => \qquad f'(x) = 3x^2 - 4x$

Aufgaben

1. Leiten Sie ab.

   a) $f(x) = -2x^4 + 3x^2 - 4x + 2$

   b) $f(x) = 0,5x^4 - x^3 + 2,5x^2 - 8$

   c) $f(x) = \frac{1}{32}x^3 + \frac{3}{2}x - 4$

   d) $s(t) = -\frac{5}{6}t^2 + \frac{2}{3}t + \frac{5}{2}$

   e) $f(x) = -(x - 6)^2(x + 1)$

   f) $f(x) = \frac{1}{2}(x^2 - 2)^2$

   g) $f(x) = \frac{1}{16}(x^3 + x - 1)$

   h) $f(x) = x(x^2 - \frac{3}{2}x - 4)$

   i) $f(x) = ax^4 + bx^2 + c$

   j) $f(x) = ax^3 + bx^2 + cx + d$

   k) $f(x) = 6x + \frac{5}{x}$

   l) $f(x) = x^3 - 2x^2 + \frac{1}{x}$

   m) $f_t(x) = \frac{t}{2}x^4 - 2tx^3 + t^2$

   n) $f_t(x) = \frac{1}{t}x^3 + tx^2 + (t + 1)x$

   o) $f_a(x) = \frac{1}{4}x^3 + ax^2 + (a - \frac{1}{2})x - 3$

   p) $f_t(x) = \frac{1}{2t}(x^2 - t)^2$

   q) $f(t) = 5t^3 - 2t + 5$

   r) $f(z) = -1,5z^3 + 2,5z^2 + z$

   s) $A(u) = \frac{1}{2}u^2 + 3u + 2u + 1$

   t) $A(u) = \frac{1}{2}u(u^2 + 1)$

2. Berechnen Sie die Steigung von K_f an der Stelle $x = -3$ und in den Schnittpunkten von K_f mit der x-Achse.

   a) $f(x) = 3x^2 - 5$

   b) $f(x) = 4x - \frac{1}{x}$

3 Steigung, Tangente und Normale

Beispiele

1) Gegeben ist die Funktion f mit $f(x) = \frac{1}{2}x^2 + x$; $x \in \mathbf{R}$.
Erstellen Sie eine Wertetabelle für f(x) und f'(x).

Lösung

Bestimmung der Ableitung an einer Stelle mit dem GTR oder mit $f'(x) = x + 1$.

RUN-Menue
Shift Menue (SET UP)
Derivative auf **ON** stellen

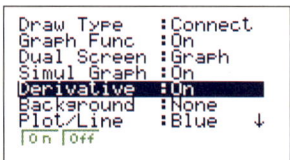

TABLE-Menue
Funktionsterm f(x) eingeben
EXE

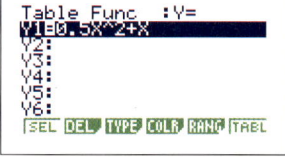

Y1-Spalte enthält die f(x)-Werte.
Y'1-Spalte enthält die zugehörigen
Ableitungswerte.

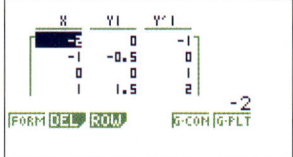

Bemerkung:

f'(1) = **2** bedeutet: Die **Kurve** hat an der Stelle x = 1 die **Steigung 2**

oder

die **Tangente** an die Kurve im Punkt P(1 | $\frac{3}{2}$) hat die **Steigung 2**.

f'(–1) = 0 bedeutet: Die **Kurve** hat an der Stelle x = –1 eine **waagrechte Tangente**.

Tangenten zeichnen mit dem GTR
Schaubild von f zeichnen.
F4 (Sketch); F2 (Tang)
Mit der Pfeiltaste an die gewünschte Stelle
hinfahren. **EXE**

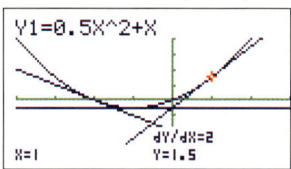

Beachten Sie:
Einsetzen des x-Wertes **in f(x)** ergibt die **y-Koordinate** des Kurvenpunktes.
Einsetzen des x-Wertes **in f'(x)** ergibt die **Steigung** der Kurve (der Tangente)
im zugehörigen Kurvenpunkt.

2) K ist das Schaubild der Funktion f mit $f(x) = -x^2 - x + 2$; $x \in \mathbf{R}$.

Bestimmen Sie die Gleichungen von Tangente und Normale an K in $P(-1 \mid f(-1))$.

Beachten Sie: Die **Tangente an das Schaubild K von f** ist eine **Gerade durch** den
Kurvenpunkt $P(u \mid f(u))$ mit der **Steigung** $f'(u)$.
Einsetzen in die **Punkt-Steigungs-Form (PSF)** liefert die Tangentengleichung.
Die **Normale** im Kurvenpunkt P ist die **Gerade**, die zur Tangente in P
senkrecht (orthogonal) steht.

Lösung

Ableitung: $\qquad\qquad\qquad\qquad\qquad\qquad\qquad$ $f'(x) = -2x - 1$

Einsetzen von $x = -1$ in $f(x)$ ergibt den y-Wert $\qquad$ $y_1 = f(-1) = 2$

damit erhält man den **Kurvenpunkt P :** $\qquad\qquad\qquad$ $P(-1 \mid 2)$

Einsetzen von $x = -1$ in $f'(x)$
ergibt die Tangentensteigung $\qquad\qquad\qquad\qquad$ $f'(-1) = 1 = m_t$

Da **Punkt** und **Steigung** bekannt sind, ist es zweckmäßig,
die **Punkt-Steigungs-Form (PSF)** zu verwenden: $\qquad$ $y = m(x - x_1) + y_1$

Gleichung der Tangente

Mit $x_1 = -1$, $y_1 = 2$ und $m = 1$ erhält man $\qquad$ $y = (x - (-1)) + 2 = x + 3$
Gleichung der Tangente an K in P $\qquad\qquad\qquad$ $y = x + 3$

Gleichung der Normalen

Normale $\perp$ Tangente $\qquad\qquad\qquad\qquad\qquad$ $m_n = -\dfrac{1}{m_t} = -\dfrac{1}{f'(-1)}$

mit $m_t = f'(1) = 1$ folgt

$m_n = -1$

Koordinaten von P und
Steigung in PSF einsetzen:
$y = -(x - (-1)) + 2 = -x + 1$
Gleichung der Normalen in P
$y = -x + 1$

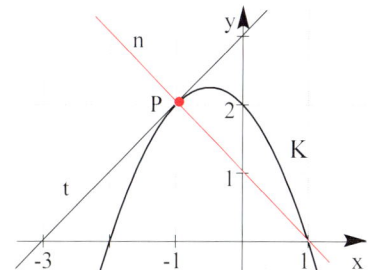

An das Schaubild K von f werden im Punkt $P(u \mid f(u))$ Tangente und Normale angelegt.

Gleichung der Tangente	**Gleichung der Normalen**
$y = f'(u)(x - u) + f(u)$	$y = -\dfrac{1}{f'(u)}(x - u) + f(u)$; $f'(u) \neq 0$
Steigung　　Koordinaten des　　　　Kurvenpunktes P	Steigung　　Koordinaten des　　　　Kurvenpunktes P

Berechnung von Kurvenpunkten bei gegebener Steigung

Beispiel

Gegeben ist die Funktion f mit $f(x) = -\frac{1}{8}x^3 + \frac{3}{4}x^2$; $x \in \mathbf{R}$. K ist das Schaubild von f.

a) An welchen Stellen hat f die Steigung $-\frac{15}{8}$?

b) In welchen Kurvenpunkten hat K eine waagrechte Tangente?

Lösung

a) Ableitung: $\qquad\qquad\qquad\qquad\qquad$ $f'(x) = -\frac{3}{8}x^2 + \frac{3}{2}x$

Steigung ist gleich $-\frac{15}{8}$ $\qquad\qquad$ $f'(x) = -\frac{15}{8}$

Gesucht: x-Wert $\qquad$ **Gegeben: Steigungswert**

Berechnung der x-Werte: **Bed.:** $f'(x) = -\frac{15}{8}$ $\qquad$ $-\frac{3}{8}x^2 + \frac{3}{2}x = -\frac{15}{8}$ $\;\big|\;\cdot(-\frac{8}{3})$

$\qquad\qquad\qquad\qquad\qquad\qquad\qquad\qquad\qquad\qquad x^2 - 4x = 5$

Nullform $\qquad\qquad\qquad\qquad\qquad\qquad\qquad\qquad x^2 - 4x - 5 = 0$

Zerlegung: $\qquad\qquad\qquad\qquad\qquad\qquad\qquad (x + 1)(x - 5) = 0$

Stellen mit Steigung $-\frac{15}{8}$ $\qquad\qquad\qquad x_1 = -1;\; x_2 = 5$

b) Tangentensteigung ist gleich Null: $\qquad$ $f'(x) = 0$

Gesucht: x-Wert $\qquad$ **Gegeben: Steigungswert**

Berechnung der x-Werte: **Bed.:** $f'(x) = 0$ $\qquad$ $-\frac{3}{8}x^2 + \frac{3}{2}x = 0$

$\qquad\qquad\qquad\qquad\qquad\qquad\qquad\qquad x^2 - 4x = 0 \Rightarrow x(x - 4) = 0$

Stellen mit Steigung 0: $\qquad\qquad\qquad\qquad x_1 = 0;\; x_2 = 4$

Einsetzen der x-Werte in f(x)

$y_1 = f(0) = 0$; $y_2 = f(4) = 4$

Kurvenpunkte mit waagrechter Tangente:

$O(0 \mid 0)$; $B(4 \mid 4)$

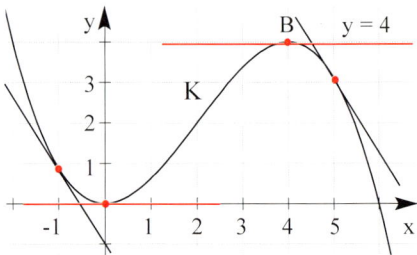

Bemerkung:

Die Tangente in B hat die Gleichung $y = 4$.

Sie verläuft parallel zur x-Achse.

Beachten Sie: Besitzt K im Kurvenpunkt P $(u \mid f(u))$ eine **waagrechte Tangente**, so ist die Steigung in P Null und es gilt: $f'(u) = 0.$

Aufgaben

1. Gegeben ist die Funktion f mit $f(x) = 2x - \frac{1}{4}x^2$; $x \in \mathbf{R}$. K_f ist das Schaubild von f.

   a) Bestimmen Sie die Steigung von K an der Stelle x_0 mit $x_0 \in \{-4; -1; 0; 1,5; 3\}$.

   b) In welchem Punkt hat K eine Tangente mit der Steigung 3?

   c) Bestimmen Sie die Gleichung der Tangente an K in P(2 | f(2)).
   Wie lautet die Gleichung der Normalen in P?
   Zeichnen Sie K, Tangente und Normale in ein Koordinatensystem.

   d) K_g ist das Schaubild der Funktion g mit $g(x) = t \cdot f(x)$; $t \in \mathbf{R}^*$.
   K_g schneidet die x-Achse in S_1 und S_2.
   Für welche Werte von t sind die Tangenten in S_1 und S_2 orthogonal zueinander?

2. Gegeben ist die Funktion f mit $f(x) = \frac{1}{9}x^3 - x$; $x \in \mathbf{R}$. K ist das Schaubild von f.

   a) An welchen Stellen hat K die Steigung 2?

   b) Die Steigung von K an der Stelle x = 1,5 ist – 0,25. Geben Sie ohne Rechnung eine weitere Stelle mit der gleichen Steigung an. Begründen Sie ihre Vermutung.

   c) In welchen Kurvenpunkten hat K eine waagrechte Tangente?
   Geben Sie die Gleichungen an.

   d) Bestimmen Sie die Gleichung der Tangente an K im Ursprung.

   e) Bestimmen Sie die Gleichung der Tangente an K im Punkt P(u | f(u)).

   f) Welche Gerade schneidet K in N (3|0) senkrecht?

3. Gegeben ist die Funktion f mit $f(x) = \frac{x^4}{4} - \frac{3}{4}x^2 - 1$; $x \in \mathbf{R}$. K ist das Schaubild von f.

   a) Bestimmen Sie charakteristische Punkte und geben Sie die zugehörigen Steigungen an.

   b) Die Tangenten an K in x = 1 und x = – 1 schneiden sich auf der y-Achse.
   Begründen Sie diese Behauptung.

4. Gegeben ist die Funktion f mit $f(x) = -x^4 + 2x^3$, $x \in \mathbf{R}$. K ist das Schaubild von f.

   a) Untersuchen Sie K auf Schnittpunkte mit der x-Achse und Punkte mit waagrechter Tangente.

   b) g ist die Tangente an K in P(1 | f(1)). Bestimmen Sie die Gleichung der Tangente.
   Ermitteln Sie die Schnittpunkte von g und K.

   c) In welchem Punkt hat K eine Normale mit Steigung $\frac{1}{8}$?
   Geben Sie die Gleichung der Normalen an.

5. K ist das Schaubild der Funktion f mit $f(x) = x^3 - 6x^2 + 9x$; $x \in \mathbf{R}$.

   a) Zerlegen Sie f(x) in Linearfaktoren und zeichnen Sie K.

   b) Bestimmen Sie die Gleichung der Tangente an K in x = 2.
   Zeichnen Sie diese Tangente in das Koordinatensystem von Teilaufgabe a).

   c) Bestimmen Sie B(u | f(u)) so, dass die Tangente an K in B parallel zur Tangente an K im Ursprung ist.

   d) An welcher Stelle hat K die kleinste Steigung?

27   Bohner/Ihlenburg/Ott – ISBN 3-8120-0206-X

4 Graphisches Differenzieren

Beim **graphischen Differenzieren** bestimmt man die Steigung eines Schaubildes in einem Punkt mit Hilfe einer Zeichnung.

Führt man dieses Verfahren mit mehreren Punkten durch, so lässt sich das **Schaubild der Ableitungsfunktion** skizzieren.

Beispiele

1) Gegeben ist das Schaubild K_f einer Funktion f.

   Bestimmen Sie durch zeichnerisches Differenzieren die Ableitung von f
   in $x \in \{-2; -1; 0; 1; 2\}$.

   Tragen Sie die Steigungswerte in ein Koordinatensystem ein.

Lösung

Schaubild K_f

Im Punkt $P(-2 \mid f(-2))$ wird die
Tangente an K_f gelegt und die Steigung
aus der Zeichnung bestimmt:
m = − 4 (Steigungsdreieck).
Dieses zeichnerische Verfahren
wendet man auf weitere
Punkte an.

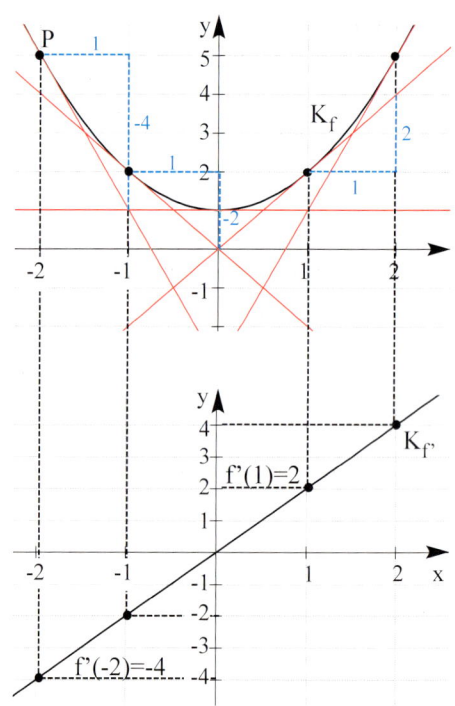

Tabelle mit den so
erhaltenen Steigungswerten

x	− 2	− 1	0	1	2
f'(x)	− 4	− 2	0	2	4

Der y-Wert (f'(x)) ist die Steigung
von K_f an einer Stelle.

Verbindet man die Punkte,
so erhält man das **Schaubild $K_{f'}$**
der Ableitungsfunktion f'.

Beachten Sie:

f(x) ist der y-Wert eines Kurvenpunktes von K_f.

f'(x) ist die Steigung von K_f an einer Stelle x.

Die Funktionswerte der Ableitungsfunktion sind die Steigungswerte von K_f.

2) Gegeben ist das Schaubild K_f einer Funktion f dritten Grades.

In welchen Intervallen ist die Steigung von K positiv, null oder negativ?
Skizzieren Sie das Schaubild der Ableitungsfunktion von f.

Lösung

Schaubild K_f

Die Steigung ist
positiv auf $]-\infty; 1\,[\cup\,]\,3; \infty\,[$
(f ist monoton **wachsend**),
null für $x = 1$; $x = 3$,
negativ auf $]1\,;\,3[$
(f ist monoton **fallend**).

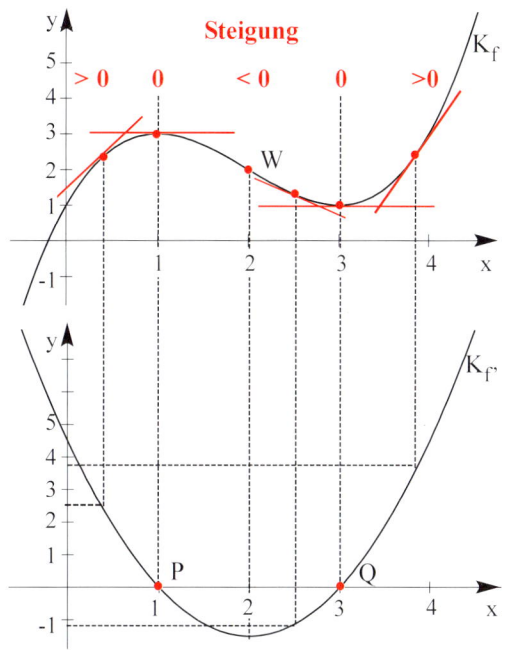

Schaubild $K_{f'}$

$K_{f'}$ ist eine nach oben geöffnete
Parabel 2. Ordnung.
Für eine Skizze genügen zwei
markante Punkte,
z. B. $P(1\,|\,0)$ und $Q(3\,|\,0)$.
Bemerkung:
K hat im Punkt W die kleinste
Steigung.

Aufgaben

1. Lesen Sie die Steigung des
   Graphen K_f in den Punkten

   A; B; C und D ab.

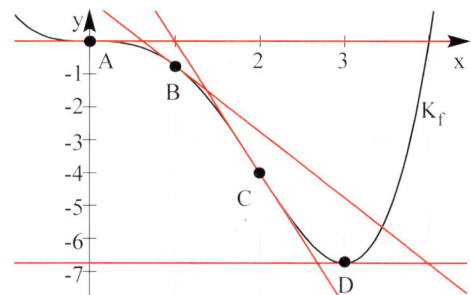

2. Skizzieren Sie das Schaubild K einer Funktion f mit folgenden Eigenschaften:
   a) K ist eine Parabel 2. Ordnung und verläuft durch $P(2\,|\,3)$ mit der Steigung 1.
   b) K hat zwei waagrechte Tangenten und im Ursprung eine positive Steigung.
3. Zeichnen Sie das Schaubild der Funktion f mit $f(x) = \sin x$.
   Bestimmen Sie durch graphisches Differenzieren die Ableitung von f für geeignete
   Punkte. Tragen Sie die Steigungswerte in ein Koordinatensystem ein.
   Bestimmen Sie den Funktionsterm der Ableitungsfunktion von f.

4. Gegeben ist das Schaubild K_f der Funktion f.
   Skizzieren Sie das Schaubild der Ableitungsfunktion von f.

a)

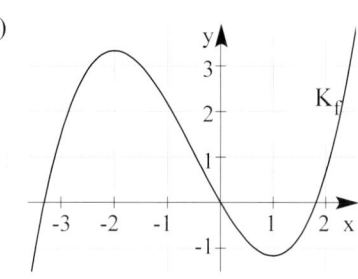

b)

c)

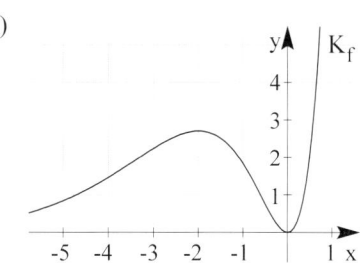

d)

5. K_f ist das Schaubild der Funktion f. Welches der beiden Schaubilder G oder H ist
   das Schaubild der Ableitungsfunktion von f? Begründen Sie Ihre Entscheidung.

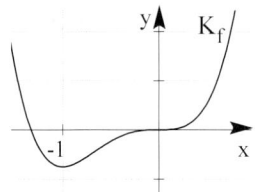
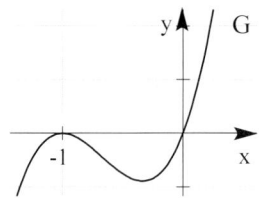
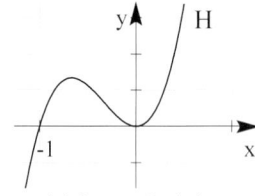

6. Ordnen Sie dem Schaubild einer Funktion das Schaubild ihrer Ableitungsfunktion zu.

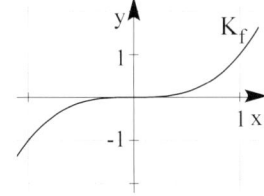
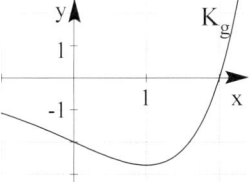
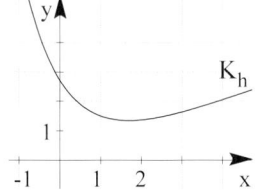

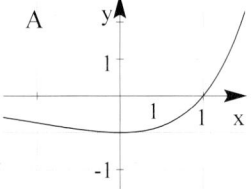
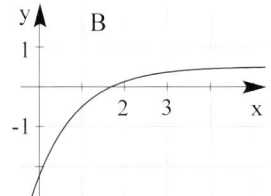
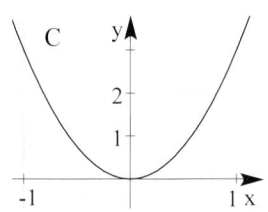

Domino zu Ableitung und Tangente

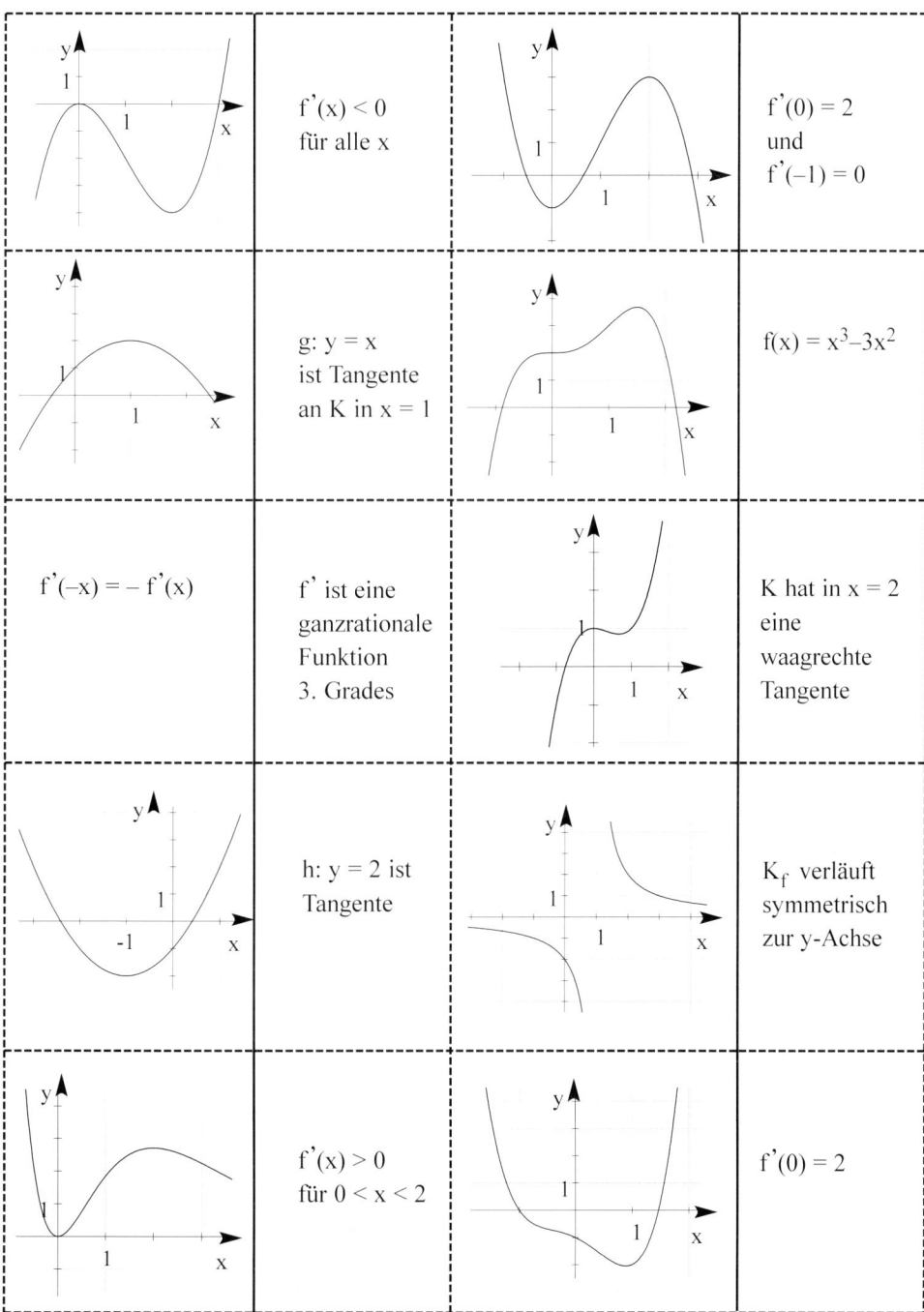

	$f'(x) < 0$ für alle x		$f'(0) = 2$ und $f'(-1) = 0$
	g: y = x ist Tangente an K in x = 1		$f(x) = x^3 - 3x^2$
$f'(-x) = -f'(x)$	f' ist eine ganzrationale Funktion 3. Grades		K hat in x = 2 eine waagrechte Tangente
	h: y = 2 ist Tangente		K_f verläuft symmetrisch zur y-Achse
	$f'(x) > 0$ für 0 < x < 2		$f'(0) = 2$

An den gestrichelten Linien schneiden.

5 Anwendungen

Anwendung in der Betriebswirtschaft

Die Kostenfunktion K stellt den Zusammenhang zwischen der Produktionmenge x und den Gesamtkosten dar. Erhöht man die Produktion um Δx, so erhöhen sich die Kosten um ΔK (Änderung der Gesamtkosten). Der Differenzenquotient beschreibt die mittlere (durchschnittliche) Kostenzunahme bei einer Produktionsänderung um Δx.

Der Kostenzuwachs ΔK bei einer Steigerung der Ausbringungsmenge Δx um eine hinreichend kleine Menge nennt man **Differentialkosten**. Sie werden durch den Grenzwert $\lim\limits_{\Delta x \to 0} \frac{\Delta K}{\Delta x}$ bestimmt, d. h. durch die Ableitung der Kostenfunktion K.

Festlegung:

Die Ableitung der Kostenfunktion K bezeichnet man als Differentialkosten K' oder Grenzkosten K'.

Beispiel

Gegeben ist die Kostenfunktion K mit $K(x) = x^3 - 9x^2 + 40x + 94$.

a) Bestimmen Sie die Differentialkosten K'.
   Erstellen Sie eine Wertetabelle für $x \in [1 ; 6]$ mit Schrittweite 1.

b) Bestimmen Sie mit dem GTR den geringsten Kostenzuwachs.

Lösung

a) Differentialkosten

$$K'(x) = 3x^2 - 18x + 40$$

Tabelle

x	1	2	3	4	5	6
K'(x)	25	16	13	16	25	40

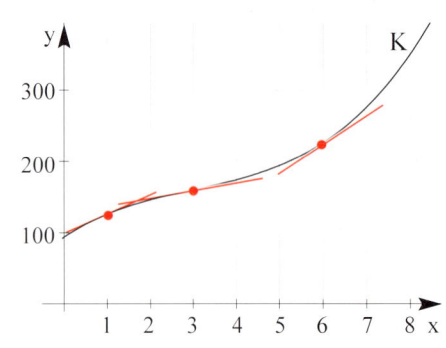

b) Mit dem GTR
   Für die Produktionsmenge $x = 3$ steigen die Kosten am geringsten an. Der minimale Kostenzuwachs beträgt: $K'(3) = 13$.
   Dies bedeutet: Die Kosten steigen mindestens um 13 GE, wenn der Betrieb seine Produktion geringfügig erhöht.

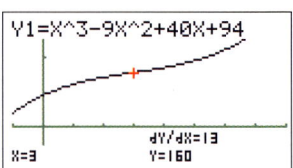

Anwendung in der Physik

In der Mathematik betrachtet man meistens Funktionen in Abhängigkeit von
der Variablen x. In der Physik werden oft Funktionen in Abhängigkeit von der Zeit t
behandelt, z. B. s(t) oder v(t).

Beispiel

Das Weg-Zeit Gesetz für ein gleichmäßig beschleunigtes Auto mit der
Anfangsgeschwindigkeit $v_0 = 4 \frac{m}{s}$ und der Beschleunigung $a = 1,8 \frac{m}{s^2}$ lautet:

$$s(t) = \frac{1}{2}at^2 + v_0 t.$$

Zeichnen Sie das s-t-Diagramm. Bestimmen Sie den Term v(t).
Zeichnen Sie das zugehörige v-t- und das a-t-Diagramm und interpretieren Sie es.

Lösung

s-t-Diagramm

$s(t) = 0,9t^2 + 4t$ (t in s; s(t) in m)

Die mittlere Geschwindigkeit ist $\frac{\Delta s}{\Delta t}$.

Für $\Delta t \to 0$ erhält man die

Momentangeschwindigkeit $\lim\limits_{\Delta t \to 0} \frac{\Delta s}{\Delta t} = \frac{ds}{dt} = v$.

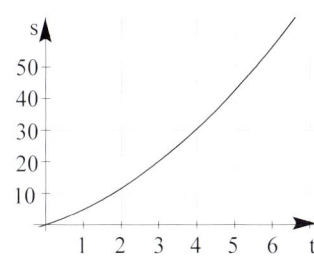

$v(t) = s'(t) = 1,8t + 4$

v-t-Diagramm

Im v-t-Diagramm erhält man eine Gerade,
d. h., die Geschwindigkeit nimmt
gleichmäßig zu.

Die (konstante) Steigung $\frac{\Delta v}{\Delta t}$ ist

die Beschleunigung $a = 1,8 \frac{m}{s^2}$.

a-t-Diagramm

Allgemein: $v'(t) = \lim\limits_{\Delta t \to 0} \frac{\Delta v}{\Delta t} = a$.

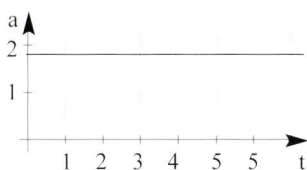

Bemerkung:

Die Geschwindigkeit v ist die Ableitung des Weges nach der Zeit t: v(t) = s'(t).
Für s'(t) schreibt man auch $\dot{s}$(t).

Beachten Sie:

Für eine **gleichmäßig beschleunigte Bewegung** gilt:

$s(t) = \frac{1}{2}at^2 + v_0 t$ $v(t) = s'(t) = at^2 + v_0$ $a(t) = v'(t) = a$

Aufgaben

1. Die Gesamtkosten eines Betriebes werden bei einer maximalen Ausbringungsmenge
   von 10 ME beschrieben durch $K(x) = x^3 - 12x^2 + 50x + 40$.
   Der Verkaufspreis pro ME beträgt 28 ME.
   a) Bestimmen Sie den Term der Differentialkostenfunktion. Beschreiben Sie ihr
      Schaubild. Berechnen Sie die minimalen Differentialkosten. Beweisen Sie,
      dass die Differentialkosten für jede Ausbringungsmenge positiv sind.
   b) In welchem Bereich kann man mit Gewinn rechnen?
      In welchem Bereich nimmt der Gewinn zu?

2. Gegeben ist das s-t-Diagramm eines Körpers.
   a) Interpretieren Sie diese Bewegung.
   b) Zeichnen Sie das zugehörige v-t-Diagramm.

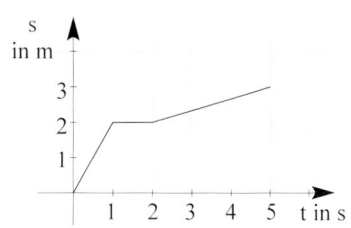

3. Ein Stein wird mit der Anfangsgeschwindigkeit $v_0 = 7\frac{m}{s}$ senkrecht nach oben
   geworfen. Das Weg-Zeit-Gesetz lautet: $s(t) = v_0 t - \frac{1}{2}gt^2$ mit $g = 10\frac{m}{s^2}$.
   Nach welcher Zeit t ist die Geschwindigkeit des Steines null?
   Berechnen Sie die Steighöhe.

4. Die Abbildung zeigt den Verlauf einer
   Bewegung im s-t-Diagramm.
   a) Geben Sie ein Beispiel aus dem Alltag an,
      für das dieser Verlauf zutreffen könnte.
      Was bedeutet physikalisch der
      Kurvenverlauf für $t > 3$?
   b) Das Weg-Zeit-Gesetz für diese Bewegung
      lautet: $s(t) = \frac{1}{2}at^2 + v_0 t$. Bestimmen Sie a und v_0.
   c) Zeichnen Sie das zugehörige v-t-Diagramm.
      Interpretieren Sie dieses Diagramm.
      Welche Bedeutung hat eine negative
      Geschwindigkeit?

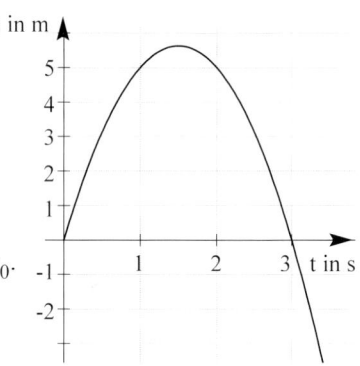

5. Gegeben ist der Geschwindigkeitsverlauf
   einer Bewegung.
   Interpretieren Sie dieses Diagramm.
   Machen Sie Aussagen über einen möglichen
   Streckenverlauf.

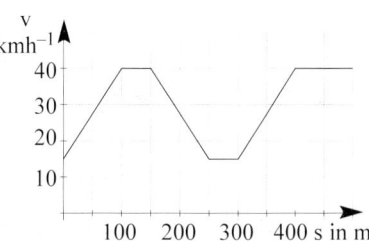

VII. Näherungsverfahren
Iterationsverfahren zur Nullstellenbestimmung

Nicht alle Gleichungen lassen sich elementar lösen. Auch der GTR gibt als Lösung der

Gleichung

$$-0,2\,x^3 + 0,5\,x + 2,5 = 0$$

nur eine Näherungslösung an.

 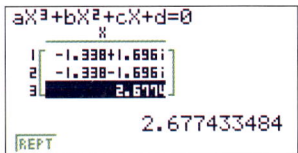

Zwei Näherungsverfahren zur Lösung von Gleichungen werden hier vorgestellt.

1 Intervallhalbierung

Beispiel: Bestimmen Sie die die Lösungen der Gleichung $-0,2\,x^3 + 0,5\,x + 2,5 = 0$

Lösung

Diese Gleichung lösen heißt, die Nullstellen der Funktion f mit

$f(x) = -0,2\,x^3 + 0,5x + 2,5$ bestimmen.

Aus der **Zeichnung** bzw. aus der **Wertetabelle** lässt sich ablesen,
zwischen welchen ganzzahligen x-Werten f(x) das **Vorzeichen** wechselt.

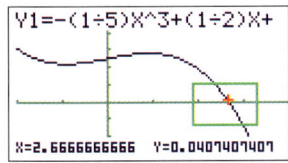 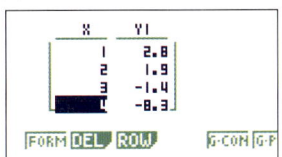

Man sieht, die Nullstelle x_N der Funktion f
liegt im Intervall $[2;\,3]$.
Mit $x_1 = 2$ und $x_2 = 3$ gilt:
$f(x_1) = f(2) = 1,9;\ f(x_2) = f(3) = -1,4$
$\qquad f(x_1) < 0 < f(x_2).$
Durch **Intervallhalbierung** wird die
gesuchte Nullstelle immer mehr eingegrenzt.
Intervallmitte $x_3 = \dfrac{x_1 + x_2}{2}:\qquad x_3 = 2,5$

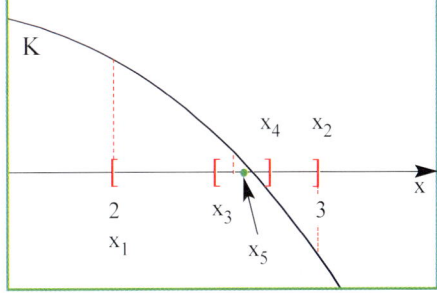

Mehrmalige Intervallhalbierungen (s. Abb.) ergeben eine Folge von Näherungswerten,
die gegen die Nullstelle von f konvergieren:

 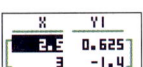 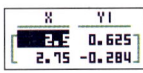 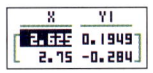 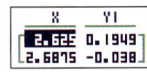

$x_N \in [2;\,3]\qquad x_N \in [2,5;\,3]\qquad x_N \in [2,5;\,2,75]\qquad x_N \in [2,625;\,2,75]\qquad x_N \in [2,625;\,2,6875]$

Der auf eine Dezimale genaue Näherungwert lautet: $x = 2,6$

2 Newton'sches Näherungsverfahren

Auch der GTR benutzt Näherungsverfahren, um Gleichungen zu lösen, z.B. das Newton-Verfahren.

Beispiel

Bestimmen Sie die Nullstelle der Funktion h mit $h(x) = x^3 - 3x + 3$ mit dem Newton-Verfahren.

Lösung

Aus der **Wertetabelle** bzw. aus der **Zeichnung** lässt sich ablesen, zwischen welchen ganzzahligen x-Werten h(x) das **Vorzeichen** wechselt. Zwischen diesen x-Werten liegt die Nullstelle der Funktion h.

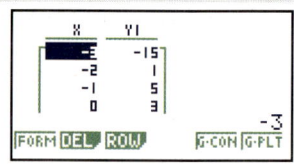

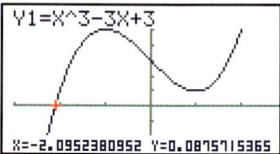

$x_N \in [\,-3;-2\,]$, $x_N \approx -2{,}5$

Dieser Wert ist sehr ungenau und man ist daher bestrebt, durch ein Rechenverfahren den Näherungswert $x_0 = -2{,}5$ so zu verbessern, dass er der gesuchten Lösung x_N beliebig nahe kommt.

Darstellung des Verfahrens:

Die **Kurve** K von h lässt sich in einem kleinen Bereich um $x_0 = -2{,}5$ **durch die Tangente** im **Kurvenpunkt P_0** $(-2{,}5|\,h(-2{,}5))$ **annähern. Diese Tangente schneidet die x-Achse in der Nähe der Nullstelle von h. Die Schnittstelle x_1 von Tangente und x-Achse lässt sich berechnen.**

Die Tangente im Kurvenpunkt $P_1(x_1|\,h(x_1))$ schneidet die x-Achse in x_2, dieser Wert x_2 liegt wiederum näher an der gesuchten Nullstelle als x_1.

Rechnerische Bestimmung der Näherungslösung

Startwert: $x_0 = -2{,}5$

Tangente: $y = h'(x_0)(\,x - x_0\,) + h(x_0)$

Bed.: $\quad y = 0 \Rightarrow x - x_0 = -\dfrac{h(x_0)}{h'(x_0)}$

$x_0 = -2{,}5; \quad x = x_1 = x_0 - \dfrac{h(x_0)}{h'(x_0)} \; ; x_1 = -2{,}1746$

$x_1 = -2{,}1746; \quad x_2 = x_1 - \dfrac{h(x_1)}{h'(x_1)} \, ; x_2 = -2{,}1067$

$x_2 = -2{,}1067; \quad x_3 = x_2 - \dfrac{h(x_3)}{h'(x_3)} \; ; x_3 = -2{,}1038$

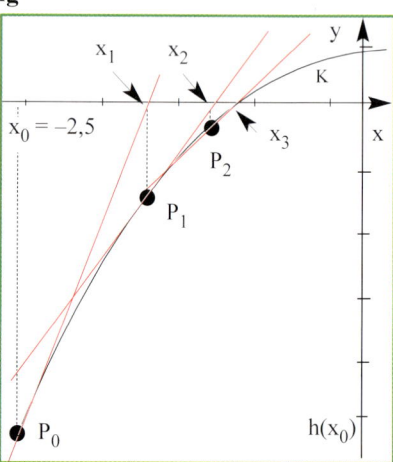

Näherungslösung der Nullstelle auf zwei Stellen gerundet $x_N = -2{,}10$.

Näherungsweise Lösung von Gleichungen mit dem Newton-Verfahren:

Gleichung in Nullform bringen: $\boxed{} = 0$

Aufstellen der Funktion h mit $\quad$ h (x) = $\boxed{}$

Die gegebene Funktion h muss auf dem Intervall [a,b] stetig (differenzierbar) sein.

Funktion h ableiten

Festlegen eines Startwertes x_0 **aus Wertetabelle von h, Zeichnung oder Aufgabe**

Bemerkung: Der Startwert sollte möglichst nahe bei der vermuteten Nullstelle
von h liegen.

Anwendung der Rekursionsformel, bis die verlangte Genauigkeit erreicht ist.

$$x_{n+1} = x_n - \frac{h(x_n)}{h'(x_n)} \qquad n = 0, 1, 2, 3, \ldots \ ; \ h'(x_n) \neq 0$$

Beispiel

Berechnen Sie die Lösungen der Gleichung $x^3 - 3x + 3 = 0$ mit Hilfe des
Newton-Verfahrens und des GTR auf 4 Stellen genau..

Lösung

Im TABLE oder im GRAPH Modus den
Funktionsterm eingeben.
Wechseln Sie dann im MENUE in den RUN Modus.

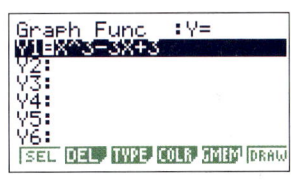

Eingabe: Startwert -2,5 dann $\rightarrow$ und $\boxed{X,\theta,T}$
„allgemeine Formel" für das Newton-Verfahren.
Tastenfolge um **Y1** einzugeben:
$\quad$ VARS, GRAPH , Y und 1.
Tastenfolge um **d/dx** einzugeben:
$\quad$ OPTN, CALC und F2
Durch wiederholtes Drücken der EXE-Taste erhalten Sie
die Näherungswerte.

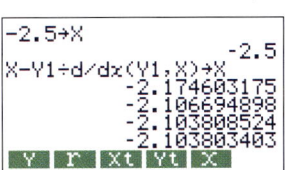

Da die verlangte Genauigkeit erreicht ist, kann man das Verfahren abbrechen.

$$x_N = -2,1038$$

ist die Nullstelle von h $\qquad$ **ist die Lösung von**
$$h(x) = x^3 - 3x + 3 \qquad\qquad x^3 - 3x + 3 = 0$$

Aufgaben

1. Gegeben ist die Funktion f mit $f(x) = -\frac{1}{10} x^3 + \frac{3}{4}x^2 - 4$; $x \in \mathbf{R}$.

   Die Funktion f besitzt für $x > 0$ eine Nullstelle. Berechnen Sie diese Nullstelle mit Hilfe eines Näherungsverfahrens auf 2 Dezimalen genau.

2. Zeigen Sie: Das Schaubild der Funktion f mit $f(x) = \frac{1}{3}(x^3 - 1)$; $x \in \mathbf{R}$ schneidet die 1. Winkelhalbierende.
   Berechnen Sie die Schnittstelle näherungsweise auf zwei Nachkommastellen gerundet.

3. Gegeben ist die Funktion f mit $f(x) = \frac{1}{2}(x^4 - 8x^3 + 18x^2 - 11)$; $x \in \mathbf{R}$.

   Ihr Schaubild K schneidet die negative x-Achse.
   Berechnen Sie die Schnittstelle x_S mit Hilfe eines Näherungsverfahrens auf 3 Stellen nach dem Komma genau.

4. Gegeben sind die Funktionen f mit $f(x) = \frac{1}{8} x^4 - x^3 + \frac{9}{4}x^2$; $x \in \mathbf{R}$
   und g mit $g(x) = \frac{1}{8} x^4$; $x \in \mathbf{R}$.

   Aus der Parallelen zur y-Achse mit der Gleichung $x = u$ wird durch die Schaubilder K von f und G von g im Bereich $0 \le u \le 1$ eine Strecke der Länge $l = 1$ LE ausgeschnitten.
   Bestimmen Sie u mit Hilfe eines Näherungsverfahrens auf 3 Dezimalen gerundet.

5. Gegeben ist die Funktion f mit $f(x) = \frac{1}{2} x^3 + \frac{3}{2}x^2 - 4$; $x \in \mathbf{R}$.

   Die Tangente an das Schaubild K von f im Punkt $B(u \mid f(u))$ schneidet die y-Achse in $S(0 \mid b)$. Bestimmen Sie den y-Achsenabschnitt in Abhängigkeit von u.
   Zeigen Sie, dass gilt: $b(u) = -u^3 - \frac{3}{2}u^2 - 4$.
   Bestimmen Sie mit einem geeigneten numerischen Verfahren einen Wert für u ($u \in [\,0,5 \,;\, 1,5\,]$) auf 2 Dezimalen gerundet so, dass die Tangente an K im Punkt B die y-Achse in $S(0 \mid -6)$ schneidet.

6. Gegeben ist die Funktion f mit $f(x) = \frac{1}{25}(x^3 - 27x - 29)$; $x \in \mathbf{R}$.

   Das Newton-Verfahren mit dem Startwert 2 führt nicht zu einem Ergebnis. Warum?

7. Mit dem Newton-Verfahren soll die Nullstelle von f mit $f(x) = 2 - \frac{1}{2x}$, $x > 0$ berechnet werden.
   Nehmen Sie Stellung.

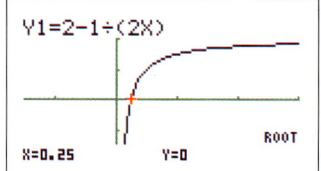
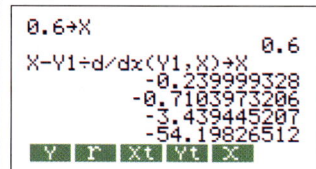

8. Gegeben ist die Funktion f mit $f(x) = x^4 - x^3 - 2x + 1$; $x \in \mathbf{R}$.

   Das Newton-Verfahren mit dem Startwert 0 führt auf die Nullstelle x_1, mit dem Startwert 2 erhält man x_2. Bestimmen Sie die beiden Nullstellen.

9. Erläutern Sie ein Näherungsverfahren Ihrer Wahl.

Berechnung von Median und Quartile

Schraubenlänge	Streumasse		EXCEL Befehl (Funktion)
78,8	**Maximum**	80,2	{=MAX(A5:A94)}
78,9	**3.Quartil**	79,8	{=QUARTILE(A5:A94;3)}
78,9	**Median**	79,6	{=MEDIAN(A5:A94)}
79	**1.Quartil**	79,4	{=QUARTILE(A5:A94;1)}
79	**Minnimum**	78,8	{=MIN(A5:A94)}
79			
79,1			
79,1			
79,1	Minimum		
79,1			
79,1			
79,2			
79,2			
79,2			
79,3			
79,3			
79,3			
79,3			
79,3			
79,3			
79,3			
79,3			
79,4			
79,4			
79,4			
79,4			
79,4			
79,4			
79,4			
79,5			
79,5			
79,5			
79,5			
79,5			
79,5			

46	79,5	79	79,8
47	79,5	80	79,9
48	79,5	81	79,9
49	79,6	82	79,9
50	79,6	83	79,9
51	79,6	84	80
52	79,6	85	80
53	79,6	86	80
54	79,6	87	80
55	79,6	88	80
56	79,6	89	80,1
57	79,6	90	80,1
58	79,6	91	80,1
59	79,6	92	80,1
60	79,7	93	80,1
61	79,7	94	80,2
62	79,7	95	
63	79,7	96	
64	79,7	97	
65	79,7	98	
66	79,7	99	
67	79,7	100	
68	79,7	101	
69	79,7	102	
70	79,7	103	
71	79,8	104	
72	79,8	105	
73	79,8	106	
74	79,8	107	
75	79,8	108	
76	79,8	109	
77	79,8	110	
78	79,8	111	

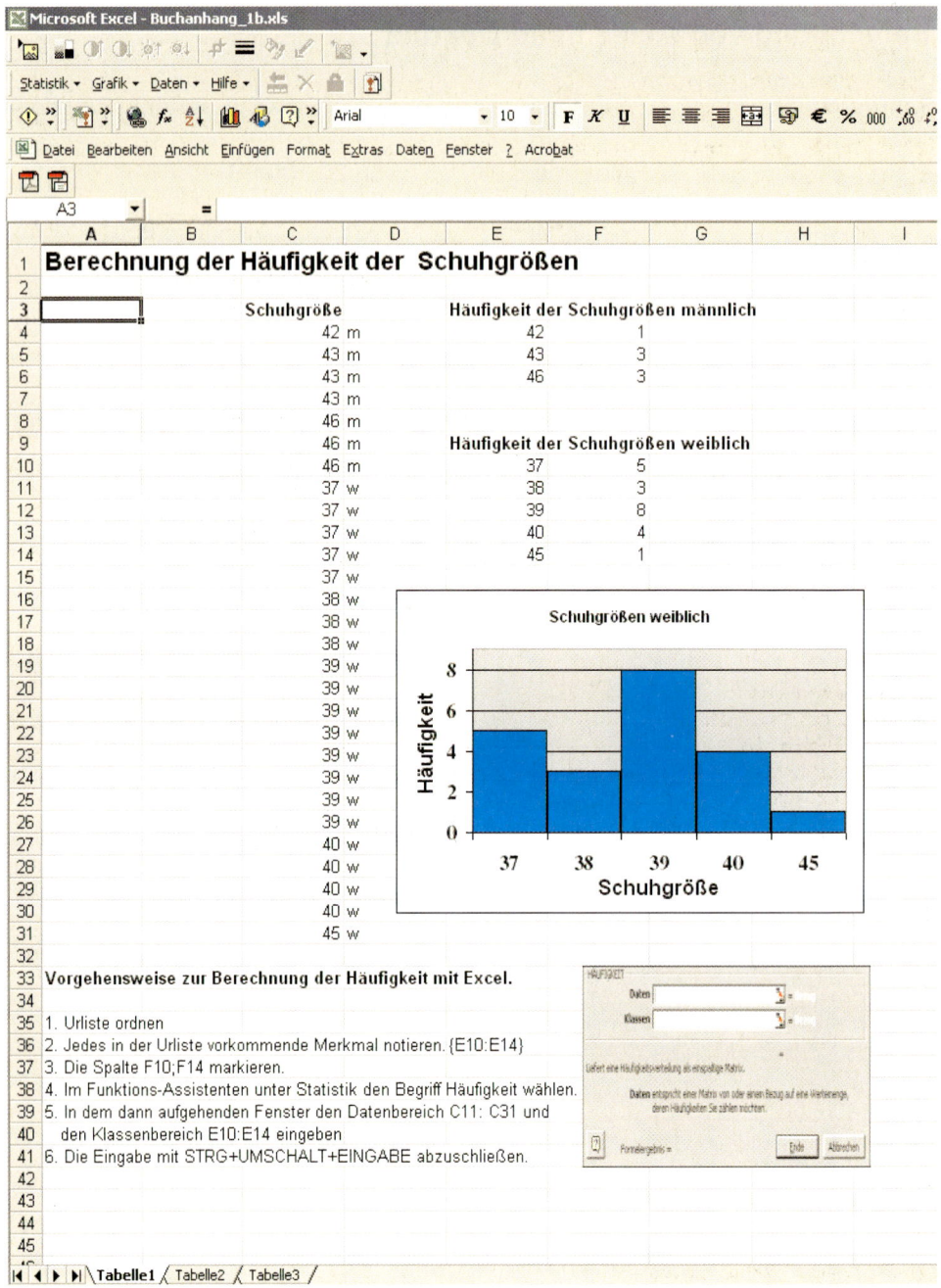

Microsoft Excel - Buchanhang_1b.xls

Statistik ▾ Grafik ▾ Daten ▾ Hilfe ▾

Arial ▾ 10 ▾ F K U

Datei Bearbeiten Ansicht Einfügen Format Extras Daten Fenster ? Acrobat

A3

Berechnung der Häufigkeit der Schuhgrößen

	A	B	C	D	E	F	G	H	I
1									
2									
3			Schuhgröße		Häufigkeit der Schuhgrößen männlich				
4			42 m		42	1			
5			43 m		43	3			
6			43 m		46	3			
7			43 m						
8			46 m						
9			46 m		Häufigkeit der Schuhgrößen weiblich				
10			46 m		37	5			
11			37 w		38	3			
12			37 w		39	8			
13			37 w		40	4			
14			37 w		45	1			
15			37 w						
16			38 w						
17			38 w						
18			38 w						
19			39 w						
20			39 w						
21			39 w						
22			39 w						
23			39 w						
24			39 w						
25			39 w						
26			39 w						
27			40 w						
28			40 w						
29			40 w						
30			40 w						
31			45 w						
32									

Schuhgrößen weiblich (Diagramm: Häufigkeit / Schuhgröße; Werte 37, 38, 39, 40, 45)

33	Vorgehensweise zur Berechnung der Häufigkeit mit Excel.
34	
35	1. Urliste ordnen
36	2. Jedes in der Urliste vorkommende Merkmal notieren. {E10:E14}
37	3. Die Spalte F10;F14 markieren.
38	4. Im Funktions-Assistenten unter Statistik den Begriff Häufigkeit wählen.
39	5. In dem dann aufgehenden Fenster den Datenbereich C11: C31 und
40	den Klassenbereich E10:E14 eingeben
41	6. Die Eingabe mit STRG+UMSCHALT+EINGABE abzuschließen.
42	
43	
44	
45	

Tabelle1 Tabelle2 Tabelle3

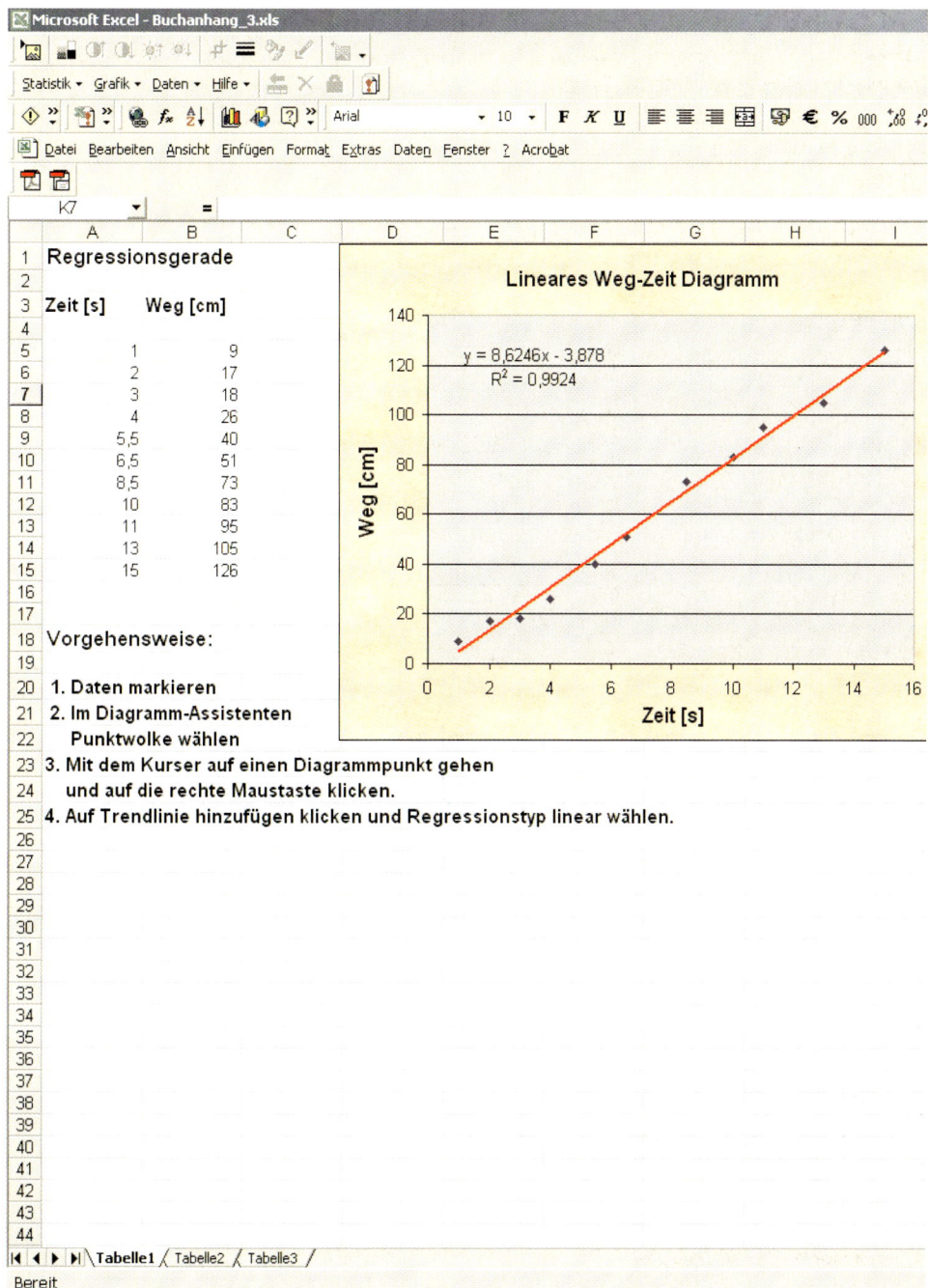

Horner-Schema

Das Horner-Schema ist ein Rechenschema zur **Berechnung von Funktionswerten** und zur **Division mit einem Linearfaktor** bei ganzrationalen Funktionen.

Berechnung von Funktionswerten

Beispiele

1) Gegeben ist der Funktionsterm $f(x) = 2x^3 - 3x^2 + x - 7$. Berechnen Sie f(2).

Lösung

Zerlegung durch fortgesetztes Ausklammern: $\quad f(x) = (2x^2 - 3x + 1)x - 7$

$$f(x) = \left[(2x - 3)x + 1\right] x - 7$$

Berechnung von f(2): $\qquad\qquad\qquad\qquad f(2) = \left[(2 \cdot 2 - 3)2 + 1\right] 2 - 7$

Darstellung im
Horner-Schema:

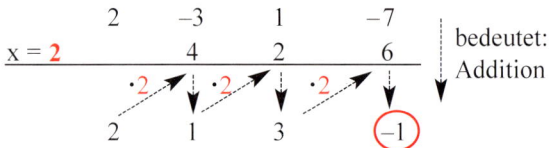

bedeutet: Addition

Beachten Sie: In der 1. Zeile stehen die **Koeffizienten des Polynoms.**

An der letzten Stelle der 3. Zeile steht der **Funktionswert** f(2) = -1.

2) Gegeben ist der Funktionsterm $f(x) = x^3 + 4x^2 - x - 4$. Berechnen Sie f(-1).

Lösung

Berechnung mit dem **Horner-Schema**
(vereinfacht, ohne Pfeile)

	1	4	-1	-4
x = -1		-1	-3	4
	1	3	-4	0 = f(-1)

3) Gegeben ist der Funktionsterm $f(x) = 4x^3 + x - 6$. Berechnen Sie f(5).

Lösung

Berechnung mit dem **Horner-Schema**

	4	0	1	-6
x = 5		20	100	505
	4	20	101	499 = f(5)

Beachten Sie: In f(x) tritt die Potenz x^2 **nicht auf.**

Der zugehörige Koeffizient ist **0, $a_2 = 0$.**

Aufgaben

Berechnen Sie den Funktionswert an der Stelle x = -3 bzw. x = 2.

a) $f(x) = x^4 - 2x^3 - x^2 - x + 3$ b) $f(x) = x^3 - 4x^2 + 5$

c) $f(x) = 0{,}5x^4 - 2x^2 - 4$ d) $f(x) = 0{,}25x^3 - 3x + 1$

Horner-Schema und Polynomdivision

Beispiel: (vgl. S. 432) $f(x) = 2x^3 - 3x^2 + x - 7$

Polynomdivision mit $(x - 2)$ ergibt:

$$(2x^3 - 3x^2 + x - 4):(x - 2) = 2x^2 + x + 3 \ \text{Rest}(-1)$$

Zerlegung von f(x) : $f(x) = (x - 2)(2x^2 + x + 3) - 1$

Beachten Sie: Der Rest -1 ist der Funktionswert an der Stelle $x = 2$: $f(2) = -1$.

Die **Koeffizienten des Polynoms 2. Grades**, das bei der Abspaltung von $(x - 2)$ entsteht, stehen in der **3. Zeile des Horner-Schemas** (vgl. Beispiel S. 432).

Satz: Jedes **Polynom n-ten Grades** $P_n(x)$ lässt sich zerlegen: $P_n(x) = (x - x_0)P_{n-1}(x) + P_n(x_0)$.

Beispiele

1) Bestimmen Sie die Produktform von $f(x) = 2x^3 + 5x^2 + x - 2$.

Lösung

Probe ergibt eine Lösung von $f(x) = 0$: $x = -1$

Horner-Schema

(statt der üblichen Polynomdivision)

	2	5	1	-2
$x = -1$		-2	-3	2
	2	3	-2	0

damit ist gezeigt: $f(x) = (x + 1)(2x^2 + 3x - 2)$

Bemerkungen: Ist x_0 **Nullstelle** von $P_n(x)$, so gilt: $P_n(x) = (x - x_0)P_{n-1}(x)$.

Das **Horner-Schema** liefert in der **3. Zeile** die **Koeffizienten von $P_{n-1}(x)$** und den Wert $P_n(x_0)$. Das **Horner-Schema ersetzt die Polynomdivision**.

2) Zeigen Sie: $x_{1|2} = -3$ ist doppelte Nullstelle von f mit $f(x) = 2x^3 + 13x^2 + 24x + 9$.

Lösung

Horner-Schema

	2	13	24	9
$x = -3$		-6	-21	-9
	2	7	3	0
$x = -3$		-6	-3	
	2	1	0	

Zerlegung von f(x): $f(x) = (x + 3)(2x^2 + 7x + 3) = (x + 3)^2(2x + 1)$

Aufgaben

1. Berechnen Sie die Nullstellen von f.

   a) $f(x) = 0{,}5x^3 - 2{,}5x^2 - 6x + 16$ b) $f(x) = x^4 + 3x^3 + 3x^2 + 8x + 12$

2. Zeigen Sie: $x = +2$ ist doppelte Nullstelle von f mit $f(x) = x^3 - 12x + 16$.

3. Zeigen Sie: $x = 1$ ist dreifache Nullstelle von f mit $f(x) = x^4 - x^3 - 3x^2 + 5x - 2$.

4. Spalten Sie den Linearfaktor $(x - 2)$ aus dem Polynom $f(x) = -2x^3 + 3x^2 - 5$ ab.

28 Bohner/Ihlenburg/Ott – ISBN 3-8120-0206-X

Graph-Menü

Graph-Zeichnen

Eingabe

F6 → Graph

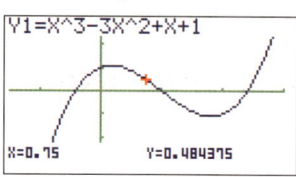

Zeichenbereich einstellen in V-Window (F3)

Bemerkung: Die **INIT**-Einstellung ist zum Zeichnen gut geeignet.

Berechnungen am Graph mit G-Solv (F6)

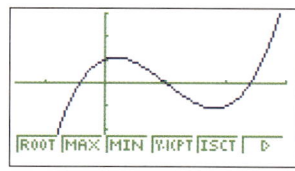

z.B Nullstellen mit ROOT (F1)

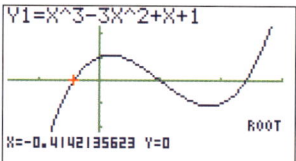

höchster Punkt mit MAX (F2)

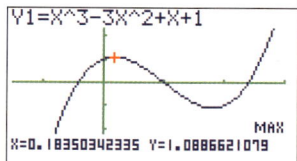

Schnittpunkte mit ISECT ((F5)

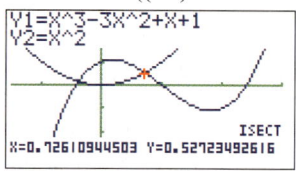

weitere Möglichkeiten (erhält man mit **F6**):

X-CAL: nach Eingabe von Y = wird der x-Wert berechnet

Y-CAL: nach Eingabe von X = wird der y-Wert berechnet

Y-ICPT: Berechnung von Sy

Mit der **TRACE**-Taste (**F1**) kann man den Graph abscrollen. Ist im **SETUP** die Ableitung auf ON, so wird zu den **Punktkoordinaten** auch die **Steigung** angezeigt.

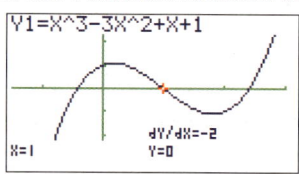

Eingabe von **Funktionsterm mit Parameter A**

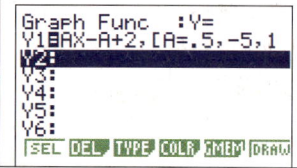

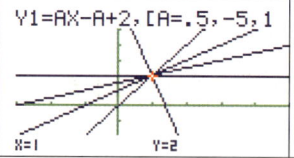

TABLE-Menü

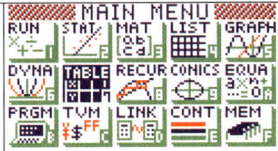

Graph-Zeichnen

Eingabe

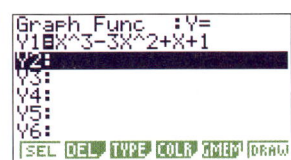

Bereich für die Wertetabelle

einstellen mit RANG(F5)

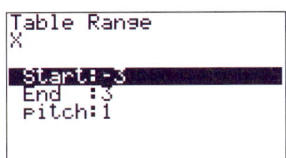

Wertetabelle mit TABL(F6)

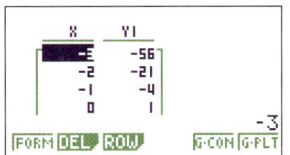

F5 → Graph

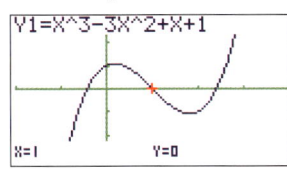

Bei Kurven mit verändertem Definitionsbereich

(z. B. Kostenkurve: $K(x) = 4x^3 - 60x^2 + 312x + 200$, $0 \leq x \leq 11$)

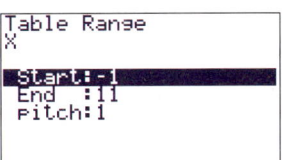

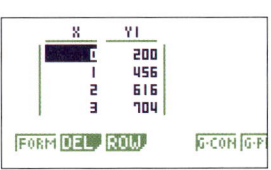

Graph-Zeichnen

mit F5

Zeichenbereich einstellen

in V-Window (F3)

geeigneter Graph mit

F6 → Tabelle; F5 → Graph

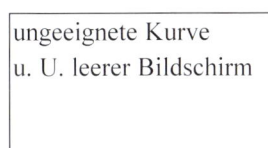

ungeeignete Kurve

u. U. leerer Bildschirm

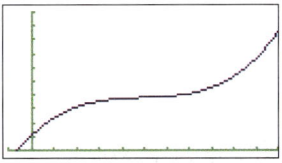

Mögliche feste Einstellungen in V-Window zum Zeichnen:

TRIG

STD

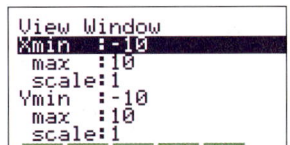

INIT

Wir lösen Gleichungen im EQUA-Menü

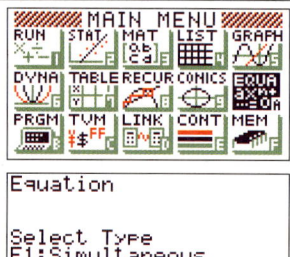

Lösung einer Polynomgleichung (Gleichung 2. oder 3. Grades)

Wahl des Grades

Quadratische Gleichung	Eingabe von a, b, c	Lösen mit SOLV (F1)

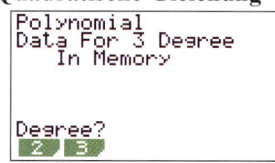 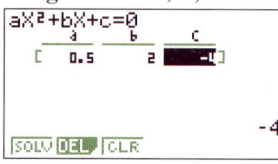 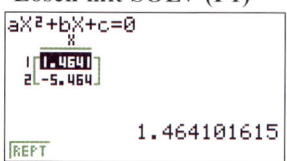

Gleichung 3. Grades	Eingabe von a, b, c, d	Lösen mit SOLV (F1)
Wahl mit F2		

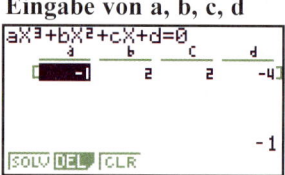 

Lösung eines Linearen Gleichungssystems: Wahl mit F1

Anzahl der Unbekannten	Eingabe der Koeffizienten	Lösen mit SOLV (F1)

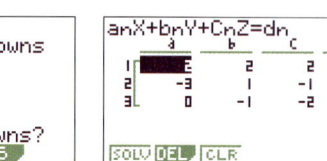 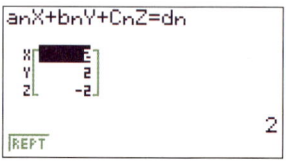

Näherungsweise Lösung einer Gleichung mit dem SOLVER (F3)

Eingabe der Gleichung	Lösen mit SOLV (F6)

 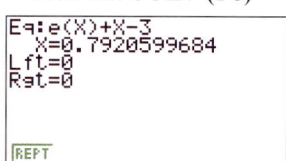

Bemerkung: Hat die Gleichung mehrere Lösungen, so muss man einen neuen geeigneten "Startwert" für x eingeben.

Wir lösen Gleichungen mit einem Näherungsverfahren: Newton-Verfahren

Beispiel: $x^3 - 3x + 3 = 0$

Lösung

Im **TABLE** oder im **GRAPH** Modus den zugehörigen
Funktionsterm eingeben: $f(x) = x^3 - 3x + 3$ (= **Y1**)

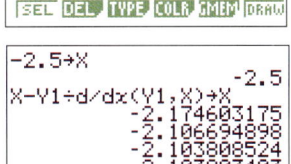

Wechseln Sie dann in den **RUN** Modus.

Eingabe: Startwert $-2,5 \rightarrow$ X, EXE

Eingabe der „allgemeinen Formel"
für das Newton-Verfahren: $x_2 = x_1 - \dfrac{f(x_1)}{f'(x_1)}$

Um **Y1** einzugeben, drücken Sie: **VARS**, **GRAPH** (F4)
und **Y** (**F1**) und 1.

Um **d/dx** einzugeben, drücken Sie: **OPTN**, **CALC (F4)** und F2 .

Durch wiederholtes drücken der EXE Taste erhalten Sie die Näherungswerte.

Wir rechnen mit Matrizen

Eingabe im **MAT**-Menü

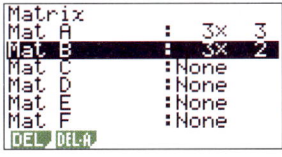

Wahl des Matrix-Formates

Bestätigung mit EXE   **Eingabe: Matrix A**   **Eingabe: Matrix A**

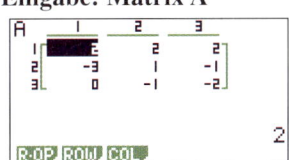

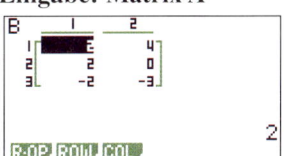

Hier ist die linke Bildschirmanzeige:

Rechnen mit Matrizen im RUN-Menü

Berechnung von   **3A – B**

Mit **OPT, F2, F1** erfolgt die Eingabe von **MAT**   **Berechnung mit EXE**

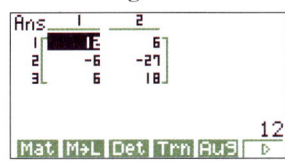

Berechnung der **Inversen von A**

Eingabe von A^{-1} mit SHIFT) (X^{-1})   **Berechnung mit EXE**

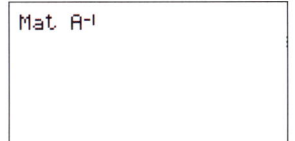

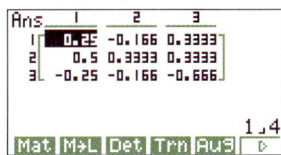

Bemerkung: Transponieren mit der Taste TRN (OPT, Mat (F2), TRN(F4))

Mathematische Zeichen

Mengen, Zahlen

$\mathbf{N}$	Menge der natürlichen Zahlen
$\mathbf{N}^*$	Menge der natürlichen Zahlen ohne Null
$\mathbf{Z}$	Menge der ganzen Zahlen
$\mathbf{Q}$	Menge der rationalen Zahlen
$\mathbf{R}$	Menge der reellen Zahlen
$\mathbf{R}^*$	Menge der reellen Zahlen ohne Null
$\mathbf{R}_+$	Menge der positiven reellen Zahlen mit Null
$\mathbf{R}_+^*$	Menge der positiven reellen Zahlen ohne Null
$x \in M$	x ist Element von M
$x \notin M$	x ist nicht Element von M
$\{x \in M \mid ...\}$	Menge aller x aus M, für die gilt...
$\{a, b, c, d\}$	Menge mit den Elementen a, b, c, d
$A \subseteq B$	A ist Teilmenge von B
$A \cap B$	Schnittmenge von A und B
$A \cup B$	Vereinigungsmenge von A und B
$A \backslash B$	Differenzmenge von A und B
$\varnothing$	Leere Menge
∞	unendlich
$[a; b]$	$\{x \in \mathbf{R} \mid a \leq x \leq b\}$
$]a; b[$	$\{x \in \mathbf{R} \mid a < x < b\}$
$[a; \infty[$	$\{x \in \mathbf{R} \mid a \leq x\}$
$]-\infty; a[$	$\{x \in \mathbf{R} \mid x < a\}$
$\mid a \mid$	Betrag von a
$\sqrt{a}$	Wurzel aus a
$\sqrt[n]{a}$	n-te Wurzel aus a
a^x	Potenz (a hoch x)
$\log_a x$	Logarithmus von x zur Basis a

Funktionen

f	Funktion
f(x)	Funktionswert an der Stelle x
D	Definitionsbereich
W	Wertebereich

Geometrie

P(x | y)	Punkt mit den Koordinaten x und y
(AB)	Gerade durch A und B
AB	Strecke mit den Endpunkten A und B
$\overline{AB}$	Länge der Strecke AB
ABC	Dreieck mit den Eckpunkten A, B und C
g || h	g ist parallel zu h
$g \perp h$	g steht senkrecht auf h

Vergleiche

$a = b$	a ist gleich b
$a \neq b$	a ist ungleich b
$a < b$	a ist kleiner als b
$a \leqq b$	a ist kleiner oder gleich b
$a > b$	a ist größer als b
$a \geqq b$	a ist größer oder gleich b
$a \approx b$	a ist ungefähr gleich b
$a \triangleq b$	entspricht, z. B. 1 LE $\triangleq$ 1 cm

Logische Zeichen

$a \wedge b$	a und b
$a \vee b$	a oder b
$a <=> b$	a gleichwertig b (äquivalent)
$a => b$	aus a folgt b